Jetzt helfe ich mir selbst

Motor
buch
Verlag

Umschlagentwurf: Anita Ament.
Buchgestaltung: Siegfried Horn.
Umschlagfotos: Hans-Peter Seufert.

ISBN 3-613-01120-4

Auflage Nr. 1052911

Manuskripterstellung: Redaktion »Jetzt helfe ich mir selbst«.
Fotos: autopress 1; Axmann 3, Bayer 1, Haeberle 124, Lautenschlager 90, Liqui Moly 1,
Nauck 1, Thaer 1, Volkswagen 2.
Zeichnungen: autopress 3, Axmann 1, Continental 1, Haeberle 4, Lautenschlager 7,
ORIS 1, Volkswagen 80.
Stromlaufpläne: Volkswagen.
Satz: Rung-Druck GmbH & Co., 7320 Göppingen.
Druck: KN Digital Printforce GmbH, Schockenriedstr. 37, 70565 Stuttgart
Printed in Germany.

Dieter Korp
Thomas Haeberle
Thomas Lautenschlager

VW Golf Diesel

ab August '83

VW Jetta Diesel

ab Februar '84

Jetzt helfe ich mir selbst

Motorbuch Verlag Stuttgart

Inhaltsverzeichnis

Sie finden in diesem Buch

Vorwort

Sparbuch

Auch in der zweiten »Generation« haben die Diesel-Modelle von Golf und Jetta nichts an Attraktivität verloren. Die kleinen Selbstzünder gehen äußerst knauserig mit dem teuren Kraftstoff um und entwickeln trotzdem einiges Temperament.
Doch wie steht es mit den Kosten für Reparatur und Wartung? Heutige Dieselmotoren besitzen natürlich nicht mehr dieselbe hohe Lebensdauer, die bei den Dieselwagen der 50er und 60er Jahre üblich war (siehe auch Seite 41). Da muß schon härter kalkuliert werden, um den Mehrpreis, den der Diesel auch auf dem Gebrauchtwagenmarkt kostet, wieder zu erwirtschaften. Diese Bilanz zu verbessern soll die Aufgabe unseres Buches sein. Und das gleich auf zweierlei Art: Zum einen möchten wir Ihnen durch ein breites Angebot an Informationen über die Funktion der verschiedenen Bauteile eine Art Wissensgerüst zur Seite stellen, das Ihnen bei Verhandlungen mit der Werkstatt, bei der Fehlersuche oder ganz einfach bei der persönlichen Weiterbildung in Sachen Golf/Jetta Diesel behilflich sein soll. Zum anderen bietet dieses Buch eine Vielzahl an Arbeits- und Reparaturbeschreibungen. Weit mehr, als Sie dies möglicherweise von früheren Bänden aus dieser Reihe gewohnt sind.

Damit Sie sich im Innern dieses Bandes leichter zurecht finden, ist bereits im Inhaltsverzeichnis auf den vorhergehenden Seiten eine kleine Auswahl der Stichworte herausgegriffen, die in den einzelnen Kapiteln zur Sprache kommen. Weitere Orientierungshilfen bietet der Wartungsplan innen auf der hinteren Umschlagseite sowie das Stichwortverzeichnis auf Seite 269.
Ebenfalls der besseren Orientierung dient die Buchgestaltung auf den einzelnen Seiten. So sind Passagen, die der Information dienen, stets einspaltig abgedruckt, während reine Arbeitsschritte generell zweispaltig erscheinen. Je nach Interessenlage können Sie sich also mehr dem einen oder dem anderen Wissensgebiet zuwenden.

Natürlich konnten wir alle die im Buch genannten Tips und Tricks nicht einfach aus dem Ärmel schütteln. Viele hilfsbereite Menschen aus allen Bereichen der Automobilbranche haben uns deshalb mit Rat* und Tat unterstützt. Ihnen wollen wir an dieser Stelle herzlich danken.

Die Verfasser

* Falls Sie übrigens noch einen ergänzenden Tip zum Golf/Jetta Diesel wissen oder einen Vorschlag zur Auswahl der Beschreibungen hier im Buch haben, können Sie sich schriftlich direkt an uns wenden. Unsere Redaktionsadresse finden Sie im Impressum auf Seite 2.

Werkzeug und andere Hilfen

Helfershelfer

Wenn Sie Ihrem Golf oder Jetta in Eigenarbeit zu Leibe rücken wollen, gilt für den Werkzeugkauf der Wahlspruch »Qualität statt Quantität«. Anstelle einer Sammlung buntfarbiger Schraubenzieher aus Werbegeschenk-Sets für Heimwerker empfehlen wir einige wenige in wirklich robuster Ausführung, die angesichts einer festgerosteten Schraube sich nicht gleich verbiegen oder ausbrechen.

Die Grund-Ausstattung

Mit den im folgenden genannten Werkzeugen können Sie alle Wartungsarbeiten und die meisten Reparaturen bewerkstelligen:

- ☐ Doppel-Gabelschlüssel, 6×7, 8×10, 13×15, 17×19;
- ☐ Gabel-/Ringschlüssel, kurz, SW 10 bzw. 13 beidseitig;
- ☐ Ringschlüssel, gekröpft, 10×13 und 17×19;
- ☐ Steckschlüssel 8×10;
- ☐ Satz Innensechskantschlüssel am Ring, SW 2–8;
- ☐ Radschraubenschlüssel, SW 17;
- ☐ Schraubenzieher für Schlitzschrauben, 3, 6 und 8 mm breit;
- ☐ Schraubenzieher für Schlitzschrauben, kurz;
- ☐ Schraubenzieher für Kreuzschlitzschrauben, klein und mittelgroß;
- ☐ Schraubenzieher für Kreuzschlitzschrauben, kurz, mittelgroß;
- ☐ Winkelschraubenzieher für Schlitz- und Kreuzschlitzschrauben;
- ☐ Kombizange;
- ☐ Rohr- oder Universalzange, mindestens 240 mm lang;
- ☐ Seitenschneider;
- ☐ Schlosserhammer, 300 g schwer;
- ☐ Satz Fühlerblattlehren, 0,05–0,7 mm;
- ☐ Flachmeißel;
- ☐ Durchschlag, 3 mm Durchmesser;
- ☐ Elektrik-Prüflampe.

Schraubenmaße und Schlüsselweiten

Werkzeuge und Maschinenteile werden in den meisten Ländern nach dem metrischen Maßsystem gemessen – in Millimeter oder Zentimeter. Eine Schraube kann beispielsweise mit M 8×30 oder M 8×1×30 gekennzeichnet sein. Hierbei bedeuten:
M: Kennzeichen für metrisches Gewinde;
8: Gewinde-Außendurchmesser in mm;
1: Gewindesteigung, die nur bei Fein- und Sondergewinden angegeben wird, nicht aber bei allgemein üblichen Normgewinden;
30: Schraubenlänge in mm.
Jedem Gewindedurchmesser ist eine bestimmte Schraubenkopfabmessung zugeordnet. Bei Sechskantschrauben sieht das folgendermaßen aus:

Gewindeabmessung	M 4	M 5	M 6	M 8	M 10	M 12	M 14	M 16
Schraubenkopf-Flankenabstand in mm	7	8	10	13	17	19	22	24

Bei Schrauben und Muttern mißt man den Abstand der einander gegenüberliegenden Flanken und kennzeichnet den jeweils dafür passenden Schraubenschlüssel mit der entsprechenden

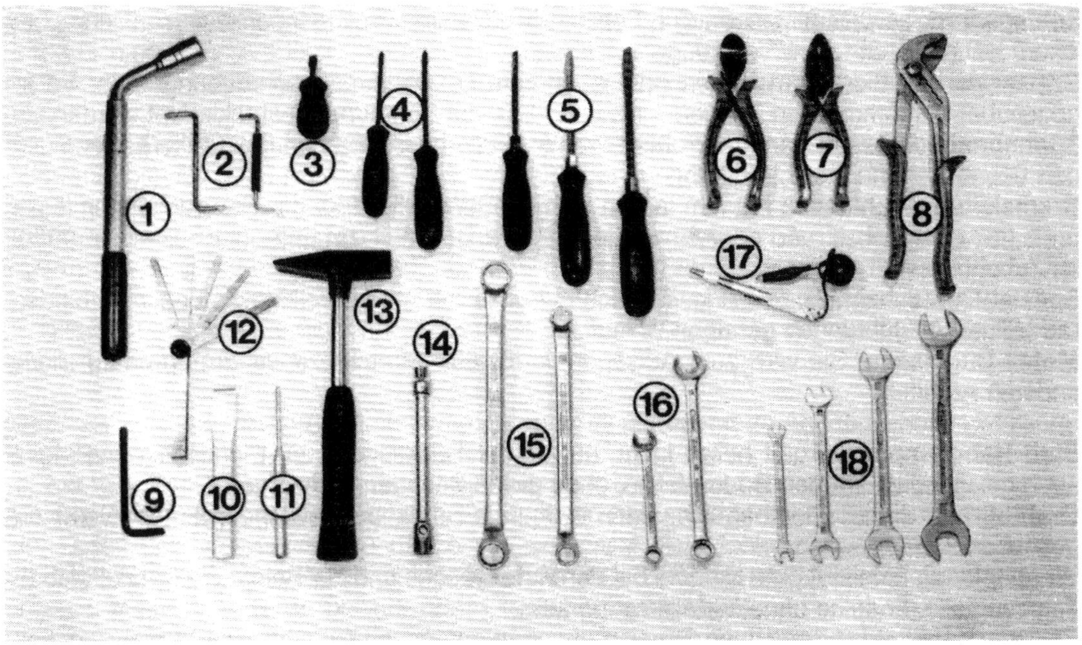

Unsere Werkzeug-Grundausstattung besteht aus: 1 – ausziehbarer Radschraubenschlüssel; 2 – Winkelschraubenzieher für Quer- und Kreuzschlitze; 3 – kurzer Schlitzschraubenzieher; 4 – Kreuzschlitzschraubenzieher; 5 – Schlitzschraubenzieher; 6 – Seitenschneider; 7 – Kombizange; 8 – Rohrzange; 9 – Innensechskantschlüssel; 10 – Flachmeißel; 11 – Durchschlag; 12 – Fühlerblattlehren; 13 – Hammer; 14 – Steckschlüssel; 15 – Ringschlüssel, hoch gekröpft; 16 – Gabel/Ringschlüssel; 17 – Elektrik-Prüflampe; 18 – Gabelschlüssel.

mm-Angabe. Das ist die Schlüsselweite oder kurz SW. Ein Gabel- oder Maulschlüssel mit der Bezeichnung 10×13 hat also je eine Gabel für 10 mm und 13 mm breite Schrauben.

Weitere Werkzeuge

Je nach Bedarf und geplantem Arbeitsumfang ist noch weiteres Handwerkszeug empfehlenswert:

Steckschlüssel bzw. Nüsse: Mit den dazugehörigen Verlängerungsstücken und Betätigungswerkzeugen, wie Knarre (Rätsche) und Hebel, ermöglichen sie wesentlich schnelleres Arbeiten. Kaufen Sie ausschließlich Sechskantnüsse. Die Zwölfkantausführung rutscht auf einer beschädigten oder verrosteten Schraube leichter durch.

Zum Einstecken der Betätigungswerkzeuge haben die Steckeinsätze ein Vierkantloch mit ½" (Zoll) oder ⅜" Kantenlänge. Die ⅜"-Ausführung ist beim Autobasteln handlicher und für Stecknüsse von SW 6 bis SW 22 geeignet. Für größere Schlüsselweiten wird allerdings ein Adapter gebraucht.

Innensechskant- und Innenvielzahnschlüssel gibt es ebenfalls in Steckausführung. Sie sind zum Arbeiten wesentlich günstiger als die herkömmlichen Winkelschlüssel.

Stecknußkasten mit ¼"-Antrieb: Ein handliches Werkzeug für Verschraubungen, die nur mit geringeren Kräften angezogen werden. Manche dieser Kästen haben auch noch Einsätze für Schlitz-, Kreuzschlitz- und Innensechskantschrauben.

Drehmomentschlüssel: Er ist unerläßlich für viele Arbeiten am Motor. Die einfachere Ausführung mit Skala genügt durchaus, teurer ist die Version mit einstellbarem Drehmoment.

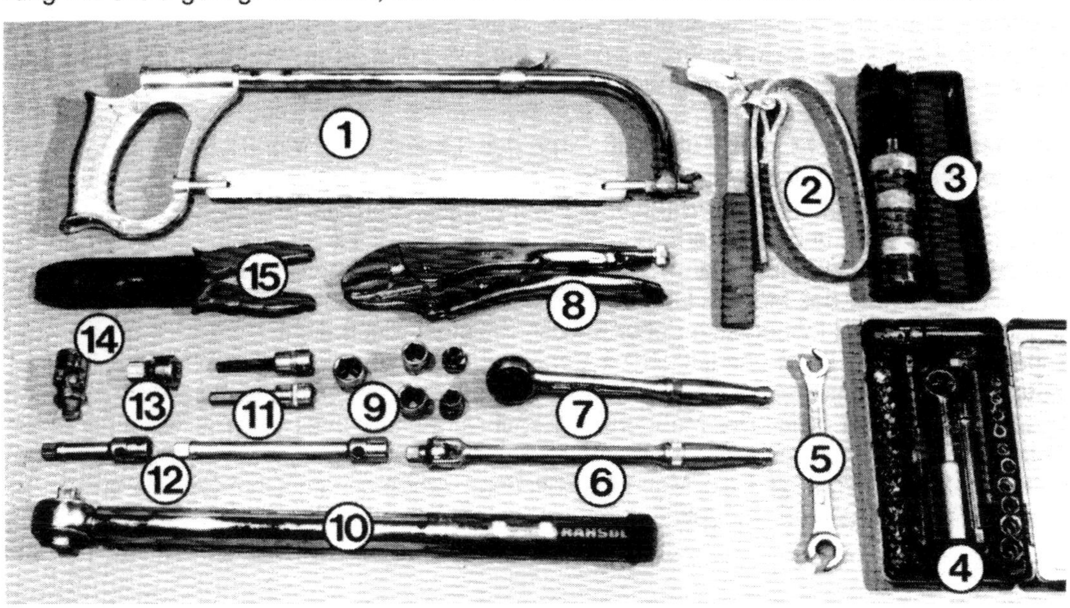

Ergänzendes Werkzeug: 1 – Metallsäge; 2 – Spannbandschlüssel; 3 – Schlagschrauber; 4 – kleiner Stecknußkasten; 5 – Bremsleitungsschlüssel; 6 – Gelenkstück; 7 – Rätsche; 8 – Gripzange; 9 – Stecknüsse; 10 – Drehmomentschlüssel; 11 – Innensechskant-Steckeinsätze; 12 – Verlängerung; 13 – Adapterstück von ⅜" auf ½"; 14 – Gelenk; 15 – Elektrikzange.

Schlagschrauber: Damit lassen sich Schlitz-, Kreuzschlitz- sowie Innensechskantschrauben lösen, wenn alle anderen Werkzeuge versagen.
Gripzange: Sie dient zum Halten oder auch zum Lösen von Verschraubungen. Ihr Vorteil gegenüber herkömmlichen Zangen – sie kann z. B. auf Schrauben festgeklemmt werden.
Spannbandschlüssel: Damit erleichtert man sich das Losschrauben des Ölfilters, wenn man den Ölwechsel öfters selbst macht.
Bremsleitungsschlüssel: Mit ihm lassen sich die SW-11-Muttern der Bremsleitungen lösen, ohne daß die Flanken rund gedreht werden. Er ist z. B. von Hazet unter der Bestell-Nr. 05202 im Zubehörhandel erhältlich.
Spezial-Quetschzange: Damit lassen sich Kabelstecker mit Autoelektrikleitungen verbinden. Die billigen Ausführungen genügen vollauf.
Metall-Bügelsäge: Sie wird zum Aufsägen verrosteter Muttern verwendet sowie zu allerlei anderen Arbeiten.

Sinnvolle Hilfsmittel

Stab-Handlampe: Sie gibt helles Licht, hat an der Rückseite einen Blendschutz und kann auch gelegentlich auf den Boden fallen, ohne gleich Schaden zu nehmen.
Drahtbürste: Sie ist unentbehrlich, wenn verrostete Schraubengewinde oder Fahrwerksteile gesäubert werden sollen.
Waschpinsel: Er leistet gute Dienste bei der Motorwäsche und zur Reinigung ölverschmierter Fahrzeugteile. Er sollte ohne Metallfassung sein.
Elektrik-Kabelverbinder: Wenn Sie sich die oben genannte Quetschzange anschaffen, sollten Sie gleich ein Sortiment der gängigen Verbinder kaufen: Flachstecker, Doppelflachstecker, schmale Flachstecker und evtl. Rundstecker.
Kabelbinder: Wenn ein Kabel oder Zug nicht lose herumbaumeln soll, nimmt man Kunststoff-Kabelbinder. Das eine Ende des Kabelbinders wird durch die Öse an seinem anderen Ende gezogen. Eine Sperrklinke verhindert das Herausrutschen, so daß eine einmal gebildete Schlaufe erhalten bleibt. Kabelbinder gibt es am billigsten im Elektronik-Laden.
Lüsterklemmen: In der Autoelektrik sind sie ein unschöner Notbehelf, aber unterwegs können sie zum Flicken eines gerissenen Betätigungszugs dienen.
Splintensortiment: Sicherungssplinte sollten grundsätzlich nur ein Mal verwendet werden. Unnötige Wege erspart eine Auswahl von Splinten in den gängigen Größen. So kommen Sie auch nicht in Versuchung, alte, geradegebogene Splinte wiederzuverwenden.
Karosserie-Dichtmasse: Sie wird gebraucht, um etwa ein Bohrloch in der Karosserie abzudichten oder ein klapperndes Teil zu beruhigen. Sie eignet sich für allerhand Improvisationslösungen unterwegs.
Handwaschmittel: Ölverschmierte Hände sind mit Seife allein kaum zu säubern. Achten Sie beim Kauf von Handwaschpaste darauf, daß sie hautschonend ist – also ohne Sandzusatz. Gut geeignet sind auch Handwaschgelees. Im Notfall können Sie auch unverdünntes Geschirrspülmittel nehmen.

Werkzeug-Aufbewahrung

Nur wenige Autobastler haben in der Garage so viel Platz, daß sie das Werkzeug an einer Steckwand säuberlich aufreihen können. Gut ist aber auch ein fünfteiliger Blech-Werkzeugkasten mit Tragegriff, den es in Kaufhäusern usw. preiswert gibt. In solch einem Kasten läßt sich das Werkzeug übersichtlich unterbringen.

Prüf- und Meßgeräte

Batteriesäureprüfer: Er gibt Aufschluß über den Ladezustand der Batterie, ist aber im Heimwerkergebrauch nur selten notwendig.
Frostschutzprüfer: Er wird zur Prüfung der Frostfestigkeit des Kühlmittels gebraucht, ist aber für den Bastler nicht unbedingt erforderlich.
Kompressionsdruckprüfer: Damit erhalten Sie Auskunft über den Zustand der Ventile, Kolben und Zylinder des Motors. Leider sind die für den Dieselmotor geeigneten Geräte in der Regel sehr teuer und lohnen sich daher für den Privatgebrauch nicht.
Reifendruckprüfer: Er ist unerläßlich zur Kontrolle des Luftdrucks bei kalten Reifen.
Motor-Kombinationstester, wie sie im Autozubehörladen angeboten werden, haben für den Diesel-Fahrer wenig Sinn. Die Meßbereiche »Schließwinkel« und »Drehzahl« können beim Dieselmotor nicht angewendet werden. Sofern sich nicht noch ein Auto mit Benzinmotor in der Familie befindet, reicht also ein Meßgerät mit Volt-, Ampere- und Ohm-Bereich völlig aus. Diese Geräte gibt es meist in Elektronikhobby-Geschäften zu kaufen.

Geeignete Meßgeräte sollten zumindest die nachfolgend genannten Meßbereiche besitzen: Voltbereich bis 20 V, Amperebereich bis 10 A, zwei Ohmbereiche, etwa 0–50 Ω und 0–50 kΩ. Achten Sie beim Kauf unbedingt auf eine ausführliche und gut verständliche Bedienungsanleitung.

Abschließend die Erklärung der einzelne Meßbereiche:

- Voltmeßbereich: Gibt Auskunft, ob überhaupt Spannung anliegt, zur Ladespannungsmessung und zur Messung der Batteriespannung.
- Amperemeßbereich: Dient zum Prüfen eines Stromkreises, wenn der Vedacht besteht, daß ein Stromverbraucher heimlich von der Batterie (Seite 162) zehrt. Bei hohen Stromstärken, die über dem Skalenendwert liegen, muß ein Meßwiderstand (Shunt) zwischengeschaltet werden.
- Ohmmeßbereich: Wird nicht nur zur reinen Widerstandsmessung gebraucht, sondern kann auch ein unterbrochenes Kabel aufspüren.

Flüssige Hilfen

Rostlöser für festgerostete Verschraubungen gibt es genügend im Angebot. Sofort wirksam ist »Caramba Rasant«.

Kaltreiniger dient zum Säubern des ölverschmierten Motors und sonstiger fettiger Fahrzeugteile. Die Reinigungsflüssigkeit gibt es in Sprühdosen oder – billiger – in Dosen oder Kanistern. Zum Lösen der Schmutzkrusten darf ein Waschpinsel nicht fehlen. Anschließend wird mit scharfem Wasserstrahl abgespritzt. Aus Gründen des Gewässerschutzes sollte die Säuberungsaktion nur über einem Benzin- oder Ölabscheider stattfinden.

Korrosionsschutzwachs für den Motorraum verhindert nach einer Motorwäsche Rostansatz. Außerdem wirkt es schmutzabstoßend.

Gummipflegespray schützt die Türdichtungen vor Ankleben oder Anfrieren im Winter.

Schraubensicherungsmittel (z.B. »VW D 6« oder »Loctite«) wird dann verwendet, wenn sich eine Verschraubung keinesfalls lösen darf. Man trägt es flüssig auf das Gewinde auf. Im festgeschraubten Zustand findet eine chemische Reaktion statt; das Sicherungsmittel füllt sämtliche Zwischenräume und wird zähhart.

Spezial-Schmierstoffe

Haushaltsöl ist dünnflüssiges Universalöl, das man überall dort verwenden kann, wo keine besonderen Schmieransprüche gestellt werden. Aber es hält Motorwärme aus. Es ist also zur Schmierung des Motorhaubenschlosses geeignet.

Graphitöl enthält den »Festschmierstoff« Graphit, der die Schmierwirkung des Öles verbessert. Am günstigsten ist eine Sprühdose, die einen feinen, aber langen Strahl versprüht.

Kupferfett, auch Heißschrauben-Compound genannt, verhindert das Festrosten von Verschraubungen, die extrem hohen Temperaturen ausgesetzt sind. Am Auto sind dies z.B. die Auspuffschrauben. Aber auch andere Schrauben und Muttern bleiben immer gängig, wenn sie mit diesem Schmierstoff behandelt wurden.

Schmierstoff-Suspensionen liegen an der Grenze zwischen Öl und Fett. Sie sind für seltener beanspruchte Gleitflächen, wie die Sitzschienen, vorteilhaft. Nach dem Auftragen bilden sie einen wachsähnlichen Schmierfilm, der erst bei Druckbeanspruchung flüssig wird und auch gegen Rost schützt; z.B. Molykote »Paste U-n« und Teroson »MO-Gleitspray«.

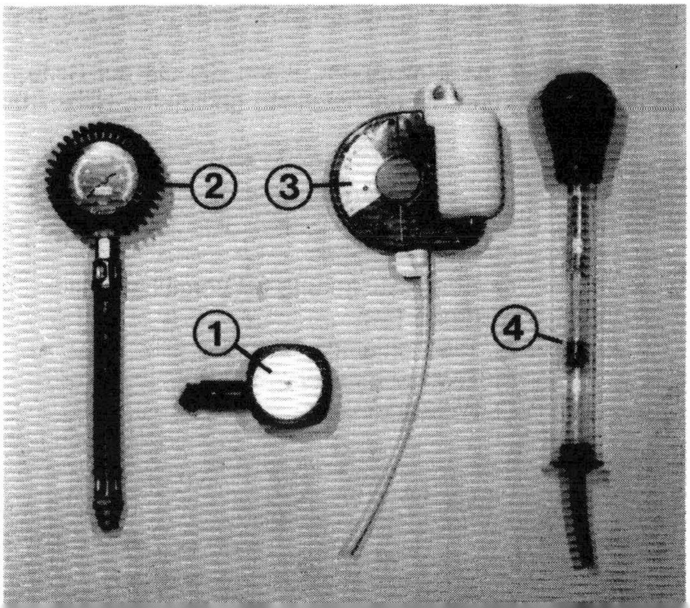

Verschiedene Meß- und Prüfgeräte: 1 – Reifendruckprüfer; 2 – Kompressionsdruckmesser für Dieselmotoren; 3 – Frostschutzprüfer; 4 – Batteriesäureprüfer.

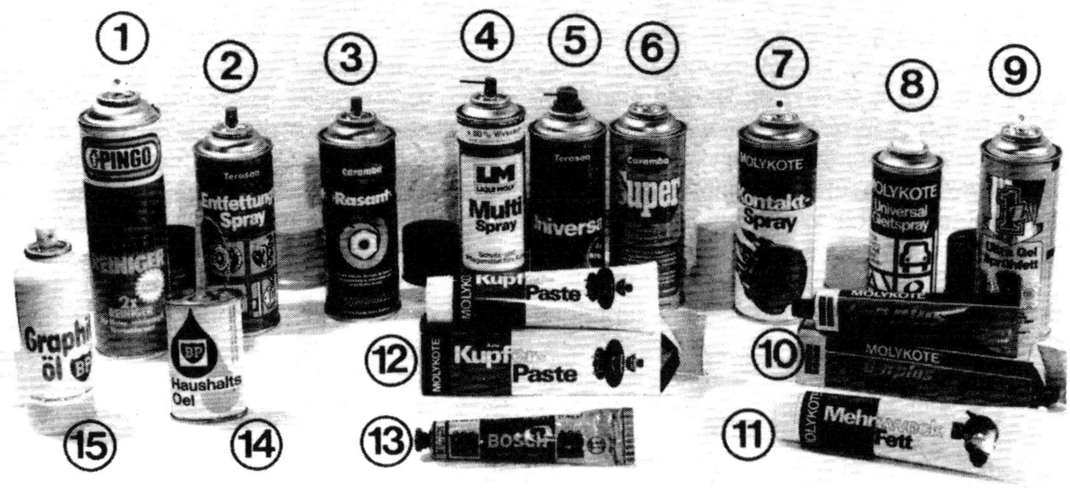

Flüssige und fette Spezialisten für den Heimwerker: 1 – Motorreiniger; 2 – Intensiv-Entfettungsspray für wasserempfindliche Teile; 3 – Schnellrostlöser; 4, 5, 6 – Mehrzwecksprays zum Rostlösen, Schmieren u.a.; 7 – Isolierspray; 8 – Gleitlack mit trockener Gleitfläche; 9 – Sprühfett mit weichem Schmierfilm; 10 – Festschmierstoff-Montagepaste; 11 – Mehrzweckfett; 12 – Kupfer-Schraubenpaste; 13 – Batterie-Polschutzfett; 14 – Haushaltsöl; 15 – Graphitölspray für schwer zugängliche Schmierstellen.

Silikonpaste, z.B. »MS 4 silicone compound« von Dow Corning/Molykote, eignet sich für viele Schmierstellen. Sie schmutzt nicht, ist hitzefest und stößt Feuchtigkeit vollkommen ab. Außerdem eignet sich die Paste zum Abdichten.
Säureschutzfett, auch Polfett genannt, ist ein gegen elektrische Ströme, Säure und Feuchtigkeit isolierender Schmierstoff für die Pflege der Batteriepole. Konkurrenzlos ist das Bosch-Säureschutzfett »Ft 40 v 1«.

Arbeitskleidung

Overall: Er sollte ausreichend weite Hosenbeine besitzen, daß man ihn auch über Schuhe und Hose anziehen kann. Wichtig sind zuknöpfbare Ärmelbünde, damit Hemd oder Pullover nicht hervorrutschen können. Außerdem sollte der Verschluß vorn verdeckt sein, damit man mit Knöpfen oder dem Reißverschluß den Autolack nicht zerkratzt.
Latzhose und ein strapazierfähiges Baumwollhemd. Diese Hose sollte ebenfalls so weite Hosenbeine haben, daß man sie über Schuhe und Hose anziehen kann.
Arbeitsmantel: Er ist besonders geeignet für unterwegs, weil man damit am schnellsten »einsatzbereit« ist.
Arbeitshandschuhe schützen vor den sonst so häufigen Hautabschürfungen, z.B. beim Lösen schwergängiger Schrauben oder Muttern. Einfache, billige Textil/Leder-Handschuhe sind sehr gut geeignet für Arbeiten, die keine gelenkigen Finger erfordern.
Arbeitsschuhe lohnen sich für den Hobby-Bastler kaum, wenn er nicht ohnehin ein Paar zu Hause stehen hat. Ziehen Sie zum Autobasteln möglichst altes Schuhwerk an, denn Benzin und Öl können die Schuhsohlen angreifen.

Ausrüstung für unterwegs

Sie sind für eventuelle Pannen auf der Strecke gut gewappnet, wenn Sie die auf Seite 8 zusammengestellte Werkzeug-Grundausstattung und die nachstehend genannten Hilfsmittel dabei haben:

- ☐ Abschleppseil oder -stange
- ☐ Arbeitshandschuhe
- ☐ Autoelektrikkabel, 1,5 mm^2
- ☐ Draht
- ☐ Ersatzglühlampen (Seite 199)
- ☐ Feuerlöscher
- ☐ Handreinigungsmittel
- ☐ Keilriemen (Seite 190)
- ☐ Klebeband
- ☐ Klebstoff (Sekundenkleber)
- ☐ Lappen
- ☐ Reservekanister, gefüllt
- ☐ Sicherungen (Seite 166)
- ☐ Starthilfekabel
- ☐ Streifensicherung für Vorglühanlage (Seite 198)
- ☐ Taschenlampe
- ☐ Taschenmesser
- ☐ Wasserkanister

Trickkiste

Eine unlösbare Verschraubung, eine abgerissene Schraube oder lediglich ungeschickte Vorbereitung der Arbeit haben schon manchen Selbsthelfer wieder von seinem Vorhaben abgebracht. In diesem Kapitel finden Sie eine Vielzahl von Tips aus unserer täglichen Praxis, die Ihnen die Arbeit erleichtern sollen.

Muttern, Schrauben und Gewinde

Verrostete Verschraubungen lösen

Bevor der Schraubenschlüssel an einer auf ihrem Gewindebolzen festgerosteten Mutter angesetzt wird, sollten Sie die freiliegenden Gewindegänge säubern. Gewinde mit Stahlbürste von Schmutz und Rost befreien. Anschließend Rostlöser aufsprühen. Bei Schnell-Rostlöser die Mutter sofort losdrehen.
Das gleiche gilt für Schrauben, die in ein eingeschnittenes Gewinde oder in der Karosserie festgeschweißte Muttern eingedreht sind. Hier ist dieselbe Vorbehandlung des freiliegenden Schraubengewindes erforderlich. Andernfalls wird der Schraubenkopf beim Loswuchten abgedreht.

Schlitz- und Kreuzschlitzschrauben lösen

Schon nach relativ kurzer Zeit können Schrauben so fest sitzen, daß sie sich nicht mehr einfach mit einem Schraubenzieher herausdrehen lassen. Bei Kreuzschlitzschrauben kommt erschwerend hinzu, daß sich der Schraubenzieher auch bei starkem Druck auf den Griff aus dem gekreuzten Schlitz herausdreht. Nach wenigen erfolglosen Versuchen ist der Kreuzschlitz »vermurkst«, und Sie stehen vor einer unlösbaren Schraube.
Wenn sich eine Schraube nicht gleich losdrehen läßt, sollten Sie einen passenden, stabilen Schraubenzieher ansetzen und dem Griffende einen kräftigen Hammerschlag versetzen. Das bricht normalerweise die mit ihrem Kopf festkorrodierte Schraube los. Sie läßt sich nun ganz normal herausdrehen.
Hilft das nichts, brauchen Sie einen Schlagschrauber. Bei jedem Hammerschlag auf die Griffoberseite des Schlagschraubers dreht dieser den Schraubenziehereinsatz unter Druck ein klein wenig weiter. Das löst praktisch jede Schraube.

Blechschrauben ausbohren

Ist in einem Schraubenkopf kein Werkzeug mehr anzusetzen, hilft nur noch Ausbohren. Erst wird mit einem entsprechend großen Bohrer der Schraubenkopf entfernt; notfalls mit einem

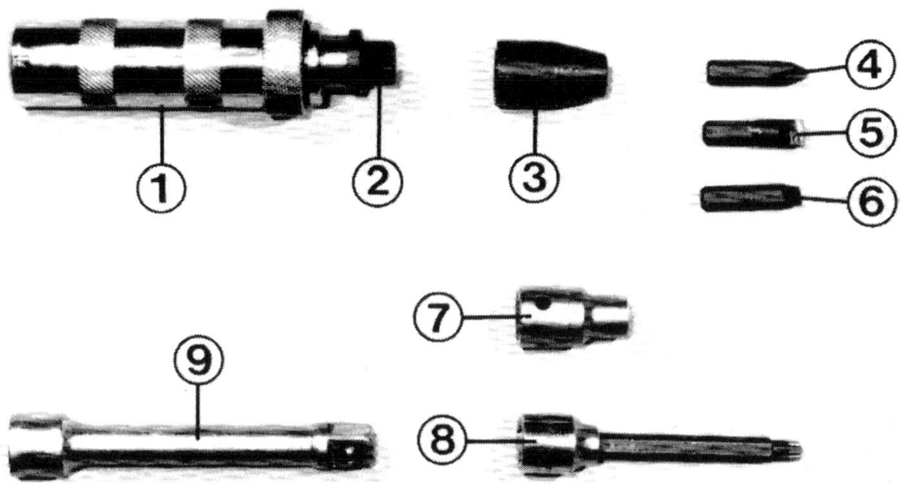

Schlagschrauber (1) mit Halbzoll-Antrieb (2). Mit dem Adapter (3) aufzustecken: 4 – Kreuzschlitz-, 5 – Schlitz- und 6 – Innensechskant-Steckeinsätze. Direkt aufgesteckt werden: 7 – Stecknüsse; 8 – Innensechskant- bzw. Innenvielzahn-Steckschlüssel; 9 – Verlängerung für Steckschlüssel.

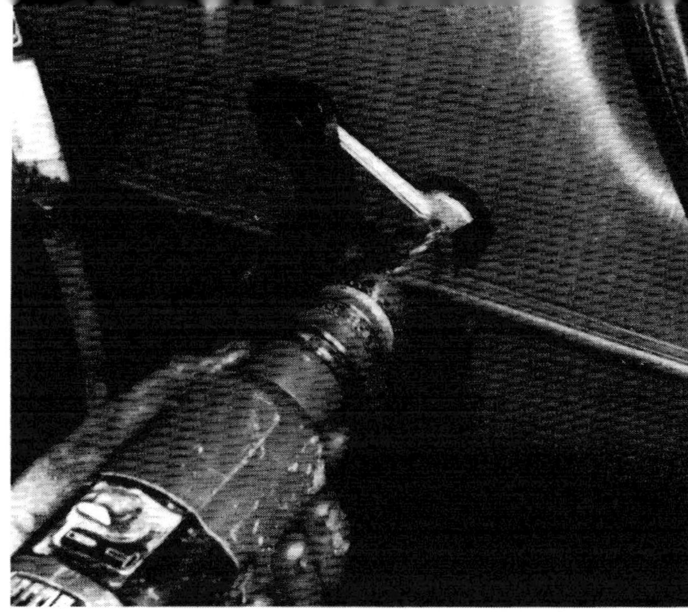

Ausbohren einer beschädigten Kreuzschlitzschraube (Pfeil).

kleineren Durchmesser vorbohren. Das Gewindeteil einer Blechschraube läßt sich jetzt entweder durchstoßen oder mit einer Zange von der Rückseite her abnehmen. Andernfalls mit einem dünnen Bohrer das Gewindeteil ausbohren. Wenn Sie hierfür einen zu großen Bohrerdurchmesser wählen, wird das Loch für die Schraube so vergrößert, daß später nur eine dickere Schraube hält.

Innensechskant- und Innenvielzahnschrauben lösen

Bei beiden Schraubenarten muß das Schraubenloch von jeglichem Schmutz gesäubert sein, ehe Sie das entsprechende Werkzeug ansetzen. Am besten geeignet zum Lösen solcher Schrauben sind Steckeinsätze mit langem Sechskant bzw. Vielzahn. Im Gegensatz zu den gebräuchlichen Winkelschlüsseln (bei denen die Kraft übrigens immer schräg ansetzt) vertragen die Steckeinsätze auch einen Hammerschlag auf der Betätigungsseite mit dem Vierkant. Der Schlag mit dem Hammer auf das Werkzeug – oder im Notfall auch direkt auf den Schraubenkopf – lockert nämlich den Sitz der Schraube ein wenig und erleichtert das Lösen. Läßt es sich nicht umgehen, mit den kleinen Winkelschlüsseln zu arbeiten, empfiehlt sich, wenn höherer Krafteinsatz nötig ist, der im Bild unten gezeigte Trick.

Schrauben an schlecht zugänglichen Stellen eindrehen

Wollen Sie eine Schraube an einer nur schwer zugänglichen Stelle eindrehen, läßt sich mit folgendem Trick vermeiden, daß die Schraube immer wieder vom Werkzeug abfällt: In den Schraubenschlitz etwas Karosseriedichtmasse ankleben oder die Schraube mit einem Klebebandstreifen am Werkzeug anheften.

Beschädigte Muttern lösen

Wenn ungeschickte Bastler die Kanten einer Mutter bereits rund gedreht haben oder wenn Rost die Anlageflächen für den Schraubenschlüssel entstellt hat, hilft nur noch Gewalt. Als erste Möglichkeit kommt eine Gripzange in Betracht. Damit läßt sich die Mutter fest greifen und oft auch losdrehen. Hilft das nicht weiter, wird ein scharfer Meißel angesetzt und die Mutter

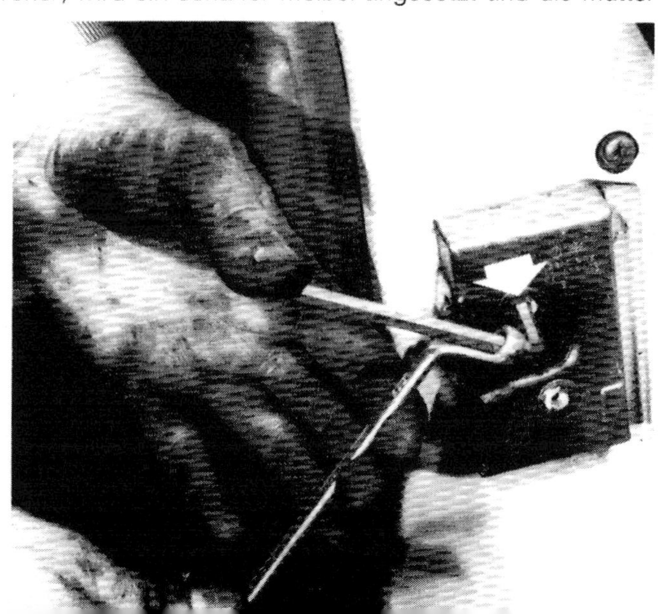

So kann eine schwergängige Innensechskant- oder Innenvielzahnschraube (Pfeil) geöffnet werden: Am abgewinkelten Schlüssel wird ein kleiner Ringschlüssel als Hebel angesetzt. Vorsicht, Winkelschlüssel schlechter Qualität können brechen.

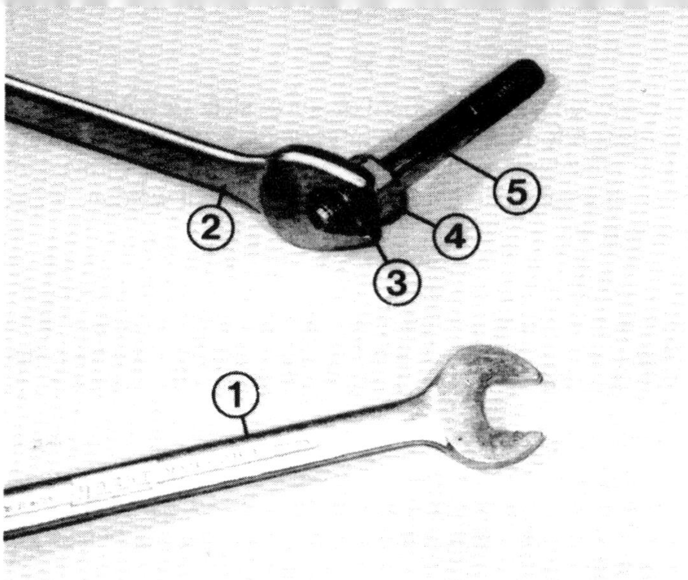

Zum Lösen eines Stehbolzens (5) zwei gleich große Muttern (3 und 4) auf dem freien Stehbolzengewinde mit den Schraubenschlüsseln (1 und 2) fest gegeneinander anziehen (kontern).

aufgemeißelt. Eine gut zugängliche Mutter kann auch entlang des Gewindes mit einer Metallsäge aufgesägt werden.
Werkstätten benutzen zum Lösen solcher Muttern einen sogenannten Muttersprenger. Für den Hausgebrauch ist das ein zu teure Anschaffung.

Selbstsichernde Muttern

Damit die Mutter auf dem Gewinde klemmt und sich auch durch Vibrationen nicht lösen kann, besitzt sie eine Einlage aus Kunststoff oder ein enger geschnittenes Gewinde. Derartige Muttern sollten grundsätzlich nur ein Mal verwendet werden, sonst ist die sichernde Wirkung dahin.

Stehbolzen lösen und festdrehen

Da ein Stehbolzen (auch Gewindestange genannt) keine Anlagefläche für einen Schraubenschlüssel besitzt, muß diese geschaffen werden. Dazu auf dem freien Gewindeteil des Bolzens zwei Muttern fest gegeneinander festdrehen (kontern). An den so blockierten Muttern den Schraubenschlüssel ansetzen und den Bolzen lösen bzw. anziehen.

Schraubengröße und Drehmoment

Schrauben und Muttern, die keinen speziellen Belastungen ausgesetzt sind, werden mit Standard-Drehmomenten angezogen. Wird die Verschraubung mit aller Kraft »angeknallt«, reißt der Gewindebolzen ab. Für die gebräuchlichsten Schrauben/Muttern-Verbindungen gelten folgende Drehmomente:

Gewindeabmessung	M 6	M 8	M 10	M 12	M 14
Drehmoment in Nm	10	25	49	85	135

Natürlich treffen die angegebenen Drehmomente nicht für Sonderschrauben zu und für Schrauben, die in Leichtmetall eingedreht werden. Die entsprechenden Drehmomente sind bei der jeweiligen Arbeit angegeben.

Fingerzeig: *Erfahrungsgemäß werden einfache Verschraubungen nach Gefühl angezogen. Gelegentlich kann es aber nicht schaden, wenn Sie Ihr Schraubgefühl anhand obiger Tabelle mit einem Drehmomentschlüssel kontrollieren.*

Abgerissene Gewindeschrauben ausbohren

Das Gegengewinde, in dem die abgerissene Schraube steckt, sollte möglichst wenig Schaden nehmen. Deshalb den Schraubenrest genau in der Mitte mit einem Körnerschlag versehen. Jetzt kann gebohrt werden: Bis zur Schraubengröße M 8 geht dies gleich mit dem sogenannten Kernlochbohrer. Das ist der Durchmesser eines »rasierten« Gewindes, also ohne Gewindeflanken. Bei den am Auto vorkommenden Verschraubungen gilt die Faustregel: Gewindedurchmesser multipliziert mit 0,8. Ein Beispiel mit Verschraubung M 6: 6 mm × 0,8 = 4,8 mm Kernlochdurchmesser. Ab M-8-Schrauben sollten Sie jedoch mit einem dünneren Bohrer vorbohren.
Die in den Gewindegängen verbliebenen Metallreste lassen sich bisweilen mit einer Reißnadel »herausoperieren«. Meist muß jedoch das Gewinde nachgeschnitten werden.

Gewinde schneiden

Das Nach- oder Neuschneiden von Gewinden geht folgendermaßen vor sich: Gewindeschneider unter ständigem Ölen in das vorgebohrte Kernloch (siehe vorangegangenen Abschnitt) hinein- und wieder herausdrehen. Um ein Abreißen des Gewindeschneiders zu vermeiden, muß beim Hineindrehen immer wieder abgesetzt und ein Stück zurückgedreht werden. Sonst werden die Metallspäne zu lang und klemmen.

Ausgerissenes Gewinde

Die in Leichtmetall eingeschnittenen Gewinde im Zylinderkopf und Getriebe reißen besonders leicht aus, da das Material eine wesentlich geringere Festigkeit hat als etwa Grauguß oder Stahl. Zur Reparatur wird in das Metall ein größeres Gewinde eingeschnitten. Wenn keine größere Schraube verwendet werden kann, muß eine Gewindebuchse eingesetzt werden, z. B. ein Heli-Coil-Einsatz.

Autoelektrik

Kabel durchziehen

Bisweilen ist eine Elektrikleitung in einen Karosserieholm zurückgerutscht oder ein neues Kabel soll in einem Holm verlegt werden. Dann benötigen Sie einen stabilen, geraden Draht, der länger ist als der Holm. Draht durch den Holm schieben, Kabel am Drahtende befestigen und mit dem Draht durch den Holm ziehen.

Die Kabelstecker

Wie an den meisten europäischen Autos finden am VW Flachstecker (auch AMP-Stecker genannt) Verwendung. Sie sind am Kabelende lediglich aufgequetscht und stellen eine stabile Verbindung zur zugehörigen Steckerzunge dar.

Kabelstecker nachbiegen

Damit wieder fester Sitz gewährleistet ist, werden ausgeleierte Kabelstecker ein wenig nachgebogen. Dabei nicht an den halbrunden Klammern biegen, sondern die kleine Blechzunge an der Rückseite des Steckers mit einem zierlichen Schraubenzieher etwas nach innen drücken.

Kabelstecker anbringen

Der entsprechende Stecker wird auf das blanke Kabelende gesteckt und mit einer Zange festgequetscht. Dazu eignet sich eine Flach- oder Kombizange nur bedingt. Besser ist eine Elektrik-Quetschzange, mit der außerdem Kabel von ihrer Isolierung befreit werden können.

Mehrfachstecker trennen

Oft sind mehrere Flachstecker zu einem Mehrfachstecker zusammengefaßt. Dann kann ein einzelner Stecker nur herausgezogen werden, wenn die Haltezunge des Kabelsteckers mit einem feinen Schraubenzieher zurückgebogen wird. Dazu von der Anschlußseite her (nicht von der Kabelseite aus) den Schraubenzieher zwischen die flache Seite des Steckers und das Kunststoffteil schieben und gleichzeitig den Stecker am Kabel nach hinten herausziehen.

Werkzeug instand halten

Schraubenzieher müssen eine gerade und am Ende der Spitze leicht abgestumpfte Klinge haben. Wurden sie zwischenzeitlich als Meißel mißbraucht oder sind Ecken ausgebrochen, können sie nachgeschliffen werden. Hierbei die Klingenflächen parallel zueinander schleifen. Eine spitz zulaufende Klinge dreht sich aus dem Schraubenschlitz – hohe Verletzungsgefahr. Beim Schleifen den Schraubenzieher immer wieder in Wasser abkühlen. Verfärbt sich die Schraubenzieherspitze plötzlich blau, ist sie ausgeglüht. Das verändert ihr Metallgefüge, und sie ist nicht mehr hart genug.

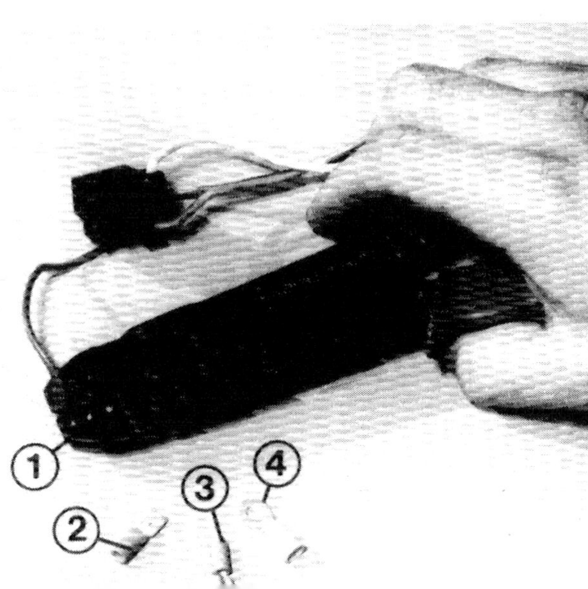

So werden Kabel-Quetschverbindungen mit der Spezialzange (1) angebracht. An Quetschverbindungen stehen zur Auswahl: 2 – Steckerzungen; 3 – Stecker; 4 – Ösen. Diese Teile sind für unterschiedliche Kabelstärken erhältlich.

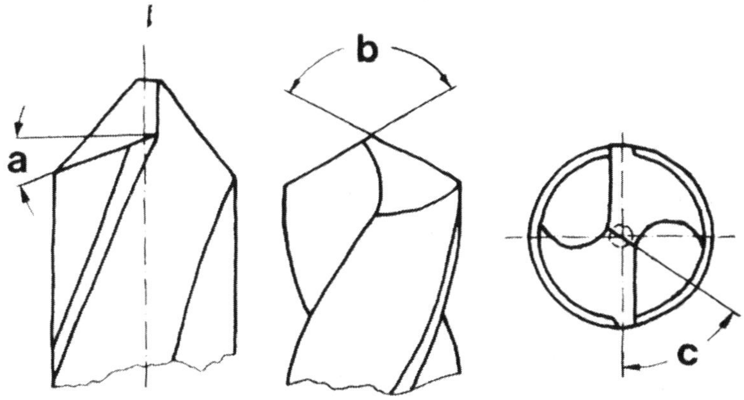

Ein richtig geschliffener Stahlbohrer muß folgende Winkel aufweisen: a – Querschneidwinkel 55°; b – Spitzenwinkel 116–120°; c – Freiwinkel 6–9°.

Hammer: Sein Stiel muß absolut fest im Metall stecken, um Verletzungen durch einen unversehens losfliegenden Hammerkopf zu vermeiden. Bei einem Hammer mit Holzstiel muß ein Sicherungskeil im Stiel sitzen.
Meißel: Durch die Schläge mit dem Metallhammer bildet sich bei fortgeschrittener Benutzung oben am Schaft des Meißels eine »Krone« aus dicken Metallspänen. Die müssen regelmäßig abgeschliffen werden, sonst sind Verletzungen möglich.
Bohrer: Sie werden zwangsläufig mit dem Gebrauch stumpf. Dann drücken sie statt zu schneiden. Dadurch werden sie zu heiß, glühen aus und werden unbrauchbar. Man kann Bohrer nachschleifen, doch das ist Übungssache und erfordert viel Geschick. Richtig geschliffene Bohrer weisen ganz bestimmte Winkel an den Schneiden auf, siehe Zeichnung oben. Einfacher geht es mit einem Bohrerschleif-Vorsatz für die Bohrmaschine. Wichtig beim Bohrerschleifen: Während des Schleifens muß er immer wieder in Wasser abgekühlt werden.

Arbeitsvorbereitungen

Säubern Sie zuerst den Arbeitsplatz. Schrauben und Teile von früheren Zerlegarbeiten sollten unbedingt weggeräumt werden, damit Sie nichts Falsches wieder einbauen.
Abgenommene Teile legt man sinnvollerweise in der Ausbaureihenfolge ab. Das erleichtert den Zusammenbau. Kleinteile packt man sicherheitshalber in kleine Schachteln bzw. Gläser, oder man dreht nach dem Ausbau die Schrauben gleich wieder in das zugehörige Gewinde. So werden ganz sicher keine Schrauben verwechselt.

Funktionskontrolle

Nach beendeter Reparatur prüft man zuerst, ob noch irgendwelche Teile herumliegen, die zum Auto gehören. Dann ein prüfender Blick auf die Reparaturstelle: Ist dort alles am rechten Fleck? Dann wird die Funktion geprüft.
Stimmt mit der Reparatur scheinbar etwas nicht oder tritt gar ein neuer Defekt auf? Kontrollieren Sie zuerst die gesamte Umgebung der Reparaturstelle am Fahrzeug. Möglicherweise wurde versehentlich ein Kabel abgerissen oder ein Rücklaufschlauch an den Einspritzdüsen abgezogen. Der klassische Fall, wenn der Motor nicht mehr anspringt: Man hat vergessen, das Kabel am Absteller der Einspritzpumpe anzuschließen (siehe Seite 96 bzw. 100).

Unfallverhütung

Wagen immer absichern, auch wenn Sie nur kurz an der Unterseite arbeiten wollen.
Schutzbrille verwenden, wenn Metall geschliffen oder gemeißelt wird.
Schweißbrille aufsetzen, auch wenn Sie beim Schweißen nur zusehen.
Augen sofort ausspülen, wenn sie mit ätzenden Flüssigkeiten (z. B. Bremsflüssigkeit) benetzt wurden. Zum Spülen eignen sich neben klarem Wasser alle »harmlosen« Flüssigkeiten, wie Sprudel, Limonade, Milch, Bier etc.
Brems- oder Kupplungsbelagabrieb: Die Asbestanteile in neuen Belägen sind krebsfördernd. Der Abrieb ist dagegen praktisch ungefährlich durch die thermische und mechanische Umwandlung. Dennoch sollten Sie den Abriebstaub nicht unnötig einatmen.
Lösungsmitteldämpfe sind leicht entzündlich. Deshalb nicht rauchen und kein offenes Feuer, wenn mit Verdünnung gearbeitet wird. Weiterhin sind Dämpfe von Kunstharz oder der Säurenebel der Batterie leicht entzündlich!
Batterie abklemmen, wenn an den Bauteilen der Fahrzeugelektrik gearbeitet wird. Die unbeabsichtigte Berührung eines ständig spannungsführenden Kabels mit der Fahrzeugmasse kann einen Kabelbrand zur Folge haben.
Feuerlöscher: Ist er in der Nähe des Arbeitsplatzes griffbereit?
Kleine Verletzungen sofort desinfizieren und verpflastern, damit kein Schmutz in die Wunde gerät. Wann war Ihre letzte Wundstarrkrampf-Impfung?

Seinen Teil beitragen

Manche Reparatur endet mit einem teilweise zerlegten Auto und einem verärgerten Besitzer, weil er nicht alle benötigten Teile rechtzeitig eingekauft hat.

Welche Teile brauchen Sie?

Stellen Sie zuallererst zusammen, was an Ersatzteilen gebraucht wird. Dabei ist besonders wichtig, daß Sie nicht nur an die direkt betroffenen Teile denken, sondern auch an Dichtungen, Sicherungsringe, selbstsichernde Muttern usw. Der Mann im Ersatzteillager ist gewöhnlich mit diesem Problem vertraut und sucht Ihnen die zusätzlich erforderlichen Teile mit heraus.
Reparaturen, deren tatsächlicher Umfang sich erst im Lauf der Zerlegung herausstellt, sollten Sie zeitlich so legen, daß Sie im Notfall die benötigten Teile noch im Ersatzteillager erhalten. Nur manche Werkstätten verkaufen auch samstags Teile, und dann nur am Morgen; entsprechend ist der Andrang der Autobastler. Beachten Sie aber, daß auch im Ersatzteillager der Werkstatt nicht alle Teile vorrätig sind. Weniger gängige Teile müssen erst bestellt werden, was einen oder zwei Tage in Anspruch nehmen kann.

Das richtige Ersatzteil

Im Lauf der Produktionszeit des Golf und Jetta haben sich viele Ersatzteile im Detail geändert und passen deshalb vielfach nicht für neuere Baujahre. Deshalb müssen Sie zum Teilekauf Fahrgestellnummer und ggf. Motornummer parat haben.
Überzeugen Sie sich noch im Ersatzteillager, ob Ihnen das richtige Teil ausgehändigt wurde – auch wenn der Lagerist noch so kritisch dreinschaut. Den besten Vergleich haben Sie natürlich, wenn Sie das ausgebaute Altteil gleich mitgebracht haben.

Original-V.A.G.- oder Fremdteile verwenden?

Sämtliche Teile, aus denen der VW besteht, erhalten Sie im V.A.G.-Teilelager. Aber Sie müssen nicht ausschließlich dort einkaufen.
Manche Teile werden von denselben Herstellern, die das VW-Werk beliefern, in gleicher

Motoröl, Frostschutz, Batterien usw. gibt es besonders preiswert im Autozubehörhandel oder in der entsprechenden Warenhaus-Abteilung. Spezielle Bauteile für den Golf bzw. Jetta sollten Sie dagegen im V.A.G.-Teilelager erwerben.

Qualität über Zubehörhandel oder Warenhäuser vertrieben. Ein typisches Beispiel sind Glühkerzen, die ohne V.A.G.-Verpackung wesentlich billiger sind.

Lieferprogramm des Zubehörhandels

Beispielsweise folgende Teile können Sie dort erwerben: Anlasser, Bremsleitungen, Bremsschläuche, Filter, Gelenkwellen, Glühkerzen, Glühlampen, Hauptbremszylinder, Keilriemen, Kupplung komplett, Lack, Lichtmaschine, Motordichtungen, Radbremszylinder, Reparaturbleche, Scheinwerfer, Stoßdämpfer und vieles mehr.

Vorsicht bei Bremsbelägen und Auspuffanlagen

Für die richtige Bremskraftverteilung auf die Vorder- und Hinterräder ist die Mischung des Bremsbelagmaterials entscheidend. Die Kennummer dieser Mischung ist in der »Allgemeinen Betriebserlaubnis« (ABE) des VW festgehalten und darf nicht verändert werden. Falls das Fahrzeug nach einem schweren Unfall begutachtet wird und sich dabei eine nicht freigegebene Belagsorte herausstellt, kann sich dies zu Ihren Ungunsten auswirken.
Auch bei Auspuffanlagen ist Vorsicht geboten. Sie sind in Deutschland nur dann zugelassen, wenn sie eine ABE besitzen. Dann steht auf dem Schalldämpfer beispielsweise »ABE-Nr. KBA 20150«. Kontrollieren Sie das, denn mit einem Auspuff ohne Betriebserlaubnis gibt es Ärger beim TÜV.

Ersatzteile neu oder im Austausch?

Preiswerter als ein fabrikneues Teil ist ein gebrauchtes, aber neu aufbereitetes. Die im VW-Werk Kassel gefertigten Austauschteile sind in der Qualität einem Neuteil gleichzusetzen, und sie werden mit gleicher Garantie geliefert. Es gibt:
Anlasser, Automatikgetriebe, Bremsbacken für Trommelbremsen, Einspritzdüsen, Einspritzpumpe, Gelenkwellen, Getriebe, Kupplungs-Druckplatte, Kupplungs-Mitnehmerscheibe, Kurbelwelle mit Lagern, Lichtmaschine, Motor komplett, Scheibenbremssättel, Scheibenwischermotor, Schwungrad, Teilmotor, Turbolader, Unterdruckpumpe für Bremskraftverstärker, Wasserpumpe, Zylinderblock mit Kolben, Zylinderkopf.

Austauschteile anderer Hersteller

Auch der Zubehörhandel bietet eine Reihe von Austauschteilen an, darüber hinaus auch Bosch über seine Autoelektrik-Werkstätten.
Bei einem Motorschaden ist es interessant zu wissen, daß sich manche Firmen auf die Motorinstandsetzung spezialisiert haben und teilweise auch Motoren bzw. Teilmotoren im Tausch anbieten. Vertrauenswürdige Unternehmen haben sich im Verband der Motorinstandsetzungsbetriebe e. V., Goldene Pforte 1, 5800 Hagen, zusammengeschlossen. Dort können Sie ein Anschriftenverzeichnis anfordern.
Für die Instrumente im Armaturenbrett gibt es von VDO und Moto Meter einen Reparaturdienst. VDO unterhält eigene Werkstätten, Anschriften erhalten Sie von VDO Adolf Schindling AG, Postfach 6140, 6231 Schwalbach. Die MotoMeter AG, Postfach 346, 7250 Leonberg 1, liefert Instrumente im Austausch.

Gebrauchte Ersatzteile

Wer bei einem Autoverwerter gebrauchte Ersatzteile für seinen VW kauft, spart möglicherweise einiges Geld. Zuvor sollten Sie allerdings in Erfahrung bringen, was das gesuchte Teil neu kostet. Sonst zahlen Sie möglicherweise zu viel. Das gebrauchte Teil darf allenfalls halb so teuer wie das Neuteil sein. Ein Verschleißteil darf nicht mehr als ein Viertel des Neupreises kosten. Gebrauchte Verschleißteile lohnen sich nach unseren Erfahrungen ohnehin nur dann, wenn das Fahrzeug bald verkauft werden soll. Falls das entsprechende Ersatzteil bei der Autoverwertung noch im Wagen eingebaut ist, sollten Sie vor dem eigenhändigen Ausbau den Preis klären. Manche Schrotthändler haben eigenartige »Tagespreise«, und es kann eine böse Überraschung geben.
Überprüfen Sie, ob das Gebrauchtteil wirklich besser ist als das bisher im Wagen eingebaute. Kontrollieren Sie außerdem, ob es tatsächlich an Ihrem eigenen VW paßt, denn im Lauf der Modellpflege wurden zahlreiche Änderungen vorgenommen, und ältere Teile sind nicht immer austauschbar gegen neuere.
Gelegentlich erhält man auch bei einer V.A.G.-Werkstatt gebrauchte Teile aus einem ausgeschlachteten Unfallwagen. Fragen Sie ruhig einmal nach.

Platzanweiser

Nicht jeder Platz eignet sich für die Pflege und Wartung des VW. Auf einer Wiese oder auf Rasen bleiben nicht nur Spuren zurück, sondern auch versehentlich heruntergefallene Teile unauffindbar. Ohnehin ist weicher Untergrund untauglich, wenn man sein Fahrzeug aufbocken will.

Der Pflegeplatz

Am günstigsten ist natürlich eine Garage, die ausreichend breit und gut beleuchtet ist. Bei warmem, trockenem Wetter eignet sich genauso eine ebene Fläche mit festem Boden im Freien. Vor der Arbeit sollten Sie den Arbeitsplatz natürlich sauberkehren, damit Sie sich weder im Schmutz herumwälzen müssen noch Schrauben sich unter Blättern verstecken können.
Vorsicht mit Kraftstoff und Öl auf Asphalt. Diese Flüssigkeiten greifen dessen Oberfläche an. Außerdem wird Asphalt bei sommerlichem Sonnenschein weich, was unschöne Löcher von Hebe- und Abstützwerkzeugen hinterläßt.
Falls sich ein Wasserablauf in der Nähe befindet, sollten Sie ihn während der Arbeit abdecken, sonst verschwinden garantiert Kleinteile darin.
Falls Ihnen eine Montagegrube zur Verfügung steht, gilt es folgendes zu beachten: Lösungsmittel- und andere Dämpfe können sich in einer schlecht belüfteten Grube sammeln. Vorsicht mit offenem Feuer und beim Rauchen! Ebenso sammeln sich die Auspuffgase in der Grube – bei laufendem Motor herrscht also Vergiftungsgefahr.

Fingerzeig: *Nicht selten bleiben nach der Arbeit Ölspuren auf dem Boden zurück. Dagegen hilft fürs erste ein scharfer Haushaltsreiniger oder Geschirrspülmittel. Besser sind spezielle Ölfleck-Entferner, wie sie z. B. von der Take GmbH, Trumppstraße 2, 8000 München 50 angeboten werden.*

Wagen immer abstützen!

Wagenheber sind – wie ihr Name schon sagt – nur dazu da, das Fahrzeug anzuheben. Das gilt für den Bordwagenheber, Scherenwagenheber, hydraulischen Stempelwagenheber und Rangierwagenheber. Sie sind keinesfalls eine ausreichende Abstützung für Arbeiten an der Wagenunterseite. Lassen Sie es auch in der größten Eile nie an der fachgerechten Abstützung des aufgebockten Fahrzeugs fehlen. Sonst kann die eigenhändige Reparatur das Leben kosten.
Zum richtigen Abstützen gehört natürlich auch das Unterlegen der Räder mit Steinen oder Holzkeilen, damit der Wagen beim Anheben nicht wegrollen kann.

Womit abstützen?

Hohlblocksteine haben sich als preisgünstige Abstützmöglichkeit erwiesen. Sie dürfen allerdings nicht feucht oder rissig sein, sonst könnten sie unter Belastung in sich zusammenbrechen. Zwischen Stein und Karosserie muß ein Brett gelegt werden, damit sich die Last gleichmäßig über den ganzen Stein verteilen kann. Der Hohlblockstein selbst muß mit den Öffnungen senkrecht auf ebenem und tragfähigem Grund (Beton oder Asphalt) stehen. Ungeeignet ist weicher Boden oder Rasen.
Unterstellböcke stellen eine ideale Ergänzung zum Rangierwagenheber dar. Bei allen anderen Hebern – aber auch bei seitlich angesetztem Rangierheber – besteht allerdings die Gefahr, daß der auf der gegenüberliegenden Seite angesetzte Dreibeinbock einfach zur Seite weggedrückt wird. Am günstigsten steht der Bock, wenn eines seiner Beine nach außen und zwei zur Wagenmitte hin zeigen. Beachten Sie beim Kauf, daß die Böcke keine zu kleine Standfläche haben sollten.

Kontrollieren Sie beim Ansetzen eines Unterstellbocks, ob das Blech nirgendwo eingedrückt werden kann. Günstig ist ein zusätzlich eingelegtes Kantholz, wie im Bild unten gezeigt.
Auffahrrampen sind die schnellste Aufbockmöglichkeit, da kein Wagenheber gebraucht wird. Auch steht der Wagen dann absolut sicher. Wichtig ist, daß die Rampen einerseits eine genügend hohe seitliche Absicherung und nach vorn einen Überfahrschutz haben, andererseits aber auch von einem Fahrzeug mit Frontspoiler befahren werden können. Als zusätzliche Sicherung des Wagens sollte in der Standfläche eine Mulde für die Räder vorhanden sein. Die billigen Ausführungen genügen diesen Anforderungen oft nicht.

Wagenheber

Wagenheber gibt es für jeden Geldbeutel und Einsatzzweck. Hier die verschiedenen Typen:
Bordwagenheber: Er nützt bei einem alten Fahrzeug, dessen Türschweller bereits vom Rost geschwächt sind, nichts mehr. Im übrigen sollten Sie immer ein kleines Brett unterlegen, damit sich der Wagenheberfuß nicht in den Untergrund drücken kann.
Scherenwagenheber: Hiervon ist nur eine stabile Ausführung ratsam. Solch ein Wagenheber bewährt sich bei einem Fahrzeug, dessen Karosserie an den Anhebepunkten schon etwas morsch ist. Man kann den Scherenwagenheber dann etwas weiter zur Karosseriemitte hin ansetzen. Allerdings sollte dann die Kurbel lang genug und leicht einzuhängen sein.
Hydraulischer Stempelwagenheber: Er ist schon preiswert zu haben. Der entscheidende Vorteil ist, daß der Wagen sehr schnell angehoben wird. Vor dem Kauf sollten Sie allerdings die Hubhöhe kontrollieren. Bei einer zu kurzen Ausführung werden die Räder nicht weit genug vom Boden abgehoben. Ein zu hoher Heber läßt sich erst gar nicht am Wagenboden ansetzen.
Rangierwagenheber: Wenn Sie sich zu dieser Anschaffung entscheiden, sollten Sie einen Heber mit zusätzlichem Fußpedal zum Hochpumpen kaufen. Für den Heimwerker gut geeignet ist ein kurzer, kleiner Rangierheber, der sich leicht verstauen läßt. Beachten Sie aber, daß sich ein Heber mit zu kleinen Rädern unter Last nicht mehr bewegen läßt. Auch sollte die Deichsel so befestigt sein, daß sich der angehobene VW wirklich rangieren läßt.

Die Mietwerkstatt

Steht Ihnen zu Hause oder im Bekanntenkreis kein geeigneter Platz zum Autobasteln zur Verfügung oder muß im Winter bei Eiseskälte im Freien geschraubt werden? Dann sollten Sie sich in einer Mietwerkstatt einquartieren. Dort gibt es Hebebühnen, Gruben sowie teilweise auch Spezialwerkzeug, und die Arbeitsräume sind winters beheizt. Mit freien Plätzen in der Mietwerkstatt ist unter der Woche eher zu rechnen als am Wochenende, wenn alle Autobastler zum Werkzeug greifen.
Die Rechnung muß aber auch in der Mietwerkstatt stimmen; Sie müssen Ihre Zeit scharf kalkulieren. Nur wenn die Arbeit flott von der Hand geht und evtl. ein Helfer mitarbeitet, lohnt sich die Eigenarbeit. Wenn Sie eine umfangreiche Reparatur erstmals selbst ausführen, kann das Experiment durch die Summe der angesammelten Stunden teurer werden als der Arbeitspreis in der Fachwerkstatt.
Mietwerkstätten existieren oft ziemlich im Verborgenen, vor allem in kleineren Städten. Bisweilen haben solche Hobby-Werkstätten auch nur ein kurzes Leben. Achten Sie bei der Suche auf entsprechende Anzeigen im Autoteil der Tageszeitung bzw. in Anzeigenblättern oder fragen Sie andere Autobastler bzw. bei Ihrer Stamm-Tankstelle.

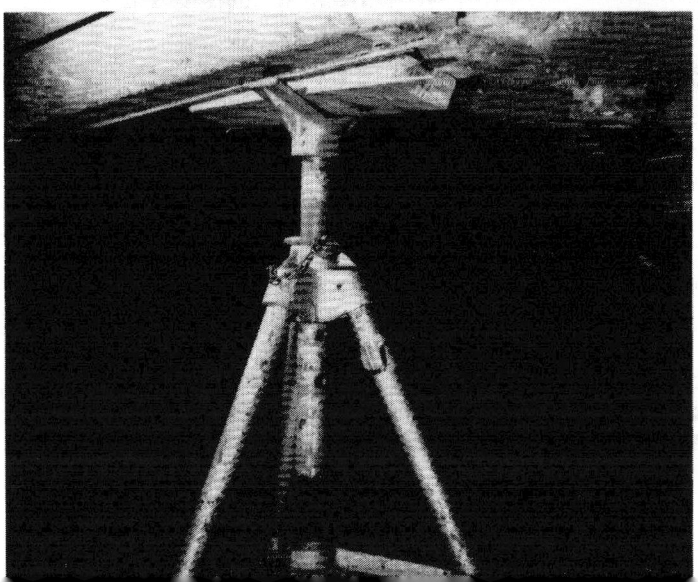

Der Unterstellbock wurde hier mit einem lastverteilenden Kantholz angesetzt, damit keine Dellen ins Blech gedrückt werden.

Alles geregelt

Damit Sie zu unserem **Wartungsplan** während der Arbeit nicht ständig zurückblättern müssen, haben wir ihn **in der hinteren Umschlagseite innen** abgedruckt. So haben Sie ihn ständig vor Augen und können die Arbeiten Punkt für Punkt erledigen.
Ganz zu Anfang finden Sie eine Anzahl von Arbeiten unter der Überschrift »Ständige Kontrollen«. Diese Wartungspunkte lassen sich in kein Kilometerintervall pressen.

Verschiedene Wartungs-Intervalle

Mit Einführung des Modelljahrgangs 1986 – also im August 1985 – wurde für die Personenwagen von VW und Audi ein neuer Wartungsplan vorgestellt. Während zuvor die Wartungsaufenthalte nach der Kilometerzahl bzw. Betriebsdauer vorgeschrieben wurden, orientiert man sich bei den seit 8/85 gebauten Wagen vornehmlich nach Zeitintervallen.
Natürlich wurden neue Namen gefunden: Während vorher »Regel-« und »Zwischen-Service« anstanden, heißen die Kinder nun »Inspektions-« und »Ölwechsel-Service«.
Vergleicht man beide Wartungspläne, so stellen sich für unsere Diesel-Versionen keine allzu großen Abweichungen heraus. Auch unterscheiden sich die Diesel-Fahrzeuge seit 8/85 lediglich durch die selbstnachstellende Ventilbetätigung von den Vorgänger-Modelljahren.
Für unseren Wartungsplan hier im Buch wurde daher eine »Mischversion« gewählt, die Positives aus beiden Wartungsanweisungen verbindet.

Zeit- oder Kilometer-Intervalle benutzen?

In unserem Wartungsplan lassen wir bei den Haupt-Servicearbeiten die Wahl zwischen Zeit- und Kilometer-Intervallen. Sinn dieser Aufteilung ist folgender: Wer nur auf durchschnittliche Jahresfahrleistung (10000 bis 20000 km) kommt, führt pro Jahr zweimal einen 7500- und einmal einen 15000er-Service durch. Am günstigsten ist es, den Ölwechsel-Service auf Frühjahr und Herbst zu legen. Vielfahrer orientieren sich dagegen nach den angegebenen Kilometerständen.

Wer soll was machen?

Fast alle Wartungsarbeiten am VW Diesel können Sie selbst ausführen. Das entsprechende Wissen hierzu liefert unser Handbuch. Wenn dennoch Werkstatt oder Tankstelle den einen oder anderen Wartungspunkt rationeller erledigen können, so haben wir das im Wartungsplan vermerkt. Die »Selbsthelfer-Ampel« weist Ihnen dabei den richtigen Weg:
Grün: Freie Fahrt für den Selbsthelfer. Diese Arbeit können Sie mit den Kenntnissen aus diesem Buch fachgerecht durchführen und Geld sparen.
Gelb: Die Arbeit ist zwar nicht schwierig, doch es fehlen meist die nötigen Einrichtungen. In diesem Fall sind Sie an der Tankstelle am besten aufgehoben.
Rot: Halt, hier lassen Sie am besten die Werkstatt ran. Spezielle Werkzeuge oder Meßgeräte sind erforderlich. Der Aufwand an Eigenarbeit lohnt sich nicht, weil die Werkstatt wesentlich schneller arbeitet oder weitergehende Kenntnisse erforderlich sind.

Einschränkungen innerhalb der Garantiezeit

Solange Ihr Wagen noch jünger als ein Jahr ist oder wenn ein Austauschmotor eingebaut wurde, verlangt das Werk, daß die entsprechenden Wartungsarbeiten termingerecht in einer V.A.G.-Werkstatt erledigt werden. Andernfalls können auch berechtigte Garantieansprüche abgelehnt werden.
Wer von der ab Modelljahr 1986 gewährten »Mobilitätsgarantie« profitieren will, die u.a. kostenloses Abschleppen und Erstattung der Mietwagenkosten bzw. einer möglicherweise notwendigen Übernachtung umfaßt, muß sein Fahrzeug ebenfalls regelmäßig zum Ölwechsel bzw. zur Inspektion in die V.A.G.-Werkstatt bringen.

Motorraumbild Dieselmotor

Ökonom

Hier werfen wir einen Blick in den Motorraum eines Golf mit Saugdieselmotor: 1 – Kraftstoffilter; 2 – Öleinfülldeckel; 3 – Luftfiltergehäuse; 4 – Bremskraftverstärker; 5 – Vorratsbehälter für Bremsflüssigkeit; 6 – Ausgleichsbehälter für Kühlflüssigkeit; 7 – Scheibenwaschwasserbehälter; 8 – Ansaugluftschlauch; 9 – Zahnriemen-Abdeckung; 10 – Einspritzpumpe; 11 – Ölpeilstab; 12 – Unterdruckpumpe für Bremskraftunterstützung; 13 – Kühler; 14 – Kupplungszug; 15 – Batterie.

Motorraumbild Turbodiesel

Windkraftwerk

Der Motorraum eines Golf mit Turbodieselmotor zeigt: 1 – Kraftstoffilter; 2 – Öleinfülldeckel; 3 – Luftschlauch zum Turbolader; 4 – Druckregelventil für Kurbelgehäuse-Entlüftung; 5 – Ölleitung zum Turbolader; 6 – Bremskraftverstärker; 7 – Vorratsbehälter für Bremsflüssigkeit; 8 – Kühlmittelausgleichsbehälter; 9 – Scheibenwaschwasserbehälter; 10 – Luftfiltergehäuse; 11 – Zahnriemenabdeckung; 12 – Einspritzpumpe; 13 – Ladedruckanreicherung der Einspritzpumpe; 14 – Ölpeilstab; 15 – Unterdruckpumpe für Bremskraftunterstützung; 16 – Kupplungszug; 17 – Kühler; 18 – Batterie.

Schmiergelder

Hauptaufgabe des Öls ist natürlich die Schmierung der Gleitflächen und Lager, aber das Schmiermittel dient auch zur Feinabdichtung der Kolbenringe. Des weiteren muß es Reibungs- sowie Verbrennungswärme abführen. Und nicht zuletzt müssen Abrieb und Schmutz gebunden werden, damit sie sich nicht Motorinnern ablagern.

Motorölstand prüfen

Ständige Kontrolle

Zum Ölpeilstab sollten Sie nach jeder zweiten Tankung greifen. In der Einfahrzeit oder bei einem älteren Motor mit erhöhtem Ölverbrauch erfolgt die Kontrolle sicherheitshalber schon bei jedem Volltanken. Der Peilstab sitzt vorn am Motor in Höhe der Einspritzpumpe (siehe Bild unten).

- Wagen auf waagrechtem Untergrund abstellen.
- Nach dem Abstellen des vorher warmgefahrenen Motors mindestens fünf Minuten warten, damit alles Öl in die Ölwanne abtropfen kann. Besser ist die Kontrolle vor dem ersten Start bei noch kaltem Motor.
- Peilstab ziehen, mit sauberem, fusselfreien Lappen oder Papiertuch abwischen, bis zum Anschlag wieder hineinschieben, kurz warten und erneut herausziehen.
- An der Peilstabspitze können Sie nun den Ölstand ablesen.
- Reicht die Schmiermittelmenge nur noch bis zur unteren Markierung, muß Motoröl nachgefüllt werden.

Fingerzeige: *Wenn Sie über den Ölverbrauch Ihres VW ganz genau Buch führen wollen, sollten Sie immer an derselben Stelle messen; am besten vor dem ersten Start. Sie brauchen dann nicht einmal den Peilstab abzuwischen, da über Nacht aller Schmiersaft in die Ölwanne zurückgetropft ist.*
Lassen Sie sich nicht vom verkaufstüchtigen Tankwart verunsichern: Beim Dieselmotor wird das Motoröl schon nach kurzer Laufzeit dunkel. Es hält anfallenden Schmutz, Ruß und Abrieb in der Schwebe. Es ist jedoch kein Zeichen, daß das Öl gewechselt werden müßte.

Öl nachfüllen

Die Ölmenge zwischen oberer und unterer Peilstabmarke beträgt bei unseren Motoren **1 Liter**. Unter die untere Marke sollte der Ölstand nicht fallen. Ein Viertelliter zu wenig ist für den Motor

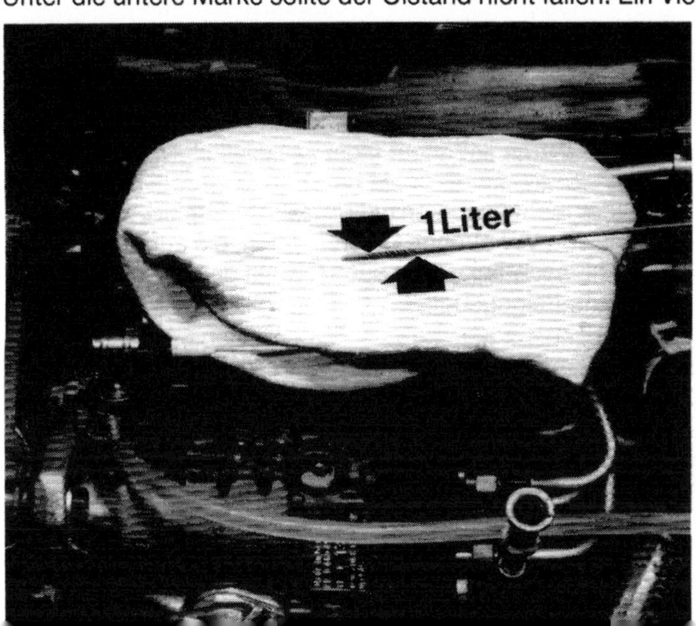

Innerhalb der geriffelten Fläche (Pfeile) muß sich der Ölstand abzeichnen. Ist das Niveau an der unteren Markierung angelangt, läßt sich 1 Liter Öl nachfüllen.

noch nicht gefährlich. Fehlt mehr Öl und wird der VW scharf gefahren, kann der Öldruck gefährlich abfallen, was bei einem Wagen mit dynamischer Öldruckkontrolle (siehe Seite 217) durch den Warnsummer auch sofort anzeigt wird.
Unsinnig ist aber auch zu viel Schmiermittel im Motor. Es wird verstärkt bei hohen Drehzahlen über die Kurbelgehäuse-Entlüftung in die Ansaugkanäle geblasen.
Bei welchem Ölstand Sie nachfüllen sollten, hängt von Ihrer Fahrweise ab:
□ Bei gemäßigtem Fahrstil genügt Nachfüllen, wenn das Niveau an der unteren Peilstabmarke angelangt ist.
□ Für scharfe Fahrweise empfiehlt sich Auffüllen, wenn der Ölstand im unteren Drittel oder Viertel zwischen den beiden Peilstabmarken steht. Die etwas größere Ölmenge kann die Kühlungsaufgaben besser erfüllen.

Fingerzeig: *Öl wird selten in Halbliter-Dosen verkauft, sondern in Liter-Dosen, die sich nicht wieder verschließen lassen. Wenn Sie preisgünstiges Öl in größeren Gebinden gekauft haben, sollten Sie einen kleinen, mineralölbeständigen Kanister abfüllen und im Kofferraum festzurren, damit er beim Fahren nicht umhergeschleudert wird. Den Rest einer angebrochenen Liter-Dose gießen Sie ebenfalls in einen solchen Behälter als Reserve für unterwegs. So können Sie fein dosiert nachfüllen.*

Darf man Öle mischen?

Die Motorölsorten aller Hersteller lassen sich ohne Gefahr mischen, auch Einbereichs- mit Mehrbereichsölen. Diese Mischbarkeit ohne schädliche Folgen ist eine Grundforderung der internationalen Öl-Normen. Entscheidend ist lediglich, ob die **Spezifikation** (siehe rechte Seite) für Ihren Diesel- bzw. Turbodiesel-Motor ausreicht.

Fingerzeig: *Wegen ihrer doch sehr unterschiedlichen Eigenschaften raten wir vom Mischen von Mineralöl mit synthetischem Öl ab, obwohl das theoretisch ohne nachteilige Folgen möglich sein muß. Garantiert mischbar sind in jedem Fall die nach der VW-Norm 500 00 geprüften Leichtlauföle (siehe Seite 28).*

Ölverbrauch

Ein Teil des Motoröls verbrennt bei seiner Schmiertätigkeit. Ölverbrauch ist also völlig natürlich. In der Regel kommt der Dieselmotor mit **0,5 Liter Öl auf 1000 km** aus, im Volkswagenwerk gilt als **höchstzulässiger Wert** ein Verbrauch von **1,5 Liter je 1000 km**. Wieviel Öl Ihr Fahrzeug braucht, hängt von folgenden Umständen ab:
□ Ölüberfüllung bewirkt höheren Verbrauch, denn die Kurbelgehäuse-Entlüftung bläst das Zuviel wieder zum Motor hinaus.
□ Dünnflüssiges Öl verbrennt schneller als dickflüssiges. Einbereichsöl wird in heißem Zustand dünn wie Wasser, Mehrbereichsöl bleibt dickflüssiger. Letzteres kann vor allem bei Langstreckenfahrern den Ölverbrauch senken.
□ Motoröl, das zu lange im Motor bleibt, hat einen höheren Nachfüllbedarf.
□ Scharfe Fahrweise treibt außer dem Kraftstoffkonsum auch den Ölverbrauch in die Höhe. Besonders stark wirkt sich aus, wenn der neue Motor sofort voll belastet wurde.
□ In der Einlaufzeit braucht der Motor etwas mehr Schmiermittel.
□ Motorundichtigkeiten. Kontrollieren Sie, wie auf Seite 55 beschrieben.
□ Defekt im Motor; z. B. Ventilschaftabdichtungen defekt, Spiel zwischen Ventilführung und Ventilschaft zu groß, Kolbenringe falsch eingebaut oder schadhaft, beschädigte Zylinderwand durch Verschleiß oder Kolbenfresser.

Die Ölqualität

Da die Dieselmotoren mit Abgas-Turbolader recht anspruchsvoll in Sachen Öl sind, z. B. Gefahr von Verkoken der Turboladerwelle, gibt es von VW strenge Ölvorschriften, die auf VW-eigenen Normen basieren. Darüber hinaus sind mit Einschränkungen auch Öle mit der Diesel-Norm API CD des **A**merikanischen **P**etroleum **I**nstituts freigegeben.

Die Öl-spezifikationen

□ Herkömmliches **Mehrbereichs-Motoröl auf Mineralölbasis** mit der **VW-Norm 505 00** kann **für alle Motoren** verwendet werden.
□ **Mehrbereichsöl auf Mineralölbasis** mit der Spezifikation **API CD** kann in den **Saugdiesel-Motoren uneingeschränkt** eingefüllt werden, bei **Dieselmotoren mit Turbolader** dagegen **nur notfalls zum Nachfüllen** zwischen den Ölwechselintervallen.
□ Das für die Benziner-Modelle von VW speziell empfohlene **Mehrbereichsöl auf Mineralöl-**

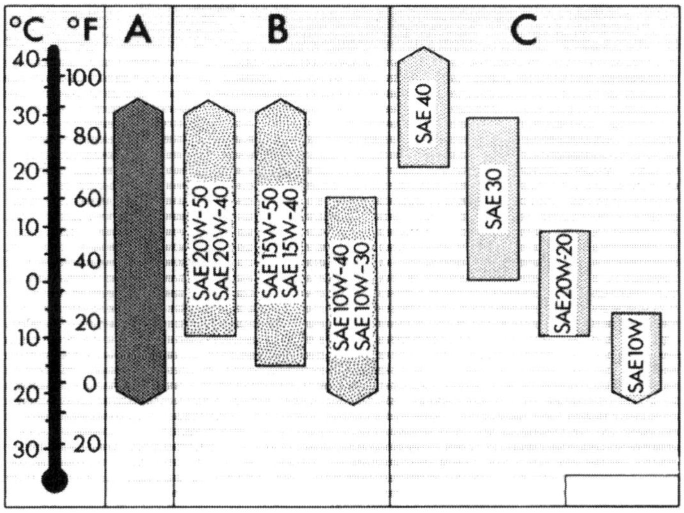

Die Tabelle zeigt die Ölviskositäts-Empfehlungen von VW für Saug- und Turbodieselmotoren. Die genannten Temperaturen verstehen sich als Dauertemperaturen. Kurzzeitige Schwankungen spielen keine Rolle. Die Buchstaben bedeuten: A – Hochleistungsöle; B – Mehrbereichsöle; C – Einbereichsöle.

basis der **VW-Norm 50000** kann in den **Saugdiesel-Motoren uneingeschränkt** verwendet werden, aber es eignet sich **nicht für Turbodiesel.**

□ **Leichtlauföle** verringern die innere Reibung im Motor. Sie müssen der VW-eigenen Norm **VW 50000** entsprechen, sind aber **nur für die Saugdiesel-Motoren** zugelassen.

□ **Einbereichsöl** der Spezifikation **API CD** ist für die **Saugdiesel-Motoren uneingeschränkt** verwendbar, im **Turbodiesel** jedoch **nur notfalls zum Nachfüllen.**

Fingerzeig: *Faktoren wie Ölpreis oder Herkunft sagen nichts über die Ölqualität aus!*

Zähflüssigkeit des Öls

Das Fließverhalten des Öls – also die Dick- bzw. Dünnflüssigkeit – bestimmt, ob:

□ der Anlasser den kalten Motor durchdrehen kann;

□ alle Schmierstellen nach dem Kaltstart sofort versorgt werden;

□ bei hohen Temperaturen und Drehzahlen der Schmierfilm nicht abreißt.

Die amerikanische **S**ociety of **A**utomotive **E**ngineers hat die Öle entsprechend ihrer Zähflüssigkeit in Klassen eingeteilt. Das beginnt mit den dünnflüssigen **W**interölen SAE 5 W, 10 W, 15 W und geht über die Zwischenstufe SAE 20 W/20 zu den dickflüssigen Sommerölen SAE 30, 40 und 50.

□ Am billigsten ist Einbereichsöl. Für einwandfreie Motorschmierung muß es entsprechend der Jahreszeit dick- oder dünnflüssiger sein. Das bedeutet, daß im Herbst Winteröl und im Frühjahr Sommeröl in den Motor gefüllt werden muß.

□ Wesentlich aufwendiger in der Herstellung und deshalb auch teurer ist Mehrbereichsöl. Es besitzt sogenannte Viskositätsindex-(VI-)Verbesserer. Das sind lange Molekülketten, die beim Erhitzen quellen und beim Abkühlen wieder schrumpfen. Das Öl kann sich damit den Temperaturen elastisch anpassen und mehrere Viskositätsklassen überspannen. Ein Öl SAE 15 W-50 entspricht bei einer Temperatur von –15° C der Zähflüssigkeitsklasse 15 W und bei 100° C der Klasse 50.

Problematisch ist bei manchen Mehrbereichsölen, daß die Molekülketten ihrer Viskositäts-Verbesserer mit der Zeit regelrecht kleingehackt (abgeschert) werden können. Dann ist die obere Zähflüssigkeitsklasse nicht mehr voll erhalten, das Öl also nicht mehr so temperaturbeständig. Aus diesem Grund sind Mehrbereichsöle der Klassen SAE 10 W-30 und 10 W-40 in der warmen Jahreszeit für die VW-Motoren nicht freigegeben.

Die richtige Ölviskosität

Einbereichs- und Mehrbereichsöle

Bei welchen Temperaturen unsere Motoren welche Öl-Zähflüssigkeit verlangen, zeigt die Tabelle oben. Der Blick in die Tabelle zeigt, daß VW ausdrücklich auch das preiswertere Einbereichsöl freigegeben hat. Das ist eine ausgesprochene Sparmöglichkeit, wenn Sie Ihren Wagen nicht dauernd bis zur Leistungsgrenze beanspruchen.

Einbereichsöle sind nicht schlechter als Mehrbereichsöle, aber sie können nur geringere Temperaturspannen überbrücken. Deshalb ist in der kalten Jahreszeit ein Mehrbereichsöl günstiger, das einerseits sicheren Motorstart bei Frost und andererseits volle Schmierwirkung auch bei Vollgas-Autobahnfahrt gewährleistet. In der warmen Jahreszeit genügt das Einbereichsöl dagegen durchaus.

Hochleistungsöle Unter diesem Begriff haben wir Leichtlauf- oder Kraftstoffsparöle (auf teilsynthetischer Basis) und auch vollsynthetische Öle zusammengefaßt, denn die Übergänge sind fließend. Sie sind durchweg teurer als herkömmliche Mehrbereichsöle.

□ Die in kaltem Zustand sehr dünnflüssigen **Leichtlauf-Schmierstoffe** verringern vor allem in der Warmlaufphase und im Kurzstreckenverkehr die innere Reibung im Motor, setzen ihm also weniger Widerstand entgegen. Man kann realistisch mit einer Kraftstoffverbrauchs-Einsparung von rund 3% rechnen. Diese Ersparnis macht sich bei unsereren ohnehin sparsamen Dieselmotoren kaum bezahlt. Bei einem älteren Motor mit winterlichen Startschwierigkeiten kann das Leichtlauföl aber den Motorstart deutlich erleichtern. Der Anlasser kann den kalten Motor schneller durchdrehen, die Kompression steigt, und der Glühzünder nimmt seine Arbeit auf.

□ **Teil- und vollsynthetische Öle** zählen zu den teuersten überhaupt. Sie bestehen (z.T.) aus künstlichen chemischen Verbindungen von Kohlenstoff, Wasserstoff und Sauerstoff. Dabei wurden nur solche Moleküle ausgewählt, welche die geforderten Schmieraufgaben optimal erfüllen können. In der Praxis bedeutet das, daß solche Öle im Gegensatz zu Mineralölen bedeutend langsamer altern. Sie verdampfen auch weniger schnell und besitzen eine hohe, gleichbleibende Scherstabilität, d.h. sie behalten ihre ursprüngliche oberste Viskositätsklasse auf Dauer bei. Solche Öle verbinden optimale Schmiereigenschaften mit besonders guter Sauberhaltung des Motorinnern.

Alles über den Ölwechsel

Wie oft Öl wechseln?

Wenn Sie Ihren VW Diesel hauptsächlich auf Langstrecken fahren, brauchen Sie das 7500-km-Ölwechselintervall nicht auf den Kilometer genau zu befolgen. Da dürfen auch mal 9000 km zusammenkommen, ohne daß Schaden entsteht. Wird zwischen den Intervallen Öl nachgefüllt, erfährt der Ölwanneninhalt ohnehin eine »Auffrischung«.
Kürzere Wechselintervalle können dagegen angebracht sein, wenn der VW ausschließlich im Kurzstreckenbetrieb (z.B. als Auslieferungsfahrzeug in der Großstadt) gefahren wird. Wenn der Motor wegen der nur kurzen Fahrtstrecken nicht auf volle Betriebstemperatur kommt, ist der Anfall von Verbrennungsrückständen und Kraftstoffkondensaten höher – speziell im Winter.
Der »jahreszeitliche« Ölwechsel – vor und nach den Wintermonaten – hat vor allem für jene Autofahrer Bedeutung, die ein preiswertes Einbereichsöl im Motor haben, das für die bevorstehende Jahreszeit nicht »paßt«.

Wo Öl wechseln?

□ Das Motoröl soll bei betriebswarmem Motor gewechselt werden, damit es allen Schmutz beim Auslaufen herausschwemmt.

□ In Werkstätten kostet der Ölwechsel nach unseren Erfahrungen das meiste Geld, weil nur sehr teure Ölsorten vorrätig sind. Außerdem ist der Motor oft schon wieder kalt, bis das alte Öl abgelassen wird. Und manche Werkstätten berechnen die Arbeit für den Ölfilterwechsel zusätzlich.

□ An Tankstellen kommt der Wagen meist sofort dran. Sie können auch ein billigeres Öl aus dem Tankstellen-Verkaufsprogramm auswählen, und im Ölpreis ist die Arbeit des Tankwarts inbegriffen.

□ Gegen den SB-Ölwechsel mit einem Absauggerät an der Tankstelle bestehen keine Bedenken, vorausgesetzt, das Ölfilter wird bei jedem 7500-km-Intervall ebenfalls ausgetauscht. Das ist im Motorraum von oben her möglich.

□ Ölwechsel zu Hause lohnt sich nur, wenn Sie das Öl preiswert im Zubehörhandel, Großmarkt, Warenhaus oder durch gute Beziehungen billiger kaufen können. An der Tankstelle müssen Sie nach den etwas günstigeren SB- oder Mitnahmeölen fragen.

Was wird gebraucht?

Folgende Hilfsmittel erleichtern dem Selbst-Ölwechsler das Leben:

□ Auffanggefäß für das Altöl. Ein alter Ölkanister mit herausgeschnittener Seitenwand oder eine ausgediente Spülschüssel leisten hier gute Dienste.

□ Eine Ölkanne vereinfacht das Einfüllen des neuen Motoröls.

□ Ein Altölkanister dient zum Wegschaffen des Altöls.

□ Ein großer Trichter erleichtert das Umfüllen des verbrauchten Öls.

□ Motoröl darf natürlich nicht fehlen. Nach den Spezifikationen auf der Vorseite kann es (meist im 5-Liter-Kanister) preisgünstig eingekauft werden.

□ Ein Ölfilter und den Spannbandschlüssel zum Lösen des Filters brauchen Sie ebenfalls zu jedem Ölwechsel.

□ Dichtung für die Ablaßschraube.

Die Ölablaßschraube sitzt in Fahrtrichtung an der Rückseite der Ölwanne. Zum Lösen ist ein Ringschlüssel das am besten geeignete Werkzeug.

Wohin mit dem Altöl?

Das beim Ölwechsel anfallende Altöl muß ordnungsgemäß beseitigt werden. Wer es einfach im Erdreich versickern läßt, vergräbt oder in die Kanalisation schüttet, verunreinigt das Grundwasser, gefährdet die Trinkwasserversorgung und muß mit hohen Geldstrafen rechnen. Altöl kann man kostenlos dort abgeben, wo man Motoröl kauft (deshalb die Kaufquittung aufbewahren!) oder bei einer nahegelegenen Altölsammelstelle. Deren Adresse erfahren Sie von der Gemeindeverwaltung, der örtlichen Polizei oder einer Autoclub-Geschäftsstelle.

Fingerzeig: *Altöl kann wieder aufbereitet werden, wenn es nicht mit anderen Stoffen verunreinigt ist. Deshalb darf z.B. keine Bremsflüssigkeit in den Altölkanister geschüttet werden. Andernfalls ist das Altöl nur noch Problemmüll, der durch Verbrennen beseitigt werden muß.*

Motoröl wechseln

Wartung Nr. 1

Wechseln Sie das Öl bei betriebswarmem Motor. Nur so werden alle Rückstände aus der Ölwanne gespült.

■ Stellen Sie ein geeignetes Gefäß (siehe Bild unten) unter den Motor, und legen Sie sich mit dem Werkzeug daneben.

■ Ölablaßschraube herausdrehen, Öl ablaufen lassen.

■ Ablaßschraube mit neuem Dichtring unter 30 Nm Anzugsdrehmoment wieder einschrauben.

■ Bei jedem Ölwechsel ebenfalls das Ölfilter wechseln (siehe folgende Seite).

Ausstattung für den Heimwerker-Ölwechsel: 1 – Trichter zum Umfüllen des Altöls; 2 – Motoröl in ausreichender Menge; 3 – Öleinfüllkanne; 4 – Altölkanister; 5 – Ölkanister mit herausgeschnittener Seitenwand zum Auffangen des Ablaßöls; 6 – Ölfilter; 7 – Spannbandschlüssel zum Lösen des Ölfilters.

Die Ölfüllmenge

Wieviel Öl nach dem Ablassen wieder in den Motor gefüllt wird, zeigt die folgende Tabelle.

Motor	Ölfüllmenge in Liter mit Filterwechsel	ohne Filterwechsel
Motoren bis 7/85 (ohne Hydrostößel)	3,5	3,0
Motoren ab 8/85 (mit Hydrostößeln)	4,5	4,0

Ölfilter wechseln
Wartung Nr. 5

Laut Werksvorschrift muß das Ölfilter bei jedem Ölwechsel ausgetauscht werden. Da das Filter im Ölhauptstrom des Motors liegt und das gesamte Motoröl ständig hindurchfließen muß, darf seine Durchflußfähigkeit nicht durch Ablagerungen gestört sein. Notfalls wird zwar ein verschmutztes Ölfilter durch ein Kurzschlußventil umgangen, wodurch jedoch ungefiltertes Öl an die Schmierstellen gelangt. Da kann man sich den Filtertausch nur mit schlechtem Gewissen ersparen.

- Ölfilter mit dem Spannbandschlüssel (siehe Bild unten) losdrehen.
- Filter über der Altölwanne auslaufen lassen und zum Sondermüll geben.
- Dichtring am neuen Filter mit Fett oder Öl einstreichen und Filter **von Hand** – entspricht etwa 25 Nm – festdrehen. Es läßt sich sonst nicht mehr lösen.
- Nach einigen Kilometern Fahrt kontrollieren, ob das Filter öldicht sitzt.

Getriebe auf Dichtheit prüfen
Wartung Nr. 25

Im Getriebe wird das Schmiermittel nicht wie im Motor verbraucht, sondern kann allenfalls durch undichte Stellen ins Freie gelangen. Zeigt das Getriebegehäuse von außen keine öldurchtränkte Schmutzkruste, ist diese Wartung schon erledigt. Andernfalls muß der Ölstand geprüft werden. Wo die Kontroll- und Einfüllschraube sitzt, zeigt das Bild rechts unten.

- **Vierganggetriebe, Fünfganggetriebe ab 9/87:** Fahrzeug waagrecht aufbocken.
- Innensechskantschraube SW 17 herausdrehen.
- Läuft nun bereits etwas Getriebeöl heraus, stimmt der Ölstand.
- Sonst Finger in das Schraubengewinde stecken und fühlen, ob die Schmierflüssigkeit bis kurz unterhalb an die Öffnung reicht.
- Bei größerem Ölmangel an der Tankstelle oder in der Werkstatt die vorgeschriebene Getriebeölsorte einfüllen lassen.
- Beim **Fünfganggetriebe bis 8/87** läuft (bedingt durch die Einbauneigung) nach Öffnen der Kontrollschraube das Öl in dickem Strahl aus der Bohrung des Getriebes.
- Deshalb Schraube zur Ölstandsprüfung **nicht öffnen**.
- In Zweifelsfällen oder nach Reparaturen wird so vorgegangen: Kontrollschraube öffnen und alles Öl abtropfen lassen. Schraube eindrehen.
- Tachowelle am Getriebe abbauen und durch die Wellenbohrung genau 0,5 Liter Getriebeöl einfüllen. So stimmt der Ölstand!

Die richtige Getriebeölsorte

An einen Getriebeölwechsel brauchen Sie nicht mehr zu denken. Das Getriebe ist mit einer Dauerfüllung versehen, aus der eventueller Abrieb durch Magnete herausgefischt wird.

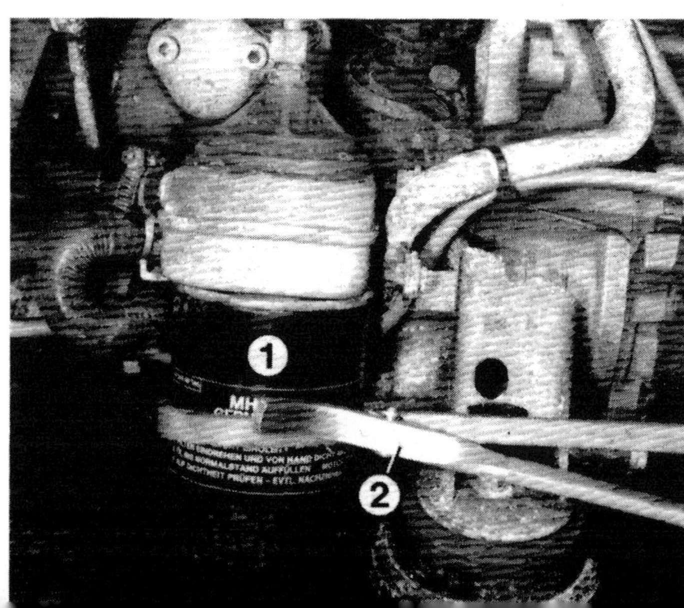

Am besten wird das Ölfilter (1) mit einem Spannbandschlüssel (2) losgedreht. Auf unserem Bild wurde der besseren Darstellung wegen das Frontblech abgenommen. In der Praxis löst man das Filter am besten von der Wagenunterseite.

Allerdings muß das Getriebeöl bestimmten Anforderungen entsprechen. Das VW-Werk schreibt Öle der Zähflüssigkeitsklasse SAE 80 oder 80 W-90 folgender Spezifikation vor:

□ API GL 4 □ MIL-L-2105 (A)

ATF-Stand im automatischen Getriebe kontrollieren

Wartung Nr. 32

Die Getriebeautomatik ist mit einer synthetischen Flüssigkeit namens **A**utomatic **T**ransmission **F**luid befüllt. Sie dient als Schmiermittel und zur Steuerung des hydraulischen Drucks im Getriebe. Damit sie den Anforderungen gerecht wird, muß die ATF geprüft sein und die Bezeichnung Dexron® (mit einer nachfolgenden Kontrollzahl) tragen. Falsche Flüssigkeit kann einen Getriebetotalschaden verursachen!

■ Die ATF soll zur Prüfung handwarm sein, das entspricht einer Fahrt von fünf bis zehn Minuten. Die Flüssigkeitsmenge verändert sich temperaturabhängig. Im kalten Zustand wird zu wenig angezeigt und nach längerer Fahrt ein zu hoher Stand.

■ Handbremse anziehen, Wählhebel in Stellung »P« legen, Motor im Leerlauf drehen lassen.

■ ATF-Peilstab – in Fahrtrichtung links im Motorraum; erkennbar an seiner Grifföse – herausziehen. Er darf nur mit einem völlig sauberen und fusselfreien Tuch abgewischt werden.

■ Peilstab einschieben und nochmals herausziehen. Die Flüssigkeitsmenge zwischen oberer und unterer Marke beträgt **beim Peilstab mit Kunststoffahne 0,33 Liter**, beim neueren **Peilstab ohne Fahne** dagegen nur **0,23 l**.

■ Zwischen beiden Markierungen muß ATF sichtbar sein. Die unterste Marke beim neueren Peilstab gilt nur für das Einfüllen beim ATF-Wechsel.

■ Die Flüssigkeit ist rot oder rot/braun. Die seit Mitte 1985 verwendete rot/braune ATF verfärbt sich nach kurzer Zeit schwarz/braun. Das ist normal und bedeutet keinen Schaden.

■ Riecht die ATF verbrannt, liegt ein größerer Getriebeschaden vor.

■ Bei zu niedrigem Flüssigkeitsstand sollte nicht einfach ATF nachgefüllt werden, sondern das Getriebe auf Undichtigkeiten hin kontrolliert werden. Notwendige Abdichtarbeiten sollten Sie der Werkstatt überlassen.

■ Zu hoher Flüssigkeitsstand kann daher rühren, daß die Abdichtung zwischen dem Planetengetriebe und dem Achsantrieb schadhaft ist.

■ Ölstand im Achsantrieb kontrollieren, siehe nächsten Abschnitt.

■ Ist dort zu wenig Schmiermittel vorhanden, muß die Werkstatt die Teile neu abdichten und die ATF wechseln.

Stimmt der Schmiermittelstand im Achsantrieb, wird das Zuviel an ATF in der Getriebeautomatik lediglich abgesaugt. Zu hoher ATF-Stand kann ebenfalls einen Getriebeschaden verursachen.

Achsantrieb des automatischen Getriebes

Für den Achsantrieb der Getriebeautomatik wird ein anderes Öl als für das Schaltgetriebe gebraucht. Es muß die Viskosität SAE 90 und eine der beiden folgenden Spezifikationen aufweisen:

□ API GL 5 □ MIL-L-2105B

Weder eine Ölstandskontrolle noch ein Ölwechsel sind vorgesehen. Eine Überprüfung kann aber notwendig werden (siehe folgende Seite):

Bei abgenommenem linken Vorderrad ist die Getriebeöl-Kontrollschraube (Pfeil) gut sichtbar. Aber Vorsicht am hier gezeigten Fünfganggetriebe bis 8/87: Wenn Sie diese Schraube herausdrehen, kommt Ihnen bei richtiger Ölbefüllung gleich eine Menge Öl entgegen, wie im Text auf der linken Seite beschrieben. Deshalb soll die Schraube bei diesem Getriebe bis Baujahr 8/87 nur bei deutlich ölfeuchtem Getriebe oder im Reparaturfall herausgedreht werden.

□ wenn das Achsantriebsgehäuse außen ölverschmiert ist oder
□ der ATF-Stand in der Getriebeautomatik angestiegen bzw. abgefallen ist ohne Anzeichen äußerer Undichtigkeiten. Dann hat möglicherweise ein Schmiermittelaustausch zwischen Planetengetriebe und Achsantrieb stattgefunden, wie im vorangegangenen Abschnitt beschrieben. Die Ölstandskontrolle geschieht, wie unter »Getriebe auf Dichtheit prüfen« beschrieben.

ATF wechseln
Wartung Nr. 41

Bei normalem Fahrbetrieb sieht der Wartungsplan den ATF-Wechsel alle 30000 km vor. Wird der VW hauptsächlich im Kurzstreckenbetrieb oder viel mit Anhänger bzw. im Gebirge gefahren, kann der Flüssigkeitswechsel schon früher stattfinden. Dazu wird die alte ATF abgesaugt, und gleichzeitig müssen Ölwanne und -sieb gereinigt werden – Arbeiten für die V.A.G.-Werkstatt.

Ölstand der Servolenkung kontrollieren
Ständige Kontrolle

Der Vorratsbehälter für die Flüssigkeit der Servolenkung sitzt etwas tiefer rechts neben der Batterie. Zu Ihrer eigenen Sicherheit sollten Sie regelmäßig bei jeder Kontrolle des Motorölstands den Flüssigkeitsstand in diesem Behälter prüfen. Eingefüllt war früher ATF wie im automatischen Getriebe. Heute wird Hydrauliköl verwendet, das problemlos mit der ATF gemischt werden kann. Es trägt die V.A.G.-Teile-Nr. G 002000.

■ Der Motor muß im Leerlauf drehen, die Vorderräder dürfen nicht eingeschlagen sein.
■ Der Flüssigkeitsstand sollte zwischen den Markierungen »MIN« und »MAX« am Behälter stehen, siehe Bild unten.
■ Zum Nachfüllen den Behälterdeckel losschrauben, Dichtung zwischen Deckel und Behälter nicht verlieren.
■ Flüssigkeitsverlust ist das Zeichen, daß eine Störung vorliegt, es muß also auch nach der Ursache für den Flüssigkeitsverlust geforscht werden.
■ Beachten Sie außerdem, daß bei geöffnetem Vorratsbehälter kein Schmutz hineinfällt. Das könnte Funktionsstörungen zur Folge haben.

Züge, Gelenke und Schlösser schmieren
Wartung Nr. 18

Der Serviceplan des Volkswagenwerks sieht noch einige weitere Schmierarbeiten an unseren Modellen vor. Es hat sich nämlich gezeigt, daß eine gelegentliche Schmierration manches auf Dauer leichtgängig hält, was sonst quietscht, klemmt, reißt oder rostet. Dabei gilt folgende Faustregel: An Scharnieren und Gelenken mit engen Durchgängen, in die kein Fett eindringen kann, ist Öl oder Schmierspray günstiger. Gegeneinander reibende Flächen werden besser gefettet oder mit einer Schmierpaste behandelt, da diese Gleitstoffe besser haften.

Türen und Klappe hinten

■ An die Türscharniere hin und wieder etwas Öl sprühen, abtropfendes Schmiermittel abwischen.
■ Für den Schloßmechanismus der Türen und der hinteren Klappe verwenden Sie am besten die auf Seite 12 erwähnte Silikonpaste.
■ Die Türfeststeller oder Türhaltebänder, die

Die ATF der Servolenkung soll bei Leerlaufdrehzahl des Motors bis an die »MAX«-Markierung (oberer Pfeil) im Behälter reichen. Spätestens dann, wenn das Niveau bis auf »MIN« (unterer Pfeil) abgefallen ist, muß nachgefüllt werden und ggf. nach der Ursache für die Undichtigkeit geforscht werden.

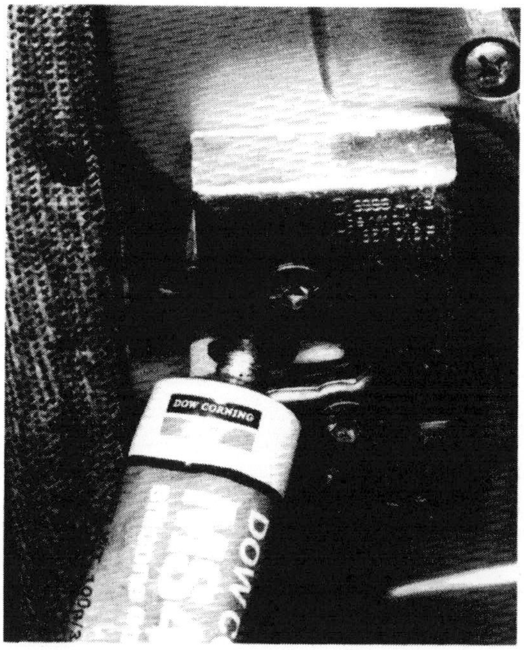

Links: Zum Schmieren der beweglichen Teile des Türschlosses eignet sich am besten eine nicht schmutzende Silikonpaste.
Im Bild rechts wird am Motorhaubenverschluß der Schließzapfen und seine Feder mit Mehrzweckfett eingestrichen.

zu weites Aufschlagen der Türen verhindern, werden mit etwas Mehrzweckfett oder ebenfalls mit Silikonpaste bestrichen.

■ Die Heckklappenscharniere an der Dachhinterkante können Sie mit etwas Öl besprühen. Vorsicht, daß der Dachhimmel nichts abbekommt.

Schließzylinder

■ Sprühen Sie spätestens zu Beginn der kalten Jahreszeit etwas Rostlöser-Isolierspray (siehe Seite 11) in den Schlüsselschlitz. Es schmiert, verdrängt Feuchtigkeit und schützt vor Rost sowie Einfrieren im Winter.

Motorhaube

■ Entriegelungszug der Motorhaube von einem Helfer im Wageninnern ziehen lassen. An der Stelle, wo der Seilzug aus der Umhüllung kommt, etwas Fett anstreichen und durch mehrmalige Hebelbewegung in die Zugumhüllung ziehen.

■ Den Schließzapfen der Motorhaube und das eigentliche Motorhaubenschloß mit etwas Fett bestreichen oder Schmierspray auftragen.

■ Die Achsen der Motorhaubenscharniere erhalten etwas Öl oder Schmierspray.

Kupplungszug

■ Im Motorraum am Getriebe den Kupplungshebel etwas hochziehen, so daß das Endstück locker in der Öse des Hebels hängt.

■ In den Zwischenraum etwas Fett oder Schmierpaste streichen.

■ Am Ende der Seilzugumhüllung etwas Fett um den Seilzug auftragen und durch mehrmaliges Kupplungspedaltreten in die Zugumhüllung ziehen.

Gasbetätigung

■ Von einem Helfer bei ausgeschaltetem Motor das Gaspedal durchtreten lassen.

■ An allen sich hierbei bewegenden Stellen die eventuell anhaftende Schmutzkruste abreiben und anschließend etwas Öl ansprühen, während ein Helfer ein paar Mal das Gaspedal bewegt.

Schiebedach

■ Gleitschienen des Schiebedaches sauberreiben.

■ Schienen mit Silikonpaste oder -spray fetten.

■ Mit gewöhnlichem Fett besteht die Gefahr, daß der Dachhimmel verschmutzt wird.

Nagelprobe

Rudolf Diesels erster funktionsfähiger Motor war ein Ungetüm von mehreren Metern Höhe, das bei 19,6 Liter Hubraum gerade 20 PS leistete. Betont gemächlich ging's im Jahre 1897 zu: Die Nenndrehzahl betrug satte 172 Umdrehungen pro Minute.
Der Vergleich mit einem schnellaufenden Dieselmotor unserer Tage macht den Entwicklungsfortschritt deutlich: So leistet der VW Turbo-Diesel mit Ladeluftkühler bei einem Hubraum von 1,6 Liter immerhin 80 PS, und das bei einer Drehzahl von 4500/min.

Vier Leistungsstufen

Gleich vier Dieselmotoren stehen für den Golf/Jetta zur Verfügung. Während der Saugdieselmotor sich seine Ansaugluft selbst herbeischaffen muß, bekommen sie die Turbo-Diesel per Turbolader in die Ansaugkanäle gedrückt. Hier die Motorsteckbriefe:

Motor	1,6-Liter Saugdiesel	1,6-Liter Kat-Diesel mit Turbolader	1,6-Liter Turbo-Diesel	1,6-Liter Turbo-Diesel mit Ladeluftkühler
Motor-Kennbuchstaben	JP[1]	1V	JR	SB
Leistung kW/PS	40/54	44/60	51/70	59/80
Bauzeit	ab 8/83	ab 8/89	ab 8/83	ab 8/89

[1] Österreich-Version: »JPA« mit 37 kW/50 PS
Schweiz-Version ab 1/89: »ME« mit atmosphärendruckabhängigem Vollastanschlag und lastabhängigem Förderbeginn

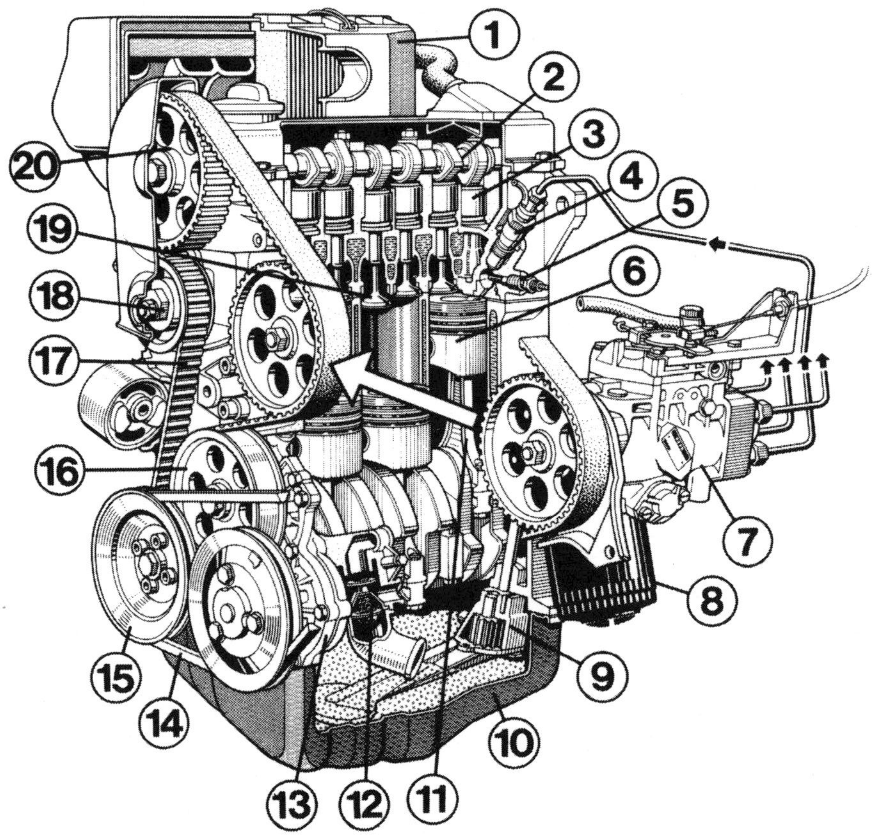

Auf dieser Schnittzeichnung erkennen Sie, wo die Einzelteile des Dieselmotors ihren Platz haben. Die Einspritzpumpe steht aus Gründen der Übersichtlichkeit etwas versetzt; der Pfeil zeigt, wo sie eigentlich hingehört. Es bedeuten: 1 – Luftfilter; 2 – Nockenwelle; 3 – Tassenstößel; 4 – Einspritzdüse; 5 – Glühkerze; 6 – Kolben; 7 – Einspritzpumpe; 8 – Ölfilter; 9 – Ölpumpe; 10 – Ölwanne; 11 – Pleuel; 12 – Kühlwasser-Thermostat; 13 – Wasserpumpe; 14 – Keilriemen; 15 – Kurbelwellen-Keilriemenscheibe; 16 – Riemenscheibe der Zwischenwelle; 17 – Zahnriemen; 18 – Zahnriemen-Spannrolle; 19 – Ventil; 20 – Zahnriemenscheibe der Nockenwelle.

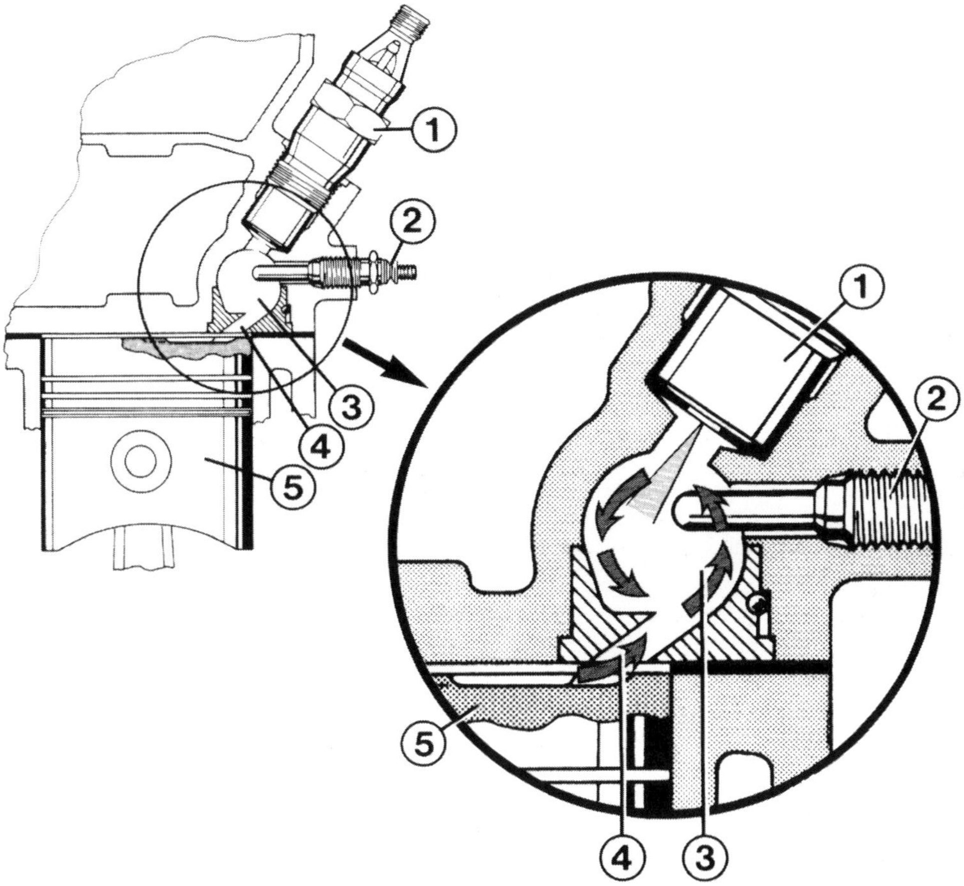

In der linken Zeichnung sehen Sie einen Teilschnitt durch den Motor, auf dem Sie erkennen können, wo die Wirbelkammer im Zylinderkopf eingesetzt ist. Rechts ist der Bereich um die Wirbelkammer herausgegriffen und vergrößert abgebildet. Die roten Pfeile symbolisieren die heiße Luft, die der Kolben beim Verdichtungshub in die Wirbelkammer drückt. Der eingespritzte Kraftstoff (rosa) wird durch die schnelle Bewegung der heißen Luft verwirbelt und kann sich somit gut entzünden. Die Zahlen bedeuten: 1 – Einspritzdüse; 2 – Glühkerze; 3 – Wirbelkammer; 4 – Schußkanal; 5 – Kolben.

Das Diesel-Prinzip

Wie beim Benzinmotor gleiten die Kolben im Diesel in den Zylindern auf und ab. Doch bei ihrem Weg nach unten – dem Ansaugtakt – saugen sie beim Dieselmotor nur reine Luft an. Bei der Aufwärtsbewegung des betreffenden Kolbens – bedingt durch die Drehung der Kurbelwelle – wird die angesaugte Luft komprimiert. Auch das wäre an sich nichts Besonderes, würde die Luft nicht in weit höherem Maße zusammengedrückt, als es beim Benzinmotor der Fall ist. Auf $1/23$ des Volumens wird z. B. bei unserem Diesel die angesaugte Luft komprimiert. Durch diese enorme Verdichtung wird die Luft natürlich sehr heiß; Sie merken das beispielsweise an der Fahrradpumpe, wenn Sie einen Reifen aufpumpen.
In die glühend heiße Luft wird nun erst der Dieselkraftstoff eingespritzt, und die Kraftstofftröpfchen entzünden sich dadurch von selbst; daher auch die Bezeichnung »Selbstzünder« für den Dieselmotor. Er braucht also keine Zündkerze zum Entflammen des Kraftstoff/Luft-Gemisches. Den Zeitpunkt – also wann in den Brennräumen des Motors gezündet wird – bestimmt bei unserem Dieselmotor die Einspritzpumpe, die zur rechten Zeit die richtige Menge Dieselkraftstoff in die heiße Luft sprüht.
Wie beim Benzinmotor treibt der Druck der Verbrennung den Kolben wieder nach unten, er leistet bei dieser Bewegung Arbeit. Die Kurbelwelle dreht sich weiter, und der Kolben strebt wieder nach oben, wobei die Abgase aus dem Zylinder gedrückt werden. Kolben und Zylinder sind nun wieder bereit zum Ansaug- und zum Arbeitstakt.

Der geteilte Arbeitsraum

Da beim Dieselmotor die Kraftstofftröpfchen, die in den Brennraum eingespritzt werden, im Gegensatz zum Benzinmotor schlagartig verbrennen, käme es zu einem außerordentlich harten Laufgeräusch, und auch die Motorlager würden sehr stark belastet. Die angestrebte »weiche« Verbrennung wird im Pkw-Dieselmotor mit sogenannten geteilten Arbeitsräumen erreicht.
Dabei wird die Verbrennung in einer separaten »Kammer« im Zylinderkopf eingeleitet. Der entstehende Verbrennungsdruck wird durch den Schußkanal (siehe Zeichnung oben) etwas verlangsamt auf den Kolben geleitet. Durch diese Verzögerung entsteht dann der beschriebene weichere und etwas ruhigere Motorlauf.

Schnitt durch den Zylinderkopf des Dieselmotors (hier die Ausführung bis 7/85 ohne Hydrostößel): 1 – Ventildeckel; 2 – Nockenwelle; 3 – Einstellplättchen für Ventilspieleinstellung; 4 – Ventilfeder; 5 – Ventilführung; 6 – Ventilsitz; 7 – Ventil; 8 – Schußkanal; 9 – Wirbelkammereinsatz; 10 – Verdrehsicherung für Wirbelkammereinsatz; 11 – Bohrung für Glühkerze; 12 – Bohrung für Einspritzdüse; 13 – Tassenstößel.

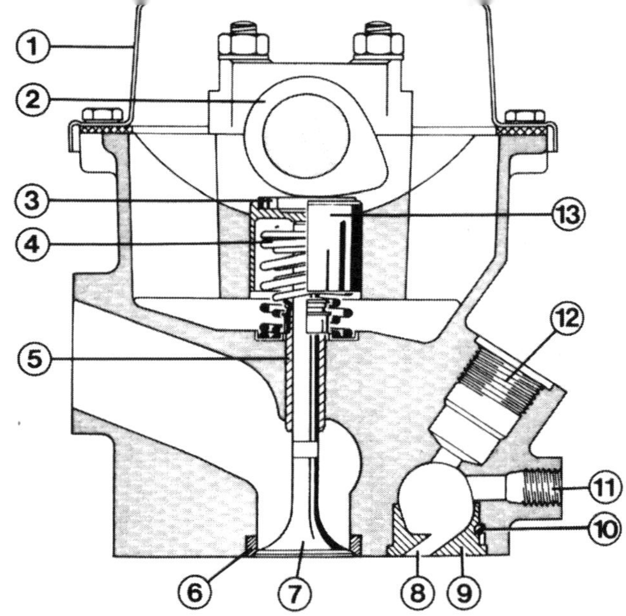

Die Wirbelkammer

Unter den gegebenen Möglichkeiten, einen geteilten Arbeitsraum in ihrem Dieselmotor zu schaffen, haben die VW-Konstrukteure das »Wirbelkammerverfahren« ausgewählt. Die Zeichnungen oben und auf der Vorseite zeigen den Schnitt durch die Wirbelkammer.

Die im Zylinderkopf sitzende Wirbelkammer ist durch eine verhältnismäßig weite Öffnung – den erwähnten Schußkanal – mit dem Brennraum verbunden. Strebt der Kolben beim Verdichtungshub aufwärts, wird die im Zylinder befindliche Luft in die Wirbelkammer gedrückt. Dort entsteht, bedingt durch die Ausformung der Kammer, ein Luftwirbel. Der nun durch eine Düse eingespritzte Kraftstoff wird auf diese Weise eng mit der Luft vermischt, verdampft und verbrannt.

Wir sehen also, daß die Verbrennung zum größten Teil in der Wirbelkammer abläuft und sich erst dann in den Brennraum fortpflanzt. Die Kammer erhitzt sich dabei stark und ist im Betrieb rotglühend. Dieser Effekt ist aber durchaus erwünscht, denn so verdampfen die auftreffenden Kraftstoffteilchen am besten.

Andere Hersteller von Diesel-Motoren verwenden teilweise statt der Wirbelkammer eine sogenannte Vorkammer, wie etwa bei Mercedes-Benz-Personenwagen. Die Vorkammer ist wesentlich stärker vom Brennraum abgeteilt, woraus sich der Vorteil des ruhigeren Laufs – vor allem bei niedrigen Drehzahlen – ergibt. Die Verwendung einer Wirbelkammer kann dagegen niedrigeren Kraftstoffverbrauch (besonders bei höheren Geschwindigkeiten) und Drehzahlen über 5000/min (wichtig für die spezifische Leistung) ermöglichen.

Die Einzelteile des Motors

Nach den theoretischen Grundüberlegungen, die das bei vielen unbekannte Arbeitsprinzip des Dieselmotors betrafen, wollen wir uns nun die Einzelteile der Maschine genauer ansehen, bevor wir zu den Wartungs- und Instandsetzungsarbeiten übergehen.

Der Motorblock

Der Motorblock besteht beim Diesel aus Grauguß. An seinem unteren Ende ist die Kurbelwelle gelagert; oben sind die Zylinder (vier in einer Reihe) eingearbeitet. Umgeben werden sie von den Kühlwasserkanälen, die sich ebenfalls im oberen Bereich des Motorblocks befinden.

Die Kurbelwelle

Sie setzt die Auf- und Abbewegung der Kolben in eine Drehbewegung um. Die Verbindung zu den Kolben stellen die vier Pleuel dar, die an je einer »Kurbel« der Welle mit auswechselbaren Lagerschalen befestigt sind. Den Massenausgleich zu den exzentrischen Kurbeln und den Pleueln schaffen insgesamt acht Gegengewichte an der Kurbelwelle. Gelagert ist sie an fünf Stellen im Kurbelgehäuse – jeweils in auswechselbaren Gleitlagerschalen.

Die Kolben

Für den Dieselmotor wurden sogenannten Autothermatik-Kolben der Firma Mahle, Stuttgart, verwendet. Sie weisen als Besonderheit eine Brennraummulde in Form einer Acht im Kolbenboden auf (obere Fläche des Kolbens).

Im oberen Drittel des Kolbens sind die drei Kolbenringe elastisch in entsprechende Nuten am Kolben eingebettet. Der oberste Kolbenring, ein Rechteckring, ruht dabei in einem in den Kolben eingegossenen Ringträger aus der Speziallegierung Niresist. Auf diese Art wird allzu großer Verschleiß in der oberen Kolbenringnut, die ja am höchsten beansprucht wird, vermie-

Der ausgebaute Zylinderkopf von unten. Es bedeuten: 1 – Kühlwasserkanäle; 2 – eines der Auslaßventile; 3 – eines der Einlaßventile; 4 – Wirbelkammereinsatz; 5 – Öffnung des Schußkanals; 6 – Glühkerze.

den. Der unterste Ring ist ein sogenannter Ölabstreifring. Er verhindert, daß allzuviel Schmiermittel vom Kurbelgehäuse in den Brennraum gelangt.

Die Zylinder

Die Zylinder sind, wie schon gesagt, Teil des Motorblocks. Die vier Zylinderbohrungen sind als Laufbahnen für die Kolben glatt ausgeschliffen (gehont) und in ihrer Größe auf den Kolbendurchmesser abgestimmt.
Bei Motorüberholungen werden die Bohrungen einige Zehntelmillimeter weiter ausgeschliffen, um die Verschleißspuren zu beseitigen. Dafür passende Kolben sind in drei Übergrößen erhältlich.

Die Zylinderkopfdichtung

Sie hat dafür zu sorgen, daß die hohen Drücke in den Brennräumen nicht auf die Öl- und Kühlwasserkanäle einwirken.
Beim VW-Dieselmotor werden übrigens Zylinderkopfdichtungen in verschiedenen Stärken eingebaut, je nach dem, ob die eingebauten Kolben zur oberen oder unteren Fertigungstoleranz tendieren. Da die Zylinderkopfdichtung – wie wir wissen – zwischen Zylinderblock und

Der Dieselmotor zerlegt: 1 – Motorblock; 2 – Zylinderkopfdichtung; 3 – Zylinderkopf; 4 – Ventildeckel; 5 – Ventildeckeldichtung; 6 – Einspritzleitungen; 7 – Unterdruckpumpe für Bremskraftverstärker; 8 – Ölfilterflansch; 9 – Ölkühler.

Zylinderkopf eingelegt ist, läßt sich durch die Wahl ihrer Stärke die Höhe des Brennraums variieren und so die unterschiedliche Kolbenhöhe ausgleichen. Wie bei einem Tausch die richtige Dichtung ermittelt wird, beschreiben wir auf Seite 51.

Zylinderkopf und Nockenwelle

Ganz oben im Zylinderkopf sitzt die Nockenwelle. Mit ihren eiförmigen Nocken veranlaßt sie die Ventile zum Öffnen und Schließen bei bestimmten Kolbenstellungen. Sie bestimmt also die sogenannten Ventilsteuerzeiten. Durch die Einbaulage der Nockenwelle werden die Ventile auf kürzestem Übertragungsweg gesteuert: Die Exzenter der Welle drücken auf eine Art Zwischenlager – die Tassenstößel –, welche dann wiederum die Ventile gegen die Kraft der Ventilfedern nach unten drücken. So wird ein Spalt zwischen Ventilteller und Ventilsitz frei, das Ventil öffnet.
Die Nocken berühren die Tassenstößel übrigens nicht genau in der Mitte, sondern leicht versetzt. Dadurch wird erreicht, daß sich die Ventile bei jedem Niederdrücken ein kleines Stückchen um ihre eigene Achse drehen. So wird verhindert, daß sie sich ungleichmäßig einschlagen und mit der Zeit undicht werden.
Aus Gründen der besseren Wärmeverteilung liegen die zusätzlich mit einer Hartmetallauflage (Stellit) »gepanzerten« Auslaßventile jeweils zu den Motoraußenseiten hin. Auch die Wirbelkammern samt Einspritzdüsen und Glühkerzen sind in den Zylinderkopf eingesetzt (siehe auch Bild auf der Vorseite).

Hydrostößel

Seit 8/85 besitzen unsere Dieselmotoren Tassenstößel, in die ein hydraulischer Ventilspielausgleich eingebaut ist. Diese Einrichtung bewirkt, daß bei so ausgestatteten Motoren die Kontrolle des Ventilspiels entfällt. Der Ventiltrieb arbeitet spielfrei, aber dennoch ist dafür gesorgt, daß die geschlossenen Ventile fest auf dem Ventilsitz aufliegen und damit einwandfrei abdichten.
Akustisch wahrnehmbarer Vorzug der Hydrostößel: Der spielfreie Ventiltrieb arbeitet wesentlich geräuschärmer als der herkömmliche.

Fingerzeig: *Lagerschadenähnliche Klappergeräusche kann ein Motor mit Hydrostößeln nach längeren Standzeiten kurz nach dem ersten Motorstart verursachen. Dieser Effekt tritt auf, wenn alles Öl aus den Hydrostößeln ausgelaufen und dadurch wieder Spiel im Ventiltrieb entstanden ist (siehe folgenden Abschnitt). Bei alledem besteht kein Grund zur Besorgnis: Das Geräusch verschwindet nach kurzer Zeit, und der Ventiltrieb arbeitet wieder geräuschfrei. Klappert ein einzelner Hydrostößel längere Zeit oder sogar noch bei warmem Motor, muß er kontrolliert werden (siehe Seite 53).*

Funktion der Hydrostößel

Bei geschlossenem Ventil gelangt Öl aus dem Schmierkreislauf des Motors über eine Ringnut in den Tassenstößel. Nach Passieren des Rückschlagventils im Stößel fließt der Schmierstoff in den momentan noch völlig drucklosen Hochdruckraum und füllt diesen ganz aus.
Parallel zu diesem Vorgang drückt die Druckfeder den Tassenstößel spielfrei an die Nockenwelle bzw. den Zylinder gegen das Ende des Ventilschafts.
Dreht sich die Nockenwelle und drückt ihr exzentrischer Nocken gegen den Tassenstößel, so steigt der Druck im Hochdruckraum. Das Rückschlagventil verschließt die Zulaufbohrung und

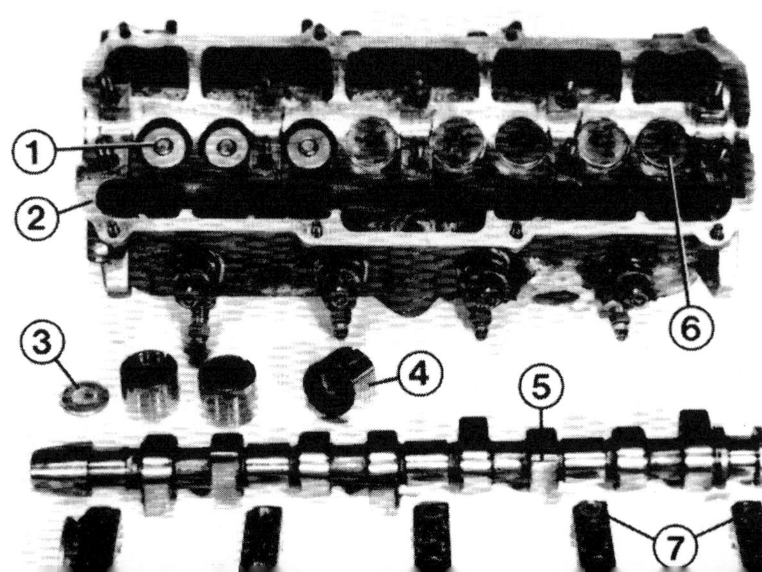

Hier wurde die Nockenwelle (5) nach Abschrauben der fünf Lagerdeckel (7) aus dem Zylinderkopf (2; Ausführung bis 7/85 ohne Hydrostößel) ausgebaut, um die Tassenstößel in eingebautem (6) und in ausgebautem Zustand (4) zu zeigen. Die Tassenstößel werden wie eine umgestülpte Tasse auf Ventilschaft und -federteller (1) aufgesetzt. Die Einstellscheiben (3) sind oben in den Tassenstößeln eingesetzt.

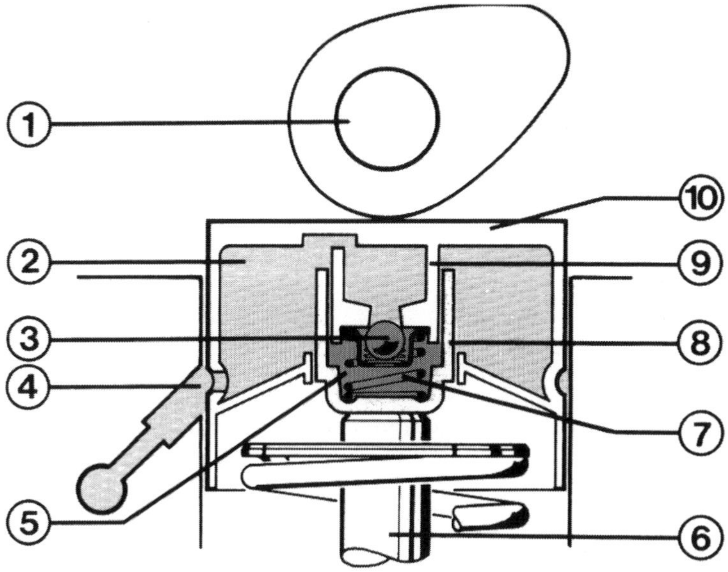

Die Ventilbetätigung mit hydraulischem Tassenstößel (seit 8/85) im Schnitt: 1 – Nocken der Nockenwelle; 2 – Ölvorratsraum; 3 – Rückschlagventil; 4 – Ölzulauf mit Ringnut; 5 – Hochdruckraum; 6 – Ventilschaft; 7 – Druckfeder; 8 – Zylinder; 9 – Kolben; 10 – Tassenstößel.
Das unter Hochdruck gesetzte Öl ist rot dargestellt; hellrot ist die zur Ventilbetätigung nicht benötigte Ölmenge.

sorgt dafür, daß kein Öl mehr entweichen kann. Da sich das Öl nicht komprimieren (in sich zusammendrücken) läßt, ist damit eine starre Verbindung zwischen Tassenstößel und Zylinder hergestellt. Das Ventil kann also durch die Kraft der Nocke niedergedrückt werden.
Nach dem Schließen des Ventils entsteht durch Leckölverlust ein geringfügiges Ventilspiel, das aber durch die Druckfeder – sie drückt den Tassenstößel nach oben – sofort wieder ausgeglichen wird. In das vergrößerte Volumen des Druckraums strömt nun bei geöffnetem Rückschlagventil wieder Öl nach. Damit ist der Hydrostößel bereit zur nächsten Ventilbetätigung.

Der Zahnriemen

Angetrieben wird die Nockenwelle von der Kurbelwelle über einen Zahnriemen. Diesem gezähnten Gummiriemen mit Stahldrahteinlage kommt im Dieselmotor hohe Bedeutung zu. Die kleinen Brennräume des Motors lassen es nämlich nicht zu, daß eines der Ventile geöffnet hat und somit in den Verbrennungsraum ragt, während sich der betreffende Kolben nach oben – seiner höchsten Stellung zu – bewegt. Dieser Fall kann eintreten, wenn der Zahnriemen reißt oder mehrere Zähne auf den Riemenscheiben überspringt. Dann schlägt beim Dieselmotor das Ventil auf den Kolbenboden auf, und im Handumdrehen gibt es »Ventil- und Kolbensalat«. Diesem Fall wurde natürlich durch etliche konstruktive Maßnahmen vorgebeugt, als da wären: Schutzkapselung des gesamten Riementriebs (seit 12/83 verbesserte Vollkapselung), Einbau eines Abweiskeils über dem Kurbelwellen-Zahnriemenrad, Umschlingungswinkel des Zahnriemens am Kurbelwellen-Zahnriemenrad von 215°.

Das Schmiersystem

Das zur Schmierung benötigte Motoröl holt sich die Ölpumpe über einen Ansaugschnorchel mit Sieb aus der Ölwanne. Nunmehr unter Druck gelangt das Öl durch das Ölfilter zu den Schmierstellen an der Kurbelwelle, den Kolben, der Zwischenwelle und der Nockenwelle. Beim Turbodiesel wird zusätzlich Öl aus speziellen Düsen von unten gegen die Kolbenböden gespritzt, um diese zu kühlen. Nach getaner Arbeit fließt das Motoröl zurück in die Ölwanne, wo es sich vor dem nächsten Durchlauf durch den Motor etwas abkühlen kann.

Die ausgebauten Tassenstößel bis 7/85 von allen Seiten: 1 – Tassenstößel mit herausgenommener Einstellscheibe (2), die Einstellscheibe liegt daneben; 3 – kompletter Tassenstößel von oben; 4 – Unterseite eines Tassenstößels.

Die Ölpumpe

Wie die Benzinmotoren besitzt der Diesel eine Zahnradölpumpe, bei der zwei kleine, aber breite Zahnräder ständig miteinander im Eingriff sind. Gemeinsam schaufeln sie Öl von der Saugseite zur Druckseite der Pumpe.
Unten am Kurbelgehäuse ist die Ölpumpe mit ihrem Ansaugschnorchel festgeschraubt. Angetrieben wird sie von der Zwischenwelle über den Zahnriemen.

Das Öl-Überdruckventil

Damit der Öldruck im Schmiersystem nicht zu hoch werden kann, befindet sich in der Leitung von der Ölpumpe zum Ölfilter ein Überdruckventil, das im Bedarfsfall öffnet und überschüssiges Motoröl zur Saugseite zurückfließen läßt.

Der Ölkühler

Zwischen Ölfilter und Filterflansch sitzt bei Wagen mit Automatikgetriebe oder Turbomotor ein Ölkühler. Das durchfließende Motoröl wird dabei nicht wie üblich von Luft, sondern vom Motor-Kühlwasser, das ebenfalls durch den Ölkühler gepumpt wird, gekühlt. Bei noch kaltem Motoröl überträgt dagegen das bereits angewärmte Kühlwasser etwas Wärme aufs Öl.

Die Kurbelgehäuse-Entlüftung

Die Kurbelgehäuse-Entlüftung läßt den Überdruck im Motorgehäuse (entstanden durch Druckverlust bei der Verbrennung) entweichen. Die Gase werden ins Luftfiltergehäuse geleitet und von da aus (zur Entgiftung) nochmals dem Verbrennungsprozeß in die Zylinder zugeleitet.
Den Nebeneffekt, daß die Gase eine gewisse Menge Öltröpfchen mit sich führen, macht man sich zur Schmierung der beim Dieselmotor verschleißanfälligen Einlaßventilsitzringe zunutze: Die Öltröpfchen schmieren gewissermaßen »im Vorbeifliegen« Ventildichtfläche und -sitz.

Fingerzeig: *Je größer der Druckverlust bei der Verbrennung ist – sprich: je stärker der Verschleiß von Kolben, Kolbenringen und Zylinderlaufbahnen fortgeschritten ist –, desto stärker bläst der laufende Motor aus der Kurbelgehäuse-Entlüftung. Bei geöffnetem Öl-Einfüllstutzen läßt sich der Druckverlust ebenfalls gut erkennen. Profis können an der ausgestoßenen Luftmenge beurteilen, wie stark der Motor verschlissen ist.*

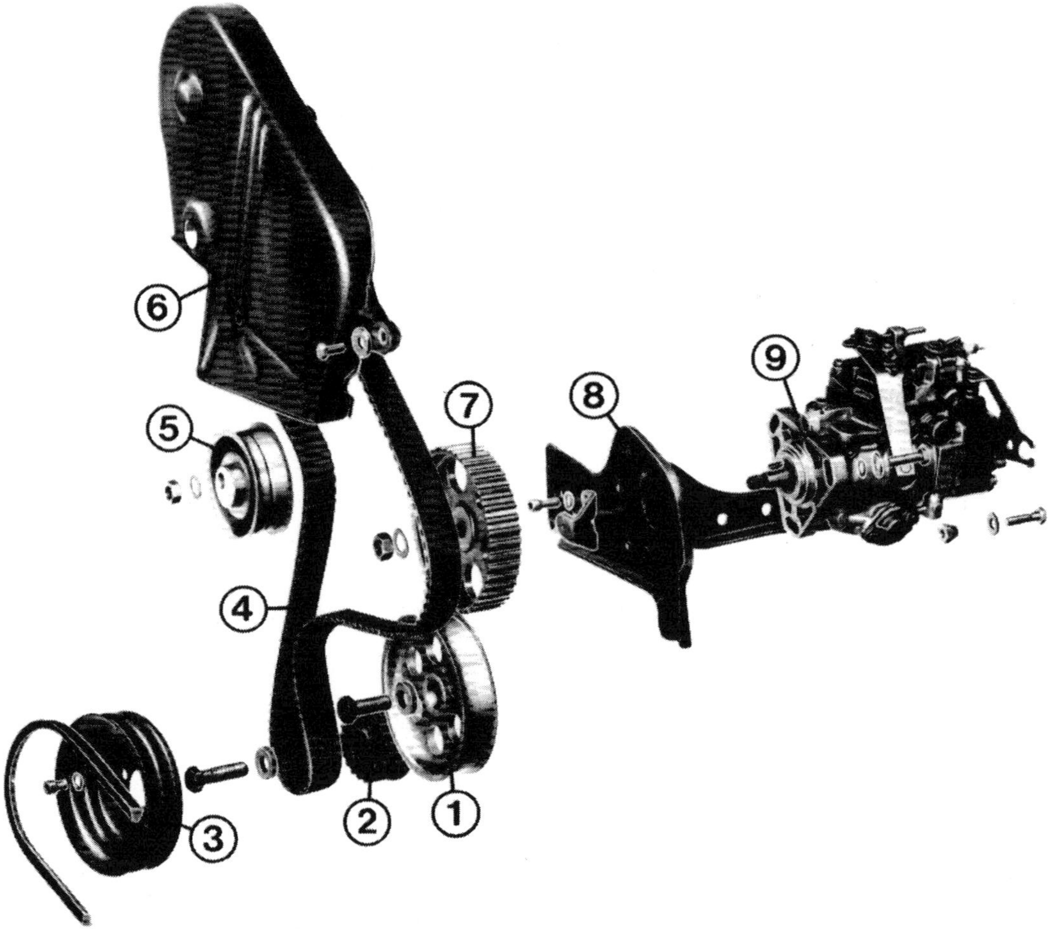

Hier wird die Lage des Zahnriemens (4) deutlich. Es bedeuten: 1 – Antriebsrad der Zwischenwelle; 2 – Zahnriemenrad der Kurbelwelle; 3 – Kurbelwellen-Keilriemenscheibe; 5 – Spannrolle; 6 – Zahnriemenabdeckung (Ausführung bis 12/83); 7 – Zahnriemenrad der Einspritzpumpe; 8 – Einspritzpumpenkonsole; 9 – Einspritzpumpe.

Zwischen Ölfilter (4) und Ölfilterflansch (2) sitzt beim Turbodiesel der Ölkühler (3). Er ist vom Kühlwasser durchspült, welches hier auch für das Öl als Kühlmedium dient. Position »1« zeigt die angeschlossenen Kühlwasserschläuche.

Neuen Motor einfahren

Während der ersten **1000 km** sollen die gleitenden Teile des Motors (Kolben und Zylinder, Gleitlager und Wellen) Gelegenheit haben, sich an das jeweilige Gegenstück anzupassen. Das muß bei niedriger Belastung bzw. bei niedrigen Drehzahlen geschehen. Die spätere Motorleistung und die Lebensdauer hängen davon ab. Deshalb:

□ Kein Vollgas geben.

□ Erst bei betriebswarmem Motor die folgenden Geschwindigkeitsempfehlungen beachten, bei kaltem Motor früher hochschalten:

Schaltgetriebe		Automatikgetriebe	
1. Gang	30 km/h	Fahrbereich 1	45 km/h
2. Gang	55 km/h	Fahrbereich 2	80 km/h
3. Gang	80 km/h	Fahrbereich 3	115 km/h
4. Gang	110 km/h		
5./E-Gang	120 km/h		

□ In der Laufzeit von **1000–1500 km** den Motor allmählich bis zur Höchstgeschwindigkeit bzw. zur höchstzulässigen Drehzahl steigern.

Die Motor-Lebensdauer

Der Dieselmotor erreicht im Golf/Jetta in der Regel etwa 100000 bis 130000 km Laufleistung. Selbstverständlich bezieht sich dieser Wert auf die Einsatzbedingungen im Privatbesitz. Firmenwagen, die oft hemmungslos »geschruppt« werden, können in der Laufleistung deutlich darunter liegen. Dagegen laufen Fahrzeuge, die von den Einsatzbedingungen her wenige Kaltstarts und in der Regel keine hohen Drehzahlen erfahren (z. B. Taxis) auch im gewerblichen Einsatz verhältnismäßig lange.

Ergraut der Dieselmotor in Frieden (Betrieb in mittleren Drehzahlen; keine Hochdrehzahlen bei kaltem Motor), kann davon ausgegangen werden, daß er keinen spektakulären Exitus erleidet, wie Bruch eines Ventils, Kolbens oder Pleuels. Vielmehr wird er bei niedrigen Außentemperaturen mit massiven Startschwierigkeiten zu kämpfen haben. Grund dafür ist vermehrter Verschleiß der Zylinderlaufbahn im Bereich des oberen Umkehrpunkts (OT) des ersten Kolbenrings (sogenannter Zwickelverschleiß). Die Laufbahn bekommt in diesem Bereich ringsum eine tiefe Kerbe, die es dem Kolbenring erschwert, beim Starten des Motors die nötige Kompression im Brennraum zu halten. Die Luft im Brennraum wird damit während des Kompressionstakts nicht mehr heiß genug — der eingespritzte Dieselkraftstoff kann sich trotz intakter Vorglühanlage nicht entzünden.

Angeschleppt durch ein anderes Fahrzeug kann der Motor, dem dabei zu höherer Startdrehzahl verholfen wird, genügend Kompression aufbauen, damit der Selbstzünder seinem Namen wieder Ehre macht. Längerfristig wird jedoch kaum ein Diesel-Fahrer das ständige Anschleppen an kalten Tagen akzeptieren können. Dann muß Ersatz besorgt werden (Seite 56).

Kompressionsdruck messen

Die Messung des Kompressionsdrucks in den Motorzylindern gibt Aufschluß darüber, ob Ventile und Kolbenringe noch gut abdichten. Leistung, Kaltstartverhalten, Öl- und Kraftstoffverbrauch sowie die Rauchentwicklung unseres Dieselmotors hängen davon ab. Wir

erhalten also über das Kompressionsdiagramm einen guten Aufschluß über den mechanischen Zustand des Dieselmotors.
Um es gleich vorwegzunehmen: Die Anschaffung eines Kompressionsdruckmessers für Dieselmotoren lohnt sich wegen des hohen Preises (z. B. von Moto Meter ca. 300 DM) wohl kaum. Doch möglicherweise können Sie solch ein Gerät ausleihen (die V.A.G.-Werkstatt verwendet den Prüfer VW 1381 mit Adapter VW 1323/A) bzw. zusammen mit anderen Diesel-Fahrern kaufen. So wird gemessen:

- Der Motor muß betriebswarm sein.
- Kabel am Absteller der Einspritzpumpe abnehmen und isolieren (siehe Seite 94).
- Alle Einspritzleitungen ausbauen und auf sauberem Tuch ablegen.
- Sämtliche Einspritzdüsen ausbauen (Seite 98).
- Prüfgerät mit Adapter in das Düsenloch des ersten Zylinders einschrauben; eine alte Wärmeschutzdichtung unterlegen.
- Anlasser betätigen (Schalthebel im Leerlauf), bis sich der Skalenwert am Kompressionsdruckprüfer nicht mehr erhöht.
- Anzeigewert notieren und am nächsten Zylinder weitermessen.

Druckwerte

Folgende Kompressionsdruckwerte sollte der Motor erreichen:

	normaler Kompressionsdruck	Verschleißgrenze	max. Unterschied der Zylinder
Saugdiesel und Turbodiesel	34,0 bar	28,0 bar	5,0 bar

Motor durchdrehen

Zu einigen Arbeiten am Motor muß die Kurbelwelle von Hand durchgedreht werden. So geht es am einfachsten:

- Schraubenschlüssel an der Zentralmutter der Lichtmaschinen-Keilriemenscheibe ansetzen und über den Keilriemen die Kurbelwelle drehen.
- Sollte der Riemen durchrutschen, wird er mit der freien Hand belastet und somit gespannt, wie das im Bild unten gezeigt ist.

Oberen Totpunkt suchen

Zu verschiedenen Arbeiten an Motor und Einspritzpumpe muß der Kolben in Zylinder 1 im oberen Totpunkt (OT) stehen – das heißt, er muß sich am oberen Ende der Zylinderlaufbahn befinden. Beim Viertaktmotor (also auch dem Dieselmotor) kommt der Kolben bei jedem Arbeitszyklus zweimal in den OT: Einmal beim Komprimieren der angesaugten Luft, das zweite Mal beim Hinausdrücken der Verbrennungsgase. Üblicherweise wird die Stellung nach dem Kompressionstakt gebraucht:

- Ventildeckel abbauen.
- Motor von Hand durchdrehen (siehe vorigen Abschnitt), bis die **in Fahrtrichtung** gesehen **rechten** beiden Nocken der Nockenwelle gleichmäßig nach oben zeigen.
- Damit die Sache noch genauer wird, Kurbelwelle jetzt so drehen, bis die Marke am Schwungrad dem senkrechten Pfeil im Schauloch an der Kupplungsglocke exakt gegenübersteht (siehe Bild rechts oben). Der genaue OT ist gefunden.

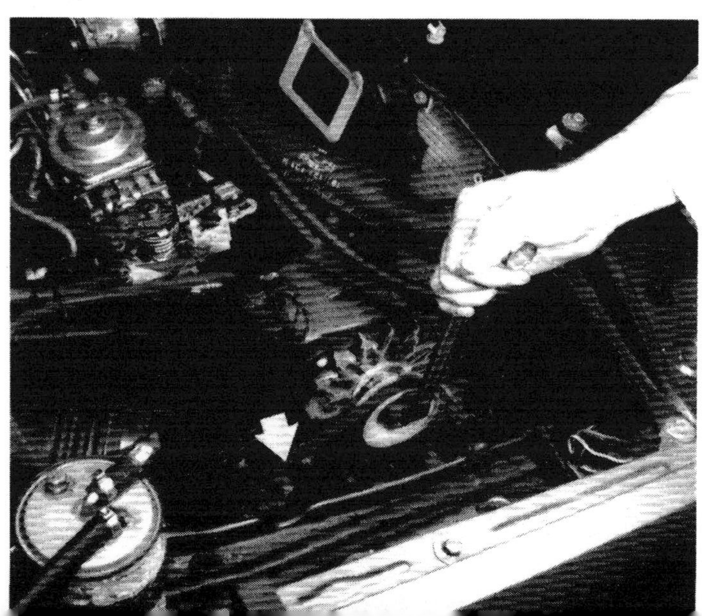

Durchdrehen der Kurbelwelle von Hand: Ein gekröpfter Ringschlüssel wird auf der Zentralmutter der Lichtmaschinen-Keilriemenscheibe angesetzt. Sollte der Keilriemen beim Drehen durchrutschen, kann er mit der freien Hand zwischen den Riemenscheiben belastet werden (Pfeil).

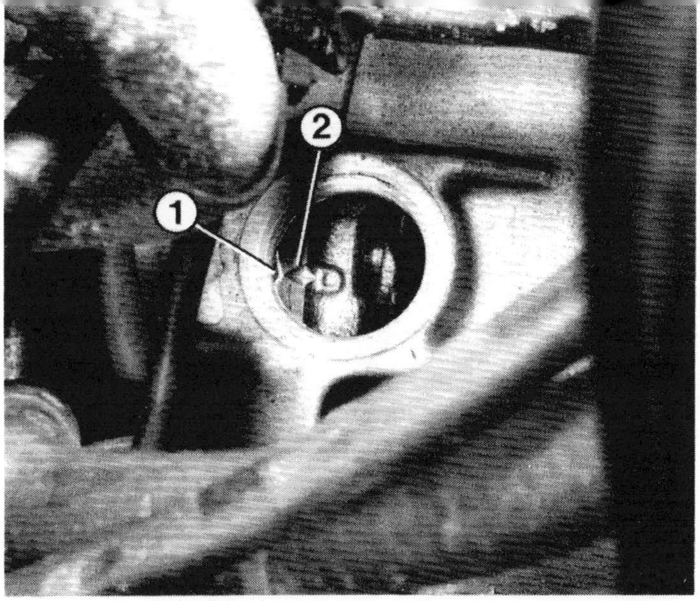

Die Kolben in Zylinder 1 und 4 befinden sich in ihrer höchsten Stellung (im OT), wenn die Kerbe (2) auf der Schwungscheibe dem senkrechten Pfeil (1) im Schauloch der Kupplungsglokke gegenübersteht. Zuvor muß die Abdeckung komplett herausgedreht werden.

Das Ventilspiel

Durch die Erwärmung des Motors dehnen und längen sich die einzelnen Teile des Ventiltriebs. Deshalb muß – damit auch bei warmem Motor die Ventile trotz ihrer etwas länger gewordenen Schäfte richtig abdichten – etwas »Luft« oder »Spiel« zwischen der Nockenwelle und den Tassenstößeln vorhanden sein. Das Prüfen dieses Spiels gehört demzufolge zu den wichtigsten Wartungsarbeiten an den **Motoren bis 7/85 ohne Hydrostößel**.
Was sind die Folgen von falsch eingestelltem Ventilspiel?
Zu kleines Ventilspiel: Die Ventile liegen nicht satt auf den Ventilsitzringen, und vor allem die sehr heiß werdenden Auslaßventile können dadurch ihre Wärme nicht mehr an die Sitzringe abgeben. Dann verbrennen die Ventile und ihre Sitze, weil an den Ventilsitzen laufend heiße Verbrennungsgase vorbeistreichen. In leichteren Fällen verziehen sich die Ventile, darunter leidet die Abdichtung, und in der Folge brennt auch bald der Sitz ab. Die Kompression sinkt, der Motor verliert an Leistung, springt schlechter an und verbraucht mehr Kraftstoff.
Zu großes Ventilspiel: Die Ventile öffnen etwas später als normal, die Zylinder werden schlechter gefüllt, und der Motor kommt nicht auf volle Leistung. Der Verschleiß an der Nockenwelle und an den oben in die Tassenstößel eingelegten Einstellplättchen wird größer. Das wird durch lauteres Ventilgeräusch hörbar.

Ventilspiel prüfen, Dichtungen ersetzen

Wartung Nr. 36

Das Ventilspiel muß nur an den Motoren ohne Hydrostößel geprüft werden. An den **ab 8/85** gebauten Motoren **entfällt diese Wartungsarbeit**.
Das eigentliche Prüfen des Spiels können Sie problemlos selbst durchführen – das eventuell fällige Einstellen jedoch nur bedingt (siehe übernächsten Abschnitt). Zur Ventilspielkontrolle soll der Motor mindestens handwarm sein (35°C Kühlmitteltemperatur); das entspricht etwa 5 Minuten Leerlauf des kalten Motors. Beim Wiederaufsetzen des Ventildeckels muß eine neue Abdichtung (drei Teile) verwendet werden.

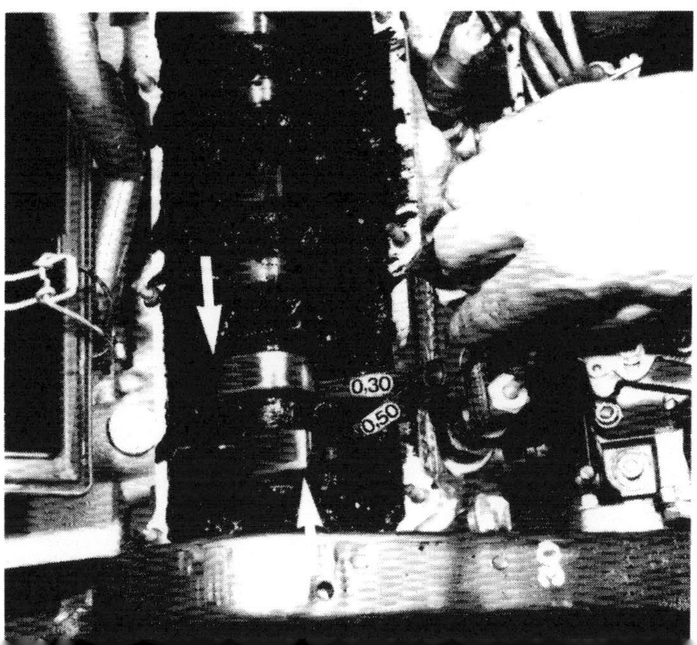

Unser Bild zeigt die am 1. Zylinder eingesteckte Fühlerblattlehre zum Messen des Ventilspiels. Bei den Dieselmotoren bis 7/85 soll das Spiel an den Einlaßventilen 0,20 bis 0,30 mm und bei den Auslaßventilen 0,40 bis 0,50 mm betragen. Diese Werte beziehen sich auf einen mindestens handwarmen Motor.
Zur Messung des Ventilspiels an einem Zylinder müssen die beiden Nocken der Nockenwelle für den jeweiligen Zylinder spiegelbildlich nach außen zeigen, wie die Pfeile dies andeuten.

■ Ventildeckel abnehmen.
■ Gemessen werden gleichzeitig das Einlaß- und das Auslaßventil eines Zylinders. Dazu müssen beide Ventile entlastet sein (also Spiel haben).
■ Deshalb Motor von Hand durchdrehen (siehe Seite 42), bis an der Nockenwelle die Spitzen beider Nocken von Zylinder 1 (das ist der in Fahrtrichtung gesehen ganz rechts sitzende) **gleichmäßig nach oben** zeigen.
■ Zwischen Nockenwelle und Tassenstößel zuerst das dem höchsten Toleranzwert entsprechende Lehrenblatt (siehe Tabelle unten) durchzuziehen versuchen, dann jeweils 0,05 mm dünnere Blätter nehmen.
■ Zumindest das Lehrenblatt für den untersten Wert soll sich mit leichtem Widerstand durchziehen lassen, sonst ist das Ventilspiel zu klein.
■ Seltener tritt zu großes Spiel auf; dann läßt sich noch ein größeres Fühlerblatt durchziehen, als der obere Toleranzwert angibt.
■ Meßwert notieren.
■ Entsprechend der Zündfolge 1–3–4–2 wird als nächster Zylinder 3 geprüft.
■ Den Motor dazu ½ Umdrehung weiterdrehen. Jetzt müssen bei Zylinder 3 beide Nokken der Nockenwelle nach oben zeigen. Zylinder 3 kann gemessen werden.
■ Restliche Zylinder prüfen, dazu den Motor jeweils ½ Umdrehung weiterdrehen.

Das richtige Ventilspiel

Innerhalb dieser Toleranzwerte muß das Ventilspiel bei mindestens 35° C Kühlmitteltemperatur liegen, dann braucht nicht eingestellt zu werden:

Saugdiesel und Turbodiesel	Einlaß	Auslaß
Ventilspiel bei warmem Motor	0,20–0,30 mm	0,40–0,50 mm

Die Verteilung von Einlaß- und Auslaßventilen zeigt das Bild unten.

Ventile einstellen

Zum Einstellen der Ventile werden oben in die Tassenstößel Distanzplättchen unterschiedlicher Stärke (siehe Tabelle rechts) eingelegt. Ob ein dickeres oder dünneres Plättchen zu wählen ist, hängt davon ab, ob das Ventilspiel zu groß oder zu klein ist. Leider wird zum Auswechseln der Distanzplättchen Spezialwerkzeug nötig, denn nur so lassen sich die Tassenstößel gegen die Kraft der Ventilfedern nach unten drücken bzw. anschließend die Plättchen herausnehmen. Vielleicht können Sie sich in der Anschaffung der Werkzeuge mit anderen VW-Fahrern zusammentun.
Gebraucht wird die Spezialzange VW 10-208 sowie der Niederhalter VW 2078. Erhältlich sind diese Werkzeuge über den Zubehörhandel, z. B. von der Firma Hazet (Nr. 2599 bzw. 2574-1). Die Ventileinstellplättchen erhalten dagegen Sie im V.A.G.-Ersatzteillager.
■ Die Nockenwellen-Exzenter müssen am einzustellenden Zylinder nach oben zeigen (OT). Jetzt den betreffenden Tassenstößel so drehen, daß die Kerben von rechts und links zugänglich sind.
■ Kurbelwelle jetzt etwa ¼ Umdrehung weiterdrehen. Der Kolben steht dann nicht mehr im OT. Die Ventile können also nicht mehr mit ihm zusammenstoßen, wenn die Tassenstößel mit dem Niederhalter nach unten gedrückt werden.
■ Niederhalter zwischen den beiden Nocken

Die Ventile hängen beim Dieselmotor nebeneinander im Zylinderkopf. Die Reihenfolge der Einlaß- (E) und Auslaßventile (A) lautet: A-E-A-E-E-A-E-A. Aus Gründen der Wärmeverteilung liegen die Auslaßventile jeweils an den Motoraußenseiten.

des betreffenden Zylinders ansetzen, beide Tassenstößel werden gleichzeitig heruntergedrückt.

- Die Spezialzange in die Kerben des Tassenstößels ansetzen und das Einstellplättchen herausheben.
- Bei korrekter Montage liegt das Plättchen mit der Beschriftung seiner Dicke nach unten im Tassenstößel.
- War es falsch herum eingelegt, dürften die Ziffern nicht mehr erkennbar sein. Dann hilft nur das Mikrometer der Werkstatt weiter, bei der Sie ohnehin das neue Plättchen besorgen müssen. Eine Schieblehre genügt nicht.
- Stärke des erforderlichen Plättchens errechnen (siehe nächsten Abschnitt).
- Neues Einstellplättchen mit den Ziffern nach unten zeigend in den Tassenstößel einlegen.

Welches Einstellplättchen wird gebraucht?

Wenn das Ventilspiel korrigiert werden muß: Das Plättchen für ein Auslaßventil wird wegen der auftretenden höheren Temperaturen so ausgewählt, daß anschließend der obere Toleranzwert von 0,50 mm erreicht wird. Bei einem Einlaßventil stellen wir auf den mittleren Toleranzwert von 0,25 mm ein. Ist das Spiel zu gering, brauchen Sie ein dünneres Einstellplättchen, bei zu großem Spiel muß das Plättchen dicker sein. Hierzu zwei Beispiele:

	Meßwert	angestrebter Toleranzwert	Differenz	Dicke des alten Einstellplättchens	Neues Einstellplättchen
Auslaßventil	0,35 mm	0,50 mm	−0,15 mm	3,85 mm	3,70 mm
Einlaßventil	0,35 mm	0,25 mm	+0,10 mm	3,15 mm	3,25 mm

Folgende Einstellscheiben stehen zur Verfügung:

Dicke	Ersatzteil-Nr.	Dicke	Ersatzteil-Nr.	Dicke	Ersatzteil-Nr.	Dicke	Ersatzteil-Nr.
3,00	056 109 555	3,30	056 109 561	3,65	056 109 568	3,95	056 109 574
3,05	056 109 556	3,35	056 109 562	3,70	056 109 569	4,00	056 109 575
3,10	056 109 557	3,40	056 109 563	3,75	056 109 570	4,05	056 109 576
3,15	056 109 558	3,45	056 109 564	3,80	056 109 571	4,10	056 109 577
3,20	056 109 559	3,50	056 109 565	3,85	056 109 572	4,15	056 109 578
3,25	056 109 560	3,55	056 109 566	3,90	056 109 573	4,20	056 109 579
		3,60	056 109 567			4,25	056 109 580

Die Dicke der Einstellscheiben ist auf der Unterseite eingeätzt.

Fingerzeig: *Die neuen Ventildeckeldichtungen sowie der Deckel selbst müssen sehr sorgfältig aufgesetzt werden, sonst kann Öl herausdrücken. Die Unterlegbleche unter den Haltemuttern des Ventildeckels nicht vergessen!*

Bedeutung des Zahnriemens

Dem Zahnriemen kommt beim Dieselmotor große Bedeutung zu. Er treibt die Nockenwelle, die Einspritzpumpe, die Ölpumpe und die Unterdruckpumpe für den Bremskraftverstärker. Reißt der Riemen oder springt er auf den Riemenscheiben einen Zahn weiter, entsteht Motor-

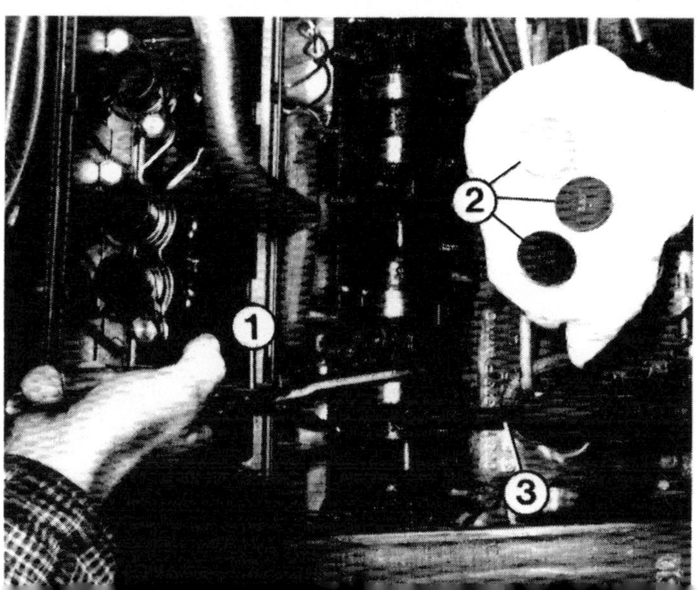

Einstellen der Ventile beim Dieselmotor bis 7/85: Die Tassenstößel werden mit dem Niederhalter (3) nach unten gedrückt. So können die Einstellplättchen (2) mit der Spezialzange (1) ausgewechselt werden. Die Maßangabe auf den Plättchen soll beim Einbau nach unten zeigen.

Totalschaden, weil die Ventile (von der Nockenwelle angetrieben) nicht mehr rechtzeitig geschlossen werden. Die nach oben strebenden Kolben schlagen dann auf die Ventilteller auf.

Eigenarbeiten am Zahnriemen

Die Steuerung von Nockenwelle und Einspritzpumpe wird beim Dieselmotor sehr präzise eingestellt. Jede Veränderung durch Spannen oder Auswechseln des Zahnriemens zieht deshalb aufwendige Einstellarbeiten nach sich. So beschränken sich die mit einfachen Mitteln durchführbaren Wartungsarbeiten auf die Zustandsprüfung und die Kontrolle der Riemenspannung.

Wird der Zahnriemen nachgespannt, muß der Förderbeginn der Einspritzpumpe kontrolliert bzw. eingestellt werden. Wird er komplett abgenommen (etwa zum Auswechseln oder zur Zylinderkopfdemontage), kommt noch die Neueinstellung der Steuerzeiten an der Nockenwelle hinzu. Beide Arbeiten erfordern erhebliche Sachkenntnis und vor allem Spezialwerkzeuge.

Die zum Einstellen der Steuerzeiten notwendigen Werkzeuge können Sie sich nach unseren Angaben in einer Mechaniker-Werkstatt fertigen lassen. Die zum Justieren des Förderbeginns nötige Meßuhr mit Spezialadapter kann jedoch nicht einfach nachgebaut werden. Hier sind Sie auf die Hilfe einer V.A.G.- oder Bosch-Werkstatt angewiesen.

Unser Vorschlag für Unerschrockene: Einbau des Zahnriemens und Einstellen der Steuerzeiten selbst durchführen. Wagen dann in die Werkstatt bringen (vorher absprechen) und dort den Förderbeginn justieren lassen.

Ungeachtet dessen sind alle diese Arbeiten hier im Buch beschrieben. Wer sich alle Spezialwerkzeuge beschaffen kann, ist damit in der Lage, die Arbeiten selbst auszuführen.

Zahnriemenabdeckung ausbauen

Während der Dieselmotor zu Anfang nur eine einfache Blechabdeckung über dem Zahnriementrieb besaß, bekam er ab Baudatum 12/83 eine Vollkapselung. Sie soll verhindern, daß Fremdkörper eindringen, die den Zahnriemen zum Überspringen veranlassen könnten. Hier der Ausbau beider Versionen:

■ **Bis 11/83:** Vier Sechskantschrauben rund um die Blechabdeckung herausdrehen.

■ Blechabdeckung abnehmen.

■ **Ab 12/83:** Eine Sechskantschraube an der Stirnseite der Abdeckung herausdrehen.

■ Drei Spannklammern lösen und den oberen Teil der Abdeckung abnehmen.

■ Der untere Teil der Abdeckung kann erst nach Demontage der Kurbelwellen-Keilriemenscheibe und Losdrehen von zwei Halteschrauben abgebaut werden.

Zahnriemen-Zustand prüfen

Wartung Nr. 37

■ Zahnriemenabdeckung abnehmen.

■ Der gezähnte Riemen darf nicht verölt oder rissig sein.

■ Die Flanken der Verzahnung müssen intakt sein und dürfen keine Abnützungserscheinungen zeigen.

■ Damit Sie den Riemen auf seiner gesamten Länge begutachten können, den Motor durchdrehen, siehe Seite 42.

■ Einen schadhaften Zahnriemen unbedingt ersetzen!

Zum Abnehmen der Zahnriemenabdeckung ab 12/83 müssen nach Lösen der Sechskantschraube (1) drei Spannklammern (Pfeile) aus Draht abgedrückt werden.

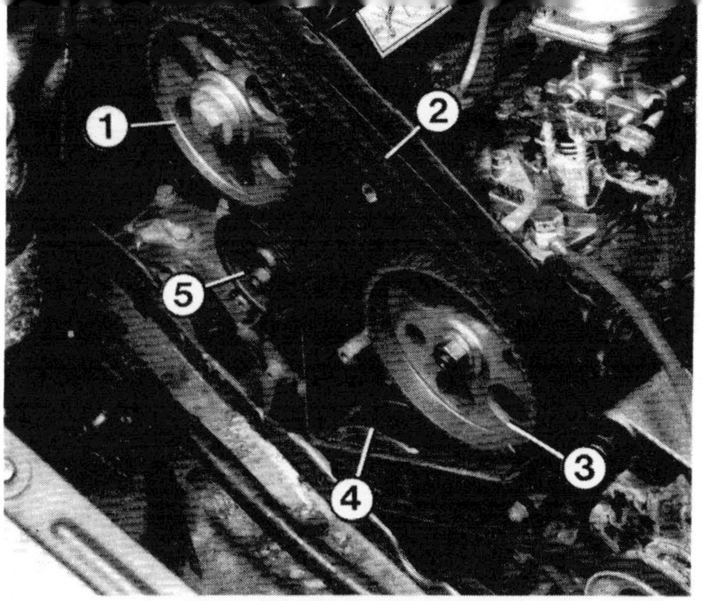

Der Verlauf des Zahnriemens wird bei abgenommener Abdeckung sichtbar. Es bedeuten: 1 – Nockenwellen-Zahnriemenrad; 2 – Zahnriemen; 3 – Einspritzpumpen-Zahnriemenrad; 4 – Antriebsrad der Zwischenwelle; 5 – Spannrolle.

Zahnriemenspannung kontrollieren

Wartung Nr. 38

Dieser Wartungspunkt sollte gemeinsam mit der Zustandsprüfung durchgeführt werden. Gebraucht wird das Spezialwerkzeug VW 210. Dieses Meßgerät prüft die Riemenspannung bezogen auf eine bestimmte Riemenlänge. Gemessen wird zwischen Nockenwellen- und Einspritzpumpen-Zahnriemenrad.

- Zahnriemenabdeckung entfernen.
- Mit einem Gummihammer kurz zwischen Nockenwellen- und Einspritzpumpenrad auf den Riemen schlagen.
- Meßgerät ansetzen und Anzeigewert notieren.
- Kurbelwelle einmal durchdrehen (Seite 42). Nur an der Kurbelwellen-Keilriemenscheibe drehen!
- Messung wiederholen.
- Mittelwert der Messungen errechnen.
- Wird Skalenwert 12–13 erreicht, ist alles in Ordnung. Sonst Riemen nachspannen.

Zahnriemenspannung behelfsmäßig prüfen

- Zahnriemenabdeckung abnehmen.
- Mit einem Gummihammer kurz zwischen Nockenwellen- und Einspritzpumpenrad kurz auf den Riemen schlagen.
- An derselben Stelle durch Daumendruck den Durchhang des Riemens ermitteln. Er soll sich bei richtiger Riemenspannung etwa 10 mm durchdrücken lassen. Sonst nachspannen.
- Im Zweifelsfall Messung nach Weiterdrehen der Kurbelwelle wiederholen.
- Zahnriemenspannung so bald als möglich mit dem Meßgerät nachprüfen lassen.

Zahnriemen spannen

Zum Schwierigkeitsgrad dieser Arbeit beachten Sie bitte die Hinweise unter »Eigenarbeiten am Zahnriemen« auf der Vorseite. Die Werkstatt verwendet zum Drehen des Einstellexzenters den Mutterndreher Matra V 159.

Nachfolgend beschreiben wir, wie sich die Einstellung ohne Mutterndreher vornehmen läßt.

So wird die Zahnriemenspannung mit dem VW-Werkzeug VW 210 geprüft. Wird der Skalenwert 12–13 erreicht, stimmt die Riemenspannung.

So sieht der Absteckdorn für die Einspritzpumpen-Zahnriemenscheibe aus. Es handelt sich dabei um ein einfaches Rundmaterial; der Griff am hinteren Ende ist nicht nötig. Auch die Länge ist unwichtig. Entscheidend ist nur, daß der Dorn vom Loch in der Einspritzpumpen-Riemenscheibe bis zum Loch in der Pumpenkonsole reicht. Wichtig ist jedoch der Durchmesser. Er muß genau 15,45 mm betragen.

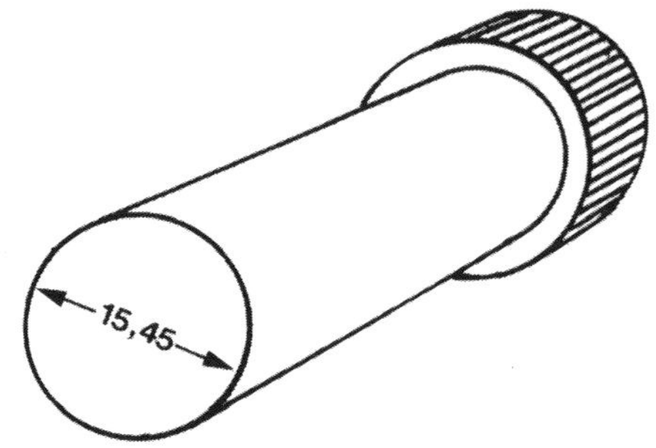

■ Zahnriemenspannung messen (siehe vorige Abschnitte).

■ Klemmutter an der Spannrolle ein klein wenig lösen. Die Rolle darf sich noch nicht von Hand auf dem Exzenter hin- und herbewegen lassen.

■ Einen Schraubenzieher in eines der Löcher im Nockenwellen-Zahnriemenrad stecken.

■ Auf diese Weise das Nockenwellenrad geringfügig nach links drehen, damit der Zahnriemen auf der Spannrollenseite entlastet ist.

■ Jetzt mit einem kleinen Hammer vorsichtig von links auf die Spannrolle schlagen, damit diese auf ihrem Exzenter etwas nach rechts rutscht und so den Riemen spannt. Das Nockenwellen-Zahnriemenrad muß natürlich währenddessen weiter festgehalten werden.

■ Klemmutter an der Spannrolle wieder festziehen.

■ Riemenspannung nachmessen.

■ Unbedingt den Förderbeginn der Einspritzpumpe kontrollieren (siehe Seite 101).

Zahnriemen auswechseln

Wartung Nr. 43

Auch hier gilt für den Schwierigkeitsgrad der Hinweis »Eigenarbeiten am Zahnriemen« auf Seite 46. Gebraucht werden zwei Satz Fühlerlehren, das Einstellineal VW 2065 oder 2065A und der Absteckdorn 2064. Beide Werkzeuge lassen sich nach den Zeichnungen oben anfertigen.

■ Ventildeckel und Zahnriemenabdeckung abbauen.

■ Zylinder 1 auf OT stellen, wie auf Seite 42 beschrieben.

■ Am in Fahrtrichtung nach links zeigenden Ende der Nockenwelle das Einstellineal in den Querschlitz der Welle einstecken.

■ Zwischen Zylinderkopf und Einstellineal wird nun an beiden Lineal-Enden je ein Fühlerlehrenblatt gleicher Stärke (ermitteln!) eingeschoben, siehe Bild rechts unten. So wird das Spiel zwischen Einstellineal und Zylinderkopf beseitigt – die Nockenwelle läßt sich jetzt nicht mehr hin- und herdrehen (ausprobieren!).

■ Einspritzpumpe arretieren. Dazu den Absteckdorn 2064 in das nach rechts zeigende kleine Loch im Einspritzpumpenrad und in das dahinterliegende Loch der Pumpenhalterung stecken.

■ Klemmutter der Zahnriemen-Spannrolle lösen. Spannrolle auf ihrem Exzenter nach links schwenken; der Zahnriemen ist damit entspannt.

■ Keilriemen abnehmen.

■ Keilriemenscheibe und Abdeckteil ausbauen.

■ Zahnriemen abnehmen.

■ Vor dem Auflegen des neuen Zahnriemens die Befestigungsschraube des Nockenwellen-Zahnriemenrads ½ Umdrehung lösen.

■ Nockenwellenrad durch einen leichten

Soll die Zahnriemenspannung ohne Mutterndreher eingestellt werden, muß zunächst das Nockenwellen-Zahnriemenrad (1) mit einem Schraubenzieher geringfügig nach links gehebelt werden. So wird der Zahnriemen an der Spannrolle (2) entlastet. Nach Lösen der Klemmutter kann nun die Spannrolle mit sanften Hammerschlägen auf ihrem Exzenter etwas nach rechts bewegt werden, was den Riemen spannt.

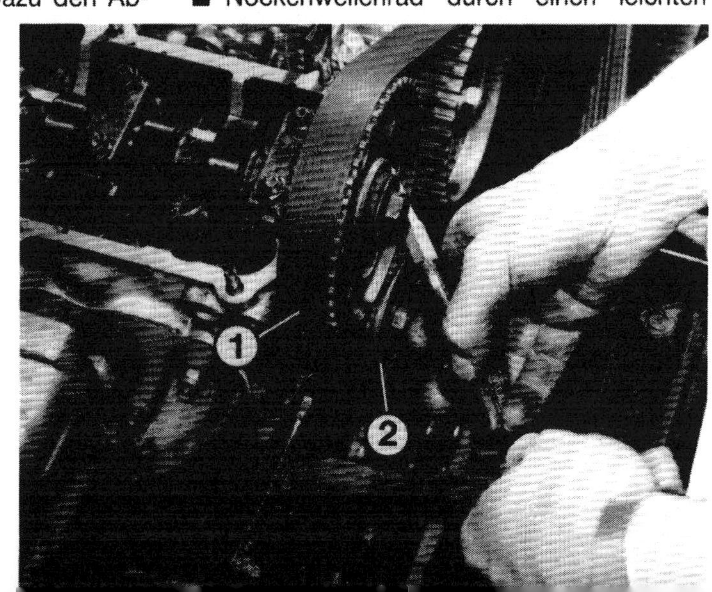

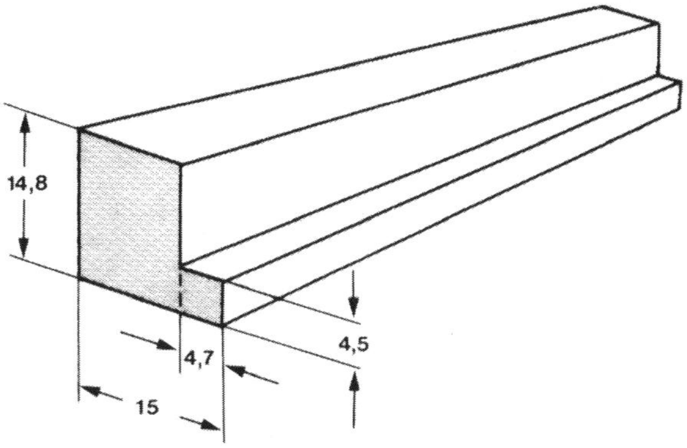

Nach diesen Maßen können Sie sich das beschriebene Einstellineal fertigen lassen. Die genaue Länge ist nicht so wichtig. Mindestens soll das Einstellineal jedoch so lang sein wie die Schmalseite des Zylinderkopfes.

Schlag mit einem Gummihammer vom Konus der Nockenwelle lösen. Das Rad läßt sich jetzt auf der Nockenwelle drehen.

■ Nochmals kontrollieren, ob die Kurbelwelle auf OT steht und ob die Nockenwelle und die Einspritzpumpe noch richtig arretiert sind.

■ Zahnriemen auflegen und spannen (siehe vorangegangenen Abschnitt). Kurbelwelle dabei nicht drehen.

■ Befestigungsschraube des Zahnriemenrads jetzt mit 45 Nm festziehen.

■ Zahnriemen nochmals nachspannen. Die Kurbelwelle kann jetzt gedreht werden.

■ Unbedingt den Förderbeginn der Einspritzpumpe kontrollieren (siehe Seite 99).

■ Abdeckungen einbauen.

■ Keilriemen montieren und spannen (Seite 189).

Zylinderkopf aus- und einbauen

Da zu dieser Arbeit auch der Zahnriemen abgenommen werden muß, unbedingt die Hinweise »Eigenarbeiten am Zahnriemen« (Seite 46) beachten. Gebraucht werden neben den Spezialwerkzeugen zum Ausbau des Zahnriemens (siehe Zeichnungen oben) und des vorderen Abgasrohrs (Seite 68) folgende Teile: Zylinderkopfdichtung (siehe Seite 51) und ein Satz Ventildeckeldichtungen; ferner ein langer Innenvielzahnschlüssel SW 12 sowie ein Satz neue (!) Zylinderkopfschrauben. Die Innenvielzahnschrauben werden beim Diesel grundsätzlich ersetzt.

Ausbau

■ Massekabel der Batterie abklemmen.

■ Kühlwasser ablassen und in einer Schüssel auffangen (siehe Seite 75).

■ Beim Saugdiesel Luftfilterdeckel und Filtereinsatz ausbauen.

■ Beim Turbodiesel Luftfiltergehäuse und Ansaugschlauch ausbauen.

■ Ventildeckel abnehmen.

■ Einspritzleitungen abbauen und auf sauberem Tuch ablegen.

■ Anschlüsse von Einspritzdüsen und Einspritzpumpe mit kleinen Stopfen (aus Stoff oder notfalls Papiertaschentüchern) verschließen.

■ Rücklaufleitung von den Einspritzdüsen zur Pumpe abziehen.

■ Kabel zu den Glühkerzen abschrauben.

■ Kabel zum Öldruckschalter und den Temperaturfühlern kennzeichnen und abziehen.

■ Auspuff am Krümmer bzw. Turbolader abbauen (siehe dazu Seite 68).

■ Zahnriemen ausbauen (siehe linke Seite).

■ Kühlwasserschläuche am Zylinderkopf abbauen.

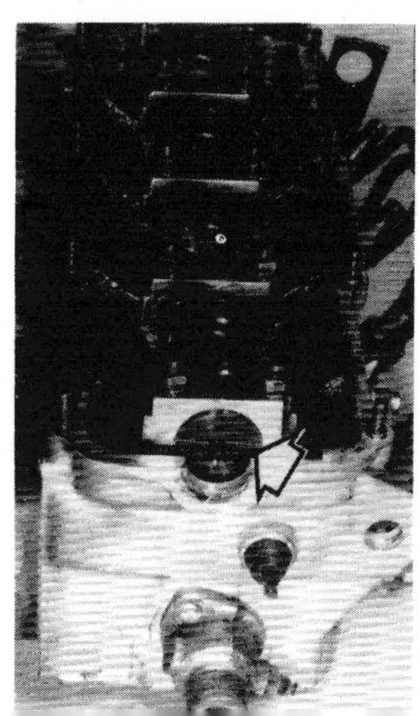

Fixieren der OT-Stellung an der Nockenwelle mit dem Einstellineal (2): Zum Ausgleichen des Spiels zwischen Zylinderkopf und Lineal werden an beiden Linealenden Fühlerlehrenblätter gleicher Stärke (1 und 3) unterlegt. Im Bild rechts sehen Sie den Querschlitz der Nockenwelle (Pfeil), in den das Einstellineal eingreifen muß.

Hier wird mit einem Dreikantschaber die Dichtfläche des Grauguß-Zylinderblocks gereinigt. Vorsichtiger muß beim Leichtmetall-Zylinderkopf vorgegangen werden. Die Dichtfläche darf beim Reinigen nicht verkratzt werden.

■ Ölleitungen zum Turbolader und Leitung zur Einspritzpumpe lösen.
■ Zug des Kaltstartbeschleunigers zur Seite biegen oder aushängen.
■ Zylinderkopfschrauben entgegen der unten gezeigten Anzugsreihenfolge lösen.
■ Bei Zahnriemen-Vollkapselung Nockenwellenrad abbauen, hinteres Teil der Zahnriemenabdeckung vom Kopf losschrauben.
■ Zylinderkopf abnehmen.

Einbau

■ Spätestens jetzt müssen Sie die richtige Stärke der Zylinderkopfdichtung ermitteln (siehe folgenden Abschnitt).
■ Dichtfläche des Zylinderkopfes auf Verzug prüfen. Dazu langes Metallineal oder garantiert geraden Blechwinkel längs über die gereinigte Dichtfläche des Zylinderkopfes legen und mit einer Fühlerlehre den Durchhang messen. Höchstzulässiges Durchhangmaß ist **0,1 mm.** VW rät vom Nachschleifen des Zylinderkopfes ab. Bei größerem Durchhang wäre also ein Austausch-Zylinderkopf fällig.
■ Dichtfläche des Motorblocks ebenfalls reinigen.
■ Gewinde der Schraubenlöcher im Motorblock reinigen. Es darf sich kein Schmutz, Öl oder Wasser in den Löchern befinden.
■ Zylinderkopfdichtung auf den Motorblock legen.
■ Zylinderkopf auf den Motor setzen, und alle Schrauben zunächst lose eindrehen, damit sich die Dichtung zentriert.
■ Zylinderkopfschrauben zunächst bei kaltem Motor nach dem **Anzugsschema** im Bild unten und mit den für Ihren Motor vorgeschriebenen Werten in der **Tabelle rechts** anziehen.
■ Restlichen Zusammenbau vornehmen

Damit der Zylinderkopf absolut plan und gleichmäßig aufliegt, müssen die zehn Zylinderkopfschrauben in der hier gezeigten Reihenfolge und mit den in der Tabelle angegebenen Drehmomenten angezogen werden.

In den ersten zwei Anzugsstufen des Zylinderkopfes werden die Zylinderkopfschrauben mit dem Drehmomentschlüssel (Pfeil) angezogen. Die dritte und vierte Anzugsstufe erfolgt nach Winkelgraden mit einem starren Schlüssel. Ebenso das nach 1000 km fällige Nachziehen.

(Reihenfolge sinngemäß umgekehrt wie Demontage).

■ Nach 1000 km das Nachziehen der Zylinderkopfschrauben nicht vergessen!

Zylinderkopf-Anzugsdrehmomente

1. Stufe	2. Stufe	3. Stufe	4. Stufe	Nach 1000 km[1]
40 Nm	60 Nm	½ Umdrehung weiterdrehen; möglichst ohne abzusetzen.	Motor warmfahren (mind. 50°C Öltemperatur) und Schrauben ohne vorheriges Lösen und ohne abzusetzen ¼ Umdrehung weiterdrehen	Schrauben nach dem Anzugsschema ohne vorheriges Lösen und ohne abzusetzen ¼ Umdrehung weiterdrehen (Motortemperatur gleichgültig)

[1] Beim Kat-Dieselmotor »1V« entfällt dieser Arbeitsschritt, da Zylinderkopfdichtung aus anderem Material

Ermitteln der richtigen Zylinderkopfdichtung

Im Dieselmotor sind unterschiedlich dicke Zylinderkopfdichtungen eingebaut. Deren Stärke hängt davon ab, ob die im jeweiligen Motor verbauten Kolben zur oberen oder unteren Fertigungstoleranz tendieren. Da die Zylinderkopfdichtung zwischen Zylinderblock und -kopf eingelegt ist, läßt sich durch die Wahl ihrer Stärke die Höhe des Brennraums variieren und damit eine unterschiedliche Kolbenhöhe ausgleichen. Die Höhe der Dichtung ist durch die Anzahl der kleinen Kerben oder Löcher an der Seite der Dichtung (siehe Zeichnung auf der folgenden Seite) angegeben. Die Kerben bzw. Löcher sind auch in eingebautem Zustand von außen sichtbar.

So geht's nicht! Zum Nachmessen des Kolbenüberstands ist die Schieblehre bzw. das Tiefenmaß zu ungenau. Es muß mit einer Tiefenmeßschraube oder einer Meßuhr gemessen werden.

Nach der Anzahl ihrer Kerben an der vom schwarzen Pfeil bezeichneten Stelle läßt sich die Stärke der verwendeten Zylinderkopfdichtung erkennen. Anstelle der Kerben sind teilweise auch Löcher eingestanzt. Die Zusammenhänge erklärt die Tabelle unten.

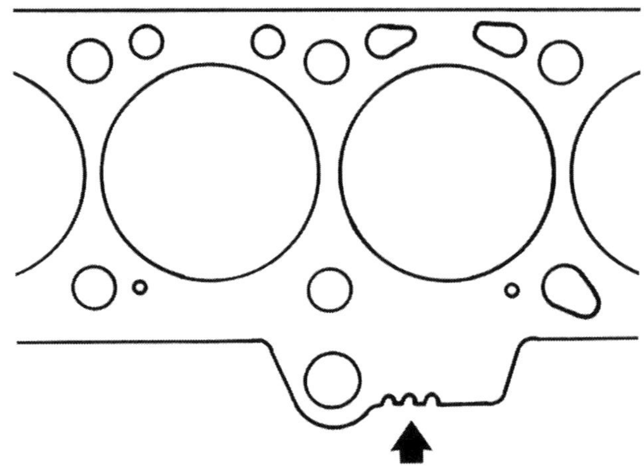

Wird am Motor lediglich der Zylinderkopf gewechselt oder der alte Kopf aus- und wieder eingebaut, können Sie die neue Dichtung stur nach der Kerben- bzw. Löcherzahl der alten kaufen. Wurden dagegen Teile des Kurbeltriebs (Kurbelwelle, Pleuel, Kolben) ausgewechselt oder gar der komplette Motorblock ersetzt, muß der Kolbenüberstand neu vermessen werden. Das ist das Maß, um welches die Kolben den Zylinderblock überragen. Nach folgender Tabelle wird dann die richtige Dichtung ermittelt:

Überstand der Kolben am Motorblock	Zahl der Löcher/Kerben an der Dichtung	Dicke der Dichtung
0,67–0,80 mm	1	1,53 mm
0,81–0,90 mm	2	1,57 mm
0,91–1,02 mm	3	1,61 mm

Beachten Sie: Für die einzelnen Motorversionen und Baujahre gibt es unterschiedliche Dichtungen, die sich trotz gleicher Löcher- bzw. Kerbenzahl – also gleicher Dicke – in Material und Ausführung unterscheiden. Im V.A.G.-Teilelager wird anhand der genauen Fahrzeugdaten die richtige Dichtung ausgesucht.

Störungsbeistand

Zylinderkopfdichtung

Erkennungsmerkmal	Ursache/Besonderheiten
A Kühlflüssigkeitsstand nimmt stetig langsam ab	Kühlmittel gelangt in sehr geringer Menge in die Brennräume. Die Erscheinung kann sich ohne weitere Merkmale über längere Zeit hinziehen. Andere Möglichkeit: Kühlanlage undicht
B Beträchtlicher Kühlmittelverlust. Der Wagen zieht bei warmgefahrenem Motor einen weißen Abgasschleier hinter sich her	Kühlmittel dringt in erheblicher Menge in einen Verbrennungsraum, verdampft dort und entweicht als weiße Fahne zum Auspuff hinaus
C Aus dem geöffneten Ausgleichsbehälter steigen bei laufendem Motor Luftblasen auf bzw. beim Öffnen des Deckels sprudelt eine größere Menge Kühlmittel heraus	Verbrennungsgase werden ins Kühlsystem gedrückt. Aus der Öffnung des Ausgleichsbehälters riecht es nach Abgasen
D In Regenbogenfarben schillernde oder schwarze Verfärbung an der Oberfläche des Kühlmittels	Öl aus dem Schmierkreislauf gelangt ins Kühlsystem
E Grau oder braun aussehende Emulsion am herausgezogenen Ölpeilstab oder Öl von Wasserbläschen durchsetzt	Kühlflüssigkeit ist in den Schmierkreislauf geraten. Achtung: Wasser im Motoröl kann einen Lagerschaden verursachen. Zylinderkopfdichtung sofort wechseln (lassen). Motor nicht mehr starten; Wagen abschleppen

Die Hydrostößel

Ventilgeräusche

Allgemein deutet Ventilklappern an Fahrzeugen mit hydraulischem Ventilspielausgleich (Seite 38) auf einen oder mehrere defekte Hydrostößel hin. Der betreffende Stößel wird dann nicht repariert, sondern ausgetauscht.

Ventilgeräusche können jedoch auch bei intakten Hydrostößeln auftreten, wenn:

☐ kurz nach dem Starten die Ölversorgung der Stößel noch nicht gewährleistet ist;

☐ der Wagen zuvor bei hohen Außentemperaturen scharf gefahren wurde und das Motoröl entsprechend dünnflüssig ist;

□ der Wagen lange Zeit nicht gefahren wurde. Das Klappern muß dann spätestens bei betriebswarmem Motor verstummen.

Defekten Hydrostößel ermitteln

■ Motor starten und laufen lassen, bis der elektrische Kühlerventilator das erste Mal losläuft.
■ Drehzahl für ca. zwei Minuten auf etwa 2500/min anheben.
■ Verstummt das Ventilgeräusch noch nicht, Motor abstellen und Zylinderkopfdeckel abbauen.
■ Einen Zylinder (wie beim Ventileinstellen) auf OT drehen. Die Nocken der Nockenwelle zeigen nach oben.
■ Zu prüfenden Tassenstößel mit einem Holzstab nach unten drücken. Ist ein Nachgeben um mehr als 0,1 mm spürbar, Stößel ersetzen.

Nockenwelle ausbauen

Wird die Nockenwelle bei eingebautem Zylinderkopf ausgebaut, kommt zu den genannten Arbeiten das Abnehmen des Zahnriemens (Seite 46) sowie das Justieren des Einspritzpumpen-Förderbeginns (Seite 99) hinzu.
■ Nockenwellen-Zahnriemenrad abbauen.
■ Nockenwellen-Lagerdeckel mit Körnerschlägen oder Kreidestrichen durchnumerieren (für den Wiedereinbau).
■ Lagerdeckel 1, 3 und 5 ausbauen.
■ Muttern der Lagerdeckel 2 und 4 abwechselnd über Kreuz lösen.
■ Nockenwelle herausnehmen.
■ Zum Einbau alle Laufflächen einölen.
■ Nockenwelle so einsetzen, daß die Nokken von Zylinder 1 gleichmäßig nach oben zeigen.
■ Erst Lagerdeckel 2 und 4 ansetzen. Achtung: Die Lagerbohrung ist nicht in der Mitte. Deshalb Einbaulage beachten.
■ Muttern abwechselnd über Kreuz mit 20 Nm festziehen.
■ Lagerdeckel 5, 1 und 3 einbauen.
■ Lagerdeckel 5 durch leichte Hammerschläge auf die Stirnseite der Nockenwelle einpassen.
■ Bei einem Motor ohne Hydrostößel Ventilspiel einstellen (Seite 44).

Tassenstößel ausbauen

Tassenstößel mit und ohne hydraulischem Ventilspielausgleich werden auf dieselbe Weise aus- und eingebaut:
■ Nockenwelle ausbauen.
■ Tassenstößel mit Filzstift numerieren, damit sie bei Einbau wieder in dieselbe Führung eingesetzt werden können.
■ Stößel nach oben herausziehen.
■ Hydraulische Tassenstößel mit der Nokkenwellenseite nach unten auf ein sauberes Tuch ablegen, damit kein Öl ausläuft.
■ Nach dem Einbau von neuen oder leergelaufenen Hydrostößeln darf der Motor etwa **30 Minuten** nicht gestartet werden. Es besteht die Gefahr, daß die Ventile auf dem Kolben aufschlagen.

Die Ventile Ausbau

Zum Ausbau der Ventile müssen deren Federn niedergedrückt werden. Da die doppelten Ventilfedern beim Dieselmotor unter hoher Federspannung stehen, empfehlen wir für diese Arbeit die folgende, leicht zu bauende Vorrichtung: Sie brauchen einen Bohrständer von der

Zum Ausbau der Nockenwelle werden zuerst die Lagerdeckel 1, 3 und 5 ausgebaut. Erst dann die Deckel 2 und 4 abwechselnd über Kreuz lösen.

Heimwerker-Bohrmaschine und ein kurzes Rohrstück mit etwas geringerem Durchmesser als dem der Ventilfederteller. Am unteren Ende wird ein Ausschnitt aus dem Rohr herausgesägt – gerade so groß, um die Ventilhaltekeile mit einer spitzen Zange aus dem Innern des Rohres »herausfischen« zu können. Die Arbeit verläuft dann so:

■ Zylinderkopf ausbauen (Seite 49).
■ Nockenwelle ausbauen (siehe vorangegangene Seite).
■ Tassenstößel ausbauen.
■ Zylinderkopf mit einem Lappen als Kratzschutz auf die Bohrständerfläche legen.
■ Ventilfedern mit Bohrständer und zwischengelegtem Rohrstück zusammendrücken.
■ Notfalls mit Hammer und Verlängerung einen leichten Schlag auf den Ventilfederteller ausführen, damit sich die Haltekeile lösen.
■ Ein Helfer holt die Ventilhaltekeile mit einer Zange aus dem Ausschnitt im Rohr.
■ Feder entlasten, Ventil herausnehmen.
■ Einbau in umgekehrter Reihenfolge. Versprödete Ventilschaftabdichtungen zuvor wechseln (siehe folgenden Abschnitt). Tassenstößel gemäß Numerierung einbauen.

Ventile beurteilen

Die alten Ventile können weiterverwendet werden, wenn:
□ ihr Dichtsitz nicht so weit eingeschlagen ist, daß der Ventilteller (im Zylinderkopf eingebaut) mehr als 1,5 mm unterhalb der Zylinderkopf-Dichtfläche liegt. Zum Messen Metallineal quer über den Zylinderkopf legen und Abstand ausmessen;
□ der gereinigte Ventilteller keine Risse, Einbrandstellen oder Schlagspuren aufweist (meist erst nach dem Einschleifen zu erkennen);
□ die Einlaßventile noch die nötige Randdicke von mindestens 0,5 mm (siehe Zeichnung rechts oben) besitzen.
Zusätzlich das Kippspiel der Ventile in der Ventilführung ermitteln. Sie dürfen nicht mehr als 1,3 mm hin und her wackeln. Sonst Ventilführungen ersetzen lassen.

Ventilschaftabdichtungen ersetzen

Bei unserer Arbeitsbeschreibung gehen wir davon aus, daß der Zylinderkopf ausgebaut (Seite 49) und die Ventile demontiert wurden (siehe vorigen Abschnitt).

■ Alte Ventilschaftabdichtung mit einer Zange oder einem Winkelschraubenzieher nach oben abhebeln. Das geht nur mit Geduld, da die Tassenstößelführungen nicht verkratzt werden dürfen.
■ Fertig bearbeitetes Ventil in den Zylinderkopf einsetzen.
■ Montagehülse (sie ist den neuen Schaftabdichtungen beigepackt) über den Ventilschaft schieben. Diese Hülse verhindert, daß die neuen Abdichtringe von den scharfen Nuten des Ventilschafts beschädigt werden.
■ Schaftabdichtung aufsetzen und auf die Ventilführung aufdrücken. Die Werkstatt verwendet den Aufdrücker 10-204.
■ Behelfsmäßig geht es mit einem passenden Rohrstück, Steckschlüssel etc., wobei allerdings die Dichtung oder die Ringfeder beschädigt werden können. Nach dem Aufdrücken kontrollieren, ggf. Schaftabdichtung wieder abnehmen und durch eine neue ersetzen.
■ Ventil mit Ventilteller im Zylinderkopf montieren.

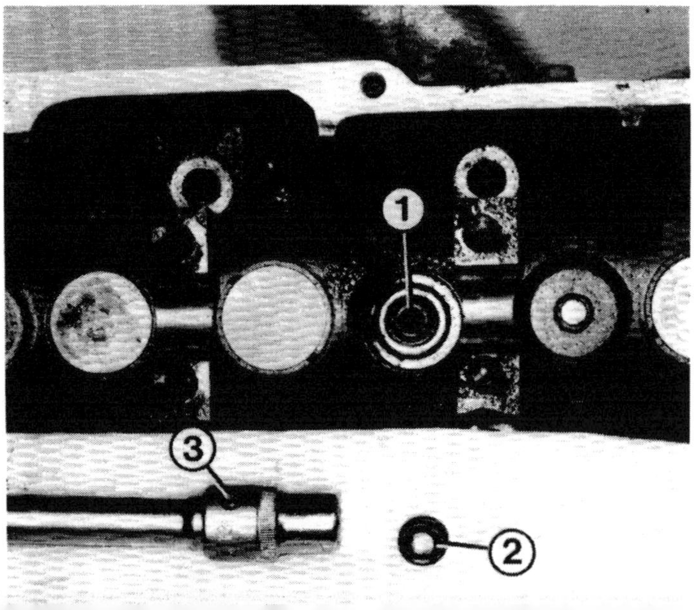

Zum Wechsel der Ventilschaftabdichtung (2) bei abgenommenem Zylinderkopf müssen die Tassenstößel und Ventilfedern abgenommen sein, um an die Ventilführung (1) zu gelangen. Behelfsmäßig kann die Dichtung mit einer 13er-Sechskantnuß (3) aufgedrückt werden, denn sie paßt genau auf den Bund der Ventilschaftabdichtung.

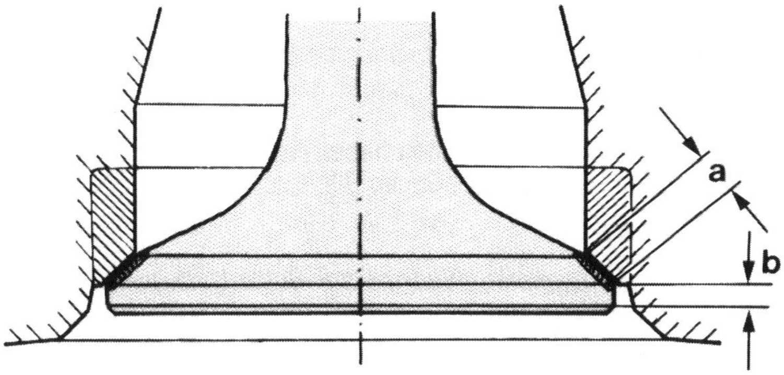

Wichtige Maße beim Einschleifen der Ventile: Die Randdicke »b« soll beim Einlaßventil nicht geringer als 0,5 mm sein. Beim Auslaßventil wird sie nicht gemessen. Die ringförmige Dichtfläche soll nach dem Einschleifen die Breite »a« beim Einlaßventil von 2,0 mm, beim Auslaßventil von 2,4 mm haben.

Ventile einschleifen

Schlechter Kompressionsdruck kann neben verschlissenen Kolben, Kolbenringen und Zylindern auch an undichten Ventilen liegen. Bei noch intakten Ventilen genügt dann Einschleifen. Defekte Ventile austauschen und die neuen einschleifen.
Gebraucht wird zu dieser Arbeit Ventilschleifpaste und ein Ventilsauger; beides aus dem Autozubehörladen.

■ Ventile ausbauen.

■ Dichtfläche am Ventil mit Schleifpaste bestreichen und Ventil wieder in den Zylinderkopf einsetzen. **An die Ventilführung darf keine Paste geraten!**

■ Ventilsauger auf dem Ventilteller ansetzen und so lange hin- und herdrehen, bis sich die Dichtfläche hellglänzend vom umgebenden Metall abhebt.

■ Die geschliffene, also hell glänzende Fläche soll beim Einlaßventil 2,0 mm und beim Auslaßventil 2,4 mm breit sein.

■ Fertig geschliffenes Ventil gründlich von jeglichen Schleifpasteresten säubern und wieder in seine Führung einschieben.

■ Bei **Motoren mit Hydrostößeln** muß jetzt nachgemessen werden, ob das Ventil über die zulässige Toleranz hinaus nachgeschliffen wurde. Das in der Zeichnung unten mit »a« bezeichnete Maß darf an den Auslaßventilen minimal **36,1 mm**, an den Einlaßventilen minimal **35,8 mm** betragen.

■ Liegt der Meßwert darunter, muß ein neues Ventil verwendet werden.

■ **Alle Motoren:** Neue Ventilschaftabdichtungen einbauen, siehe vorangegangenen Abschnitt. Beachten Sie hierbei, daß zuerst der untere Ventilfederteller eingelegt wird.

Motor auf Ölundichtigkeiten prüfen

Wartung Nr. 12

»Wilde« Ölquellen finden sich beim Dieselmotor bevorzugt an folgenden Stellen:

□ Kurbelwellen-Dichtring an der Schwungscheibe. Öl tritt an der Trennfuge zwischen Motor und Getriebe aus.

□ Wellendichtringe an der Kurbelwelle vorn (in Fahrtrichtung gesehen rechts), der Nockenwelle oder der Zwischenwelle. Öl tritt im Bereich der Zahnriemenabdeckung aus.

□ Ventildeckeldichtungen.

□ Ölwannendichtung.

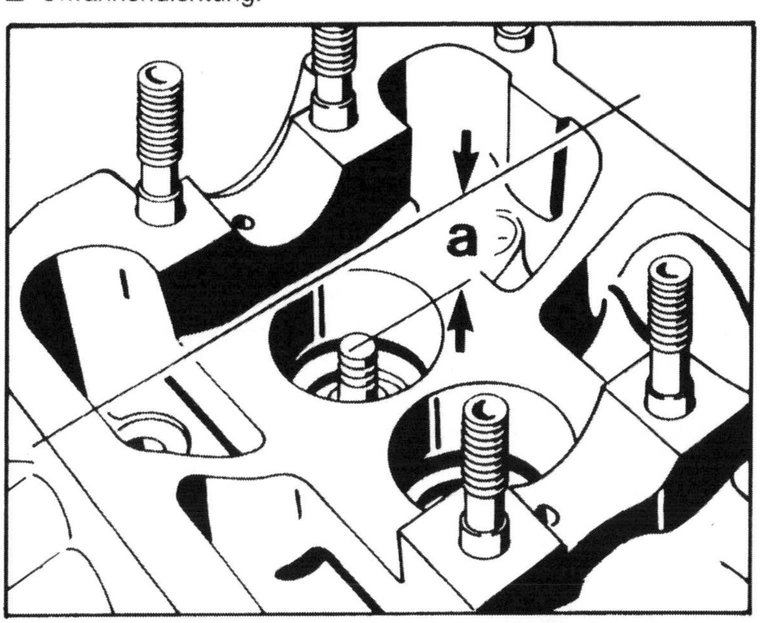

Damit der Ventilspielausgleich bei einem Motor ab 8/85 mit hydraulischen Tassenstößeln sicher funktioniert, muß zwischen Ventilschaft und Zylinderkopf-Oberkante ein festgelegter Mindestabstand vorhanden sein. Dieser Abstand »a« darf beim Einlaßventil minimal 35,8 mm und beim Auslaßventil minimal 36,1 mm betragen.

□ Öldruckschalter (ersetzen).
□ Der Dichtring unter dem Betätigungshebel an der Einspritzpumpe kann Dieselkraftstoff austreten lassen.

Leckstellen lokalisieren

Sollten Sie an Ihrem Wagen Probleme mit Ölundichtigkeiten haben, empfiehlt sich als erstes eine gründliche Motorwäsche. Bei größeren Leckstellen können Sie dann schon nach wenigen Kilometern Fahrt sehen, wo das Öl austritt.

Fingerzeig: *Manche Tankstellen bieten Dampfstrahlgeräte zur Selbstbedienung für ihre Kunden an. Wer noch den Motorreiniger selbst mitbringt, kommt zu einer äußerst preiswerten Motorwäsche. Allerdings sollte man sich nur in Arbeitskleidung ans Werk machen.*

Motorschaden

Je nach Art des Schadens kann der Dieselmotor auf unterschiedliche Weise wieder flottgemacht werden:
□ Bei Motorschäden im Bereich Zylinderkopf, Nockenwelle und Ventile lohnt sich die Eigenreparatur. Alle Arbeiten, die Sie – je nach Wissensstand – selbst ausführen können, sind hier im Buch beschrieben.
□ Wer sich weniger zutraut, baut den Zylinderkopf selbst aus und bringt ihn zur Instandsetzungs-Firma.
□ Schäden oder Verschleiß im Bereich Motorblock und Kurbeltrieb machen aufwendige Instandsetzungsarbeiten notwendig. Ausschleifen der Zylinder und Einsetzen neuer Kolben ist bei höherer Laufleistung fast immer unumgänglich (siehe auch Seite 41). Ein Fall für die Motorinstandsetzungs-Firma. Sie können den Motor jedoch selbst ausbauen und zerlegen. Das spart Geld!
□ Oft kann es sinnvoll sein, einen Original-VW-Teilemotor, bestehend aus Motorblock, Kurbelwelle und Kolben, einzubauen. Zylinderkopf, Einspritzpumpe, Wasserpumpe usw. werden vom alten Motor übernommen; der alte Motorblock muß im Ersatzteillager abgegeben werden. Lohnend ist das bei Zylinderverschleiß, siehe vorstehenden Text.
□ Ein kompletter VW-Austauschmotor ist sinnvoll, wenn der alte Motor eine sehr hohe Laufleistung aufweist und alle Teile (auch die Zusatzaggregate) gleichmäßig stark verschlissen sind. Eine teure Methode zwar, doch man hat auf lange Zeit Ruhe.
□ Ein Austausch- oder Teilemotor kann auch bei einer seriösen Motorinstandsetzungs-Firma gekauft werden. Die Arbeitsqualität ist in den meisten Fällen gut, bleibt aber letztlich Vertrauenssache.

Fingerzeig: *Ein schlagartig auftretendes drehzahlabhängiges Rattergeräusch von erheblicher Lautstärke braucht noch keinen Motorschaden zu signalisieren. Möglicherweise handelt es sich um das an sich harmlose Düsennageln: Die federbelastete Nadel der Einspritzdüse, die normalerweise vom Kraftstoffdruck abgehoben wird und so die Einspritzöffnung freigibt (siehe Seite 98), ist dann hängengeblieben. Der Motor bekommt dann seinen Kraftstoff nicht mehr richtig eingespritzt und macht deshalb durch unüberhörbare Geräusche auf sich aufmerksam.*
Dieser eigentlich harmlose Defekt kann vorkommen, wenn durch unsauberes Arbeiten an der Einspritzanlage Schmutz in die Leitungen gelangt ist und sich ein Körnchen an einer Düsennadel verklemmt hat. Wer beherzt ist, kann sich helfen, indem er bei getretener Kupplung kurz und kräftig Gas gibt. Die Kraftstoffschwemme spült die Nadel vielleicht wieder frei. Will sich der Fremdkörper so nicht lösen, muß die Düse gereinigt werden. Um welche es sich dabei handelt, finden Sie heraus, indem Sie nacheinander die Überwurfmuttern der Einspritzdüsen lösen und wieder festziehen. Dort, wo beim Lösen das Geräusch nachläßt, sitzt der Störenfried.

Motorausbau Vorbereitungen

Der Motor wird zusammen mit dem Getriebe nach oben herausgehoben. Dazu brauchen Sie einen Flaschenzug, den Sie in ausreichender Höhe stabil aufhängen können. Günstig ist auch ein »vorbelasteter« Helfer. Schauen Sie sich vor der Arbeit die Motorraum-Schaubilder auf den Seiten 23 und 24 an, damit Sie wissen, wo die hier angesprochenen Teile im Motorraum sitzen.
In jedem Fall sollten Sie sich das zum Ausbau des vorderen Abgasrohrs nötige Spezialwerkzeug besorgen (siehe dazu Seite 67), sonst scheitert der Motorausbau am Abnehmen des Auspuffs.

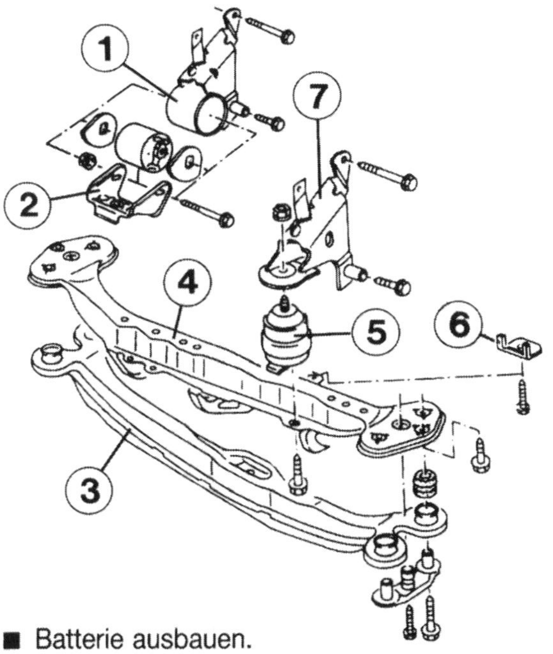

Hier sehen Sie die verschiedenen Teile der vorderen Aufhängung: 1 – Motorhalterung bis 12/84; 2 – Lagerbock; 3 – Motorträger; 4 – Querträger; 5 – Hydrolager (ab 1/85); 6 – Zusatzhalterung (nur erste Bauserie); 7 – Motorhalterung ab 1/85.

Ausbau

- Batterie ausbauen.
- Verschlußdeckel des Ausgleichsbehälters öffnen, Kühlmittel ablassen (Seite 75) und auffangen.
- Schraube für Abschlußblech unter dem vorderen Nummernschild herausdrehen.
- Verkleidung unter dem vorderen Stoßfänger im Bereich um die genannte Schraube ausclipsen und vorziehen.
- Kühlergrill ausbauen (Seite 239).
- Anschlußkabel an den Scheinwerfern ausstecken.
- Kabelsteckverbindung zur Hupe trennen.
- Kühlerhalter und Luftführungen ausbauen.
- Motorhauben-Entriegelungszug am Haubenschloß aushängen und aus dem Frontblech herausziehen.
- Je zwei Befestigungsschrauben rechts und links oben am Frontblech sowie vorn unterhalb der Scheinwerfer herausdrehen.
- Frontblech (-Oberteil) mit Scheinwerfern herausheben.
- Kühler samt Kühlerventilator-Tragring ausbauen.
- Elektrische Leitungen kennzeichnen und ausbauen an: Anlasser, Lichtmaschine, Getriebeschalter, Öldruckschalter, Temperaturgeber für Kühlmittelanzeige und Vorglühanlage, am Absteller der Einspritzpumpe und an der Glühkerze des vierten Zylinders.
- Kühlmittelschläuche zum Ausgleichsbehälter und zur Heizung ausbauen.
- Tachowelle am Getriebe ausbauen. Bohrung mit einem Stopfen verschließen.
- Beide Schaltstangen am Getriebe aushängen. Dazu Klemmbügel öffnen bzw. Sicherung entfernen.
- Schlauch zum Bremskraftverstärker an der Unterdruckpumpe abnehmen.
- Kupplungszug am Ausrückhebel bzw. am Widerlager aushängen.
- Masseband am Getriebe abschrauben.
- Gaszug am Einspritzpumpenhebel abdrücken und aus dem Widerlager aushängen. Stecksicherung dabei nicht herausziehen.
- **Bei Automatikgetriebe** den Gaszug samt Widerlager von der Einspritzpumpe abschrauben.

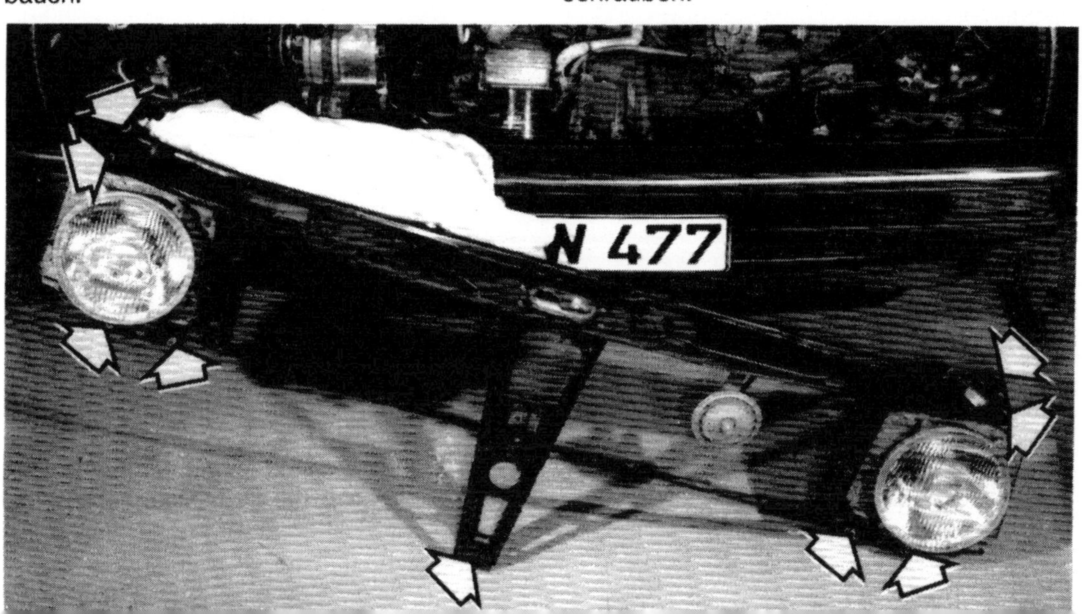

Auf einfache Weise läßt sich das obere Frontblech des VW abnehmen, was beispielsweise zum Ausbau des Motors erforderlich ist. Die Pfeile im Bild zeigen auf die Bohrungen für die Befestigungsschrauben.

Die hintere Aufhängung des Motors besteht aus: 1 – Motorkonsole; 2 – Lagerbock rechts; 3 – Aggregateträger; 4 – Gummi-Metall-Lager links; 5 – Gummi-Metall-Lager rechts.

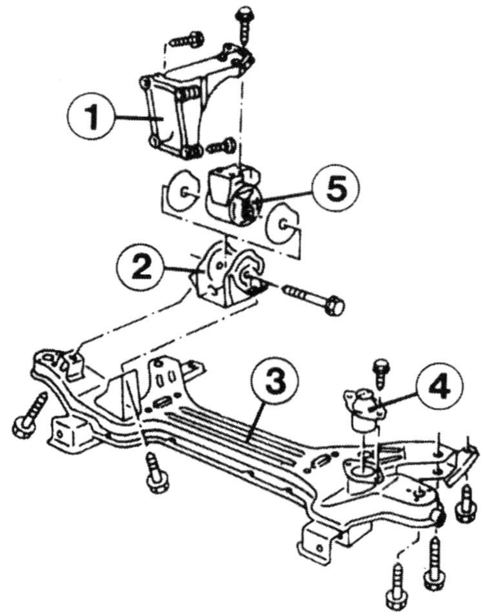

■ Wählhebelseilzug am Getriebe aushängen (Wählhebel in »P«).

■ Widerlager für Seilzüge am Getriebe abschrauben, Gaszug und Gaspedalzug aushängen; dabei die Einstellung nicht verändern.

■ **Alle Modelle:** Zug des Kaltstartbeschleunigers an der Einspritzpumpe abklemmen.

■ Kraftstoffvorlauf- und Rücklaufleitung an der Einspritzpumpe abschrauben.

■ Anschlüsse in der Einspritzpumpe wieder mit den Hohlschrauben verschließen.

■ Ansaugrohr am Luftfilter bzw. Verbindungsschlauch Luftfilter/Turbolader lösen.

■ Antriebswellen am Getriebe abschrauben (Seite 120) und mit Drahthaken an der Karosserie aufhängen.

■ Klemmfedern der Kugelgelenkverbindung am Auspuffrohr ausbauen (siehe dazu Seite 67).

■ Motorträger hinten am Gummi-Metall-Lager abschrauben (drei Schrauben).

■ Getriebeträger am Gummi-Metall-Lager abschrauben.

■ Motor mittels Ketten oder Stahlseilen an den beiden Ösen vorn und hinten am Zylinderkopf im Flaschenzug einhängen.

■ Gummi-Metall-Lager vorn bzw. Hydrolager am Lagerbock lösen.

■ Unter leichtem Drehen das Aggregat vorsichtig nach oben ausbauen.

■ Während des Heraushebens den Antriebsblock von Hand sorgfältig führen, damit die Karosserie nicht verkratzt oder eingebeult wird.

Motor vom Getriebe trennen

■ Motor ausbauen, wie beschrieben.

■ Abdeckblech am Antriebswellenflansch ausbauen.

■ **Bei automatischem Getriebe** Anlasser ausbauen.

■ Durch den Anlasserflansch hindurch insgesamt drei Verbindungsschrauben Drehmomentwandler/Mitnehmerscheibe lösen. Die Kurbelwelle muß zum Erreichen aller Schrauben jeweils um ⅓ Umdrehung weitergedreht werden.

■ **Alle Modelle:** Befestigungsschrauben Motor/Getriebe lösen und Abdeckblech vom Getriebegehäuse abschrauben.

■ Motor vom Getriebe abdrücken.

■ **Bei automatischem Getriebe** darauf achten, daß der Drehmomentwandler unter keinen Umständen aus dem Getriebegehäuse herausrutscht. Wandler mit Draht im Getriebe sichern.

Motoreinbau

Sinngemäß wird in umgekehrter Reihenfolge des Ausbaus vorgegangen. Dabei ist folgendes zu beachten:

■ Sämtliche selbstsichernde Muttern ersetzen.

■ Vor dem Zusammenbau Motor/Getriebe kontrollieren, ob die Paßhülsen zur Zentrie-

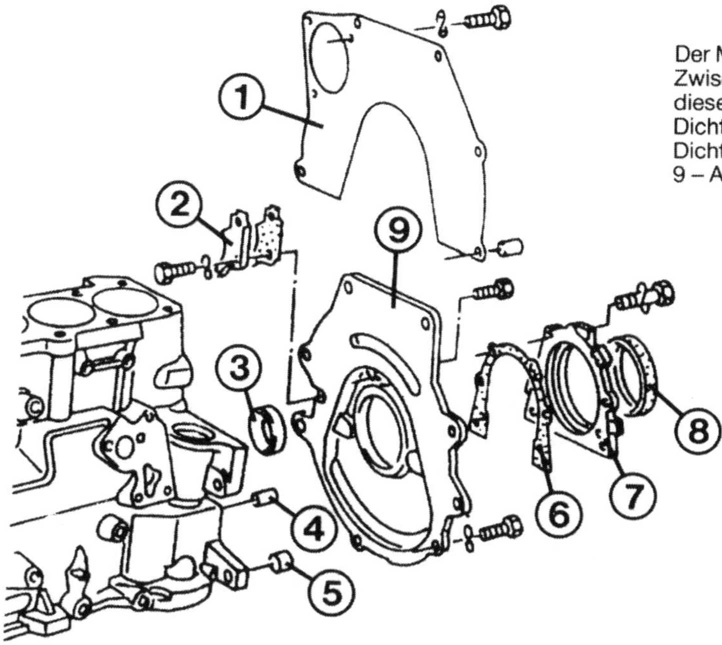

Der Motor besitzt zum Getriebe hin eine Zwischenplatte (1). Außerdem sehen Sie in dieser Zeichnung: 2 – Abdeckblech; 3 – Dichtring; 4 – Paßstift; 5 – Paßhülse; 6 – Dichtung; 7 – Dichtflansch; 8 – Dichtring; 9 – Abdeckblech.

rung beider Bauteile im Zylinderblock vorhanden sind.

■ Wurde die Kupplung zerlegt, muß die Mitnehmerscheibe neu zentriert werden (siehe Seite 112).

■ Beim Ablassen von Motor und Getriebe in den Motorraum muß darauf geachtet werden, daß sich der Antriebsblock nicht mit den Gelenkwellen verkantet.

■ Erst Motorträger hinten, dann Getriebeträger anziehen.

■ Lagerbock am Motorträger vorn lösen, spannungsfrei ausrichten und am Motorträger sowie am Motorlager festziehen.

■ Hohlschrauben an der Bosch-Einspritzpumpe nicht vertauschen: Die Schraube mit der kleineren Bohrung und der Kennzeichnung »OUT« gehört an den Rücklauf.

■ Gaszug und Kaltstartbeschleunigerzug einstellen (Seite 100 und 102).

■ Kühlmittel auffüllen (Seite 71).

■ Kupplungs-Pedalspiel einstellen bzw.

■ bei automatischer Kupplungsnachstellung Kupplungszug einhängen (Seite 110) und Kupplungspedal mehrfach niedertreten.

■ Scheinwerfereinstellung nach Wiedereinbau des Frontbleches kontrollieren (Seite 200).

■ Befestigungsschrauben mit den richtigen Drehmomenten anziehen.

Anzugsdrehmomente

Die hier abgebildeten Motorbefestigungs-Verschraubungen werden mit den Drehmomenten in der Tabelle links angezogen.

Bauteil	Nm	Motor/Getriebeaufhängung (siehe Zeichnungen unten)	Nm
Motor an Getriebe	60 (M 10)	a	25
	75 (M 12)	b	30
Gelenkwellen an Getriebe	45	c	45
Wandler an Mitnehmerscheibe		d	50
(nur Automatikgetriebe)	30	e	60
		f	70
		g	80

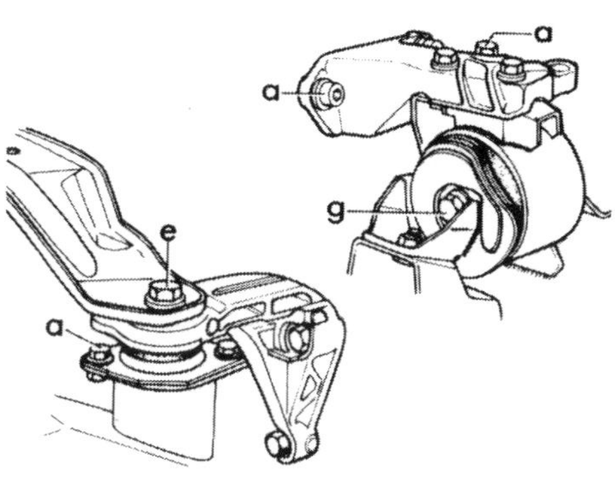

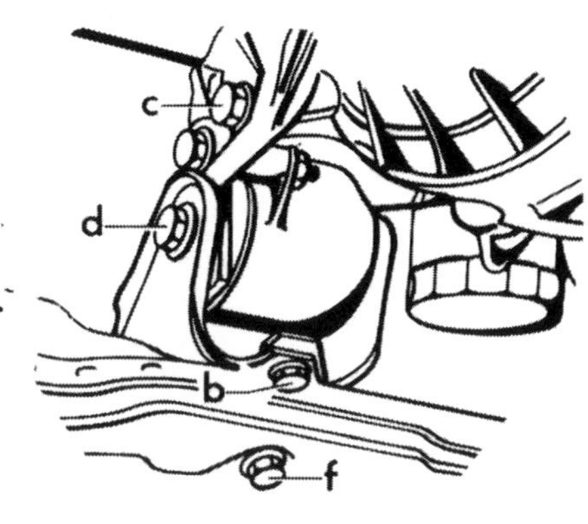

Das Leistungs/Drehmoment-Diagramm des Saugdieselmotors zeigt die Leistungs- und Drehmomentkurven in Abhängigkeit der Motordrehzahl. Die Drehmomentskala finden Sie rechts am Diagramm.

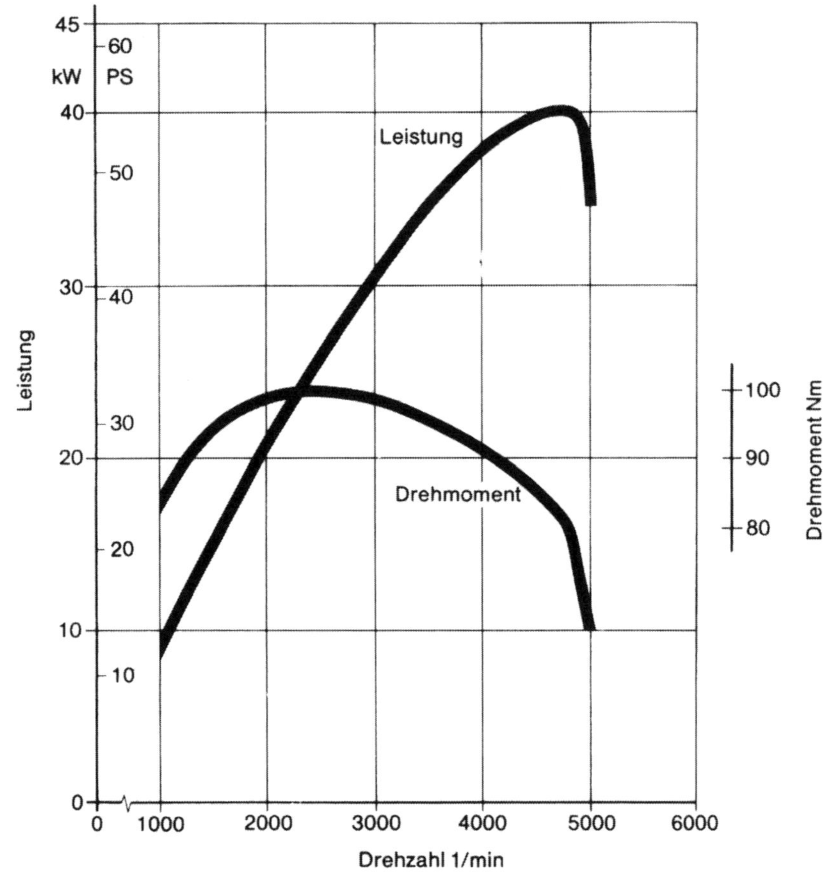

Motor und Getriebe ausrichten

Ausrichten des Motors ist nur dann nötig, wenn der Motor ausgebaut und außerdem noch die Gummi-Metall-Lager vom Aggregate- und vom Motorträger gelöst wurden.

■ Zentralschraube am hinteren Gummi-Metall-Lager rechts (Motorlager) lösen.

■ Auf der anderen Seite – am getriebeseitigen Gummi-Metall-Lager – alle drei Verschraubungen des Lagers lösen.

■ Am Motorlager vorn die Verschraubungen Motorträger/Lagerbock und Lagerbock/Motorlager lösen. Beim Hydrolager (seit 1/85) ist genauso zu verfahren.

■ Motor und Getriebe von Hand hin- und herschütteln, damit sich die Lager spannungsfrei ausrichten können.

■ Schrauben in der gleichen Reihenfolge wieder anziehen, Drehmomente wie in der Tabelle auf der Vorseite genannt.

Hydrolager nachrüsten

Seit 1/85 besitzen Golf und Jetta als vordere Motorlagerung statt des Gummi-Metall-Lagers ein sogenanntes Hydrolager, das die Motorschwingungen hydraulisch – also mittels Flüssigkeit – dämpft. Besonders im Leerlauf wird das sonst übliche Schütteln weit besser unterdrückt. Zum Nachrüsten wird das Hydrolager Nr. 191 199 279 C sowie der Halter Nr. 191 199 273 C (bei Getriebeautomatik Halter Nr. 191 199 273 D) gebraucht. So wird das Lager ausgetauscht:

■ Massekabel der Batterie abklemmen.

■ Schrauben am Lagerbock unten herausdrehen.

■ Wagenheber unter dem Motor zwischen Ölwanne und Getriebe ansetzen, und Motor/Getriebe-Einheit etwas anheben.

■ Schraube Lagerbock/Gummi-Metall-Lager lösen, Lagerbock nach unten herausziehen.

■ Beide Anlasserschrauben lösen und ein wenig herausziehen. Der Anlasser bleibt eingebaut.

■ Motorhalter außerdem am Kühlwasserrohr und am Anlasserflansch abschrauben und abnehmen.

■ Neuen Lagerbock und Hydrolager einbauen (Anzugsdrehmomente siehe unter »Motoreinbau«).

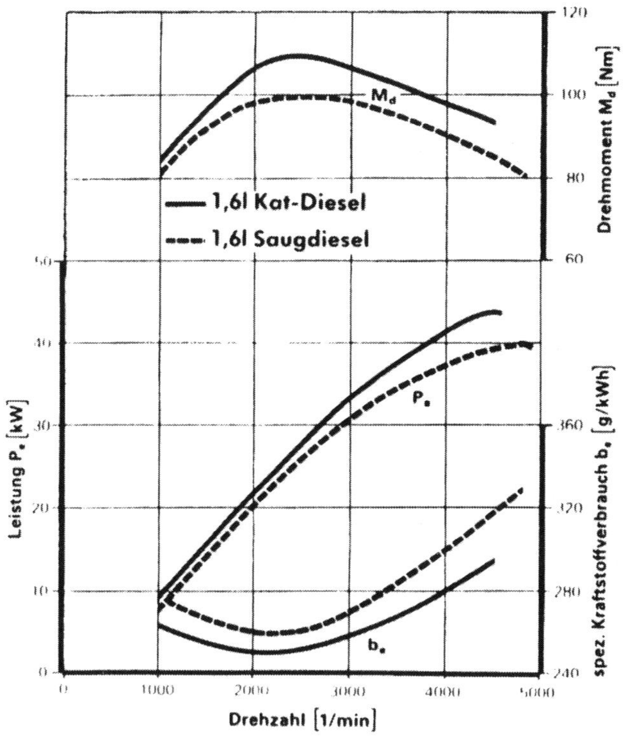

Die Kurven in den Diagrammen auf dieser Seite zeigen Leistung und Drehmoment des Kat-Dieselmotors (links), des Turbodieselmotors (unten links) und des Turbodieselmotors mit Ladeluftkühlung (unten rechts) – jeweils in Abhängigkeit der Drehzahl. Die Leistungsskala ist links am Diagramm angebracht, die Drehmomentskala rechts.

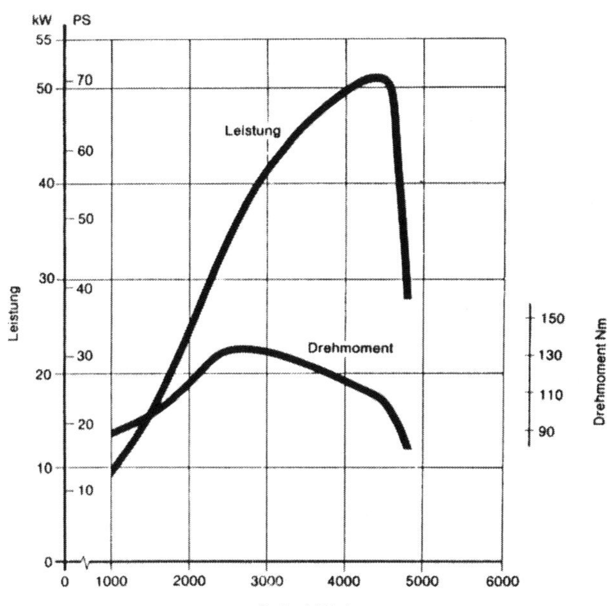

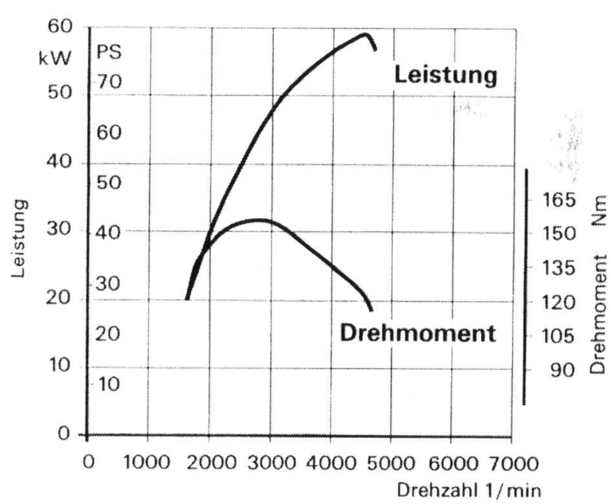

Der Turbolader

Windmühle

Beim Dieselmotor braucht die innere Gemischbildung in Wirbelkammer und Brennraum relativ lange (verglichen mit dem benzinbetriebenen Ottomotor). Die Höchstdrehzahl des Diesels ist deshalb begrenzt, andernfalls läuft er unwirtschaftlich. Diesen Nachteil kann der Turbolader durch Zufuhr von mehr Verbrennungsluft ausgleichen – man erreicht dadurch eine bessere Zylinderfüllung.

Der Turbolader

Im wesentlichen besteht der Turbolader aus zwei auf einer Welle sitzenden Schaufelrädern. Über eines von ihnen werden die Auspuffgase des Motors geschickt, was die Welle – je nach Motordrehzahl – in mehr oder minder flotte Drehung versetzt. Das gekoppelte zweite Schaufelrad dreht natürlich mit und schafft Ansaugluft – jetzt unter Druck – in die Brennräume, was den lufthungrigen Dieselmotor zu höherer Leistung anspornt.

Der Ladedruckregler

Die gewählte Auslegung des Turboladers bringt die angenehme Eigenschaft mit sich, schon bei relativ niedriger Drehzahl Ladeluft für die Zylinder zu liefern. Daraus folgt, daß bei hoher Drehzahl viel zuviel Luft zur Verfügung stehen würde. Der Druck im Ladesystem könnte damit auf ein Maß ansteigen, das der Lebensdauer des Motors nicht mehr zuträglich wäre.
Dies zu vermeiden, ist Sache des Ladedruckreglers. Er sorgt durch Öffnen eines Ventils dafür, daß nur noch ein Teil der Abgase über das Turbinenrad des Laders läuft. Die Ladeleistung sinkt damit, und der Druck kann nicht über den Höchstwert von 0,72 bar ansteigen.

Das Abblasventil

Ein Sicherheitsventil verhindert bei defektem oder überlastetem Ladedruckregler das Ansteigen des Ladedrucks über 0,82 bar. Dieses Ventil sitzt direkt im Ansaugkanal und läßt bei Überdruck Luft in das Luftfilter zurückströmen.

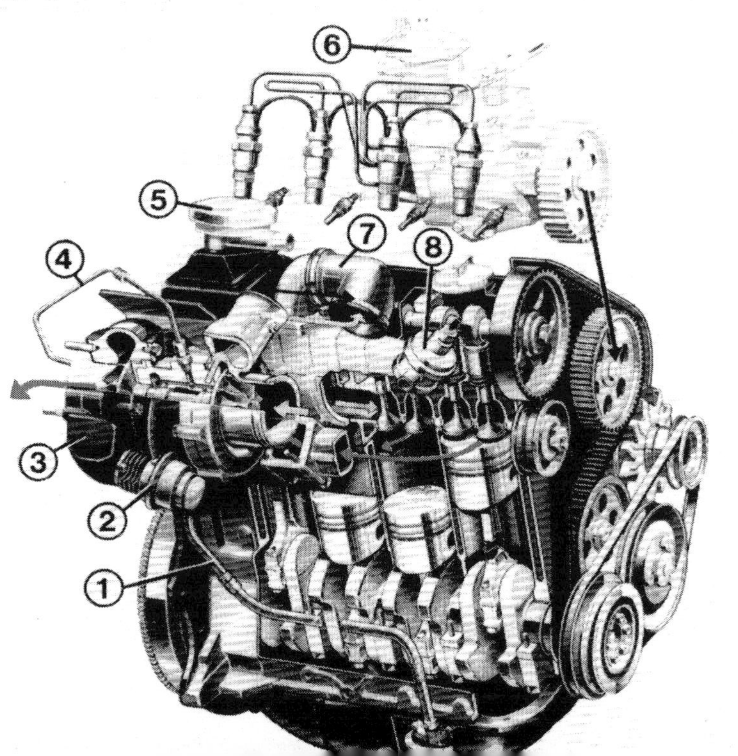

Ein Blick in den »aufgeschnittenen« Turbodieselmotor. Es bedeuten: 1 – Ölrücklaufleitung vom Turbolader; 2 – Ladedruckregelventil; 3 – Abgas-Turbolader; 4 – Schmiermittelzulauf zum Turbolader; 5 – Druckregelventil für Kurbelgehäuse-Entlüftung; 6 – Ladedruckanreicherung der Einspritzpumpe; 7 – Luftansaugrohr; 8 – Abblasventil. Die roten Pfeile symbolisieren den Abgasstrom, während die hellroten Pfeile die Strömung der Ansaugluft darstellen.

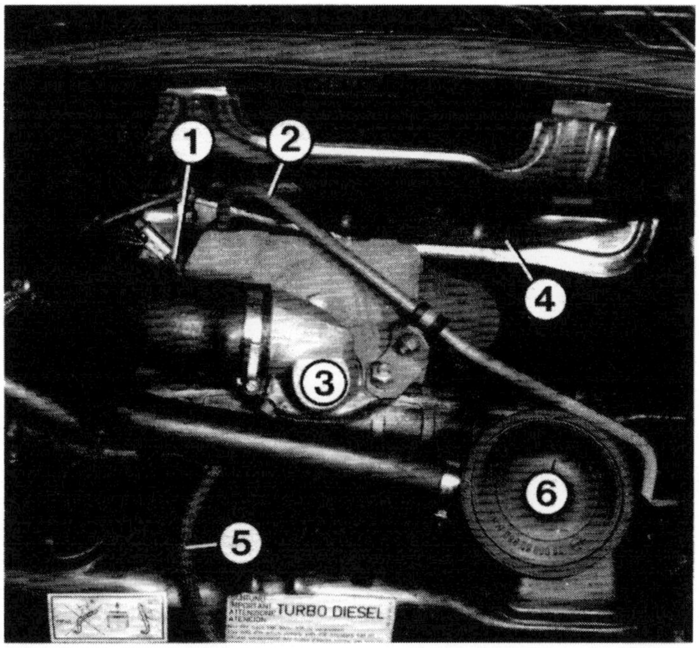

Wichtige Teile am Turbodieselmotor: 1 – Turbolader; 2 – Schmierölleitung zum Lader; 3 – Ansaugkanal; 4 – Wärmeabschirmblech;5 – Luftschlauch zur Ladedruckanreicherung an der Einspritzpumpe; 6 – Druckregelventil für Kurbelgehäuse-Entlüftung. Das Druckregelventil schließt die Kurbelgehäuse-Entlüftung bei einem Saugrohrunterdruck von mehr als 0,7 bar. So wird vermieden, daß zu viel Öl aus der Entlüftung in die Brennräume gelangt.

Änderungen an der Einspritzpumpe

Ob mit oder ohne Turbolader – das Verhältnis Luft- zu Kraftstoffmenge muß stimmen. Der vergrößerten Luftzufuhr durch den Turbolader muß die Einspritzpumpe Rechnung tragen. Das geschieht durch die Ladedruckanreicherung, die in Abhängigkeit vom Ladedruck mehr Kraftstoff zudosiert (mehr dazu auf Seite 98).

Änderungen am Motor

Allerdings: Mit dem Einbau des Turboladers in den herkömmlichen Motor ist es nicht getan. Beispielsweise werden des weiteren stärkere Kolbenbolzen eingebaut, gehärtete Kurbelzapfen verwendet, das Kurbelgehäuse, der Zylinderkopf und dessen Verschraubung verstärkt und außerdem ein stabilerer Auspuffkrümmer angebaut.
Das Motoröl wird vermehrt zu Kühlungsaufgaben herangezogen. Zusätzlich ölgekühlt sind beim Turbomotor die Kolbenböden von unten (durch spezielle Spritzdüsen) und der Turbolader. So erklärt sich auch die stärkere Ölpumpe und der Ölkühler (siehe Seite 40).

Fingerzeige: *Was der Turbolader überhaupt nicht mag, ist sofortiges Abstellen des Motors nach längerer Vollgasfahrt. Bei dieser Behandlung kann es zum Verkoken des Laders kommen: Das Wellenlager neben dem Turbinenrad heizt sich durch den plötzlichen Hitzestau so stark auf, daß alles Schmieröl im Lager verbrennt und festbackt. Kommt das öfter vor, ist der Lader bald hinüber. Deshalb nach längerem Vollastbetrieb den Motor vor dem Abstellen erst einige Zeit im Leerlauf drehen lassen.*
Bevor ein vermeintlich defekter Turbolader ausgetauscht wird, sollte man sicherheitshalber folgende Funktionen bzw. Fehlerquellen überprüfen: Förderbeginn, Kraftstoffversorgung, Vollastanschlag, Kompression, Luftfilter und mögliche Undichtigkeiten im Ansaug- und Auspufftrakt.

Turbolader ausbauen

Bei Arbeiten am Turbolader muß mit äußerster Sauberkeit gearbeitet werden. Deshalb: Verbindungsstellen und deren Umgebung vor dem Lösen gründlich reinigen, ausgebaute Teile nur auf eine saubere Unterlage legen, geöffnete Bauteile durch Abdecken vor Verschmutzung schützen, nur saubere Neuteile einbauen, nicht im Bereich der Reparaturstelle mit Druckluft arbeiten und Fahrzeug nicht bewegen.
So wird der Lader ausgebaut:

- Massekabel der Batterie abklemmen.
- An Wagen mit Automatikgetriebe den Anlasser ausbauen (Seite 193).
- Abgasstutzen vom Turbolader abschrauben.
- Ölvorlaufleitung samt Halteschelle vom Turbolader abschrauben.
- Luftschläuche zwischen Ansaugrohr und Turbolader sowie zwischen Luftfilter und Turbolader abnehmen.
- Motor von oben mit einem Flaschenzug etwas anheben und den Aggregateträger hinten ausbauen.

■ Ölrücklaufleitung von der Ölwanne sowie die Abstützung am Zylinderblock lösen.
■ Ebenfalls von unter her die Befestigungsschrauben lösen, die den Turbolader am Auspuffkrümmer halten. Gebraucht wird dazu eine Zwölfkant-Stecknuß SW 12, eine lange Verlängerung und ein Kreuzgelenk aus dem Steckschlüsselsatz.
■ Turbolader nach dem Abschrauben nach oben herausheben.

Einbau

Auf folgende Punkte sollten Sie beim Einbau besonders achten:
■ Turbolader zunächst so einbauen, daß er sich noch etwas verschieben läßt. Dazu die Befestigungsmuttern am Abgasstutzen noch nicht allzu sehr festziehen.
■ Vier Halteschrauben zur Befestigung des Laders am Auspuffkrümmer eindrehen und mit den richtigen Anzugsdrehmomenten festziehen.
■ Erst jetzt die Muttern am Abgasstutzen endgültig anziehen.
■ Vor dem Anschließen der Ölvorlaufleitung muß zunächst in den Anschlußstutzen am Lader ein wenig frisches Motoröl gegossen werden.
■ Motor nach Einbau des Turboladers nicht sofort hochdrehen, da die Laderschmierung noch nicht gesichert ist. Erst eine Minute im Leerlauf drehen lassen.

Anzugsdrehmomente

Bauteil	Nm
Lader an Auspuffkrümmer	45
Auspuffrohr an Lader	25
Ölrücklaufleitung an Lader	30
Ölrücklaufleitung an Ölwanne	30

Störungsbeistand Turbolader

Bringt der Turbodiesel deutlich weniger Leistung oder wird die Höchstgeschwindigkeit nicht erreicht, kann ein defekter Turbolader die Ursache sein. Welche Fehlermöglichkeiten da in Betracht kommen, haben wir im folgenden Störungsbeistand zusammengestellt. Vor Beginn der Fehlersuche sollte allerdings sichergestellt sein, daß Motor und Einspritzanlage (Störungsbeistand auf Seite 107) in Ordnung sind.

Die Störungsursache	– ihre Abhilfe
A Teile der Abgas-Turboaufladung undicht	Dichtheit folgender Teile prüfen: Luftschlauch zwischen Lader und Ansaugrohr bzw. Ansaugrohr und Einspritzpumpe undicht oder lose Undichtigkeit zwischen Ansaugrohr und Zylinderkopf Flansche am Ansaugrohr undicht Klemmschelle für Abblasventil lose oder Dichtring defekt Undichtigkeit zwischen Abgaskrümmer und Zylinderkopf bzw. Turbolader
B Turbolader defekt	Ladedruck prüfen lassen: Ist er zu hoch, obwohl die Steuerleitung zum Ladedruckregelventil nicht verstopft bzw. undicht ist, Lader ersetzen. Das Ladedruckregelventil ist dann defekt
C Abblasventil defekt	Bei zu niedrigem Ladedruck den Schlauch zum Abblasventil abziehen und verstopfen. Ladedruckmessung wiederholen. Ist der Druck jetzt hoch genug, Abblasventil ersetzen
D Ladedruckanreicherung in der Einspritzpumpe undicht	Schlauch zur Ladedruckanreicherung verschließen und Ladedruckprüfung vornehmen: Durch das Abklemmen der Ladedruckanreicherung muß der Ladedruck um ca. 0,05 bar abfallen, da die Ladedruckanreicherung außer Funktion ist. Fällt der Ladedruck nicht ab, Einspritzpumpe ersetzen, da die Ladedruckanreicherung nicht arbeitet. Steigt der Ladedruck trotz abgeklemmter Ladedruckanreicherung, weist dies auf eine Undichtigkeit der Membrane bzw. des LDA-Gehäuses hin; Einspritzpumpe ebenfalls ersetzen

Turbodiesel mit Ladeluftkühler

Kraft aus der Kühlbox

10 PS mehr lassen sich mit einfachen Mitteln aus dem Turbodiesel herauszaubern. Das Zauberwort lautet Ladeluftkühler.

Vorteile

Gegenüber dem Turbodiesel ohne Ladeluftkühlung (LLK) liegen die Vorteile zunächst in besserer Beschleunigung und höherer Endgeschwindigkeit. Daneben glänzt der ladeluftgekühlte VW mit größerer Elastizität und besserem Durchzugsvermögen, was bei gleichem Einsatz zu geringeren Verbrauchswerten führt.

Wirkungsweise

Die über das Luftfilter angesaugte Frischluft wird im Abgasturbolader beschleunigt und verdichtet. Nicht nur das Verdichten selbst, sondern auch der im Abgasstrom sitzende (und somit heiße) Turbolader sorgen für nachhaltiges Aufheizen der Ansaugluft. Bis zu 110°C kann die Ansauglufttemperatur bei voller Belastung betragen.
Der Ladeluftkühler ist zwischen Turbolader und Motor-Ansaugkrümmer zwischengeschaltet. Er kann also die Ansaugluft nach dem Verdichtungsvorgang um ca. 50°C abkühlen, bevor sie in den Motor gelangt. Die Luft wird dadurch dichter, führt also auch mehr Sauerstoff mit. Dadurch erzielt man bessere Füllung der Brennräume und somit Leistungssteigerung.

Ladeluftkühler ausbauen

- Lufteinlaßgitter hinter dem linken Scheinwerfer ausrasten. Dazu Schraubenzieher in die quadratische Bohrung oben am Gitter stecken und den Haltehaken in diesem Loch nach hinten ausrasten.
- Auf die gleiche Weise wird die Abdeckung über dem Wasserkühler ausgerastet. Die Bohrung mit Haltehaken befindet sich hinter der Aufnahme für die Motorhauben-Haltestange.
- Eine Mutter vorn an der Ladeluftkühler-Abdeckung lösen, ebenso zwei Schrauben hinten an der Abdeckung.
- Abdeckung abnehmen.
- Eine Mutter hinten am Ladeluftkühler lösen, Ladeluftkühler aus der Steckverbindung ziehen.

Hier wird deutlich, wie der Ladeluftkühler zwischen Lader und Motor zwischengeschaltet ist. Es bedeuten: 1 – Luftfilter; 2 – zum Turbolader; 3 – Ladeluftkühler; 4 – zum Ansaugkrümmer.

Entsorgung

Die Auspuffanlage hat ein saures Leben: geplagt von aggressiven Säuren (innen), von Spritzwasser (außen) und hohen Temperaturen muß sie die Auspuffgase mit genau definierter Geschwindigkeit (zu Gunsten der Motorleistung) zum Wagenheck leiten.

Die Teile der Auspuffanlage

Obwohl ähnlich aussehend, unterscheiden sich die Auspuffanlagen des Saug- und des Turbodieselmotors im Detail. Der Jetta besitzt außerdem gegenüber dem Golf einen geänderten Nachschalldämpfer mit längerem Endrohr, das die Abgase zum Heckabschluß der längeren Stufenheckversion leitet.
Hier der Aufbau der Abgasanlage:

- Das **Abgasrohr vorn** schließt beim Saugdiesel an den Auspuffkrümmer, beim Turbodiesel an den Abgasstutzen des Turboladers an. Beim Kat-Diesel ist der Katalysator in diesem Rohr integriert.
- Darauf folgt der **Vorschalldämpfer** mit je einem kurzen Rohrstück vorn und hinten am Topf.
- Den Abschluß bildet der **Nachschalldämpfer**, der mit einem Verbindungsrohr und dem Endrohr eine feste Einheit bildet.

Fingerzeig: *Da der Nachschalldämpfer stärker als die übrigen Teile der Korrosion ausgesetzt ist, baut VW dieses Teil bei Taxis und Mietwagen in der langlebigen Edelstahlausführung ein. Zur Nachrüstung kann der Edelstahl-Topf auch im V.A.G.-Teilelager gekauft werden.*

Auspuff-Lebensdauer

Die Auspuff-Lebensdauer differiert je nach Einsatzbedingung des jeweiligen Fahrzeugs stark. Bei vorwiegendem Kurzstreckenverkehr ist der Anfall von Kondensat, Ruß und aggressiven Säuren im Innern des Auspufftopfes wesentlich höher. Der Auspuff rostet von innen. Zügige Langstreckenfahrten bei voller Betriebstemperatur und damit günstigerer Verbrennung verringern die korrosiven Bestandteile im Abgas. Zudem wird der Auspuff durch die höheren Betriebstemperaturen stets »freigebrannt«. Rost von außen wird dagegen von Spritzwasser und Streusalz begünstigt.

Die Auspuffanlage: 1 – Auspuffkrümmer; 2 – Abschirmblech (Turbodiesel); 3 – Abgasrohr vorn (beim Kat-Diesel mit Katalysator); 4 – Verbindungsschelle; 5 – Vorschalldämpfer; 6 – Rohrschelle; 7 – Gummi-Halteschlaufen; 8 – Anschlagpuffer; 9 – Nachschalldämpfer.

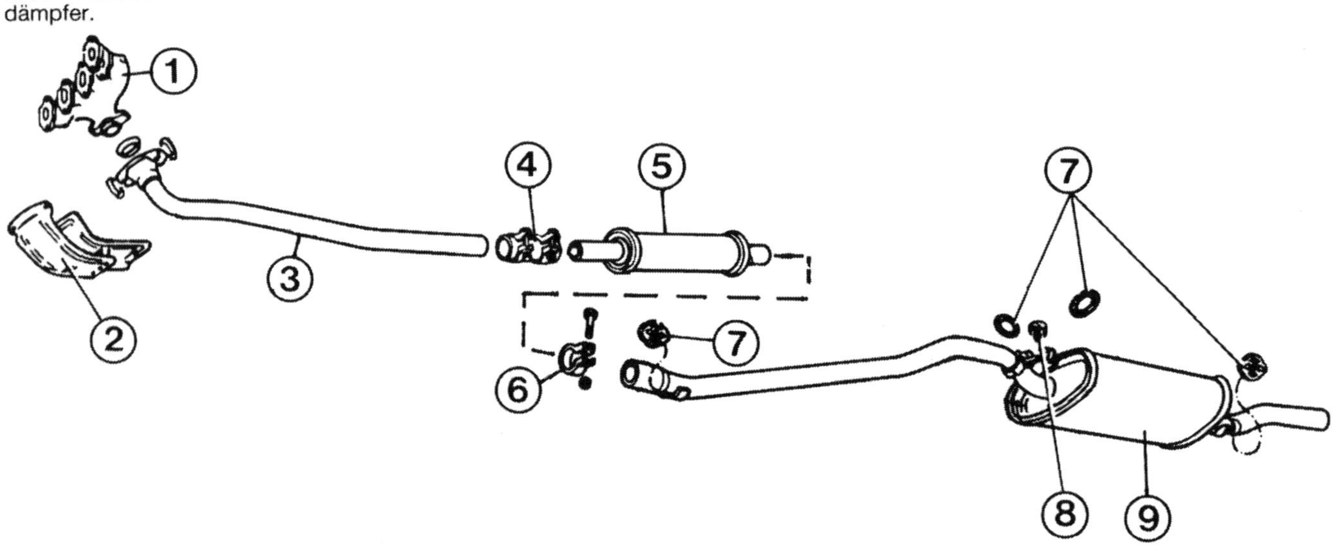

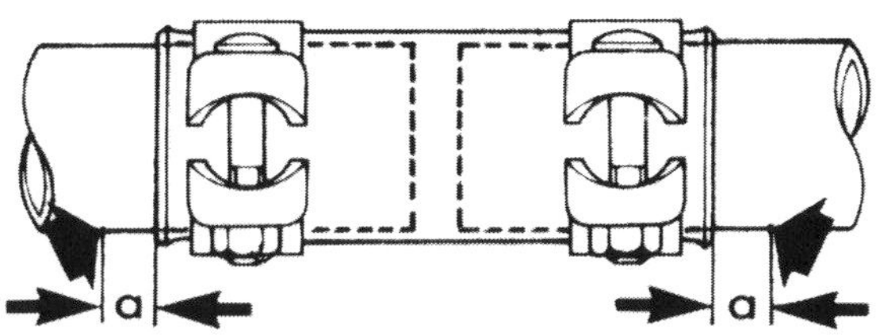

Die Verbindungsschelle der Auspuffanlage soll beim Einbau 5 mm (Maß »a« in der Zeichnung) von der entsprechenden Markierung am Auspuffrohr (durch die dicken Pfeile markiert) entfernt sitzen. Bei einem Fahrzeug mit Schaltgetriebe ist die Markierung »S« zu verwenden, bei Getriebeautomatik die Markierung »A«.

Aufhängung und Zustand der Auspuffanlage kontrollieren

Wartung Nr. 21

Die Auspuffanlage ist an ihrem vorderen Ende mit Federklammern am Auspuffkrümmer bzw. am Abgasstutzen des Turboladers befestigt. Am Fahrzeugboden hängt sie frei schwingend in Gummischlaufen.

■ Haltegummis auf Brüchigkeit, Einrisse oder sonstige Schäden überprüfen, ggf. ersetzen.

■ Mit einem Lappen in der Hand bei laufendem Motor das Auspuffendrohr zuhalten. Der Motor muß nach kurzer Zeit stehenbleiben.

■ Hören Sie zischende Geräusche und läuft der Motor ungestört weiter, ist die Anlage an der Geräuschstelle undicht.

■ Ein dumpferer Auspuffton als gewöhnlich weist auf einen durchgerosteten Auspuff hin.

Auspuffanlage erneuern

Reparaturen an einer durchgerosteten Auspuffanlage sind meist nur kurzer Erfolg beschieden. Auf rostgeschwächtem Blech kann nicht mehr geschweißt werden. Auspuffkitt und Bandagen sind zwar recht dauerhaft, aber das Blech bricht bald neben der Reparaturstelle aus.
Ganz selten sind beide Schalldämpfer gleichzeitig austauschreif. Hat man einen Schalldämpfer ersetzt, gibt boshafterweise wenige Monate später der andere den Geist auf. Werkstätten wechseln deshalb die Auspuffanlage gleich komplett aus. Das empfehlen wir nicht so unbesehen:

■ Klopfen Sie den ausgebauten, noch intakten Schalldämpfer mit einem Hammer rundum gründlich ab, auch an den Stirnseiten. Dabei nicht zu zaghaft hämmern.

■ Klingt es bei jedem Schlag hell, ist das Blech noch gesund.

■ Wird das Klopfgeräusch an manchen Stellen dumpfer, ist die Außenhaut bereits geschwächt und wird bald durchbrechen; besonders wenn die salzhaltige kalte Jahreszeit herrscht.

■ Für den Ersatzteilkauf gilt, daß selbstsichernde Muttern durch neue ersetzt werden müssen.

■ Altersschwache Haltegummis werden ebenfalls ersetzt.

Auspuffanlage ausbauen

Glücklicherweise ist das direkt am Auspuffkrümmer befestigte vordere Abgasrohr nur sehr selten schadhaft, sonst gibt es massive Probleme, siehe nächsten Abschnitt.

■ Zu allen Arbeiten an der Auspuffanlage muß der Wagen absolut rüttelsicher aufgebockt sein, daß er nicht kippen kann – auch bei heftigem Drehen oder Zerren an den Rohren.

■ Wenn sich beim Demontieren eine Verschraubung nicht lösen läßt, sollten Sie sie durch Überdrehen abreißen. Beim Einbau werden grundsätzlich neue Schrauben und Muttern verwendet.

■ Halteschlaufen sicherheitshalber ebenfalls gleich ersetzen.

■ Die Steckverbindungen der Rohrstutzen lassen sich am besten im erhitzten Zustand

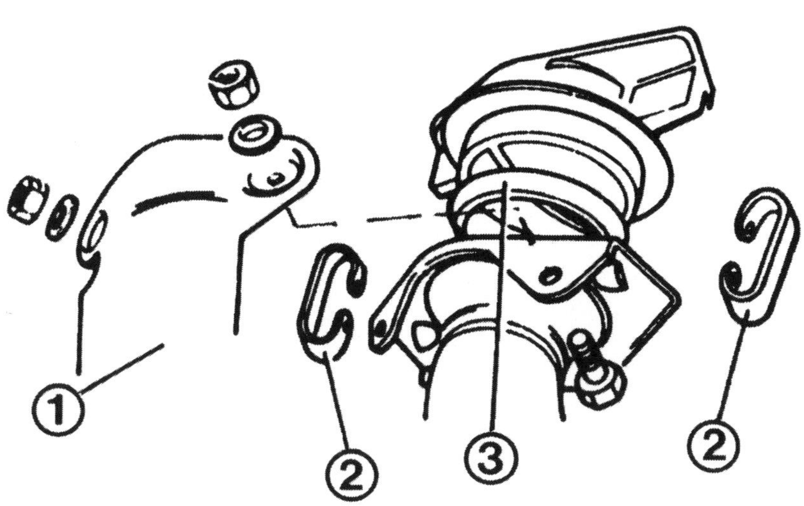

Die Befestigung des vorderen Auspuffrohrs mit Teilen: 1 – Wärmeschutzblech; 2 – Federklammern; 3 – Gleitring zur Abdichtung.

So muß das Rohr des Nachschalldämpfers am Vorschalldämpfer befestigt werden: Die Rohrschelle muß 5 mm vom Rohrende festgeschraubt werden (Maß »a«), das Rohr wird so weit aufgesteckt, daß zur zugehörigen Markierung (Pfeil) ebenfalls ein Abstand von 5 mm (Maß »a« unten) verbleibt.

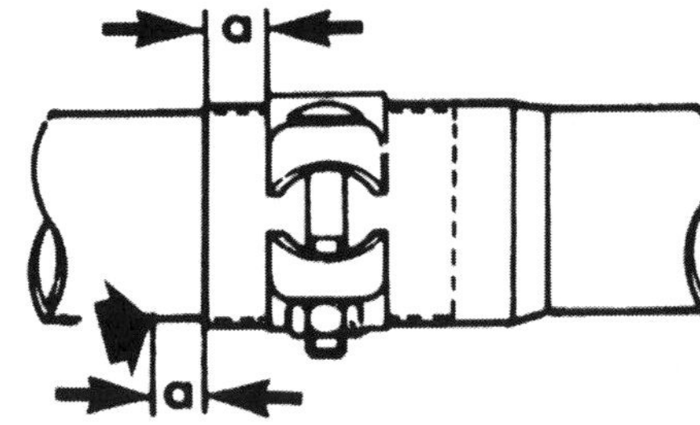

trennen. Die Werkstatt verwendet hierzu einen Schweißbrenner. Auch ein Heißluftfön kann genügen.

■ Kalt geht es allenfalls unter Zuhilfenahme von Rostlösemittel.

■ Die Rohre werden durch kräftige Drehbewegungen oder Hammerschläge getrennt.

■ Hilft das nicht, kann beispielsweise die Verbindungsschelle zwischen Abgasrohr vorn und Vorschalldämpfer in der Mitte durchgesägt werden. Den verbleibenden Rest auf dem Abgasrohr in Längsrichtung aufsägen und abhebeln.

■ In gleicher Weise wird verfahren, wenn der Nachschalldämpfer sich nicht vom Vorschalldämpfer lösen will. Der Sägeschnitt ist dann ca. 10 cm hinter der Steckverbindung auszuführen.

■ Die Verschraubungen der Auspuffanlage lassen sich beim nächsten Mal leichter lösen, wenn die Gewinde beim Einbau mit Kupferfett (siehe Seite 11) bestrichen wurden.

■ Auch zwischen die Rohrverbindungen können Sie solches hitzebeständiges Fett streichen, damit sie sich später wieder leichter trennen lassen.

■ Beim Einbau ist auf spannungsfreie Ausrichtung der Anlage zu achten.

■ Teile provisorisch zusammenstecken, Halteschellen aber gleich über die Rohre streifen und ausrichten.

■ An den Auspuffteilen aus dem V.A.G.-Teilelager sind Markierungen angebracht: Das eingeprägte »S« ist die Marke für Schaltgetriebefahrzeuge, »A« gilt für Automatikgetriebefahrzeuge.

■ Die Verbindungsschelle wird so montiert, daß zu der für Ihren Wagen passenden Markierung ein Abstand von 5 mm bleibt. Ebenso ist mit dem Rohr des Nachschalldämpfers zu verfahren, wenn es auf das Verbindungsrohr zum Vorschalldämpfer geschoben wird.

■ Auspuffanlage mit ihren Halteschlaufen am Wagenboden aufhängen.

■ Die Auspuffanlage muß genügend Abstand zur Karosserie haben. Zwischen dem Anschlagpuffer des hinteren Schalldämpfers und dem Kofferraumboden soll ein Abstand von 12 mm bleiben.

■ Verschraubungen festziehen: M-8-Schrauben mit 25 Nm, M-10-Schrauben mit 40 Nm.

Fingerzeige: *Eine verspannt eingebaute Auspuffanlage macht sich durch Brumm- oder Dröhngeräusche bemerkbar. Außerdem können die inneren Spannungen Risse verursachen. Geringe Undichtigkeiten an einer der Steckverbindungen des neuen Auspuffs können mit Auspuffdichtmasse behoben werden.*

Vorderes Auspuffrohr ausbauen

Bevor Sie zum Werkzeug greifen, muß erst einmal gesagt werden, daß die VW-Techniker dem Heimwerker eine gewaltige Hürde aufgebaut haben. Statt einer Schraubverbindung zwischen Auspuffkrümmer und vorderem Auspuffrohr werden unter hoher Spannung stehende Feder-

Hier sind die Spreizbacken (2) des Sonderwerkzeugs 3049 A (1) so eingestellt, daß die Backen an den Bohrungen der Federklammer (3) anliegen. Durch Drehen am links angesetzten Hebel kann die Feder jetzt auseinandergedrückt werden, damit sie sich in die Halteösen am Auspuffkrümmer und am vorderen Auspuffrohr einhängen läßt.

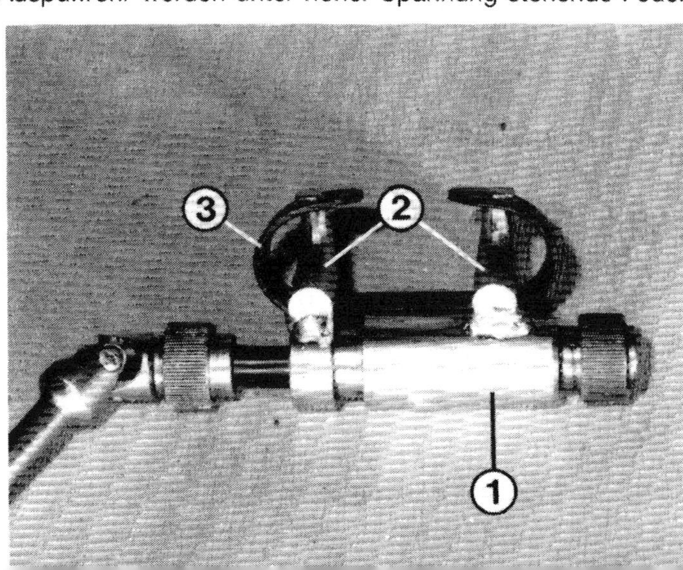

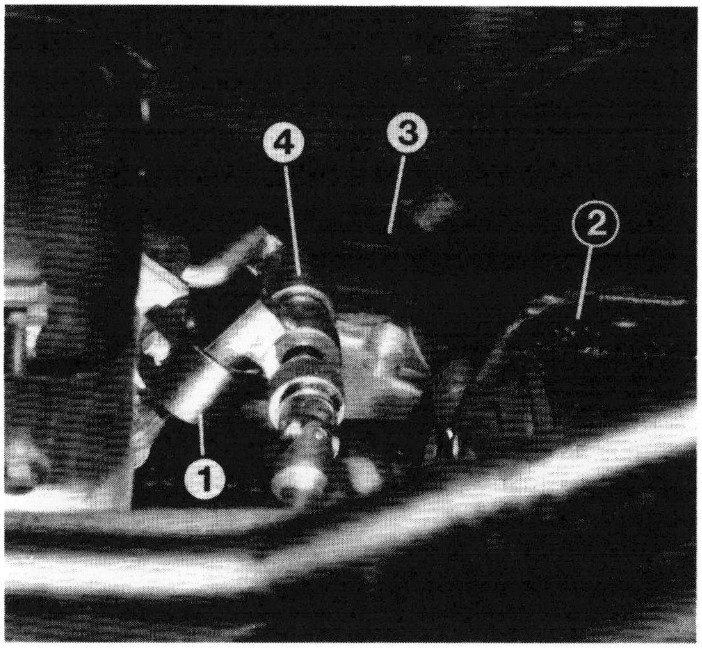

Hier sehen Sie das V.A.G.-Werkzeug 3049 A (4) angesetzt an der Federklammer (1) zwischen Auspuffkrümmer (3) und vorderem Auspuffrohr. Rechts im Bild ist die Motorkonsole (2) der Motoraufhängung erkennbar.

klammern verwendet. Die lassen sich nicht einfach abhebeln und erst recht nicht mehr montieren. Von VW gibt es hierfür ein Spezialwerkzeug mit der Nummer 3049 A, das Ihnen vielleicht eine entgegenkommende Werkstatt leiht. Die Anwendung haben wir in den Bildern auf der Vorseite und oben gezeigt.

■ Wagen vorn aufbocken. Auspuffanlage abkühlen lassen.

■ Spannwerkzeug auf den Bohrungsabstand der Klemmfedern einstellen.

■ Werkzeug ansetzen und Rändelschrauben so weit drehen, daß es fest sitzt.

■ Verlängerung ansetzen und Spannwerkzeug bis zum Anschlag drehen.

■ Klemmfeder aus den Halteöffnungen in Auspuffkrümmer und Abgasrohr herausheben, dazu das Auspuffrohr in Richtung der auszubauenden Feder drücken.

■ An der Verbindungsschelle zwischen Abgasrohr vorn und Vorschalldämpfer die Schrauben losdrehen.

■ Halteschlaufen der Auspuffanlage aushängen.

■ Auspuff zurückdrücken, Verbindungsschelle abziehen und Abgasrohr vorn »ausfädeln«.

■ Beim Zusammenbau wird die Feder zuerst in die Halteöffnung am Auspuffkrümmer eingehängt.

■ Der sogenannte Gleitring zwischen Krümmer und Abgasrohr muß nur dann erneuert werden, wenn er beschädigt oder undicht ist.

Zwingt Ruß raus

Als Antwort auf die diesel-feindliche Stimmung in den Jahren 1987/1988 stellte VW bereits zu Beginn des Jahres 1989 einen Dieselmotor mit Katalysator der Öffentlichkeit vor. Das serienreife Fahrzeug war – nach vorangegangenen Großtests bei der deutschen Bundespost – schon nach den Werksferien desselben Jahres auf dem Markt.

Das Motorenkonzept

Gleich von zwei Seiten her wird bei diesem Motor den umweltschädlichen Abgasen zu Leibe gerückt: Dazu dienen der Turbolader und der Katalysator.

Turbolader

Zum einen arbeitet dieser Motor für eine bessere Verbrennung mit hohem Luftüberschuß. Diesen zu erzielen, ist bei niedrigen Drehzahlen kein Problem – der Motor zieht sich die nötige Luftmenge von selbst in die Brennräume. Höhere Drehzahlen verlangen höhere Luft-Strömungsgeschwindigleiten, um die Brennräume ausreichend zu füllen. Das geht nicht mehr von selbst, man muß mit einem Turbolader nachhelfen, der mit Kraft Luft in die Brennräume drückt. Vom normalen Turbodiesel wissen wir, daß die Luft-Mehrmenge, die der Turbo liefert, seitens der Einspritzpumpe durch eine gehörige Kraftstoff-Mehrmenge ergänzt wird (Stichwort Ladedruckanreicherung). Nicht so beim Kat-Diesel: Hier besitzt die Einspritzpumpe keine Ladedruckanreicherung – es entfällt also auch die Kraftstoff-Mehrmenge, der Luftüberschuß bei der Verbrennung bleibt erhalten. Das führt dazu, daß sichtbarer Rußpartikelausstoß schon motorseitig weitgehend unterbunden wird.

Katalysator

Der übrigen Abgase nimmt sich der Oxidations-Katalysator an, der bei dieser Motor-Variante im vorderen Abgasrohr steckt. Er wandelt das hochgiftige Kohlenmonoxid zu 90% um und die als gesundheitlich als bedenklich eingestuften Kohlenwasserstoffe zu 65%. Ferner reduziert der Katalysator den Abgas-Geruch.

Fingerzeig: *Eines haben Diesel- und Benziner-Katalysator gemeinsam: Sie vertragen kein verbleites Benzin. Deshalb zum Erhöhen der Frostfestigkeit nur unverbleites Normalbenzin verwenden (siehe dazu Seite 83).*

Der ausgebaute Kat-Dieselmotor von hinten. Gut zu erkennen: Der Turbolader am Auspuffkrümmer und der Katalysator im Auspuffrohr.

Immer cool bleiben!

Im Fahrzeug ist natürlich die Kraft- und nicht die Wärmeentfaltung des Motors gefragt. Überschüssige Wärme – sofern sie nicht zum Heizen des Innenraums verwendet wird – muß also über die Kühlung abgeführt werden.

So wird gekühlt

Durch den Motor werden ständig etwa **6,5 Liter Kühlmittel** gepumpt. Das veranlaßt die Wasserpumpe. Vom Keilriemen angetrieben beschleunigt sie den Kühlwasserstrom durch ein kleines Schaufelrad an ihrer Rückseite.
Auf welchem Weg das Kühlmittel durch die zahlreichen Kanäle und Schläuche strömt, hängt von seiner momentanen Temperatur ab:
Bei noch nicht betriebswarmem Motor fließt das Kühlmittel im »kleinen Kreislauf«, der durch den Motor, den Wärmetauscher der Heizung sowie den Ölkühler (nur Turbomotor und/oder Automatikgetriebe) führt.
Über etwa 87°C öffnet der Thermostat den »großen Kühlwasserkreis«, der den Kühler mit einbezieht. Steigt die Wassertemperatur noch weiter, so daß selbst im Kühler ca. 95°C gemessen werden, tritt der Kühlerventilator in Aktion und hilft beim Abkühlen.

Überdruck-Kühlsystem

Im Kühlsystem herrscht bei Betriebstemperatur ein Überdruck von **1,2–1,5 bar**, was die Siedetemperatur des Kühlmittels deutlich über 100°C erhöht. Somit ist eine gewisse Reserve geschaffen. Der Motor kann also Betriebstemperaturen von über 100°C erreichen, ohne daß »Kochgefahr« für das Kühlsystem besteht.
Zuständig für den richtigen Systemdruck ist der Verschlußdeckel des Ausgleichsbehälters, der ein Überdruckventil (1,2–1,5 bar) und ein Unterdruckventil (0,06–0,1 bar) enthält. Das Unterdruckventil läßt Luft einströmen, wenn das Kühlmittel kälter wird und damit weniger Raum einnimmt.

Stand der Kühlflüssigkeit prüfen

Ständige Kontrolle

Obwohl die Kühlmittel-Temperaturwarnleuchte gleichzeitig den Kühlmittelstand überwacht, sollten Sie sich nicht ausschließlich auf die Leuchte verlassen, sondern hin und wieder selbst den Flüssigkeitsstand im Ausgleichsbehälter im Motorraum prüfen:

- Nur bei stehendem Motor kann man den Kühlmittelstand exakt kontrollieren.
- Der Flüssigkeitsstand läßt sich im durchscheinenden Ausgleichsbehälter auch bei geschlossenem Deckel leicht von außen ablesen.

Kühlmittel auffüllen

Verlust von Kühlflüssigkeit ist das Zeichen für eine Störung oder einen Defekt. Das Kühlmittel wird nicht verbraucht und kann im geschlossenen Kühlsystem auch nicht verdampfen oder verdunsten. Was Sie bei Kühlflüssigkeitsverlust tun sollten, steht auf Seite 73.

- Wird der Verschlußdeckel des Ausgleichsbehälters bei heißem Motor geöffnet, besteht **Verbrühungsgefahr** – deshalb äußerste Vorsicht walten lassen:
- Deckel mit Handschuh oder Lappen langsam zunächst eine Umdrehung öffnen und den Überdruck aus dem Kühlsystem entweichen lassen. Erst dann den Deckel vollends abschrauben.
- Wird nur Wasser nachgefüllt, verdünnen Sie den Frostschutz allmählich. Deshalb evtl. gleich etwas Gefrierschutzmittel zusätzlich eingießen.
- Nicht über die obere Markierung nachfüllen. Das Kühlmittel dehnt sich bei Erwärmung aus, und die Mehrmenge entweicht aus dem System.
- Kleinere Flüssigkeitsmengen können Sie sowohl bei warmem wie kaltem Motor eingießen.

Im Ausgleichsbehälter soll der Kühlmittelstand nicht unter die Markierung (2) fallen. Der Verschlußdeckel (1) braucht zur Kontrolle nicht abgenommen zu werden. Im Verschlußdeckel sehen Sie hier das Unter- und Überdruckventil (3) bzw. (Bild rechts) nur das Überdruckventil. Die Abbildungen zeigen links die ältere, rechts die neuere Behälterform.

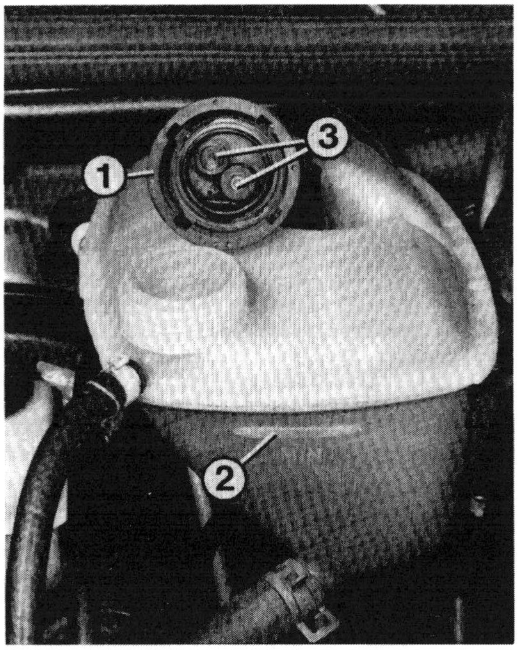

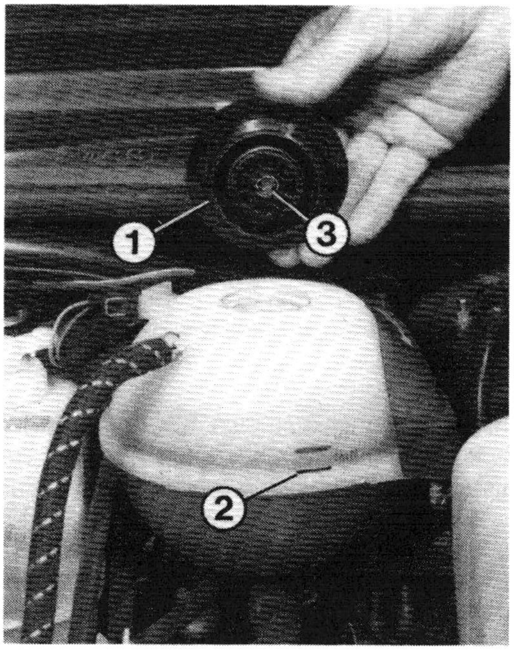

■ Bei erheblichem Wasserverlust und heißer Maschine kein kaltes Wasser nachfüllen. Durch den »Kälteschock« kann sich der Zylinderkopf verziehen oder der Motorblock reißen.

Das Gefrierschutzmittel

Im Kühlsystem sorgt nicht allein klares Wasser für die notwendige Abkühlung des Motors, sondern eine Mischung von Frost- und Korrosionsschutz sowie Wasser. Man spricht daher genauer von Kühlflüssigkeit oder Kühlmittel. Das Mischungsverhältnis beträgt für mitteleuropäische Verhältnisse 2:3, in nordischen Ländern dagegen 1:1.

Gefrierschutz bis	Frostschutz	Wasser
−25°C	2,6 Liter	3,9 Liter
−35°C	3,25 Liter	3,25 Liter

Als Frostschutz dient gewöhnlich Äthylenglykol – eine Flüssigkeit auf Alkoholbasis, die nicht verdampft oder verdunstet. Ebenso wichtig wie der Gefrierschutz ist auch der Korrosionsschutz. Er verhindert, daß sich im Kühlsystem Kesselstein, Rost und andere Korrosionsprodukte bilden. Das werksseitig eingefüllte Kühlmittel mit Korrosionsschutz soll deshalb auch nicht im Frühjahr abgelassen werden, sondern verbleibt ganzjährig in der Kühlanlage.
Selbstverständlich empfiehlt VW das eigene Frostschutzmittel »G 11 V8«. Zugelassen werden vom Werk aber auch Fremdfabrikate, die den Vermerk »gemäß TL VW 774 B« tragen. Möglicherweise ergeben sich durch die andere Konzentration nicht die gleichen Mischungs-

Bei diesem Frostschutzprüfer wird die Gefrierschutzmittel-Konzentration nicht durch eine in die Flüssigkeit eintauchende Spindel angezeigt, sondern durch zwei bewegliche Zeiger.

verhältnisse, wie sie in der Tabelle dargestellt sind. Deshalb vorsichtshalber den Packungsaufdruck beachten. Frostschutzmittel verschiedener Hersteller lassen sich übrigens gefahrlos mischen.

Frostschutz prüfen

Wartung Nr. 14

Zum Nachprüfen der Kühlmittel-Frostfestigkeit brauchen Sie einen Hebe-Messer (Spindel, Aräometer, siehe Seite 10). Damit wird das spezifische Gewicht der Flüssigkeit gemessen. Durch unterschiedliche Zugabe von Korrosionsschutzmitteln sind die spezifischen Gewichte der einzelnen Frostschutzprodukte nicht gleich. Für eine absolut genaue Messung brauchen Sie eine auf das eingefüllte Gefrierschutzmittel abgestimmte Spindel. Im Zweifelsfall ziehen Sie vom ermittelten Wert eine Meßtoleranz von 2–3°C ab.

■ Etwas Kühlmittel aus dem Ausgleichsbehälter ansaugen. Die Spindel muß frei schwimmen können.
■ Je nach spezifischem Gewicht der Flüssigkeit taucht die Spindel ein.
■ An der Skala ablesen, bis zu welcher Temperatur der Frostschutz reicht.
■ Manche Gefrierschutzprüfer haben Zeiger, an denen die Frostfestigkeit abgelesen werden kann.

Frostschutzkonzentration einstellen

Meist stellt sich heraus, daß die Konzentration des Gefrierschutzmittels nicht mehr völlig ausreicht. Dann muß etwas Frostschutz nachgefüllt werden. Über den Daumen gepeilt etwa ein ¾ Liter für einen um 10°C erweiterten Gefrierschutz.

■ 1 bis 2 Liter Kühlflüssigkeit ablassen (siehe Seite 75) und auffangen.
■ Entsprechende Menge unverdünnten Frostschutz eingießen und mit der aufgefangenen Kühlflüssigkeit nachfüllen.

Fingerzeig: *Angebrochenes Gefrierschutzmittel altert, wenn es offen herumsteht. Deshalb in ein verschließbares Gefäß umfüllen, dieses beschriften und vor Kinderhänden gesichert aufbewahren. Gefrierschutzmittel ist giftig!*

Kühlsystem auf Dichtheit prüfen

■ Schläuche am Kühler und Motor dicht, auch die dünneren zur Heizanlage bzw. zum Ölkühler (wo vorhanden)?
■ Schläuche rissig? Durch Kneten feststellen, ob die Wasserschläuche hart und spröde sind – dann umgehend austauschen.
■ Sitzen die Schlauchenden nicht zu knapp auf ihren Stutzen?
■ Sind die Spannschrauben der Schlauchschellen festgezogen?
■ Verrostete Schlauchschellen können unvermutet während der Fahrt und bei vollem Betriebsdruck im Kühlsystem nachgeben. Auswechseln!
■ Die Werkstatt kontrolliert die Dichtheit der Kühlanlage mit einer speziellen Handluftpumpe mit Druckmesser.
■ Dieses Gerät wird auf die Ausgleichsbehälteröffnung gesetzt und ein Druck von 1 bar aufgepumpt.
■ Fällt der Skalenzeiger nicht innerhalb von ein bis zwei Minuten, ist das Kühlsystem dicht.

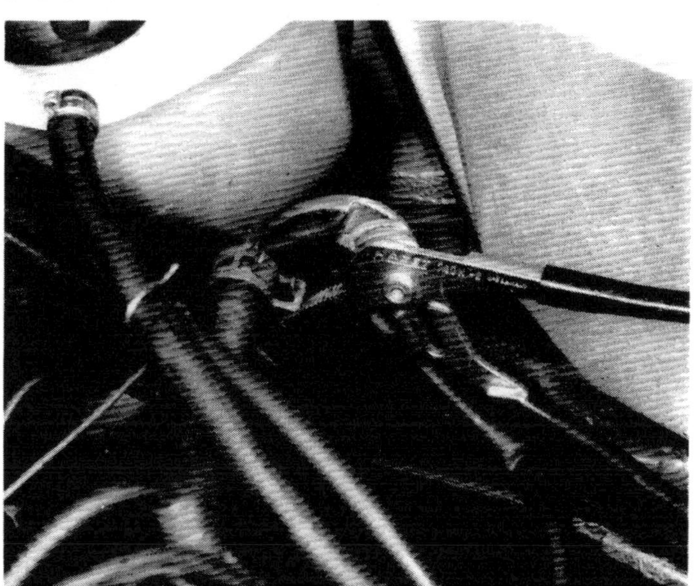

Die Klemm-Schlauchschellen lassen sich ohne Schwierigkeiten mit einer Zange lösen.

Der Kühler

Er besitzt ein Kunststoffgehäuse, innen dagegen Röhren und Rippen aus Leichtmetall. Als Verbindung zwischen dem linken und rechten Wasserkasten des Kühlers dient eine Vielzahl von dünnwandigen Röhrchen. Zur Vergrößerung der Kühlfläche sitzen zwischen den Röhrchen noch waagrechte Rippen.
Bei Verdacht auf einen undichten Kühler sollten Sie in der Werkstatt die vorstehend beschriebene Druckprüfung durchführen lassen. Bei einem offenkundigen Defekt können Sie den Kühler auch gleich selbst ausbauen und zur Reparatur bringen. Es gibt spezielle Kühlerwerkstätten (Branchentelefonbuch!), oder vielleicht befindet sich in Ihrer Nähe eine Kühlerfabrik, die ebenfalls Reparaturen durchführt.

Fingerzeig: *Unsere Dieselmotoren mit Thermostat und thermostatisch gesteuertem Kühlerventilator erreichen ihre Betriebstemperatur ausgesprochen schnell. Eine Abdeckung am Kühlergrill bringt da keine Verbesserung, sondern birgt eher die Gefahr, daß der Motor bei voller Belastung auf der Autobahn bereits bei Temperaturen um den Gefrierpunkt überhitzen kann. Sinnvoll ist eine Kühlerabdeckung erst unter –15° C, also in skandinavischen Ländern.*

Kühlmittelschläuche ausbauen

Besorgen Sie sich als Ersatz Originalschläuche in der richtigen Bogenform und grundsätzlich neue Schlauchschellen.

- Kühlmittel ablassen und auffangen.
- Schlauchschellen lösen, Schläuche abziehen.
- Festsitzende Schlauchenden mit einem Schraubenzieher lockern, den man zwischen Schlauch und Stutzen schiebt und dann vorsichtig hebelt.
- Neue Schläuche weit genug auf die Stutzen schieben, damit sie nicht wieder abrutschen können.
- Schraubschellen nicht mit Gewalt anziehen, sonst wird das Gewinde überdreht.

Fingerzeig: *Unterwegs kann man einen gerissenen Wasserschlauch selten ersetzen. Hier hilft das »Pannenband« von Weyer, Düsseldorf oder Holts »Hoseweld Bandage«. Beide kleben auf gesäuberten und trockenen Gummischläuchen recht gut. Sicherheitshalber den Kühlsystem-Verschlußdeckel eine Umdrehung lösen, damit sich nicht der volle Betriebsdruck aufbaut und die Bandage platzen läßt. Kühltemperaturanzeige während der Fahrt im Auge behalten!*

Kühler reinigen

Vor und nach dem Sommerhalbjahr sollten die Kühlerlamellen von den dort festgesetzten Insektenleichen gesäubert werden, sonst wird die Kühlwirkung verschlechtert.

- Kühlergrill ausbauen (Seite 239).
- Elektroventilator mit Luftführungsring abnehmen (Seite 80).
- Angetrocknete Insektenreste mit einem eiweißlösenden Mittel einsprühen, z.B. »Summer Screen« von Holt.
- Nach einer gewissen Einwirkzeit von der Kühlerrückseite her abspülen. Durch die Kühlerlamellen mit nicht zu starkem Strahl spritzen. Hartes Bürsten oder scharfes Werkzeug kann die Kühlerlamellen beschädigen.

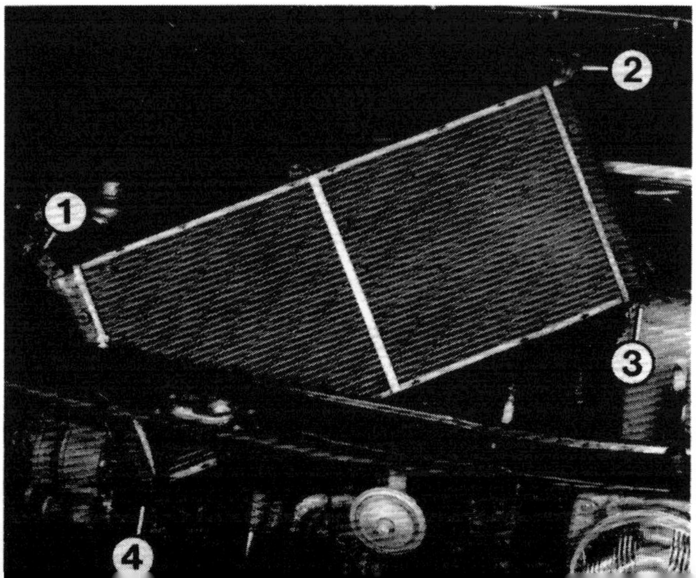

An der Oberseite ist der Kühler (hier ausgebaut) mit zwei Blech-Haltebügeln (1 und 2) festgeschraubt. Unten ist er lediglich mit zwei Haltezapfen (3 und 4) in den Querträger des Frontbleches eingesteckt. Gummischeiben verhindern an dieser Stelle Klappergeräusche. Vor dem Hochziehen des Kühlers – bei ausgebautem Kühlergrill – unbedingt die beiden Luftführungen rechts und links am Kühler losschrauben.

von Frostschutz mit Korrosionsschutzmittel nicht erforderlich.

■ Nach etwa fünf Jahren bei abgenommenen Schläuchen Kühler und Motor mit einem kräftigen Wasserstrahl aus dem Schlauch durchspülen – das genügt.

Kühlflüssigkeit ablassen

■ Verschlußdeckel des Ausgleichsbehälters abschrauben.

■ Wanne unterstellen.

■ Vorn an der Wasserpumpe den dicken Schlauch zum Kühler und den dünneren zum Heizungs-Wärmetauscher abziehen oder unten den Deckel des Thermostatgehäuses abschrauben (Zeichnung Seite 77).

Kühlsystem neu befüllen

Da eine gewisse Restmenge von Kühlflüssigkeit im Motor zurückbleibt, kann möglicherweise nicht die gesamte in der Tabelle auf Seite 72 genannte Flüssigkeitsmenge eingefüllt werden.

■ Zuerst Gefrierschutzmittel, dann möglichst kalkarmes Wasser einfüllen.

■ Der Flüssigkeitsspiegel soll nur wenig über der unteren Markierung (Bild Seite 72) stehen.

■ Verschlußdeckel aufsetzen und festdrehen.

■ Motor warmfahren, bis der Thermostat geöffnet hat. Dieser ist ganz sicher offen, wenn der elektrische Kühlerventilator anläuft.

■ Beim Laufenlassen des Motors wird die Kühlanlage automatisch entlüftet.

■ Motor abkühlen lassen, Kühlmittelstand kontrollieren, ggf. etwas Wasser nachgießen (siehe Seite 71).

Kühler ausbauen

■ Kühlmittel ablassen.

■ Wasserschläuche oben und unten am Kühler abnehmen.

■ Stecker am Thermoschalter abziehen.

■ Kühlerventilator mit Luftführungsring ausbauen (Seite 80).

■ Die beiden Schrauben der Kühlerhalter oben herausdrehen.

■ Kühler herausheben, er steckt unten in Halteösen mit Gummizwischenlage.

■ Thermoschalter grundsätzlich mit neuem Dichtring einschrauben, Anzugsdrehmoment 25 Nm.

Der Kühlsystem-Verschlußdeckel

Im Überdruck-Kreislauf spielt der Kühlsystem-Verschlußdeckel eine wichtige Rolle:
Die Dichtfläche wird bei aufgeschraubtem Deckel fest auf den Rand der Ausgleichsbehälteröffnung gedrückt. Es kann kein Druck entweichen.
Wenn bei Erwärmung der Druck im Kühlsystem **1,2–1,5 bar** übersteigt, öffnet das Überdruckventil. Jetzt kann zum Druckausgleich etwas Wasserdampf entweichen.
Beim Abkühlen zieht sich die Kühlflüssigkeit wieder zusammen, und es entsteht ein Unterdruck in der Kühlanlage. Für diesen Unterdruckausgleich sitzt im Deckel ein zweites Ventil. Es öffnet bei einem Unterdruck von **0,06–0,1 bar**, so daß Außenluft in den Ausgleichsbehälter strömen kann.

Überdruckventil prüfen

Das Überdruckventil des Verschlußdeckels wird mit dem bereits beschriebenen Druckprüfgerät und einem Verbindungsstück auf richtige Funktion kontrolliert:

■ Druck aufpumpen.

■ Bei **1,2–1,5 bar** muß das Ventil öffnen.

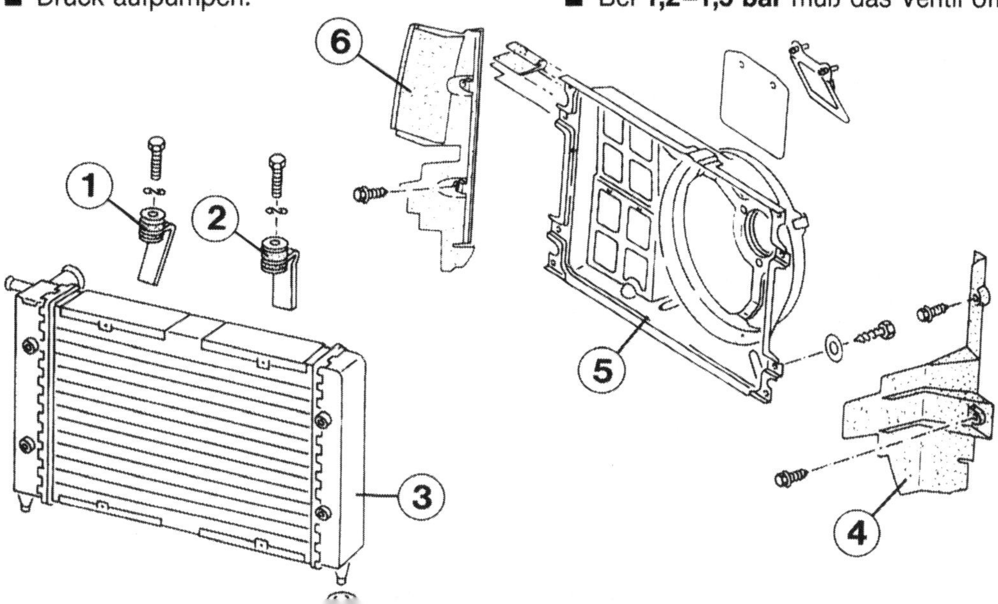

Hier sehen Sie den Kühler (3) mit den dazugehörigen Teilen: 1 – Halteblech rechts; 2 – Halteblech links; 4 – Luftführungspappe links; 5 – Tragring für den Kühlerventilator; 6 – Luftführungspappe rechts.

Unterdruckventil prüfen

Ob das Unterdruckventil richtig arbeitet, läßt sich nur behelfsmäßig feststellen:

■ Bei abgenommenem Verschlußdeckel einen dicken Wasserschlauch fest zusammendrücken.

■ Deckel aufsetzen und festdrehen, Schlauch loslassen.

■ Rundet sich der zusammengepreßte Schlauch wieder, dürfte das Ventil intakt sein.

■ Sind die Kühlwasserschläuche morgens vor dem ersten Start plattgedrückt, streikt sicher das Unterdruckventil.

Der Thermostat

Vereinfacht gesagt bestimmt der Thermostat darüber, ob das Kühlwasser im Kühler abgekühlt werden soll oder nicht. Er hat also das Sagen darüber, ob die Kühlflüssigkeit im »kleinen« oder im »großen Kühlwasserkreislauf« zirkulieren soll (siehe dazu Seite 71).
Natürlich steuert der Thermostat den Kühlmittelfluß in Abhängigkeit von der Kühlwassertemperatur. Das geschieht durch eine mit Spezialwachs gefüllte Büchse und den daran befestigten Ventilteller. Bei Erwärmung des Kühlmittels verflüssigt sich das Wachs, es dehnt sich aus und öffnet zwangsläufig durch sein größeres Volumen den Ventilteller. Solange die Kühlmitteltemperatur steigt, wird vom Thermostat der Kaltwasserzufluß aus dem Kühler zunehmend geöffnet. Fällt dagegen die Betriebstemperatur, drückt eine Feder den Ventilteller wieder in Richtung »Zu« und sperrt damit den Kaltwasserzufluß, bis wieder Betriebstemperatur herrscht.

Störungsbeistand Thermostat

Erkennungsmerkmal	Ursache/Auswirkungen
A Temperaturanzeige steigt langsam, Betriebstemperatur wird später erreicht, Heizwirkung ungenügend	Thermostat-Ventilteller ist in »Offen«-Stellung blockiert (etwa durch Ablagerungen); der Zugang zum Kühler bleibt ständig offen. Motor bleibt zu lange im Kaltlaufbetrieb. Es kommt jedoch kurzfristig zu keinen Schäden. Trotzdem Thermostat in Bälde wechseln
B Temperaturanzeige steht trotz richtigem Kühlmittelstand im roten Bereich, Kühlmittel-Warnlampe blinkt. Kühler und unterer Schlauch zum Kühler sind kalt	Thermostat-Ventilteller ist in »Geschlossen«-Stellung blockiert (etwa durch eine defekte oder undichte Thermostatbüchse). Auf keinen Fall weiterfahren, sonst entstehen schwere Hitzschäden am Motor! Thermostat auswechseln

Fingerzeig: *Wenn der Motor unterwegs wegen defektem Thermostat ins Kochen kommt, hilft nur noch Abschleppen oder der Ausbau des Thermostats an Ort und Stelle. Sollten Sie sich für den Ausbau entscheiden, müssen Sie erst abwarten, bis die Kühlmitteltemperatur abgesunken ist. Besorgen Sie sich derweil Gefäße zum Auffangen des Kühlmittels.*

Thermostat ausbauen

Beim Einbau eines neuen Thermostats soll auch der Dichtring am Thermostatgehäuse erneuert werden.

■ Kühlmittel vollständig ablassen (siehe Seite 75); evtl. den Wagen vorn aufbocken.

■ Schlauchflansch unten am Thermostatgehäuse abschrauben und zur Seite drücken.

■ Beim Einbau des neuen Thermostats muß dessen kleinere Abdichtplatte zum Motor hin zeigen.

■ Schrauben am Thermostatgehäuse mit 10 Nm anziehen.

Thermostat prüfen

Mit einem Einmachthermometer können Sie selbst kontrollieren, ob der Kühlwasserregler bei der vorgeschriebenen Temperatur öffnet.

Öffnungsbeginn	Öffnungsende	Öffnungshub mindestens
87°C	102°C	7 mm

■ Thermostat ausbauen.

■ Kühlwasserregler in einen Topf mit Wasser hängen und Wasser erhitzen.

■ Kontrollieren, ob das Ventil bei den genannten Temperaturen von seinem Sitz abhebt.

■ Wenn möglich, noch den Öffnungshub messen.

Die Wasserpumpe

Die Kühlflüssigkeit wird von der Wasserpumpe im Kreislauf gehalten. Sie sitzt in Fahrtrichtung gesehen vorn rechts am Motor und wird vom Keilriemen in Schwung versetzt.
Die Wasserpumpe ist wartungsfrei. Aber sie kann undicht werden, oder mahlende Geräusche lassen auf schadhafte Lager schließen.

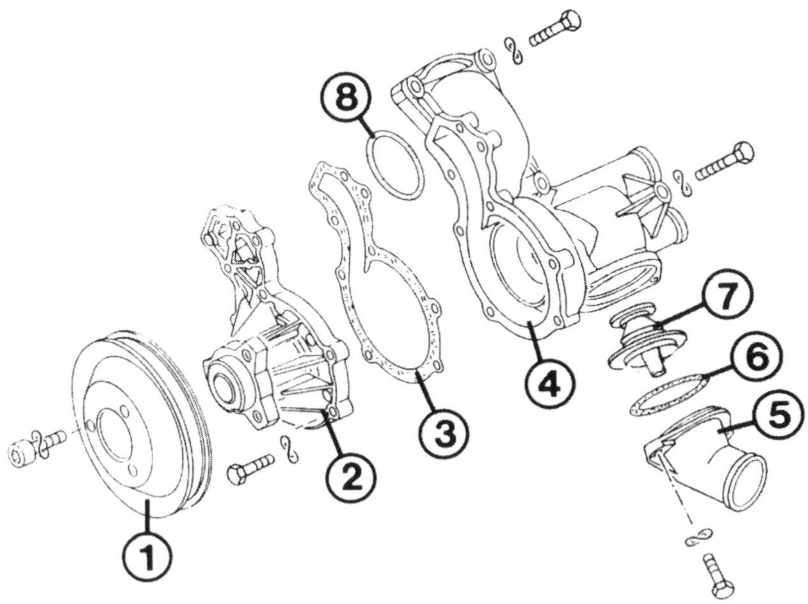

Bei unserem Dieselmotor sitzt das sogenannte Lagergehäuse (2) der Wasserpumpe am Wasserpumpengehäuse (4). Außerdem abgebildet: 1 – Keilriemenscheibe; 3 – Dichtung; 5 – Deckel mit Schlauchflansch; 6 – Dichtring; 7 – Thermostat.

■ Kühlmittel ablassen (siehe Seite 75).
■ Wagen aufbocken.
■ Keilriemenscheibe von der Wasserpumpe abschrauben, Keilriemen abnehmen.
■ Ingesamt acht Verschraubungen zwischen dem vorderen Lagergehäuse und dem Wasserpumpengehäuse lösen. Das Pumpenrad sitzt im Lagergehäuse.
■ Dichtung zwischen Lagergehäuse und Wasserpumpengehäuse erneuern.
■ Falls das komplette Wasserpumpengehäuse ausgebaut wird, muß zunächst die Lichtmaschine samt Halter abgebaut werden.
■ Beim Einbau die Dichtung zwischen dem Gehäuse und dem Motorblock ebenfalls ersetzen.
■ Lagergehäuse mit 10 Nm festschrauben, Halteschrauben der Keilriemenscheibe mit 20 Nm anziehen.
■ Keilriemenspannung einstellen, siehe unten.

Der Keilriemen

An dieser Stelle finden Sie nur die nötigsten Hinweise über den Keilriemen zum Antrieb von Wasserpumpe und Lichtmaschine. Mehr über diesen Riemen finden Sie im Lichtmaschinen-Kapitel ab Seite 189.

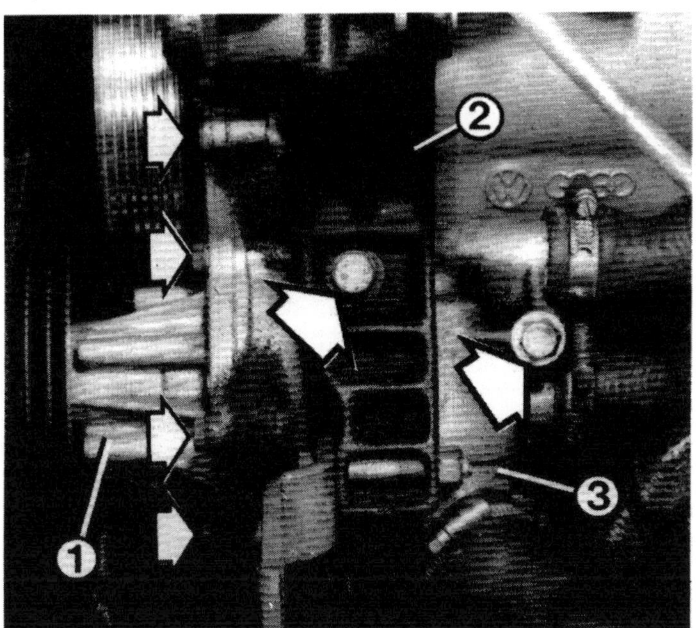

Das in der Zeichnung oben gezeigte Wasserpumpengehäuse ist hier am Motor fotografiert. Es bedeuten: 1 – Wasserpumpen-Lagergehäuse; 2 – Halter für Lichtmaschine; 3 – Thermostatdeckel mit Schlauchflansch. Die kleinen Pfeile deuten auf einige Befestigungsschrauben des Lagergehäuses, die beiden großen Pfeile zeigen auf die Halteschrauben des Wasserpumpengehäuses.

Keilriemenspannung prüfen

Wartung Nr. 17

Zur Wartung der Kühlanlage gehört unbedingt die Kontrolle der Spannung des Keilriemens. Ein durchrutschender Riemen – erkennbar an Quietschgeräuschen, wenn man aus dem Leerlauf kurz Gas gibt – kann die Kühlung erheblich beeinträchtigen.

■ Keilriemen zwischen den Riemenscheiben der Kurbelwelle und der Lichtmaschine kräftig mit dem Finger niederdrücken.

■ Um **ca. 5 mm** soll sich eine gelaufener Riemen bei richtiger Spannung nachgeben.

■ Ein neuer Keilriemen soll sich um ca. 2 mm eindrücken lassen.

■ Andernfalls nachspannen, siehe Seite 189.

Gerissener Keilriemen

Wenn Sie ohne Keilriemen und damit ohne Antrieb der Wasserpumpe weiterfahren, riskieren Sie einen Schaden am Motor!

Zwar ist kaltes Wasser schwerer als warmes. Es zirkuliert auch ohne Wasserpumpe langsam durch den Motor. Diese sogenannte Thermosiphon- oder Selbstumlaufkühlung reicht aber nicht aus.

Das Auflegen eines neuen Keilriemens und ein Behelf für den äußersten Notfall finden Sie auf Seite 190 beschrieben.

Fingerzeig: *Da Sie mit gerissenem Keilriemen keinesfalls weiterfahren dürfen, sollten Sie sich einen Ersatzriemen (Größe 9,5 × 965) in den Kofferraum legen.*

Der Kühlerventilator

Unsere Motoren besitzen einen elektrisch angetriebenen Kühlerventilator, der nur bei Bedarf zuschaltet. Das spart nicht zuletzt Motorleistung.

An der in Fahrtrichtung linken Seite des Kühlers ist unten ein temperaturempfindlicher Schalter eingeschraubt. Wenn er »spürt«, daß die an ihm vorbeirauschende Flüssigkeit nach Durchfluß des Kühlers noch zu heiß ist, schaltet er den Kühlerventilator ein. Ebenso schaltet er den Ventilator wieder aus, wenn die Temperatur unten im Kühler auf einen bestimmten Wert abgesunken ist. In Verbindung mit speziellen Ausstattungen (z. B. werksseitig montierte Anhängerkupplung, Klimaanlage) ist der Kühlerventilator zweistufig geschaltet. Er erhält zuerst über einen Vorwiderstand reduzierte Spannung für die halbe Drehgeschwindigkeit. Bei höherer Kühlmitteltemperatur wird der Widerstand überbrückt, und der Propeller dreht mit vollem Tempo. Die Schalttemperaturen lauten:

		Kühlerventilator schaltet ein bei	Kühlerventilator schaltet ab bei
Einfach-Thermoschalter		ca. 95°C	ca. 84°C
Doppel-Thermoschalter	1. Stufe	ca. 95°C	ca. 84°C
	2. Stufe	ca. 102°C	ca. 91°C

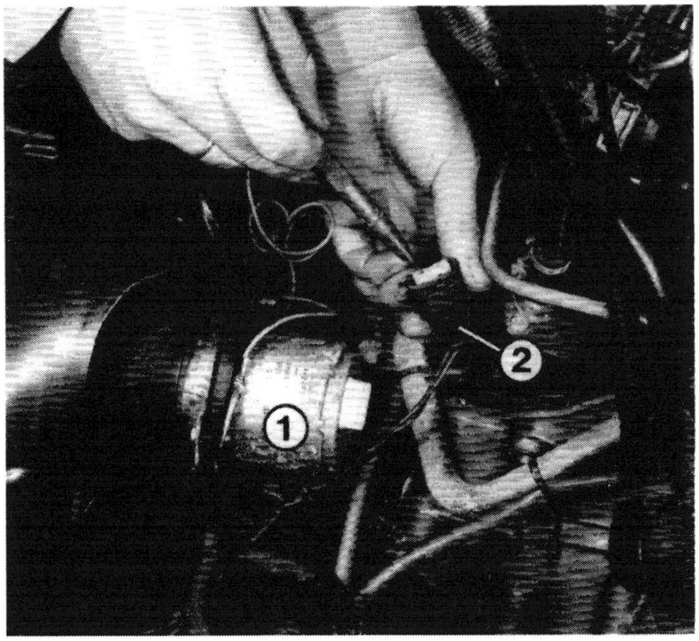

Hier ist der Mehrfachstekker (2) vom Ventilatormotor (1) abgezogen. Mit der Prüflampe wird kontrolliert, ob die Stromzuführung durch das rote Kabel intakt ist.

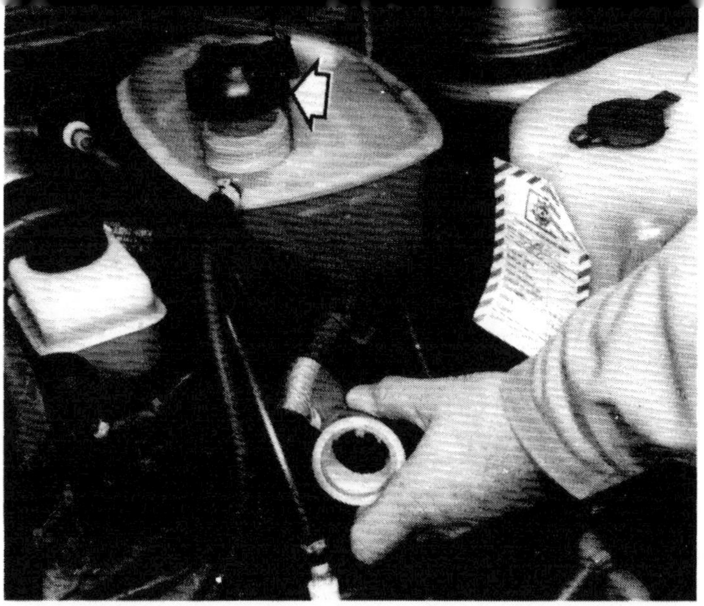

Ein geplatzter Wasserschlauch läßt sich unterwegs mit dem Pannenband (hier von Weyer) notdürftig reparieren. Damit sich im Kühlsystem kein Überdruck aufbaut, sollten Sie während der Fahrt zur Werkstatt den Verschlußdeckel (Pfeil) des Ausgleichsbehälters etwa eine Umdrehung losdrehen. Kühlmittel-Temperaturanzeige im Auge behalten!

Bei der entsprechenden Einschalttemperatur schließt der Kontakt im Schalter den Stromkreis des Kühlerventilators, und dieser läuft an. Der Elektrolüfter erhält Dauerstrom, so daß der Propeller auch nach Abschalten des Motos noch weiterlaufen kann.
Vorsicht beim Hantieren im Motorraum: Bei heißgefahrenem Triebwerk kann der Ventilator nochmals unvermittelt loslaufen!

Fingerzeig: *Wer ohne großen Aufwand prüfen will, ob der Kühlerventilator bei heißem Motor auch wirklich anläuft, verfährt so: Bereits warmgefahrenen Motor im Stand weiterlaufen lassen und Temperaturanzeige beobachten. Der Ventilator muß anlaufen, bevor die Nadel im Instrument ganz nach rechts wandert. Sonst ist wahrscheinlich der Thermoschalter im Kühler defekt.*

Störungen am Kühlerventilator

Ein ausgefallener Lüftermotor kann zu hohe Kühlmitteltemperatur verursachen; allerdings nur bei längerem Motorleerlauf oder einer Paßauffahrt im Gebirge.
Ein streikender Ventilator muß aber nicht das Ende der Fahrt bedeuten:
□ Nachdem der Motor einigermaßen abgekühlt ist, kann man mit mittleren Drehzahlen und einigermaßen zügigem Tempo die nächste Werkstatt anlaufen. Dabei die Temperaturanzeige und Warnleuchte im Auge behalten.
□ Leerlauf und Schleichfahrt dagegen sind für den Motor gefährlich. Da strömt kaum ein kühlender Lufthauch durch die Kühlerlamellen.

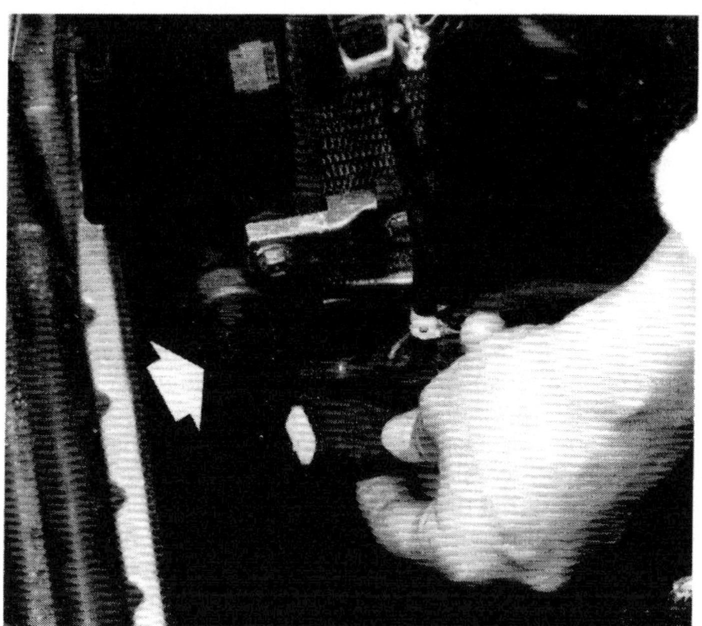

Links hinten am Kühler hat der Thermoschalter (Pfeil) des Kühlerventilators seinen Platz. Versagt der Schalter, was vor allem bei einem älteren Wagen vorkommen kann, ziehen Sie den Mehrfachstecker ab und überbrücken die beiden Kontakte mit einem Drahtstück. Bei einem zweistufigen Lüfter wird – je nach Bedarf – zum Kabel der ersten oder der zweiten Stufe überbrückt.

Der Kühlerventilator mit seinen Teilen: 1 – Thermoschalter; 2 – Dreiflügelventilator; 3 – Sechsflügelventilator; 4 – Vierflügelventilator; 5 – Motor Ausführung Bosch; 6 – Motor Ausführung AEG.

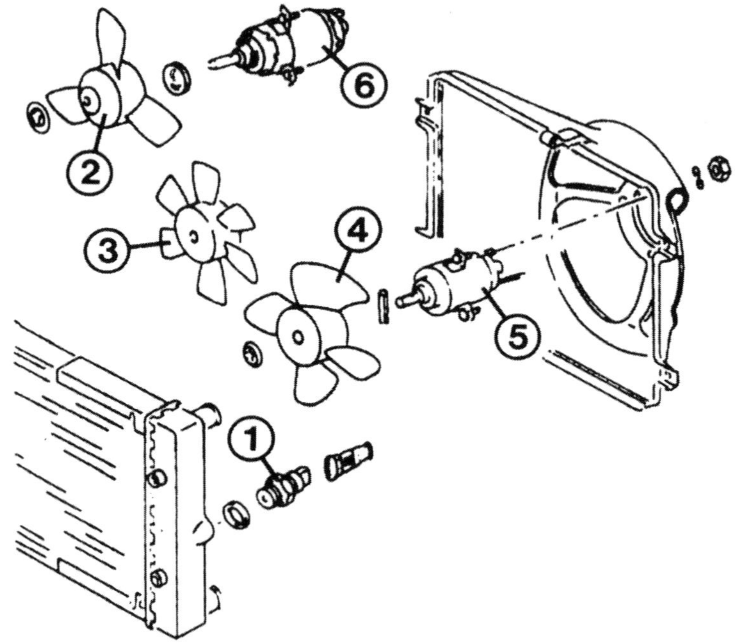

Fingerzeig: *Gerade an älteren Wagen streikt häufig der Thermoschalter des Kühlerventilators. Nach unseren Beobachtungen kann es sich lohnen, diesen Schalter bei einem Fahrzeugalter von sechs bis acht Jahren vorbeugend auszutauschen, um dann nicht etwa während einer Urlaubsfahrt in Bedrängnis zu geraten.*

Störungssuche

■ Ziehen Sie am Thermoschalter die beiden aufgesteckten Kabel bzw. den Doppelstecker ab.

■ Halten Sie die Steckkontaktzungen zusammen oder überbrücken Sie die Kabelstecker mit einem Stück Draht.

■ Beim Doppelthermoschalter wird das rote mit dem rot/weißen oder dem rot/schwarzen Kabel verbunden.

■ Wenn jetzt der Ventilator losbraust, ist der hierbei aus dem Stromkreislauf herausgenommene Thermoschalter defekt.

■ Zur Weiterfahrt die losen Kabelstecker durch einen sogenannten Verteilerstecker, in den beide Kabelschuhe eingesteckt werden können, verbinden. Oder die Kabelbrücke im Doppelstecker gut festklemmen.

■ Damit die locker hängenden Kabel keinen Unfug stiften können, umklebt man sie kurzschlußsicher mit Klebeband oder Heftpflaster.

■ Half die Überbrückung des Thermoschalters nicht weiter, kontrollieren Sie, ob die entsprechende Sicherung defekt ist.

■ Bei intakter Sicherung wird der Lüftermotor überprüft:

■ Kabelstecker abziehen und stattdessen am Kontakt der rot/schwarzen Leitung Hilfskabel zum Batterie-Pluspol legen.

■ Die Steckverbindung für das braune Kabel wird direkt mit dem Minuspol verbunden.

■ Dreht sich der Propeller immer noch nicht, ist der Ventilatormotor defekt – austauschen.

■ Läuft der Ventilator jedoch, müssen die Kabelstecker sowie sämtliche Kabelverbindungen von Thermoschalter und Elektrolüfter überprüft werden.

■ Auch mit direkt von der Batterie gespeistem Kühlerventilator können Sie unbesorgt weiterfahren.

Fingerzeig: *Bei allen Notschaltungen muß am Ende der Fahrt eine der Kabelverbindungen getrennt werden, sonst läuft der Lüftermotor so lange, bis die Batterie leer ist.*

Ventilatormotor ausbauen

■ Kabelstecker zum Kühlerventilator abziehen.

■ Vier Schrauben des Luftführungsrings losdrehen und diesen samt Lüftermotor abnehmen.

■ Drei Muttern an der Luftführung lösen, Ventilatormotor abnehmen.

■ Der Propeller des Ventilators ist je nach Herstellerfirma auf unterschiedliche Weise mit der Motorwelle verbunden:

■ Am Bosch-Lüfter Spannstift herausklopfen und Sicherungsscheibe abnehmen.

■ Beim AEG-Ventilator Klemm- und Zahnscheibe abnehmen.

Links: Die elektrische Zusatz-Wasserpumpe (Pfeil) im Turbodiesel mit Ladeluftkühlung. Rechts: Der Thermoschalter (Pfeil) schaltet die elektrische Wasserpumpe bei 110°C ein.

Elektrische Kühlmittelpumpe

nur Turbodiesel mit Ladeluftkühler

Beim Turbodiesel mit Ladeluftkühler ist der Abgas-Turbolader zur Temperaturminderung an das Kühlsystem des Motors angeschlossen. Solange der Motor läuft, wird die vom Turbolader erzeugte Hitze flott abtransportiert. Anders, wenn der Motor steht; dann kommt es zum Hitzestau – das Kühlmittel im Lader kocht.

Das soll die elektrische Kühlmittelpumpe vermeiden, die – nur bei stehendem Motor und bei Kühlmitteltemperaturen über 110°C – den Kühlmittelkreislauf im Bereich des Turboladers in Schwung hält. Wie die Wasserpumpe, das Relais und der Thermoschalter elektrisch angeschlossen sind, zeigt der Schaltplan auf Seite 175.

Störungsbeistand Kühlsystem

Die Störung	– ihre Ursache	– ihre Abhilfe
A Temperatur-Anzeigenadel steht ganz rechts; rote Warnleuchte blinkt	1 Keilriemen zu schwach, gespannt oder gerissen	Keilriemenspannung kontrollieren oder Riemen ersetzen
	2 Zu wenig Flüssigkeit im Kühlsystem	Auffüllen, notfalls aus der Scheibenwaschanlage
	3 Kabel zur Temperaturanzeige hat Massekontakt	Kabel am Temperaturfühler abziehen, Zeiger muß zurückgehen bzw. rote Lampe muß verlöschen sonst Masseschluß; Kabelverlauf kontrollieren
	4 Thermostat öffnet den Kaltwasserzufluß aus dem Kühler nicht (Kühler kalt)	Thermostat ausbauen und ohne ihn weiterfahren oder Wagen abschleppen lassen
	5 Kühlerventilator schaltet nicht ein	Siehe Seite 79
	6 Überdruckventil im Verschlußdeckel defekt	Deckel prüfen (lassen), ggf. austauschen
	7 Spannungs-Konstanthalter defekt	Austauschen
	8 Kühlerlamellen zugesetzt	Kühler reinigen
B Temperaturanzeige spricht sehr langsam an, schwache Heizleistung	Thermostat schließt nicht völlig, aufgeheiztes Kühlwasser strömt zu früh durch den Kühler	Thermostat säubern, ggf. ersetzen

Nährstoffe für den Diesel

Über Kraftstoff und Verbrauch wird viel gesprochen, oft ohne das richtige Grundwissen. Deshalb finden Sie hier ein Kapitel voller Informationen.

Der Dieselkraftstoff

Sowohl für den Saug- wie für den Turbodiesel soll laut VW Dieselkraftstoff nach DIN 51 601 mit einer Cetanzahl (CZ) von mindestens 45 verwendet werden.

Die Cetanzahl

Die Cetanzahl steht für die Zündwilligkeit eines Kraftstoffes. Sie ist eine reine Verhältniszahl und wird wie folgt ermittelt: Dem sehr zündwilligen Kraftstoff Cetan wurde die Zahl 100 zugeordnet, einem überaus zündträgen Vergleichskraftstoff (Methylnaphthalin) die Ziffer 0. Die Cetanzahl gibt nun an, wieviel Volumenprozent Cetan sich in einem Gemisch mit dem Vergleichskraftstoff befinden müssen, das die gleiche Zündwilligkeit besitzt wie der zu messende Kraftstoff – in unserem Fall der Dieselkraftstoff. Ob die gleiche Zündwilligkeit vorliegt, wird in einem genormten Prüfdieselmotor ausprobiert.

Fingerzeig: *Die oft gestellte Frage, wieso im Dieselmotor kein Ottokraftstoff verwendet werden kann, läßt sich einfach beantworten: Die im vorigen Abschnitt angesprochene Zündwilligkeit des Kraftstoffes soll im Ottomotor niedrig, im Dieselmotor dagegen hoch sein. Kraftstoff mit hoher Zündwilligkeit hätte im Ottomotor schädliches Klingeln und Klopfen zur Folge. Der Kraftstoff würde sich also schon während der Aufwärtsbewegung des Kolbens selbsttätig entzünden und nicht mehr lange auf das Startsignal der Zündkerze warten. An der springt der Zündfunke erst über, wenn der Kolben etwa in der höchsten Stellung im Zylinder steht. Der Dieselmotor verdichtet, wie schon erwähnt, nur reine Luft. Ist der Kolben oben angelangt und die Luft am höchsten komprimiert und daher sehr heiß, wird erst der Kraftstoff eingespritzt. Jetzt muß es allerdings schnell gehen mit der Selbstzündung. Der Kraftstoff muß also eine hohe Bereitschaft haben, sich selbst zu entzünden – eine hohe Zündwilligkeit.*

Dieselkraftstoff und Temperatur

Jeder Kraftstoff besteht aus vielen verschiedenen Kohlenwasserstoffen. Beim Diesel handelt es sich dabei vorwiegend um sogenannte Paraffine, die die gewünschte Zündwilligkeit aufweisen.
Negative Eigenschaft der Paraffine ist ihre Neigung, bei niedriger werdenden Temperaturen immer mehr auszukristallisieren. Die einzelnen Kristalle lagern sich rasch aneinander an und bilden dann miteinander komplexe, netzförmige Verbindungen.
Ab einer bestimmten Temperatur haben sich dann so viele Kristallnetze gebildet, daß der Kraftstoff komplett »versulzt« ist und nicht mehr durch das Filter fließen kann. Die Kristalle wachsen und blockieren ab einer gewissen Temperatur das Kraftstoffilter.

Winterkraftstoff

Um Störungen vorzubeugen, werden die Tankstellen mit Kraftstoff beliefert, der für die jeweilige Jahreszeit angepaßt ist. Sogenannte Fließverbesserer erhalten auch bei Minusgraden die Fließfähigkeit, so daß der Diesel-Fahrer mit dem Problem des Versulzens gar nicht in Berührung kommt. Wie folgt ist der Dieselkraftstoff an den Tankstellen »eingestellt«:
Sommer-Dieselkraftstoff ist gewissermaßen »naturbelassen«. Er würde schon stocken, wenn das Thermometer unter –2°C fällt.
Übergangs-Diesel wird im Frühjahr und im Herbst verkauft. Er soll Sicherheit schaffen, wenn die Quecksilbersäule unerwartet nach unten rutscht. Bestenfalls ist er noch bei –8° bis –10°C filtergängig.

Winterkraftstoff muß laut DIN-Norm bis mindestens –12°C brauchbar sein. Die Tankstellen bieten jedoch zumeist eine weit frostfestere Ware an: –15°C ist überall die Regel; meist sind die Kraftstoffe sogar bis –22°C kältesicher. Erreicht wird das durch Beigabe von sogenannten Fließverbesserern zum Kraftstoff.

Wie wirken die Fließverbesserer?

Die Bildung von Paraffinkristallen können auch Fließverbesserer nicht verhindern. Ihre Aufgabe ist es vielmehr, das Wachstum der Paraffinkristalle so zu beeinflussen, daß statt großer nur kleine Kristalle entstehen. Die kleinen Kristalle blockieren das Filter nicht, der Diesel versulzt nicht.
Einzelne Kristalle sind noch klein genug, um durch die Poren des Filters zu schlüpfen. Der Kraftstoff kann also bis zur Einspritzpumpe gelangen – der Motor wird mit Nachschub versorgt.

Wann sind Probleme zu erwarten?

In der Regel wird der Diesel-Fahrer hierzulande kaum in die Verlegenheit kommen, mit versulztem Dieselkraftstoff stehenzubleiben. Es sei denn,
- □ die Temperaturen fallen unter den »eingestellten« Wert (–15 bis –22°C);
- □ der Wagen wurde ein halbes Jahr nicht gefahren, und es befindet sich noch Sommerkraftstoff im Tank;
- □ eine äußerst schwach frequentierte Tankstelle hat winters noch Sommerdiesel verkauft (was sie nicht darf) oder
- □ Sie haben bei einem Auslandsaufenthalt nicht bemerkt, daß dort »nicht geimpfter« Kraftstoff verkauft wird. Wo das der Fall ist, erfahren Sie von jeder Automobilclub-Geschäftsstelle.

Mittel gegen »Versulzen«

□ Eine unproblematische Möglichkeit ist die Zugabe eines Dieselkraftstoff-Zusatzmittels, z. B. Autol Desolite D/DW, LM Fließfit, Valvoline Winterfit oder Veedol Diesel Aktiv. Doch Vorsicht! Bei den bis –22°C frostfesten Kraftstoffen bringt das Beimengen von Fließverbesserern nur noch in Einzelfällen Vorteile. Bisweilen sinkt sogar die »Sulzgrenze«. Doch das auszutesten, kann nicht in Ihrem Sinne sein. Deshalb bei diesen Kraftstoffen lieber Normalbenzin beimischen (siehe nächsten Abschnitt), wenn eine noch höhere Frostfestigkeit gewünscht wird.

□ Preiswerter und ggf. sicherer ist Beimengen von Normalbenzin (keinesfalls Super, denn es verschlechtert die Zündwilligkeit). Soll Sommerkraftstoff von 0° bis –15°C und herkömmlicher Winterkraftstoff von –15° bis –25°C einsatzfähig bleiben, so empfiehlt sich ein Zusatz von höchstens **30% Normalbenzin**. Für den Kat-Diesel muß es unbedingt **bleifreies** Normalbenzin sein, sonst wird der Kat unwirksam (wichtig nur im Ausland). Bezogen auf den randvollen 55-Liter-Tank unseres VW wären das also maximal 16,5 Liter Benzin. Erreicht die Temperatur nicht die genannten Minus-Werte, gießen Sie natürlich entsprechend weniger zu. Mit diesem Gemisch läuft der Motor natürlich sehr unwirtschaftlich, und er springt auch schlechter an. Außerdem bekommt er einen ungewohnt harten Motorlauf. Entsprechend hoch ist auch der Verschleiß beim Betrieb mit diesem Kraftstoff-Gemisch. Tanken Sie deshalb, sobald es die Temperaturen erlauben, wieder Dieselkraftstoff dazu.

Fingerzeig: *VW gibt Fließverbesserer nicht zur Anwendung frei. Grund hierfür ist nicht etwa die Sorge vor Schäden an der Einspritzung, sondern die angesprochene schlechtere*

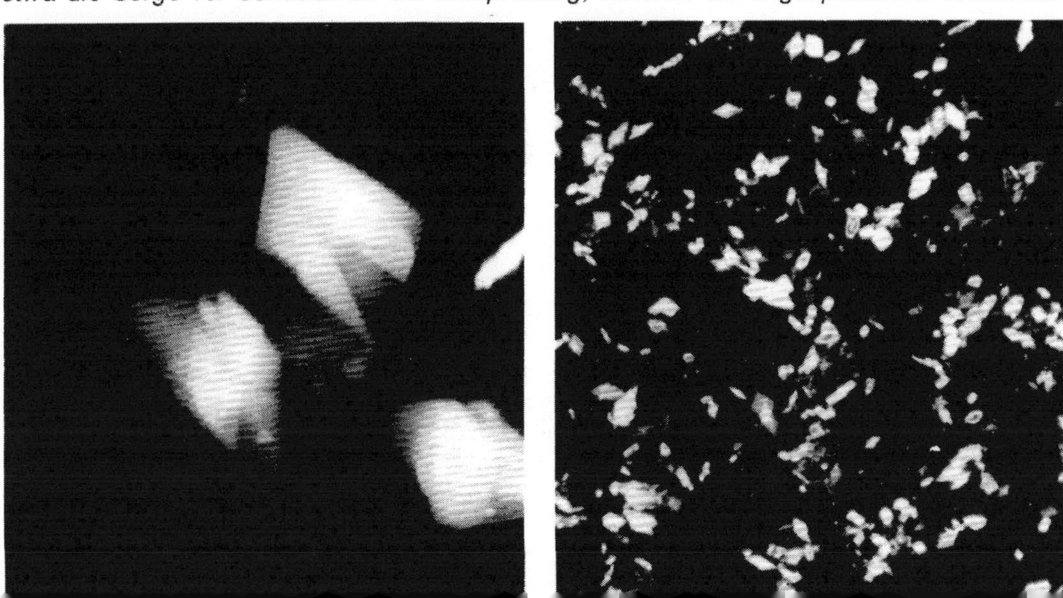

Im Bild links sehen Sie vergrößert die zusammenhängenden, großen Paraffinkristalle, die sich bei Frost im Dieselkraftstoff bilden. Bild rechts: Einzelne kleine Paraffinkristalle. Die Bildung von großen Kristallverbindungen wird durch einen Fließverbesserer verhindert – der Kraftstoff bleibt »filtergängig«.

Wirkung bei entsprechend »behandelten« Kraftstoffen. Beigabe von Normalkraftstoff bringt dagegen bei allen Kraftstoffen dieselbe Wirkung.

Kraftstoff frostfest machen

Ist der Dieselkraftstoff schon versulzt, hilft es natürlich nichts, den (womöglich noch im eiskalten Handschuhfach liegenden) Fließverbesserer in den Tank zu kippen oder Normalbenzin aus dem Kanister nachzugießen.
Ist der Stockpunkt wesentlich überschritten, muß der Wagen in eine beheizte Garage geschleppt werden, wo sich bei angenehmen Temperaturen die Paraffinkristalle zurückbilden können. Eilige tauen den Diesel in der Lackierbox einer Karosseriewerkstatt auf.
Nur kurzfristigen Erfolg bringt das Auswechseln des Filters und das Reinigen des Saugkorbs im Tank. Verzweifeltes Orgeln mit dem Anlasser nützt gar nichts.
Wie macht man's richtig?
Unbedingt **vor der zu erwartenden Arktik-Nacht** zur Tankstelle fahren, zuerst den Normalkraftstoff oder den Fließverbesserer (er sollte möglichst Zimmertemperatur haben) in den Tank kippen und dann randvoll tanken. Der in den Erdtanks gelagerte Dieselkrafstoff hat in jedem Fall Plusgrade, so daß sich das Normalbenzin bzw. der Fließverbesserer gut mit dem Diesel vermischen kann. Ideal ist es natürlich, wenn der Tank vorher möglichst leer war, da denn der erdtank-temperierte Kraftstoff den Rest im Fahrzeugtank ausreichend »anwärmt«, um eine Kristall-Rückbildung zu bewirken.
Während der **anschließenden kurzen Fahrt** vermischt sich der Tankinhalt gut, und man kann sibirischer Kälte ruhig entgegensehen.

Diesel-Heizer

Ab Baujahr 8/86 wurden für einige Wochen die Diesel-Modelle des Golf/Jetta mit einer Kraftstoff-Vorwärmung im Filter serienmäßig ausgestattet. Durch unvorhergesehene Probleme mit der Dieselheizung entfiel sie nach relativ kurzer Zeit wieder. Mit Erscheinen des Modelljahrgangs 1988 waren die Schwierigkeiten endgültig behoben. Seit 8/87 ist die Vorwärmung grundsätzlich eingebaut.
Aufgabe der Beheizung ist es, durch Anwärmen des Kraftstoffes ein Versulzen im Filtergehäuse verhindern. Das geht folgendermaßen: Die Kraftstoff-Rücklaufleitung von der Einspritzpumpe und den Einspritzdüsen wird unter dem Gefrierpunkt angezapft. Statt in den Tank zurück wird Dieselkraftstoff ins Filtergehäuse geleitet. In Pumpe und Düsen wurde der Kraftstoff bereits vorgewärmt – fertig ist die Diesel-Heizung. Über 10° C unterbricht das Regelventil diese Art der Kraftstofführung und stellt wieder normale Verhältnisse her (Rücklauf in den Tank).
Die Vorwärmung läßt sich natürlich auch in ältere Fahrzeuge nachrüsten. Die Teile-Nr. lautet 323 198 127. Selbstverständlich können auch andere Vorwärmsysteme (z. B. von Bosch) nachträglich eingebaut werden.
In Verbindung mit den heutigen kältefesteren Kraftstoffen braucht dann kaum mehr mit winterlichen Störungen des Dieselbetriebs gerechnet zu werden.

Die Sache mit dem Heizöl

Wenn sich das Gespräch um Wagen mit Dieselmotor dreht, leuchten bei vielen Autofahrern die Augen und sie erinnern sich »...da war doch noch die Sache mit dem Heizöl«. Dieser »Heizöl-

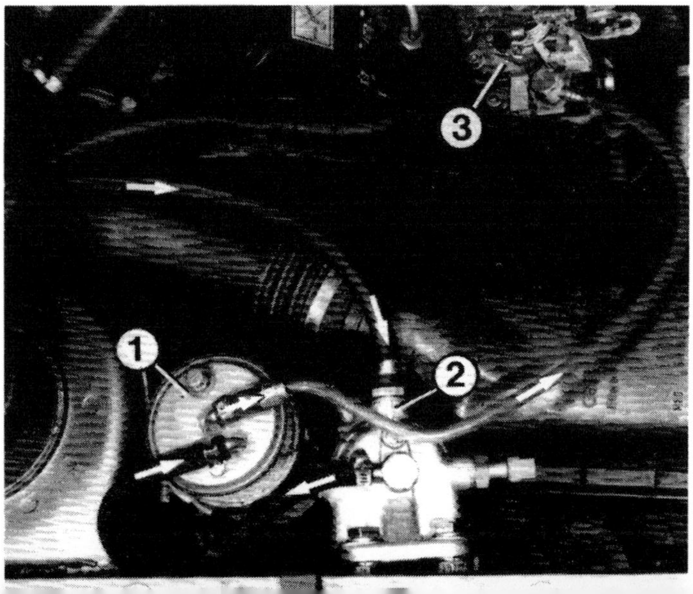

Der Dieselheizer (2; hier von Bosch) wird in die Leitung vor Kraftstoffilter (1) und Einspritzpumpe (3) eingebaut. Die Pfeile auf den Kraftstoffleitungen geben die Fließrichtung an.

Mit der Leuchtdiode der Schaltanzeige (Pfeil) im Golf GTD bis 7/85 wird dem Fahrer signalisiert, daß er ohne Leistungsverlust hochschalten und Kraftstoff sparen kann.

Sache« wurde bereits 1976 ein Riegel vorgeschoben; Heizöl ist seither rot eingefärbt. Bis dahin konnte praktisch jeder, der zu Hause leichtes Heizöl verbrannte, diesen steuerbegünstigten Brennstoff durch einfaches Umleeren in den Autotank auch als Dieselkraftstoff verwenden. Heutzutage wird es jedoch kaum mehr jemand wagen, das verräterisch rote Heizöl im Dieselmotor zu fahren und sich so bei einer Zollkontrolle der Gefahr einer Anzeige wegen Steuerhinterziehung auszusetzen.

Die Schaltanzeige hilft sparen

Ein gelbes Licht im Kombiinstrument des Golf GTD bis 7/85 informiert den Fahrer, wann er ohne Leistungsverlust hochschalten kann. Dazu verarbeitet ein elektronisches Steuergerät Informationen über Drehzahl (Impulse von Klemme W der Lichtmaschine) und Gaspedalstellung (Vollast- und Leerlaufschalter an der Einspritzpumpe). Ist der Lastzustand unwirtschaftlich, wird »Hochschalten« signalisiert.
Beim Ausdrehen der Gänge leuchtet die Schaltanzeige nicht auf, weil dann die gewünschte hohe Beschleunigung ein frühes Hochschalten nicht gestattet. Erst wenn der nächsthöhere Gang die gleiche Fahrleistung ermöglicht, gibt sie bei zurückgenommenem Gaspedal das Zeichen, daß geschaltet werden sollte.
Bergab mit losgelassenem Gaspedal, im höchsten Gang sowie bei kaltem Motor bleibt die Schaltanzeige dagegen dunkel.

Die Reichweite

Der Tank faßt rund 55 Liter, wovon etwa 5 Liter als Reservemenge anzusehen sind – der Zeiger der Kraftstoffuhr steht dann im roten Feld.
Wie weit bei Ihnen eine Tankfüllung reicht, können Sie nach der folgenden Formel genau errechnen: Tankinhalt multipliziert mit 100, geteilt durch Ihren persönlichen Durchschnittsverbrauch. Beispiel: 55 × 100 = 5500. 5500 : 6,9 = 797 km. Nach dieser Kilometerzahl ist dann aber auch die Reservemenge weg. Man wird also, je nach Dichte des Tankstellennetzes, nach 750 km (oder entsprechend früher) wieder tanken, um nicht bis zum letzten Tropfen zu fahren.

Rund um den Kraftstofftank

Energievorräte

Der Kraftstoffspeicher im Auto muß hohen Sicherheitsanforderungen genügen, denn er darf bei einem Unfall weder reißen noch platzen, und sein Inhalt darf nicht davonfließen.

Der Tank

An der sichersten Stelle – zwischen den Hinterrädern – sitzt der Tank. Er ist aus hochmolekularem Polyäthylen großer Dichte (HDPE) gefertigt. Somit gibt es keine Korrosionsgefahr.

Fingerzeig: *Beim Tanken an der SB-Tankstelle kann die Zapfpistole mit Dieselkraftstoff verschmiert sein, da Dieselkraftstoff im Gegensatz zu Benzin nicht ganz verdunstet. Der Geruch kommt an die Finger und an die Kleidung und ist schwer zu entfernen. Wer sich speziell zum SB-Tanken ein Paar Arbeits- oder alte Lederhandschuhe in den Kofferraum legt, bleibt vor »Diesel-Händen« weitgehend verschont.*

Kraftstoff ablassen

Der Tank besitzt keine Ablaßschraube. Da Kraftstoffzu- sowie -rücklauf an der Tankoberseite sitzen, kann man nicht einfach eine Leitung abziehen und den Kraftstoff auslaufen lassen.

- Ist der Tank noch einigermaßen voll, durch den Einfüllstutzen einen Schlauch so tief wie möglich in den Tank schieben.
- Obere Schlauchöffnung mit dem Finger dicht verschließen. Schlauch wieder ein Stück herausziehen und so tief wie möglich in ein Gefäß halten.
- Wenn der Schlauch weit genug in den Kraftstoff reichte, fließt er jetzt durch das Gefälle heraus.
- Ansaugen von Dieselkraftstoff mit dem Mund ist gesundheitsgefährdend!

Tank ausbauen

Sicherheitshalber empfiehlt es sich, die Wagenunterseite vorher gründlich sauberzuspritzen, damit bei der Montage kein Schmutz in die Kraftstoffanlage gelangen kann.

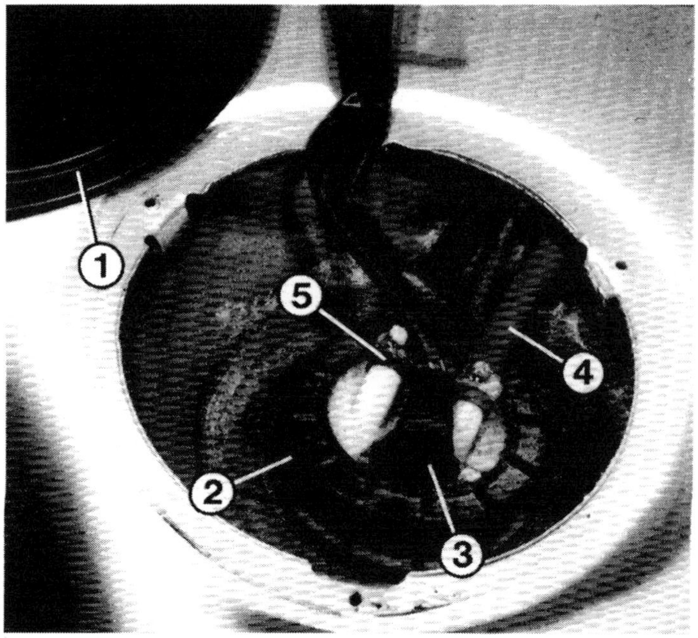

Hier haben wir bereits den Blechdeckel (1) oberhalb des Tankgebers abgeschraubt. Am Geber sehen Sie: 2 – Kunststoff-Überwurfmutter; 3 – Mehrfachstecker mit Schutzhülle; 4 – Rücklaufleitung; 5 – Ansaugleitung.

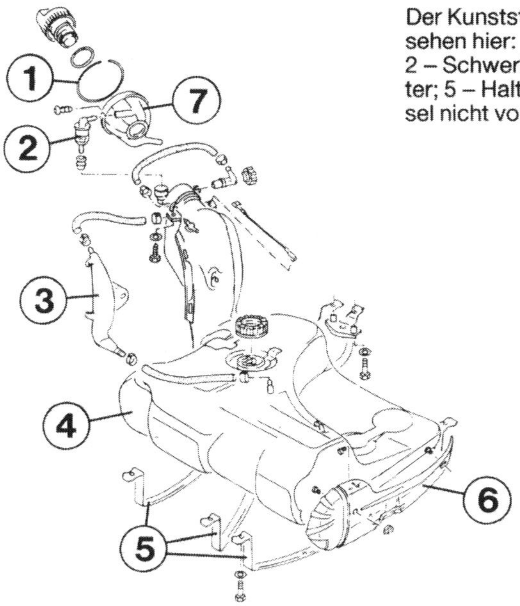

Der Kunststofftank (4) unserer VW-Modelle. Sie sehen hier: 1 – Spannring des Gummitopfes (7); 2 – Schwerkraftventil; 3 – Ausdehnungsbehälter; 5 – Haltebänder; 6 – Schutzblech (beim Diesel nicht vorhanden).

- Kraftstoff ablassen.
- Abdeckblech des Tankgebers im Kofferraum abschrauben.
- Schlauchleitungen und Kabelstecker vom Tankgeber abziehen.
- Spannring des Gummitopfes am Tankeinfüllstutzen abnehmen.
- Wagen hinten aufbocken.
- Schwerkraftventil ausbauen, siehe S. 88.
- Gummitopf abnehmen.
- Muttern der drei Tankhaltebänder lösen, dabei Tank unten abstützen.
- Kraftstoffbehälter abnehmen.
- Beim Einbau die Schläuche am Tankgeber richtig anschließen, siehe Bild auf der folgenden Seite unten.

Geber für die Tankanzeige

Der Tankgeber ist oben in den Kraftstoffbehälter eingesetzt. Wie er funktioniert, ist in der Zeichnung auf Seite 213 gezeigt.
Die Tankanzeige ist kein Präzisionsinstrument. Einen falsch anzeigenden Geber kann man durch Nachbiegen des Schwimmerarms korrigieren, siehe Seite 213.

Tankgeber ausbauen

- Kofferraummatte nach vorn schlagen.
- Schwarzen Blechdeckel abschrauben.
- Klemmschellen der angeschlossenen Schläuche öffnen (siehe Seite 89).

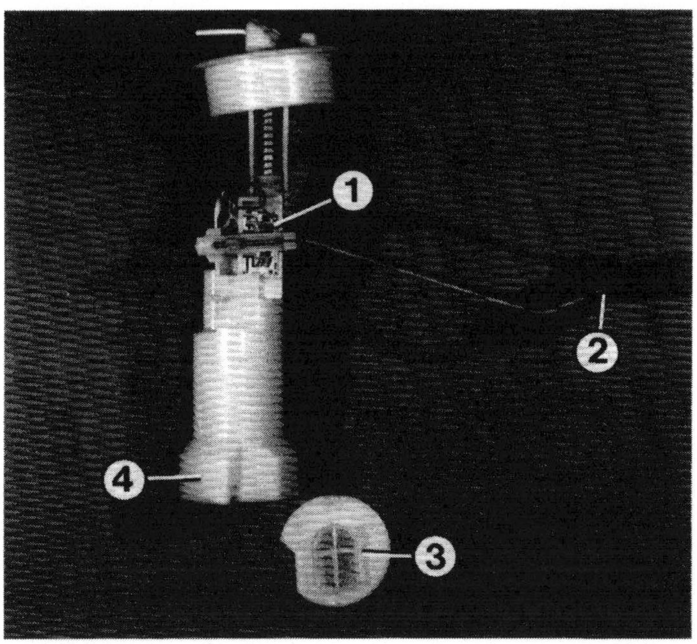

Am ausgebauten Tankgeber erkennen Sie: 1 – Widerstand; 2 – Schwimmer; 3 – Deckel unten mit Kraftstoffsieb. Der Deckel wird von unten in den Saugkorb (4) eingesteckt.

■ Schläuche und Kabelstecker vom Tankgeber abziehen.
■ Kunststoff-Überwurfmutter des Tankgebers losdrehen. Sitzt die Mutter sehr fest, an einer Kerbe einen möglichst stumpfen Schraubenzieher ansetzen und diesem leichte Hammerschläge versetzen.
■ Geber herausziehen.
■ Vor dem Wiedereinbau das Sieb unten am Saugkorb (Nr. 3 im Bild auf der Vorseite unten) ggf. säubern.
■ Gummidichtung des Tankgebers erst sauber am Tank aufziehen, dann Geber montieren.
■ Läßt sich der Geber nicht vollständig in den Tank einsetzen, zieht man ihn nochmals heraus.
■ Der Saugkorb auf dem Ansaugrohr muß sich verschieben lassen.
■ Tankgeber so einsetzen, daß der Pfeil an seinem Oberteil genau nach vorn zeigt.

Die Tank-Be- und -Entlüftung

□ An der Tankoberseite ist die sogenannte Schnellentlüftung angeschlossen, die zum Tankeinfüllstutzen führt. Durch diese Leitung entweicht die Luft, wenn der Tank mit Dieselkraftstoff gefüllt wird. Dazwischen sitzt noch ein Ausdehnungsbehälter, der für einwandfreien Abzug der verdrängten Luft erforderlich ist.
□ Wenn der Tank randvoll befüllt wurde und das Auto anschließend in der prallen Hitze abgestellt wird, dehnt sich der Kraftstoff aus. Die so entstehende Mehrmenge nimmt der speziell geformte Einfüllstutzen auf.
□ Vor dem Austritt der Schnellentlüftungs-Leitung ins Freie sitzt ein Schwerkraftventil. Es verschließt bei schrägstehendem Wagen den Austritt der Schnellentlüftungs-Leitung. Dadurch wird verhindert, daß selbst bei randvollem Tank und schräg geparktem Fahrzeug oder nach einem Unfall Kraftstoff austreten kann.
□ Die zweite Entlüftungsleitung sitzt ebenfalls oben am Einfüllstutzen. Sie soll die sich bildenden Kraftstoffdämpfe ableiten. Während der Fahrt strömt durch diese Leitung entsprechend der verbrauchten Treibstoffmenge von außen Luft in den Tank hinein, so daß sich kein Unterdruck bilden kann. Am Ende dieser Leitung sitzt ein mechanisches Ventil. Es schließt beim Abnehmen des Tankdeckels, so daß beim Einfüllen kein Kraftstoff austreten kann. Beim Aufsetzen des Tankverschlusses öffnet das Ventil wieder.

Schwerkraftventil prüfen

In einem separaten Stutzen in Fahrtrichtung vorn am Tankeinfüllrohr sitzt das Schwerkraftventil. Zum Prüfen
■ Tankdeckel abnehmen.
■ Haltering der Gummimanschette aushängen.
■ Manschette am Einfüllstutzen herausziehen.
■ Schwerkraftventil aus dem Gummitopf herausziehen.
■ Hilfsschlauch auf einen Anschluß des Ventils stecken.
■ Schwerkraftventil senkrecht halten und durchblasen, das muß ohne Widerstand möglich sein.
■ Ventil jetzt schräg halten (45°). Das Ventil muß nun schließen, Durchblasen darf nicht mehr möglich sein.
■ Beim Wiedereinbau auf richtigen Sitz der Dichtung am Ventil achten.

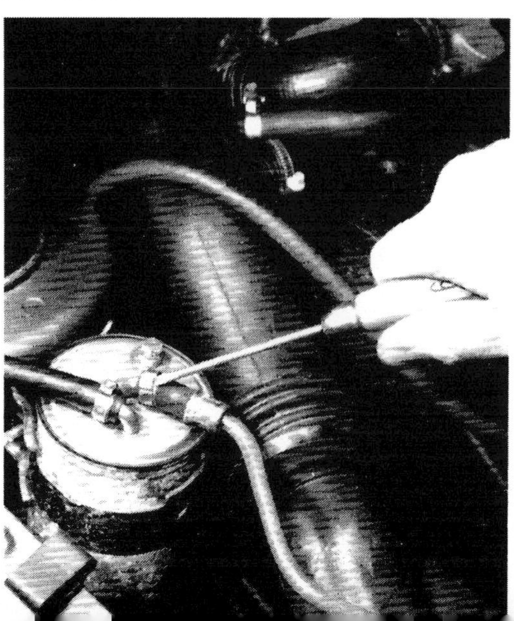

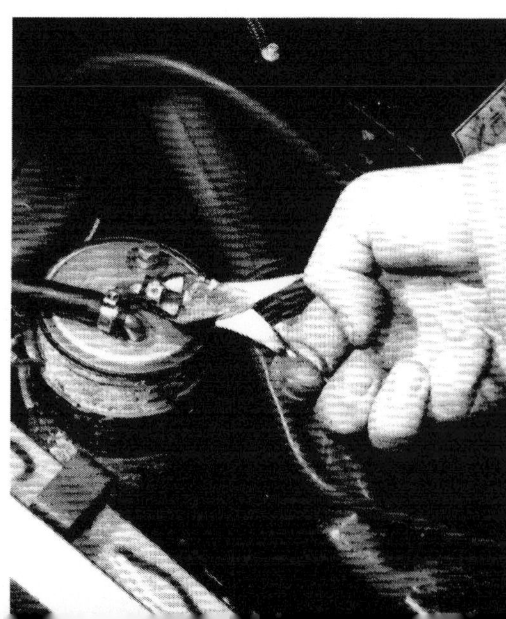

Links: Zum Abnehmen eines Kraftstoffschlauches fährt man mit einem Schraubenzieher in die Öse der Schlauchschelle und hebelt sie auf. Rechts: Sofern Sie keine Schraubschellen für die Kraftstoffschläuche zur Hand haben, können die alten Spannschellen auch einige Male wiederverwendet werden. Zum Festklemmen eignet sich ein Seitenschneider, wie im Bild gezeigt. Mit ihm wird die Öse wieder zusammengepreßt.

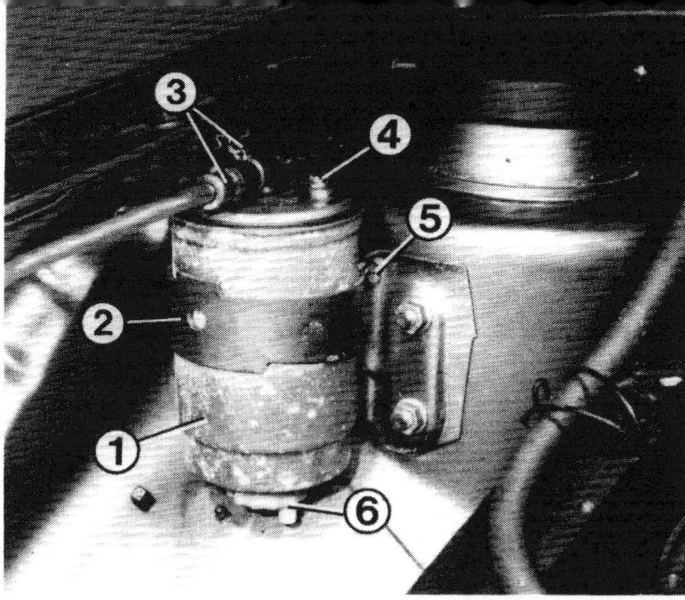

Das Kraftstoffilter rechts im Motorraum. Es bedeuten: 1 – Wegwerffilter; 2 – Halteband; 3 – Kraftstoffschläuche; 4 – Entlüftungsschraube; 5 – Spannschraube für Halteband; 6 – Entwässerungsschraube.

Entlüftungsventil prüfen

Am Tankeinfüllrohr sitzt in Fahrtrichtung hinten das Entlüftungsventil. Zur Überprüfung:

- Oben im hinteren rechten Radkasten am Entlüftungsventil Schlauchklemme abnehmen und Entlüftungsschlauch abziehen.
- Kontrollieren Sie, ob der Hebel am Ventil beweglich ist.
- Schlauch am Ventilstutzen aufstecken und hineinblasen.
- Bei abgenommenem Tankdeckel muß das Ventil geschlossen haben.
- Wenn Sie den Hebel leicht zur Seite drükken, muß das Ventil öffnen – Sie können ohne Widerstand durchblasen.

Die Kraftstoffleitungen

Der Diesel besitzt eine Kraftstoff-Vor- und eine Rücklaufleitung. Am Tank und am Filter sind die Schläuche mit Quetschklemmen befestigt, an der Einspritzpumpe sind sie mit dichtungsunterlegten Hohlschrauben festgeschraubt.

Klemmschellen der Kraftstoffleitungen lösen

- Mit einem feinen Schraubenzieher in die Schlaufe der Schlauchschelle fahren und diese durch seitliches Hebeln lockern.
- Schlauch unter Drehbewegungen abziehen.
- Ist dies nicht möglich, kleinen Gabelschlüssel am Schlauchende ansetzen und damit abdrücken.
- Beim Einbau sollten Sie statt der Klemmschellen solche zum Schrauben verwenden.

Kraftstoffanlage auf Dichtheit prüfen

Zur Suche einer Undichtigkeit sollte der Wagen über Nacht an einem trockenen, sauberen Platz gestanden haben.

- Flecken unter den Wagenboden?
- Wenn nicht, Motor starten und einige Minuten laufen lassen.
- Nach dem Abstellen erneute Kontrolle auf dem Boden.

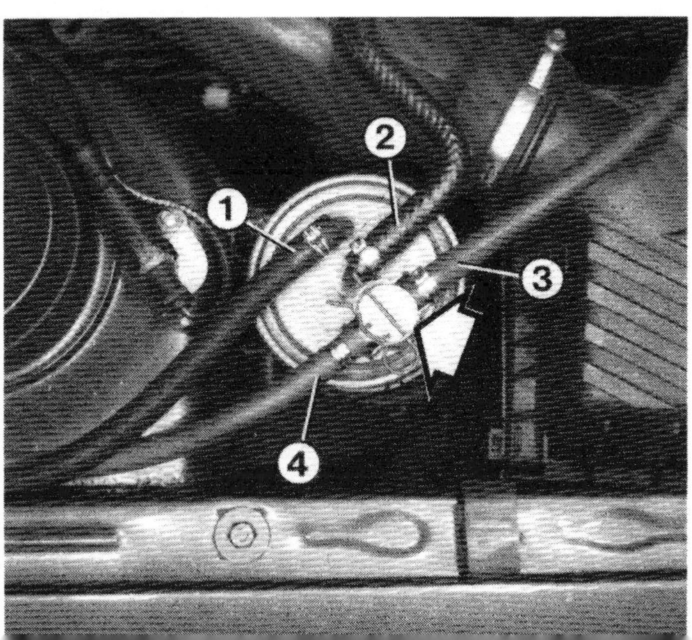

Diesel-Filter mit Kraftstoff-Vorwärmung: 1 – Zulauf vom Tank; 2 – Zulauf zur Einspritzpumpe; 3 – Rücklauf von der Einspritzpumpe; 4 – Rücklauf zum Tank. Der Pfeil deutet auf das Kraftstoff-Regelventil.

In der Schnittzeichnung des Kraftstoffilters (2) zeigen die roten Pfeile die Flußrichtung des Kraftstoffes. Unten im Filtergehäuse befindet sich der Sammelraum für Wasser (4), das hier rosa dargestellt ist. Ferner bedeuten: 1 – Entlüftungsschraube; 4 – Entwäserungsschraube.

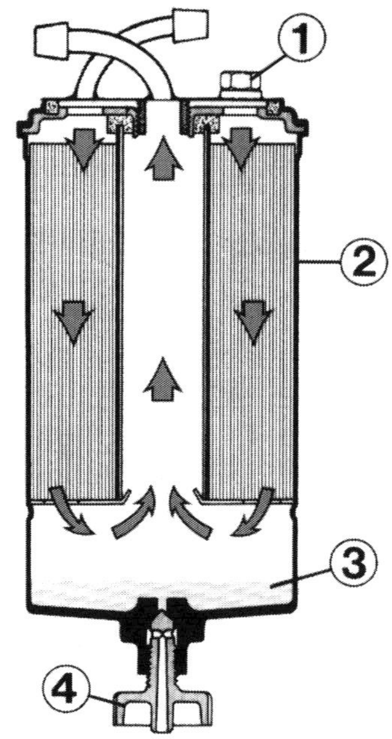

■ Falls immer noch nichts sichtbar ist, sämtliche Leitungen und Teile der Kraftstoffanlage verfolgen und auf den charakteristischen Dieselgeruch achten.

Das Kraftstoffilter

Die Verteiler-Einspritzpumpe des Dieselmotors ist sehr empfindlich gegen Kraftstoffverunreinigungen (sie setzen die dünne Bohrung in der Hohlschraube am Anschluß der Rücklaufleitung zu, und die Pumpe läuft dann heiß), besonders aber gegen Wasser. In den Kraftstoff gelangt das Wasser hauptsächlich durch Kondensierung im Fahrzeugtank oder im Erdtank unter der Zapfsäule. Flüssige und feste Fremdstoffe müssen also herausgefiltert werden, bevor der Kraftstoff die Einspritzpumpe erreicht. Das geschieht im Kraftstoffilter. Am Filterelement werden Schmutzkörnchen abgeschieden, damit sie nicht in die Pumpe gelangen können. Im Freiraum darunter kann sich Wasser – das ja schwerer ist als Kraftstoff – absetzen.

Kraftstoffilter entwässern

Wartung Nr. 2

■ Wo vorhanden, Entlüftungsschraube oben am Filter öffnen.
■ Auffangbehälter unter das Kraftstoffilter halten.
■ Entwässerungsschraube unten am Filter von Hand öffnen.
■ So lange Flüssigkeit ablaufen lassen, bis sauberer Kraftstoff austritt (ca. 100 cm^3).
■ Entwässerungs- und Entlüftungsschraube schließen. Vorsicht, die Kunststoffschraube bricht leicht ab.

Kraftstoffilter wechseln

Wartung Nr. 39

■ Alle Turbodiesel: Ansaugluftschlauch ausbauen.
■ Kraftstoffleitungen am Filter kennzeichnen und abbauen, siehe Vorseite.
■ Kreuzschlitzschraube am Filterhalter losdrehen, Filter herausziehen.
■ Dieselkraftstoff im Filter in den Altölkanister kippen und Filter zum Sondermüll geben.
■ Neues Filter montieren.
■ Beim Filter mit Kraftstoff-Vorwärmung das Regelventil umbauen (Pfeilrichtung beachten).
■ Anlasser so lange betätigen, bis wieder Kraftstoff zur Einspritzpumpe gefördert wird.
■ Ist Dieselkraftstoff auf die Kühlmittelschläuche gespritzt, müssen diese sofort gereinigt werden.

Fingerzeig: *Ein weiteres Kraftstoffsieb befindet sich im sogenannten Ansaugkorb am Tankgeber. Zum Reinigen dieses Siebs den Tankgeber ausbauen (Seite 87).*

Drucksache

Der Dieselmotor atmet während des Ansaugtakts reine Luft in die Brennräume. Erst wenn die Ansaugluft nach dem Verdichtungstakt auf 28 bis 34 bar komprimiert und daher erhitzt ist, kann der Dieselkraftstoff eingespritzt werden; wodurch übrigens auch die Verbrennung ausgelöst wird.
Eingespritzt werden kann natürlich nur, wenn der Kraftstoffdruck wesentlich höher ist als der Kompressionsdruck. Die Einspritzpumpe schafft dies durch Drücke bis zu 170 bar. Gleichzeitig muß sie wegen des richtigen Verbrennungsbeginns zu einer genau definierten Zeit abspritzen.

Die Kraftstoffzufuhr

Den Verlauf der Kraftstoffleitungen zeigt schematisch unsere Zeichnung unten. Vom Tank aus verläuft die Saugleitung entlang des Wagenbodens zum Kraftstoffilter hinten im Motorraum. Der dort durchfließende Dieselkraftstoff wird vom Filter gereinigt und anschließend von der Einspritzpumpe angesaugt. Die Einspritzpumpe fördert mehr Kraftstoff, als dann hinterher zu den Einspritzdüsen gedrückt wird. In der Rücklaufleitung gelangt, was übrig ist, wieder zurück in den Tank.
Mit einem Überdruck von 120 bis 130 bar pumpt die Verteilerpumpe den Kraftstoff in stabilen Einspritzleitungen zu den vier Einspritzdüsen. Auch die Düsen spritzen nicht den gesamten angelieferten Kraftstoff ab. Die Rücklaufstutzen der vier Düsen sind durch Schläuche verbunden. Von einer der äußeren (je nach Modell) Einspritzdüsen gelangt dann die übrige Menge durch die Rücklaufleitung zum Tank zurück.
Einer der beiden Rücklaufstutzen der jeweils gegenüberliegenden Düse ist, da hier ja nicht auch noch eine Rücklaufleitung angeschlossen ist, mit einer Verschlußkappe versehen.

Kraftstoffanlage entlüften?

Seit alters her ist der leergefahrene Tank der Schrecken der Diesel-Fahrer. Grund: Haben sich die Saugleitungen der Einspritzanlage entleert, fällt es der Pumpe schwer, wieder Kraftstoff nach vorn zu transportieren.

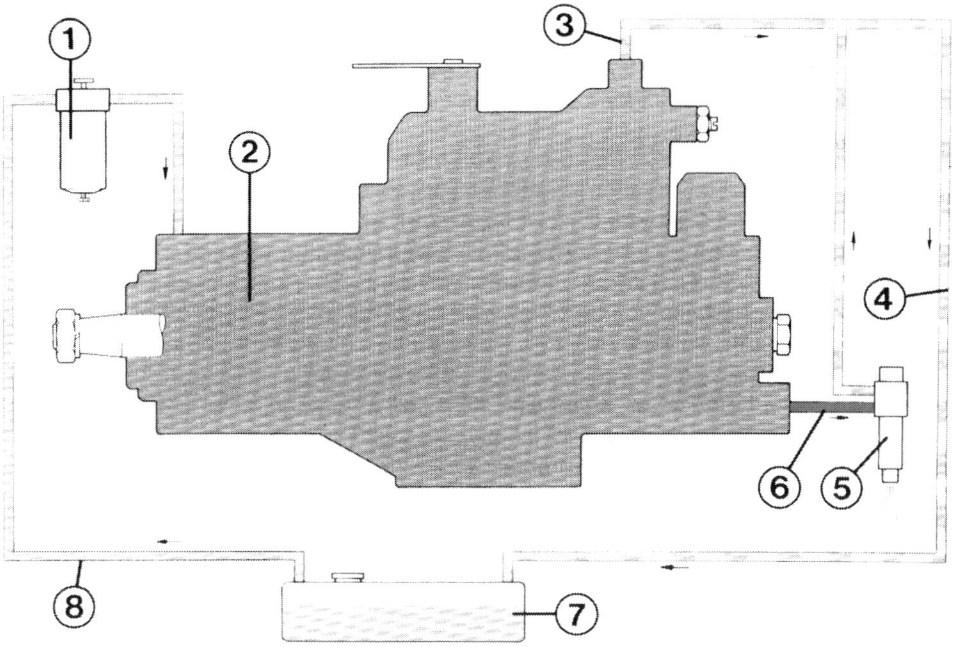

Der Kraftstofffluß in der Diesel-Einspritzanlage ist hier schematisch dargestellt: Vom Tank (7) gelangt Kraftstoff durch die Zuleitung (8) in das Kraftstoffilter (1). Der gereinigte Dieselkraftstoff wird nun in die Einspritzpumpe (2) gesaugt. Was zuviel herbeigepumpt wurde, läuft durch die dünne Rücklaufbohrung (3) in die Rücklaufleitung (4) zurück. Über die Einspritzleitung (6) gelangt unter hohen Druck gesetzter Kraftstoff in die Einspritzdüse (5). Eine kleine Kraftstoffmenge, die sich an der Düsennadel vorbeimogelt und so nicht eingespritzt wird, läuft ebenfalls über die Rücklaufleitung wieder in den Tank.

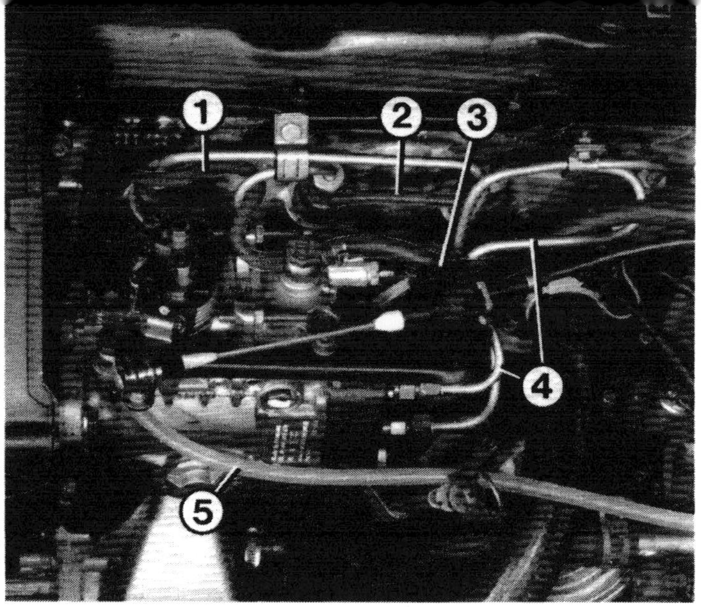

Die Kraftstoffleitungen rings um die Einspritzpumpe: 1 – Rücklaufleitung von den Einspritzdüsen zur Einspritzpumpe; 2 – Rücklaufleitung zwischen zwei Einspritzdüsen; 3 – Rücklaufleitung von der Einspritzpumpe zum Tank; 4 – Einspritzleitungen; 5 – Kraftstoffzulaufleitung vom Tank.

Den VW-Fahrer kann ein leerer Tank hingegen nicht schockieren, denn seine Einspritzpumpe ist selbstansaugend. Man braucht – eine gute Batterie vorausgesetzt – nur lange genug mit dem Anlasser zu orgeln, bis Sprit gefördert wird.

Fingerzeige: *Die im Vortext erwähnte schwarze Gummi-Verschlußkappe (siehe Bild Seite 99) auf der letzten Einspritzdüse kann undicht werden, was Kraftstoffverlust und Motorlaufstörungen zur Folge hat. Kontrollieren, ob bei laufendem Motor Kraftstoff herausspritzt. Defekten Stopfen auswechseln.*
Die beiden Hohlschrauben für die Zu- und Rücklaufleitung dürfen an der Einspritzpumpe nicht verwechselt werden. Das könnte z. B. passieren, wenn Sie die Kraftstoffschläuche auswechseln wollen. Beide Schrauben haben zwar das gleiche Gewinde, doch unterscheiden sie sich in ihrem Bohrungsdurchmesser. Die Hohlschraube mit dem kleineren Innendurchmesser gehört an den Rücklauf, sie trägt auf ihrem Kopf das Wort »OUT« eingestempelt. Verwechslungen führen zu Überhitzung der Pumpe und zu Motorlaufstörungen.

Die Einspritzpumpe

Unser Dieselmotor besitzt eine sogenannte Verteiler-Einspritzpumpe, die sich in ihrer Funktionsweise grundsätzlich von den – etwa von Daimler-Benz verwendeten – Reiheneinspritzpumpen (mit je einem Pumpenstempel pro Zylinder) unterscheidet. Die Verteiler-Einspritzpumpe bietet als Vorteil die etwas kostengünstigere Herstellung, gilt jedoch als etwas weniger langlebig.

Fingerzeig: *Die Verteiler-Einspritzpumpe reagiert besonders empfindlich auf Verunreinigungen (Schmutz, Wasser) im Kraftstoff. Die Bohrung in der Muffe zur Fliehkraftregelung setzt sich dann zu, was deutliche Motorlaufstörungen zur Folge hat. Das wird teuer, denn die Pumpe kann ohne Prüfstand nicht repariert werden. Deshalb lieber auf regelmäßigen Austausch und Entwässern des Kraftstoffilters achten (siehe Seite 90).*

Funktion der Einspritzpumpe

Die Flügelzellenpumpe

Die erste Station in der Verteiler-Einspritzpumpe stellt die Flügelzellen-Kraftstoffpumpe dar (siehe Abbildung rechts). Sie saugt Kraftstoff aus der vom Filter kommenden Leitung an. Das Pumpenrad, in das bewegliche Gleitsteine eingesetzt sind, sitzt in einer runden Bohrung im Pumpengehäuse. In dieser Bohrung steht das Rad leicht aus der Mitte versetzt. Die Gleitsteine liegen jedoch immer an der Wandung dieser Bohrung an, denn das Pumpenrad dreht sich bei laufendem Motor, und so werden sie von der Fliehkraft nach außen gedrückt. Sie dichten also mit der Bohrungswand ab. Bei der Drehung des Pumpenrads bildet sich immer ein Volumen zwischen den Gleitsteinen, das sich dann zur Druckseite der Pumpe, also zum Ausgang hin, verkleinert. Die im Volumen befindliche Flüssigkeit wird somit zwangsläufig hinausgedrückt.

Verteilerkolben und Hubscheibe

Der Kraftstoff wird also unter Druck in das Gehäuse der eigentlichen Einspritzpumpe befördert. Dort sitzt – im Prinzip auf der gleichen Welle wie die Flügelzellenpumpe – der Verteilerkolben, nach dem die Einspritzpumpe ihren Namen erhielt. Er ist das Kernstück der Anlage und ähnelt in seiner Funktionsweise dem Zündverteiler des Benzinmotors.

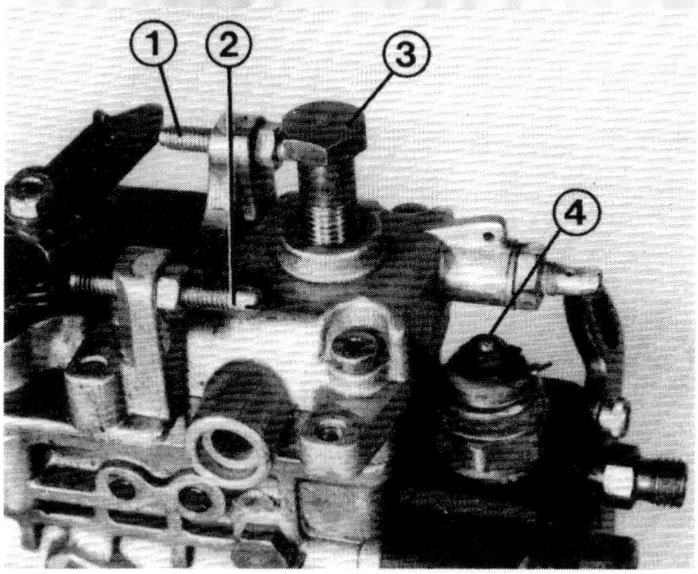

Die im Fingerzeig links angesprochene Hohlschraube für die Rücklaufleitung (3) ist hier nur lose in das Oberteil der Einspritzpumpe eingedreht. Um die Rücklaufbohrung an der Seite der Schraube zu erkennen, muß man schon sehr genau hinsehen. Damit nichts verwechselt werden kann, ist an der Oberseite das Wort »OUT« eingeprägt. Die Hohlschraube der Zulaufleitung sieht ähnlich aus, hat jedoch eine wesentlich größere Durchflußbohrung. Weiter bedeuten: 1 – Leerlauf-Einstellschraube bis 7/85; 2 – Vollastschraube bis 7/85; 4 – Absteller.

Das Geheimnis des Verteilerkolbens liegt darin, daß er von einer Vielzahl von Bohrungen und Aussparungen durchzogen ist. So kann er seinen beiden Funktionen gerecht werden – dem Füllen und dem Abspritzen. Das geht folgendermaßen: Während des Füllens steht der Steuerschlitz des Kolbens der Zuflußbohrung (Füllbohrung) gegenüber. Der Kraftstoff, von der Flügelzellenpumpe unter Druck gesetzt, fließt in den Freiraum im Kolben und vor dem Kolben ein. Der Verteilerkolben dreht sich (über den Zahnriemen von der Kurbelwelle angetrieben) weiter. Die Füllbohrung ist wieder verschlossen. So viel zum Füllen.

Nun kommen zwei weitere Bauteile ins Spiel. Der Verteilerkolben ist mit einer Scheibe verbunden, auf der vier Höcker sitzen. Das ist die Hubscheibe. Diese Scheibe läuft gegen ein festes Gegenlager, das zur Verminderung der Reibung vier Rollen in gleichem Abstand wie die Höcker auf der Hubscheibe trägt. Das ist der Rollenring.

Nun zurück zum Abspritzen. Wie schon gesagt, läuft die Hubscheibe auf dem Rollenring. Haben nun die Höcker die Rollen erreicht, so wird die Hubscheibe samt Verteilerkolben nach vorn gedrückt. Das geschieht just zu dem Zeitpunkt, an dem sich eine weitere Bohrung im Kolben mit dem Auslaßkanal zu einer Einspritzdüse deckt. Der Kraftstoff kann also in Richtung desjenigen Zylinders ausfließen, der gerade mit dem Zünden dran ist. Durch die Vorwärtsbewegung des Verteilerkolbens wird gleichzeitig das Volumen vor dem Kolben verkleinert. Der ohnehin schon unter Druck stehende Kraftstoff wird also zusätzlich noch einmal mit Druck beaufschlagt und zu der Einspritzdüse gepreßt.

Kurbelwelle und Einspritzpumpe drehen sich weiter. Der Verteilerkolben rutscht wieder zurück. Aus der Füllbohrung fließt Kraftstoff nach. Der Verteilerkolben dreht sich zum Auslaßkanal für den nächsten Zylinder. Die Höcker auf der Hubscheibe laufen wieder gegen die Rollen des

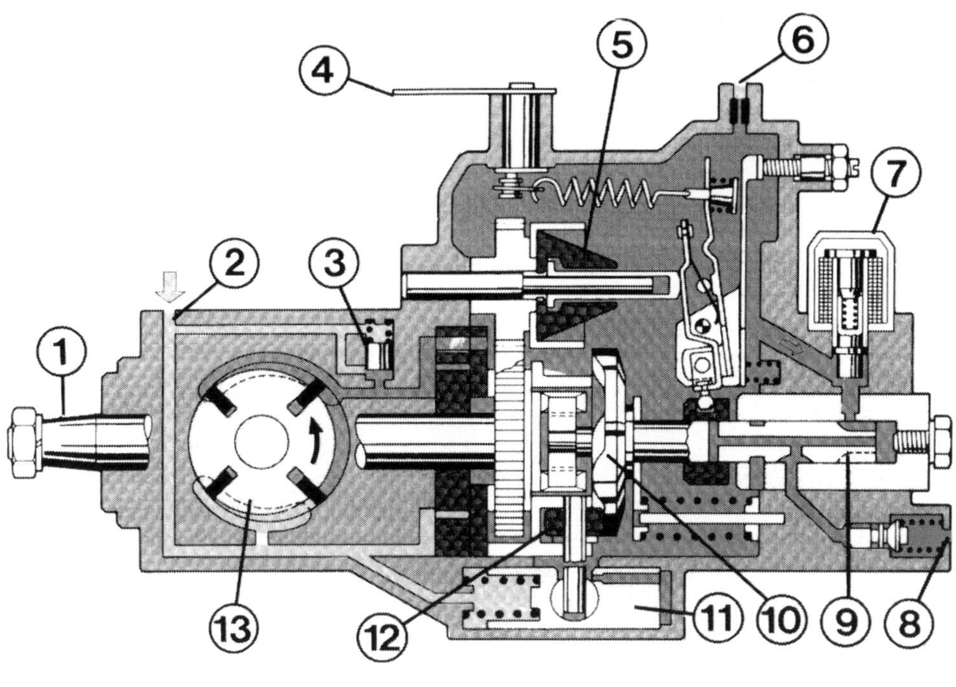

Die Einspritzpumpe im Schnitt: 1 – Antriebswelle; 2 – Kraftstoffzulauf; 3 – Überdruckventil der Kraftstoffpumpe; 4 – »Gashebel«; 5 – Fliehkraftregler; 6 – Kraftstoff-Rücklaufbohrung; 7 – Absteller; 8 – Kraftstoffleitung zu den Einspritzdüsen; 9 – Verteilerkolben; 10 – Hubscheibe; 11 – Spritzversteller (hier zur besseren Darstellung um 90° gedreht); 12 – Rollenring; 13 – Flügelzellen-Kraftstoffpumpe (ebenfalls um 90° gedreht).
Rot dargestellt ist hier der Kraftstoff in der Einspritzpumpe. Je dunkler die Färbung, desto höher der Druck.

Hier wurde eine Bosch-Einspritzpumpe geöffnet (wovon wir Ihnen dringend abraten!), um den Fliehkraftregler (4) mit seinen Fliehgewichten (3) sichtbar zu machen. Des weiteren können Sie auf diesem Bild erkennen: 1 – Anschlußstutzen für die Einspritzleitung; 2 – Absteller; 5 – Hohlschraube für die Kraftstoff-Zuflußleitung; 6 – Kaltstartbeschleuniger-Hebel (hier die Ausführung bis 7/85).

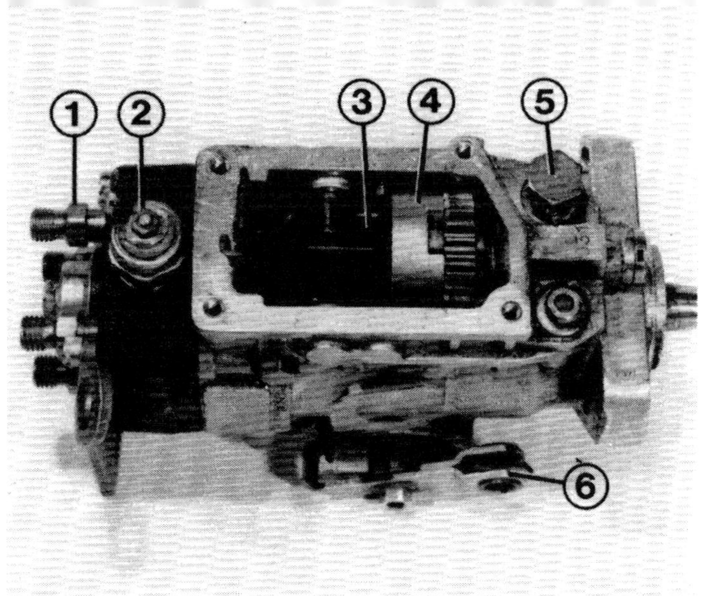

Rollenrings. Der Verteilerkolben wird nach vorn gedrückt und der Kraftstoff unter Druck eingespritzt.

Der Absteller

Kurz bevor der Dieselkraftstoff an die Füllbohrung für den Verteilerkolben gelangt, passiert er ein elektrisches Magnetventil – den Absteller. Dieser erhält beim Drehen des »Zünd«-Schlüssels auf die erste Stellung Spannung und gibt dann den Weg für den Kraftstoff frei. Beim Abstellen des Motors wird vom Glüh-Anlaßschalter die Spannungsversorgung unterbrochen. Der Absteller verschließt dann den Füllkanal, und der Motor stirbt ab. Eine andere Möglichkeit – außer Abwürgen oder Zuhalten von Luftfilterschnorchel oder Auspuff – gibt es nicht, um den Dieselmotor abzustellen.
Fahrzeuge mit Automatikgetriebe besitzen zusätzlich einen mechanischen Absteller an der Pumpen-Vorderseite, mit dem der Motor bei defektem Elektro-Absteller abgeschaltet werden kann.

Der Fliehkraftregler

Um die verschiedenen Betriebszustände des Motors zu erfassen und so die Möglichkeit zu schaffen, jeweils die richtige Einspritzmenge bereitzustellen, ist in der Einspritzpumpe ein Fliehkraftregler eingebaut. Seine Gewichte werden je nach Motordrehzahl mehr oder weniger nach außen gedrückt. Die Gewichte drücken über einen Hebelmechanismus auf einen Regelschieber, der durch Öffnen einer Bohrung im Verteilerkolben überschüssigen Kraftstoff abfließen läßt. Wird die Drehzahl des Motors im Verhältnis zur Gaspedalstellung zu hoch, so öffnet der Regler die Bohrung, und die Drehzahl fällt wieder ab.
Zum Start ist die Abregelbohrung ganz geschlossen. Der Motor bekommt die volle Kraftstoffmenge; aber nur so lange, bis die Leerlaufdrehzahl erreicht ist. Dann wird wieder abgeregelt. Das gleiche geschieht bei Leerlauf und Teillast. Der Fliehkraftregler vergleicht über eine sinnreiche Mechanik Gaspedalstellung und Motordrehzahl. Ist die vom Gaspedal befohlene Drehzahl erreicht, wird abgeregelt.
Die Höchstdrehzahl des Motors wird ebenfalls vom Fliehkraftregler begrenzt. Dreht der Saugdiesel über **5350+50/min** bzw. der Turbodiesel über **5100+50/min** hinaus, so wird die Abregelbohrung freigegeben. Der Motor kann nicht mehr höher drehen.

Der Spritzversteller

Mit zunehmender Motordrehzahl muß der Kraftstoff früher eingespritzt werden, damit die Zündung trotzdem rechtzeitig erfolgen kann. Diese Frühverstellung übernimmt der Spritzversteller. Er ist ebenfalls in die Einspritzpumpe eingebaut.
Steigt die Drehzahl des Motors, so dreht sich die Flügelzellenpumpe in der Einspritzpumpe schneller. Der Druck des Kraftstoffes steigt deshalb an. Diese Tatsache macht man sich beim Spritzversteller zunutze. Der Kraftstoffdruck wirkt auf einen Kolben und bewegt diesen gegen die Kraft einer Feder. Der Rollenring ist starr mit diesem Kolben verbunden, die Zeichnung auf Seite 93 zeigt das. Bei steigendem Druck des Kraftstoffes – also bei höherer Drehzahl – verschiebt der Kolben den Rollenring ein Stück um seine Achse. Die Höcker der Hubscheibe laufen deshalb früher auf die Rollen auf; es wird also früher eingespritzt. Bei sinkender Drehzahl geht der Kolben und mit ihm der Rollenring wieder zurück.

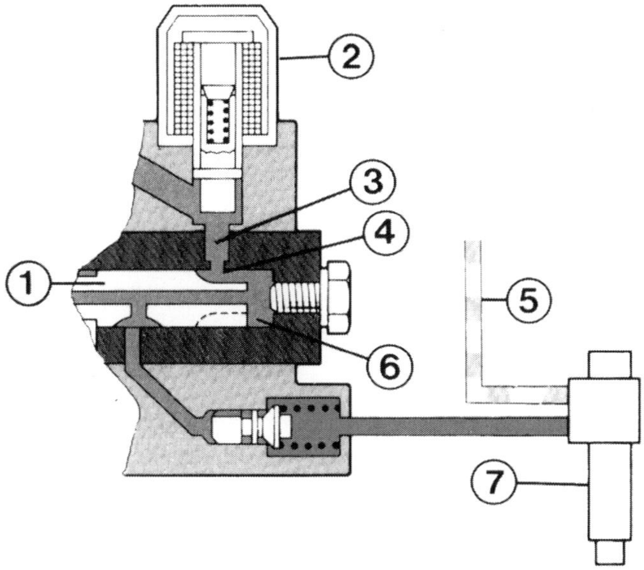

Durch die Drehung des Verteilerkolbens (1) kommt die Füllbohrung (3) unter dem Steuerschlitz (4) – das ist eine Aussparung im Verteilerkolben – zu stehen. Der Kraftstoff, der von der Flügelzellenpumpe unter Druck gesetzt wurde, fließt jetzt in den sogenannten Hochdruckraum (6) vor dem Verteilerkolben ein und füllt den Raum vollständig. Die Füllung ist somit beendet. Wie es nun weitergeht, erfahren Sie im Bildtext unten. Die weiteren Zahlen bedeuten: 2 – Absteller; 5 – Rücklaufleitung zum Tank; 7 – Einspritzdüse.

Lastabhängiger Förderbeginn

Zur Erzielung eines weicheren Motorlaufs und geringerer Geräuschemission besitzen die Einspritzpumpen der Motoren ME, 1V und SB (Tabelle Seite 34) zusätzlich zum drehzahlabhängigen den sogenannten lastabhängigen Förderbeginn.
Hier wird der Förderbeginn – also der Zeitpunkt, zu dem Kraftstoff in die Zylinder eingespritzt wird – in Abhängigkeit der Motorlast verändert. Den Motorlastzustand erkennt die Einspritzpumpe folgendermaßen:

- Gaspedal weit durchgetreten, Motordrehzahl niedrig = hohe Last;
- Gaspedal losgelassen, Motordrehzahl hoch (Schubbetrieb bergab) = keine Last.

Bei hoher Motorlast legt die Einspritzpumpe den Förderbeginn früher, bei niedriger Last dagegen in Richtung »spät«.

Der Kaltstart-Beschleuniger

Mit dem Chokeknopf mancher Benzinmotoren wird bisweilen der Zugknopf des Kaltstartbeschleunigers links neben dem Lenkrad verglichen. Doch die beiden haben wenig miteinander gemein. Zwar wird er auch bei kaltem Motor gezogen, doch verringert er nicht etwa die Luftzufuhr, sondern er verstellt den Einspritzzeitpunkt in Richtung »früh«. Der kalte Motor springt so besser an, weil der Kraftstoff früher in die heiße, verdichtete Luft eingespritzt wird. Außerdem beschleunigt der Wagen dann in der ersten Kaltlaufphase besser. Auch der lästige blaue Auspuffrauch, der beim Starten einen kapitalen Motorschaden vermuten läßt, bleibt bei gezogenem Kaltstartbeschleuniger fast ganz aus.
Der Kaltstartbeschleuniger soll zum Start bei kaltem Motor unabhängig von der Außentemperatur ganz herausgezogen werden. Nach etwa einer Minute Fahrt wird er dann wieder zurückgeschoben. Sollten Sie das Hineindrücken einmal vergessen, so ist das noch kein Unglück. Der Motor (ohne Drehzahlanhebung – bis 7/85) läuft dann eben etwas rauher und hat nicht die volle Leistung. Schäden am Motor entstehen deshalb nicht.
Nun zu der Frage, was der Kaltstartbeschleuniger an der Einspritzpumpe bewirkt. Die Antwort

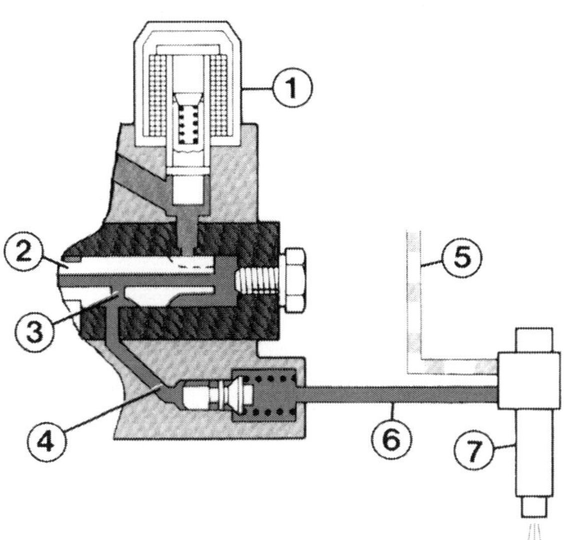

Nach beendigtem Füllen (siehe Zeichnung oben) dreht sich der Verteilerkolben (2) weiter. Die Füllbohrung ist nun vom Kolben verschlossen. Weiter hinten in der Einspritzpumpe laufen nun die Höcker der Hubscheibe (siehe Zeichnung Seite 95 unten) auf die Rollen des Rollenrings auf. Der Verteilerkolben, der starr mit der Hubscheibe verbunden ist, bewegt sich deshalb nach vorn. Der Druck im Hochdruckraum erhöht sich über das normale Druckniveau in der Einspritzpumpe hinaus. In diesem Augenblick kommt der Verteilerkanal (3) durch die gleichzeitige Drehung des Kolbens so zu stehen, daß er sich mit dem Auslaßkanal (4) deckt. Über die Einspritzleitung (6) gelangt nun der unter hohem Druck stehende Kraftstoff zu der Einspritzdüse (7), die dann auch sofort abspritzt. Eine gewisse Restmenge läuft über die Rücklaufleitung (5) wieder zurück zum Tank. Der Absteller (1) muß natürlich geöffnet haben, sonst gelangt erst gar kein Kraftstoff in den Hochdruckraum.

ist höchst einfach: Er macht das gleiche wie der Spritzversteller (siehe vorigen Abschnitt). Über einen Hebel wirkt der Zug des Kaltstartbeschleunigers auf den Kolben des Spritzverstellers und drückt diesen – genau wie in hohen Drehzahlen der Kraftstoffdruck – zurück. Der Rollenring wird dadurch um etwa 2,5° in Richtung »früh« verdreht.

KSB mit Drehzahlanhebung

Seit etwa 8/85 ist der Kaltstartbeschleuniger mit einer Einrichtung zur Drehzahlanhebung kombiniert. Beim Ziehen des Griffes bis zur ersten Raste erfolgt eine Drehzahlerhöhung um etwa 60/min, bei voll herausgezogenem Hebel steigert sich die Drehzahl auf 1000–1100/min. Sollte der Motor bei Leerlaufdrehzahl besonders lästig schütteln, kann der KSB-Zug auch bei warmem Motor zur individuellen Drehzahlanpassung ein kleines Stück herausgezogen bleiben.

Die Ladedruckanreicherung
nur Turbodiesel

Oben auf der Einspritzpumpe thront beim Turbodiesel ein zusätzliches Gehäuseteil. Das ist die Ladedruckanreicherung (LDA). Sie sorgt dafür, daß die Mehrmenge an Luft, die der Turbolader herbeigeschafft hat, durch eine Mehrmenge an Kraftstoff ergänzt wird – und zwar abhängig vom jeweiligen Ladedruck. Das funktioniert so:
Auf die Membran ganz oben im Gehäuse wirkt über einen Schlauch der Ladedruck aus dem Ansaugrohr. Die Membran wölbt sich dadurch nach unten und überträgt diese Bewegung über den Membranstößel und einen Anschlagwinkel auf denselben Regelschieber, auf den auch der Fliehkraftregler wirkt (siehe dazu Seite 96). Steigt der Ladedruck, so wird der Regelschieber länger über die Abregelbohrung des Verteilerkolbens gedrückt. Der bis dato überschüssige Kraftstoff kann also nicht mehr entweichen, sondern wird eingespritzt. Bei hohem Ladedruck wird also mehr Kraftstoff zugeführt.

Die Einspritzdüsen

Mit den Einspritzdüsen sind wir an der letzten Station der Diesel-Einspritzanlage angelangt. Deren Aufgabe ist es, den Kraftstoff unter hohem Druck in die Wirbelkammer einzuspritzen. Erst wenn der Kraftstoffdruck über 130–138 bar (Saugdiesel) bzw. 155–163 bar (Turbodiesel) ansteigt, hebt sich die Düsennadel von ihrem Sitz ab, und der Kraftstoff kann in die Wirbelkammer gesprüht werden. Andererseits verhindert die hohe Federkraft, daß der Verbrennungsdruck in das Kraftstoffsystem zurückschlägt. Die Kühlung und Schmierung der Düsennadel besorgt der Kraftstoff. Da nie der gesamte herbeigepumpte Kraftstoff eingespritzt werden kann, fließt er über eine Rücklaufleitung in den Tank zurück.
Die Soll-Zeit zwischen dem Einspritzbeginn und der Zündung beträgt ganze 0,002 Sekunden. Hier gibt schon die kleinste Unkorrektheit Anlaß zu Ärger. Eine etwa hängengebliebene Düsennadel ergibt unregelmäßige und übermäßige Versorgung mit Kraftstoff, schlechte Vermischung mit Luft, unkontrollierte Zündung (beim Benzinmotor würde man von Klopfen sprechen). Daraus entstehen harter Motorlauf, lagerschadenähnliche Geräusche (siehe Fingerzeig auf Seite 56) und das Nageln.

Das Nageln

Das dieseltypisch harte Verbrennungsgeräusch, das wir heute hauptsächlich noch beim Lkw zu hören bekommen – Lkw-Diesel haben in der Regel eine vorkammerlose Direkteinspritzung, die stärker »nagelt« –, wurde unserem Dieselmotor schon weitgehend abgewöhnt. Lediglich während der Kaltlaufphase nagelt der Diesel noch fröhlich vor sich hin. Bei betriebswarmem

Die Membran der Ladedruckanreicherung (1) sitzt ganz oben auf der Einspritzpumpe und ist durch einen Luftschlauch (2) mit dem Ansaugsystem verbunden. Steigt dort auf Grund der Arbeit des Turboladers der Druck, wölbt sich die Membran der LDA, und es wird mehr Kraftstoff eingespritzt.

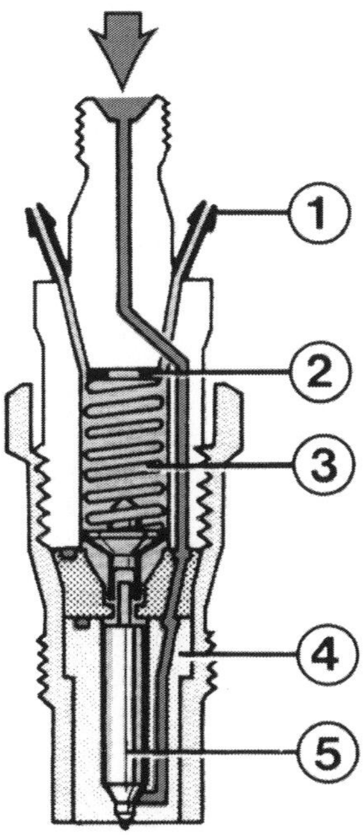

Die Einspritzdüse im Schnitt. Es bedeuten: 1 – Stutzen für Kraftstoff-Rücklaufschlauch; 2 – Einstellscheibe; 3 – Düsenfeder; 4 – Düsenkörper; 5 – Düsennadel. Die rot unterlegten Flächen zeigen den Weg des unter Druck stehenden Kraftstoffes in der Einspritzdüse. Der Kraftstoffdruck hebt beim Einspritzen die Düsennadel von ihrem Sitz im Düsenkörper ab. An der Dichtfläche vorbei wird dann der Dieselkraftstoff in die Wirbelkammer eingespritzt. Ein gewisser Kraftstoffanteil fließt jedoch an der Düsennadel vorbei wieder zurück ins Innere der Düse. Von dort aus gelangt dieser übrige Kraftstoff (rosa unterlegte Flächen) über die Rücklaufleitung zurück in den Tank.

Motor unterscheidet sich das Laufgeräusch jedoch nicht mehr wesentlich vom Benzinmotor. Um so ärgerlicher ist es deshalb, wenn er auch bei warmer Maschine weiternagelt. Grundsätzlich liegt die Ursache für das Nageln in einer Verzögerung der Zündung, nämlich in zu großem Zeitintervall zwischen Einspritzbeginn und Selbstentzündung des Gemisches. Dazu kann es kommen

- ☐ bei verstelltem Einspritzbeginn;
- ☐ wenn eine Düsennadel klemmt;
- ☐ bei zündträgem Kraftstoff, z. B. Sommer-Dieselkraftstoff, der bei Tieftemperaturen gefahren wird und dabei zum Paraffinieren neigt (Ausscheiden von Paraffin);
- ☐ bei zu hoher Belastung in niedriger Drehzahl;
- ☐ bei zu geringem Kompressionsdruck.

Unter Umständen kann es aber auch schon nützlich sein, den Motor einer regelrechten Innenreinigung zu unterziehen, indem man dem Kraftstoff eine Portion »Autol Desolite« oder ein anderes dafür bestimmtes Zusatzmittel beigibt. Oft hilft auch eine flotte Autobahnfahrt.

Einspritzdüsen defekt?

Eine einzelne defekte Einspritzdüse kann bei laufendem Motor ermittelt werden, indem der Reihe nach bei allen Düsen die Überwurfmuttern der Einspritzleitungen gelockert und wieder festgezogen werden. Bleibt bei einer Düse trotz gelöster Leitung die Drehzahl konstant, sitzt dort der Übeltäter. Einspritzdüsen machen durch folgende Effekte auf sich aufmerksam:

- ☐ Ständig defekte Glühkerzen (siehe Seite 197)
- ☐ Starker schwarzer Auspuffrauch
- ☐ Hoher Verbrauch
- ☐ Motorüberhitzung
- ☐ Starkes Klopfen (siehe auch Seite 56)
- ☐ Leistungsabfall

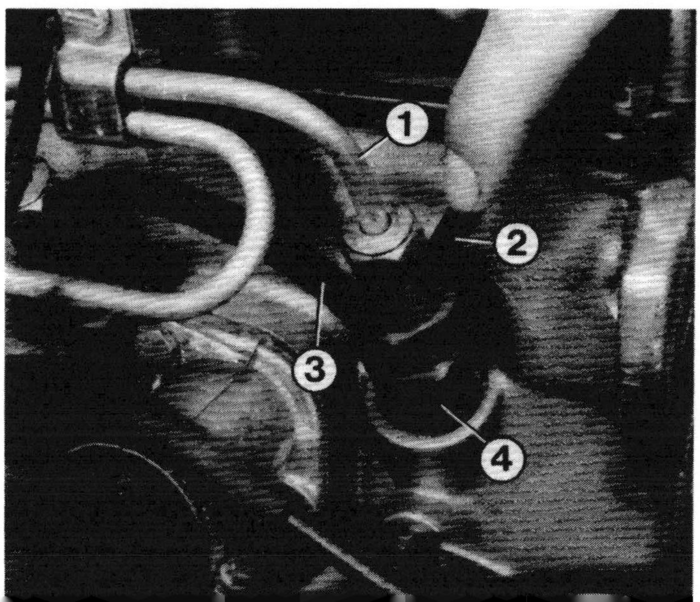

Die Einspritzdüse eingebaut: 1 – Einspritzleitung; 2 – Gummi-Verschlußstopfen auf dem freien Rücklaufstutzen (nur an der in Fahrtrichtung linken Einspritzdüse); 3 – Rücklaufleitung; 4 – Einspritzdüse.

Einspritzdüsen ausbauen

- Pro Einspritzdüse eine neue Wärmeschutzdichtung kaufen.
- Einspritzleitungen komplett abbauen.
- Rücklaufleitungen abziehen.
- Einspritzdüsen mit Steckschlüssel SW 27 ausbauen.
- Wärmeschutzdichtung (sitzt noch im Düsenloch) mit Kunststoff-Kugelschreiber oder Drahthäkchen herausfischen.
- Zum Einbau neue (!) Wärmeschutzdichtung einlegen (Einbaulage siehe Zeichnung rechts).
- Düse mit 70 Nm festziehen, Einspritzleitungen mit 25 Nm anschrauben.

Einspritzdüsen zerlegen?

Nur in Sonderfällen (Verunreinigungen) lohnt sich das Zerlegen der Einspritzdüsen nach dem Foto unten. In der Regel ist es jedoch eher sinnvoll, die Düsen komplett auszutauschen; eine exakte Prüfung der Düse kann in Eigenregie ohnehin nicht durchgeführt werden.
Wichtiger Punkt beim Zerlegen: Düse nicht offen liegen lassen, sondern sofort wieder einbauen und Motor einige Zeit laufenlassen. Die Teile der Düse rosten sonst ineinander fest. Anzugsdrehmoment Düsenober-/unterteil: 70 Nm.

Absteller defekt?

Der Absteller (siehe Seite 96) verriegelt zum Ausschalten des Motors die Kraftstoffzufuhr zu den Einspritzdüsen. Ist er defekt oder stromlos, geht nichts mehr. Der Absteller gerät in Verdacht, wenn der Motor trotz intakter Glühanlage und hinreichend vollem Tank beim Starten keinerlei Zündungen bringt. Hier die Kontrolle des Abstellers:

- Als erstes prüfen, ob das Kabel zum Absteller intakt ist.
- Während ein Helfer am Zündschlüssel dreht, hören Sie am Absteller, ob er beim Einschalten der »Zündung« vernehmlich »Klick« sagt. Tut er das nicht, ist die Stromversorgung oder der Absteller selbst defekt.
- Stromzufuhr prüfen: »Zündung« einschalten und Prüflampe an den Kontakt des Abstellers halten.
- Leuchtet sie, muß der Absteller kaputt sein.
- Leuchtet sie nicht, ist das Kabel vom Zündschloß her defekt. Eine Sicherung ist nicht im Spiel.

Fahren mit defektem Absteller

Ist der Absteller defekt oder hapert es mit der Stromversorgung, können Sie trotzdem weiterfahren. Dazu:

- Kabel am Absteller abnehmen.
- Absteller aus der Einspritzpumpe herausschrauben.
- Ventilkolben aus dem Absteller herausnehmen.
- Gehäuse zur Abdichtung wieder einschrauben (40 Nm).
- Der Motor wird nun wie üblich gestartet, muß aber zum Abstellen bei eingelegtem Gang abgewürgt werden.
- Bei einem Wagen mit Automatikgetriebe muß zum Abstellen der nur dort eingebaute mechanische Absteller an der Pumpen-Vorderseite betätigt werden.

Fingerzeig: *Undichtigkeiten im Bereich des Drosselhebels (»Gas«-Hebel) der Einspritzpumpe können durch Austauschen des Drosselwellen-Dichtrings behoben werden. Dazu muß der Pumpendeckel abgebaut und die Einspritzpumpe anschließend neu eingestellt werden. Eine Arbeit für die V.A.G.- oder Bosch-Werkstatt.*

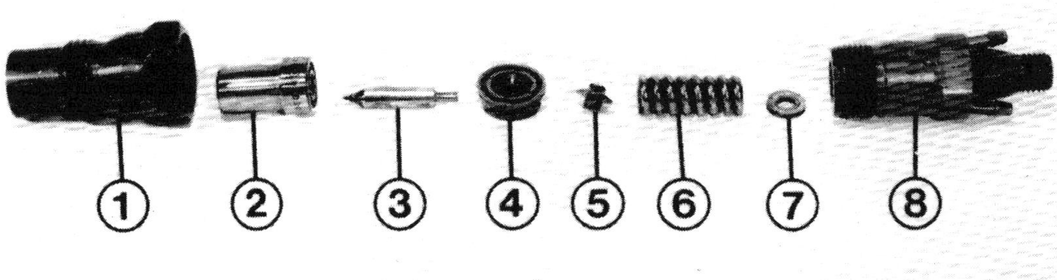

Zerlegung der Einspritzdüse: Das Oberteil (8; SW 22) wird vom Unterteil (1; SW 27) abgeschraubt. Die folgenden Teile kommen Ihnen dann entgegen: 2 – Düsenkörper; 3 – Düsennadel; 4 – Düsenhaltereinsatz; 5 – Druckbolzen; 6 – Düsenfeder; 7 – Einstellscheibe.

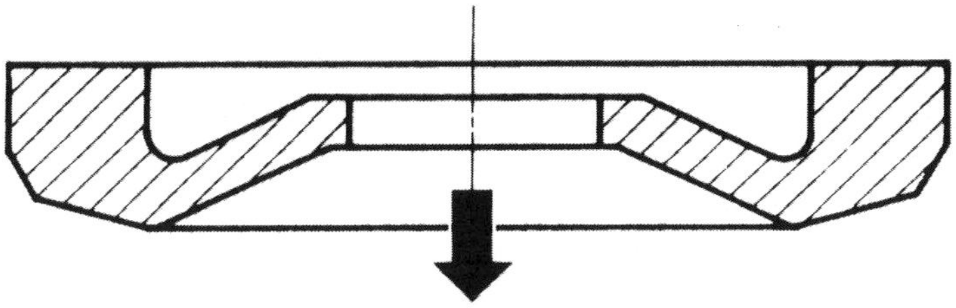

Die Wärmeschutzdichtung unter den Einspritzdüsen generell bei jedem Ausbau erneuern! Einbaulage: Der Pfeil zeigt zum Zylinderkopf.

Förderbeginn der Einspritzpumpe einstellen

Diese Arbeit wird beispielsweise nötig, wenn der Zahnriemen abgenommen wurde und steht meist im Zusammenhang mit den Arbeiten auf Seite 47, 48 und 49. Gebraucht wird der VW-Spezialadapter 2066 und eine kleine Meßuhr mit Meßbereich 0–3,0 mm. Ferner wird ein neuer Dichtring für die Verschlußschraube am Einspritzpumpenkopf benötigt. Das Einstellen des Förderbeginns ist eine echte Profiarbeit, die sich nur mit den genannten Spezialwerkzeugen bewerkstelligen läßt!

- Zug des Kaltstartbeschleunigers einschieben.
- Motor auf OT Zylinder 1 stellen (siehe Seite 42).
- Zahnriemenabdeckung abnehmen.
- Verschlußschraube am Einspritzpumpenkopf in der Mitte der Einspritzleitungen herausdrehen.
- Adapter anstelle der Verschlußschraube einschrauben, Meßuhr darin festklemmen und auf etwa 2,5 mm Vorspannung einstellen.
- Mit kleinem Hammer leicht gegen das Pumpengehäuse klopfen, damit der Fliehkraftversteller garantiert in Grundstellung zurückgeht.
- Kurbelwelle langsam entgegen Uhrzeigersinn drehen (siehe dazu Seite 42), bis sich der Zeiger der Meßuhr nicht mehr bewegt.
- Meßuhr jetzt mit ca. 1 mm Vorspannung auf »0« stellen.
- Kurbelwelle im Uhrzeigersinn drehen, bis die OT-Marke mit der Bezugsmarke am Gehäuse fluchtet.
- Anzeigewert der Meßuhr ablesen: Zulässig ist der Bereich zwischen **0,83** und **0,97 mm Hub** (beim TD-LLK-Motor »RA« gilt: 0,93–1,07 mm).
- Wird der Wert **nicht** erreicht, muß eingestellt werden. Dazu beide obere Schrauben an der Haltekonsole und die Befestigungsschraube auf der Leitungsseite der Pumpe an der Abstützung lösen.
- Dritte Befestigungsschraube an der Pumpe durch eines der Löcher im Zahnriemenrad lösen.
- Förderbeginn durch Verdrehen der Pumpe um die eigene Achse einstellen.
- Bei der Einstellung soll der Wert **0,90 mm Hub** möglichst genau angestrebt werden (Toleranz ±0,02 mm). Pumpe wieder festschrauben (25 Nm).
- Für den TD-LLK-Motor »RA« gilt: 1,00 mm Hub (Toleranz ±0,02 mm).
- Meßuhr und Adapter abnehmen und Verschlußschraube mit neuem Dichtring mit 15 Nm anziehen. Bei Undichtigkeiten mit 25 Nm nachziehen.

Der Gaszug

Der Verbindungszug zwischen Gaspedal und Einspritzpumpe ist sehr knickempfindlich. Wurde er bei Arbeiten im Motorraum gelöst und in einen ungünstigen Winkel gelegt, kann er schon Schaden genommen haben. Ein deutliches Warnsignal ist ein schwergängigeres Gaspedal. Dann müssen Sie bald damit rechnen, daß der Zug reißt. Entsprechend vorsichtig muß ein neuer Gaszug beim Einbau behandelt werden.

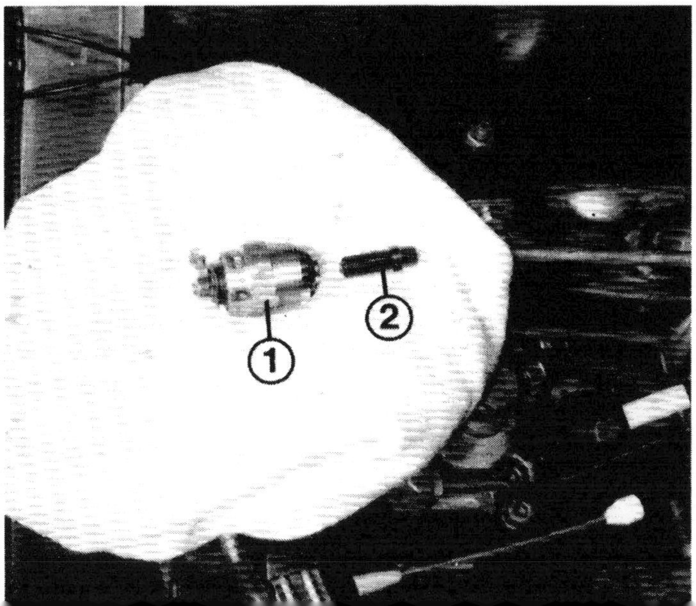

Der Absteller ist hier aus der Einspritzpumpe ausgebaut. Er besteht aus dem Gehäuse (1) und dem Ventilkolben (2).

Zum Einstellen des Einspritzpumpen-Förderbeginns muß eine kleine Meßuhr (2) mit Spezialadapter (1) statt der Verschlußschraube in den Einspritzpumpenkopf eingeschraubt werden.

Gaszug ausbauen

■ Gaszug-Endstück von der Gelenkbuchse am »Gas«-Hebel der Einspritzpumpe mit Schraubenzieher abhebeln.
■ Sicherungsscheibe am Widerlager der Gaszughülle herausziehen.
■ Hülle nach Abnehmen der Unterlegscheibe aus der Gummibuchse ziehen.
■ Gummibuchse aus der Klaue des Widerlagers hebeln.
■ Bei Automatikgetriebe Zug aus dem Betätigungshebel und dem Widerlager links am Getriebe aushängen.
■ Linkes Ablagefach abschrauben (Seite 250).
■ Im Innenraum den Bügel des Gaszugs aus der Gummiöse oben am Gaspedal herausziehen.
■ Gummitülle aus der Trennwand vom Motorraum zum Innenraum durchdrücken.
■ Gaszug herausziehen.
■ Neuen Gaszug beim Einbau keinesfalls knicken.

Gaszug einstellen
Schaltgetriebe

■ Von einem Helfer das Gaspedal voll durchtreten lassen.
■ »Gas«-Hebel der Einspritzpumpe an den Vollastanschlag drücken.
■ Gaszughülle straffziehen und die Stecksicherung in die entsprechende Raste am Lagerpunkt einstecken.
■ Kontrolle: Bei voll durchgetretenem Gaspedal muß der Einspritzpumpenhebel spannungsfrei am Anschlag liegen.

Gasbetätigung einstellen
Getriebeautomatik

Gasbetätigung so einstellen daß der »Gas«-Hebel der Einspritzpumpe am Leerlaufanschlag anliegt und der Betätigungshebel am Getriebe in Nullgasstellung steht. Andernfalls erfolgen die Hochschaltungen bei mittleren Geschwindigkeiten zu spät und im Wahlbereich »E« erfolgt keine Abkoppelung des Getriebes.

■ Wählhebel in »P«-Stellung bringen.
■ Pumpenabdeckung abnehmen.
■ Leerlaufdrehzahl und Höchstdrehzahl messen bzw. einstellen.
■ Einstellmutter des Gaspedalzugs links am Getriebe lösen und Gaspedalzug aushängen.
■ Sicherungsklammer und Kugelpfanne am Drehzahlverstellhebel der Einspritzpumpe abnehmen.
■ Weg des Kugelkopfes von Leerlaufanschlag bis Vollgasanschlag durch Verschieben des Kugelkopfes im Langloch des Drehzahlverstellhebels der Einspritzpumpe auf 32±1 mm einstellen.
■ Kugelpfanne und Sicherungsklammer befestigen.
■ Kontermuttern am Seilzug-Widerlager an der Einspritzpumpe lockern.
■ Betätigungshebel des Getriebes in Nullgasstellung drücken. Jetzt die Seilzughülle des Bowdenzugs an der Einspritzpumpe nach hinten (also nach links) ziehen. Die Leerwegfeder darf nicht gezogen sein.
■ In dieser Stellung die Kontermuttern ans Widerlager drehen und kontern.
■ Gaspedalzug wieder einhängen.
■ Ein Helfer muß nun bei stehendem Motor das Gaspedal voll durchtreten (Kickdown).
■ Einstellmutter des Gaspedalzugs unten am Getriebe so weit lockern, bis der Betätigungshebel am Getriebe ganz am hinteren Anschlag (also links) anliegt. Die Überwegfeder an der Einspritzpumpe muß eingefedert sein.
■ Einstellschraube des Gaspedalzugs wieder kontern.

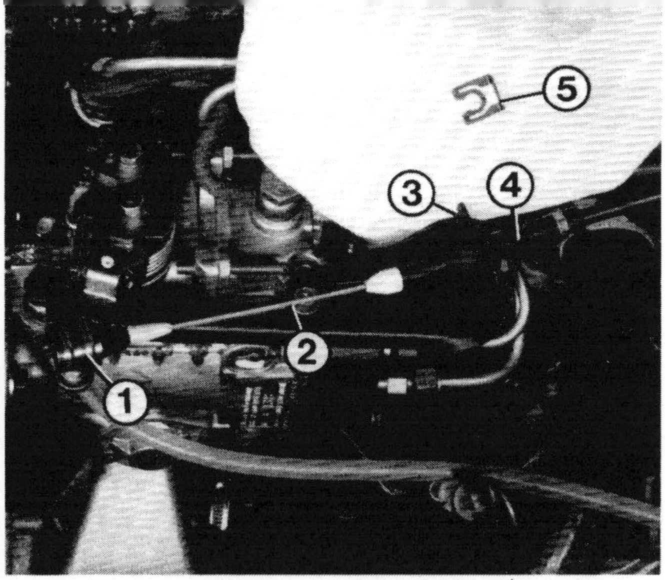

Am Stellhebel der Einspritzpumpe ist der Gaszug (2) mit einer Gelenkbuchse (1) befestigt. Eingestellt wird der Zug am Widerlager (3) an der Einspritzpumpe. Dazu die Stecksicherung (5) in das passende Rastensegment (4) der Gaszughülle schieben.

Der Lastschlagdämpfer (Pfeil) läßt sich nach Aufbiegen und Abziehen der kleinen Sicherungsfedern an seinen Enden von den Kugelköpfen an der Einspritzpumpe abnehmen.

■ Der Gaspedalzug darf nun nicht vorgespannt sein.
■ Ist die **Gasbetätigung richtig eingestellt**, müssen die **drei folgenden Bedingungen** erfüllt werden:
■ In **Leerlaufstellung** muß der Drehzahlverstellhebel der Einspritzpumpe am Leerlaufanschlag anliegen, die Leerwegfeder darf nicht gezogen sein und der Betätigungshebel des Getriebes muß in Nullgasstellung stehen.
■ In **Vollgasstellung** (Gaspedal bis zum Druckpunkt niedertreten) muß der Drehzahlverstellhebel an der Einspritzpumpe am Vollgasanschlag anliegen, die Überwegfeder darf aber nicht eingefedert sein.
■ In **Kickdownstellung** (Gaspedal voll niedertreten) muß der Betätigungshebel am Getriebe am Anschlag anliegen und die Überwegfeder an der Einspritzpumpe muß eingefedert sein.

Lastschlagdämpfer

Die Einspritzpumpe des Turbodiesels mit Ladeluftkühler ist mit einem sogenannten Lastschlagdämpfer ausgestattet. Der verhindert ein Aufschwingen des Triebwerks bei aprupten Gaspedalbewegungen. In den geteilten Verstellhebel der Einspritzpumpe ist dazu ein kleiner Stoßdämpfer eingesetzt, der spontanes Gasgeben zunächst schluckt und sodann die Öffnungsgeschwindigkeit des Verstellhebels reduziert. Das macht er so nachhaltig, daß oft zügiges Beschleunigen nicht mehr möglich ist. Tip: Wer seinen Gasfuß im Zaum hält, kann es auf eigene Gefahr riskieren, ohne Dämpfer zu fahren, ohne daß die Triebwerks-Beanspruchung zu hoch und die Fahrt zu unkomfortabel wird.

Bowdenzug des Kaltstartbeschleunigers

Wenn der Zug des Kaltstartbeschleunigers reißt, so ist das noch kein Beinbruch. Der kalte Motor springt im Normalfall – wenn auch unwillig und unter Qualmen – trotzdem an, ohne daß Schaden an ihm entsteht. Bei großer Kälte kann es allerdings sein, daß es ohne Kaltstartbeschleuniger nicht mehr geht. In diesem Fall helfen Sie sich, indem Sie den Kaltstartbeschleuni-

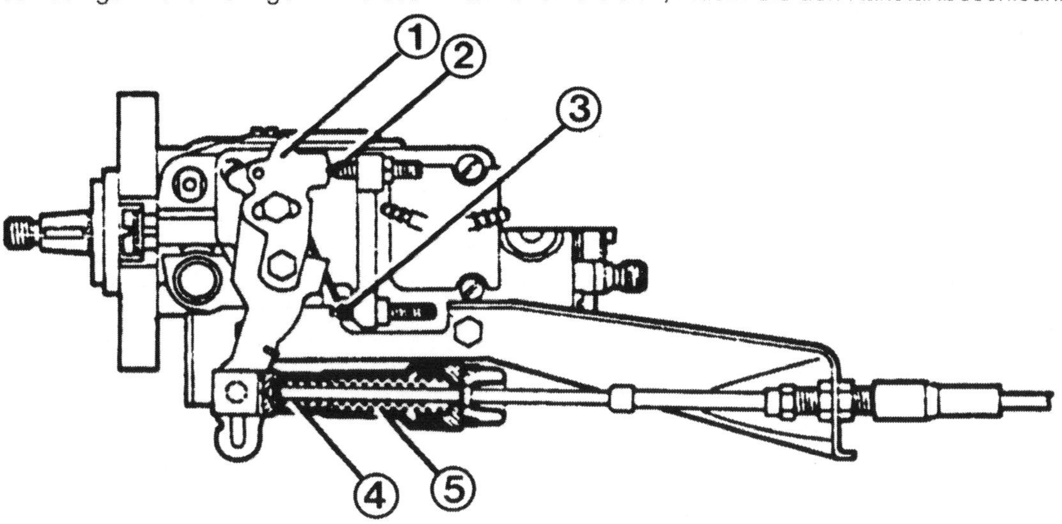

Die Gasbetätigung beim automatischen Getriebe. Es bedeuten: 1 – Drehzahlverstellhebel der Einspritzpumpe bis 7/85; 2 – Leerlaufanschlag; 3 – Vollgasanschlagschraube; 4 – Leerwegfeder; 5 – Überwegfeder.

Der Bowdenzug des Kaltstartbeschleunigers am Armaturenbrett (linkes Bild) bzw. an der Einspritzpumpe (rechte Abbildung): 1 – Ringmutter; 2 – Klammer mit Sicherungsstift; 3 – Griff; 4 – Zugstange; 5 – Widerlager; 6 – Sicherungsscheibe; 7 – Klemmschraube.

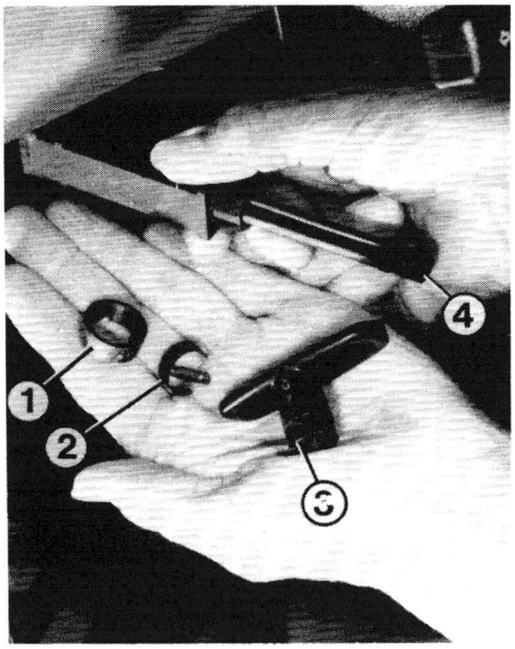

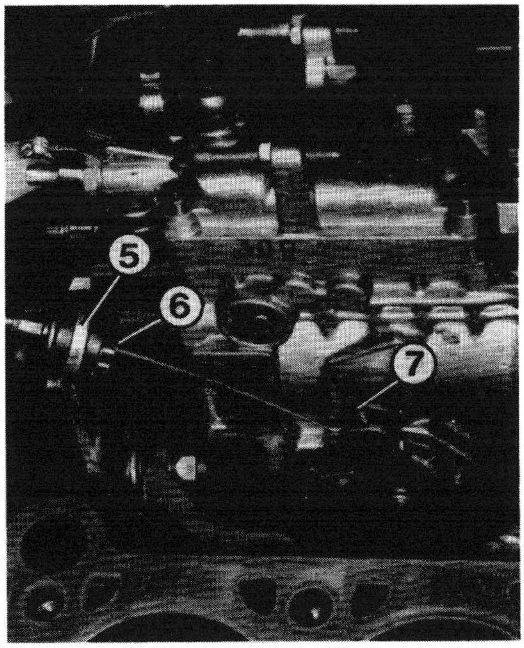

ger-Hebel an der Einspritzpumpe mit einem Draht in »Gezogen«-Stellung fixieren. Nach etwa einer Minute können Sie den Draht dann wieder abnehmen.

Zug des Kaltstartbeschleunigers auswechseln

■ An der Einspritzpumpe die Klemmschraube am Schraubnippel lösen und die Sicherungsscheibe am Widerlager abziehen.
■ Linkes Ablagefach ausbauen (siehe Seite 250).
■ Halteklammer aus dem T-förmigen Zuggriff abdrücken. Griff abschrauben.
■ Ringmutter in der Aussparung des Armaturenbretts losdrehen.
■ Zug nach unten herausziehen.
■ Jetzt den kompletten Zug in den Innenraum ziehen.
■ Beim Einbau den Zug vorsichtig durch die Tülle in der Trennwand schieben.

Zug des Kaltstartbeschleunigers einstellen

■ Klemmschraube des Schraubnippels vorn an der Einspritzpumpe lockern.
■ Griff des Kaltstartbeschleuniger-Zugs am Armaturenbrett ganz einschieben.
■ Zugdraht vorn straffziehen.
■ Sicherstellen, daß sich der Betätigungshebel der Einspritzpumpe am Anschlag vorn befindet.
■ Klemmschraube des Schraubnippels wieder festziehen.

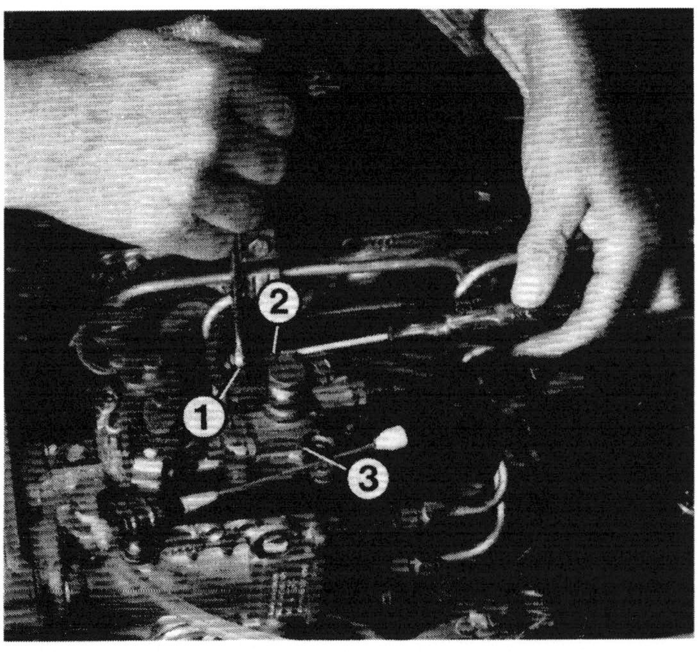

Leerlaufeinstellen an der Einspritzpumpe eines Saugdieselmotors bis 7/85: Nach Lösen der Kontermutter (1) kann die Einstellschraube (2) verdreht werden. Nicht verändert werden darf die Einstellung der Vollast-Anschlagschraube (3).

Leerlaufeinstellen nach Lösen der Kontermutter (3) bei einem Turbodieselmotor bis 7/85. Die Einstellschraube (2) ist wegen der Ladedruckanreicherung leider etwas schwer zu erreichen. Wie beim Saugdiesel darf auch beim Turbo keinesfalls an der Vollastschraube (1) gedreht werden.

Leerlauf prüfen

Wartung Nr. 31

Mit den herkömmlichen Heimwerker-Drehzahlmessern ist beim Dieselmotor nicht viel auszurichten, da er keine – für diese Geräte wichtige – Zündspulenimpulse liefern kann. Zur genauen Kontrolle der Leerlaufdrehzahl muß also ein Spezialgerät benutzt werden.

Der Selbsthelfer kann jedoch die Drehzahl nach Gefühl etwas variieren, wenn der Motor bei der bestehenden Leerlaufdrehzahl besonders lästige Dröhn- oder Schüttelfrequenzen produziert.

■ **Bis 7/85:** Bei einem Fahrzeug **ohne Drehzahlanhebung** die Kontermutter an der Einstellschraube lockern, Drehzahl an der Schraube (siehe Bilder links unten und rechts oben) einstellen.

■ Herausdrehen ergibt niedrigeren, Hineindrehen höheren Leerlauf.

■ Die richtige Leerlaufdrehzahl beträgt **850/min**; Drehzahlen bis 950/min werden toleriert.

■ Kontermutter festziehen.

■ Keinesfalls an der Einstellschraube für Höchstdrehzahl (auf den Bildern bezeichnet) drehen!

■ **Ab 8/85:** Bei einem Fahrzeug **mit Drehzahlanhebung** (siehe Seite 96) darf keinesfalls an der bisherigen Leerlaufdrehzahl-Einstellschraube gedreht werden. Die ist deshalb mit einer Sicherungskappe versehen.

■ Eingestellt wird stattdessen an der Hut-

Seit 8/85 kommt die mit Drehzahlanhebung ausgestattete Einspritzpumpe zum Einsatz. An dieser Pumpe wird die Leerlaufdrehzahl am Gestänge mit Hutmutter (3) eingestellt. Die bisherige Einstellschraube (4) ist nun mit einer Sicherungskappe versehen und darf nicht mehr verdreht werden. Ferner bedeuten: 1 – Anschlagschraube für Drehzahlanhebung; 2 – Anschlagschraube für unteren Leerlauf; 5 – Vollast-Anschlagschraube.

Auswechseln des Luftfiltereinsatzes (2) links beim Saugdiesel, rechts beim Turbodiesel. Dazu die Spannklammern (Pfeile) lösen und das Filtergehäuse-Oberteil (3) vom Unterteil (1) abnehmen.

mutter des Drehzahlanhebungs-Gestänges (siehe auch Bilder auf der Vorseite unten).

■ Rechtsdrehen der Hutmutter erhöht die Drehzahl, Linksdrehen verringert sie.

■ Die richtige Drehzahl im Leerlauf lautet **850/min**; Abweichungen in der Drehzahl bis 880/min werden toleriert.

■ Die Hutmutter braucht nicht gekontert zu werden.

»Restmenge« behelfsmäßig einstellen

Wurde an der Einspritzpumpe ab 8/85 versehentlich an der früheren Leerlaufschraube, der jetzigen »Restmengen-Einstellschraube« gedreht, ergeben sich Motorlaufstörungen. Der Motor bleibt entweder auf hohen Drehzahlen »hängen« und geht nicht oder nur langsam zurück (Schraube hineingedreht). Oder er nimmt schlecht Gas an (Schraube herausgedreht). Behelfsmäßig wird so eingestellt:

■ Bei »hängenbleibender« Drehzahl Schraube so weit herausdrehen, bis die Drehzahl beim Loslassen des Gaspedals gerade normal zurückgeht (mehrfach probieren).

■ Aus dieser Stellung noch eine weitere halbe Umdrehung zurückdrehen. Kontermutter anziehen, fertig!

■ Nimmt der Motor dagegen schlecht Gas an, wird die Schraube so weit hineingedreht, bis die Drehzahl gerade »hängenbleibt«. Weiteres Vorgehen wie eben beschrieben.

Wozu ein Luftfilter?

Die Ansaugluft des Motors enthält Staub- und Schmutzteilchen, die nicht in die Verbrennungsräume gelangen sollen, da sie an den Zylinderwänden wie Schmirgel wirken. Das würde frühzeitigen Verschleiß von Kolben und Zylinderlaufbahnen verursachen. Außerdem verbrennt ein Teil des Staubs bei den hohen Temperaturen im Motor und schlägt sich als Belag im Brennraum und an den Ventilen nieder. Hängenbleibende Ventile und Kolbenklemmer können die Folgen sein. Das Luftfilter sorgt deshalb für den notwendigen Schutz des Motors. Gleichzeitig dämpft es auch die Ansauggeräusche.

Luftfilter reinigen

Wartung Nr. 15

Alle 15000 km empfehlen wir die Reinigung des Papierfiltereinsatzes von gröberer Verschmutzung. Bei einer Reise über extrem staubige Pisten kann dieses Intervall bis hin zur täglichen Reinigung verkürzt werden.

■ Papierfiltereinsatz ausbauen, wie auf der folgenden Seite beschrieben.

■ Filter auf harter Unterlage ausklopfen, damit sich die groben Schmutzteilchen lösen.

■ Soll auch der feine Staub entfernt werden, muß mit Preßluft seitlich an den Filterlamellen vorbeigeblasen werden. Niemals den Preßluftstrahl direkt auf das Filterpapier richten! Sonst drückt sich ein Teil der Staubkörnchen fest in die Filterporen.

■ Filtergehäuse mit sauberem Lappen auswischen.

Luftfiltereinsatz wechseln

Wartung Nr. 35

Unter normalen Fahrbedingungen reicht es aus, den Filtereinsatz alle 30000 km auszuwechseln. Bei Reisen über unbefestigte Straßen muß trotz häufigerer Reinigung des Filtereinsatzes schon wesentlich früher an Ersatz gedacht werden. Wie der Filtereinsatz gewechselt wird, steht im folgenden Abschnitt.

Luftfiltereinsatz ausbauen

■ **Turbodiesel:** Evtl. Luftschlauch zum Turbolader am Filtergehäuse abnehmen.

■ **Alle Motoren:** Fünf bzw. sieben Spannklammern am Luftfilterdeckel lösen.

■ Luftfilterdeckel und Filtereinsatz abnehmen.

Störungsbeistand Diesel-Einspritzung

Die Störung	– ihre Ursache	– ihre Abhilfe
A Motor springt schlecht oder überhaupt nicht an	1 Tank leer	Auftanken
	2 Nicht lange genug vorgeglüht	Vorglühen, bis Kontrollampe verlöscht
	3 Kaltstartbeschleuninger nicht gezogen	Kaltstartbeschleuniger zum Start ziehen und nach ca. einer Minute zurückschieben
	4 Vorglühanlage defekt	Defekt beheben (siehe Seite 196)
	5 Elektromagnetischer Absteller lose, defekt oder erhält keine Spannung	Absteller prüfen (siehe Seite 98)
	6 Luft im Kraftstoffsystem	Anlasser betätigen, bis Kraftstoff gefördert wird
	7 Kraftstoffversorgung defekt. Prüfung: Einspritzleitungen an den Düsen lösen und sehen, ob Kraftstoff austritt	Prüfen, ob Kraftstoffleitungen geknickt, verstopft oder undicht, Filter verstopft, Tankentlüftung verschlossen. Winters: Kraftstoff paraffinisiert
	8 Einspritzleitungen nach Montage in verkehrter Reihenfolge angeschraubt	Überprüfen: Anschluß A an der Pumpe zu Zylinder 1, B zu 3. C zu 4 und D zu 2
	9 Förderbeginn der Einspritzpumpe verstellt	Einstellen lassen
	10 Eine oder mehrere Einspritzdüsen defekt, verschmutzt oder Einspritzdruck falsch	Prüfen und reparieren lassen bzw. auswechseln
	11 Einspritzpumpe defekt	Austauschpumpe einbauen lassen
	12 Ventilspiel des Motors verstellt (nur bis 7/85)	Einstellen
	13 Kompressionsdruck des Motors zu niedrig	Messen lassen
B Motor hat schlechten oder unregelmäßigen Leerlauf	1 Leerlaufdrehzahl nicht richtig eingestellt	Einstellen (lassen)
	2 Gaszug falsch eingestellt oder schwergängig	Richtig einstellen bzw. gängig machen
	3 Kraftstoffschlauch zwischen Filter und Pumpe lose	Anschlüsse festziehen
	4 Hintere Befestigung der Einspritzpumpe lose oder gerissen	Befestigen oder ersetzen
	5 Siehe A 6, 7, 9, 11, 12 und 13	
	6 Motoraufhängung lose oder verschlissen	Festziehen oder ersetzen
	7 Restmengeneinstellung stimmt nicht	Einstellen lassen
C Starker schwarzer, weißer oder blauer Auspuffrauch	1 Motor nicht betriebswarm	Bei warmen Motor nochmals prüfen
	2 Viel Gas bei niedriger Drehzahl	Einzelne Gänge beim Fahren etwas höher ausdrehen
	3 Luftfilter verschmutzt	Reinigen bzw. auswechseln

Die Störung	– ihre Ursache	– ihre Abhilfe
C Starker schwarzer, weißer oder blauer Auspuffrauch (Fortsetzung)	4 Kraftstoffilter verschmutzt	Auswechseln
	5 Höchstdrehzahl verstellt	Einstellen lassen
	6 Einspritzdüsen tropfen	Prüfen lassen bzw. auswechseln
	7 Düsennadel hängt oder ist abgebrochen	Prüfen lassen bzw. Düse auswechseln
	8 Zu geringer Einspritzdruck	Düsen prüfen lassen bzw. Druck einstellen lassen
	9 Siehe A 9, 11, 12 und 13	
D Schlechte Leistung, zu geringe Höchstleistung	1 Gaspedalweg zu kurz	Gaszug einstellen. Evtl. zusätzlich eingelegte Bodenmatten zu hoch
	2 Gaszug nicht richtig eingestellt	Einstellen
	3 Reglerhebel an der Einspritzpumpe lose	Befestigen
	4 Höchstdrehzahl wird nicht erreicht	Höchstdrehzahl einstellen lassen
	5 Einspritzleitungen an den Anschlüssen verengt	Leitungen abschrauben und kontrollieren, ob die Austrittslöcher 2 mm ∅ haben
	6 Wärmeschutzdichtung unter den Einspritzdüsen undicht bzw. defekt	Wärmeschutzdichtungen kontrollieren
	7 Einspritzdruck der Düsen falsch	Einstellen lassen
	8 Siehe A 6, 7, 9, 11 und 12	
	9 Siehe B 7	
	10 Siehe C 3, 4, 6 und 7	
E Kraftstoffverbrauch zu hoch	1 Räder nicht freigängig	Bremsen fest oder Radlager schwergängig
	2 Einlaufvorgang noch nicht abgeschlossen (betrifft hier nur Austausch- und überholte Motoren)	Nach 5000 km erneut messen
	3 Kraftstoffanlage undicht	Alle Schläuche, Leitungen, Filter und Einspritzpumpe auf Dichtheit prüfen
	4 Rücklaufleitung verstopft	Durchblasen mit Druckluft
	5 Leerlaufdrehzahl zu hoch	Einstellen (lassen)
	6 Höchstdrehzahl zu hoch	Einstellen lassen
	7 Siehe A 10, 11, 12 und 13	
	8 Siehe C 4, 6, 7 und 8	

Fingerzeige: *Die im Störungsbeistand angegebene Beanstandung »starker Auspuffrauch« kann durch eine sogenannte Trübungsmessung mit einem Verbrennungstester in der V.A.G.-Werkstatt besser eingestuft werden. Die Messung gibt Aufschluß darüber, ob die Rauchentwicklung noch im zulässigen Rahmen ist.*
Seit Herbst 1988 gehört diese Messung zum Arbeitsumfang beim Regel- bzw. Inspektions-Service.

Kurze Unterbrechung

Die Zahnradpaare der einzelnen Gangstufen lassen sich nicht schalten, solange sie vom Motor angetrieben werden. Man muß die Verbindung zwischen Triebwerk und Schaltgetriebe kurz unterbrechen. Dann läßt sich eine andere Gangstufe einlegen. Anschließend werden Motor und Getriebe wieder verbunden. Trennend und verbindend wirkt im Auto die Kupplung.

So funktioniert die Kupplung

Die Kraftübertragung der Kupplung zwischen Motor und Getriebe erfolgt durch Reibung. Zwei Körper werden gegeneinander gepreßt, wodurch der eine den anderen mitnimmt. Die Beteiligten sind:

□ die Schwungscheibe als die eine Anlagefläche;

□ die dagegen geschraubte Kupplungsdruckplatte als die zweite Anlagefläche, die gegen die direkt an der Kurbelwelle angeschraubte Schwungscheibe drückt.

□ Dazwischen befindet sich als Reibpartner die Mitnehmerscheibe. Sie sitzt auf der Eingangswelle des Getriebes.

□ Weiterhin gehört noch das Ausrücklager dazu.

Durch den Tritt auf das Kupplungspedal wird über den Kupplungszug der Ausrückhebel auf der Ausrückwelle angehoben. Diese Bewegung drückt über das im Getriebe sitzende Ausrücklager die Kupplungs-Druckstange in Richtung Kupplung. Diese Stange läuft durch die hohl gebohrte Eingangswelle des Getriebes und drückt über eine Ausrückplatte auf die Feder der Druckplatte.

Das Ausrücklager kann nun jeweils die Federkraft übernehmen, die Druckplatte wird entlastet und bei völlig durchgetretenem Pedal zurückgezogen. Die Mitnehmerscheibe kann nun im Raum dazwischen frei umlaufen – es ist ausgekuppelt.

Beim Einkuppeln drückt die Tellerfeder der Druckplatte die Mitnehmerscheibe wieder gegen das Motorschwungrad. Zum sanften Übertragen der Kräfte muß dies langsam geschehen. Die Anlageflächen schleifen also eine gewisse Zeit aufeinander, ehe die Reibung wieder so groß ist, daß die Motorleistung vollständig an das Getriebe weitergeleitet wird. Dieses Schleifen beim Einkuppeln erzeugt Wärme; bei niedrigen Drehzahlen und kurzem Einkuppeln natürlich weniger als bei hohen Drehzahlen und langsamem Nachgeben des Kupplungsfußes. Schleifdauer und Hitzeentwicklung bestimmen die Lebensdauer der Beläge auf der Mitnehmerscheibe.

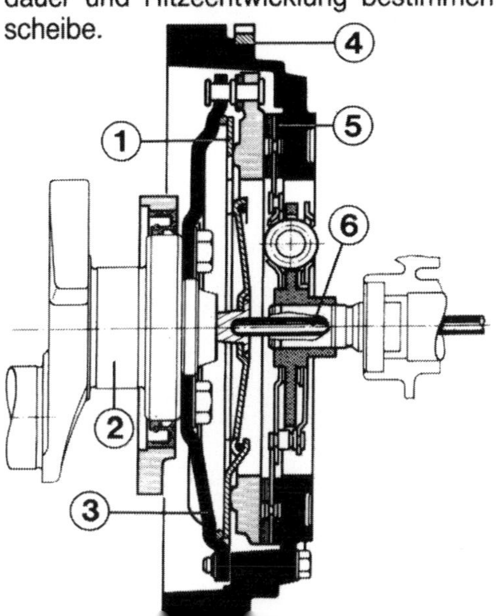

Die Funktion der Kupplung: Beim Durchdrücken des Kupplungspedals schiebt das Ausrücklager im Getriebe die Kupplungsbetätigungsstange (6) nach links in Richtung Kurbelwelle (2). Dadurch wird die Ausrückplatte gegen die Tellerfeder (1) gedrückt. Diese Feder in der Kupplungsdruckplatte (3) gibt nun die Mitnehmerscheibe (5) frei, d. h. sie kann frei umlaufen. Zwischen der am Getriebe befestigten Schwungscheibe (4) und der am Motor befestigten Kupplungsdruckplatte besteht jetzt keine Verbindung mehr.
Wird das Kupplungspedal losgelassen, geht die Ausrückplatte samt Kupplungsbetätigungsstange wieder zurück. Die Tellerfeder in der Kupplungsdruckplatte wird wieder wirksam und drückt die Mitnehmerscheibe gegen die Schwungscheibe. Kurbelwelle und Getriebewelle sind jetzt wieder miteinander verbunden.

Die Kupplungs-Lebensdauer

Es gibt Fahrer, die bereits nach 15000 km eine neue Kupplung brauchen, andere bringen es dagegen auf 100000 km. Eine hohe Laufzeit erreicht man, wenn der Wagen vorwiegend auf Langstrecken gefahren und die Kupplung vernünftig behandelt wird. Wer mit seinem Wagen hauptsächlich im Stadtverkehr fahren muß – wobei auch die Kupplung viel öfter getreten wird –, kann kaum so lange mit der ersten Kupplung auskommen wie ein Langstreckenfahrer.
Wie im vorangegangenen Abschnitt angesprochen, bewirkt jedes Einkuppeln, daß die Beläge der Mitnehmerscheibe an ihren Gegenreibflächen schleifen und dabei heiß werden. Besonders verschleißfördernd ist hierbei das Anfahren mit hoher Motordrehzahl – Kavalierstart genannt –, Anfahren im 2. Gang, »Herummogeln« an Kreuzungen im 2. oder 3. Gang mit teilweise getretenem Kupplungspedal oder das »In-der-Waage-halten« an einer Steigung mit Kupplungs- und Gaspedal.

Auskuppeln beim Halt an der Kreuzung?

Recht verbreitet ist die Angewohnheit, mit eingelegtem 1. Gang und durchgetretenem Kupplungspedal an der roten Ampel zu warten. Mancher fürchtet, den Gang nicht gleich einlegen zu können, wenn das grüne Licht den Weg freigibt. Wenn auch kein direkter oder sofort meßbarer Schaden entsteht, so beansprucht das Auskuppeln doch das Ausrücklager und bewirkt so wieder Verschleiß. Je öfter und länger das vor den vielen Ampeln geschieht, desto früher ist dieses Lager abgenutzt.

Kupplung prüfen

Der Verschleiß der Mitnehmerscheibe läßt sich im eingebauten Zustand nicht erkennen. Das erste Anzeichen für Verschleiß ist, wenn die Kupplung durchrutscht. Eine schleifende Kupplung bemerken Sie beim Fahren zuerst im höchsten Gang unter Last. Der Motor dreht hoch, ohne daß die Fahrgeschwindigkeit in gleichem Maß zunimmt. Einen gewissen Aufschluß kann folgende Methode geben, die Sie aber nur gelegentlich anwenden sollten:

Schleift die Kupplung?

■ Handbremse anziehen, Motor starten.
■ 3. Gang einlegen, langsam einkuppeln und Gas geben.
■ Bei einwandfreier Handbremse müßte der Motor abgewürgt werden.
■ Dreht er durch, muß das Kupplungspedalspiel kontrolliert und ggf. eingestellt werden.
■ Prüfung wiederholen. Dreht der Motor weiterhin durch, wird ein Kupplungstausch fällig.

Trennt die Kupplung richtig?

Wird der Schaltvorgang von kratzenden oder krachenden Geräuschen »untermalt«, dann trennt die Kupplung nicht mehr richtig. Um sicherzugehen, daß es nicht am Getriebe liegt, macht man die Probe mit dem nicht synchronisierten Rückwärtsgang:
■ Motor im Leerlauf drehen lassen.
■ Kupplungspedal voll durchtreten, etwa drei Sekunden warten, dann den Rückwärtsgang einlegen.
■ Kratzt es hierbei, trennt die Kupplung nicht mehr sauber – die Mitnehmerscheibe läuft also nicht ganz frei.
■ Kupplungspedalspiel bzw. Nachstellmechanik kontrollieren.
■ Prüfung nochmals durchführen. Kratzt es immer noch, sollten Sie unseren Störungsbeistand auf Seite 113 zu Hilfe nehmen.

Seit 10/85 befindet sich am vorderen Ende des Kupplungszugs die Mechanik der automatischen Kupplungsnachstellung (Pfeil). Die Funktion ist in der Zeichnung rechts oben erklärt.

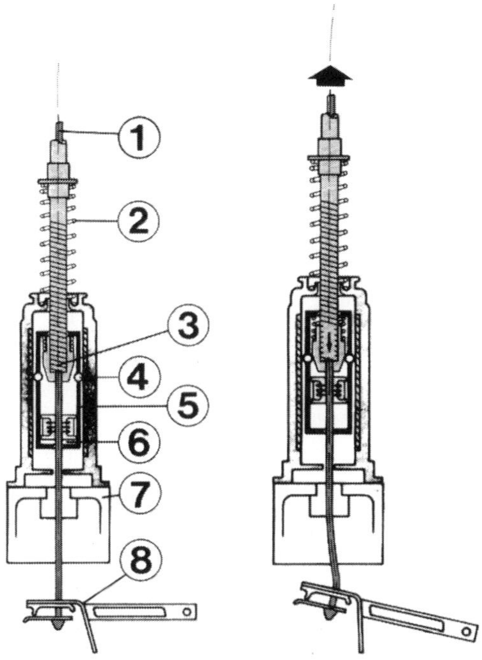

Das Schnittbild zeigt die Mechanik der automatischen Kupplungsnachstellung. Es bedeuten: 1 – Kupplungszug; 2 – Bowdenzugfeder; 3 – Verriegelungskonus; 4 – Kugeln; 5 – Kugelkäfig; 6 – Klemmstück; 7 – Widerlager des Kupplungszuges am Getriebe; 8 – Ausrückhebel.
Die linke Abbildung zeigt die Mechanik in Ruhelage. Wie nach jeder Pedalbetätigung wurde der Kugelkäfig so weit nach unten gezogen, wie dies die Kraft der Bowdenzugfeder zuläßt. Das Herunterziehen wird durch das Klemmstück (rot) bewirkt, das auf dem Seilzug reibt. Wird das Kupplungspedal entlastet, zieht der Ausrückhebel den Seilzug nach unten und mit ihm Klemmstück samt Kugelkäfig. Bild rechts: Beim Niederdrücken des Pedals wird das Kupplungsseil nach oben gezogen (großer Pfeil). Gleichzeitig drückt die Seilzughülle den Verriegelungskonus gegen die Kraft der Bowdenzugfeder nach unten (kleiner Pfeil). Dadurch werden die Kugeln gegen die Seitenwand gepreßt, und das Nachstellsystem ist blockiert. Es verhält sich wie ein normaler Kupplungszug: es wird ausgekuppelt. Nach dem Loslassen des Pedals wird der Verriegelungskonus entlastet, und der Kugelkäfig rutscht wieder nach oben. Bei verschlissener Kupplung zieht ihn der Ausrückhebel weiter nach unten als bei neuer Kupplung. Die geometrischen Verhältnisse innerhalb der Nachstell-Mechanik bleiben jedoch in jedem Fall gleich – und damit auch das »Pedalspiel«.

Das Kupplungspedalspiel

Zwischen den Teilen der Kupplungsübertragung muß ein gewisser Abstand verbleiben, solange das Pedal nicht niedergedrückt wird.
Dieses Spiel muß so groß sein, daß das Ausrücklager nicht unter verschleißförderndem Druck steht. Je stärker das Ausrücklager durch die Kraft der Tellerfeder belastet wird, um so geringer wird die Reibungskraft der Mitnehmerscheibe. Es besteht also die Gefahr, daß die Kupplung durchrutscht.
Wenn das Spiel zu groß ist, geht etwas vom normalen Kupplungsweg verloren. Dann wird die Kupplung beim Niederdrücken des Pedals nicht ganz getrennt.
Die Kupplung ist so konstruiert, daß mit fortschreitender Abnutzung der Kupplungsbeläge das Spiel kleiner wird. Durch die verschleißende und dünner werdende Mitnehmerscheibe wandert die federbelastete Druckplatte näher zur gegenüberliegenden Reibfläche der Schwungscheibe. Die Ausrückplatte nähert sich dem Ausrücklager. Liegt das Lager ohne Spiel am Ausrückhebel an, so stützt sich die Tellerfeder der Druckplatte über die Ausrückplatte gegen das Ausrücklager ab. Statt die Mitnehmerscheibe gegen die Anlageflächen zu pressen, wird die Feder entlastet und die Reibungskraft geringer, die Kupplung rutscht durch.

Automatische Kupplungsnachstellung

Wegen der entscheidenden Bedeutung des Pedalspiels für die richtige Kupplungsfunktion entschloß sich VW im August 1985 zum Einbau einer selbstnachstellenden Kupplungsbetätigung (der Einsatz erfolgte gleitend). Die Nachstellmechanik ist im Kupplungsseil untergebracht (siehe Zeichnungen oben); andere Bauteile wurden nicht geändert.
Da sich das Pedalspiel bei einem entsprechend ausgestatteten Wagen nicht verändert, entfallen in diesem Fall die nachfolgende aufgeführten Arbeiten »Pedalspiel messen« und »Pedalspiel einstellen«.

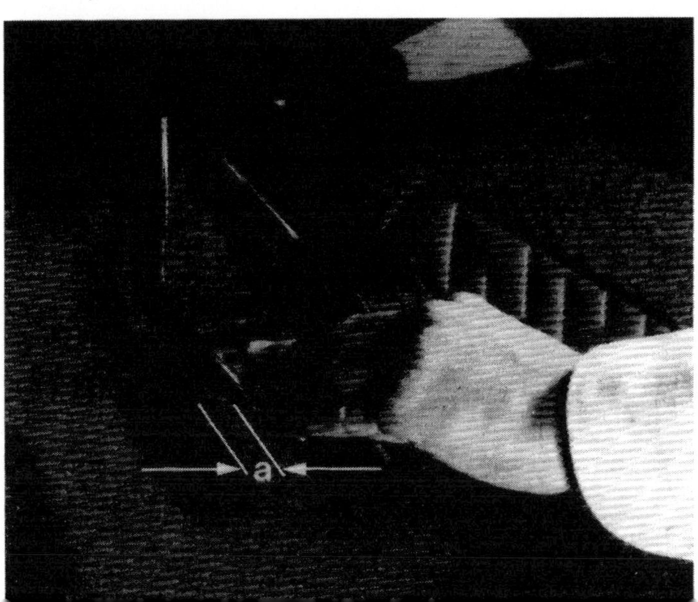

15–25 mm soll sich das Kupplungspedal aus der Ruhestellung heraus ohne Kraft niederdrücken lassen. Dieses »Spiel« ist hier mit »a« gekennzeichnet. Erst dann darf stärkerer Widerstand spürbar werden.

Funktion der Nachstellautomatik prüfen

■ Der Nachstellmechanismus für den Kupplungszug darf nicht beschädigt sein.
■ Kupplungspedal mindestens 5 Mal voll durchtreten.
■ Drücken Sie jetzt den Ausrückhebel nach unten, das muß ca. 10 mm weit möglich sein.
■ Wenn nicht, ist der Nachstellmechanismus defekt und der Kupplungszug austauschreif.

Kupplungspedalspiel messen

Wartung Nr. 10

■ Neben das Kupplungspedal ein Lineal o. ä. halten.
■ Trittplatte von Hand niederdrücken, bis stärkerer Widerstand spürbar wird.
■ Aus der Ruhestellung soll dies nach **15–25 mm** der Fall sein.
■ Stimmt das Pedalspiel nicht, muß die Länge des Kupplungszugs nachgestellt werden.

Pedalspiel einstellen

Die Hülle des Seilzugs stützt sich an einem sogenannten Widerlager am Getriebe ab.
■ Mutter oben am Schaftstück (Bild auf der folgenden Seite) lösen.
■ Einstellmutter des Kupplungszugs drehen, dabei das Schaftstück festhalten: Im Gegenuhrzeigersinn – Spiel wird größer; im Uhrzeigersinn – Spiel wird kleiner.
■ Pedalspiel messen, Arretiermutter wieder festziehen.

Kupplungszug ersetzen

■ Im Innenraum das linke Ablagefach abschrauben (Seite 250).
■ Im Motorraum den Kupplungszug lösen.
■ Von einem Helfer den Ausrückhebel hochziehen lassen.
■ Am dicken Seilzugende die Halteklammer in Fahrtrichtung nach links abziehen.
■ Halteplatte und Verdrehsicherung abnehmen.
■ Kupplungszug aus der Gummiführung im Widerlager des Getriebes herausziehen.
■ Seilzugöse am Pedal aushaken.
■ Gummitülle in der Karosserietrennwand herausdrücken, Zug zum Motorraum herausziehen.
■ Beim Einbau das Kupplungsseil zuerst am Pedal einhängen.
■ Zuletzt Pedalspiel einstellen.

Zug mit automatischer Nachstellung ersetzen

Zusätzliche Arbeitsschritte

■ **Ausbau:** Kupplungspedal mehrere Male bis zum Anschlag durchdrücken (bei noch intaktem Zug).
■ Bis 6/88 Feder unter dem Faltenbalg des Kupplungsseils zusammendrücken.
■ Ab 7/88 muß der zusammengedrückte Nachstellmechanismus mit einem Halteband zusammengehalten werden. Mit diesem Band wird die Nachstellung am neuen Kupplungszug zusammengehalten.
■ Die Öse oben am Halteband so aufschneiden, daß die Öse noch stabil bleibt.
■ Öse oberhalb der Schutzhülle am Nachstellmechanismus einhängen.
■ Nachsteller im Bereich der Schutzhülle zusammendrücken, rechts und links die Laschen des Haltebandes an den Stiften einhängen.
■ Alle: Befestigungsteile des Zuges am Ausrückhebel abnehmen.
■ Öse am Pedal aushängen.
■ **Einbau:** Seilzug zuerst am Kupplungspedal einhängen.
■ Bis 6/88: Kupplungspedal von einem Helfer niederdrücken lassen. Gleichzeitig vorn am Seil ziehen, die Feder unter dem Faltenbalg zusammendrücken und die Befestigungsteile am Ausrückhebel einhängen.
■ Ab 7/88: Gespanntes Seil am Ausrückhebel befestigen.
■ Halteband so abnehmen, daß es wieder verwendet werden kann.

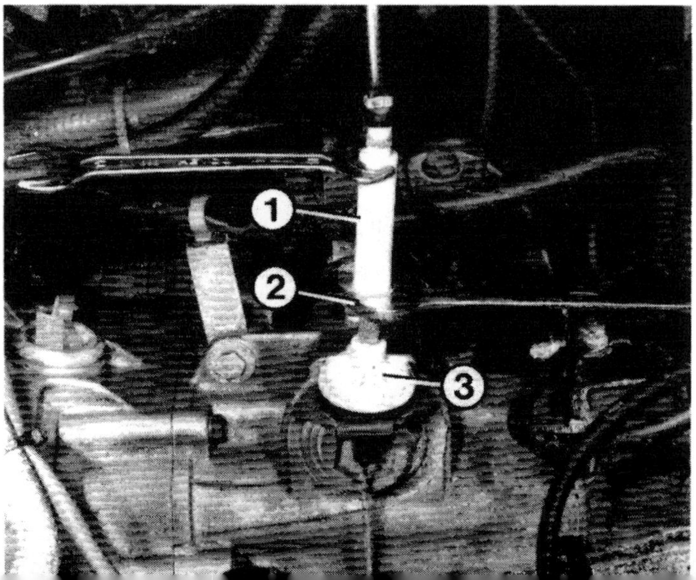

Hier ist das Einstellen des Kupplungs-Pedalspiels gezeigt: Nach Lösen der Kontermutter (2) kann die Einstellmutter (3) auf dem Gewindestück der Seilzughülle verdreht werden. Dabei muß das Schaftstück (1) gegengehalten werden.

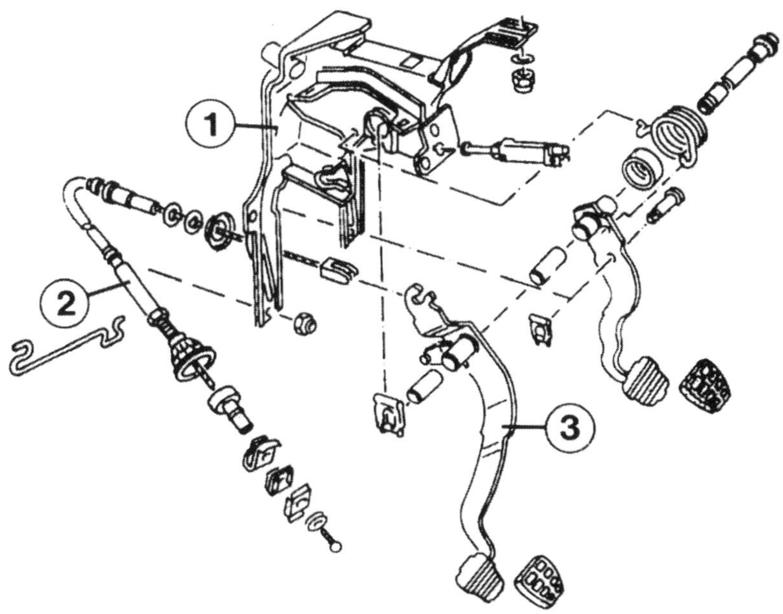

Die Kupplungsbetätigung beim VW Golf und Jetta: 1 – Pedalbock, an dem das Kupplungspedal (3) gelagert ist; 2 – Kupplungszug.

■ Ein nicht gespannter Kupplungszug muß wie bei der Ausführung bis 6/88 durch mehrmaliges Hin- und Herbewegen zusammengedrückt werden, dann das Halteband anbringen.

■ Alle: Kupplungspedal mehrmals durchtreten.

Fahren mit gerissenem Kupplungszug

Sollte der Kupplungszug unterwegs reißen, muß das noch nicht das Ende der Fahrt bedeuten. Zumindest ein nahes Ziel oder die nächste Werkstatt kann man auch ohne Kupplungsbetätigung erreichen. Bei feinfühligem Umgang mit Gaspedal und Schalthebel können Sie sogar hoch- bzw. herunterschalten.

Gang herausnehmen: Gas wegnehmen und Schalthebel in Richtung Leerlauf drücken. Bei schiebendem Wagen evtl. ein klein wenig Gas geben, falls der Gang »klemmt«.

Anfahren: Motor ausschalten, 1. Gang einlegen und Anlasser betätigen. Der VW ruckelt los und setzt sich mit anspringendem Motor in Bewegung. Wer während der Fahrt nicht schalten will, fährt auf diese Weise in der Ebene im 2. Gang an.

Hochschalten: Im 1. Gang mit dem Anlasser anfahren. 1. Gang nur knapp über Leerlaufdrehzahl hinausdrehen (ca. 1000/min). Gas etwas zurücknehmen, Schalthebel in Leerlaufstellung ziehen. Gaspedal loslassen und den Schalthebel mit leichter Hand in Richtung des 2. Gangs drücken. Bei richtiger Motor- und Getriebedrehzahl rutscht der Gang fast von selbst hinein. Wenn Sie zu lange gewartet haben, müssen Sie ein klein wenig Gas geben, damit sich die

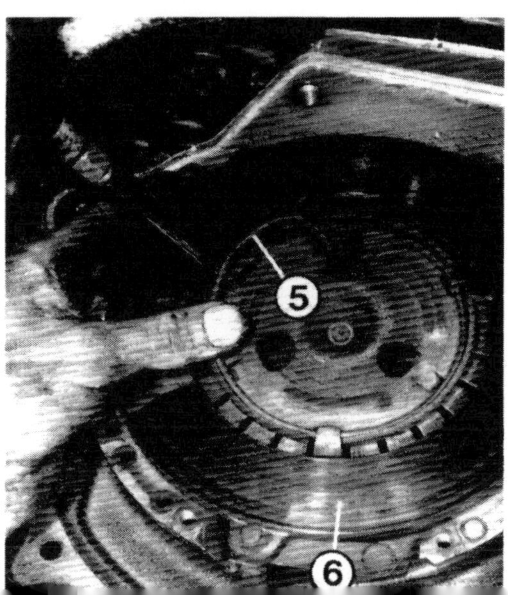

Hier ist der Kupplungsausbau gezeigt. Links: Zum Lösen der Schrauben (3) der Schwungscheibe (4) haben wir einen Schraubenzieher (2) durch eine der Bohrungen gesteckt und halten mit einem in die Verzahnung gesteckten Schraubenzieher (1) gegen.
Rechts: Der Haltering (5) der Druckplatte (6) wird lediglich herausgehebelt.

Die Kupplung besteht aus: 1 – Druckplatte; 2 – Zwischenblech; 3 – Druckteller; 4 – Haltering für 190-mm-Kupplung (im Diesel nicht eingebaut); 5 – Mitnehmerscheibe; 6 – Haltering für die Kupplungen mit 200 und 210 mm ∅.

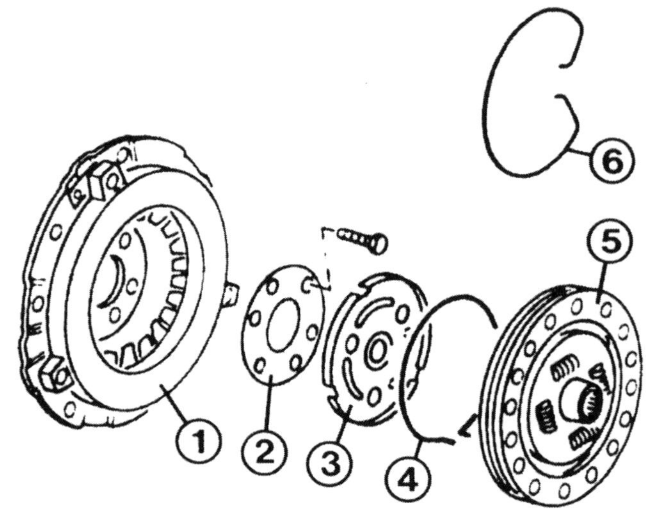

Fahrstufe ohne »Zähneknirschen« einlegen läßt. Hat es nicht geklappt, halten Sie nochmals an und versuchen das Ganze von neuem. In die weiteren Gänge wird auf die gleiche Weise hochgeschaltet. Am leichtesten geht es in sehr niedrigen Geschwindigkeiten: In den 2. Gang bei höchstens 20 km/h, in den 3. bei 25 km/h, in den 4. bei 35 km/h und in den 5. bei 45 km/h. **Herunterschalten:** Hierbei muß die Motordrehzahl angehoben werden, damit sich der nächstniedrige Gang einlegen läßt. Fuß leicht vom Gas, Gang herausnehmen, behutsam Gas zugeben und gleichzeitig den Schalthebel in Richtung des neuen Gangs drücken. Bei richtiger Motordrehzahl rutscht der Gang fast ohne Nachdruck hinein. Auch das Herunterschalten geschieht wieder am besten bei niedrigen Drehzahlen und Geschwindigkeiten.

Kupplung aus- und einbauen

■ Getriebe ausbauen (Seite 115).

■ Schrauben der Schwungscheibe über Kreuz losdrehen, dazu zwei Schraubenzieher als Arretierung in die Verzahnung der Schwungscheibe stecken (Bild auf der Vorseite unten links).

■ Schwungscheibe und Mitnehmerscheibe abnehmen.

■ Soll auch die Kupplungsdruckplatte ausgebaut werden, hebeln Sie mit einem Schraubenzieher den Haltering der Ausrückplatte heraus.

■ Sechs Schrauben in der Druckplatte losdrehen.

■ Druckplatte mit Zwischenblech abnehmen.

■ Schwungscheibe mit Druckluft sauberblasen oder mit einem benzingetränkten Lappen abwischen. Kontrollieren Sie bei dieser Gelegenheit gleich, ob die Zentrierstifte in der Schwungscheibe fest sitzen.

■ Die alte Druckplatte nur dann wieder einbauen, wenn ihre Nietverbindungen noch fest sind.

■ Die Anlagefläche zur Mitnehmerscheibe darf keine Risse oder Brandstellen zeigen und nicht mehr als 0,3 mm nach innen durchgebogen sein. Zum Messen ein Metallineal quer über die Druckplatte legen und mit der Fühlerblattlehre am Innenrand messen.

■ Zwischenblech in die Druckplatte einlegen.

■ Neue Halteschrauben mit Schraubensicherungsmittel (Seite 11) bestreichen. Anzugsdrehmoment für herkömmliche Schrauben 75 Nm, für Schrauben mit Bund 100 Nm.

■ An der Ausrückplatte die Auflagefläche und die Aufnahme für die Kupplungsdruckstange mit etwas Mehrzweckfett bestreichen.

■ Ausrückplatte so einsetzen, daß ihre Aussparung für die Kupplungsdruckstange in Richtung Getriebe zeigt.

■ Drahtring in die Halter der Ausrückplatte einhängen. Die Drahtenden müssen beim Diesel in Richtung Motor zeigen.

■ Innenverzahnung der Mitnehmerscheibe mit etwas MoS_2-Puder schmieren.

■ Mitnehmerscheibe einsetzen, ihre verlängerte Innenverzahnung zeigt in Richtung Getriebe.

■ Schwungscheibe so ansetzen, daß ihre Zentrierstifte in die entsprechenden Bohrungen bzw. Schlitze in der Druckplatte greifen. Andernfalls stimmt die OT-Markierung auf der Schwungscheibe nicht mehr.

■ Beim Anschrauben der Schwungscheibe muß die Mitnehmerscheibe zentriert werden. Dazu hat die V.A.G.-Werkstatt das Spezialwerkzeug 547, eine Scheibe aus Kunststoff.

■ Behelfsmäßig können Sie die Schwungscheibe leicht festschrauben und den Abstand zwischen Mitnehmerscheiben-Außenkante und Schwungscheiben-Innendurchmesser mit einer Schieblehre kontrollieren. Der Abstand muß rundum gleich groß sein, andernfalls die Mitnehmerscheibe so lange versetzen, bis sie genau in der Mitte sitzt.

■ Schrauben der Schwungscheibe über Kreuz mit 20 Nm anziehen.

Fingerzeige: *Die Mitnehmerscheibe muß beim Einbau genau ausgerichtet werden. Andernfalls läßt sich das Getriebe nicht ohne Schwierigkeiten anflanschen.*
Neue Kupplungsbeläge liegen wegen ihrer rauhen Oberfläche nicht gleich auf der gesamten Reibfläche an. Sie müssen deshalb eingefahren werden, um sich ihren Gegenreibflächen anzupassen. Das soll durch sanftes und nicht etwa hartes Einkuppeln oder gar Schleifenlassen geschehen.

Störungsbeistand Kupplung

Die Störung	– ihre Ursache	– ihre Abhilfe
A Kupplung rutscht	1 Kupplungsspiel zu klein	Nachstellen; bei automatischer Nachstellung die Nachstellmechanik kontrollieren
	2 Kupplungsbeläge abgenutzt	Mitnehmerscheibe ersetzen
	3 Anpreßdruck der Kupplung zu gering	Kupplungsdruckplatte ersetzen
	4 Belag verölt	Mitnehmerscheibe und defekte Getriebe- oder Kurbelwellendichtung ersetzen
	5 Kupplung wurde überhitzt	Defekte Teile ersetzen
B Kupplung trennt nicht	1 Zu großes Kupplungsspiel	Nachstellen; bei automatischer Nachstellung die Nachstellmechanik kontrollieren
	2 Mitnehmerscheibe klemmt auf Getriebewelle	Kerbverzahnung mit Drahtbürste gründlich reinigen. Anschließend mit Moly-Paste oder -Spray schmieren
	3 Mitnehmerscheibe hat Schlag	Mitnehmerscheibe richten oder ersetzen
	4 Mitnehmerscheibe verzogen oder Belag gebrochen	Mitnehmerscheibe ersetzen
	5 Belag nach sehr langer Standzeit an Schwungscheibe festgerostet	Anfahren, wie unter »Fahren mit gerissenem Kupplungszug« beschrieben. Kupplung dauernd durchtreten. Gaspedal ruckartig durchtreten und loslassen, um die Kupplung loszubrechen. Andernfalls ausbauen
C Kupplung trennt nicht und rutscht gleichzeitig durch	Kupplungsdruckplatte defekt	Druckplatte auswechseln
D Kupplung rupft	1 Motor oder Getriebeaufhängung defekt	Motor- oder Getriebelager ersetzen
	2 Unebenheiten auf der Anlagefläche von Schwungscheibe oder Druckplatte	Defektes Teil ersetzen
	3 Falsche Beläge	Mitnehmerscheibe ersetzen
E Kupplungsgeräusche	1 Unwucht der Kupplungsdruckplatte bzw. Mitnehmerscheibe	Kupplungsdruckplatte bzw. Mitnehmerscheibe ersetzen
	2 Torsions-Dämpferfeder defekt	Mitnehmerscheibe ersetzen
	3 Ausrücklager defekt	Ausrücklager ersetzen
	4 Nietverbindungen in der Kupplung locker	Kupplungsdruckplatte ersetzen

Vorwiegend veränderlich

Zwischen der Kurbelwelle des Motors und den Antriebsrädern ist eine »Untersetzung« angeordnet, um die Kraft des Motors übertragen zu können. Zum einen gehört dazu das entsprechend den Fahr-Erfordernissen veränderliche Schaltgetriebe und zum anderen der unveränderliche Achsantrieb.

Das Schaltgetriebe

Die Motorleistung wird über die Kupplung auf die Eingangswelle des Schaltgetriebes geleitet. Auf dieser Eingangs- oder Antriebswelle sitzen fünf bzw. sechs Zahnräder (einschließlich Rückwärtsgang), die mit fünf oder sechs dazu passenden Zahnrädern auf der sogenannten Abtriebswelle ständig im Eingriff stehen. Diese Zahnräder können frei umlaufen, bis eines von ihnen beim Schalten eines bestimmten Gangs mit seinem entsprechenden Gegenrad auf der Antriebswelle gekuppelt wird. Das Verhältnis der Zähnezahlen des jeweiligen Zahnradpaars ergibt die betreffende Untersetzungsstufe.
Der VW hat »vollsynchronisierte« Vorwärtsgänge. Die Zahnräder auf der Antriebs- und Abtriebswelle sind auf stiftartigen Rollen (»Nadeln«) gelagert. Es besteht also keine starre Verbindung zwischen Wellen und Rädern. Die Zahnräder bleiben immer im Eingriff. Beim Gangwechsel wird eine Verbindung zwischen Zahnrad und Welle hergestellt, nicht zwischen den Zahnrädern. Um die Drehzahlen von Welle und Zahnrad einander anzugleichen, läßt man ein Teil einer Welle gegen ein Teil der anderen Welle über Reibelemente schleifen. Durch die Reibung wird die schnellere Welle abgebremst, bis bei gleichem (synchronem) Lauf eine kraftübertragende Verbindung hergestellt werden kann.

Schaltungsprobleme

Wenn die Schaltung Schwierigkeiten macht, sollte sie in der Werkstatt mit einem V.A.G.-Spezialwerkzeug eingestellt werden. Vorher muß kontrolliert werden, ob die Teile der Schaltbetätigung nicht verbogen und alle Lagerbuchsen o.ä. in Ordnung sind.

Behelfsmäßige Einstellung

■ Schalthebel in Leerlaufstellung drücken.
■ Klemmschelle zwischen der Schaltstange und dem Wählhebel lösen. Die angesprochenen Teile sehen Sie in der Zeichnung unten.
■ Schaltstange ein wenig verschieben. Klemmschelle wieder festziehen.
■ Alle Gänge durchschalten. Funktioniert die Rückwärtsgangsperre noch?

Die Teile der Schaltbetätigung: 1 – Hebel für Schaltwelle (11); 2 – kurze Wählstange; 3 – Wählhebel; 4 – Klemmschelle; 5 – lange Wählstange; 6 – Umlenkhebel; 7 – Umlenkwinkel; 8 – Umlenkwelle; 9 – Verbindungsstange; 10 – Zwischenhebel.

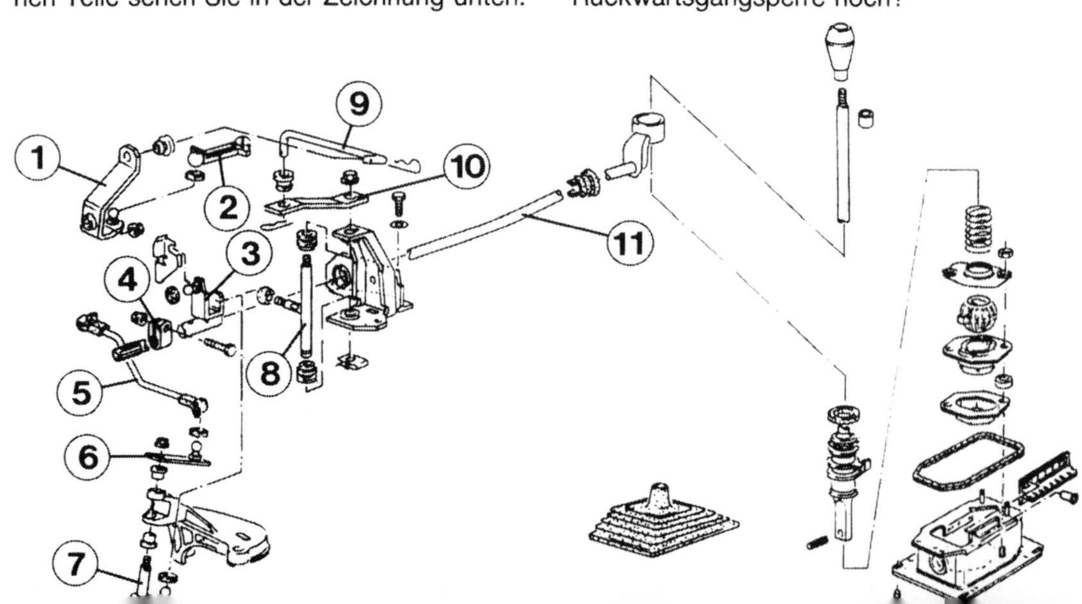

■ Kommen Sie so zu keinem befriedigenden Ergebnis, muß die Werkstatt die Schaltung mit dem V.A.G.-Werkzeug 3104 neu einstellen.

Getriebe aus- und einbauen

Der Wagen muß so aufgebockt werden, daß Sie sowohl im Motorraum als auch an der Wagenunterseite arbeiten können. Das Getriebe wird nach unten abgenommen. Die im Text angesprochenen Aufhängungen zeigen die Zeichnungen auf Seite 57 und 58 sowie unten.

■ Masseband der Batterie abnehmen.

■ Ein Kantholz quer über den Motorraum auf die Befestigungskanten der Kotflügel legen – nicht direkt auf die Kotflügel. An diesem Holz muß der Motor aufgehängt werden, solange die Triebwerkslagerungen gelöst sind.

■ Kette oder Seil durch beide Ösen am Zylinderkopf ziehen und am Kantholz »auf Spannung«, also straff befestigen.

■ Kupplungsseil am Kupplungshebel aushängen (Seite 110).

■ Tachowelle am Getriebe abschrauben (Seite 216) und die Öffnung verstopfen, daß beim Abnehmen des Getriebes kein Öl ausläuft.

■ Elektrische Leitungen für Rückfahrscheinwerfer sowie ggf. Schaltanzeige abziehen.

■ Anlasser ausbauen (Seite 192).

■ Linke Radhausschale abschrauben, siehe Seite 242.

■ Gelenkwellen vom Getriebe abschrauben (Seite 120).

■ Beide Gelenkwellen hochbinden bzw. rechte Welle mit Holzkeil abstützen, siehe Bild auf der folgenden Seite. Mehr Platz schafft der Ausbau der linken Welle.

■ Verbindungsschrauben oben zwischen Motor und Getriebe herausdrehen.

■ Drei Schrauben an der rechten Motorkonsole herausdrehen.

■ Schaltgestänge abnehmen, siehe Zeichnung links. Dazu

■ Sicherungsfeder der Verbindungsstange abziehen, Verbindungsstange und kurze Wählstange am Schaltwellenhebel abziehen.

■ Lange Wählstange am Umlenkhebel aushaken.

■ Vor dem Abdrücken der Gelenkköpfe von ihren Kugelköpfen jeweils den kleinen Klemmbügel am Kunststoffkopf abhebeln.

■ Verschraubungen zwischen Getriebestütze und Getriebe lösen.

■ Schraube der Verbindung Stütze/Konsole/Gummi-Metall-Lager links herausdrehen.

■ Die beiden oberen Schrauben zwischen Konsole und Getriebe losdrehen.

■ Abdeckblech für die Kupplung und das kleine Abdeckblech am Flansch der rechten Gelenkwelle (Bild Seite 120) losschrauben.

■ Motorhalterung vorn am Motor sowie unten am Lagerbock abschrauben.

■ An der Getriebekonsole die dritte Schraube herausdrehen.

■ Getriebe absenken und die Schrauben für die Getriebeaufhängung herausziehen.

■ Motor und Getriebe so weit wie möglich nach rechts drücken (etwa 40 mm).

■ Rangierheber mit zwischengelegtem Holzstück unter dem Getriebe ansetzen oder Getriebe von einem Helfer halten lassen.

■ Untere Verschraubung zwischen Motor und Getriebe lösen.

■ Mit einem Montierhebel das Getriebe vom Motor abdrücken.

■ Wenn nötig, rechten Gelenkwellenflansch ausbauen.

■ Getriebe ablassen bzw. mit einem Helfer abnehmen.

■ Vor dem **Einbau** die Getriebe-Antriebswelle mit etwas Moly-Gleitpaste bestreichen.

■ Beim Ansetzen des Getriebes darauf ach-

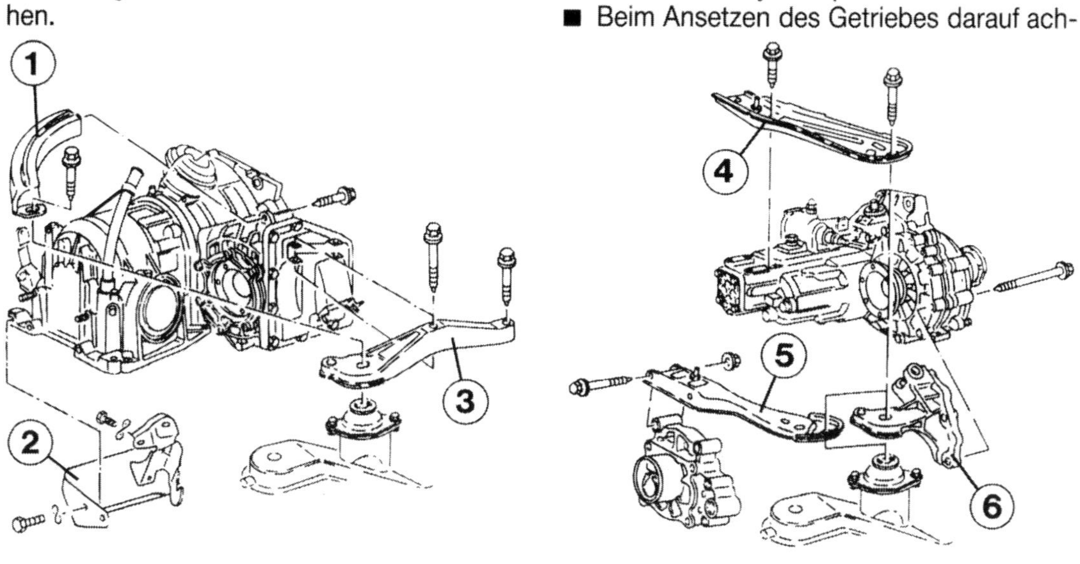

Links das Automatikgetriebe mit Stütze (1), Abdeckblech (2) und Konsole (3). Rechts das Schaltgetriebe: 4 – Stütze des Vierganggetriebes; 5 – Stütze für Fünfganggetriebe; 6 – Konsole.

Im Bild links haben wir die vom Getriebe gelöste Antriebswelle (1) durch Holzkeile auf dem Dreieckslenker (2) abgestützt. Rechts sehen Sie das kleine Abdeckblech (3) über dem rechten Gelenkwellenflansch (4).

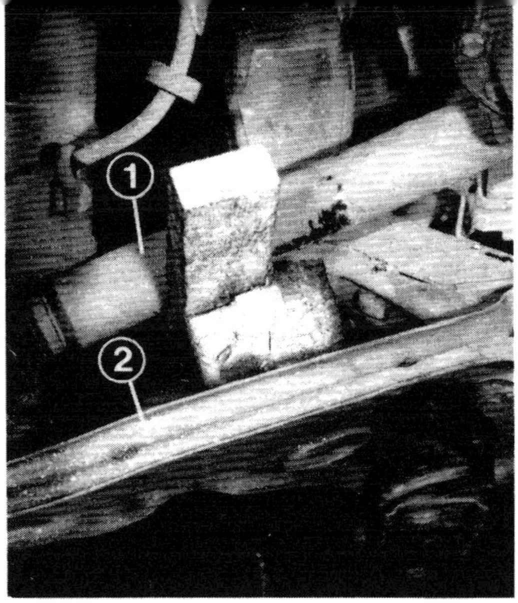

ten, daß das Zwischenblech zum Motor hin richtig sitzt.

- Motor/Getriebe-Aufhängungen spannungsfrei montieren.
- Kupplungsspiel einstellen bzw. bei automatischer Kupplungsnachstellung nach Einhängen des Kupplungszuges das Kupplungspedal mehrfach niedertreten.
- Schaltung ggf. neu einstellen.

Anzugs-Drehmomente

Bauteil	Nm
Getriebe an Motor	75 (M 12) 60 (M 10)
Gelenkwellen an Getriebe	45
Getriebestütze/Konsole an Gummi-Metall-Lager links	60
Getriebestütze an Getriebe	60
Getriebekonsole an Getriebe	35
Motorhalterung vorn an Motor	45
Lagerbock an Querträger vorn	70
Zusatzhalterung an Querträger vorn (bis Fahrgestell-Nr. 19 E 304 055)	30
Gummi-Metall-Lager an Lagerbock vorn	50
Motorkonsole an Motor	25

Ausrücklager ersetzen

Außer dem neuen Ausrücklager brauchen Sie für das Vierganggetriebe eine neue Getriebedeckeldichtung, bei der Fünfgangschaltbox dagegen einen neuen Kunststoffdeckel.

- Kupplungszug am Ausrückhebel aushängen.
- Wagen vorn aufbocken, linkes Vorderrad abnehmen.
- Radhausschale abschrauben (Seite 242).
- Beim Vierganggetriebe Deckel abschrauben, beim Fünfganggetriebe diesen mit einem scharfen Schraubenzieher durchstoßen und abhebeln.
- Beim Fünfganggetriebe den Anschlagpuffer vom Ausrückhebel abdrücken.
- Ausrückhebel nach unten drücken.
- Ausrücklager aus seiner Führung ziehen, neues Lager einsetzen.
- Der Kunststoffdeckel des Fünfganggetriebes muß eingeklopft werden. Dazu sollten Sie einen Kunststoffhammer verwenden oder ein Holzstück beim Hämmern zwischenlegen.

Die Kupplungsbetätigung besteht aus: 1 – Kupplungsdruckstange; 2 – Ausrückwelle mit Hebel; 3 – Kupplungshebel; 4 – Getriebedeckel des Vierganggetriebes; 5 – Deckel des Fünfganggetriebes; 6 – Führungshülse; 7 – Ausrücklager.

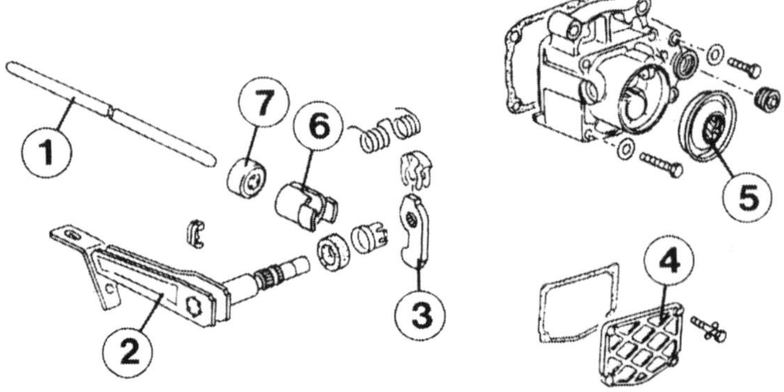

Getriebegeräusche

Im Lauf der Zeit kann das Getriebe durch Geräuschentwicklung auf sich aufmerksam machen. Zuerst sollten Sie nach dem Ölstand im Getriebe sehen.
Tritt ein heulendes Geräusch in einem Gang auf und verändert sich der Ton beim Gasgeben und Gas wegnehmen, dürfte die Verzahnung des betreffenden Gangradpaares verschlissen sein.
Bei Geräuschen in allen Gängen liegt es am Achsantrieb oder an Getriebe-Wellenlagern.
Rauhe, mahlende Geräusche, die erst bei warmem Getriebe hörbar werden, weisen auf schlagende Synchronringe hin. Bei dünnflüssiger werdendem Öl wird dieses immer an derselben Stelle vom Synchronring weggedrückt.

Fingerzeige: *Werkstätten wagen sich nur selten an die Reparatur oder Überholung eines Getriebes, sondern raten lieber zu einem Austauschaggregat. Preiswerter ist in den meisten Fällen der Einbau einer gebrauchten Schaltbox von der Autoverwertung. Achten Sie dabei auf die richtigen Getriebe-Kennbuchstaben (siehe unter »Technische Daten«).*
Am Getriebegehäuse sind die Kennbuchstaben eingeschlagen, außerdem das Herstellungsdatum mit Tag und Monat, während von der Jahreszahl nur die letzte Ziffer angegeben ist. Sie finden die Kennzeichnung für das Getriebe unten in der Mitte am Anlageflansch zum Motor.

Die Getriebeautomatik

Das automatische Getriebe funktioniert folgendermaßen: Zwischen ein Dreigang-Planetengetriebe und den Motor ist ein hydraulischer Drehmomentwandler geschaltet, in dem das Drehmoment des Motors auf Schaufelräder übertragen wird. Bei laufendem Motor versetzt das mit ihm gekoppelte Pumpenrad die Wandlerflüssigkeit (ATF) in eine Drehbewegung und schleudert sie nach außen gegen das Wandlergehäuse. Dabei trifft die Flüssigkeit auf das sogenannte Leitrad, das den ATF-Strom in die vorgesehene Richtung lenkt. Dadurch wird auch das mit dem Getriebe verbundene Turbinenrad in Drehung versetzt und somit die Motorkraft übertragen.
Die Übersetzungsänderung erfolgt beim automatischen Getriebe durch Zusammenschalten verschiedener Zahnräder unter Betätigung von Kupplungen und Bremsbändern durch das hydraulische Steuersystem. Das geschieht je nach von Motordrehzahl und Gaspedalstellung.

Wählhebelstellung »E«

Als technische Besonderheit weist das Automatikgetriebe des Diesel-Golf bzw. Jetta die zusätzliche Wählhebelstellung »E« auf, die für »Entkoppelung« oder auch »Economy«, zu Deutsch Wirtschaftlichkeit steht.
In dieser Wählhebelstellung ist das Getriebe im Schiebebetrieb (also z.B. bergab ohne Gas) hydraulisch abgekuppelt. Wir besitzen also einen »Freilauf«, wie wir ihn vom Fahrrad her kennen. Die beim Diesel recht starke Motorbremswirkung kommt damit nicht zum Tragen, und der Wagen rollt kraftstoffsparend im Leerlauf leichte Gefälle hinunter oder rollt aus vor Ampeln bzw. geschlossenen Bahnschranken.
Wird bei schnellerer Fahrt aus dem Leerlauf heraus abrupt Gas gegeben, kann es zu einem spürbaren Einschaltruck kommen. Materialschonender und komfortabler ist sanftes Anpassen der Motordrehzahl.

Fingerzeige: *Weil die Zahnräder des Planetengetriebes dauernd im Eingriff stehen und die Wandlerflüssigkeit in Stellung »D« bei laufendem Motor immer versucht – durch den Motor in Drehung versetzt –, das Getriebe und damit auch die Antriebsräder zu bewegen, »kriecht« der VW im Leerlauf. In Stellung »E« ist der Motor dagegen auch im Stand vom Getriebe abgekoppelt.*
Sollte der Automatik-VW einmal nicht anspringen, hilft Anschieben oder Anschleppen nicht. Der hydraulische Drehmomentwandler kann bei stehendem Motor keine Verbindung zwischen Triebwerk und Getriebe herstellen. Es geht nur mit Starthilfekabeln.
Muß der Diesel-VW mit Automatikgetriebe abgeschleppt werden, darf dies mit nicht mehr als 50 km/h und überdies höchstens 50 km weit geschehen, sonst reicht die Getriebeschmierung nicht aus. Der Wählhebel muß dazu in Stellung »N« stehen.

Schaltpunkte prüfen

Wartung Nr. 30

Ob die Getriebeautomatik richtig hoch- bzw. herunterschaltet, können Sie anhand der Tabelle auf der folgenden Seite prüfen. Allerdings sollten Sie von den Geschwindigkeitsangaben des Tachometers rund 5% Voreilung abziehen.
Durch kräftiges Niedertreten des Gaspedals (Kickdown) veranlaßt man das automatische

Getriebe zum Herunterschalten, wenn die entsprechenden Schaltpunkte noch nicht überschritten sind.
Reagiert die Automatik nicht auf Kickdown, muß die Werkstatt die Einstellung des geteilten Gaszugs vom Pedal zum Getriebe bzw. vom Getriebe zur Einspritzpumpe kontrollieren. Die exakte Einstellung läßt sich in Selbsthilfe nicht bewerkstelligen.

Motor	Gaspedal-stellung	Schaltpunkte in km/h beim Hochschalten		Schaltpunkte in km/h beim Zurückschalten	
		1. – 2. Gang	2. – 3. Gang	3. – 2. Gang	2. – 1. Gang
1,6 l/40 kW Saugdiesel	Vollgas	34–40	72–91	67–47	32–26
	Kickdown	56–59	91–93	87–84	46–44

Störungsbeistand Getriebeautomatik

Hier finden Sie nur Störungen beschrieben, die sich durch die Ölstandskontrolle oder einfachere Einstellarbeiten beheben lassen. Läßt sich der Fehler anhand der genannten Punkte nicht abstellen, liegt die Ursache im Innern der Getriebeautomatik.

Die Beanstandung	– ihre Ursache
A Ruckartige Schaltübergänge beim Einlegen der Fahrstufen »D« oder »R« aus der Stellung »N« bzw. »E« heraus	1 ATF-Stand zu niedrig 2 Leerlaufdrehzahl zu hoch
B Starkes Kriechen im Leerlauf bei eingelegtem Fahrbereich	Siehe A 2
C Fahrzeug setzt sich bei eingelegtem Fahrbereich nicht in Bewegung, kein Antrieb in allen Fahrstufen	Siehe A 1
D Langgezogene, schleifende Schaltübergänge	Siehe A 1
E Verzögerter Antrieb nach längerer Standzeit	Siehe A 1
F Unregelmäßiger Antrieb in allen Fahrstufen	Siehe A 1
G Kickdown arbeitet nicht	Gasbetätigung und Gaspedalzug falsch eingestellt
H Getriebe schaltet bei mittleren Geschwindigkeiten zu spät hoch	Siehe G
I Schlechte Beschleunigung, Höchstgeschwindigkeit wird nicht erreicht	1 Siehe A 1 2 Schlechte Motorleistung durch falsche Einstellung oder Verschleiß

Automatikgetriebe ausbauen

Hier gilt gleiches wie für den Ausbau des Schaltgetriebes, Sie müssen im Motorraum und an der Wagenunterseite arbeiten. Der Motor muß, wie dort beschrieben, aufgehängt werden, damit er bei ausgebauten Aufhängungen nicht durchhängt. Zum Abnehmen des Getriebes ist ein Rangierwagenheber notwendig.

- Masseband der Batterie abklemmen.
- Tachowelle am Getriebe losschrauben.
- Obere Verbindungsschrauben zwischen Motor und Getriebe herausdrehen.
- Obere Anlasserhalteschraube lösen.
- Drei Schrauben an der Motorkonsole rechts herausdrehen.
- Getriebekonsole und -stütze sowie das Gummi-Metall-Lager abschrauben.
- Motorhalterung vorn am Motor und am Querträger abschrauben; zum Herausnehmen den Motor nach hinten drücken.
- Linke Gelenkwelle abschrauben.
- Am Anlasser die beiden unteren Schrauben herausdrehen, Anlasser abnehmen.
- Ölwannenschutzblech abschrauben.
- In Stellung »P« den Seilzug zum Wählhebel abklemmen.
- Am Getriebe die Widerlager für die Seilzüge abschrauben.
- Gaszug und Gaspedalzug aushängen, dabei die Einstellung nicht verändern.
- Durch den Flansch für den Anlasser die drei Halteschrauben des Drehmomentwandlers losdrehen, dazu den Motor jeweils ⅓ Umdrehung weiterdrehen.
- Rechte Gelenkwelle abschrauben.
- Achsgelenk vom linken Radlagergehäuse abschrauben, siehe Seite 126. Dreieckslenker mit einem zwischengelegten Kantholz gegen die Felgenschüssel abstützen, dabei darf das Achsgelenk die Gelenkwellenmanschette nicht beschädigen.
- Motor und Getriebe nach rechts bis zum Anschlag drücken.
- Linke Gelenkwelle mit Draht hochbinden.

■ Getriebe mit einem Rangierwagenheber unten abstützen, dabei ein Holzstück zwischenlegen.
■ Untere Verbindungsschraube zwischen Motor und Getriebe herausdrehen.
■ Mit einem Montierhebel das Getriebe vom Motor abdrücken.
■ Getriebe auf dem Wagenheber am Anlageflansch zum Motor in Fahrtrichtung nach vorn ziehen und gleichzeitig vorsichtig ablassen.
■ Drehmomentwandler ggf. mit Draht oder Schnur so festbinden, daß er nicht aus dem Getriebe herausfallen kann.
■ Beim Einbau gelten die gleichen Drehmomente wie beim Schaltgetriebe, siehe Tabelle Seite 116. Der Drehmomentwandler wird mit 35 Nm am Mitnehmerblech angeschraubt.
■ Nach dem Zusammenbau sollte die Werkstatt die Einstellung des zweigeteilten Gaszugs sowie des Wählhebelseilzugs kontrollieren.

Der Achsantrieb

Das Getriebe und der Achsantrieb mit dem Ausgleichsgetriebe sitzen in einem gemeinsamen Gehäuse. Wenn Sie unsere Zeichnung unten betrachten, erkennen Sie, daß die vom Motor ans Getriebe geleitete Kraft über ein kleines und ein großes Zahnrad an den Achsantrieb gelangt. Am großen Zahnrad ist das Gehäuse des Ausgleichsgetriebes angeschraubt. In diesem Gehäuse sitzen vier ineinandergreifende Kegelräder, von denen zwei mit den Antriebswellen verbunden sind.
Solange wir geradeaus fahren, rollen beide Vorderräder mit der Drehzahl des großen Achsantriebsrades. Die Kegelräder des ebenfalls im gleichen Tempo drehenden Ausgleichsgetriebe-Gehäuses stehen dagegen still. Beim Durchfahren einer Kurve muß das kurvenäußere Rad einen längeren Weg zurücklegen als das innere. Jetzt treten die Kegelräder in Aktion: Die schnellere Drehung des äußeren Rades und seines Kegelrades wirkt über die beiden Übertragungskegelräder auf jenes Kegelrad auf der Kurveninnenseite ein, das nun entsprechend langamer dreht.
Dieser Ausgleich ist notwendig, sonst würde der Wagen ruckartig mit durchdrehenden Vorderrädern durch die Kurven fahren. Nachteilig wirkt sich das Ausgleichgetriebe jedoch aus, wenn ein Antriebsrad auf glattem Untergrund durchdreht. Dann wird auf das andere Vorderrad praktisch keine Kraft mehr übertragen, der Wagen rührt sich nicht von der Stelle.

Die Antriebswellen

Damit Sie beim Fahren und Lenken kein Zerren in der Lenkung verspüren, müssen die Gelenke der Antriebswellen die Kräfte in allen Feder- und Lenkstellungen vollkommen gleichmäßig übertragen. Am Ausgleichsgetriebe sitzt ein sogenanntes Verschiebegelenk. Es ermöglicht den zum Ein- und Ausfedern notwendigen Längenausgleich, muß aber nur geringe Beugewinkel ertragen. Am Rad sitzt ein Festgelenk. Hier ist kein Längenausgleich notwendig, dafür ein großer Beugewinkel für den Lenkeinschlag.

Manschetten der Antriebswellen prüfen

Wartung Nr. 24

Die Gelenke der Antriebswellen sind durch Gummimanschetten vor Feuchtigkeit und Schmutz geschützt und mit je 90 g MoS_2-Schmierfett gefüllt.
■ Wagen vorn mit freihängenden Rädern aufbocken.
■ Am Rad drehen und beide Manschetten der Welle auf feine Risse und spröde Stellen kontrollieren.
■ Sitzen die Schlauchbinder fest?

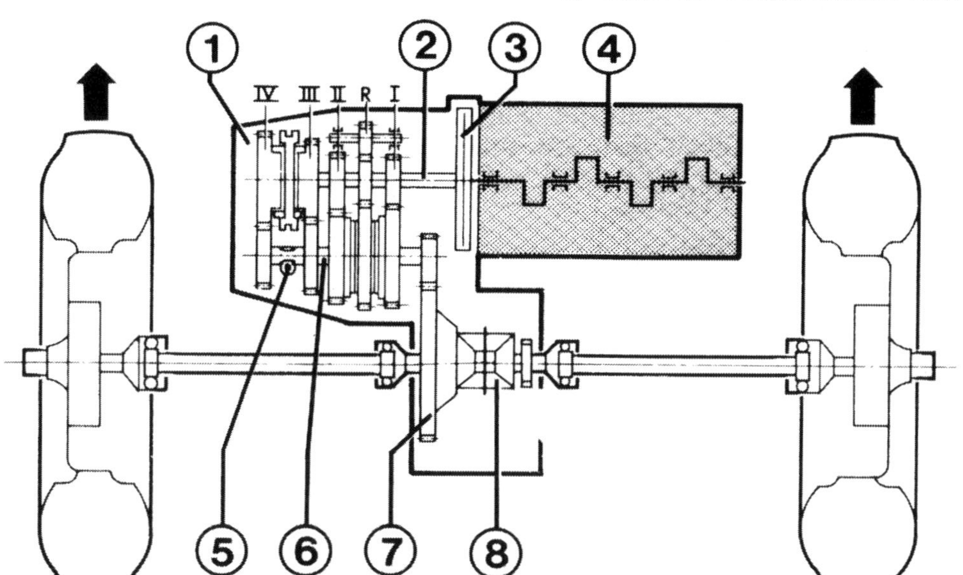

Die Kraftübertragung hier am Vierganggetriebe gezeigt: Der Motor (4) treibt über die Kupplung (3) das Getriebe (1) an. Auf der Getriebe-Antriebswelle (2) sitzen die Zahnräder der einzelnen Gänge (I bis IV und R). Ihnen gegenüber liegen die Zahnräder auf der Abtriebswelle (6). Diese Welle gibt die Motorleistung an den Achsantrieb (7) weiter. Das Ausgleichsgetriebe (8) muß die unterschiedlichen Wegstrecken der Räder bei Kurvenfahrt ausgleichen. Position »5« bezeichnet den Tachoantrieb.

■ Fettspuren an der Manschette sind ein Alarmsignal, denn fehlendes Schmiermittel oder eindringender Schmutz bzw. Feuchtigkeit zerstören die Gelenkoberflächen schnell.

■ Beschädigte Manschetten sofort ersetzen. Dazu muß die Antriebswelle ausgebaut und zerlegt werden.

Störungssuche an den Antriebswellen

Gewöhnlich gibt es mit den Antriebswellen keine Probleme. Ihre Lebensdauer hängt natürlich von der Fahrweise ab. Vollgasstarts mit eingeschlagenen Vorderrädern und Anfahren mit durchdrehenden Antriebsrädern führen zu vorzeitigem Defekt.

Die Gelenke der Antriebswellen zeigen meist schlagartig Ausfallserscheinungen, die aber zwischendurch wieder völlig verschwinden können. Die »ruhige Phase« kann sich über mehrere Tage und Kilometer erstrecken.

Charakteristisch sind rhythmische Schlag- oder Knack-knack-knack-Geräusche beim Gasgeben und im Schiebebetrieb. Verändern sich diese Töne noch abhängig vom Lenkeinschlag, dürfte das radseitige Gelenk defekt sein.

Vibrationen und Zitterbewegungen im Lenkrad bei eingeschlagenen Rädern weisen ebenfalls auf ein schadhaftes äußeres Gelenk.

Ein Knackgeräusch beim Anfahren mit eingeschlagenen Rädern liegt nicht unbedingt an den Antriebswellen, sondern evtl. am Radlager, siehe Seite 134.

Antriebswelle ausbauen

Die Haltemutter an der Achsnabe ist selbstsichernd und muß jedesmal erneuert werden. Außerdem ist es wichtig zu wissen, daß der VW mit ausgebauter Gelenkwelle nicht geschoben werden darf. Hierbei würde das Radlager ungleichmäßig belastet, und die Lagerrollen werden beschädigt.

■ Naben- bzw. Radzierkappe abnehmen.

■ Sechskantmutter SW 30 in der Radnabe lösen; hierzu muß der VW absolut fest auf dem Boden stehen. Mutter herausdrehen.

■ Wagen vorn aufbocken.

■ Innenvielzahnschrauben der Welle am Getriebe herausdrehen.

■ Zum Abnehmen der Welle Achsgelenk vom Radlagergehäuse abschrauben, siehe Seite 130. Dreieckslenker mit zwischengelegtem Kantholz gegen die Felgenschüssel abstützen – das Achsgelenk darf die Gelenkwellenmanschette nicht beschädigen.

■ Gelenkwelle vom Getriebeflansch abdrükken und herausziehen.

■ Gelenkwelle aus dem Radlagergehäuse ziehen.

■ Wird die rechte Gelenkwelle ausgetauscht und war an der alten Welle ein Ausgleichsgewicht angebracht, muß es an gleicher Stelle an der neuen Antriebswelle wieder montiert werden. Dazu

■ Eine der beiden Spannhülsen im Ausgleichsgewicht mit einem dünnen Dorn herausklopfen, Ausgleichsgewicht auseinanderklappen und abnehmen.

■ Einbaulage des Gewichtes beachten: Es sitzt getriebeseitig genau 4 mm vom Anfang der Wellenverengung enfernt.

■ Beim Eintreiben der Spannhülse an der neuen Gelenkwelle darauf achten, daß die Schutzlackierung der Welle nicht beschädigt wird.

■ Beim Einbau die Unterlegplättchen der Innenvielzahnschrauben nicht vergessen. Anzugsdrehmoment 45 Nm.

■ Wagen ablassen, Räder blockieren. Neue Achsnabenmutter mit 265 Nm anziehen.

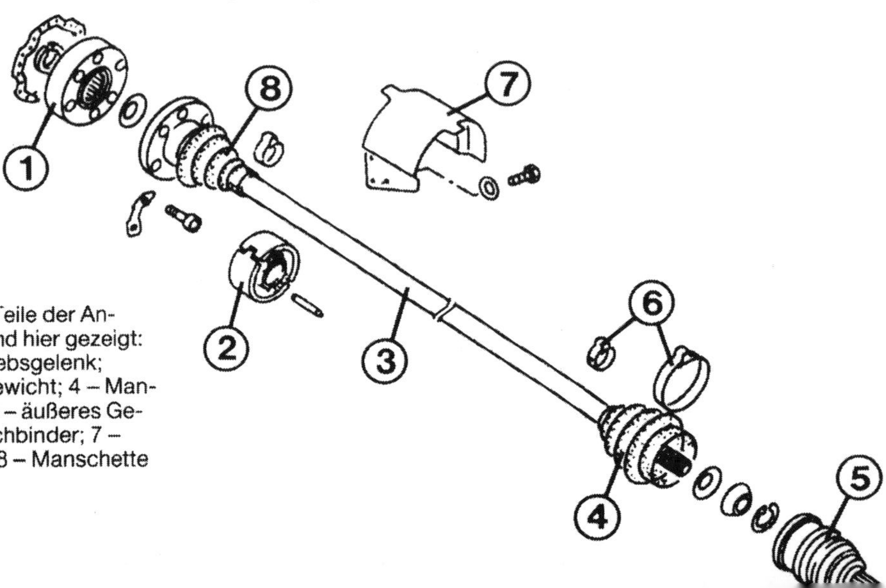

Die wichtigsten Teile der Antriebswelle (3) sind hier gezeigt: 1 – inneres Antriebsgelenk; 2 – Ausgleichsgewicht; 4 – Manschette außen; 5 – äußeres Gelenk; 6 – Schlauchbinder; 7 – Abschirmblech; 8 – Manschette innen.

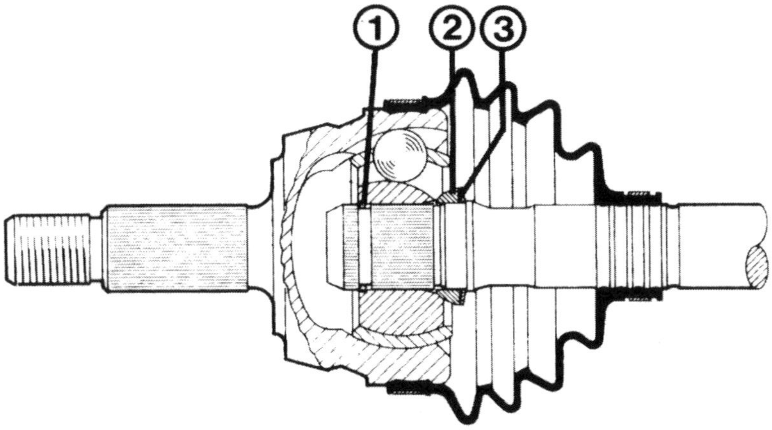

Die Zeichnung verdeutlicht die richtige Einbaulage von 1 – Sicherungsring; 2 – Abstandsscheibe; 3 – Tellerfeder.

Gelenkwellen-Ausführungen

Je nach Getriebe sind unterschiedlich lange Gelenkwellen eingebaut. Darauf müssen Sie achten, wenn Sie eine gebrauchte Antriebswelle kaufen.

Getriebe	Länge der Welle ohne Gelenke links mm	rechts mm	Bemerkungen
Schaltgetriebe	443	677,2	links Vollwelle, rechts Ausgleichsgewicht
Getriebeautomatik	443	677,2	rechts Rohrwelle

Fingerzeig: *Das äußere Gelenk der Antriebswelle hat seit 8/87 einen größeren Anlagebund ans Radlager. Eine Antriebswelle bis Baujahr 7/87 darf daher nicht in ein neueres Fahrzeug eingebaut werden.*

Antriebswelle zerlegen

Zum Manschetten- oder Gelenkwechsel muß die ausgebaute Antriebswelle zerlegt werden. Problematisch ist hierbei, daß das getriebeseitige Verschiebegelenk aufgepreßt ist. Wenn Sie es nach unserer behelfsmäßigen Ausbaumethode nicht abnehmen können, muß es abgepreßt und das neue Gelenk aufgepreßt werden.

■ **Äußeres Gelenk:** An einer intakten Manschette den großen Schlauchbinder aufbiegen, Schutzhülle zurückstreifen.

■ Bei beschädigter Manschette diese komplett abnehmen.

■ Gelenk mit einem Kunststoffhammer von der Gelenkwelle mit einem kräftigen Schlag losklopfen.

■ Beim Einbau Sitz der Tellerfeder und des Abstandsrings beachten (Zeichnung oben).

■ Manschette aufziehen.

■ Neuen Sicherungsring in die Nut der Gelenkwelle einsetzen, dann Gelenk mit dem Kunststoffhammer aufklopfen, bis der Sicherungsring einrastet.

■ Gelenk fetten: Ein neues erhält 90 g MoS_2-Fett eingedrückt, ein gebrauchtes wird nachgefettet.

■ Klemmschellen der Manschette fest zusammenpressen.

■ **Inneres Gelenk:** Blech-Schutzkappe mit der daran befestigten Manschette mit Hammer und Durchschlag vorsichtig vom Gelenk herunterklopfen. Dabei den Durchschlag an mehreren Stellen rund um das Gelenk ansetzen.

■ Am Wellenstumpf den Sicherungsring des Gelenks mit zwei feinen Schraubenziehern und Geduld aus seiner Nut herausheben.

■ Antriebsgelenk mit Hammerschlägen von der Welle losklopfen.

■ Tellerfeder von der Antriebswelle abdrücken.

■ Klemmschelle der Manschette aufbiegen oder mit Seitenschneider durchschneiden, Manschette abziehen.

■ Neue Manschette montieren. Klemmschelle fest zusammenpressen.

■ Tellerfeder so einbauen, daß ihr größerer Durchmesser zum Gelenk hin zeigt.

■ Gelenk in seinen Sitz klopfen, Sicherungsring montieren.

■ Auf jeder Seite des neuen Gelenks 45 g MoS_2-Schmierfett eindrücken. Ein gebrauchtes Gelenk lediglich nachfetten.

■ Blech-Schutzkappe der Manschette aufdrücken, notfalls leicht aufklopfen.

Radaufhängung und Lenkung

Bodenständig

Die Radaufhängung stellt die Verbindung zwischen Karosserie und Rad und damit zur Fahrbahn her. Dazu gehört auch die Lenkung.

Die Vorderradaufhängung

Im Mittelpunkt steht ein massiver Aggregateträger. Gelenkig mit ihm verbunden ist rechts und links unten je ein Achslenker in Form eines Dreiecks. Sie dienen zur Führung der Räder. An jedem Dreieckslenker ist außen über ein Gelenk das Radlagergehäuse befestigt, das seinerseits mit dem sogenannten Federbein (siehe rechte Seite) als Federungs-/Stoßdämpfungseinheit verschraubt ist.
Außerdem ist beim Golf GTD und allen Jetta-Versionen an den beiden Dreieckslenkern der vorderen Radaufhängung ein Stab aus Rundstahl angeschraubt. Er bewirkt folgendes: Federn beide Räder gleichzeitig ein, macht dieser Stabilisator die Bewegung mit, ohne sich dagegen zu sperren. Beim Durchfahren einer Kurve federt jedoch das kurveninnere Rad aus, und die Feder des kurvenäußeren Rades wird stärker zusammengepreßt. Dadurch wird der Stabilisator in sich verdreht. Er verstärkt so die Federung im kurvenäußeren Rad und bewirkt, daß sich die Karosserie weniger stark zur Kurvenaußenseite neigt.

Die Lenkung

Die Drehungen am Lenkrad wandelt ein Lenkgetriebe – es sitzt hinter dem Motor vor der Trennwand zum Innenraum – in eine hin- und hergehende Bewegung um, damit die Vorderräder zur Seite schwenken können.
Der VW hat eine Zahnstangenlenkung. Ein Zahnrad (Ritzel) am Ende der Lenksäule greift in eine gezähnte Stange ein und verschiebt diese je nach Drehung am Lenkrad nach rechts oder links. Diese Bewegungen übertragen die beiden an der Zahnstange angeschraubten Spurstangen auf die schwenkbaren Radzapfen (Achsschenkel) und damit auf die Räder.
Durch eine bestimmte Schrägstellung der Federbeine wurde noch ein Effekt erzielt, der ebenfalls auf die Lenkung Einfluß hat: Das ist der spurstabilisierende Lenkrollradius, den die Zeichnung unten näher verdeutlicht. Durch ihn erreicht man etwa beim Bremsen in einem gewissen Maß eine selbsttätige Richtungstabilisierung.

Die Servolenkung

Bei der auf Wunsch eingebauten Servolenkung dient die Zahnstange im Lenkgetriebe gleichzeitig als Kolben. Dieser wird vom hineingepumpten Hydrauliköl nach rechts oder links verschoben. In welche Richtung gepumpt wird, bestimmen Sie beim Drehen des Lenkrads. Diese Drehung wird auf ein Ventilsystem übertragen, das Richtung und Menge des Flüssigkeitsstromes regelt.
Den Druck im hydraulischen System erzeugt eine Flügelpumpe, die der Motor über einen Keilriemen antreibt.

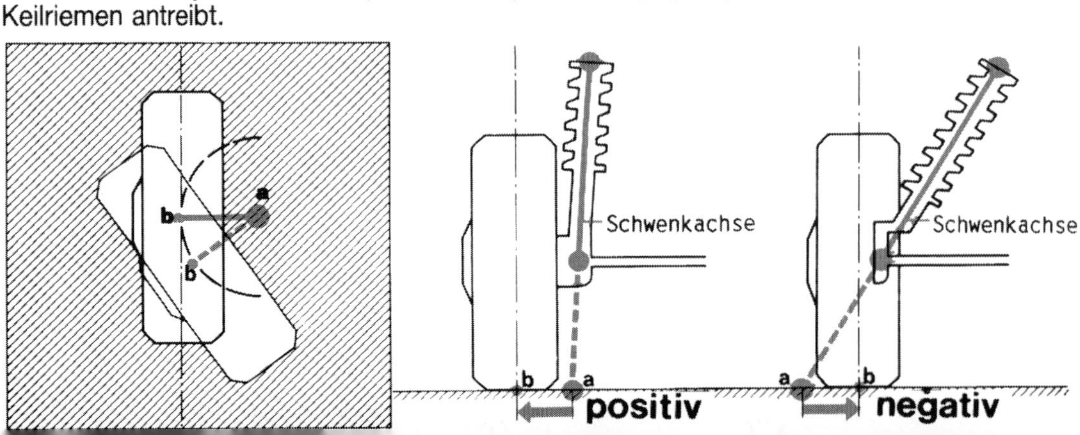

Beim Einschlagen läuft das Vorderrad in einem Kreisbogen um den Punkt »a«. Dort trifft die Verlängerung der Schwenkachse (in der mittleren und rechten Abbildung eingezeichnet) auf die Fahrbahn auf. Punkt »b« bezeichnet die Mitte der Reifenauflagefläche. Der Radius »a–b« des Kreisbogens ist der Lenkrollradius. Dieser Lenkrollradius ist von der Lage der Schwenkachse abhängig: Trifft die Schwenkachse innerhalb der Wagenspurweite (=Abstand von Reifenmitte zu Reifenmitte) auf die Fahrbahn, ist der Lenkrollradius positiv. Negativ ist er, wenn die Schwenkachse außerhalb der Spurweite auf den Boden trifft.

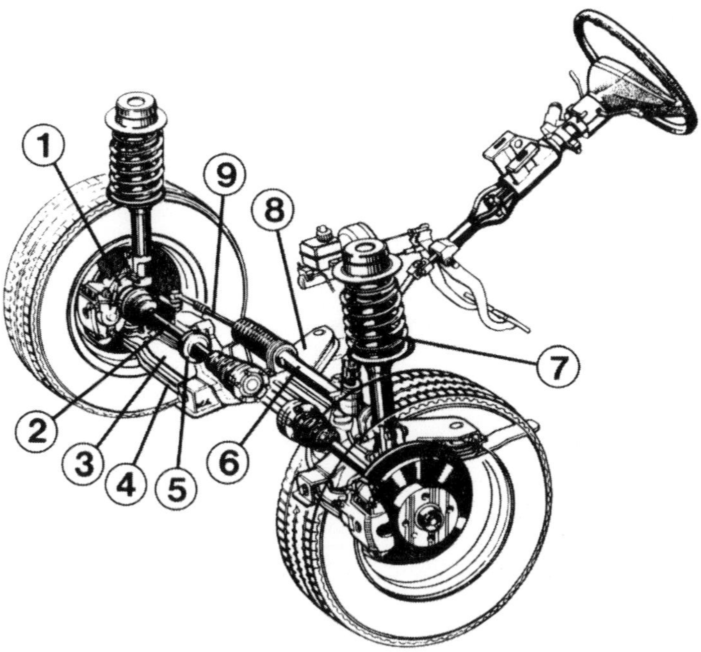

Ein Blick auf die Vorderachse: 1 – Radlagergehäuse; 2 – Antriebswelle; 3 – Dreieckslenker; 4 – Stabilisator; 5 – Ausgleichsgewicht; 6 – Lenkgetriebe; 7 – Federbein; 8 – Aggregateträger; 9 – Spurstange.

Die Hinterachse

Hier haben wir eine richtige Achse aus einem Stück vor uns. Sie ist aber nicht starr, sondern in sich verdrehbar; dabei wirkt sie wie ein Stabilisator. Das Kernstück bildet ein V-förmiger Querträger aus 6 mm starkem Federstahl. Daran sind rechts und links rohrförmige Längslenker angeschweißt. Sie tragen in Fahrtrichtung hinten die Haltekonsole für das Federbein, an ihrer Seite ist der Radzapfen angeschraubt.
Die Verbindung zwischen Hinterachse und Karosserie stellen sogenannte spurkorrigierende Gummi-Metall-Lager her. Sie verhindern durch ihre spezielle Form, daß seitlich einwirkende Kräfte z. B. beim Kurvenfahren die Hinterachse aus ihrer Lage drücken. Das würde sonst einen »Mitlenk«-Effekt der Hinterachse verursachen und auf unebener Fahrbahn, in Wechselkurven oder bei hoher Zuladung zu kritischen Fahrsituationen führen.

Die Federbeine

Unter dem Begriff Federbein verstehen wir die Zusammenfassung von Feder und Stoßdämpfer in einer Einheit. Der Dämpfer ist in die Schraubenfeder hineingesteckt. Feder und Stoßdämpfer arbeiten genau in derselben Bewegungsrichtung. Das ergibt gleichmäßige, für die Fahrzeuginsassen angenehme Federbewegungen. Solche Federbeine hat der VW an der Vorder- und Hinterachse.
Für die Vorderradfederung wurde ein Patent des Amerikaners Earl S. McPherson verwendet. Das nach ihm benannte Federbein stellt ein komplettes Radaufhängungssystem dar. Oben an der Verbindung zur Karosserie ist es drehbar gelagert, so daß Lenkbewegungen überhaupt möglich sind. Am unteren Teil sitzt der Radzapfen, auf dem das Vorderrad läuft.

Die Stoßdämpfer

Die Stöße der Fahrbahn schlucken Reifen und Federn. Die Stoßdämpfer indessen sollen die Schwingungen der Radmassen unterdrücken bzw. zum Abklingen bringen. Richtiger wäre daher die Bezeichnung »Schwingungsdämpfer«.
Serienmäßig sind sogenannte Zweirohrdämpfer eingebaut. Sie bestehen aus einem Arbeitszylinder, in dem ein mit einer Kolbenstange verbundener Arbeitskolben auf und ab gleiten kann. Der Arbeitszylinder ist von einem zweiten Zylinder umgeben, der als Vorratsbehälter für das

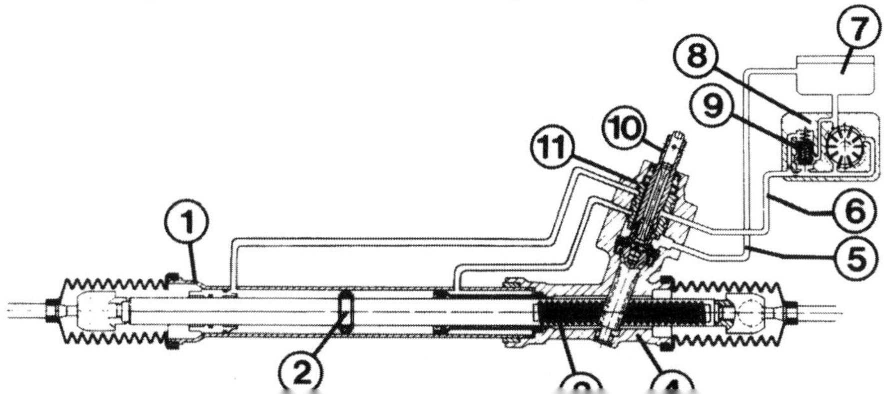

Die Servolenkung schematisch dargestellt: 1 – Gehäuse; 2 – Kolben; 3 – Zahnstange; 4 – Ritzelgehäuse; 5 – Rücklaufleitung; 6 – Druckleitung; 7 – ATF-Vorratsbehälter; 8 – Flügelpumpe; 9 – Druck- und Strombegrenzungsventil; 10 – Lenkritzel; 11 – Ventilkörper.

Stoßdämpfer-Hydrauliköl dient. Bei Federbewegungen eines Rades verschiebt sich der Kolben im Zylinder. Das in Bewegung versetzte Spezialöl wird durch Ventile hindurchgepreßt, was die Kolbenbewegung verlangsamt und damit die Schwingungen des jeweiligen Rades dämpft.

Manschetten des Lenkgetriebes kontrollieren

Wartung Nr. 19

Die aus dem Lenkgetriebegehäuse austretende Zahnstange ist rechts und links durch eine Gummimanschette geschützt. Durch einen schadhaften Faltenbalg gelangt Schmutz und Feuchtigkeit ins Lenkgetriebe. Das ergibt zusammen mit dem Lenkgetriebefett eine Art Schleifpaste und nagt am Lenkritzel. Ist die Lenkung in der Geradeausstellung schon etwas »teigig«, hilft Nachstellen nicht mehr, sonst klemmt sie beim Einschlagen der Räder und geht nach Kurven nicht mehr zurück.

■ Nehmen Sie die Vorderräder ab und schlagen Sie das Lenkrad ganz nach rechts bzw. links ein.

■ Ziehen Sie den Faltenbalg Stück um Stück auseinander, um Risse in den Gummiwülsten zu erkennen.

■ Ist die Manschette verdreht?

■ Sitzt der Haltering fest auf der Manschette?

■ Kontrollieren Sie den festen Sitz des Schlauchbinders der Manschette.

■ Eine defekte Manschette sofort ersetzen, siehe »Spurstange auswechseln« auf Seite 129.

Staubkappen und Spiel der Spurstangenköpfe prüfen

Wartung Nr. 22

Rechts und links zwischen Spurstange und Lenkhebel am Radlagergehäuse sitzt ein Gelenk. Der stählerne Kugelkopf ist von selbstschmierendem Kunststoff umhüllt und durch eine staub- sowie wasserdichte Umhüllung geschützt.

■ Kontrollieren Sie die Manschetten der Spurstangengelenke auf Risse.

■ Eventuelles Spiel im Gelenk wird bei auf dem Boden stehendem Wagen geprüft. Am besten geht das auf einer Grube.

■ Lassen Sie einen Helfer das Lenkrad mehrmals kurz nach links bzw. rechts drehen und fühlen Sie an den Spurstangengelenken, ob sie »Luft« haben.

■ Spurstangenköpfe mit defekter Manschette oder Spiel müssen umgehend ersetzt werden, siehe Seite 128.

Staubkappen der Achsgelenke kontrollieren

Wartung Nr. 23

Die Gelenke rechts und links zwischen Dreieckslenker und Radlagergehäuse sind wartungsfrei. Die stählernen Kugelköpfe der Achsgelenke sitzen in einer Fett-Dauerfüllung und zusätzlich in Kunststoffschalen. Als Schutz vor Nässe und Schmutz dienen Staubkappen aus Kunststoff. Eindringender Schmutz wirkt wie Schmirgelsand im Gelenk; Feuchtigkeit läßt es mit der Zeit festrosten.

■ Lenkung nach einer Seite voll einschlagen.

■ Kappen der Achsgelenke rechts und links auf Beschädigungen kontrollieren.

■ Eine schadhafte Staubkappe kann nicht einzeln ersetzt werden, das Achsgelenk muß komplett ausgetauscht werden (Seite 127).

Spiel der Achsgelenke kontrollieren

Eine Prüfung, ob die Achsgelenke Spiel aufweisen, ist im Wartungsplan nicht vorgesehen. Die Kontrolle ist nach unseren Erfahrungen nur bei Wagen mit Kilometerleistungen ab 80000 erforderlich.

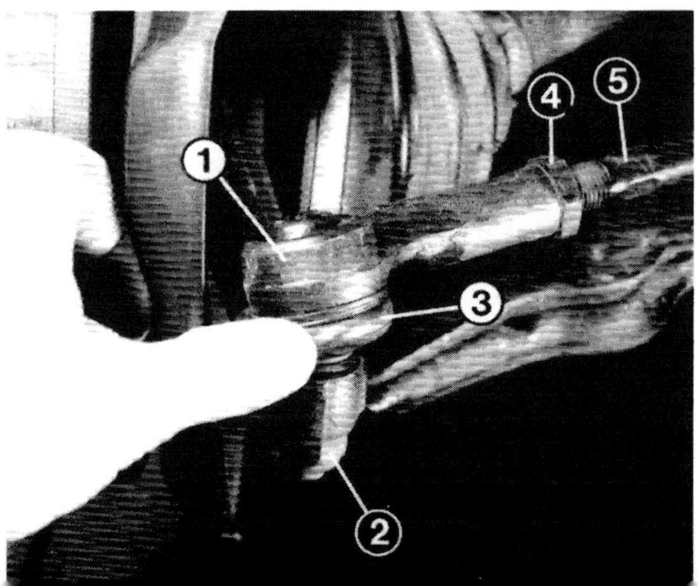

Der Spurstangenkopf (1) ist mit einer selbstsichernden Mutter (2) mit dem Lenkhebel am Radlagergehäuse verschraubt. In regelmäßigen Abständen muß die Manschette (3) auf Schäden kontrolliert werden. Außerdem gezeigt: 4 – Sechskant zum Aufschrauben des Spurstangenkopfes; 5 – Sechskant zum Gegenhalten der Spurstange.

■ Wagen aufbocken, daß das betreffende Vorderrad frei hängt.
■ Rad oben und unten fassen und quer zur Fahrtrichtung daran rütteln.
■ Zeigt sich »Luft«, sollten Sie das Spiel in der Werkstatt prüfen lassen.

Lenkungsspiel prüfen

Wartung Nr. 11

■ Linkes Seitenfenster herunterkurbeln. Stellen Sie sich neben den Wagen.
■ Durchs Fenster greifen und Lenkrad kurz hin und her drehen. Bei einem Fahrzeug mit Servolenkung soll der Motor hierzu laufen.
■ Bewegt sich das linke Vorderrad aus der Geradeausstellung sofort mit? Achten Sie auf die Felge, denn der elastische Reifen kann einen Teil des Einschlags »schlucken«, ehe er sich bewegt.
■ Zeigt das Lenkgetriebe Spiel, kann es nachgestellt werden, siehe Seite 130.

Keilriemenspannung prüfen

Wartung Nr. 17

Die Pumpe der Servolenkung wird über einen separaten Keilriemen von der Motorkurbelwelle angetrieben. Sollte der Keilriemen unterwegs reißen, können Sie trotzdem weiterfahren. Allerdings ist wesentlich mehr Muskelkraft zum Lenken vonnöten.
■ Keilriemen zwischen beiden Riemenscheiben mit kräftigem Fingerdruck durchdrücken.
■ Der Riemen darf nicht mehr als **10 mm** nachgeben.
■ Kontrollieren Sie auch gleich, ob der Keilriemen beschädigt ist.
■ Falls ja, ersetzen. Die Keilriemengröße finden Sie auf Seite 130.

Radlagerspiel prüfen

Wartung Nr. 40

Die Räder laufen vorn auf zweireihigen Kugellagern und hinten auf Schrägkegel-Rollenlagern. Sie halten, mit Dauerfetten montiert, an der Hinterachse weitaus mehr als 100000 km durch. Die vorderen Radlager können schon wesentlich früher durch laute Laufgeräusche auf sich aufmerksam machen. Wird das Geräusch z.B. in Rechtskurven lauter, ist das linke Radlager defekt.
■ Fassen Sie nacheinander die fest am Boden stehenden Räder oben und versuchen Sie, diese quer zum Wagen zu bewegen.
■ Bei einwandfreien Lagern darf praktisch keine »Luft« vorhanden sein.
■ Zeigen die hinteren Radlager Spiel, können sie nachgestellt werden (Seite 135).
■ Bei Spiel an den Lagern der Vorderräder lassen Sie einen Helfer auf das Bremspedal treten und wiederholen die Kontrolle.
■ Ist weiterhin Spiel vorhanden, liegt die Ursache am Achsgelenk.
■ Die vorderen Radlager können nicht eingestellt werden, sondern man muß sie ersetzen, siehe Seite 130.
■ Bei hochgebocktem Wagen können Sie noch prüfen, ob sich die Räder leicht drehen lassen (keine Schleif- oder Mahlgeräusche?).

Stoßdämpfer prüfen

Nachlassende Dämpfwirkung wird oft unbewußt durch verändertes Fahrverhalten ausgeglichen. Eine Faustregel besagt, daß nach zwei verschlissenen Reifensätzen die Serienstoßdämpfer nur noch die Hälfte ihrer ursprünglichen Wirkung besitzen und somit austauschreif sind.
Keine genaue Diagnose erhält man durch die bekannte »Schaukelmethode« im Stand, bei der man den Wagen am betreffenden Kotflügel aufschaukelt und plötzlich losläßt: Die Federbewe-

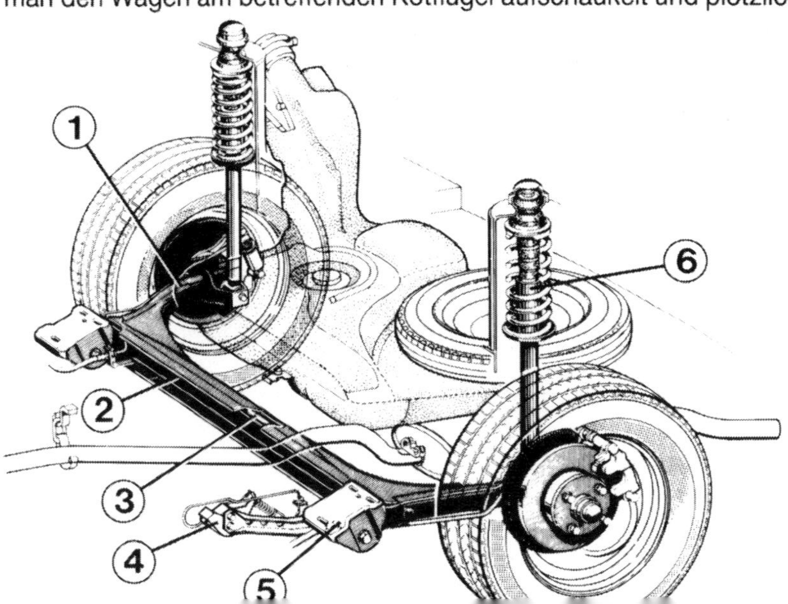

Die Hinterachse des VW Golf und Jetta: 1 – Längslenker; 2 – Hinterachskörper; 3 – Stabilisator (beim Diesel nicht eingebaut); 4 – Bremskraftregler; 5 – Lagerbock mit Gummi-Metall-Lager; 6 – Federbein.

gung müßte sofort gedämpft werden. So läßt sich aber nur ein total ausgefallener Stoßdämpfer feststellen.
Ein genaueres Bild über den Stoßdämpferzustand liefert ein spezieller Prüfstand, wie z. B. der »Shocktester« von Boge. Die Ausschwingbewegungen der zuvor in Schwingung versetzten Fahrzeugachse werden auf ein Diagramm aufgezeichnet. Dazu darf das Stoßdämpferöl nicht zu kalt sein, sonst wird das Meßergebnis verfälscht. Anhand des Diagramms hat man einen Anhaltspunkt über die Funktionsfähigkeit der Stoßdämpfer. Solche Prüfstände haben Autoclubs im »Wandereinsatz« sowie manche Werkstätten und TÜV-Stellen.

Störungsbeistand Stoßdämpfer

Es gibt einige untrügliche Anzeichen für nachlassende Stoßdämpferwirkung:
□ Flatternde Lenkung, weil die Räder keinen ständigen Bodenkontakt haben.
□ Nach Unebenheiten schwingt die Karosserie nach.
□ »Schwammiges« Verhalten in Kurven, weil die kurveninneren Räder nicht genügend auf den Boden gedrückt und die äußeren nicht stark genug entlastet werden.
□ Springende Räder; das muß ein neben- oder hinterherfahrender Begleiter beobachten.
□ Vielfach unterbrochene Bremsspur bei Vollbremsung durch springende Räder.
□ Ungleichmäßige Abnutzung der Reifen und erhöhter Reifenverschleiß.
□ Erhebliche Ölspuren außen am Stoßdämpfer bis unter den Federteller des Federbeins. Geringe Leckverluste sind dagegen normal.

Die Federbein-Lagerung

Die obere Lagerung der Federbeine dient der Geräuschisolation, soll die Federwirkung erhöhen und beim Lenkeinschlag einen möglichst geringen Widerstand entgegensetzen. Solange die Vorderräder Fahrbahnkontakt haben, sind die Federbeinlager ständig unter Last verspannt. Falls bei der Hauptuntersuchung durch DEKRA oder TÜV das Spiel der Vorderradaufhängung bei angehobenen Rädern geprüft wird, zeigt sich zwischen Federbeinlager und Kolbenstange des Stoßdämpfers Spiel. Dies ist jedoch konstruktiv bedingt und deutet nicht auf Verschleiß.

Eigenarbeiten an Lenkung und Fahrwerk

Für die Verkehrssicherheit sind Fahrwerk und Lenkung von entscheidender Bedeutung. Sie sollten daran nur schrauben, wenn Sie sich Ihrer Sache völlig sicher sind. Andernfalls gefährden Sie sich und andere.
Sollten Sie die hier genannten Werkzeuge nicht besitzen oder im Zweifel sein, ob Sie die betreffende Reparatur selbst bewerkstelligen können, gehört die Arbeit in die Werkstatt.

Vorderradaufhängung zerlegen

An den Teilen der vorderen Radaufhängung läßt sich vieles selbst aus- und einbauen. Für bestimmte Arbeiten sind allerdings Werkstattgeräte erforderlich. Beschädigte Teile der Radaufhängung dürfen nicht gerichtet oder gar geschweißt, sondern müssen grundsätzlich erneuert werden.

Fingerzeig: *Die Vorderradaufhängung ist seit 8/87 in vielen Teilen überarbeitet, z. B. Radlagergehäuse, Radlager, Radnabe, Achsgelenk sowie die Antriebswellen bzw. deren äußeres Gelenk. Das muß bei der Ersatzteilbeschaffung berücksichtigt werden. Falls Sie gebrauchte Teile einbauen wollen, müssen Sie sich unbedingt davon vergewissern, daß diese für Ihren Wagen die richtigen sind.*

Stabilisator ausbauen

■ Wagen vorn aufbocken. Beide Räder müssen gleichmäßig ausgefedert sein.
■ Je eine Schraube an den Halteschellen rechts und links am Aggregateträger losdrehen.
■ An den vorderen Lagerpunkten am Aggregateträger beidseitig die Mutter der Koppelstange (Zeichnung rechts unten) losdrehen.
■ Auf beiden Seiten die Koppelstangen aus dem Aggregateträger herausziehen, Stabilisator abnehmen.
■ Kontrollieren Sie vor dem Einbau den Zustand der Stabilisator-Gummilager.
■ Beim Einbau neuer Gummis hinten am Stabilisator wird deren Einsteckföffnung mit Glyzerin bestrichen. So lassen sie sich leichter auf den Stabilisator aufschieben.
■ Die Gummiringe und die Scheiben oben und unten an der Koppelstange müssen richtig sitzen: Die angeschrägte Seite der Scheibe zeigt jeweils vom Gummiring weg, die schräg zulaufende Seite des Gummirings ist der Scheibe zugewandt.
■ Die selbstsichernden Muttern durch neue ersetzen, Anzugsdrehmoment 25 Nm.

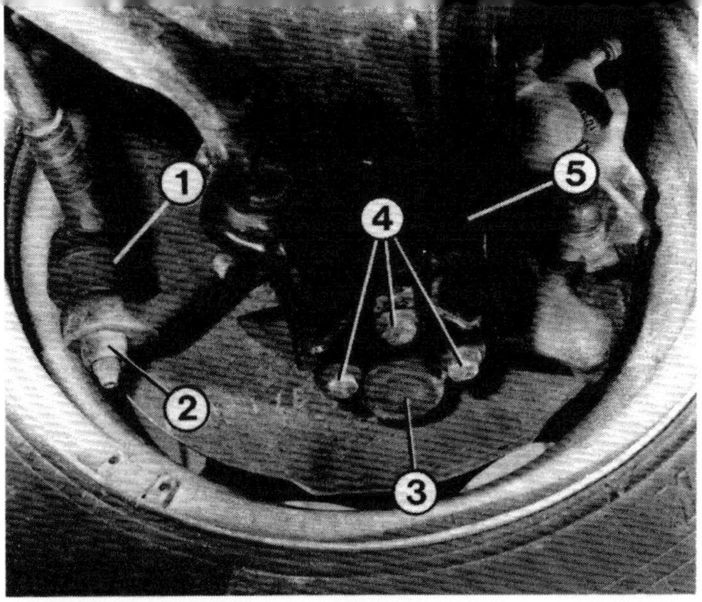

Bevor das Achsgelenk (3) losgeschraubt wird, muß die Stellung der Halteschrauben (4) am Dreieckslenker (5) angezeichnet werden. Links im Bild der Spurstangenkopf (1) mit seiner selbstsichernden Mutter (2).

Achsgelenk ersetzen

- Wagen vorn aufbocken, betreffendes Vorderrad abstützen.
- Lage des Achsgelenks am Dreieckslenker anzeichnen, siehe Bild rechts oben.
- Unten am Radlagergehäuse die Verschraubung der Klemmverbindung lösen.
- Achsgelenk nach unten herausziehen.
- Unten am Dreieckslenker die drei Halteschrauben des Achsgelenks losdrehen.
- Beim Einbau das Achsgelenk entsprechend der Anzeichnung am Dreieckslenker ausrichten. Ein neues Achsgelenk wird so ausgerichtet, daß es in der Mitte der Langlöcher im Dreieckslenker steht. Falsche Einbaulage kann einen Schaden an der Gelenkwelle bewirken.
- Das Sicherungsblech mit den drei selbstsichernden Muttern und die selbstsichernde Mutter der Klemmbefestigung zwischen Achsgelenk und Radlagergehäuse müssen erneuert werden.
- Die Schrauben des Achsgelenks mit 25 Nm festziehen.
- An der Klemmbefestigung muß der Schraubenkopf in Fahrtrichtung nach vorn zeigen, die Mutter wird mit 50 Nm angezogen.

Dreieckslenker ausbauen

- Stabilisator abschrauben.
- Klemmverbindung zwischen Achsgelenk und Radlagergehäuse lösen, siehe vorangegangenen Abschnitt.
- Halteschrauben der Dreieckslenkerlager vorn und hinten am Aggregateträger losdrehen.
- Im hinteren Gummi-Metall-Lager die geschlitzte Blechhülse mit einer Zange herausziehen, Dreieckslenker abnehmen.
- Gummi-Metall-Lager im Dreieckslenker auf Risse oder sonstige Beschädigungen kontrollieren.
- Die Lager können nur mit Werkstattmitteln ausgetauscht werden.
- Beim Einbau neue Blechhülse im hinteren Gummi-Metall-Lager einsetzen.
- Verschraubungen zwischen Dreieckslenker und Aggregateträger mit 130 Nm anziehen.

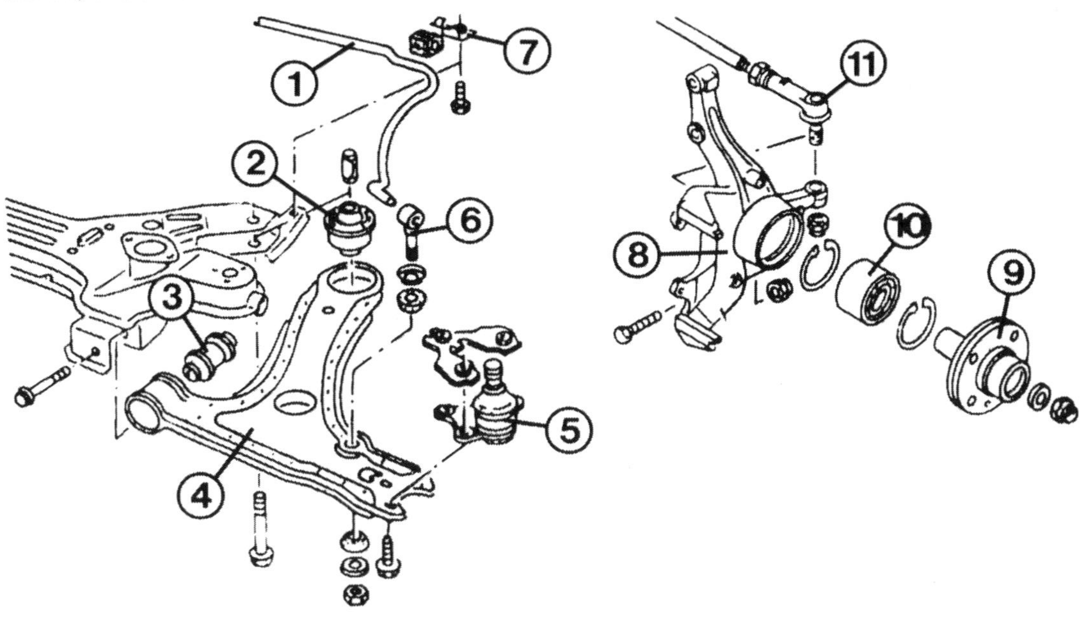

Die Vorderradaufhängung in ihren Einzelteilen: 1 – Stabilisator; 2 – hinteres Gummi-Metall-Lager; 3 – vorderes Gummi-Metall-Lager; 4 – Dreieckslenker; 5 – Achsgelenk; 6 – Koppelstange; 7 – Halteschelle; 8 – Radlagergehäuse; 9 – Radnabe; 10 – Radlager; 11 – Spurstangenkopf.

Das vordere VW-Federbein: 1 – oberer Anschlag; 2 – Nutmutter; 3 – Federbeinlager; 4 – Federteller oben; 5 – Anschlagpuffer; 6 – Schutzhülle; 7 – Stoßdämpfer; 8 – Schraubenfeder.

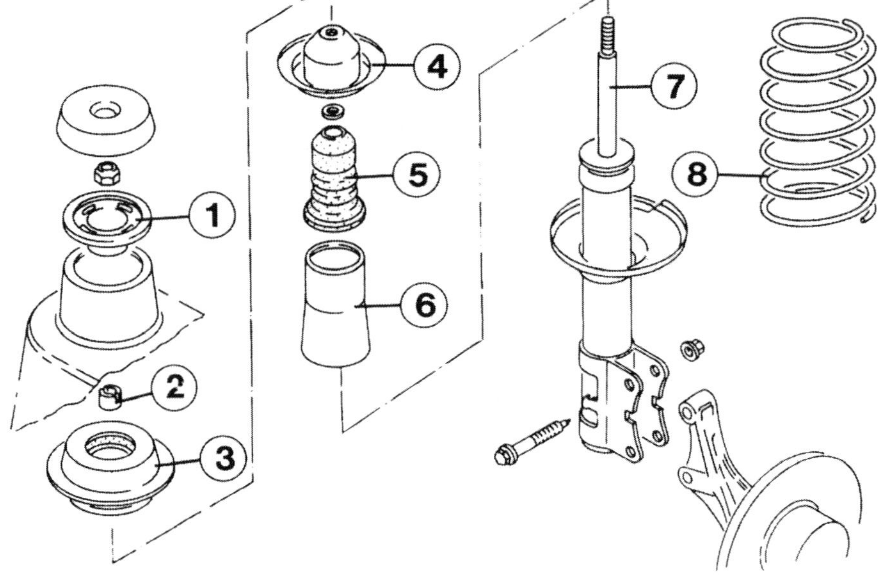

Federbein ausbauen

■ Wagen vorn aufbocken, Rad abschrauben.
■ Dreieckslenker unten abstützen.
■ Im Motorraum die Abdeckung oben am Federbein abnehmen.
■ Haltemutter (bis 7/87 SW 22, ab 8/87 SW 21) von der Kolbenstange des Federbeins abschrauben. Dazu muß der Innensechskant in der Kolbenstange mit einem Steckschlüssel gegengehalten werden.
■ Beide Verschraubungen unten zwischen Federbein und Radlagergehäuse lösen.
■ Schrauben herausziehen, Federbein abnehmen.
■ Beim Einbau die (neuen!) selbstsichernden Spezialmuttern an der Verschraubung Federbein/Radlagergehäuse mit 80 Nm anziehen, nachdem Sie die Verschraubungen entsprechend den Anzeichnungen ausgerichtet haben.
■ Kolbenstange zum Festziehen der oberen Federbein-Haltemutter wieder gegenhalten.
■ Für diese selbstsichernde Mutter gilt ein Anzugsdrehmoment von 60 Nm. Da gleichzeitig die Kolbenstange gegengehalten werden muß, hat die V.A.G.-Werkstatt hierzu einen Ringschlüssel-Ansatz für den Drehmomentschlüssel. Behelfsmäßig geht es nur mit gefühlsmäßigem Anziehen mit einem herkömmlichen Ringschlüssel.

Stoßdämpfer bzw. Feder ausbauen

Zu dieser Arbeit ist eine Spannvorrichtung für die Schraubenfeder zwingend erforderlich. Gebraucht werden drei Federspanner. Ohne diese besteht durch die etwa vierfache Vorspannung der Schraubenfeder die Gefahr, daß die Teile nach Lösen der zentralen Halteschraube explosionsartig auseinanderfliegen – allerhöchste Verletzungsgefahr!
Eine zusätzliche Hürde stellt die Verschraubung oben am Federbein dar. Das ist eine geschlitzte Nutmutter ohne Außensechskant. Dafür gibt es das V.A.G.-Spezialwerkzeug 524. Als Behelf kann eine besonders lange Rohrzange dienen, wenn die Nutmutter ebenfalls ersetzt wird.

■ Federbein ausbauen.
■ Schraubenfeder spannen.
■ Nutmutter oben lösen, gleichzeitig die Kolbenstange des Stoßdämpfers gegenhalten.
■ Teile abnehmen und in ihrer Reihenfolge ablegen.
■ Schraubenfeder langsam entspannen.
■ Anschlaggummi und Abdeckung über dem Stoßdämpfer abnehmen.
■ Beim Zusammenbau nach Einsetzen von Abdeckung und Gummipuffer die Schraubenfeder wieder spannen, dann Federbeinlager mit seinen Teilen montieren.
■ Die Nutmutter oben am Federbeinlager soll mit 40 Nm festgedreht werden.

Arbeiten an der Lenkung

Spurstangenkopf auswechseln

Serienmäßig ist der Spurstangenkopf an der rechten Spurstange getrennt angeschraubt, links ist dies nur bei einer Ersatzteil-Spurstange der Fall.

■ Rad abnehmen.
■ Mutter unten am Spurstangenkopf lösen.
■ Spurstangenkopf mit einem Klauenabzieher nach oben aus dem Lenkhebel am Radlagergehäuse herausdrücken.
■ Kontermutter an der Spurstange losdrehen, dabei den Sechskant am Gewindebolzen gegenhalten.
■ Lage der Spurstangenkopf-Verschraubung anzeichnen, dann stimmt die Spur nach

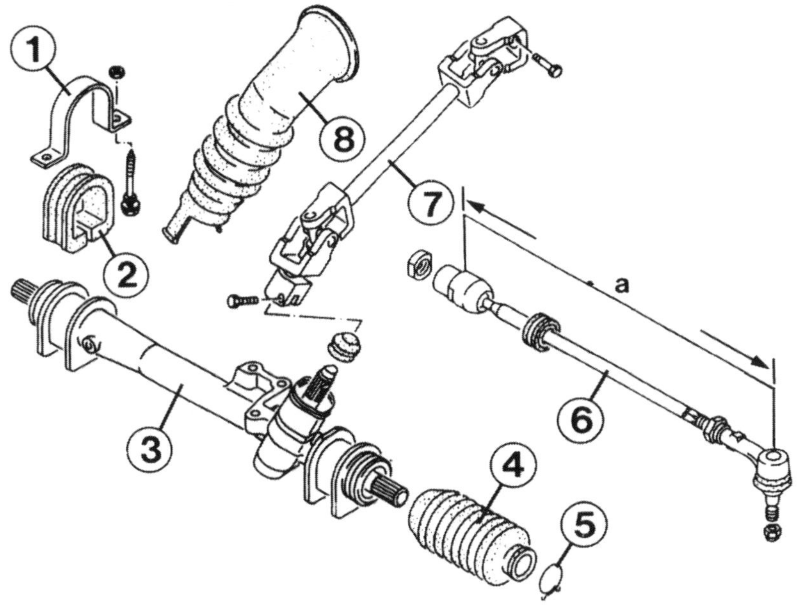

Das Lenkgetriebe (3) unserer VW-Modelle: Dazu gehören: 1 – Halteschelle; 2 – Gummilager; 4 – Schutzmanschette; 5 – Spannring; 6 – Spurstange; 7 – Gelenkwelle; 8 – Schutzhülle für die Gelenkwelle.
Das Maß »a« wird an der alten Spurstange gemessen, damit die neue darauf eingestellt werden kann.

dem Zusammenschrauben wieder einigermaßen.

■ Spurstangenkopf abschrauben und neuen bis zur Markierung eindrehen.

■ Kugelbolzen des Spurstangenkopfes in den Lenkhebel hineindrücken, ggf. vorsichtig hineinklopfen.

■ Neue selbstsichernde Mutter am Spurstangenkopf mit 35 Nm anziehen, Kontermutter auf der Spurstange mit 50 Nm festdrehen.

■ Spur kontrollieren lassen.

Spurstange auswechseln

Die ab Werk nicht einstellbare linke Spurstange wird im Reparaturfall durch eine einstellbare Ausführung ersetzt. Bei Servolenkung muß für diese Arbeit das Lenkgetriebe ausgebaut werden, was wir wegen der weiteren Einstellarbeiten doch der Werkstatt überlassen würden.

■ Wagen vorn aufbocken, betreffendes Vorderrad abnehmen.

■ Spannring der Lenkgetriebemanschette abnehmen, Manschette zurückstreifen.

■ Lenkung in Mittelstellung drehen.

■ Abstand von der Spurstangenkopfmitte zum Spurstangengelenk innen messen, siehe Zeichnung oben.

■ Spurstangenkopf vom Lenkhebel trennen, wie im vorangegangenen Abschnitt beschrieben.

■ Kontermutter am Spurstangengelenk lösen, Spurstange vom Lenkgetriebe abschrauben.

■ Jetzt kann auch die Manschette abgezogen und ggf. ersetzt werden.

■ **Links:** Spurstange auf 379 mm Länge einstellen, evtl. auf den an der alten Spurstange abgenommenen Meßwert korrigieren.

■ **Rechts:** Spurstange auf den Meßwert der bisherigen Spurstange einstellen, dann stimmt die Spur nach dem Zusammenbau zumindest annähernd.

■ **Beidseitig:** Kontermutter am inneren Spurstangengelenk festziehen.

■ Spurstangenkopf montieren, siehe oben.

■ Spur sicherheitshalber gelegentlich vermessen lassen.

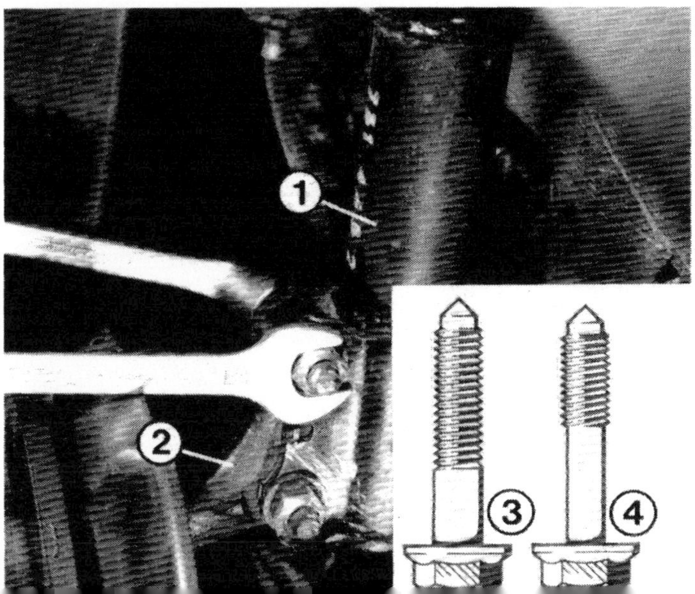

Der Sturz der Vorderräder wird durch die Stellung von Federbein (1) zu Radlagergehäuse (2) bestimmt. Da an dieser Stelle keine Langlöcher vorhanden sind, ist eine Korrektur des Sturzes praktisch nicht möglich. Für die Sturzverstellung gibt es im Ersatzteillager anstelle der Serienschraube (3) eine Schraube mit dünneren Durchmesser (4).
Zuerst soll nur die obere Schraube ausgetauscht werden, wenn das nicht ausreicht, die untere ebenfalls wechseln.

Ein Blick auf die in Fahrtrichtung hinten liegende Seite des Lenkgetriebes, das mit der Halteschelle (2) am Aggregateträger (4) angeschraubt ist. Links im Bild die Lenkgetriebemanschette (1). Der Schraubenschlüssel ist hier auf die Einstellschraube (3) des Lenkgetriebes angesetzt.

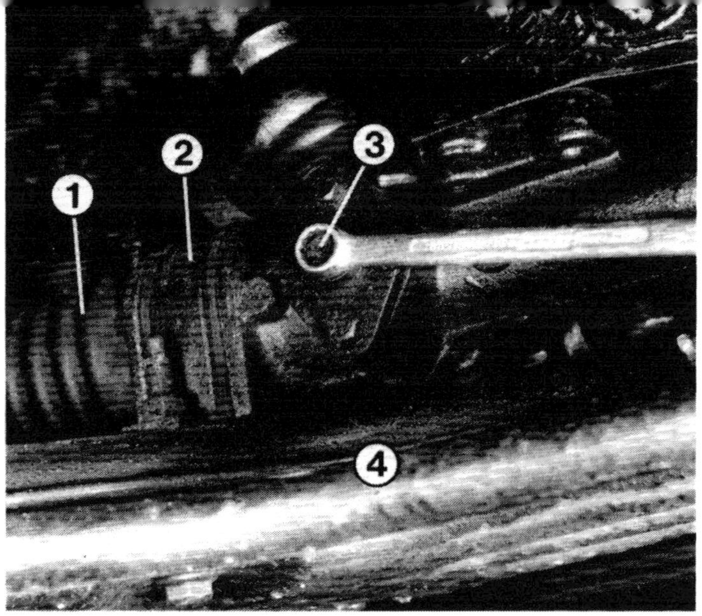

Lenkgetriebe einstellen

■ Wagen vorn aufbocken, Räder geradeaus stellen.
■ Selbstsichernde Einstellschraube (in Fahrtrichtung hinten, siehe Bild oben) vorsichtig rund 20° hineindrehen. Das ist knapp die Hälfte einer Vierteldrehung!
■ Wagen ablassen und probefahren.
■ Geht die Lenkung nach Kurven nicht von selbst wieder in die Geradeausstellung zurück, Einstellschraube etwas herausdrehen.
■ Bei noch vorhandenem Spiel die Schraube ein wenig hineindrehen.

Radlager ausbauen

Beim Anfahren mit voll eingeschlagenen Vorderrädern kann ein Knackgeräusch auftreten. Dann verschiebt sich das Radlager geringfügig im Radlagergehäuse. Abhilfe ist durch Molypaste möglich, womit der Radlagersitz – nicht das Lager – eingestrichen werden muß. Bei den V.A.G.-Ersatz-Radlagern wird diese Paste gleich mitgeliefert.
Das Radlager ist mit seinem Außenring ins Radlagergehäuse eingepreßt, am inneren Lagerring ist die Radnabe eingepreßt. Ein neues Radlager darf auf keinen Fall mit dem Hammer in seinen Sitz geklopft werden, sonst ist der nächste Schaden »mit eingebaut«. Das Aus- und Einpressen sollten Sie in der Werkstatt machen lassen.
■ Bundmutter der Antriebswelle lösen (Seite 120).
■ Rad abbauen, Bremssattel demontieren (Seite 141) und mit angeschlossenem Bremsschlauch an der Karosserie aufhängen.
■ Bremsscheibe ausbauen (Seite 141).
■ Abdeckblech der Bremsscheibe abschrauben.
■ Spurstangenkopf vom Radlagergehäuse trennen (Seite 128).
■ Stellung der Verschraubungen zwischen Radlagergehäuse und Federbein anzeichnen, Schrauben lösen.
■ Wo vorhanden, untere Motorraum-Abdekkung abnehmen.
■ Zuerst Radnabe abpressen.
■ Lagerinnenring von der Radnabe abziehen.
■ Radlager-Sicherungsringe auf beiden Seiten abnehmen. Lager aus dem Gehäuse pressen.
■ Sicherungsring an der Außenseite des Radlagers einsetzen, Lager bis zum Anschlag einpressen, zweiten Sicherungsring einbauen.
■ Zum Einpressen der Radnabe muß der Innenring des Radlagers unterstützt werden, damit das Lager nicht überlastet wird.

Servolenkung Keilriemen spannen

■ Schraube am vorderen Schwenkbügel (siehe Bild rechts oben) lösen.
■ Zwei weitere Schrauben am hinteren Bügel an der Rückseite der Servopumpe lösen.
■ Spannschraube zum Riemenspannen herausdrehen.
■ Anschließend Schrauben wieder festziehen.

Keilriemen ersetzen

■ Servopumpe lockern, wie im vorangegangenen Abschnitt beschrieben.
■ Alten Riemen abnehmen, neuen auflegen.
■ Die richtige Keilriemengröße für die Servolenkung lautet 9,5 × 740 LA.
■ Riemen spannen und nach etwa 500 km die Spannung nochmals kontrollieren.

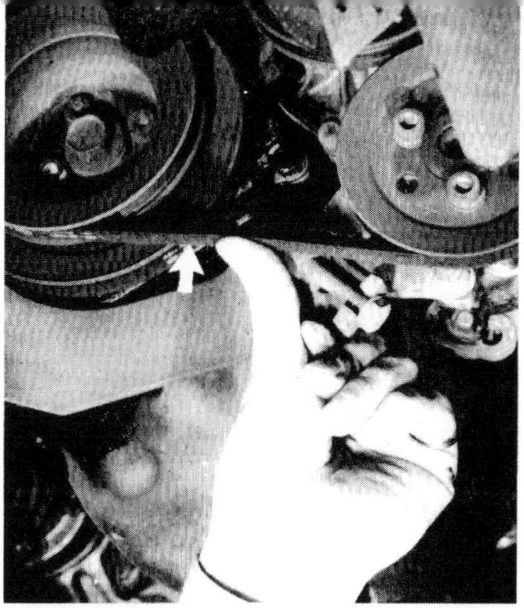

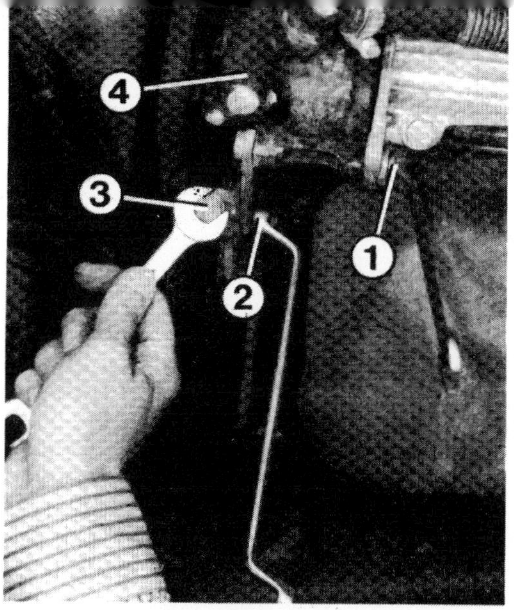

Links: Die Spannung des Servolenkungs-Keilriemens prüft man am besten von unten her. Die Riemen soll bei kräftigem Fingerdruck (Pfeil) nicht mehr als 5 mm nachgeben. Im Bild rechts sind die Schrauben der Servopumpe (4) beziffert, die zum Riemenspannen gedreht werden müssen: 1 – vorderer Spannbügel; 2 – Spannbügel hinten; 3 – Spannschraube.

Servolenkung auf Dichtheit prüfen

Wurde im Vorratsbehälter ein abgesunkener Flüssigkeitsstand festgestellt, muß umgehend die gesamte Lenkanlage überprüft werden. Sonst könnte während der Fahrt plötzlich die Lenkunterstützung ausfallen.
Auf welche Teile Sie Ihr Augenmerk richten müssen, steht im Störungsbeistand unten.

Pumpe der Servolenkung ausbauen

Soll die Servopumpe lediglich wegen Montagearbeiten im Motorraum ausgebaut werden, bleiben ihre Schlauchleitungen angeschlossen, damit kein Schmutz in die Lenkhydraulik gelangt. Falls die Schläuche an der Pumpe abgenommen werden müssen, ist äußerste Sorgfalt vonnöten. Selbst kleinste Schmutzpartikel in der ATF können Funktionsstörungen verursachen.

- Keilriemen abnehmen, wie auf der linken Seite beschrieben.
- Haltebügel vorn und hinten von der Pumpe abschrauben, Pumpe abnehmen.
- Beim Einbau neue Dichtungen an den Leitungsanschlüssen verwenden, falls diese gelöst worden sind.

Störungsbeistand Servolenkung

Am Lenkgetriebe und der Flügelpumpe der Servolenkung sind keine Reparaturarbeiten vorgesehen. Wenn die Dichtheits- und Druckprüfung in einer V.A.G.-Werkstatt einen Fehler in diesen Bauteilen zutage fördert, hilft nur der Ersatz.

Die Störung	– ihre Ursache	– ihre Abhilfe
A Flüssigkeitsstand im Behälter zu niedrig	Undichtigkeit an a) Leitungsanschlüssen	Neue Dichtringe montieren und festziehen
	b) Ventilkörper am Lenkgetriebe bzw. Abdichtung der Lenkgetriebe-Zahnstange	Dichtheitsprüfung durchführen lassen, ggf. Lenkgetriebe ersetzen lassen
	c) Pumpe der Servolenkung	Dichtheitsprüfung durchführen lassen, ggf. Pumpe ersetzen
B Lenkung wird mit zunehmendem Einschlag schwergängig	1 Ventil klemmt im Pumpengehäuse	Pumpe austauschen
	2 Steuerschlitze des Ventilkörpers verschmutzt	Lenkgetriebe ersetzen lassen
	3 Förderdruck der Servopumpe zu gering	Druck messen lassen, ggf. Pumpe ersetzen
	4 Systemdruck zu gering	Systemdruck prüfen lassen, ggf. Lenkgetriebe ersetzen lassen
C Lenkungsgeräusche	1 Flüssigkeitsstand zu niedrig	ATF auffüllen, Undichtigkeit erforschen
	2 Keilriemen nicht genügend gespannt	Riemen spannen
	3 Verschraubungen an der Saugseite nicht genügend fest	Festziehen

Damit Sie sich die untenstehenden Begriffe besser vorstellen können, haben wir sie hier zeichnerisch deutlich gemacht.

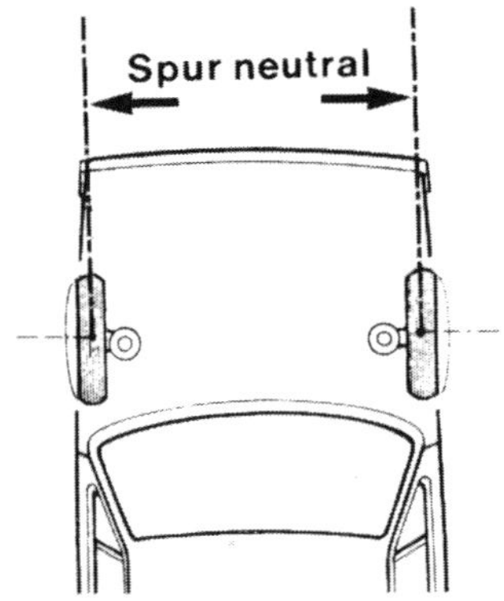

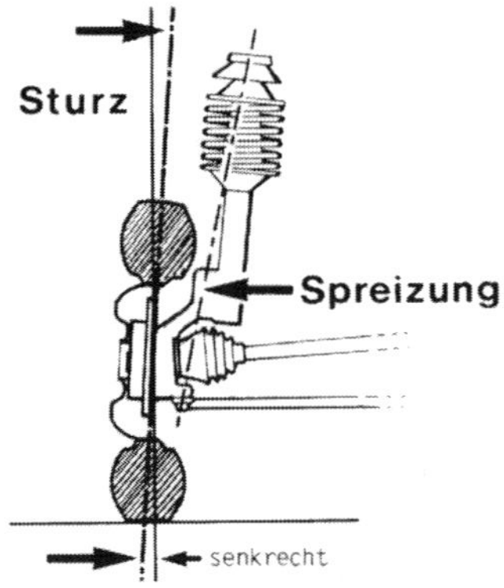

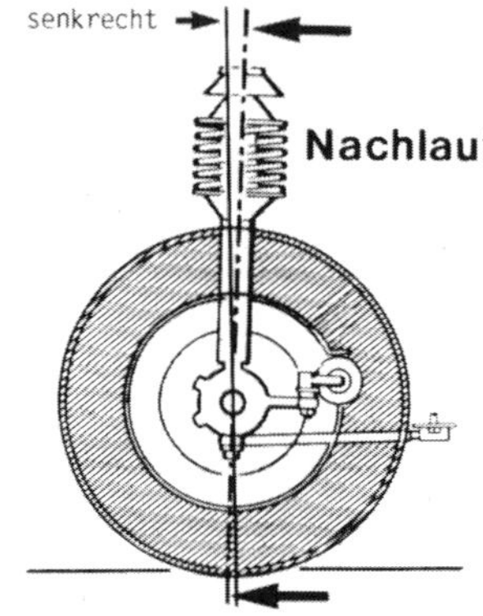

Lenkrad ausbauen

Die Lenkräder seit 8/88 haben eine feinere Verzahnung als früher. Die Lenksäulenverzahnung blieb aber gleich. Zur Anpassung dient ein spezieller Adapter.

- Mit einem feinen Schraubenzieher die flexible Abdeckung in Lenkradmitte vorsichtig heraushebeln (Bilder unten) und abziehen.
- Lenkrad in Sperrstellung einrasten lassen.
- Lenksäulenmutter mit Stecknuß SW 24 lösen.
- Vorderräder geradeaus stellen, so daß die Lenkradspeichen symmetrisch stehen.
- Mutter und Unterlegscheibe abnehmen, Lenkrad abziehen.
- Beim Einbau des Lenkrades auf die symmetrische Ausrichtung der Speichen achten.
- Lenkschloß einrasten lassen.
- Lenksäulenmutter mit 40 Nm anziehen.

Die Radeinstellung

Die Vorderräder müssen für ein sicheres Fahrverhalten in Längs- und Seitenrichtung in bestimmten Winkelstellungen stehen. Damit Sie sich unter der »Lenkgeometrie« etwas vorstellen können, hier eine Erläuterung der Begriffe:

Spur: Im Gegensatz zu vielen anderen Fahrzeugen stehen die Vorderräder im Stillstand genau parallel zueinander, die Spur ist **neutral**. Die Reibung zwischen Rad und Straße will das linke Rad nach links weg und das rechte nach rechts weg drücken. Das gleichen die Kräfte des Frontantriebs wieder aus, die bestrebt sind, die Vorderräder vorn zusammenzudrücken. Beim Hineinlenken des Wagens in eine Kurve geht die neutrale Spur durch die trapezförmige Anordnung des Lenkgestänges in »Nachspur« über. Das kurveninnere Rad schwenkt stärker herum als das kurvenäußere. Dies ist auch notwendig, weil ja in einer Kurve die inneren Räder einen engeren Kreis fahren müssen als die äußeren. Das ergibt automatisch eine Unterstützung der Lenkbewegung und der Lenkkräfte.

Sturz: So nennt man die leichte Auswärtsneigung der Vorderräder – oben im Radkasten haben sie bei unseren VW-Modellen einen engeren Abstand voneinander als unten am Boden. Das heißt in der Fachsprache **negativer** Sturz.

Spreizung: Sie gehört zum Sturz. Spreizung ist die geringfügige Neigung der Schwenkachse, um die beim Lenken die ganze Geschichte schwenkt. Beide Schwenkachsen haben oben einen kleineren Abstand voneinander als unten. Sturz und Spreizung verhindern zusätzlich das Flattern der Räder. Ferner erleichtern sie das Einschlagen der Räder. Und zusätzlich bewirken sie das »Rückstellmoment«, worunter man das Bestreben der Vorderräder versteht, bei oder nach Kurven selbsttätig wieder in Geradeausstellung zu gehen.

Im linken und mittleren Bild wird die Abdeckung mit einem feinen Schraubenzieher herausgehebelt. Rechts ist der Steckschlüssel an der Lenkrad-Haltemutter angesetzt.

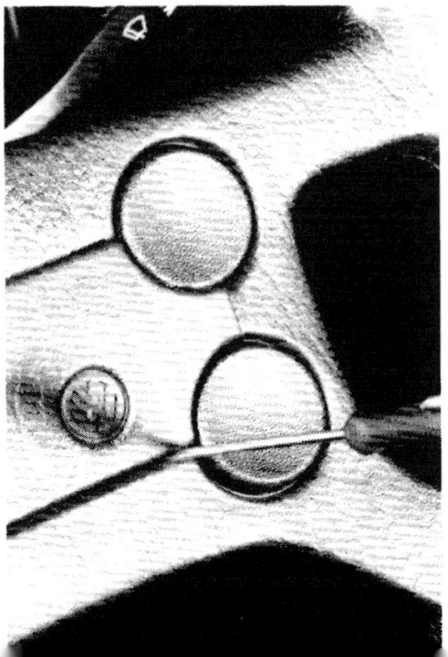

Nachlauf: Darunter versteht man die Schrägstellung der Schwenkachse in Fahrzeuglängsrichtung. Das hilft ebenfalls, den Geradeauslauf zu stabilisieren und Flattern der Vorderräder zu verhindern. Außerdem bewirkt er eine Rückstellung der Lenkung nach Kurven.

Erkennungsmerkmale für falsche Radeinstellung

Wenn Sie fehlerhafter Lenkgeometrie beim Fahren auf die Schliche kommen wollen, müssen Sie zuerst sicherstellen, daß beide Vorderreifen dieselbe Reifensorte, Profiltiefe und den vorgeschriebenen Luftdruck (siehe Seite 158) aufweisen.
□ Stehen die Lenkradspeichen bei Geradeausfahrt symmetrisch? Ein schiefsitzendes Lenkrad ist oft das Zeichen für falsche Spureinstellung.
□ Unruhiger Geradeauslauf; er ist besonders gut auf schnee- oder eisglattem Untergrund zu erkennen. Überbreite Reifen können den Geradeauslauf trotz richtiger Radeinstellung ebenfalls verschlechtern.
□ Zieht der VW auf völlig ebener Fahrbahn und bei losgelassenem Lenkrad zur Seite?
□ Stellt sich die Lenkung nach Kurven wieder von selbst in Geradeausstellung?
□ Schauen Sie sich die Vorderräder aus fünf bis zehn Meter Entfernung an - stehen sie in Geradeausstellung symmetrisch zueinander?
□ Ist das Reifenprofil einseitig abgenutzt? Bei scharfer Fahrweise ist es allerdings nicht ungewöhnlich, daß an beiden Vorderreifen die Außenkanten stärkere Verschleißspuren zeigen als innen.
□ Eine verbeulte Felge deutet auf eine harte Bordsteinberührung, wodurch die Geometrie der Federbein-Vorderradaufhängung leicht aus dem Winkel gerät.
□ Weitere Ursachen für fehlerhafte Stellung der Räder können verschlissene Gelenke bzw. Gummilager sein oder unsachgemäße Unfallreparaturen.

Radeinstellung messen

Zur Vermessung der Radstellung wird ein optischer Achsmeßstand verwendet. Zur Messung muß der Reifendruck stimmen, das Fahrzeug unbeladen, durchgefedert und ausgerichtet sein, und die Teile der Vorderradaufhängung und Lenkung dürfen kein zu großes Spiel aufweisen. An dieser Stelle muß noch folgendes gesagt werden:
□ Der Sturz darf nicht durch Verschieben der Achsgelenke auf den Dreieckslenkern eingestellt werden. Eingestellt wird der Winkel zwischen Radlagergehäuse und Federbein. Für größere Winkelveränderungen gibt es als Ersatzteil Schrauben mit dünneren Bolzen.
□ Bei einem Fahrzeug mit mechanischer Lenkung wird die Spur an der rechten Spurstange eingestellt. Bei Servolenkung dient die linke Spurstange zur Einstellung.
Folgende Meßwerte gelten:

	Normalausführung	M 103 (Schlechtwegeausführung)
Vorderachse		
Gesamtspur	0°±10′	0°±10′
Sturz in Geradeausstellung	−30′±20′	−25′±20′
Höchstzulässiger Sturzunterschied zwischen beiden Seiten	30′	30′
Spurdifferenzwinkel beim Lenkeinschlag von 20° nach links bzw. rechts	−1°20′±30′	−1°20′±30′
Nachlauf*	+1°30′±30′	+1°25′±30′
Sturzunterschied beim Lenkeinschlag von 20° nach links bzw. rechts	+1°±20′	+55′±20′
Höchstzulässiger Nachlaufunterschied zwischen beiden Seiten	1°	1°
Hinterachse		
Sturz*	−1°40′±20′	−1°40′±20′
Höchstzulässiger Sturzunterschied zwischen beiden Seiten	30′	30′
Gesamtspur*	25′±15′	25′±15′
Höchstzulässige Abweichung von der Laufrichtung	25′	25′

* Werte sind nicht einstellbar

Hinterachse zerlegen

Wurde beim Vermessen der Hinterradstellung eine zu große Abweichung vom Sollwert festgestellt, muß der Achskörper komplett ausgetauscht werden. Richt- und auch Schweißarbeiten sind nicht zulässig.

Federbein ausbauen

■ Beim Golf Rücksitzlehne vorklappen, seitliche Auflage für die Kofferraumabdeckung abschrauben, beim Jetta Rücksitzlehne ausbauen (Seite 249) und Hutablage abnehmen.
■ Schutzkappe abnehmen.
■ Haltemutter des Federbeins bei am Boden stehendem Fahrzeug mit einem gekröpften Ringschlüssel lösen. Kolbenstange des Stoßdämpfers gegenhalten.
■ Fahrzeug hochbocken, Rad abnehmen.
■ Untere Verschraubung des Federbeins losdrehen.
■ Federbein aus der unteren Konsole herausnehmen, dazu den Radzapfen etwas nach unten drücken.
■ Nach Abdrücken eines Sprengrings auf der Kolbenstange des Stoßdämpfers kann das Federbein jetzt ohne Werkzeug weiter zerlegt werden.
■ Bevor das zweite Federbein ausgebaut wird, muß das eine wieder montiert werden, da sich sonst die Gummi-Metall-Lager der Hinterachse zu stark verformen.
■ Beim Einbau die untere Federbeinhalterung mit 70 Nm anziehen.
■ Das Federbein sollte oben an der Karosserie erst dann festgeschraubt werden, wenn der VW wieder auf den Rädern steht. Drehmoment 15 Nm.

Hinterachse ausbauen

■ Wagen aufbocken.
■ Handbremsseile am Handbremshebel lösen, siehe Seite 145.
■ In Höhe des Achskörpers rechts und links die Bremsschläuche von den -leitungen losschrauben.
■ Je zwei Halteschrauben der Hinterachs-Lagerböcke herausdrehen, jeweils eine Schraube lockern, aber noch eingedreht lassen.
■ Halteringe der Auspuffanlage aushängen.
■ Wagen ablassen, Hinterachse abstützen.
■ Federbeine entweder oben an der Karosserie oder unten an der Achse losschrauben.
■ Lagerbock-Schrauben vollends herausdrehen.
■ Fahrzeug langsam anheben.
■ Beim Einbau kontrollieren, ob die Lagerböcke der Hinterachse in einem Winkel von 12°±2° angeschraubt sind (siehe Zeichnung rechts oben), sonst korrigieren.
■ Die Lagerböcke müssen rechts und links so angeschraubt werden, daß die Gummi-Metall-Lager unter »Vorspannung« stehen:
■ Alle Schrauben ansetzen, dann auf der rechten Seite den Lagerbock so ausrichten, daß die Schrauben in der Mitte der Langlöcher stehen.
■ Schrauben rechts mit 85 Nm festziehen.
■ Jetzt auf der linken Seite zwei Montierhebel ansetzen und die Achse kräftig nach rechts drücken (Wagen muß absolut sicher aufgebockt sein), bis das Gummi-Metall-Lager fast am Lagerbock anliegt.
■ Schrauben links ebenfalls mit 85 Nm festziehen.
■ Zum »Einfädeln« der Federbeine in die Achskonsole bzw. die Aufnahme in der Karosserie den Wagen vorsichtig ablassen.

Fingerzeig: *Wenn beim Lösen eine Lagerbockschraube abreißt, muß der Schraubenrest und die oben im Blech festgeschweißte Mutter durchbohrt werden. Gewinde M 12 × 1,5 hineinschneiden, siehe Seite 16. Zum Befestigen eine Schraube M 12 × 1,5 × 30 und Scheibe verwenden.*

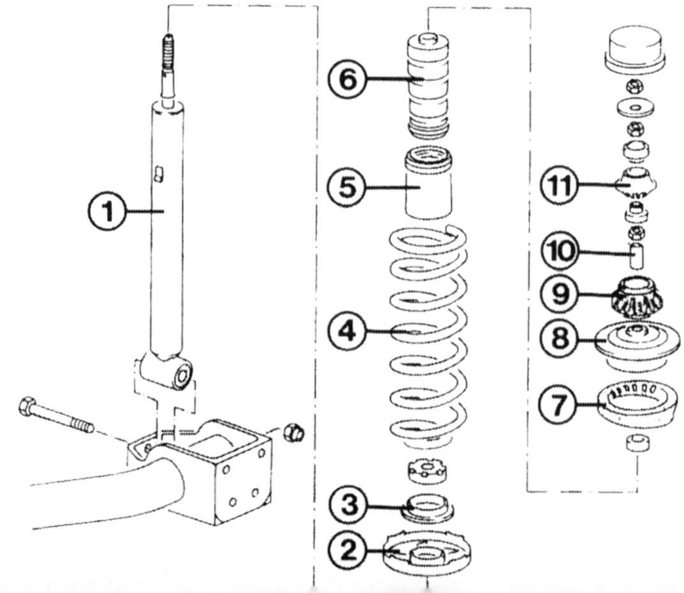

Das zerlegte hintere Federbein: 1 – Stoßdämpfer; 2 – Federteller unten; 3 – Unterlage unten; 4 – Schraubenfeder; 5 – Schutzrohr; 6 – Anschlagpuffer; 7 – Unterlage oben; 8 – Federteller oben; 9 – Lagerring unten; 10 – Distanzhülse; 11 – Lagerring oben.

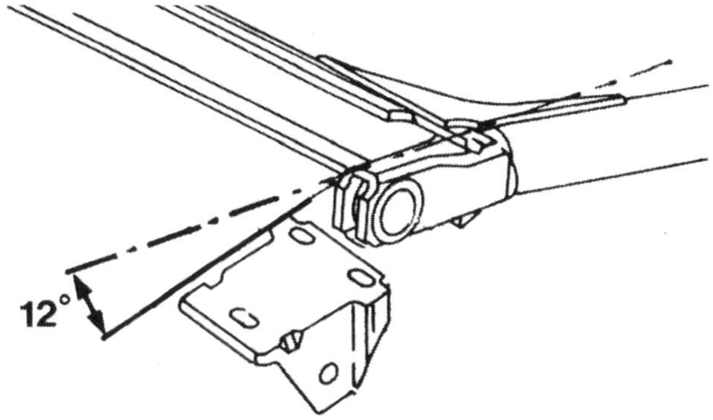

Die beiden Lagerböcke der Hinterachse müssen leicht nach unten geneigt eingebaut werden, wie hier gezeigt. Das genaue Maß lautet 12° ± 2°.

Radlager ausbauen

■ Wagen aufbocken, Rad abnehmen.
■ Nicht zu scharfen Meißel an den Abdichtwulst der Nabenkappe ansetzen und diese ein wenig nach außen treiben.
■ Kräftige Schraubenzieherklinge hinter den Nabenwulst klemmen und die Kappe gleichmäßig abhebeln.
■ Sicherungssplint geradebiegen, aus der Kronensicherung ziehen und diese abnehmen.
■ Sechskantmutter losdrehen, Druckscheibe und äußeres Radlager abnehmen.
■ Bremstrommel abnehmen (Seite 143).
■ Dichtring an der Innenseite der Bremstrommel abhebeln, inneres Radlager herausnehmen.
■ Beide Radlager sauberreiben und auf Verschleiß kontrollieren.
■ Laufringe der Lager in der Bremstrommel ebenfalls kontrollieren. Zeigen sich hier Verschleißspuren, müssen neue Ringe eingepreßt werden.
■ Radlager mit Mehrzweckfett einsetzen, Nabenkappe etwa zur Hälfte mit Fett füllen.
■ Inneren Dichtring über Kreuz mit Kunststoffhammer einschlagen.
■ Spiel der Radlager einstellen, wie im nächsten Abschnitt beschrieben.

Radlagerspiel einstellen

■ Nabenkappe und Kronensicherung abnehmen, siehe oben.
■ Sechskantmutter SW 24 festziehen, dabei das Rad bzw. die Radnabe drehen, damit sich die Lager nicht verklemmen.
■ Mutter wieder etwas lockern.
■ Das Spiel ist richtig eingestellt, wenn sich die Druckscheibe hinter der Mutter mit einem Schraubenzieher unter mäßigem Fingerdruck gerade noch verschieben läßt. Die Schraubenzieherklinge dabei nicht an der Radnabe abstützen.
■ Läßt sich jetzt der neue (!) Sicherungssplint noch nicht durch die Kronensicherung einschieben, wird die Mutter ein wenig in Richtung »Zu« gedreht.
■ Nabenkappe mit Kunststoffhammer eintreiben.

Radzapfen ausbauen

■ Radlager und Bremstrommel ausbauen.
■ Handbremsseil aushängen, siehe S. 145.
■ Bremsleitung am Bremsträgerblech abschrauben (Seite 148).
■ Halteschrauben des Bremsträgers losdrehen; damit ist auch der Radzapfen vom Achskörper gelöst.
■ Zum Anschrauben (60 Nm) neue Federringe (sogenannte Hochspannungsringe) verwenden.
■ Die Anlagefläche für den Radzapfen und die Gewindelöcher müssen frei von Lack und Schmutz sein.
■ Zuletzt Bremse entlüften.

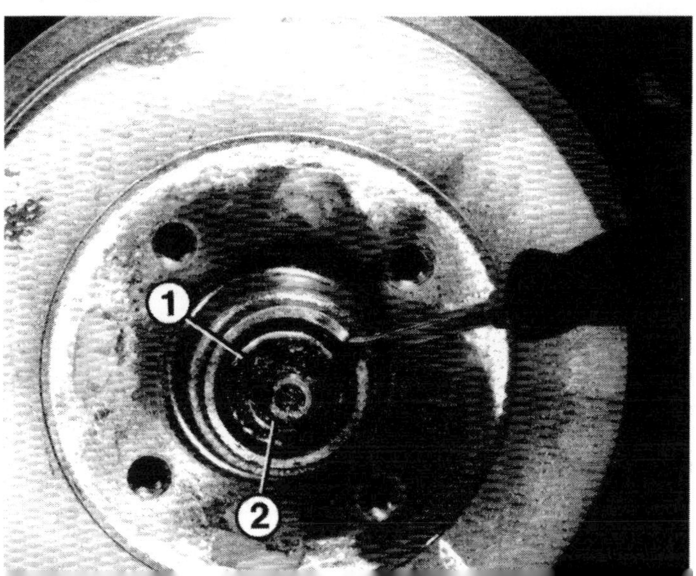

Die Druckscheibe (1) unter der Einstellmutter (2) muß sich bei richtigem Radlagerspiel noch verschieben lassen. Die Schraubenzieherklinge darf nicht an der Bremstrommel abgestützt werden.

Notanker

Die spontane Wirkung der Bremsanlage wird vom Autofahrer als selbstverständlich angesehen. Doch dafür ist regelmäßige Wartung vonnöten, denn die Bremsen verschleißen ohne sichtbare Anzeichen.

Eigenarbeiten an der Bremse

Von der richtigen Funktion der Bremsen in Ihrem VW hängt Ihr Leben ab. Diese Tatsache sollten Sie sich stets vor Augen halten, wenn Sie Reparaturen daran ausführen wollen. Muten Sie sich also nicht zu viel zu. Andererseits ist bei der Bedeutung der Bremsen keine Kontrolle zu viel. Auch wenn Sie regelmäßig die Werkstatt besuchen, sehen gerade in diesem speziellen Fall vier Augen mehr als zwei. Durch gezielte Kontrollen, nicht aber durch unsachgemäßige Reparaturen können Sie dazu beitragen, die Verkehrssicherheit Ihres Wagens zu erhalten und so sich selbst zu schützen. Was Sie selbst tun können, ist hier im Buch behandelt. Alle anderen Arbeiten sollten Sie der Werkstatt überlassen.

So funktioniert die Bremse

□ Wenn Sie auf das Bremspedal treten, preßt eine mit dem Pedal verbundene Druckstange zwei hintereinanderliegende Kolben in den Hauptbremszylinder (im Motorraum).
□ Die Kolben übertragen die Kraft auf die dort eingeschlossene Bremsflüssigkeit. Der so entstehende hydraulische Druck in der Bremsflüssigkeit gelangt über Rohr- und Schlauchleitungen zu den Radzylindern.
□ In diesen drücken Kolben die Bremsklötze gegen die Bremsscheiben bzw. die Bremsbakken gegen die Bremstrommeln.
□ Der Flüssigkeitsdruck gelangt an die Radbremszylinder in zwei voneinander unabhängigen Leitungssystemenen, und zwar für je ein Vorderrad und das gegenüberliegende Hinterrad (diagonal aufgeteilte Zweikreisbremse).
□ Falls ein Bremskreis ausfallen sollte, bleiben so ein Vorderrad und das Hinterrad auf der anderen Seite bremsfähig. Mit dem ungebremsten Vorderrad kann man noch lenken, und das ungebremste Hinterrad hält das Heck in der Spur.

Fingerzeig: *Bei Ausfall eines Bremskreises müssen Sie wesentlich stärker auf das Bremspedal treten (bei gleichzeitig längerem Pedalweg), um die übliche Bremswirkung zu erreichen. Außerdem wird der Anhalteweg länger.*

Die Bremsflüssigkeit

Die Flüssigkeit in den Bremsleitungen und Bremszylindern ist eine Mischung aus Glykol, Polyglykoläther und ein paar weiteren Bestandteilen. Diese gelbliche – übrigens giftige und gegen Autolack aggressive – Flüssigkeit greift die Metall- und Gummiteile nicht an. Sie bleibt selbst bei –40°C noch ausreichend dünnflüssig, und sie hat trotz ihrer Dünnflüssigkeit den extrem hohen Siedepunkt von ca. 260°C.
Aber die Bremsflüssigkeit hat auch eine sehr unangenehme Eigenschaft: Sie nimmt gern Wasser auf, sie ist »hygroskopisch«. Und das Wasser kann tatsächlich – z.B. über die Luftfeuchtigkeit – in die Bremsflüssigkeit gelangen: Über den Ausgleichsbehälter sowie durch mikroskopische Undichtigkeiten an den Bremsschläuchen und Gummimanschetten. Solche Wasseraufnahme führt nicht nur zu Korrosion an den Metallteilen der Anlage, sondern bewirkt ein rapides Absinken des Siedepunkts. Bei nur 2,5% Wassergehalt liegt der Siedepunkt nur noch bei 150°C.
Das ist bei starker Beanspruchung der Bremsen (Paßabfahrt, evtl. noch mit Anhänger, häufige Vollbremsungen auf der Autobahn) gefährlich, weil sie sich dann sehr stark aufheizen. In der

Nähe der erhitzten Bremsen können sich Dampfblasen in der Hydraulikflüssigkeit bilden. Die lassen sich zusammenpressen – das Bremspedal kann tief durchgetreten werden; manchmal tritt man sogar ins Leere! In diesem Fall kann bisweilen noch schnelles Pumpen mit dem Bremspedal helfen. Besonders gefährlich ist dieser Effekt nach dem Abstellen des Wagens nach starker Bremsbeanspruchung. Mangels Fahrtwind heizt sich die Bremsenumgebung noch stärker auf; die höchste Temperatur herrscht nach etwa 15 Minuten Standzeit. Erst nach etwa einer halben Stunde ist wieder die normale Bremsflüssigkeitstemperatur erreicht.
Vorbeugend schreibt der Wartungsplan daher den Wechsel der Bremsflüssigkeit alle zwei Jahre vor (siehe Seite 150).
Bremsflüssigkeit muß der Spezifikation FMVSS 116 DOT 4 entsprechen. Alle mit DOT 4 gekennzeichneten Flüssigkeiten können gefahrlos gemischt werden.

Bremsflüssigkeitsstand prüfen

Ständige Kontrolle

Bedingt durch die Scheibenbremsen sinkt der Flüssigkeitsstand auch bei völlig intakter Bremsanlage mit zunehmender Kilometerleistung. Denn die im Durchmesser verhältnismäßig großen Kolben der Scheibenbrems-Radzylinder wandern mit den verschleißenden Belägen weiter heraus, und mehr Flüssigkeit fließt nach. Ein gewisses, langsames Absinken der Bremsflüssigkeit muß also nicht unbedingt alarmierend sein.
Wenn Sie wissen, wie hoch die Bremsflüssigkeit bei neuen und abgenutzten Scheibenbremsbelägen steht, läßt sich am Niveau der hydraulischen Flüssigkeit sogar ablesen, wie weit die Beläge abgenutzt sind. Werden neue Scheibenbremsbeläge eingesetzt, müssen die Kolben in den Bremssätteln zurückgedrückt werden, wodurch der Flüssigkeitsstand im Behälter wieder ansteigt. Wurde unnötigerweise bei abgefahrenen Belägen Bremsflüssigkeit aufgefüllt, kann diese beim Zurückdrücken der Kolben durch die Belüftungslöcher im aufgeschraubten Deckel austreten.

- Links hinten im Motorraum, direkt auf dem Hauptbremszylinder, sitzt der Bremsflüssigkeitsbehälter (siehe Bilder unten).
- Im weißlich durchscheinenden Behälter soll die Bremsflüssigkeit zwischen den Markierungen »MIN« und »MAX« stehen.
- Ist der Flüssigkeitsstand auffallend gesunken – was bei manchen Modellen auch durch eine Warnleuchte am Armaturenbrett angezeigt wird –, muß die Bremsanlage auf undichte Stellen kontrolliert werden, siehe übernächsten Abschnitt.

Bremsen prüfen

Ständige Kontrolle

- Zuerst eine Vollbremsung bei Schrittgeschwindigkeit.
- Am Gummiabrieb auf der Straße sehen Sie bei gleich langen Spuren, daß die Bremsen gleichmäßig ziehen.
- Gleiche Prüfung mit der Handbremse.
- Für die Bremsenprüfung bei höheren Geschwindigkeiten brauchen Sie eine ebene Strecke.
- Nun aus etwa 50 km/h bei losgelassenem Lenkrad, aber mit griffbereiten Händen zuerst sanft und dann scharf bis zum Stillstand abbremsen.
- Zieht der Wagen etwa nach links, ist eine der rechten Radbremsen nicht in Ordnung. Das Auto zieht in Richtung des stärker gebremsten Rades. Ursachen siehe Störungsbeistand ab Seite 151.
- Lassen Sie den VW ein schwaches Gefälle hinunterrollen, um festzustellen, ob die Räder leichtgängig sind.
- Nach der Probefahrt kontrollieren:

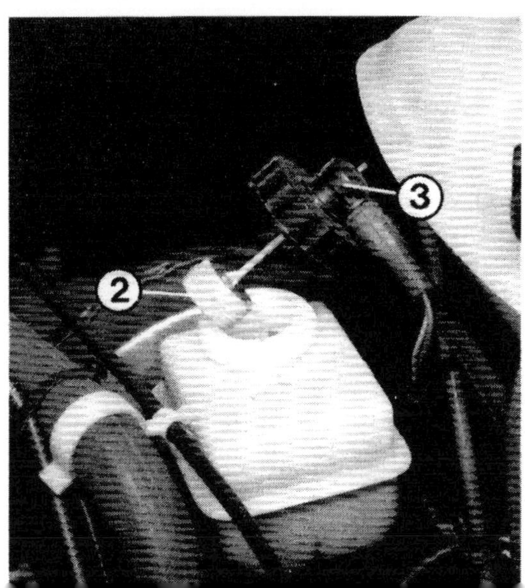

Der Bremsflüssigkeitsstand darf nicht unter die untere Markierung (1) am Vorratsbehälter fallen. Bei Flüssigkeitsstand-Kontrolle sinkt bei zu geringem Stand der Schwimmer (2) nach unten, und der Kontaktschalter (3) im Deckel schaltet das Kontrollicht im Armaturenbrett ein.
Die Abbildungen zeigen unterschiedliche Ausführungen des Bremsflüssigkeitsbehälters.

■ Ist eine Felge auf der einen Wagenseite wärmer als auf der anderen Seite?

■ Ursachen siehe Störungsbeistand ab Seite 151.

Bremsanlage auf Undichtigkeiten und Beschädigungen prüfen

Wartung Nr. 20

Zur Kontrolle muß die Wagenunterseite trocken sein, damit Sie undichte Stellen erkennen können. Bremsflüssigkeit kriecht auch unter Schmutz. Feuchtdunkle Stellen oder schwarzer Schmutz lassen eine Undichtigkeit vermuten.

■ Kontrollieren Sie sämtliche Anschluß- und Verbindungsstellen; auch Bremslichtschalter, Bremssättel und die Bremsankerplatten, hinter denen die Radbremszylinder sitzen.

■ Die Bremsschläuche dürfen weder feucht noch aufgequollen oder angescheuert sein. Sonst auswechseln, siehe Seite 148.

■ Die Bremsleitungen sind zum Schutz gegen Rost mit einer Kunststoffschicht überzogen. Wird diese Schutzschicht beschädigt, kann es zu Rostansatz kommen. Deshalb die Leitungen nie mit Schraubenzieher, Schmirgelleinen oder Drahtbürste säubern, sondern Kaltreiniger nehmen.

■ Ist die Schutzschicht beschädigt, soll Rostschutzgrundierung dünn aufgestrichen werden.

■ Leitungen mit Rostnarben und solche, die plattgedrückt sind, müssen ersetzt werden.

■ Sind Schutzkappen auf allen Entlüftungsventilen? Sie sitzen an den Bremssätteln bzw. innen an den Bremsankerblechen der Trommelbremse.

■ Die Bremsdruckprobe können Sie provisorisch selbst machen:

■ Treten Sie mit voller Kraft aufs Bremspedal.

■ Es darf auch nach einigen Minuten der vollen Belastung nicht nachgeben, sonst ist eine der Manschetten im Hauptbremszylinder defekt.

■ Durch die undichte Manschette sinkt der Flüssigkeitsstand im Behälter nicht, sondern die unter Druck gesetzte Flüssigkeit mogelt sich an einem Kolben des Hauptbremszylinders vorbei auf die drucklose Seite.

■ Gewisse undichte Stellen an den Kolbenmanschetten lassen sich allerdings nur bei einer genauen Druckprüfung in der Werkstatt ermitteln.

Die vorderen Scheibenbremsen

Zusammen mit jedem Vorderrad dreht sich eine Stahlscheibe frei im Luftstrom. Sogenannte Bremssättel umfassen sattelförmig die Scheiben. Beim Tritt auf das Bremspedal drücken Kolben die Bremsbeläge gegen die Scheiben – es wird gebremst.

Durch den Fahrtwind werden die Scheibenbremsen ständig gekühlt. Belagabrieb wird gleich weggeblasen, und ohne besondere Mechanik stellen sich die Scheibenbremsen selbst nach. Alle Modelle besitzen sogenannte Faustsattelbremsen. Der Bremssattel sieht wie eine geballte Faust aus. Der Bremskolben im Zylindergehäuse drückt den inneren Belag gegen die Bremsscheibe, wodurch das Zylindergehäuse in seiner Führung herübergezogen und der Bremsklotz auf der anderen Seite ebenfalls gegen die Scheibe gepreßt wird.

Die Minuspunkte der Scheibenbremsen sollen aber nicht vergessen werden: Bei Regen wird die offen liegende Bremsscheibe kräftig geduscht, weshalb die Bremswirkung einen Sekundenbruchteil verspätet einsetzt. Die Feuchtigkeit zwischen Bremsscheiben und -klötzen muß erst zum Verdampfen gebracht werden. In streusalzreichen Wintern tritt diese Erscheinung verstärkt auf, unter ungünstigen Umständen spricht die Bremse überhaupt nicht an. Die auf Bremsbelägen und -scheiben sitzende Salzschicht muß beim Bremsen erst abgeschliffen werden. Bei Fahrten in streusalzhaltigem Tauwasser die Bremsen immer wieder mal ein paar Sekunden lang warmbremsen. Regen- oder tauwassernasse Bremsen sollten Sie vor mehrtägigem Abstellen des Wagens »trockenfahren«. Es genügt, die letzten hundert Meter Wegstrecke mit dauernd leicht getretenem Bremspedal zu fahren.

Stärke der Scheibenbremsbeläge messen

Wartung Nr. 3

Den verschleißenden Bremsbelag schiebt der Kolben jeweils so weit nach, daß er nur Bruchteile von Millimetern von der Bremsscheibe entfernt ist. Der Bremspedalweg ist deshalb keine Richtschnur für die Abnutzung der vorderen Bremsbeläge. Verlassen Sie sich daher nicht auf Ihr Gefühl im Fuß!

■ Die **Mindestbelagstärke** beträgt **ohne Trägerplatte** des Bremsbelags **2 mm.**

■ Mit einer Lampe durch ein Felgenloch leuchten und die Belagstärke abschätzen.

■ Genauer ist die Kontrolle bei abgenommenen Rädern.

■ Meterstab anlegen und messen, wie im Bild rechts oben gezeigt.

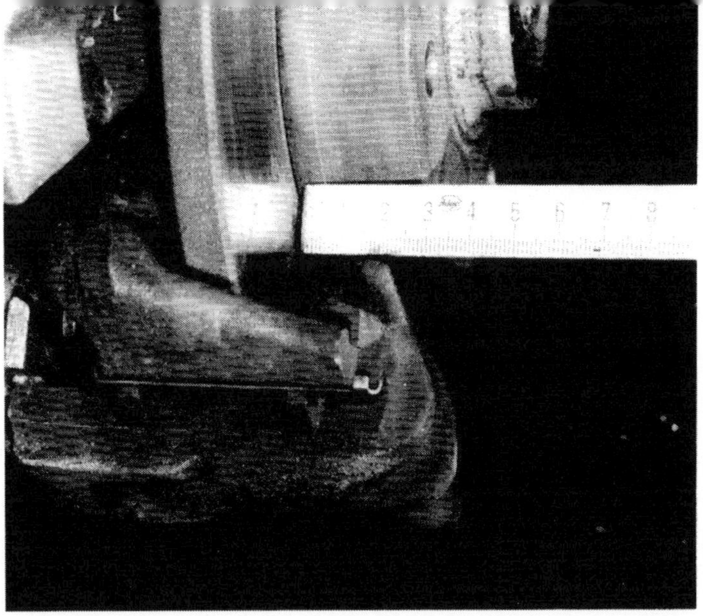

Die restliche Belagstärke können Sie nach Abnahme des betreffenden Rades mit einem Meterstab exakt messen.

Zustand der Bremsscheiben kontrollieren

Wartung Nr. 27

Wenn die Vorderräder zur Belagkontrolle abgenommen sind, prüft man auch den Zustand der Bremsscheiben.

■ Die Scheiben dürfen keine tiefen Rillen (durch Schmutz oder zu stark abgefahrene Beläge) aufweisen. Die Riefen graben sich in neue Bremsbeläge tief ein, was deren Lebensdauer wesentlich verkürzt.

■ Riefige Bremsscheiben können nachgeschliffen werden, wenn sie nicht durch lange Laufzeit auf das zulässige Mindestmaß (siehe Tabelle unten) »abgemagert« sind.

■ Zu dünne Scheiben müssen paarweise ausgetauscht werden, siehe Seite 141.

■ Eine bläuliche Verfärbung der Bremsscheibe ist ohne Bedeutung.

Motor	Bremsscheibenstärke neu mm	Bremsscheibenstärke mindestens mm
Saugdiesel mit Schaltgetriebe	10	8
Saugdiesel mit Automatikgetriebe, Kat-Diesel, alle Turbodiesel	12	10

Vordere Scheibenbremsbeläge erneuern

Grundsätzlich müssen rechts und links beide Beläge ausgetauscht werden. Nur Beläge mit ABE verwenden, siehe Seite 19. Die Belaghaltefedern sollen bei dieser Arbeit ebenfalls ersetzt werden.

Weil die Kolben in den Bremssätteln mit zunehmendem Verschleiß der Beläge weiter herauswandern, müssen sie vor dem Einsetzen neuer, dicker Beläge zurückgedrückt werden. Hierbei wird die Bremsflüssigkeit durch die Leitungen in den Vorratsbehälter gepreßt. Wurde in der Zwischenzeit unnötigerweise Bremsflüssigkeit nachgefüllt, muß das Zuviel jetzt mit einer sauberen Pipette oder Spritze abgesaugt werden. Andernfalls greift die am Vorratsbehälter austretende Bremsflüssigkeit umliegende lackierte Teile im Motorraum an.

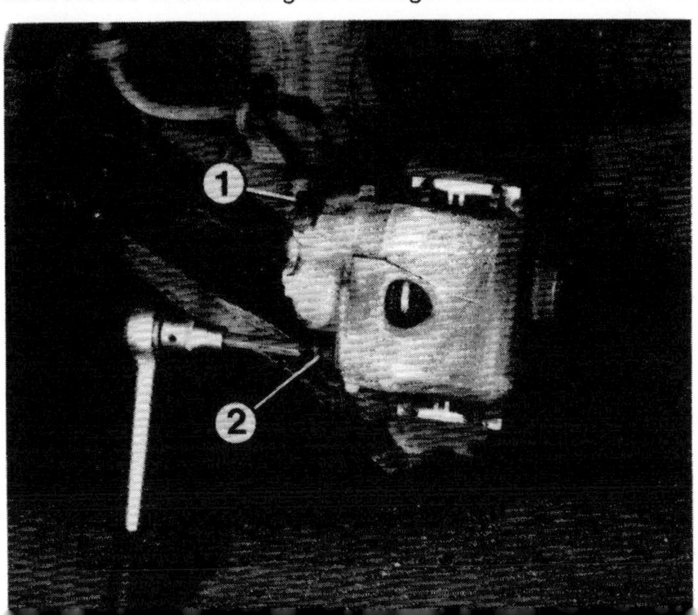

Zum Belagausbau muß mit dem Innensechskant-Steckschlüssel der untere (1) und der obere Führungsbolzen (2) losgeschraubt werden.

Links: Hier haben wir den Bremsbelag (1) zur Seite herausgezogen und die obere Haltefeder (2) ausgehängt. Rechts: Die Belagführung (3) muß für gute Bremsfunktion sauber und rostfrei sein. Bei eingelaufenen Bremsscheiben die Innenkante des neuen Belages (4) mit einer Feile leicht anschrägen, damit der Belag sofort voll an der Scheibe anliegt.

- Wagen vorn aufbocken, Rad abnehmen.
- Lenkung einschlagen, damit die Beläge gut zugänglich sind.
- Haltefedern oben und unten aushängen.
- Schrauben an der Innenseite (Bild auf der Vorseite unten) mit Innensechskantschlüssel SW 6 herausdrehen.
- Schrauben herausziehen, Bremssattelgehäuse abnehmen.
- Damit das Bremssattelgehäuse nicht an seinem Bremsschlauch zerrt, wird es mit Draht am Federbein aufgehängt.
- Beläge rechts und links aus den Führungsschienen nehmen.
- Kolben im Bremssattel mit einer Schraubzwinge zurückdrücken. Damit der Kolben nicht verkantet oder beschädigt wird, auf den Anlagering ein kleines Brettchen legen.
- Neuen Belag innen (mit kleinerer Belagfläche) einsetzen.
- Belaghaltefedern ansetzen, dann den größeren äußeren Belag einsetzen.
- Bremssattelgehäuse nur so weit herandrücken, daß sich die Halteschrauben ansetzen lassen. Wird der Bremssattel über diese Stellung hinausgedrückt, können sich die Haltefedern verbiegen und beim Bremsen Geräusche verursachen.
- Lange Schraube oben, die kürzere unten einsetzen und jeweils mit 25 Nm anziehen.
- Nach dem Zusammenbau das **Bremspedal mehrmals treten**, bis die Beläge an den Bremsscheiben anliegen. Sonst ist keine Bremswirkung vorhanden!

Fingerzeige: *Mit neuen Bremsbelägen auf den ersten 500 km möglichst behutsam bremsen. Gewaltbremsungen gleich zu Anfang führen zu Brandstellen im Belag. Er erreicht nicht die günstigste Bremsverzögerung und verhärtet – »verglast«, wie der Fachmann sagt. Bei pfeifenden Faustsattelbremsen können Sie auf die Belagrückenplatten geräuschdämpfende Aufkleber anbringen. Das geht allerdings nur bei gebrauchten (dünneren) Belägen. Keinesfalls spezielle Schmiermittel verwenden.*

Links: Zum Zurückdrücken des Bremskolbens in das Bremssattelgehäuse (1) ist eine Schraubzwinge (3) das beste Werkzeug. Zum Schutz des Kolbens dient ein zwischengelegtes Holzbrettchen oder hier eine kleine Metallplatte (2). Rechts: Behelfsmäßig läßt sich der Bremskolben (4) auch mit einem Schraubenzieher zurückdrücken. Das Werkzeug läßt sich durch eine Aussparung im Bremszylindergehäuse durchschieben.

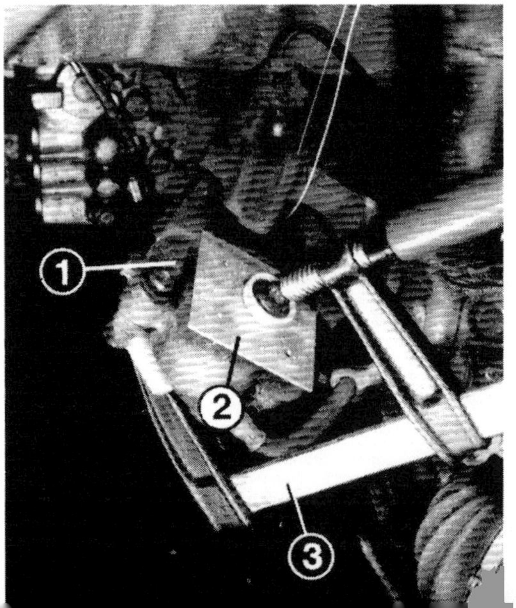

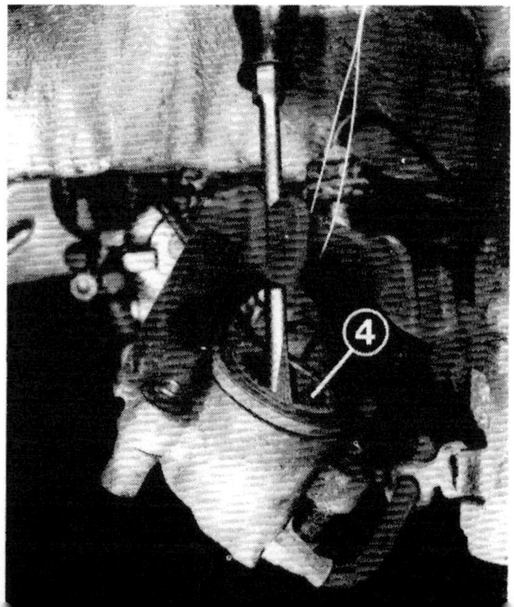

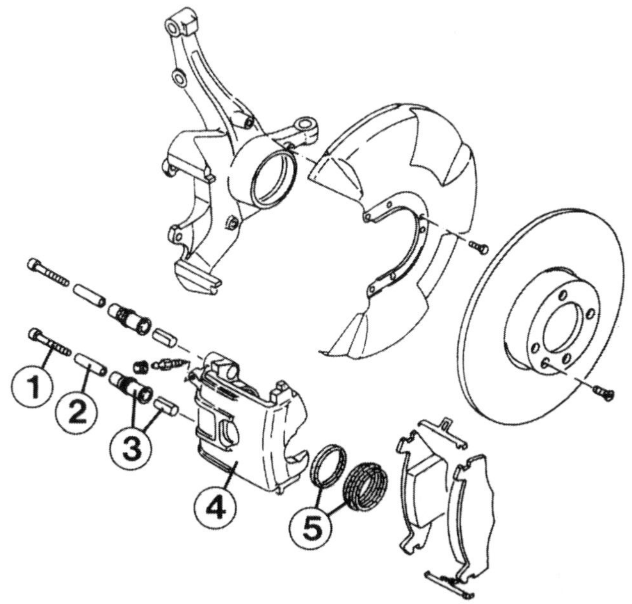

Eine zerlegte Faustsattelbremse: 1 – Schrauben; 2 – Führungshülsen; 3 – Führungsbuchsen; 4 – Bremszylindergehäuse; 5 – Schutzmanschetten.

Bremssattel und -kolben gängig machen

Durch Korrosion an den Gleitflächen des Bremssattels kann dieser schwergängig werden. Eine defekte Kolbenmanschette bewirkt, daß der Kolben im Bremssattel durch Schmutz und Korrosion festgeht. Beides ergibt ungleichmäßige Bremswirkung.

- Bremsbeläge ausbauen.
- Kontrollieren Sie, ob sich die Beläge in ihren Führungen leicht bewegen lassen.
- Andernfalls Führungen blank schleifen. Dabei Kolbenmanschette nicht beschädigen.
- Zur Kontrolle, ob der Kolben leichtgängig ist, eine Schraubzwinge mit zwischengelegtem Holzstück als Anschlag für den Kolben ansetzen (siehe »Scheibenbremsbeläge erneuern«), damit der Kolben nicht zu weit herausgleiten kann.
- Bremspedal von Helfer vorsichtig treten lassen. Bewegt sich der Kolben?
- Kommt der Kolben nicht heraus, so lange mit dem Bremspedal pumpen, bis sich der Kolben bewegt.
- Kolben zurückdrücken, wie unter »Scheibenbremsbeläge erneuern« beschrieben.
- Dieses Spiel so lange wiederholen, bis sich der Kolben leichtgängig bewegt.
- Seitenflächen des Kolbens mit ATE-Bremspaste bestreichen.

Bremssattel ausbauen

- Rad abschrauben.
- Evtl. Bremsbeläge ausbauen.
- Halteschrauben des Bremssattels losdrehen.
- Bremssattel mit angeschraubtem Bremsschlauch so aufhängen, daß der Schlauch nicht unter Spannung steht. Oder
- Bremsschlauch abschrauben (Seite 148) und hochbinden, damit nicht der gesamte Bremskreis ausläuft.
- Beim Einbau die Schrauben mit 25 Nm anziehen.
- Bremsanlage entlüften, falls der Bremsschlauch abgeschraubt war.
- Bei nicht abgenommenem Bremsschlauch das Pedal mehrmals treten, damit sich die Beläge an die Bremsscheibe anlegen.

Bremskolbenmanschette auswechseln

Eine beschädigte Kolbenmanschette im Bremssattel sollte umgehend erneuert werden, damit der Kolben nicht durch Korrosion und Schmutz festgeht.

- Bremsbeläge ausbauen.
- Von Helfer das Bremspedal vorsichtig treten lassen, damit der Kolben ein Stück herausragt.
- Alte Manschette abziehen.
- Neue Manschette am Kolben aufziehen.
- Kolben ins Bremssattelgehäuse zurückdrücken.
- Manschette bis zum Anschlag ins Bremssattelgehäuse drücken.

Bremsscheibe ausbauen

Bremsscheiben müssen grundsätzlich beidseitig erneuert werden. Einseitiger Wechsel kann ungleiche Bremswirkung zur Folge haben.

- Bremssattel ausbauen.
- Halteschraube der Bremsscheibe losdrehen.
- Bremsscheibe durch Schläge mit dem Gummihammer von der Radnabe trennen.
- Vor dem Ansetzen der neuen Bremsscheibe die Anlagefläche an der Radnabe säubern.

Die Bremsscheibe ist mit einer Kreuzschlitzschraube auf der vorderen Radnabe gesichert.

Die hinteren Trommelbremsen

An den hinteren Rädern besitzt der Diesel sogenannte Trommelbremsen. Je zwei halbkreisförmige Beläge werden von einem oben sitzenden Radbremszylinder gegen die zylindrischen Bremstrommeln gedrückt. Diese Bauart mit einem Radzylinder für zwei Beläge nennt sich Simplexbremse.

Die Trommelbremse wirkt selbstverstärkend. Und zwar zieht sich eine Bremsbacke durch die Drehung des Rades in gewissem Maß selbsttätig an die Bremstrommel. Dadurch sind geringere Fußkräfte am Pedal notwendig. Bei Vorwärtsfahrt wirkt die vordere Bremsbacke selbstverstärkend. Sie heißt Auflauf- oder Primärbremsbacke im Gegensatz zur hinteren Ablauf- bzw. Sekundärbremsbacke.

Belagstärke der Trommelbremsen kontrollieren

Wartung Nr. 28

Da die Auflaufbacke schneller verschleißt als die hintere Ablaufbacke, wird nur an der vorderen Bremsbacke die Stärke gemessen.

■ Wagen hinten aufbocken.

■ An der Innenseite des jeweiligen Hinterrades vorn am Bremsträgerblech den Plastikstopfen abziehen.

■ Mit Taschenlampe ins Schauloch leuchten, Belagstärke feststellen.

■ Die Beläge sind neu 5 mm stark und dürfen bis auf **2,5 mm Reststärke** – ohne Belagträger gemessen – abgefahren werden.

Bremspedalweg prüfen

Wartung Nr. 7

■ Drücken Sie das Bremspedal von Hand nieder.

■ Der **Leerweg** soll **höchstens ⅓ des gesamten Pedalwegs** betragen.

■ Bei längerem Pedalweg sind die Trommelbremsbeläge auf das Mindestmaß abgefahren und müssen erneuert werden.

■ Zu langer Pedalweg kann auch durch verklemmte Bremsbeläge oder einen festgerosteten Bremssattel verursacht werden.

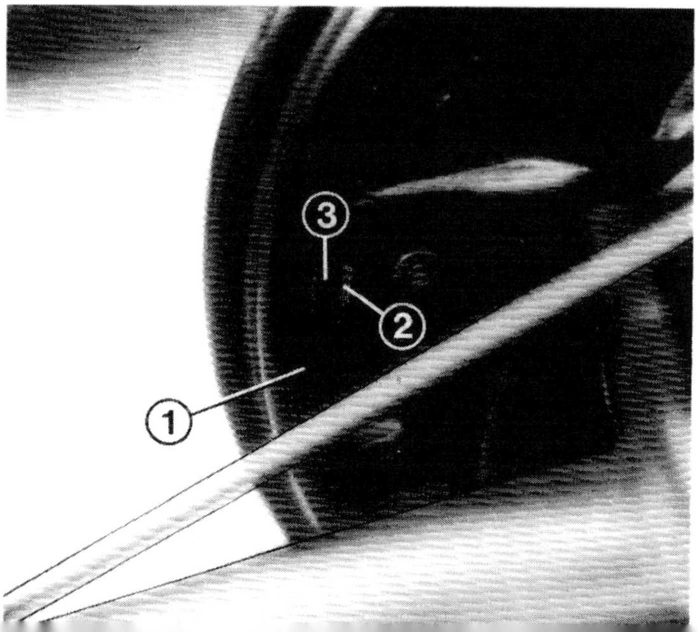

Das Schauloch zur Kontrolle der Belagstärke an den hinteren Trommelbbremsen sitzt in Fahrtrichtung vorn im Bremsträgerblech (1). Bei abgezogenem Abdeckstopfen sehen Sie die Bremsbacke (2) und den aufgenieteten Belag (3).

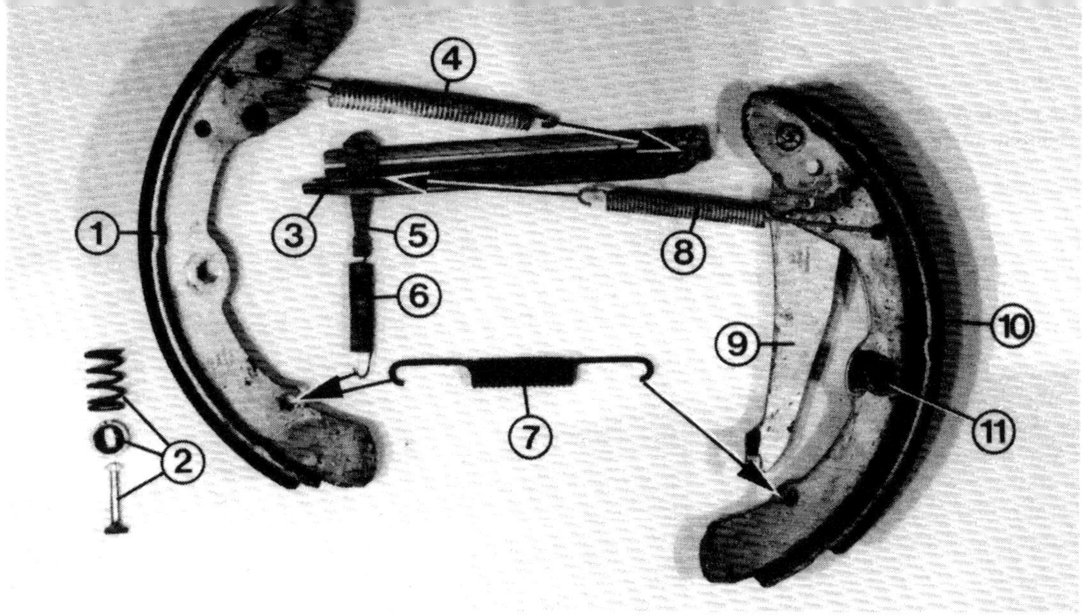

Die ausgebauten Teile der Trommelbremse. Die Pfeile im Bild zeigen, wo die Federn beim Einbau eingehängt werden müssen. Die Zahlen bedeuten: 1 – Bremsbacke vorn; 2 – Niederhalter mit Feder, Federteller und Haltestift; 3 – Druckstange; 4 – Rückzugfeder oben; 5 – Nachstellkeil; 6 – Zugfeder für Nachstellkeil; 7 – Rückzugfeder unten; 8 – Anlagefeder; 9 – Handbremshebel; 10 – Bremsbelag auf der Bremsbacke hinten; 11 – Niederhalter.

Automatische Bremsennachstellung

Die Trommelbremsen brauchen nicht mehr nachgestellt zu werden. Allerdings bewirkt dies – anders als bei den Scheibenbremsen – eine Mechanik. Die Druckstange zwischen den Bremsbacken muß mit zunehmendem Belagverschleiß verlängert werden, damit die Beläge wieder zum Anliegen an die Trommel kommen. Das geschieht durch einen unter Federzug stehenden Keil, der mit den allmählich verschleißenden Belägen in der Druckstange nachrückt.

Bremstrommel abnehmen

Die Bremstrommel kann auch mit angeschraubtem Rad abgenommen werden. In diesem Fall

- Eine Radschraube herausdrehen.
- Wagen hinten aufbocken.
- Radlager ausbauen (Seite 135).
- Felge oder Bremstrommel so drehen, daß ein Radschraubenloch in Fahrtrichtung vorn oben steht.
- Durch das Schraubenloch mit einem Schraubenzieher den Nachstellkeil nach oben drücken – damit werden die Bremsbacken zurückgezogen.
- Bremstrommel abziehen.
- Beim Zusammenbau Radlagerspiel einstellen, siehe Seite 135.
- Beläge durch einmaliges kräftiges Treten des Bremspedals zum Anliegen an der Trommel bringen. Dazu müssen die Bremstrommeln rechts und links montiert sein.

Fingerzeig: *Bei einem älteren Wagen läßt sich der Nachstellkeil nicht einfach nach oben drücken. Lassen Sie von einem Helfer das Bremspedal treten (die Bremstrommel auf der anderen Seite darf nicht abgenommen sein), und schieben Sie den Keil nach oben. Bremspedal losslassen und erst jetzt den Schraubenzieher aus der Bremstrommel ziehen, sonst rutscht der Keil wieder nach unten.*

Zustand der Bremstrommeln kontrollieren

- Die Schleiffläche in der Bremstrommel muß möglichst glatt sein.
- Zeigen sich tiefe Rillen oder Riefen (durch bis auf die Nieten abgefahrene Bremsbeläge), kann die Trommel ausgedreht werden.
- Neue Bremstrommeln haben einen Innendurchmesser von 180 mm.
- Nach dem Ausdrehen darf der Durchmesser nicht größer als 181 mm sein.
- Für ausgedrehte Trommeln müssen dickere Bremsbeläge verwendet werden.
- Zu weit eingelaufene Bremstrommeln sind zu ersetzen, und zwar immer beide.

Bremsbacken ausbauen

In den Abbildungen auf diesen Seiten sehen Sie die im Text genannten Teile.

- Federteller der Druckfedern an den Bremsbacken mit einer Kombizange oder besser mit einem Steckschlüssel SW 10 zurückdrücken, Haltestift hinten an der Bremsankerplatte um 90° drehen und herausziehen, Federn abnehmen.
- Rückzugfeder des Nachstellkeils aushängen.
- Bremsbacken aus der unteren Abstützung und den Kolben im Radbremszylinder herausheben.
- Handbremsseil an den abgezogenen Bremsbacken aushängen.
- Rückzugfedern oben und unten abnehmen.
- Nachstellkeil aus der Druckstange ziehen.

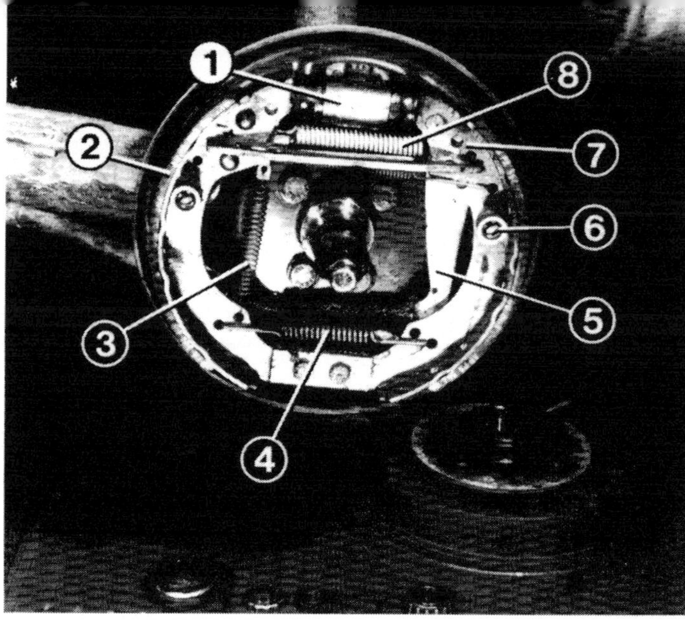

Die hintere Trommelbremse geöffnet: 1 – Radbremszylinder; 2 – Bremsbelag; 3 – Zugfeder mit Nachstellkeil; 4 – Rückzugfeder unten; 5 – Handbremshebel; 6 – Niederhaltefeder; 7 – Bremsbacke; 8 – Rückzugfeder oben.

■ Anlagefeder oben aus der Druckstange aushängen. Ggf. hierzu die Druckstange in einen Schraubstock spannen.

■ Beim **Zusammenbau** Druckstange in Schraubstock spannen.

■ Anlagefeder an der Druckstange und Bremsbacke einhängen. Wie die Feder richtig montiert wird, zeigt das Bild rechts oben.

■ Bremsbacke auf der Druckstange einsetzen, Nachstellkeil von oben einstecken. Die »Warze« oben zeigt zur Bremsankerplatte hin.

■ Bremshebel der Sekundär-Bremsbacke in die Aussparung der Druckstange einsetzen, obere Rückzugfeder einhängen.

■ Zum Einhängen des Handbremsseils bei noch nicht montierten Bremsbacken

■ Feder und Federteller auf dem Seil zurückdrücken, in dieser Stellung mit einer Zange festhalten, so daß das Handbremsseil ein Stück freiliegt.

■ Bremshebel einhängen.

Bremsbacken belegen

Grundsätzlich müssen beide Beläge auf jeder Seite ausgewechselt werden. Für einwandfreie Bremswirkung nur Beläge mit ABE verwenden (die Original-V.A.G.-Beläge sind übrigens asbestfrei). Falls die Bremstrommeln auf 180,5 mm ausgedreht wurden, müssen dickere »Übermaß«-Bremsbeläge verwendet werden.

Sie können entweder Bremsbacken im Austausch kaufen oder die Beläge selbst aufnieten. Zum fachgerechten Aufnieten gehört ein Handnietwerkzeug, z.B. von Jurid (siehe Bild unten links), und ein Schraubstock.

■ Bremsbacke in den Schraubstock spannen.

■ Alten Bremsbelag mit Meißel und Hammer entfernen.

■ Reste der Niete herausklopfen. Sie können die Niete aber auch einzeln ausbohren. Achten Sie dann jedoch darauf, daß die Bremsbacke nicht mit durchbohrt wird.

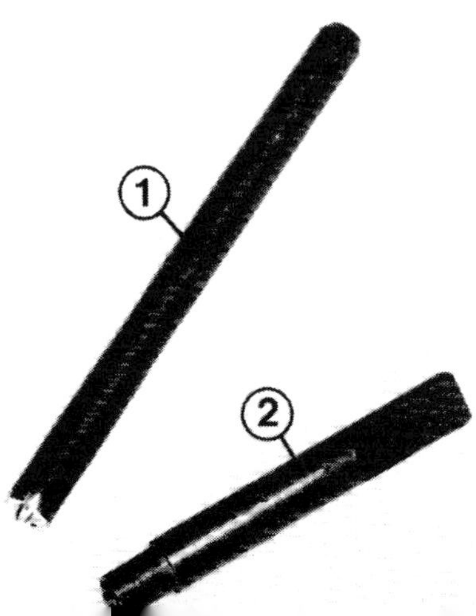

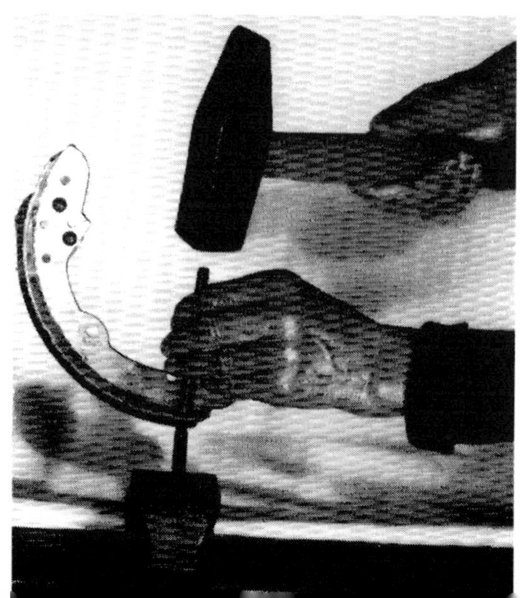

Links: Ein Handnietwerkzeug, bestehend aus Oberteil (1) und Unterteil (2), ist das beste Hilfsmittel zum Aufnieten der hinteren Trommelbremsbeläge. Rechts: Das Unterteil ist im Schraubstock eingespannt, das Oberteil bekommt einen Hammerschlag verpaßt, wodurch der Niet umgebördelt wird. Bremsbacke und Belag sollten von einem Helfer gehalten werden.

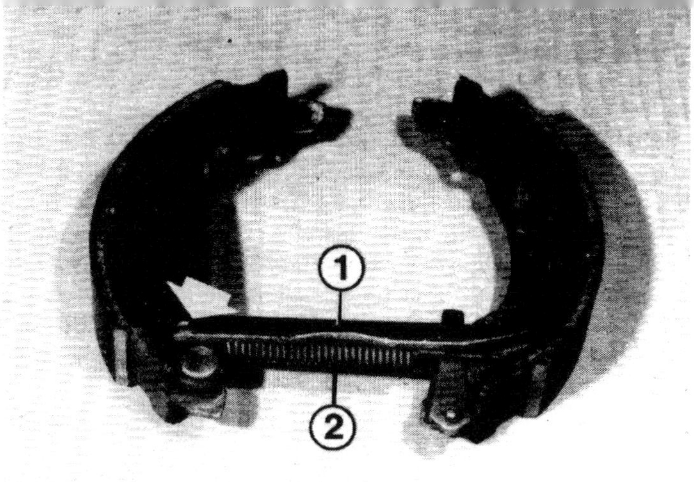

Das umgebogene Ende (Pfeil) der Anlagefeder (2) muß nach innen zeigen, wenn sie richtig in die Druckstange (1) eingesetzt ist.

■ Nietlöcher entgraten und Oberfläche der Bremsbacke säubern. Die Anlagefläche muß eben sein, deshalb Bremsbacken mit tiefen Rostnarben nicht mehr verwenden.
■ Unterteil des Nietwerkzeugs in den Schraubstock einspannen.
■ Niet zuerst in eines der mittleren Löcher im Belag einsetzen. Bremsbacke auflegen und Niet durchdrücken.
■ Komplette Bremsbacke jetzt mit dem Belag nach unten am Niet auf den Dorn halten.
■ Mit Hammer und Nietwerkzeug den überstehenden Niet an der Rückseite der Bremsbacke umbördeln.
■ Aus der Mitte des Belages beginnend die restlichen Niete einsetzen.
■ Der Bremshebel soll zum Nieten abgebaut werden. Mit einem schlanken Nietwerkzeug kommt man jedoch daran vorbei.
■ Außenkanten der Beläge mit einer Feile abrunden (»brechen«).

Die Handbremse

Die Bremskraft wird hier mechanisch übertragen. Wenn Sie am Handbremshebel ziehen, werden die beiden an seinem Ausgleichsbügel (eine Art Wippe) eingehängten Bremsseile zu den Hinterrädern gespannt. Durch die Ausgleichswippe wird die Kraft beim Anziehen so gleichmäßig wie möglich zu den hinteren Bremsen verteilt. Leichte Schwankungen im Reibwert der beiden Bremsseile gleicht die Wippe aus.
In den Trommelbremsen zieht jedes Seilzugende den Bremshebel an der hinteren Sekundärbremsbacke an. Durch diese Bewegung wird die Bremsbacke gegen die Trommel gedrückt. Gleichzeitig stützt sich der Bremshebel über die Druckstange an der vorderen Bremsbacke ab, die ebenfalls nach außen gedrückt wird – die Hinterräder werden gebremst.

Leerweg des Handbremshebels prüfen

Wartung Nr. 9

■ Die Wirkung der Handbremse soll mit der **dritten Raste** des Hebels beginnen.
■ Bei eingerastetem vierten Zahn sollten die Hinterräder blockiert sein.
■ Ist der Hebelweg länger, weist das auf abgenutzte hintere Bremsbeläge oder gedehnte Handbremsseile, weil die Handbremse bei jedem Parken kräftig angezogen wurde.
■ Eine Einstellung der Handbremse ist nur nach Auswechseln eines Handbremsseils erforderlich.

Handbremszug wechseln

■ Wagen hinten aufbocken, Handbremse lösen.
■ Kunststoffabdeckung am Handbremshebel zur Seite ziehen, so daß die Haltenoppen aus der Hebelachse ausrasten können.
■ Konter- und Einstellmuttern an den Bremsseilen losdrehen.
■ Bremstrommel abbauen (Seite 143), Bremsbacken abnehmen und Handbremsseil aushängen.
■ Halteschelle des Bremsseils lösen, Seilzug aus dem Führungsrohr an der Karosserie, dem Drahthalter an der Hinterachse und aus der Bremsankerplatte herausziehen.
■ Nachdem der neue Handbremszug am Handbremshebel befestigt wurde, die Eintrittstelle des Zuges ins Führungsrohr an der Karosserie mit (wasserbeständigem) Mehrzweckfett einstreichen.
■ Nach dem Zusammenbau Handbremse einstellen, siehe nächsten Abschnitt.

Handbremse einstellen

Diese Arbeit wird nur nach Auswechseln des Handbremsseils ausgeführt.

- Wagen hinten so aufbocken, daß beide Hinterräder frei hängen.
- Bremspedal einmal kräftig treten.
- Abdeckung des Handbremshebels hinten rechts und links zur Seite ziehen, so daß die Haltenoppen aus der Hebelachse ausrasten können.
- Kontermuttern der Einstellmuttern lösen.
- Handbremshebel bei Fahrzeugen bis 12/87 in die **zweite Raste**, ab 1/88 in die **vierte Raste** ziehen.
- Einstellmutter auf jeder Seite so weit hineindrehen, bis sich das entsprechende Hinterrad nur noch schwer von Hand durchdrehen läßt. Beim Drehen der Mutter das Gewindeteil des Handbremsseils mit einem Schraubenzieher gegenhalten, siehe Bild unten.
- Handbremse lösen und prüfen, ob sich beide Räder ohne Widerstand durchdrehen lassen.
- Einstellmuttern mit der jeweiligen Kontermutter sichern.

Der Bremskraftverstärker

Fahrzeuge ohne ABS

Scheibenbremsen wirken nicht, wie Trommelbremsen, selbstverstärkend. Es ist eine wesentlich höhere Pedalkraft vonnöten. Deshalb haben Fahrzeuge ohne ABS einen pneumatisch wirkenden Bremskraftverstärker, der rund 60% der Bremskraft aufbringt (Bremskraftverstärkung bei ABS siehe Seite 153).
Diese Hilfseinrichtung sitzt links im Motorraum hinter dem Hauptbremszylinder. Das Bremspedal ist jedoch weiterhin direkt mit den Bremskolben im Hauptbremszylinder verbunden, so daß man auch noch bei ausgefallenem Hilfsgerät bremsen kann. Der notwendige Pedaldruck muß dann allerdings mehr als verdoppelt werden!
Die Hilfskraft liefert bei einem Wagen mit Benzinmotor der Unterdruck im Ansaugrohr. Da unser Diesel aber an dieser Stelle keinen Unterdruck erzeugt, besitzt er eine separate Unterdruckpumpe (siehe Bild rechts unten). Die Pumpe ist über einen Schlauch mit dem Bremskraftverstärker verbunden. Beim Bremsen verschiebt der Druckunterschied zwischen dem äußeren Luftdruck und dem Unterdruck aus der Pumpe eine große, elastische Membrane und drückt zusätzlich auf die Kolben im Hauptbremszylinder.
Wenn der Motor nicht läuft, kann der Servo auch keine (zusätzliche) Bremskraft liefern. Deswegen müssen Sie stärker aufs Pedal treten, wenn Ihr Wagen z.B. abgeschleppt wird. Bleibt der Motor unterwegs plötzlich stehen, haben Sie durch den Unterdruckspeicher noch eine Reserve für einige kurze Bremsungen; erst dann werden die Wadenmuskeln voll beansprucht.

Bremskraftverstärker prüfen

Wartung Nr. 8

- Bei abgestelltem Motor das Bremspedal zehnmal durchtreten und in seiner tiefsten Stellung halten.
- Motor starten. Bei einwandfrei funktionierendem Verstärker muß das Pedal noch ein Stück nachgeben.
- Senkt sich das Pedal nicht, kommen in Betracht: Unterdruckschlauch von der Unter-

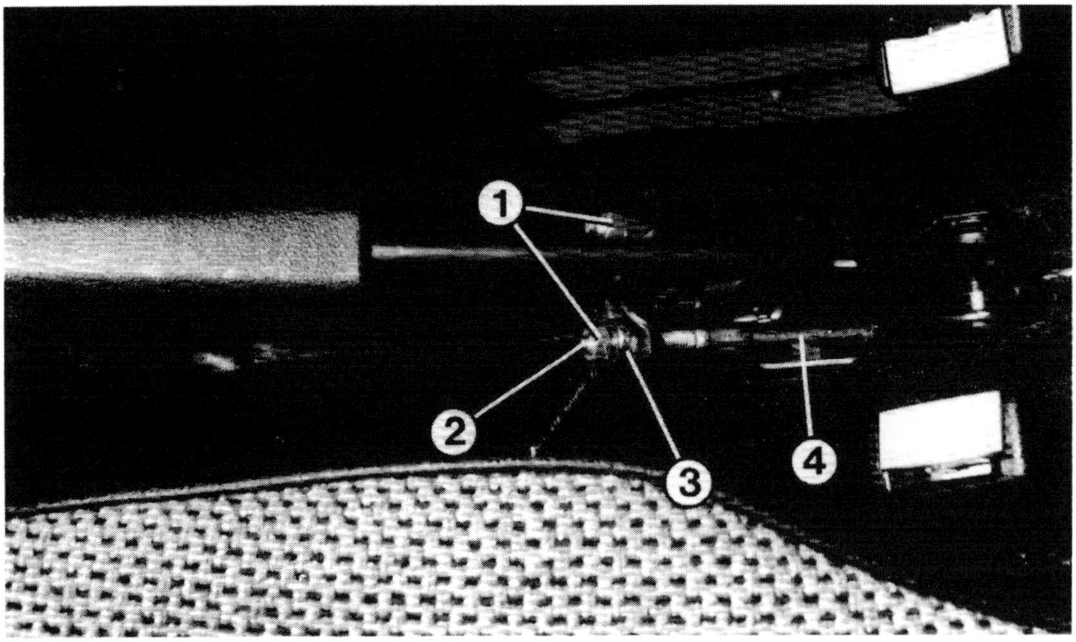

Zum Einstellen des Handbremsseiles (4) die Kontermutter (1) lösen und die Einstellmutter (3; der Schraubenschlüssel ist darauf angesetzt) drehen. Damit sich das Handbremsseil nicht verdreht, sollte das geschlitzte vordere Seilzugende (2) mit einem Schraubenzieher gegengehalten werden.

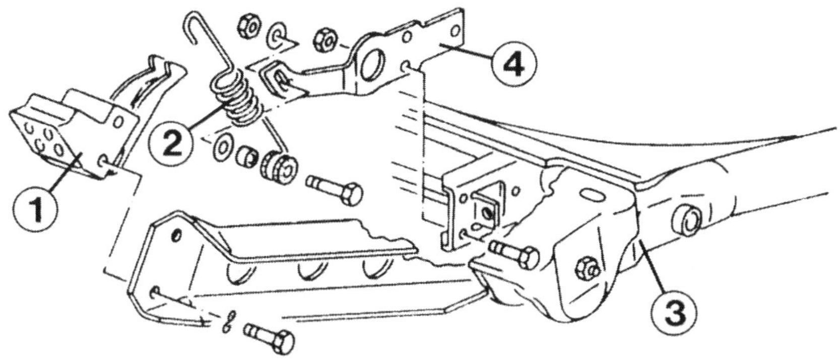

Der Bremskraftregler (1) sitzt an der Wagenunterseite. Über den mit der Hinterachse (3) verbundenen Hebel (4) und die Übertragungsfeder (2) erhält der Regler die Information, wie weit die Hinterachse ausgefedert ist. Entsprechend dosiert er die Bremskraft an die Hinterräder.

druckpumpe zum Bremskraftverstärker undicht, Unterdruckpumpe arbeitet nicht, Rückschlagventil im Unterdruckschlauch, Gummiring zwischen Hauptbremszylinder und Servogerät oder Membrane des Bremskraftverstärkers defekt.

■ Zur Kontrolle des Rückschlagventils den Unterdruckschlauch am Bremsservo abnehmen.

■ Durchblasen muß, Ansaugen darf nicht möglich sein.

■ Das Rückschlagventil gibt es nur mit dem zugehörigen Unterdruckschlauch.

■ Der Pfeil am Ventil muß in Richtung Unterdruckpumpe zeigen.

■ Zum Austausch eines schadhaften Gummirings zwischen Hauptbremszylinder und Verstärker muß der Zylinder demontiert werden, siehe Seite 149.

■ Ein defekter Bremskraftverstärker wird komplett ersetzt. Reparieren ist nicht möglich.

Der Bremskraftregler

Mit Ausnahme des Saugdiesel-Golf mit Schaltgetriebe sitzt in Fahrtrichtung links vor der Hinterachse ein Bremskraftregler. Er kann den Flüssigkeitsdruck zu den hinteren Radbremszylindern reduzieren. Das geschieht je nach Beladung: Viel Druck bei vollgeladenem Wagen, wobei die Hinterachse auch beim Bremsen nur wenig entlastet wird; wenig Druck bei Ein- oder Zweimannbesatzung – hierbei hebt sich der Wagen stärker aus den Hinterfedern. Durch zu viel Bremsdruck an den Hinterrädern blockieren diese vorzeitig, und das Auto stellt sich quer.

Bremskraftregler prüfen

Für eine schnelle Funktionsprüfung brauchen Sie einen Helfer. Der Wagen darf nicht aufgebockt sein.

■ Treten Sie das Bremspedal kräftig durch und lassen Sie es schnell los.

■ Hierbei muß sich der Hebel am Bremskraftregler bewegen.

■ Für eine genaue Prüfung werden Federspanner und ein Druckprüfgerät gebraucht – eine Arbeit für die V.A.G.-Werkstatt.

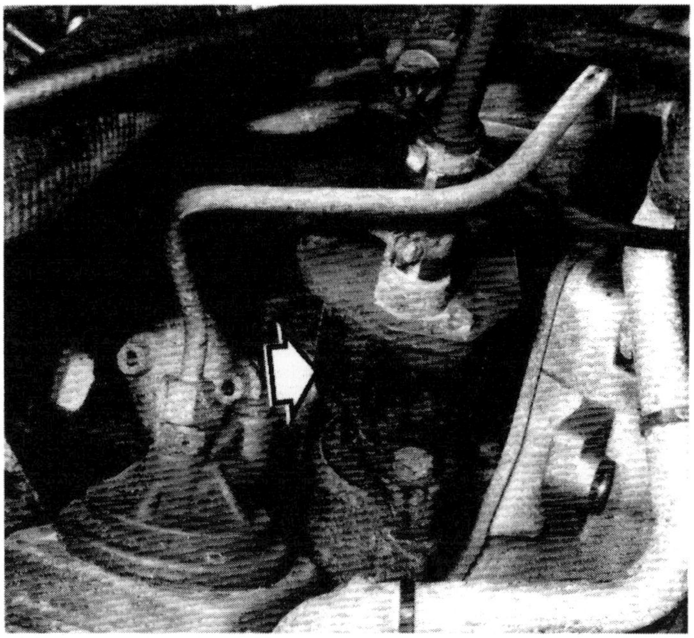

Der Unterdruck im Ansaugsystem des Dieselmotors reicht nicht aus, um den Bremskraftverstärker zu betreiben. Deshalb besitzt der Diesel vorn am Motor eine spezielle Unterdruckpumpe (Pfeil).

Arbeiten an der Bremshydraulik

Bei allen nachfolgend beschriebenen Arbeiten kommen Sie mit Bremsflüssigkeit in Kontakt. Deshalb ein paar Sicherheitshinweise:

□ Bremsflüssigkeit ist giftig, deshalb nicht mit dem Mund oder offenen Wunden in Berührung bringen.

□ Die Bremsflüssigkeit greift den Lack an. Deshalb keine bremsflüssigkeitsgetränkten Lappen oder verschmierten Werkzeuge auf die Lackierung legen. Auch im Motorraum nach der Montage die Spuren von Bremsflüssigkeit abwaschen; aber erst, wenn sämtliche Anschlüsse fest angeschraubt sind.

□ Beim Lösen eines Bremsschlauches oder einer Bremsleitung läuft der Vorratsbehälter allmählich leer. Das läßt sich verhindern: Vor dem Öffnen der Verschraubung eine Entlüftungsschraube im betreffenden Bremskreis lösen. Entlüftungsschlauch aufstecken und in ein Gefäß halten. Nun das Bremspedal voll durchtreten und mit einer passenden Holzlatte o.ä. in dieser Stellung halten. Damit sind die Zulaufbohrungen im Hauptbremszylinder verschlossen, es kann keine Bremsflüssigkeit mehr auslaufen.

□ Zum Lösen und Anziehen der Bremsleitungen sollten Sie sich den auf Seite 10 angesprochenen Bremsleitungsschlüssel besorgen. Für die Bremsschläuche genügt ein Gabelschlüssel SW 14.

□ Nach allen Arbeiten an der Bremshydraulik muß die Bremsanlage entlüftet werden, siehe folgende Seite. Oft genügt es, nur den Bremskreis zu entlüften, an dem gearbeitet wurde.

Bremsleitung ausbauen

■ Überwurfmutter der Bremsleitung losdrehen. Hierzu Gegenverschraubung – z.B. an einem Bremsschlauch – festhalten.

■ Ist die Mutter auf der Leitung angerostet, wodurch sich diese mitdreht, muß die Leitung in jedem Fall erneuert werden. Die dünnwandigen Rohre knicken schnell ab.

■ Zum Lösen der Leitungsanschlüsse kann folgender Trick weiterhelfen, wenn das betreffende Leitungsstück ohnehin ausgewechselt werden soll:

■ Bremsleitung nahe der Verschraubung absägen, Überwurfmutter mit einer Sechskantnuß losdrehen.

■ Muß eine neue Leitung noch etwas zurechtgebogen werden, darf dies nur in einem großen Radius geschehen. Andernfalls knickt das dünne Rohr ab.

■ Innenseite des Bogens beim Biegen mit dem Daumen unterstützen. So können Sie sich langsam dem Radius entlang arbeiten.

■ Evtl. vorhandene Schutzschläuche der Leitungen nicht vergessen.

■ Bremsleitungen in ihren Abstandshaltern verlegen.

■ Bremsanlage entlüften.

Bremsschlauch ausbauen

■ Zuerst die Überwurfmutter der betreffenden Bremsleitung losdrehen. Dabei darauf achten, daß sich die Leitung nicht verdreht.

■ Ist ein Bremsschlauch mit einem Blechhalter an der Karosserie befestigt, dann ist er mit einem Blechbügel gegen Hin- und Herrutschen gesichert. Beim Zusammenbau darf dieser sogenannte Schlauchhalter (siehe Bild unten) nicht vergessen werden.

■ Beim Einbau den Schlauch immer zuerst an der Stelle festdrehen, an der er sein Außengewinde hat.

■ Dann andere Verschraubung anziehen.

■ Der Bremsschlauch darf nicht in sich ver-

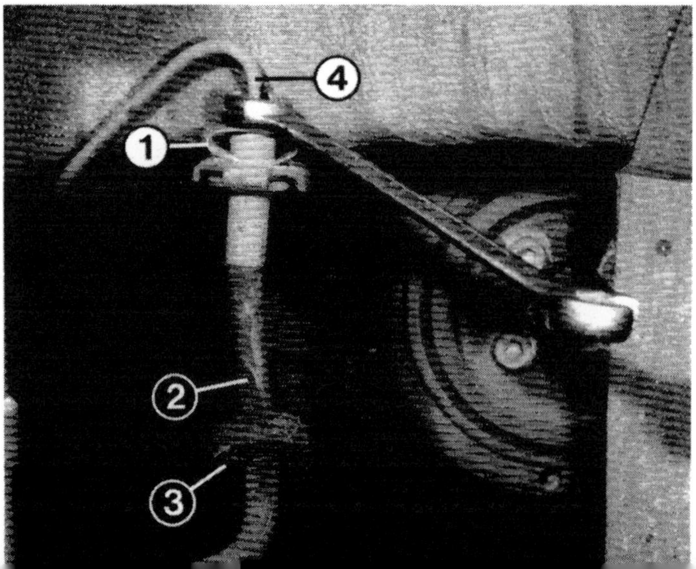

Zwischen der Verbindung von Bremsschlauch (2) und Bremsleitung (4) sitzt ein Schlauchhalter (1), der beim Zusammenbau nicht vergessen werden darf. Achten Sie auch darauf, daß der Scheuerschutz (3) richtig sitzt.

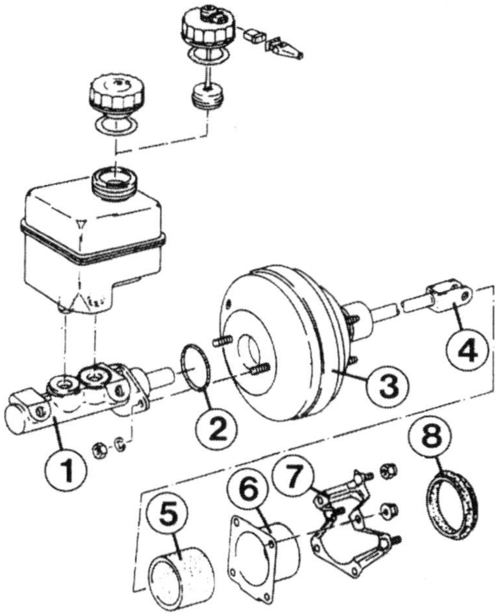

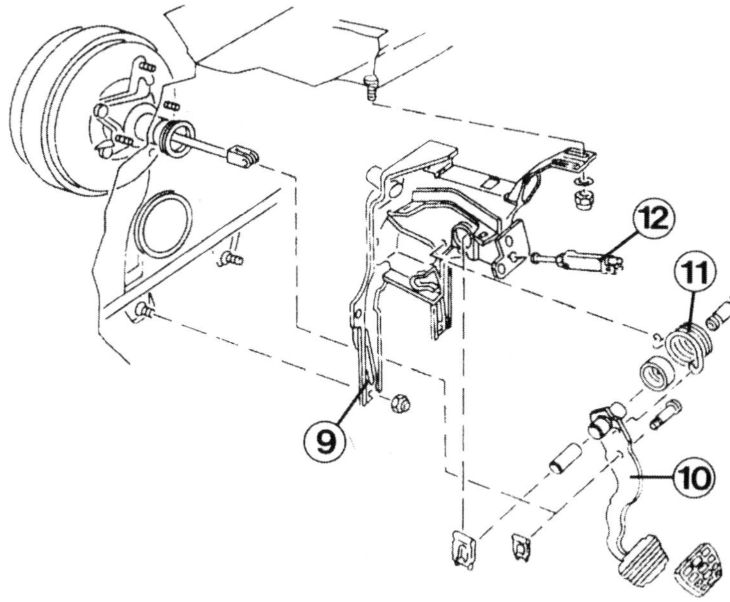

Links: Zur Baugruppe Hauptbremszylinder (1) und Bremskraftverstärker (3) gehören weiterhin: 2 – Dichtring; 4 – Gabelkopf; 5 – Dichtung; 6 – Zwischenstück; 7 – Lagerbock für Bremskraftverstärker; 8 – Dichtung. Rechts: 9 – Lagerbock für Pedale; 10 – Bremspedal; 11 – Drehfeder; 12 – Bremslichtschalter.

dreht sein. Zur Kontrolle dient der Farbstreifen oder Gummianguß entlang des Schlauches.

- Bremssystem entlüften.
- Sofort nach der Reparatur kontrollieren, ob der Schlauch bei Federbewegungen irgendwo scheuern kann.
- Diese Kontrolle nach einer längeren Fahrtstrecke wiederholen.

Radbremszylinder ausbauen

- Bremstrommel (Seite 143) und Bremsbakken ausbauen.
- Entlüftungsventil und Bremsleitung hinten am Bremsankerblech abschrauben.
- Halteschrauben des Bremszylinders losdrehen, Radzylinder abnehmen.
- Nach dem Zusammenbau Bremsen entlüften.

Hauptbremszylinder ausbauen

- Bremsflüssigkeit aus dem Vorratsbehälter absaugen.
- Behälter aus dem Hauptbremszylinder herausziehen.
- Kabelstecker abnehmen.
- Sämtliche Bremsleitungen am Hauptbremszylinder abschrauben.
- Muttern der Verbindung Hauptbremszylinder/Bremskraftverstärker losdrehen, Hauptbremszylinder abnehmen.
- Beim Zusammenbau neuen Dichtring zwischen Bremskraftverstärker und Hauptbremszylinder einlegen.
- Dichtstopfen für die Anschlußstutzen des Ausgleichsbehälters innen mit Bremsflüssigkeit anfeuchten, bevor der Behälter aufgedrückt wird.
- Bremsanlage entlüften.

Bremskraftverstärker ausbauen

- Linkes Ablagefach ausbauen (Seite 250).
- Am Hebel des Bremspedals die Sicherungsklammer am Haltebolzen für die Bremsdruckstange abnehmen, Bolzen herausdrücken.
- Unterdruckschlauch am Verstärker abnehmen.
- Bremsflüssigkeit absaugen und Bremsleitungen abschrauben, wie im vorangegangenen Abschnitt beschrieben.
- Im Fahrerfußraum die drei Muttern des Haltebocks für den Bremskraftverstärker losdrehen.
- Servogerät mit Hauptbremszylinder und Haltebock aus dem Motorraum herausnehmen.
- Hauptbremszylinder und Haltebock losschrauben.
- Beim Einbau Sicherungsklammer auf dem Bolzen für die Bremsdruckstange nicht vergessen.
- Bremssystem entlüften.

Bremsanlage entlüften

Nach allen Reparaturen an der Bremshydraulik muß entlüftet werden. Die Werkstatt benutzt hierzu ein Entlüftungsgerät, es geht aber genauso gut nach der althergebrachten Methode.

- Die Arbeitsreihenfolge lautet: Hinten rechts, hinten links, vorn rechts und zuletzt vorn links.
- Vorratsbehälter auf dem Hauptbremszylinder mit frischer Bremsflüssigkeit auffüllen. Während des Entlüftens muß immer wieder nachgefüllt werden, sonst wird aus dem leeren Behälter wieder Luft angesaugt.

■ Gummikappe vom Entlüftungsventil abnehmen, Ventilnippel sauberreiben.
■ Durchsichtigen Schlauch (z.B. von der Scheibenwaschanlage) auf den Nippel schieben, freies Schlauchende in ein teilweise mit Bremsflüssigkeit gefülltes Glas stecken.
■ Entlüfterventil eine bis eineinhalb Umdrehungen lösen.
■ Von Helfer das Bremspedal langsam niedertreten lassen. So wird Bremsflüssigkeit und die darin eingeschlossene Luft herausgepumpt. Sie sehen die Luftbläschen im durchsichtigen Schlauch und im Glas.
■ Entlüfterventil schließen – der Helfer muß das Pedal niedergetreten halten.
■ Pedal langsam zurückkommen lassen.
■ Das wird nun so lange wiederholt, bis keine Luft mehr kommt. Dabei müssen sich Entlüfter und Pedaltreter jeweils durch Zuruf verständigen, wann das Pedal durchgetreten und wann das Ventil wieder geschlossen ist.
■ Bremspedal ganz durchgetreten halten, bis das Entlüftungsventil endgültig angezogen (nicht »angeknallt«) wurde.
■ Auf gleiche Weise werden die übrigen Radbremsen entlüftet.
■ Bei einem Fahrzeug mit Bremskraftregler muß beim Entlüften der hinteren Bremsen der Hebel am Bremskraftregler kräftig in Richtung Hinterachse gedrückt werden, um evtl. noch vorhandenen Restdruck im Regler abzubauen.

Bremsflüssigkeit wechseln
Wartung Nr. 42

Nicht nur die auf Seite 136 erwähnte Gefahr von Dampfblasen macht den Bremsflüssigkeitswechsel erforderlich, sondern auch die vom aufgenommenem Wasser verursachte Korrosionsgefahr in den Bremszylindern und -leitungen. Außerdem soll Abrieb der Bremsmanschetten herausgepumpt werden. Gebirgsfahrer und scharfe Bremser sollten sich an das Zweijahresintervall halten, andernfalls genügt der Wechsel alle vier Jahre.
Beim Flüssigkeitswechsel geht man wie beim Entlüften vor. Gebraucht werden 2 Liter frische Bremsflüssigkeit.
■ Bremsflüssigkeit aus dem Vorratsbehälter mit einer Pipette oder einer sauberen Injektionsspritze absaugen.
■ Frische Bremsflüssigkeit einfüllen bzw. regelmäßig nachgießen.
■ An jedem Entlüfterventil sollen 500 cm^3 Bremsflüssigkeit durchgepumpt werden. Durch diese relativ hohe Menge ist gewährleistet, daß sich neue Bremsflüssigkeit nicht mit der alten vermischt hat, sondern das Bremssystem durchweg mit unverbrauchter Flüssigkeit befüllt ist.

Fingerzeig: *Gebrauchte Bremsflüssigkeit darf nicht in die Kanalisation geschüttet werden. Sie soll auch nicht in den Altölkanister gefüllt werden. Am besten gibt man sie mit Lackrückständen oder Lösungsmitteln zur Sondermüll-Beseitigung.*

Störungsbeistand Bremsen

Die Störung	– ihre Ursache	– ihre Abhilfe
A Bremsen ziehen einseitig	1 Reifendruck ungleichmäßig	Korrigieren bei kalten Reifen
	2 Reifenprofil ungleich abgefahren	Reifen so untereinander auswechseln, daß auf jede Achse gleichmäßig abgenutzte Reifen kommen

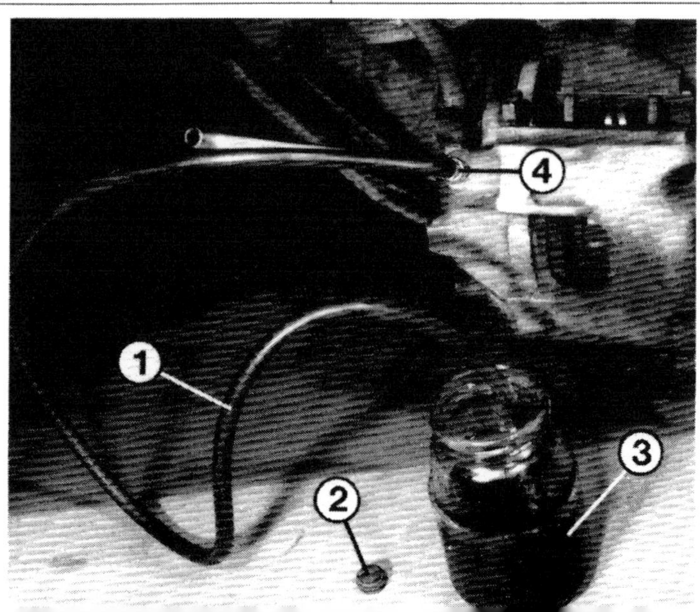

Beim Entlüften wird die Schutzkappe (2) vom Entlüfterventil (4) abgezogen. Durchsichtigen Schlauch (1) am Ventil aufstecken. Das andere Schlauchende muß in ein mit Bremsflüssigkeit teilweise gefülltes Glasgefäß (3) reichen. Erst jetzt das Ventil öffnen.

Die Störung	– ihre Ursache	– ihre Abhilfe
A Bremsen ziehen einseitig (Fortsetzung)	3 Beläge verschmutzt, verschmiert oder abgenutzt	Erneuern
	4 Bremsflächen der Scheiben bzw. Trommeln stark verschmutzt, verrostet oder zu stark abgenutzt	Scheiben abschleifen bzw. Trommeln ausdrehen. Ggf. austauschen
	5 Belagführung im Bremssattel verschmutzt oder verrostet	Blank schleifen
	6 Festsitzender Kolben im Bremssattel	Gängig machen oder Bremssattel überholen lassen
	7 Nachstellmechanismus der Trommelbremsen nicht in Ordnung	Einbaulage der Bauteile überprüfen
	8 Festsitzender Kolben im Radbremszylinder	Gängig machen oder Bremszylinder austauschen
	9 Bremskraftregler defekt	Druckprüfung in der Werkstatt
B Bremse quietscht	1 Resonanzgeräusche zwischen Bremsscheibe und Belägen	Belagaufkleber anbringen, siehe Fingerzeig Seite 140
	2 Beläge verschlissen oder verhärtet (»verglast«)	Erneuern
	3 Siehe A 4, 5, 6, 7 und 8	
	4 Neue Bremsbeläge liegen nicht plan an	Außenkanten der Beläge mit einer Feile brechen
	5 Lose Belagnieten der Trommelbremse	Erneuern
C Bremse rubbelt, Bremspedal pulsiert	1 Bremsscheiben verschlissen, beschädigt oder Belagreste angeklebt. Seitenschlag der Bremsscheibe oder Radnabe zu groß	Scheiben abschleifen oder austauschen. Ggf. Radnaben und evtl. Radlager ersetzen
	2 Siehe A 3 und 7	
	3 Bremstrommel hat Seiten- oder Höhenschlag oder beschädigte Belagschleifflächen	Bremstrommeln ausdrehen bzw. austauschen
D Hinterräder blockieren	1 Siehe A 9	
	2 Bremsflächen der Trommeln verrostet oder mit starken Riefen	Bremstrommeln ausdrehen bzw. ersetzen
	3 Siehe A 7	
	4 Beläge gerissen oder an der Oberfläche beschädigt	Erneuern
	5 Schwache Vorderradbremswirkung, siehe A 4, 5 und 6	
E Bremse wird heiß, löst sich nicht	1 Hydrauliksystem unter Vordruck. Alle Räder schwergängig:	Prüfung: Wagen aufbocken, Räder durchdrehen
	a) Kein Spiel zwischen Bremspedal (Druckstange) und Hauptbremszylinderkolben	Spiel kontrollieren
	b) Bremskraftverstärker defekt	Austauschen
	c) Hauptbremszylinder defekt	Ersetzen
	2 Ein Bremskreis unter Vordruck. Ein Vorderrad und evtl. gegenüberliegendes Hinterrad schwergängig:	
	Ausgleichsbohrung im Hauptbremszylinder verstopft	Säubern lassen

Die Störung	– ihre Ursache	– ihre Abhilfe
E Bremse wird heiß, löst sich nicht (Fortsetzung)	3 Bremsmechanik klemmt. Ein oder zwei Räder einer Achse schwergängig:	
	a) Siehe A 4, 5, 6, 7 und 8	
	b) Handbremse löst nicht	Handbremseinstellung kontrollieren
	4 Gummiteile gequollen durch Verwendung falscher Bremsflüssigkeit	Bremsflüssigkeit wechseln und schadhafte Teile erneuern
F Pedalweg zu groß	1 Trommelbremsbeläge abgenutzt	Erneuern
	2 Siehe A 5	
G Pedalweg zu groß Pedalweg läßt sich weich und federnd durchtreten	1 Luft im Bremssystem, evtl. Flüssigkeit im Vorratsbehälter zu tief abgesunken. Ursachen:	
	a) Leck im Bremssystem	Kontrollieren, schadhafte Teile erneuern
	b) Manschette im Hauptbremszylinder undicht	Hauptbremszylinder austauschen oder überholen lassen
	2 Überhitzte Bremsflüssigkeit, Dampfblasenbildung durch zu hohen Wassergehalt der Bremsflüssigkeit oder Überbeanspruchung der Bremsen	Bremsflüssigkeit wechseln
	3 Siehe A 6 und 7	
H Schlechte Bremswirkung bei hohem Pedaldruck	1 Pedalweg normal:	
	a) Beläge verölt, verbrannt oder verhärtet	Erneuern
	b) Siehe A 4 und 8	
	2 Pedalweg kurz: Bremskraftverstärker oder Unterdruckpumpe arbeitet nicht	Siehe Seite 146
	3 Pedalweg lang:	
	a) Siehe A 6	
	b) Ein Bremskreis ausgefallen durch Undichtigkeit oder Beschädigung	Kontrollieren, schadhafte Teile auswechseln

Das Antiblockiersystem

Stotternd gebremst

Wenn beim Bremsen die Reibung zwischen Reifen und Straße ihre Grenzen erreicht hat, kann sich das Rad nicht mehr drehen, sondern rutscht auf der Fahrbahn weiter. Abhilfe bringt dosiertes Bremsen mit genügend Gefühl im Fahrerfuß oder mit dem Antiblockiersystem.

Die wichtigsten Bauteile

Bremskreise: Das Bremssystem ist in drei Kreise aufgeteilt: Je einer für die Vorderräder und ein weiterer für beide Hinterradbremsen. Entsprechend ist der Vorratsbehälter für die Bremsflüssigkeit in drei Kammern aufgeteilt. Der Hauptbremszylinder mit zwei Arbeitskolben wirkt lediglich auf die beiden Vorderräder. Den Bremsdruck für die Hinterräder erzeugt der hydraulische Bremskraftverstärker.
Hydraulikeinheit: Sie sitzt an der gleichen Stelle, wo bei herkömmlicher Bremsanlage Hauptbremszylinder und Bremskraftverstärker ihren Platz haben. Dazu gehören der hydraulische Bremskraftverstärker mit Hauptbremszylinder; der Block der Magnetventile zum Verringern des Bremsdrucks bei Blockiergefahr; die Hydraulikpumpe mit Elektromotor, Druckspeicher, Druckschalter und Druckwarnschalter sowie der Ausgleichbehälter mit Warnschalter für den Flüssigkeitsstand.
Drehzahlfühler: Dies sind Dauermagneten, an denen ein Impulsrad (an jeder Radnabe) vorbeiläuft. Die Fühler ermitteln die Drehgeschwindigkeit der Räder.
Steuergerät: Es sitzt hinten rechts am Heckblech und verarbeitet die von den Rädern eingehenden Drehzahlsignale.

Funktion der Einzelteile

Die Hydraulikeinheit

Die Antiblockierregelung für die Vorderräder erfolgt unabhängig voneinander. Die Hinterräder werden gemeinsam geregelt, wobei dasjenige Rad die Regelung bestimmt, welches zuerst zum Blockieren neigt. Entsprechend den Befehlen vom elektronischen Steuergerät wird der Druck zu den Bremskreisen entweder konstant gehalten, verringert oder wieder aufgebaut. Höher als der Druck, den Sie über das Bremspedal erzeugen, kann der Druck aber nicht werden.
Für die Druckregelung sind sechs schnell schaltende Magnetventile zuständig – je ein Einlaß- und ein Auslaßventil pro Bremskreis. Solange Druck aufgebaut wird, sind die Magnetventile stromlos. Damit ist der Einlaß geöffnet und der Auslaß geschlossen. Zum Halten des Drucks erhält das Einlaßventil Spannung, es schließt, und der Druck im blockiergefährdeten Brems-

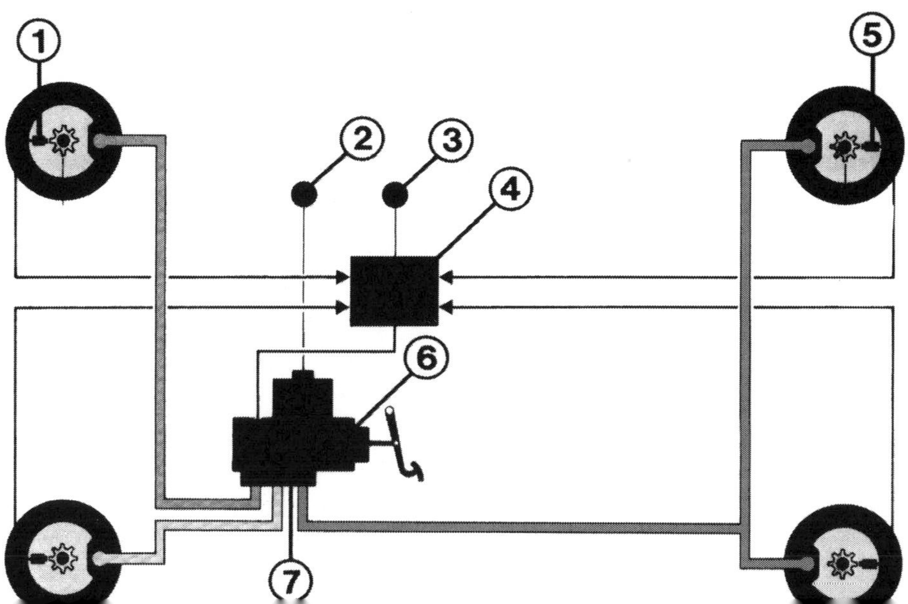

Anhand dieser Zeichnung läßt sich die Funktion des Antiblockiersystems leicht verstehen. Die drei verschiedenen Bremskreise sind unterschiedlich dargestellt: rosa – links vorn; hellrot – rechts vorn; rot – hinten. Die Raddrehzahl übermitteln die Drehzahlfühler vorn (1) und hinten (5) dem Steuergerät (4). Falls ein Rad beim Bremsen zum Blockieren neigt, reduziert die Hydraulikeinheit (6) über die Magnetventile (7) im entsprechenden Bremskreis. Das Rad kann bei vermindertem Bremsdruck wieder drehen. Fehler im Bereich Bremsflüssigkeitsstand/Hydraulikeinheit meldet die rote Kontrollampe (2); ein Defekt im Steuergerät wird von der gelben Lampe (3) angezeigt.

kreis kann nicht mehr erhöht werden. Soll Bremsdruck abgebaut werden, werden Ein- und Auslaßventil mit Spannung versorgt. Der Einlaß bleibt geschlossen, der Auslaß öffnet für eine ganz kurze Zeitdauer. Der Bremsdruck wird in Richtung Vorratsbehälter abgeleitet, und das blockiergefährdete Rad kann wieder schneller drehen. Das Spiel von Druckaufbau, -halten und -abbau kann von neuem beginnen, bis die Blockiergefahr beseitigt ist.
Die Druckabbauphase spüren Sie am Bremspedal. Im Hauptbremszylinder öffnet das elektrische Hauptventil. Eine sogenannte Positionierungshülse wird entgegen der Pedalkraft gedrückt und mit ihr die Kolben des Hauptbremszylinders. Damit der Druck im Hauptbremszylinder jetzt nicht abfällt, wird der zuströmende Bremsdruck eingespeist. Das geschieht innerhalb von Sekundenbruchteilen – das Pedal pulsiert.

Die Drehzahlfühler

Insgesamt vier Drehzahlfühler erfassen die Drehzahlen jedes einzelnen Rades und leiten diese Information zur Steuerelektronik weiter. Damit kann das Schaltgerät seinerseits die Hydraulikeinheit ansteuern.
Die Drehzahlfühler sind in geringem Abstand zu einer Zahnscheibe – dem Rotor – montiert. Der Rotor dreht sich mit dem Rad und läßt damit die zahnförmigen Erhebungen an seinem Umfang je nach Geschwindigkeit schneller oder langsamer am Fühler vorbeilaufen. Jeder Zahn, der unter dem Fühler vorbeiwandert, induziert im Fühler einen kurzen Spannungsanstieg. Auf diese Weise wird im Fühler eine Wechselspannung erzeugt, die entsprechend der Raddrehzahl ihre Frequenz ändert. Das so entstandene Signal wird vom Schaltgerät als Drehzahlinformation verarbeitet.

Das elektronische Steuergerät

Das Steuergerät verarbeitet die Informationen von den Drehzahlfühlern. Gleichzeitig steuert es die Hydraulikeinheit so an, daß die Räder nicht blockieren. Neben der komplizierten Signalaufarbeitung enthält das Steuergerät eine doppelte Steuerlogik. Das heißt im Klartext, daß die eingehenden Signale in zwei getrennten Mikroprozessoren verarbeitet werden. Beide Logikblöcke werden durch eine Verbindungsleitung gegenseitig durch zwei sogenannte Vergleicher überwacht. Werden Fehler festgestellt, schaltet das Steuergerät das ABS aus, und die Kontrollampe im Armaturenbrett leuchtet auf.

Die Relais

Zwei Relais gehören noch zum Antiblockiersystem, und zwar einerseits das Spannungsversorgungs-Relais für das ABS und andererseits das Relais für die Hydraulikpumpe. Die Relais sitzen zusammen mit zwei Zusatzsicherungen oben auf separaten Haltern an der Zentralelektrik.

Störungsbeistand ABS

Erkennungsmerkmal	Ursache/Besonderheiten
A Gelbe Kontrolleuchte verlöscht nach ABS-Selbstprüfung nicht (maximal 60 Sekunden ab Einschalten der Zündung)	Funktionsstörung im Antiblockiersystem, das ABS ist abgeschaltet. Die hydraulische Bremskraftverstärkung bleibt weiterhin intakt
B Rote Kontrolleuchte für Bremsanlage im Kombiinstrument leuchtet (Handbremse ist gelöst)	Bremsflüssigkeitsstand ist abgesunken
C Gelbe Kontrolleuchte für ABS und rote Kontrolleuchte für Bremsanlage leuchten gemeinsam	1 Bremsflüssigkeitsverlust in einem vorderen Bremskreis. Die ABS-Regelung für die Vorderräder ist abgeschaltet; der Pedalweg ist deutlich länger 2 Bremsflüssigkeitsverlust im hinteren Bremskreis. Die ABS-Regelung für die Hinterräder ist abgeschaltet. Der Pedalweg ist beinahe unverändert, aber die Fußkraft am Pedal muß wesentlich erhöht werden, da die Bremskraftverstärkung nicht funktioniert 3 Der Druck im Druckspeicher ist unter 105 bar gesunken. Nach fünf bis sechs Bremsungen fällt die Bremskraftverstärkung aus
D Langer Pedalweg	Undichtigkeit in einem vorderen Bremskreis
E Hoher Pedaldruck zum Bremsen erforderlich, normaler Pedalweg	1 Undichtigkeit in einem hinteren Bremskreis, keine Bremskraftverstärkung 2 Hydraulikpumpe gestört oder ausgefallen

Rollschuh

Vier Gebilde aus Gummi, Stahldraht und Gewebe stellen die Verbindung zwischen unserem VW und der Straße her. Was Sie über die Autoreifen wissen sollten, finden Sie im folgenden Kapitel beschrieben.

Welche Reifen sind montiert?

Welche Reifengrößen für Ihr Fahrzeug zugelassen sind, **steht in den Kfz-Papieren**. Andere als die dort vermerkten dürfen nur dann montiert werden, wenn sie vom TÜV begutachtet und anschließend in die Fahrzeugpapiere eingetragen wurden.
Folgende Reifengrößen gibt es bei unseren Modellen in Serien- bzw. Sonderausstattung:

Motor Modell	bis 44 kW Golf bis 7/90	Golf ab 8/90	Jetta bis 7/89	Jetta ab 8/89	ab 51 kW Golf/Jetta
Serienausstattung	155 R 13 S	175/70 R 13 S	175/70 R 13 S	185/60 R 14 H	175/70 R 13 S*
Sonderausstattung	175/70 R 13 S	185/60 R 14 H	185/60 R 14 H	–	185/60 R 14 H

* Golf GTD ab 7/89: 185/60 R 14 H Golf GTD Special: 185/55 R 15 V

Die Reifenbezeichnung

Nach international gültigen Vereinbarungen wird die Reifengröße in Millimeter oder, wie in unserem Fall, gemischt in Millimeter und Zoll angegeben. Die Bezeichnungen 155 SR 13, 175/70 R 13 S oder 185/60 R 14 H besagen folgendes:
155, 175, 185: Reifenbreite in unbelastetem Zustand in mm.
/70, /60, /55: Das Verhältnis von Reifenhöhe zu Reifenbreite beträgt zwischen 70 und 55 : 100. Normale Gürtelreifen haben ein Höhen/Breiten-Verhältnis von 80 : 100.
R: Kennzeichnung der Bauart als **R**adial- oder Gürtelreifen.
13, 14, 15: Innendurchmesser des Reifens in Zoll (").
Q: Zulässige Höchstgeschwindigkeit bis 160 km/h – Geschwindigkeitsklasse für herkömmliche M+S-Reifen.
S: Höchstgeschwindigkeit bis 180 km/h.
T: Bis 190 km/h – z. B. Hochgeschwindigkeits-M+S-Reifen.
H: Bis 210 km/h – von der Geschwindigkeitsklasse her nicht erforderlich. Breitreifen sind jedoch meist nur in H-Ausführung lieferbar.
V: Bis 240 km/h – hier gilt gleiches wie für »H«-Reifen.

Die Felgen

Die Zahlen und Buchstaben der Felgen-Bezeichnung 5 J × 13 H 2 ET 45, 5½ J × 13 H 2 ET 38, 6 J × 14 H 2 ET 38 6 J × 15 H 2 ET 35 besagen:
5, 5½, 6: Felgenmaulweite in Zoll, an der Felgenhornbasis quer zur Laufrichtung des Rades gemessen.
J: Kennzeichnung der Felgenhorn-Höhe.
×: Zeichen für Tiefbettfelge.
13, 14, 15: Felgendurchmesser in Zoll, von Wulst zu Wulst gemessen.
H 2: Zeichen für Doppelhump-Felge. Zwei höckerartige Erhebungen innen im Felgenbett verhindern, daß die Reifenwülste bei seitlicher Beanspruchung (scharfe Kurvenfahrt mit niedrigem Luftdruck) vom Felgenhorn abgleiten können.
ET 35, 38, ET 45: Einpreßtiefe 35, 38 bzw. 45 mm. Dieses Maß erläutert unsere Zeichnung auf der folgenden Seite näher.
Diese Norm-Bezeichnungen geben nur die Hauptabmessungen der Felgen an, nicht aber fahrzeugspezifische Daten, wie Zahl der Radbefestigungslöcher oder Lochkreisdurchmesser.

Welche Reifen auf welche Felgen?

Folgende Reifen/Felgen-Kombinationen sind beim Golf ab August 1983 und beim Jetta ab Februar 1984 möglich und zulässig **ohne Änderung der Fahrzeugpapiere**:

Reifen	Felge	Einpreßtiefe mm
155 R 13	5 J × 13	38[2] bzw. 45
175/70 R 13	5 J × 13	38[2] bzw. 45
175/70 R 13[1]	5½ J × 13	38
185/60 R 14[1]	6 J × 14	38

[1] Fahrzeuge des Modelljahres 1984, bei denen diese Reifen und Räder noch nicht in die Kfz-Papiere eingetragen sind, müssen zur Berichtigung der Fahrzeugdaten beim TÜV vorgeführt werden
[2] seit Baujahr 8/85

Am Golf und Jetta Diesel bzw. Turbodiesel darf eine Vielzahl von Original-VW-Felgen verwendet werden; auch die Stahl- und Leichtmetallräder der Vorgängermodelle.

Die richtigen Radschrauben

Für die entsprechende Stärke der Felgen-Anlagefläche muß die passende Radschraubenlänge verwendet werden. Eine zu kurze Radschraube hält das Rad nicht sicher an der Nabe. Eine Schraube mit zu langem Schraubengewinde ragt zu weit in die Schraubenbohrung der Radnabe und kann vor allem an den hinteren Trommelbremsen Teile beschädigen.
Unsere Fahrzeuge sind ab Werk mit Schrauben mit 24 mm Gewindelänge ausgerüstet. Zur Kennzeichnung besitzen die Schrauben einen Kopf mit Krone. Diese Schrauben eignen sich sich für alle Original-VW-Stahl- und Leichtmetallfelgen, mit denen unser Golf bzw. Jetta serienmäßig oder gegen Aufpreis geliefert wird.
Wenn Sie jedoch Stahl- oder die älteren Leichtmetallfelgen von der Vorgänger-Generation montieren wollen, brauchen Sie unbedingt andere Radschrauben. In der Tabelle haben wir die Felgendaten der entsprechenden Abbildung gegenübergestellt.

Material Felgengröße Einpreßtiefe Teile-Nummer Radschrauben-gewindelänge Kennzeichnung des Schraubenkopfes	Stahl 5 J × 13 45 mm 321 601 025 A 20 mm Kleine halbkugelige Vertiefung	Stahl 5½ J × 13 38 mm 171 601 025 B 20 mm Kleine halbkugelige Vertiefung	
Material Felgengröße Einpreßtiefe Teile-Nummer Radschrauben-gewindelänge Kennzeichnung des Schraubenkopfes	Leichtmetall 5 J × 13 45 321 601 025 C 28 mm Große ebene Vertiefung	Leichtmetall 5½ J × 13 38 171 601 025 C 28 mm Große ebene Vertiefung	

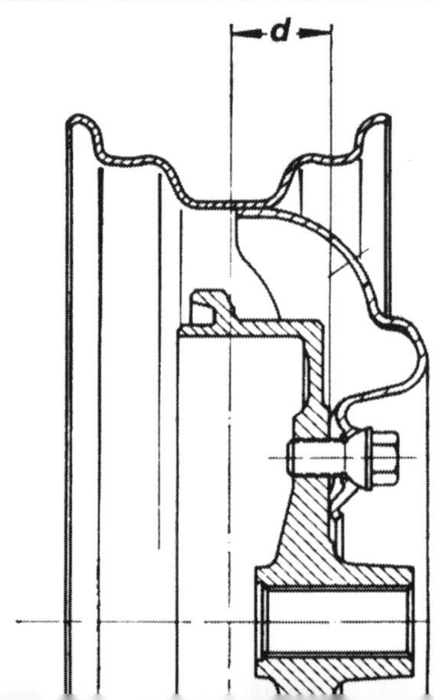

Ein wichtiges Felgenmaß stellt die Einpreßtiefe »d« dar. Damit bezeichnet man den Abstand zwischen der Felgenmitte und der Anlagefläche der Felge an die Radnabe.

Anbau von Sonderfelgen

Sonderfelgen heißen auf Amtsdeutsch solche Räder, die in Form oder Material nicht der serienmäßigen Ausstattung entsprechen. Da es wegen nachträglich montierten Rädern und Reifen immer wieder Schwierigkeiten bei Polizeikontrollen oder der Hauptuntersuchung bei DEKRA oder TÜV gibt, hier einige Punkte, die Sie beachten müssen.

□ Keine Probleme gibt es, wenn Felgen- und Reifengröße mit den Angaben in den Fahrzeugpapieren übereinstimmen und die Felgen Original-VW-Teile sind.

□ Eine Änderung der Fahrzeugpapiere durch die Zulassungsstelle ist erforderlich, wenn Felgen- und Reifengröße mit den Angaben in den Kfz-Papieren übereinstimmen und eine Rad-ABE vorliegt.

□ Ein Gutachten nach § 19 (2) StVZO beim TÜV (Teilgutachten) und die Berichtigung der Kfz-Papiere ist notwendig, wenn Felgen- und Reifengröße nicht mit den Angaben in den Papieren übereinstimmen und/oder für die Felgen lediglich ein TÜV-Bericht vorliegt.

□ Beim Kauf neuer Sonderfelgen muß eine Rad-ABE oder ein TÜV-Bericht beigefügt sein.

□ Vor dem Kauf gebrauchter, nicht originaler Felgen ohne entsprechende Papiere sollten Sie anhand der genauen Hersteller- und Typenbezeichnung sowie des Herstellungsdatums (es ist in der Felge eingeschlagen oder eingegossen) aus dem Räderkatalog des TÜV heraussuchen lassen, ob hierfür eine Rad-ABE oder ein TÜV-Bericht vorliegt.

□ Räder ohne ABE oder TÜV-Bericht dürfen in der Bundesrepublik nicht montiert werden.

Breite Reifen und Felgen

Für unsere Fahrzeuge sind einige Kombinationen breiterer Reifen und Felgen zulässig. Was **beim TÜV eingetragen werden muß**, zeigt die folgende Tabelle (Stand Anfang 1986):

Reifengröße	Felgengröße	Einpreßtiefe mm	oder Felgengröße	Einpreßtiefe mm	Bemerkungen
165 R 13	5 J × 13	45	5½ × 13	38	A
165/70 R 13	5 J × 13	45	5½ J × 13	38	
175/70 R 13	6 J × 13	33–35			
185/70 R 13	5 J × 13	45			A
185/70 R 13	5½ J × 13	38	6 J × 13	33–35	A
185/65 R 13	5½ J × 13	38			
185/60 R 13	5½ J × 13	38	6 J × 13	33–35	B
205/60 R 13	5½ J × 13	38			
205/60 R 13	6 J × 13	33–35			C
175/65 R 14	6 J × 14	38			
195/60 R 14	6 J × 14	38			A
195/50 R 15	5½ J × 15	38			
195/50 R 15	6 J × 15	33–38			C

Allgemein gilt: Zwischen Räder/Reifen und Radausschnitten, Bremsteilen, Federn, Federtellern und Gelenken muß ausreichend Freigang vorhanden sein. Ggf. Radausschnitt-Kanten und Kunststoffverbreiterungen kürzen oder umlegen

Beim Anbringen von Auswuchtgewichten an der Innenseite von Leichtmetallrädern an der Vorderachse Freigang zu den Fahrwerksteilen prüfen, ggf. Klebegewichte verwenden

A Tachometer kann nacheilen, ggf. angleichen lassen

B Tachometer kann voreilen, ggf. angleichen lassen

C Reifen müssen abgedeckt werden, ggf. Kotflügelverbreiterungen montieren

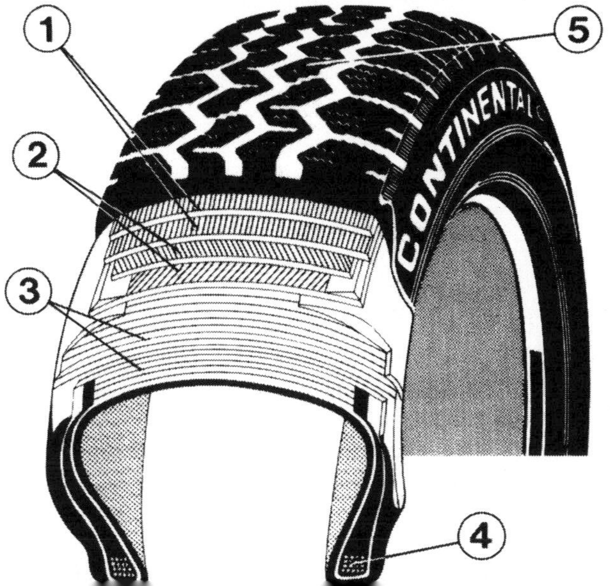

Der Aufbau eines Gürtelreifens: Eine doppelte Bandage (1) ist über den Gürtel (2) gelegt. Die Gewebebahnen verlaufen in leichtem Winkel zur Fahrtrichtung, während die Karkasse (3) in Querrichtung angelegt ist. Die Gewebefäden der Karkasse sind im Wulst (4) verankert. Auf diesen Unterbau ist die Lauffläche (5) aufvulkanisiert.

Reifendruck prüfen

Ständige Kontrolle

Fahren mit zu wenig Luftdruck bewirkt, daß der Reifen vermehrt duchgewalkt (verformt) und dabei zu heiß wird. Das kann zu einem Totalausfall führen, wenn sich die äußere Gummierung vom Gewebe ablöst. Unter die genannten Werte (in bar Überdruck) sollte der Reifendruck keinesfalls absinken:

Beladung	Sommerreifen vorn	Sommerreifen hinten	Sommerreifen hinten Jetta	Winterreifen vorn	Winterreifen hinten	Winterreifen hinten Jetta	Reserverad	Notrad
halb	2,0	1,8	1,8	2,2	2,0	2,0	2,5	4,2
voll	2,2	2,4	2,6	2,4	2,6	2,8		

Wer Wert auf Fahrkomfort legt, beläßt es bei den genannten Drücken. Sind Sie dagegen bereit, zugunsten feinfühligerer Lenkung, etwas längerer Reifenhaltbarkeit und minimal geringerem Kraftstoffverbrauch einen verminderten Federungskomfort in Kauf zu nehmen, erhöhen Sie die Druckwerte für die Sommerreifen rundum um 0,2–0,3 bar.

Wenn Sie bei der regelmäßigen Prüfung (alle zwei bis vier Wochen) Druckverlust an einem Reifen feststellen, müssen Sie sich ihn genauer anschauen. Entweder kann das Ventil undicht geworden sein oder in der Reifendecke sitzt eine Glasscherbe bzw. ein Nagel, wodurch ein kleines Loch entstanden ist. Der Ursache für den Druckverlust muß unbedingt nachgespürt werden; es hilft nichts, einfach Luft nachzupumpen.

Luftdruck bei kalten Reifen messen

Bereits wenige Kilometer zügiger Fahrt lassen den Reifendruck um 0,2–0,4 bar ansteigen. Diese Druckerhöhung durch Erwärmung ist bei den Luftdruckempfehlungen bereits berücksichtigt worden und darf deshalb nicht abgelassen werden. Am günstigsten ist ein eigener Luftdruckprüfer, womit der Reifendruck vor Antritt der Fahrt bei kalten Reifen gemessen werden kann.

Reifenzustand kontrollieren

Wartung Nr. 4

Die Kontrolle geht am besten bei aufgebocktem Wagen, etwa beim Ölwechsel an der Tankstelle.

■ Drehen Sie jedes Rad einmal komplett durch.

■ Fremdkörper, wie kleine Steinchen, bohren Sie mit einem feinen Schraubenzieher aus den Profillamellen, ohne den Reifen dabei zu beschädigen.

■ Das Reifenprofil muß laut Gesetzesvorschrift über die gesamte Profilbreite noch mindestens 1 mm tief sein.

■ Zur Verschleißkontrolle dienen in regelmäßigen Abständen quer zur Lauffläche verlaufende Erhebungen in den Profilrillen. Sie sind an der Reifenflanke durch die Buchstaben »TWI« gekennzeichnet.

■ Wenn diese Erhebungen mit den Profilrippen in gleicher Höhe stehen, sollte der Reifentausch nicht mehr hinausgeschoben werden. Das Fahrverhalten auf nasser Fahrbahn wird mit weiter abnehmender Profiltiefe ganz erheblich schlechter, speziell mit breiten Reifen.

■ Aus der Art der Profilabnutzung können Sie manches herauslesen, wie im nächsten Abschnitt beschrieben.

Das Reifenlaufbild

□ An der Außenseite abgefahrene Vorderreifen deuten auf sehr flotte Fahrweise in Kurven hin. Entweder die Reifen auf den Felgen drehen lassen oder die vorderen regelmäßig gegen die Hinterräder austauschen.

□ Einseitig abgefahrenes Profil kann auch auf falsche Radeinstellung hinweisen; vor allem dann, wenn lediglich ein Reifen schräg abgelaufen ist.

□ Starke Abnutzung in der Profilmitte deutet auf wesentlich zu hohen Luftdruck. Dieser Effekt tritt besonders deutlich an den Hinterrädern auf.

□ Sind beide Außenschultern eines Reifens stärker abgefahren als die Profilmitte, wurde lange Zeit mit zu niedrigem Luftdruck gefahren.

□ Gleichmäßige Auswaschungen im Profil deuten auf einen defekten Stoßdämpfer.

□ Tritt die ungleiche Abnutzung nur an bestimmten Stellen auf, ist das Rad unwuchtig.

□ Eine einzelne Stelle im Profil mit starker Abnutzung stammt von einer Bremsung mit blockiertem Rad – eine sogenannte Bremsplatte.

Der Radwechsel

- Handbremse anziehen und 1. oder Rückwärtsgang einlegen.
- Unterwegs Warnblinkanlage einschalten und Warndreieck aufstellen.
- Räder der anderen Wagenseite gegen Wegrollen sichern, z.B. mit Steinen oder Holzstücken.
- Kappen der Radschrauben mit einem Schlitzschraubenzieher abdrücken oder mit einer Zange abziehen, siehe Bilder unten, Nabenkappe der Stahlfelge abnehmen bzw.
- Radkappe mit dem Bügel aus dem Bordwerkzeug und einer am Reifen abgestützten Stange abziehen bzw.
- große Radzierblende von Hand oder mit einem zwischen Felge und Blende angesetzten Schraubenzieher abziehen oder abdrücken.
- Radschrauben jeweils knapp eine Umdrehung lockern.
- Wagen anheben.
- Radschrauben herausdrehen und in der Naben- bzw. Radkappe ablegen.
- Rad abnehmen, Ersatzrad aufstecken.
- Schrauben über Kreuz gleichmäßig so stark wie möglich anziehen. Dabei das Rad hin- und herdrehen, damit es sich einwandfrei auf der Radnabe zentriert.
- Wagen ablassen, Schrauben festziehen (110 Nm).
- Nabenkappe und Schraubenkappen bzw. Radkappe aufdrücken.

Das Notrad

Spätestens bei einer Reifenpanne werden Sie im Kofferraum eine Überraschung erleben: Statt eines herkömmlichen Rades erwartet Sie ein schmalbrüstiges Notrad der Größe T 105/70 D 14 auf einer speziellen Felge der Größe 3½ J × 14. Nur wer beim Neukauf des VW einen Aufpreis bezahlt hat, besitzt ein herkömmliches Reserverad. Solange am VW keine Reifenpanne auftritt, kann man das Notrad verschmerzen. Aber wenn es doch einmal gebraucht wird, gibt es manche Probleme:

Das Notrad ist nur für kurzzeitigen Einsatz geeignet. Das kann sich am Wochenende auf einer Urlaubsfahrt übel auswirken, wenn Sie noch einige hundert Kilometer vor sich haben und keinen Ersatzreifen kaufen können.

Mit dem Notrad darf nicht schneller als 80 km/h gefahren werden. Durch seinen kleineren Abrollumfang macht es mehr Umdrehungen als das herkömmliche Rad auf der anderen Seite. An der Vorderachse muß das Differential (siehe Seite 121) den Drehzahlunterschied ausgleichen, wodurch die Getriebeöltemperatur entsprechend steigt.

Die Seitenführungs- und Bremseigenschaften des schmalen Reifens sind naturgemäß nur bescheiden, vor allem bei Regen oder gar im Schnee.

Der Reifendruck (4,2 bar!) muß umgehend nach dem Radwechsel kontrolliert werden, denn mit zu wenig Luft im »Kinderwagenrad« wird das Fahrverhalten kriminell.

Durch den kleineren Raddurchmesser ist auch die Bodenfreiheit geringer; denken Sie beim Überfahren von Unebenheiten daran.

Fingerzeige: *An der Vorderachse sollten Sie keine längere Strecke mit dem Notrad zurücklegen. Besser ein intaktes Hinterrad vorn montieren und einen zusätzlichen Reifenwechsel in Kauf nehmen.*

Wer z.B. für eine Urlaubsreise ein vollwertiges Ersatzrad mitnehmen will, kann auch auf Felgen des Vorgängermodells zurückgreifen, siehe Seite 156.

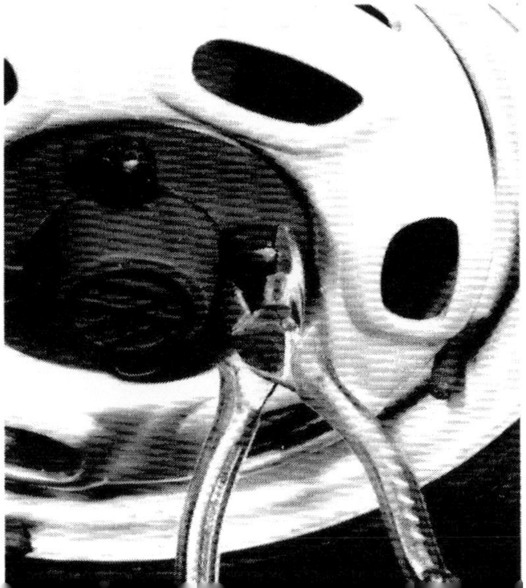

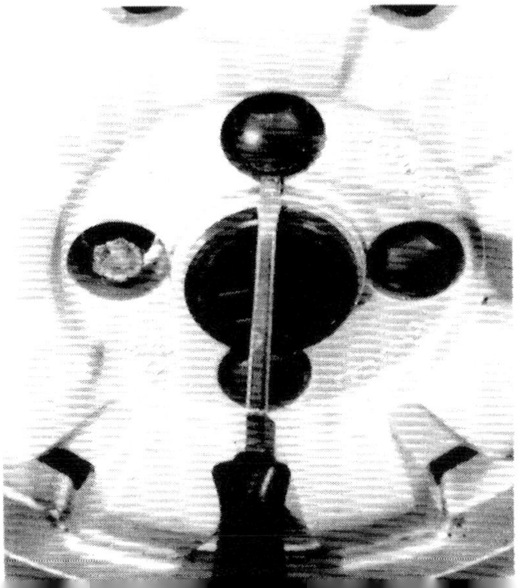

Zum Radwechsel bei der Stahlfelge (links) erst die Schraubenkappen mit einer Zange abziehen, dann die Nabenkappe wegziehen. Bei der Leichtmetallfelge (rechts) werden die Kappen auf den Radschrauben einfach abgehebelt.

Festen Sitz der Radschrauben kontrollieren
Wartung Nr. 29

Nach einigen Kilometern Fahrtstrecke soll nach jeder Radmontage kontrolliert werden, ob die Radschrauben richtig angezogen sind. Als Anzugsdrehmoment sind 110 Nm vorgeschrieben, also nicht mit einem zusätzlich verlängerten Radschlüssel die Schrauben »anknallen«.
Zu starkes oder ungleichmäßiges Festschrauben kann dazu führen, daß sich die Bremsscheiben oder -trommeln verziehen. Das ergibt ungleichmäßige Bremswirkung, Bremsenschütteln und punkt- oder flächenförmigen Reifenverschleiß.

Neue Reifen kaufen

Wer beim Neukauf des VW den Mehrpreis für ein »richtiges« Reserverad berappt hat, kann jetzt beim ersten Reifenkauf Geld sparen, wenn im Kofferraum noch der neue Ersatzreifen liegt. Dann kaufen Sie einen Reifen gleichen Fabrikats und Profils dazu und haben bereits eine Achse neu ausgestattet.
Die Reifengröße 155 R 13 bietet beim Golf Diesel einen guten Kompromiß zwischen Preis, Fahrverhalten und Lebensdauer. Auch beim Jetta Diesel sind die serienmäßigen breiteren 175/70 R 13 nicht unbedingt erforderlich. Wer sparen will, nimmt die schmäleren 155er, die ebenfalls in den Kfz-Papieren eingetragen sind (kontrollieren!).
Bei einem Wagen mit Turbodieselmotor würden wir bei der serienmäßigen Größe 175/70 R 13 bleiben. Neben der etwas besseren Straßenlage bringen sie ein gewisses Plus an Laufleistung.
Besitzt der VW 14"-Felgen, können nur die teuren Reifen der Größe 185/60 R 14 montiert werden, die es ausschließlich in der Kategorie »H« gibt.
Bei der Montage neuer schlauchloser Reifen sollen auch neue Ventile verwendet werden. Das verhindert Luftverlust, denn die Ventile altern im Lauf der Zeit, und der Gummi wird rissig. Doch auch die bei Verwendung luftdichter Leichtmetallfelgen eingesetzten Metall-Schraubventile sollten ersetzt werden, weil die Gummidichtung am Ventilfuß altert.

Winterbereifung

Sommerreifen in 70er- oder 60er-Breite bzw. in H-Ausführung neigen auf Schnee und Eis schneller zum Durchdrehen als die schmäleren 155 SR 13 des Golf Diesel. Je nach Einsatzgebiet und bisheriger Sommerbereifung läßt sich die Anschaffung spezieller Winterreifen nicht immer umgehen.
Gleichgültig, welche Reifen Sie fahren, bedenken Sie immer: Bei Temperaturen um den Gefrierpunkt bildet sich auf Glatteis beim Darüberrollen ein Wasserfilm, der die Haftfähigkeit auch der besten Winterreifen gefährlich herabsetzt.
Ein M+S-Reifen mit weniger als 4 mm Profiltiefe taugt nichts mehr im Winter. Wenn etwa im Gebirge Winterreifen vorgeschrieben sind, werden M+S-Reifen als solche nur anerkannt, wenn ihr Profil noch mindestens 4 mm tief ist.
In Sachen Reifengröße haben Sie bei Winterreifen die Wahlmöglichkeit zwischen der Größe 155 R 13 und 175/70 R 13. Die ebenfalls zulässigen 185/60 R 14 sind als Winterreifen nicht zu empfehlen.
Ob nun der schmale oder der 70er-Reifen aufgezogen wird, bleibt sich – was deren Fahreigenschaften auf Schnee anbetrifft – fast gleich. Montiert werden dürfen beide auf der 5"- wie auf der 5½"-Felge. So muß letztlich nur noch der niedrigere Preis der 155er den etwas besseren Fahreigenschaften der 175/70er auf trockener Straße gegenübergestellt werden.
In der folgenden Tabelle haben wir die möglichen Winterreifengrößen und die dazugehörigen Felgen zusammengestellt:

Golf Reifengröße	Felge	Einpreßtiefe mm	Jetta Reifengröße	Felge	Einpreßtiefe mm
155 R 13	5 J × 13	38[1] bzw. 45	155 R 13	5½ × 13	38
155 R 13	5½ J × 13	38	175/70 R 13	5½ J × 13	38
175/70 R 13	5 J × 13	38[1] bzw. 45	185/60 R 14	6 J × 14	38
175/70 R 13	5½ J × 13	38			
185/60 R 14	6 J × 14	38			

[1] seit Baujahr 8/85

Zeit-Strömungen

»Elektrizität und Verzweiflung sind gleichbedeutende Begriffe« soll einmal ein geplagter Autofahrer ausgerufen haben. Auf den folgenden Seiten wollen wir verhindern, daß bei Ihnen Verzweiflung aufkommt.

Elektrik – ganz einfach

Elektrizität kann man leider nicht sehen; das erschwert für manchen das Verständnis. Wir wollen es Ihnen anhand eines Beispiels leichter machen. Die Vorgänge um den elektrischen Strom lassen sich am einfachsten mit einer Wasserleitung erklären. Durch eine solche strömt unter einem bestimmten Druck eine gewisse Menge Wasser.
Man kann den Wasserdruck vergleichen mit der **Spannung**, gemessen in Volt (Abkürzung: V).
Die in einer bestimmten Zeit durchfließende Wassermenge entspricht dem **Strom**, der in Ampere (kurz: A) gemessen wird.
Multipliziert man Spannung und Strom miteinander, so erhält man die elektrische **Leistung** mit der Maßeinheit Watt (abgekürzt: W).
Einen anderen Wert erhalten wir, wenn wir die Spannung durch den Strom dividieren, nämlich den **Widerstand**, der in Ohm (Zeichen: Ω) gemessen wird. Wir können ihn uns als Absperrhahn in der Wasserleitung vorstellen. Bei geöffnetem Wasserhahn ist der Widerstand gleich 0, das Wasser fließt ungehindert. Wird der Hahn zugedreht, erhöht sich der Widerstand bis schließlich zum Wert unendlich (∞), wobei der Strom versiegt.
Jeder Stromverbraucher stellt einen Widerstand dar, der für seine einwandfreie Funktion mit genügend Strom beliefert werden muß. Deshalb braucht eine kleine Kontrollampe lediglich ein dünnes Kabel, der leistungsstarke Anlasser dagegen eine besonders dicke Leitung.

Spannung messen mit Prüflampe

Praktisch ist eine Prüflampe mit Nadelkontakt (siehe Bild Seite 9), mit deren Nadel einfach die Isolierung des zu prüfenden Kabels durchstochen werden kann. Die Klemme am Kabel der Lampe wird irgendwo an blankem Fahrzeugmetall, der sogenannten Masse, angeklipst.
Die Lampe gibt in erster Linie Auskunft darüber, ob überhaupt Spannung anliegt. An ihrer Helligkeit kann man in etwa die Höhe der Spannung abschätzen.

Spannung messen mit Voltmeter

Mit einem Voltmeter können Sie beispielsweise die Batterie-Ruhespannung messen. Zeigt das Instrument nur 10,4 Volt an, hat eine der Batteriezellen Kurzschluß. Interessant kann es auch sein, die Batteriespannung zu messen, während der Anlasser betätigt wird. Sind dann nur noch 5 Volt abzulesen, steht es mit der Batterie nicht mehr zum besten.

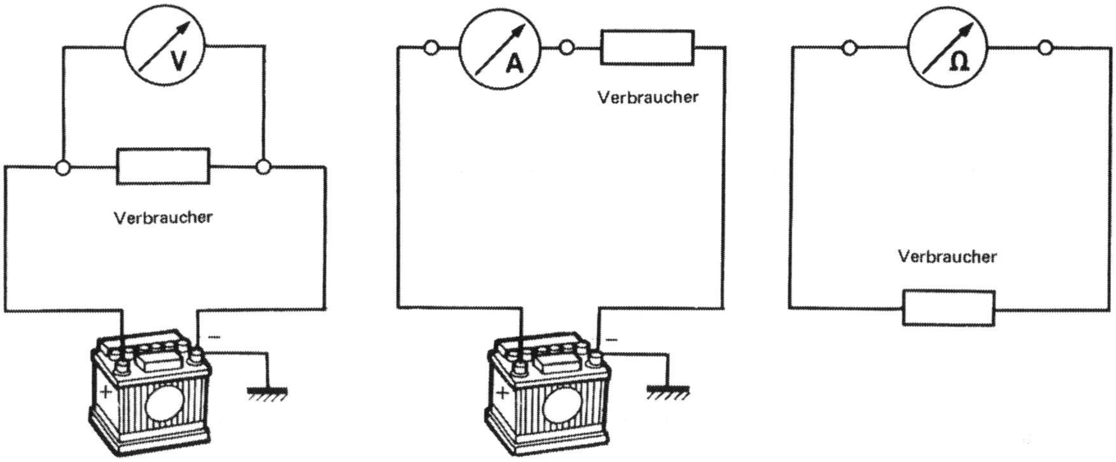

Die Zeichnungen zeigen, wie das betreffende Meßgerät für die elektrischen Größen Spannung (links), Strom (mitte) und Widerstand (rechts) angeschlossen wird. Der Kreis mit Zeiger stellt das jeweilige Meßgerät dar.

Zum Messen wird das mit »–« gekennzeichnete Kabel an den Minuspol der Batterie oder eine blanke Schraube am Motor oder an der Karosserie angeklemmt. Das »+«-Kabel des Meßgeräts wird an die zu messende Leitung angehängt oder an den Pluspol der Batterie (siehe auch linke Zeichnung auf der Vorseite).

Strom messen

Ob Strom zu einem Verbraucher hin fließt, wird mit dem Amperemeter gemessen. Dazu muß der Stromkreis aufgetrennt und das Meßgerät dazwischen geschaltet werden. Im Auto kann dazu einer der Steckkontakte abgezogen und dann das Meßgerät zwischen Stecker und Kontaktzunge geschaltet werden. Die mittlere Zeichnung rechts zeigt das im Prinzip.
Strom wird beispielsweise gemessen, wenn der Verdacht besteht, daß ein Stromverbraucher irgendwo im Bordnetz über Nacht die Batterie leersaugt. Um diese Leckstelle festzustellen, nehmen Sie eine Sicherung nach der anderen heraus und klemmen statt deren das Amperemeter an den Kontaktzungen an. So können Sie erkennen, in welchem Stromkreis Verluste entstehen. Anhand der Sicherungstabelle ab Seite 164 vergleichen Sie dann, welche Verbraucher in diesen Stromkreis eingeschaltet sind und kontrollieren diese der Reihe nach durch.
Niemals versuchen, auf diese Weise den Stromverbrauch des Anlassers zu ermitteln. Der Strom ist viel zu hoch für unser kleines Meßgerät.

Widerstand messen

Die Messung des Widerstands läßt beispielsweise erkennen, ob eine Leitung oder ein Schalter »Durchgang« hat (dann erhalten Sie den Meßwert »0«) oder ob der Stromweg irgendwo unterbrochen ist (dann erhalten Sie den Meßwert »unendlich« = ∞).
Zur Widerstandsmessung muß das Meßgerät allerdings eine eigene Stromversorgung haben. Wie angeschlossen wird, sehen Sie auf der Zeichnung rechts auf der Vorseite.

Minus an Masse

Strom kann nur in einem geschlossenen Kreislauf fließen. Wenn Sie zu Hause den Lichtschalter anknipsen, leuchtet das Licht auf. Genauso ist es im Auto, nur daß hier der von Batterie oder Lichtmaschine kommende Strom über den jeweiligen Stromverbraucher zurück zur Batterie oder Lichtmaschine fließt.
An die Mehrzahl der Stromverbraucher im VW sind zwei Kabel angeschlossen. Doch nur eines läßt sich bis zur Batterie bzw. bis zum Generator zurück verfolgen (siehe auch die Stromlaufpläne ab Seite 168). Die andere Leitung ist dagegen meist schon nach wenigen Zentimetern irgendwo am Karosserieblech festgeschraubt oder mit einer Steckerfahne eingesteckt. Hier hat man sich zunutze gemacht, daß die Metallteile von Karosserie und Motor bzw. Getriebe ebenfalls Strom leiten können. In der Autoelektrik bezeichnet man sie mit der »Masse«. Sie sorgen für die Stromrückleitung zum Minuspol der Batterie. Merke: **M**inus an **M**asse.
Wenn ein Stromverbraucher direkt auf Metall sitzt, braucht er nur ein einziges Anschlußkabel, aber im heutigen kunststoffreichen Automobil müssen fast immer kleine Verbindungsleitungen den Kontakt zur Fahrzeugmasse herstellen.

Fingerzeig: *Falls eine Glühlampe oder etwa ein Anzeigeinstrument nicht so funktioniert, wie es soll, liegt dies nicht selten an fehlender Masseverbindung. Den fehlenden Kontakt zur Fahrzeugmasse holt sich der Verbraucher auf Umwegen und stiftet so Verwirrung.*

Wegweiser durch Normung

Das bunte Kabelgewirr im Auto ist eigentlich ganz gut geordnet, denn viele Einzelheiten der Kraftfahrzeug-Elektrik sind genormt. Die Zahlen an verschiedenen Bauteilen und Kabelanschlüssen sowie in den Stromlaufplänen haben in allen deutschen und in manchen ausländischen Fahrzeugen dieselbe Bedeutung:
Klemme 15 erhält nur bei eingeschalteter »Zündung« Strom ab Zündschloß, wobei jene Stromverbraucher versorgt werden, die nur bei Betrieb des Wagens Strom erhalten sollen. Die Kabel an den Normklemmen 15 besitzen vielfach eine schwarze Ummantelung, bisweilen auch mit farbigen Zusatzstreifen bei bestimmten Stromverbrauchern.
Klemme 30 erhält dauernd Strom vom Pluspol der Batterie bzw. bei laufendem Motor von der Lichtmaschine. Das kann bei unvorsichtigem Umgang mit Werkzeug zu Kurzschlüssen und Funkenregen führen, wenn das Minuskabel der Batterie nicht abgenommen wurde. Diese stets stromführenden Kabel haben meist eine rote Umhüllung, ggf. mit zusätzlichen Farbstreifen.
Klemme 49 ist für die Blink- und Warnblinkanlage zuständig.
Klemme 53 versorgt die Scheibenwischeranlage in meist grün bzw. grün mit Zusatzfarben gekennzeichneten Leitungen.

Die »alte« Zentralelektrik: Wenn Sie im linken Ablagefach den Kunststoffeinsatz herausziehen, können Sie mit einigen Verrenkungen einen Blick auf die Sicherungen werfen. Sie sind von links (1) nach rechts (22) durchnumeriert. Unten ist Raum für drei Ersatzsicherungen (E).

Klemme 56 ist für die Stromzufuhr des Abblendlichts mit gelben und gelb/schwarzen Kabeln sowie des Fernlichts mit weißen und weiß/schwarzen Leitungen zuständig.
Klemme 58 gehört zum Standlicht vorn sowie zu den Schluß- und Kennzeichenleuchten. Die Grundfarbe der Kabelumhüllung ist grau, jeweils mit zusätzlichen Farbstreifen.
Klemme 31 ist die Masse-Klemme, mit der ein Stromverbraucher zur Fahrzeugmasse verbunden sein muß, damit der Stromkreis geschlossen ist. Die entsprechenden Kabel sind braun umhüllt.

Die Leitungen

Der Querschnitt eines Kabels wird je nach Stromanspruch des betreffenden Verbrauchers gewählt: Ein Kontrollämpchen kommt mit 0,5-mm² Kabelstärke aus, der Anlasser braucht dagegen ein 16-mm²-Kabel. Ein zu dünnes Kabel heizt sich auf, und die Spannung fällt ab. Dann kommen statt der erwünschten 12 Volt z. B. an den Scheinwerfern vielleicht nur 10 oder 9,5 Volt an – das Licht wird trübe.

Die Zentralelektrik

Sämtliche Leitungen sind in bestimmten Leitungssträngen zusammengefaßt. Sie alle gehen von der sogenannten Zentralelektrik im Fahrerfußraum aus. Dort sitzen die Sicherungen, außerdem sind die Relais eingesteckt. Hat sich bei der Störungssuche herausgestellt, daß Kabelzuleitungen, die zuständige Sicherung bzw. das betreffende Relais keinen Schaden aufweisen, kann es an der Zentralelektrik liegen.
Typische Fehler sind Wackelkontakte oder temperaturabhängige Ausfallserscheinungen. Dann könnte eine Verbindung in der Zentralelektrik unterbrochen sein. Zur Reparatur muß die Zentralelektrik zerlegt werden – eine Arbeit, an die sich die Werkstatt verständlicherweise nicht wagt. Wer aber elektronikerfahren ist, kann zumindest versuchen, die Zentralelektrik zu öffnen und eine evtl. unterbrochene Kontaktstelle zu reparieren. Andernfalls muß ein neues Teil eingebaut werden.

Die »neue« Zentralelektrik: Die Sicherungen 1 bis 22 sind wie seither in einer Leiste unten eingesteckt. Zusatzsicherungen (Pfeile) sind auf separaten Haltern untergebracht.

Fingerzeig: *Im Januar 1989 erhielt der Jetta eine neue Zentralelektrik mit geänderter Sicherungsbelegung und gleichzeitig neue Hebelschalter. Beim Golf setzte diese Änderung 8/89 ein. Erkennungsmerkmal sind die Hebelschalter mit integriertem Warnblinkschalter.*

Zentralelektrik ausbauen

■ Ablagefach links ausbauen, siehe Seite 250.
■ **Golf bis 7/89, Jetta bis 12/88:** Halteknebel unten an der Zentralelektrik um 90° drehen und herausziehen.
■ Links die Halteklammer zur Seite drücken und vom Haltebolzen der Zentralelektrik abziehen.
Zentralelektrik nach vorn drehen und aus den seitlichen Halteösen aushängen.
■ **Golf ab 8/89, Jetta ab 1/89:** Halteklammern rechts und links an der Zentralelektrik zur Seite drücken und nach Drehung abnehmen.
■ Jetzt läßt sich die komplette Zentralelektrik herausklappen und ggf. aus den Haltern nehmen.
■ Zum Abnehmen eines Mehrfachsteckers muß die Stecker-Verriegelung gelöst werden.
■ Dazu an der in Fahrtrichtung rechten Seite in der Mitte der beiden Steckerreihen den Verriegelungshebel zur Seite ziehen.
■ Erst jetzt können Sie an der Rückseite des jeweiligen Mehrfachsteckers die Kunststoffklammer herunterdrücken und den Stecker abziehen.

Die Sicherungen

Wenn an einen vorhandenen Stromkreis zusätzliche Verbraucher angeschlossen werden oder durch einen Defekt ein Kurzschluß entsteht (der nichts anderes ist als ein abnorm ansteigender Stromdurchfluß), würde der Stromkreis überlastet. Die Leitung würde warm oder zu glühen beginnen, ebenso die Wicklungen der Lichtmaschine, die Batterieflüssigkeit könnte ins Sieden geraten – wären da nicht die elektrischen Sicherungen zwischengeschaltet. Die sind sehr kurz angebunden: Wenn der Strom ein gewisses, zuträgliches Maß übersteigt, unterbrechen sie ihn einfach.
Damit der VW bei einem Defekt nicht gleich völlig ohne Strom dasteht, sind die Sicherungen auf verschiedene Stromkreise verteilt. Allerdings sind die Schaltungen zwischen Anlasser, Batterie, Lichtmaschine und Zündschloß nicht von Sicherungen überwacht. Bei einer Störung dieser Teile nützt der Blick in den Sicherungskasten also nichts. Dagegen haben die Vorglühanlage und alle übrigen elektrischen Aggregate eine eigene Absicherung.
Im VW werden sogenannte Flachstecksicherungen verwendet. In ein durchscheinendes, eingefärbtes Kunststoffteil sind zwei Flachstecker eingebettet, die durch den Schmelzfaden verbunden sind. Mit diesen Sicherungen gibt es keine Korrosionsprobleme mehr.

Sicherung auswechseln

■ Soll eine Stecksicherung ausgewechselt werden, können Sie sich dazu der kleinen Kunststoffzange bedienen, die an der Zentralelektrik befestigt ist.
■ Brennt die neue Sicherung sofort wieder durch, klären, ob eine zu schwache Sicherung eingesetzt wurde (siehe Sicherungstabellen).
■ War das nicht der Fall, anhand der Sicherungstabelle die angeschlossenen Verbraucher ermitteln und einzeln prüfen. Dabei hilft auch der zuständige Schaltplan (folgendes Kapitel).
■ Im Zweifelsfall alle Verbraucher ausstekken und nacheinander wieder anschließen. Derjenige Verbraucher, bei dem die Sicherung durchbrennt, war defekt.

Zusatz-Sicherungen

Bei bestimmten Zusatzausstattungen sitzen weitere Sicherungen in zusätzlichen Haltern oberhalb der Zentralelektrik (Abbildungen Seite 223).

Sicherungstabelle Golf bis 7/89, Jetta bis 12/88

Nr.	Klemme	erhält Strom	angeschlossene Stromverbraucher
1	30	ständig von Batterie+	Kühlerventilator über Thermoschalter
2	30	wie Sicherung 1	Bremsleuchten über Bremslichtschalter
3	30	wie Sicherung 1	Innenleuchte Kofferraumleuchte Anzünder Zeituhr Radio Motor für Zentralverriegelung über Schalter für Zentralverriegelung

Nr.	Klemme	erhält Strom	angeschlossene Stromverbraucher
4	30	wie Sicherung 1	Warnblinker über Warnblinkschalter
5		von Klemme 30 über Vorglührelais	frei
6		vom Nebelscheinwerfer-Relais über Nebelscheinwerfer	Nebelscheinwerfer (Arbeitsstrom)
7	58L	über Lichtschalter Klemme 58L oder Parklichtschalter Klemme PL	Standlicht links Schlußlicht links
8	58R	über Lichtschalter Klemme 58R oder Parklichtschalter Klemme PR	Standlicht rechts Schlußlicht rechts
9	56a	bei eingeschalteter Zündung über Lichtschalter und Abblendhebel	Fernlicht rechts Fernlichtkontrolle
10	56a	wie Sicherung 9	Fernlicht links
11	X	bei eingeschalteter Zündung vom Entlastungsrelais Klemme X	Frontscheibenwischermotor und -wascherpumpe über Wischerschalter
12	X	wie Sicherung 11	Heckscheibenwischer (nur Golf) Sitzbeheizung (Arbeitsstrom) Motoren für elektrische Spiegelverstellung
13	X	wie Sicherung 11	Heizbare Heckscheibe über Schalter für heizbare Heckscheibe Beheizbare Außenspiegel Sitzbeheizung (Schaltstrom)
14	X	wie Sicherung 11	Gebläse über Gebläseschalter Handschuhfachleuchte
15	15	bei eingeschalteter Zündung vom Zündschloß Klemme 15	Rückfahrscheinwerfer über Rückfahrlichtschalter Ganganzeige (nur Getriebeautomatik)
16	15	wie Sicherung 15	Signalhorn bzw. Zweiklanghörner (Arbeitsstrom)
17	15	wie Sicherung 15	frei
18	15	wie Sicherung 15	Zweiklanghörner (Schaltstrom) Steuergerät für Kühlmittelmangelanzeige
19	15	wie Sicherung 15	Richtungsblinker Bremskontrolleuchte
20	58	über Lichtschalter Klemme 58	Kennzeichenleuchten Nebelscheinwerfer (Schaltstrom) Scheinwerfer-Reinigungsanlage
21	56b	bei eingeschalteter Zündung über Lichtschalter und Abblendhebel Klemme 56b	Abblendlicht links Motor für Leuchtweitenregelung links
22	56b	wie Sicherung 21	Abblendlicht rechts Motor für Leuchtweitenregelung rechts
in zusätzlichen Sicherungs-haltern		bei eingeschaltetem Licht vom Nebelscheinwerferschalter Klemme 83b	Nebelschlußleuchte(n)
		ständig von Batterie+	Motoren für elektrische Fensterheber
		direkt von Batterie+	Klimaanlage (Hauptsicherung)
		vom Gebläseschalter	Klimaanlage (Überhitzungssicherung)
im schwarzen Sicherungskasten links hinten im Motorraum		von Klemme 30 über Vorglührelais	Vorglühanlage (siehe Seite 195)

Sicherungstabelle Golf ab 8/89 Jetta ab 1/89

Nr.	Klemme	erhält Strom	angeschlossene Stromverbraucher
1	56b	bei eingeschalteter Zündung über Licht- schalter/Lichtumschalter Klemme 56b	Abblendlicht links Motor für Leuchtweitenregelung links
2	56b	wie Sicherung 1	Abblendlicht rechts Motor für Leuchtweitenregelung rechts

Nr.	Klemme	erhält Strom	angeschlossene Stromverbraucher
3	58	vom Lichtschalter Klemme 58	Kennzeichenleuchten Instrumentenbeleuchtung
4	X	bei eingeschalteter Zündung vom X-Kontakt-Entlastungsrelais	Heckscheibenwischermotor über Wischerschalter (nur Golf) Handschuhfachleuchte
5	X	wie Sicherung 4	Frontscheibenwischermotor und Waschwasserpumpe (Ansteuerung) über Wischerschalter
6	X	wie Sicherung 4	Luftgebläse über Gebläseschalter Klimaanlage (Schaltstrom)
7	58R	über Lichtschalter Klemme 58R oder Parklichtschalter Klemme 58R	Standlicht rechts Schlußlicht rechts
8	58L	über Lichtschalter Klemme 58L oder Parklichtschalter Klemme 58L	Standlicht links Schlußlicht links
9	X	wie Sicherung 4	Heizbare Heckscheibe über Schalter für heizbare Heckscheibe Beheizbare Außenspiegel
10		bei eingeschalteter Zündung vom X-Kontakt-Entlastungsrelais über Relais für Nebelscheinwerfer (nur bei Nebelscheinwerfern) bzw. Kabelbrücke und Schalter für Nebelscheinwerfer	Nebelscheinwerfer (Arbeitsstrom) Nebelschlußleuchte(n)
11	56a	bei eingeschalteter Zündung über Lichtschalter/Lichtumschalter Klemme 56a	Fernlicht links Fernlichtkontrolle
12	56a	wie Sicherung 11	Fernlicht rechts
13	15	bei eingeschalteter Zündung von Zündschloß Klemme 15	Signalhorn bzw. Zweiklanghörner (Arbeitsstrom) Kühllüfternachlauf
14	15	wie Sicherung 13	Rückfahrleuchten über Rückfahrlichtschalter Motoren für elektrisch einstellbare Außenspiegel Beheizte Scheibenwaschdüsen Sitzheizung Fahrstufenanzeige Getriebeautomatik Elektrische Fensterheber (Steuerstrom)
15	15	wie Sicherung 13	frei
16	15	wie Sicherung 13	Kombiinstrument Bremskontrolle ABS-Kontrollampe Beleuchtung für Cassettenablage
17	15	wie Sicherung 13	Richtungsblinker
18		frei	
19	30	Batterie+ über die Zentralelektrik	Kühlerventilator über Thermoschalter Klimaanlage (Arbeitsstrom)
20	30	wie Sicherung 19	Bremsleuchten über Bremslichtschalter
21	30	wie Sicherung 19	Innenleuchte Kofferraumleuchte Analog-/Digitaluhr Zentralverriegelung Elektrische Antenne
22	30	wie Sicherung 19	Anzünder Radio

Zusatz-Sicherungen

Nr. im Stromlaufplan	erhält Strom von	angeschlossene Stromverbraucher
23	Batterie+ über die Zentralelektrik	Klimaanlage
27[1]	bei eingeschaltetem Licht vom Nebelscheinwerferschalter Klemme 83b	Nebelschlußleuchte
37	Batterie+ über die Zentralelektrik	Motoren für elektrische Fensterheber
53	Batterie+ über die Zentralelektrik	ABS-Hydraulikpumpe
54	Batterie+ über die Zentralelektrik	ABS-Ventile

[1] nur Golf bis 7/89, Jetta bis 12/88

Strom-Landkarte

Im Stromlaufplan ist ein Stromkreis mit dem kürzestmöglichen Kabelweg – dem Strompfad – gezeichnet ohne Rücksicht auf die Einbaulage im Fahrzeug.

Aufbau der Stromlaufpläne

Zentralelektrik: Wie schon beschrieben, vereinigt die oben im Stromlaufplan eingezeichnete Zentralelektrik den Sicherungskasten, die Steckfelder für die zahlreichen Relais (Kennbuchstaben »J«) und die Anschlüsse der Vielfachstecker. Diese Stecker sind in alphabetischer Folge gekennzeichnet, siehe Zeichnungen unten. Die Buchstaben/Zahlen-Kombination an der unteren Leiste der Zentralelektrik gibt die Belegung der Leitungen in den Steckern an. So ist beispielsweise »C 5« der Kontakt 5 im Vielfachstecker C.

Stromverteilung: Ganz oben in der Zentralelektrik ist die Plus-Seite dargestellt. Von hier wird der Strom verteilt, der von der Batterie bzw. der Lichtmaschine kommt. An der unteren Seite zweigen die Leitungen zu den Verbrauchern ab.

Sicherungen: Mit dem Kennbuchstaben »S« und einer nachfolgenden Zahl sind die im Sicherungshalter sitzenden Sicherungen bezeichnet. Die Numerierung entspricht ihrem Platz im Halter. Außerdem ist die elektrische Belastbarkeit angegeben – z. B. 10 A Nennstrom.

Leitungen: Die elektrischen Leitungen sind mit dem Querschnitt ihrer Metallseele angegeben; »0,5« steht für 0,5 mm^2 Querschnitt. Außerdem sind die Kabelfarben abgekürzt wiedergegeben: Es bedeuten: bl – blau; br – braun; ge – gelb; gn – grün; gr – grau; li – lila; ro bzw. rt – rot; sw – schwarz; ws – weiß.

Steckverbindungen: Sie tragen mit Ausnahme der Vielfachstecker an der Zentralelektrik den Kennbuchstaben »T«. Aus der nachfolgenden Zahl läßt sich ablesen, um was für einen Stecker es sich handelt: »T3« bedeutet Dreifachstecker.

Bauteile: Alle elektrischen Bauteile im Stromlaufplan tragen Kennbuchstaben, ggf. mit Unterscheidungsziffern: A – Batterie, E – Handschalter, L und M – Glühlampen, V – Motoren.

Schaltzeichen: Zur Darstellung der Bauteile werden genormte Schaltzeichen verwendet, wobei alle Schalter und Kontakte in Ruhestellung gezeichnet sind.

Klemmenbezeichnungen: Zweistellige Ziffern, ggf. mit Zusatzbuchstaben im Stromlaufplan finden sich gleichlautend am entsprechenden Bauteil.

Strompfade: Unten an der Fußleiste sind die Stromlaufpläne durchnumeriert. Für jedes Bauteil ist mindestens ein eigener Strompfad vorhanden. Endet ein Strompfad mit einem quadratischen Kästchen, so gibt die Zahl im Kästchen an, wo der Strompfad weiterläuft.

Interne Verbindungen: Sie sind nicht als Kabel vorhanden, sondern als Metallschienen oder -brücken. Im Stromlaufplan sind sie als dünne Querlinien gezeichnet.

Masse: Karosserie, Motor oder Getriebe dienen in der Autoelektrik zur Rückleitung des Stromes – man spricht hier von »Masse«. Im Stromlaufplan ist sie unten als dünne Querlinie dargestellt. Kann ein elektrisches Bauteil nicht direkt mit Masse verbunden werden, stellt man die Verbindung über einen sogenannten Massepunkt her.

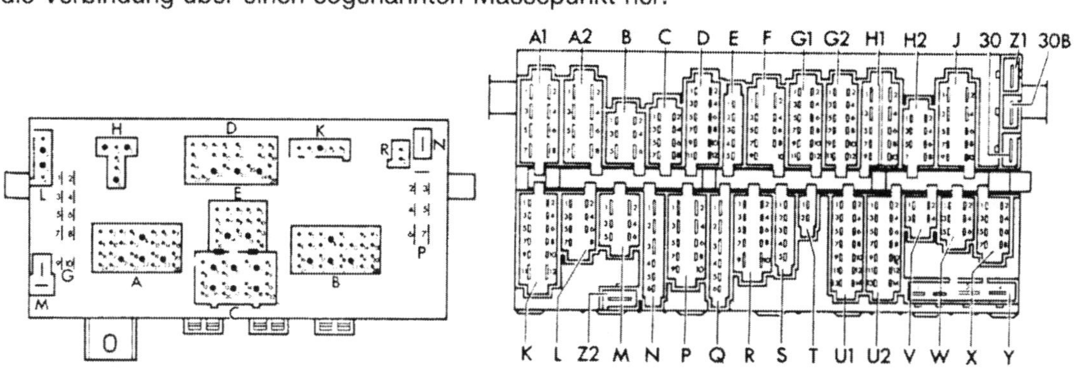

Die Buchstaben und Zahlen kennzeichnen die Steckfelder für die Mehrfachstecker an der Rückseite der Zentralelektrik. Links ist die ältere Version abgebildet, rechts die neuere für den Golf ab 8/89 bzw. den Jetta ab 1/89.

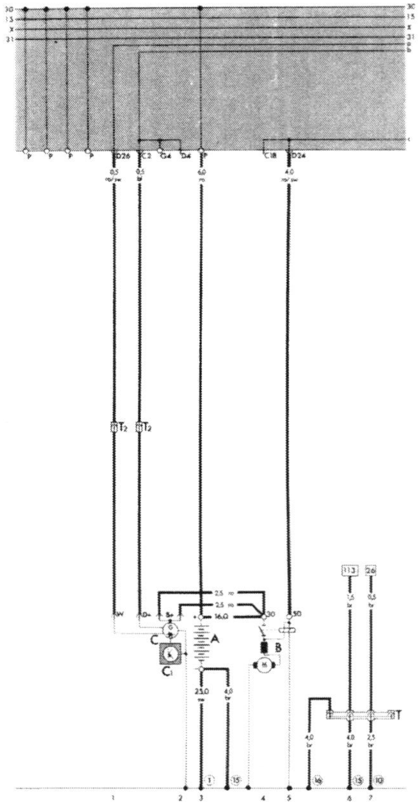

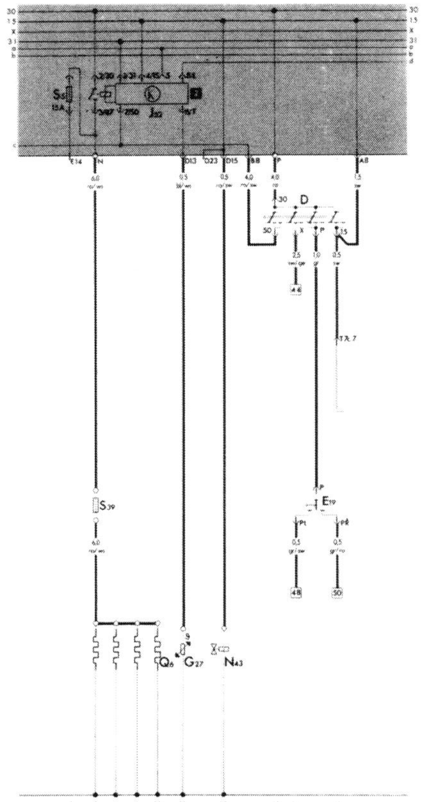

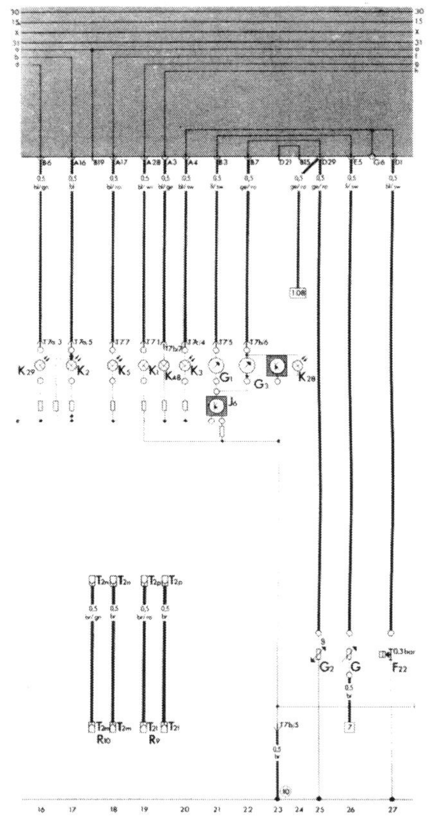

Stromlaufplan Anlasser, Drehstrom-Lichtmaschine, Batterie

A – Batterie
B – Anlasser
C – Drehstrom-Lichtmaschine
C 1 – Spannungsregler
T 1 – Zweifachstecker im Motorraum rechts
1 – Massekabel der Batterie
10 – Massepunkt neben der Zentralelektrik
15 – Massepunkt im Leitungsstrang vorn
16 – Massepunkt am Armaturenbrett-Leitungsstrang

Stromlaufplan Vorglühanlage, Kraftstoffversorgung

D – Lenk/Anlaß-Schalter
E 19 – Schalter für Parklicht
G 27 – Geber für Motortemperatur
J 52 – Vorglührelais
N 43 – elektromagnetischer Absteller
Q 6 – Glühkerzen
S 39 – Streifensicherung für Glühkerzen
T 7c/ – Mehrfachstecker am Kombiinstrument

Stromlaufplan Kombiinstrument, Öldruckschalter, Geber

F 22 – Öldruckschalter
G – Geber für Tankanzeige
G 1 – Tankanzeige
G 2 – Geber für Kühlmittel-Temperaturanzeige
G 3 – Kühlmittel-Temperaturanzeige
J 6 – Spannungs-Konstanthalter
K 1 – Kontrollampe für Fernlicht
K 2 – Kontrollampe für Generator
K 3 – Kontrollampe für Öldruck
K 5 – Kontrollampe für Blinker
K 28 – Kontrollampe für Kühlmittel
K 29 – Kontrollampe für Vorglühzeit
K 48 – Kontrollampe für Schaltanzeige (nur Golf GTD)
R 9 – Anschluß für Lautsprecher vorn links
R 10 – Anschluß für Lautsprecher vorn rechts
T 2l – Zweifachstecker hinter dem Armaturenbrett links
T 2m – Zweifachstecker hinter dem Armaturenbrett rechts
T 2m, 2n – Zweifachstecker hinter dem Armaturenbrett mitte
T 7a/, 7b/, 7c/ – Mehrfachstecker am Kombiinstrument
10 – Massepunkt neben der Zentralelektrik

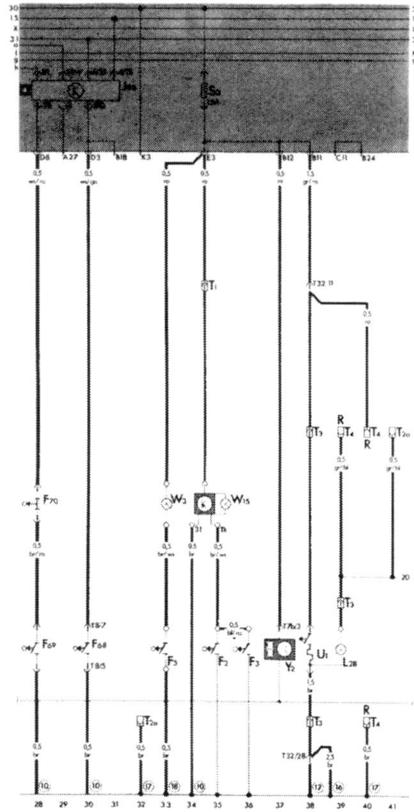

Stromlaufplan Schaltanzeige, Innenleuchte, Kofferraumleuchte, Radio, Anzünder

F 2 – Türkontaktschalter links
F 3 – Türkontaktschalter rechts
F 5 – Schalter für Kofferraumbeleuchtung
F 68 – Gangschalter für Schaltanzeige
F 69 – Leerlauf-Schalter für Schaltanzeige
F 70 – Vollast-Schalter für Schaltanzeige
J 98 – Steuergerät für Schaltanzeige
L 28 – Lampe für Beleuchtung Anzünder
R – Anschluß für Radio
T 1 – Einfachstecker hinter der Zentralelektrik
T 2a – Zweifachstecker hinter der Mittelkonsole
T 3 – Dreifachstecker hinter der Zentralelektrik
T 4 – Vierfachstecker hinter dem Armaturenbrett
T 8/ – Mehrfachstecker am Getriebe
T 32 – Vielfachstecker hinter dem Armaturenbrett
U 1 – Anzünder
W 3 – Kofferraumleuchte
W 15 – Innenleuchte
Y 2 – Digitaluhr

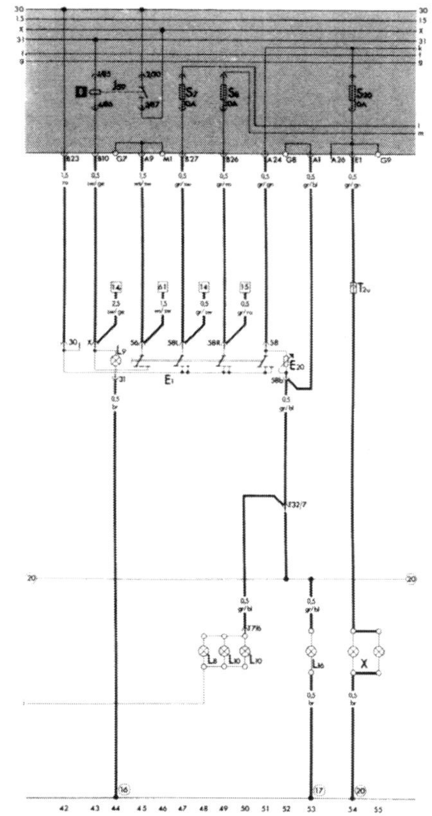

Stromlaufplan Lichtschalter, Instrumentenbeleuchtung

E 1 – Lichtschalter
E 20 – Regler für Instrumentenbeleuchtung
J 59 – Entlastungsrelais für X-Kontakte
L 8 – Lampe für Beleuchtung Zeituhr
L 9 – Lampe für Beleuchtung Lichtschalter
L 10 – Lampe für Beleuchtung Kombiinstrument
L 16 – Lampe für Beleuchtung Heizregulierung
T 2u – Zweifachstecker im Kofferraum links
T 32/ – Vielfachstecker hinter dem Armaturenbrett
X – Kennzeichenleuchte
16 – Massepunkt am linken Armaturenbrett-Leitungsstrang
17 – Massepunkt am rechten Armaturenbrett-Leitungsstrang
20 – Massepunkt in der Heckklappe

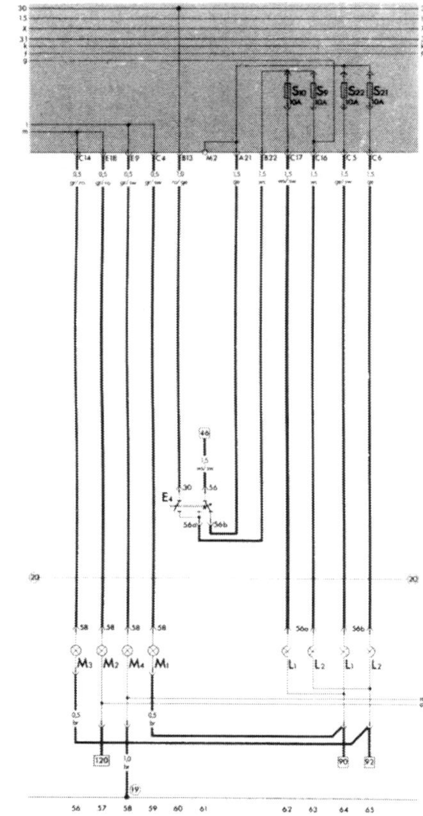

Stromlaufplan Beleuchtung

E 4 – Lichtumschalter
L 1 – Zweifadenlampe für Scheinwerfer links
L 2 – Zweifadenlampe für Scheinwerfer rechts
M 1 – Lampe für Standlicht links
M 2 – Lampe für Schlußlicht rechts
M 3 – Lampe für Standlicht rechts
M 4 – Lampe für Schlußlicht links
19 – Massepunkt im Kofferraum rechts

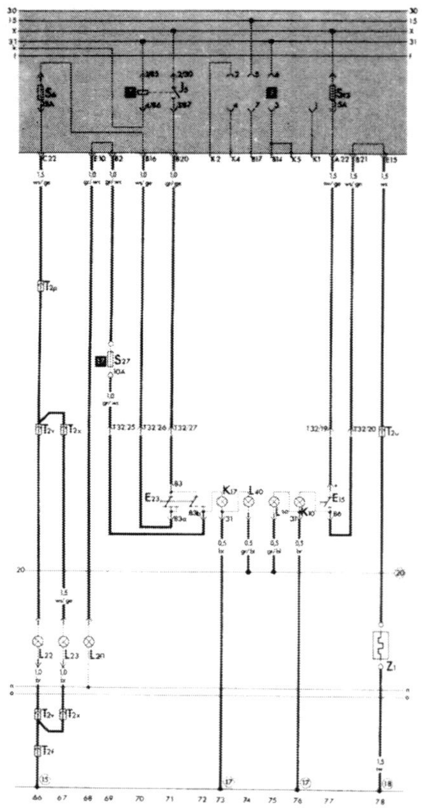

Stromlaufplan Nebelscheinwerfer, Nebelschlußleuchte, heizbare Heckscheibe

E 15 – Schalter für heizbare Heckscheibe
E 23 – Schalter für Nebelscheinwerfer und -schlußleuchte
J 5 – Relais für Nebelscheinwerfer
K 10 – Kontrollampe für heizbare Heckscheibe
K 17 – Kontrollampe für Nebelscheinwerfer
L 20 – Lampe für Nebelschlußleuchte
L 22 – Lampe für Nebelscheinwerfer links
L 23 – Lampe für Nebelscheinwerfer rechts
L 39 – Lampe für Beleuchtung Heizscheibenschalter
L 40 – Lampe für Beleuchtung Nebelscheinwerferschalter
T 2p – Zweifachstecker im Motorraum links
T 2u – Zweifachstecker im Motorraum rechts
T 2v, 2x – Zweifachstecker im Motorraum vorn
T 32/ – Vielfachstecker hinter dem Armaturenbrett
Z 1 – heizbare Heckscheibe
15 – Massepunkt am Leitungsstrang vorn
17 – Massepunkt am rechten Armaturenbrett-Leitungsstrang
18 – Massepunkt im Kofferraum links

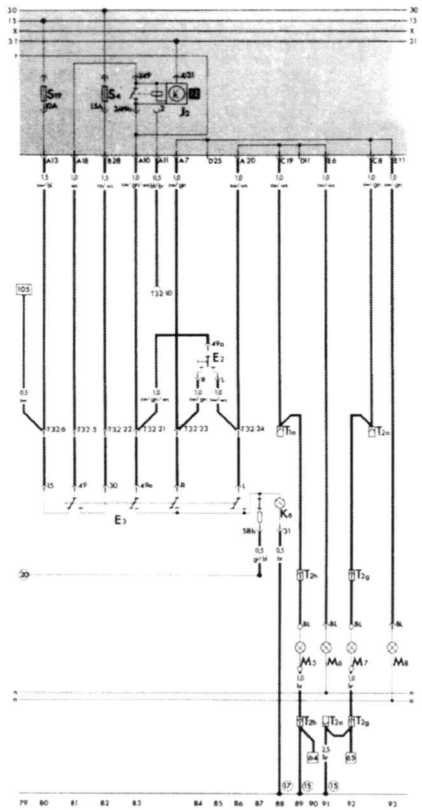

Stromlaufplan Blink- und Warnblinkanlage

E 2 – Blinkerschalter
E 3 – Warnblinkschalter
J 2 – Blinkrelais
K 6 – Kontrollampe für Warnblinker
M 5 – Lampe für Blinklicht vorn links
M 6 – Lampe für Blinklicht hinten links
M 7 – Lampe für Blinklicht vorn rechts
M 8 – Lampe für Blinklicht hinten rechts
T 1a – Einfachstecker im Motorraum rechts
T 2g, 2o – Zweifachstecker im Motorraum rechts
T 2h – Zweifachstecker im Motorraum links
T 32/ – Vielfachstecker hinter dem Armaturenbrett
15 – Massepunkt am Leitungsstrang vorn
17 – Massepunkt am rechten Armaturenbrett-Leitungsstrang

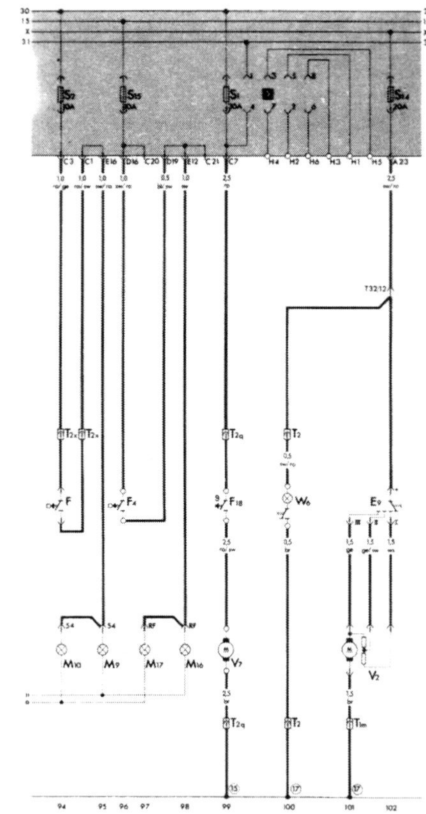

Stromlaufplan Bremslicht, Luftgebläse, Rückfahrleuchten, Kühlerventilator

E 9 – Schalter für Luftgebläse
F – Bremslichtschalter
F 18 – Thermoschalter für Kühlerventilator
M 9 – Lampe für Bremslicht links
M 10 – Lampe für Bremslicht rechts
M 16 – Lampe für Rückfahrlicht links
M 17 – Lampe für Rückfahrlicht rechts
T 1m – Einfachstecker hinter dem Armaturenbrett
T 2, 2x – Zweifachstecker hinter dem Armaturenbrett
T 2g – Zweifachstecker im Motorraum rechts
T 32/ – Vielfachstecker hinter dem Armaturenbrett
V 2 – Motor für Luftgebläse
V 7 – Motor für Kühlerventilator
W 6 – Handschuhfachleuchte
15 – Massepunkt im Leitungsstrang vorn
17 – Massepunkt im rechten Armaturenbrett-Leitungsstrang

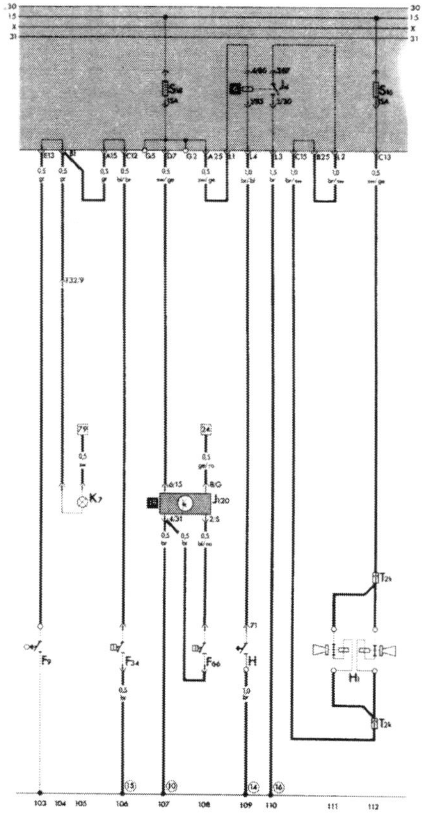

Stromlaufplan Zweiklanghörner, Bremskontrolle, Kühlmittel-Mangelanzeige

F 9 – Schalter für Handbremskontrolle
F 34 – Warnkontakt für Bremsflüssigkeitsstand
F 66 – Schalter für Kühlmittel-Mangelanzeige
H – Hupkontakt
H 1 – Zweiklanghörner
J 4 – Relais für Zweiklanghörner
J 120 – Steuergerät für Kühlmittel-Mangelanzeige
K 7 – Kontrollampe für Bremsanlage
T 2k – Zweifachstecker im Motorraum vorn
T 32/ – Vielfachstecker hinter dem Armaturenbrett
10 – Massepunkt neben der Zentralelektrik
14 – Massepunkt an der Lenksäule
15 – Massepunkt am Leitungsstrang vorn
16 – Massepunkt am linken Armaturenbrett-Leitungsstrang

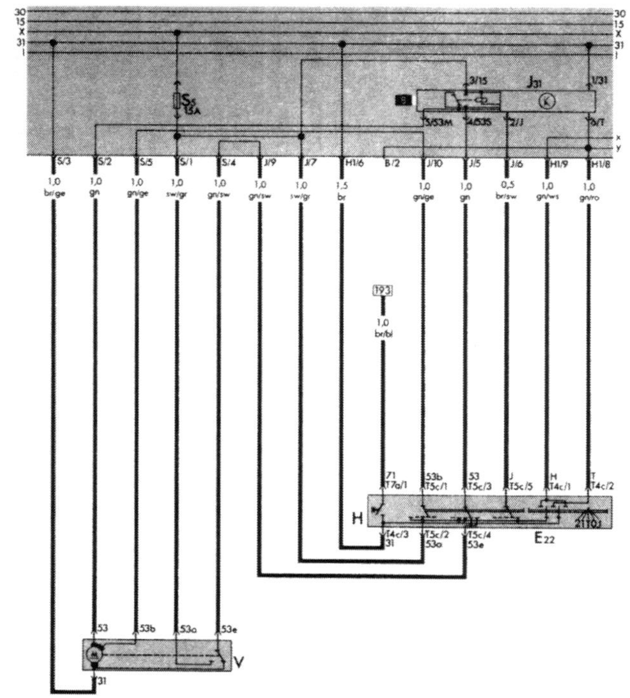

Stromlaufplan Scheibenwisch- und -waschanlage

E 22 – Scheibenwischerschalter
J 31 – Relais für Wisch/Wasch-Intervallschaltung
V – Motor für Scheibenwischer
V 5 – Motor für Scheibenwascherpumpe
15 – Massepunkt am Leitungsstrang vorn
16 – Massepunkt am linken Armaturenbrett-Leitungsstrang

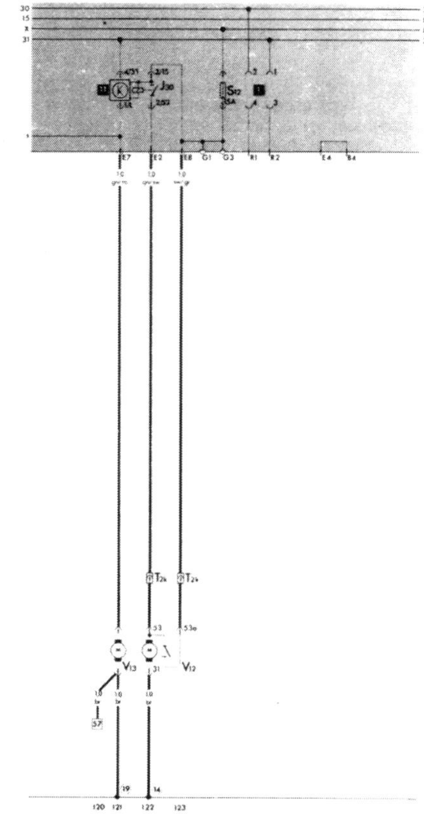

Stromlaufplan Heckscheibenwisch- und -waschanlage

J 30 – Relais für Heckscheibenwischer und -wascher
T 2k – Zweifachstecker in der Heckklappe
V 12 – Motor für Heckscheibenwischer
V 13 – Motor für Heckscheibenwascherpumpe
14 – Massepunkt in der Heckklappe
19 – Massepunkt im Kofferraum rechts

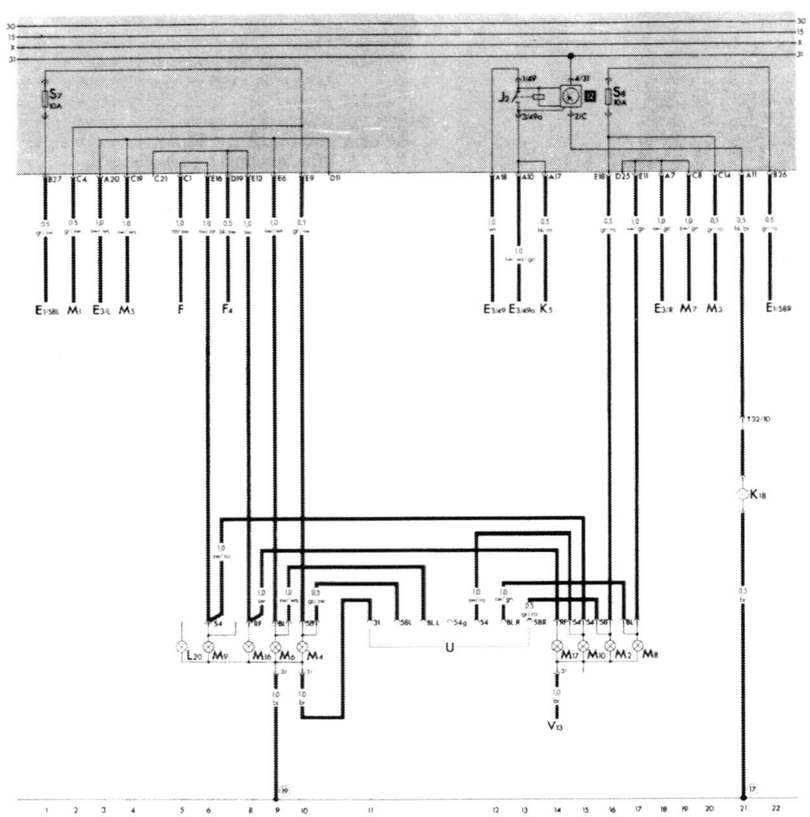

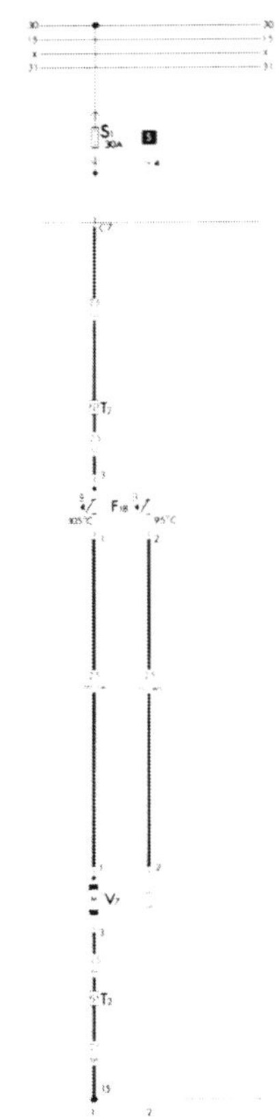

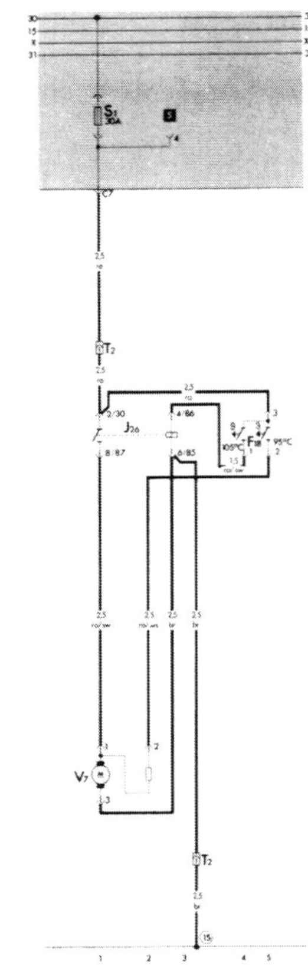

Stromlaufplan Anhängerkupplung

E 1 – Lichtschalter
E 3 – Warnblinkschalter
F – Bremslichtschalter
F 4 – Schalter für Rückfahrleuchten
J 2 – Blinkrelais
K 5 – Kontrollampe für Blinker
K 18 – Kontrollampe für Anhängerblinker
L 20 – Lampe für Nebelschlußleuchte
M 1 – Lampe für Standlicht links
M 2 – Lampe für Schlußlicht rechts
M 3 – Lampe für Standlicht rechts
M 4 – Lampe für Schlußlicht links
M 5 – Lampe für Blinklicht vorn links
M 6 – Lampe für Blinklicht hinten links
M 7 – Lampe für Blinklicht vorn rechts
M 8 – Lampe für Blinklicht hinten rechts
M 9 – Lampe für Bremslicht links
M 10 – Lampe für Bremslicht rechts
M 16 – Lampe für Rückfahrlicht links
M 17 – Lampe für Rückfahrlicht rechts
T 32/ – Vielfachstecker hinter dem Armaturenbrett
U – Steckdose
V 13 – Motor für Heckscheibenwascherpumpe (Masseanschluß)
17 – Massepunkt im rechten Armaturenbrett-Leitungsstrang
19 – Massepunkt am Abschlußblech hinten

Stromlaufplan 250-W-Kühlerventilator

F 18 – Thermoschalter für Kühlerventilator
T 2 – Zweifachstecker im Motorraum beim Kühlerventilator
V 7 – Motor für Kühlerventilator
15 – Massepunkt im Isolierschlauch des Leitungsstranges vorn

Stromlaufplan 350-W-Kühlerventilator

F 18 – Thermoschalter für Kühlerventilator
J 26 – Relais für Kühlerventilator
T 2 – Zweifachstecker im Motorraum beim Kühlerventilator
V 7 – Motor für Kühlerventilator
15 – Massepunkt im Isolierschlauch des Leitungsstranges vorn

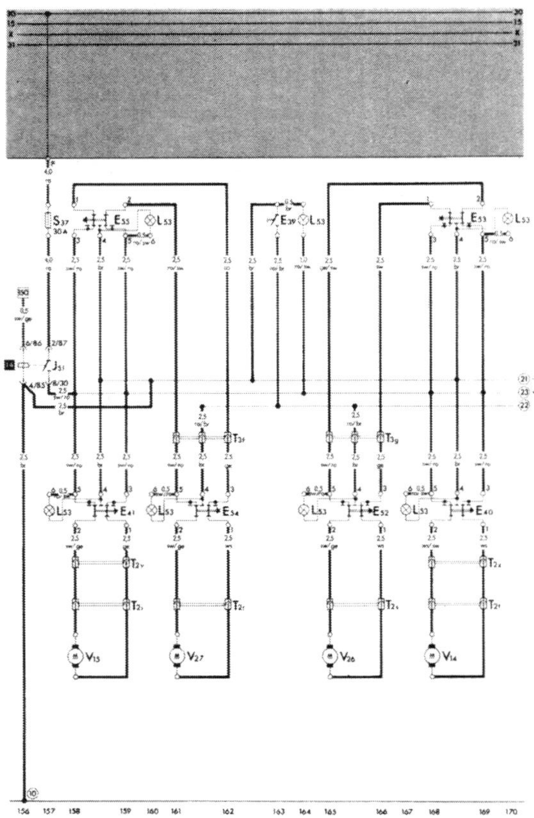

Stromlaufplan elektrische Fensterheber

E 39 – Schalter für Fensterheber
E 40 – Schalter für Fensterheber vorn links
E 41 – Schalter für Fensterheber vorn rechts
E 52 – Schalter für Fensterheber hinten links (in der Tür)
E 53 – Schalter für Fensterheber hinten links (in der Konsole)
E 54 – Schalter für Fensterheber hinten rechts (in der Tür)
E 55 – Schalter für Fensterheber hinten rechts (in der Konsole)
J 51 – Relais für Fensterheber
L 53 – Lampe für Beleuchtung Fensterheberschalter
S 37 – Thermosicherung für Fenstersicherung
T 2i – Zweifachstecker hinter der Türverkleidung vorn rechts
T 2r – Zweifachstecker hinter der Türverkleidung hinten rechts
T 2s – Zweifachstecker hinter der Türverkleidung hinten links
T 2t – Zweifachstecker hinter der Türverkleidung vorn links
T 2v – Zweifachstecker neben der A-Säule rechts unten
T 2z – Zweifachstecker neben der A-Säule links unten
T 3f – Dreifachstecker hinter der B-Säulen-Verkleidung unten rechts
T 3g – Dreifachstecker hinter der B-Säulen-Verkleidung unten links
V 14 – Motor für Fensterheber vorn links
V 15 – Motor für Fensterheber vorn rechts
V 26 – Motor für Fensterheber hinten links
V 27 – Motor für Fensterheber hinten rechts
10 – Massepunkt neben der Zentralelektrik
21, 22 – Masse-Quetschverbindung im Fensterheber-Leitungsstrang
23 – Plus-Quetschverbindung im Fensterheber-Leitungsstrang

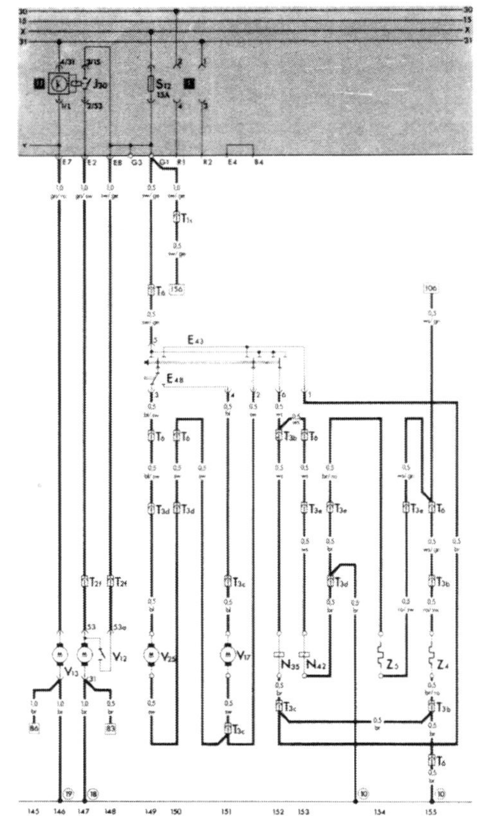

Stromlaufplan elektrisch verstellbare und beheizbare Außenspiegel

E 43 – Schalter für Spiegelverstellung
E 48 – Umschalter für Spiegelverstellung
J 30 – Relais für Heckscheibenwischer und -wascher
N 35 – Magnetkupplung für Spiegelverstellung links
N 42 – Magnetkupplung für Spiegelverstellung rechts
T 1s – Einfachstecker hinter der Zentralelektrik
T 2f – Zweifachstecker im Kofferraum links
T 3b, 3c – Dreifachstecker hinter der Türverkleidung vorn links
T 3d, 3e – Dreifachstecker hinter der Türverkleidung vorn rechts
T 6 – Sechsfachstecker hinter der Zentralelektrik
V 12 – Motor für Heckscheibenwischer
V 13 – Motor für Heckscheibenwascherpumpe
V 17 – Motor für Spiegelverstellung links
V 25 – Motor für Spiegelverstellung rechts
Z 4 – Heizwiderstand für Spiegelglas links
Z 5 – Heizwiderstand für Spiegelglas rechts
10 – Massepunkt neben der Zentralelektrik
18 – Massepunkt im Kofferraum links
19 – Massepunkt im Kofferraum rechts

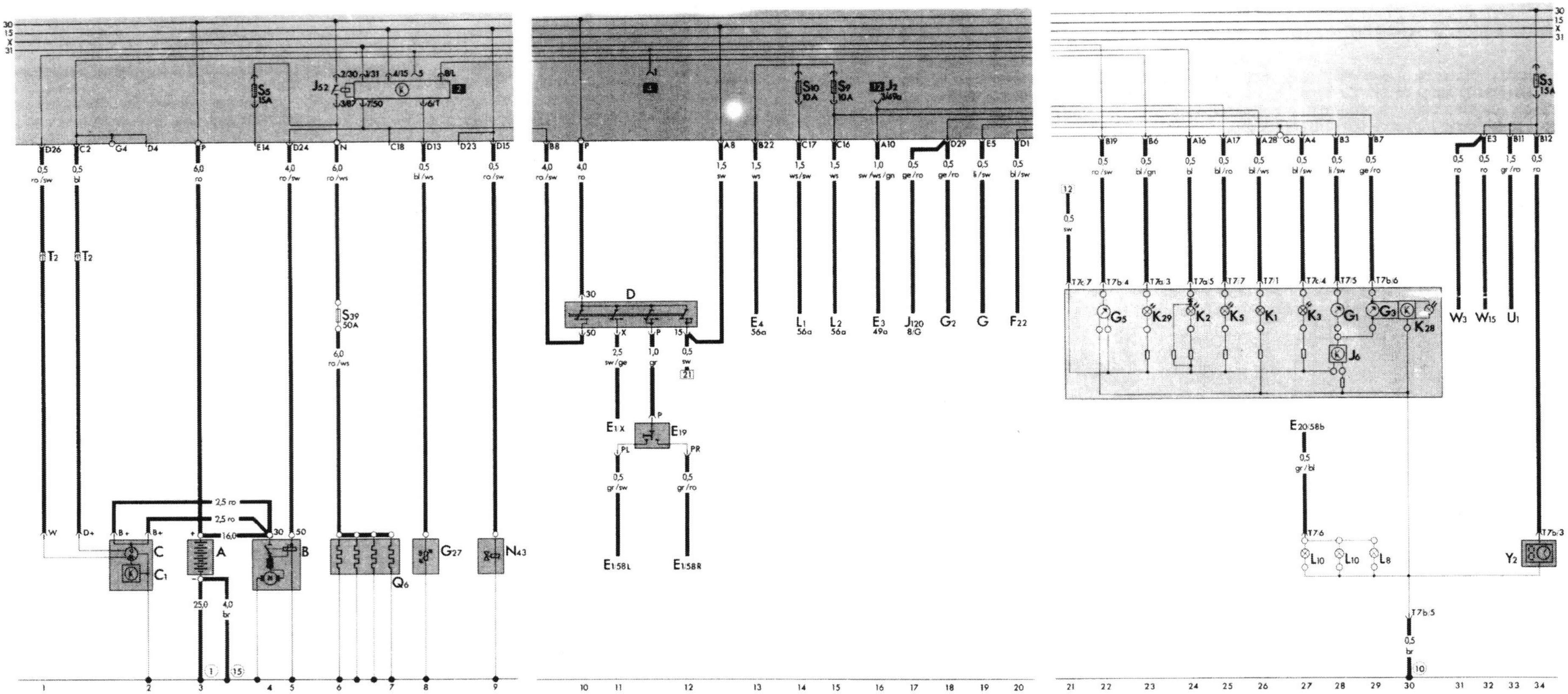

Stromlaufplan Drehzahlmesser Turbodiesel Teil I

A – Batterie
B – Anlasser
C – Drehstrom-Lichtmaschine
C 1 – Spannungsregler
G 27 – Geber für Motortemperatur
J 52 – Vorglührelais
N 43 – elektromagnetischer Absteller
Q 6 – Glühkerzen
S 39 – Streifensicherung für Glühkerzen
T 2 – Zweifachstecker im Motorraum rechts
1 – Masseband der Batterie
15 – Massepunkt im Leitungsstrang vorn

Stromlaufplan Drehzahlmesser Turbodiesel Teil II

D – Lenk/Anlaß-Schalter
E 1 – Lichtschalter
E 4 – Lichtumschalter
E 19 – Schalter für Parklicht
F 22 – Öldruckschalter
G – Geber für Tankanzeige
G 2 – Geber für Kühlmittel-Temperaturanzeige
J 2 – Blinkrelais
J 120 – Steuergerät für Kühlmittel-Mangelanzeige
L 1 – Zweifadenlampe für Scheinwerfer links
L 2 – Zweifadenlampe für Scheinwerfer rechts

Stromlaufplan Drehzahlmesser Turbodiesel Teil III

E 20 – Regler für Beleuchtng Kombiinstrument
G 1 – Tankanzeige
G 3 – Kühlmittel-Temperaturanzeige
G 5 – Drehzahlmesser
J 6 – Spannungs-Konstanthalter
K 1 – Kontrollampe für Fernlicht
K 2 – Kontrollampe für Generator
K 3 – Kontrollampe für Öldruck
K 5 – Kontrollampe für Blinker
K 28 – Kontrollampe für Kühlmittel
K 29 – Kontrollampe für Vorglühzeit
L 8 – Lampe für Beleuchtung Zeituhr
L 10 – Lampe für Beleuchtung Kombiinstrument
T 7, 7a/, 7b/, 7c/ – Mehrfachstecker am Kombiinstrument
U 1 – Anzünder
W 3 – Kofferraumleuchte
W 15 – Innenleuchte
Y 2 – Digitaluhr
10 – Massepunkt neben der Zentralelektrik

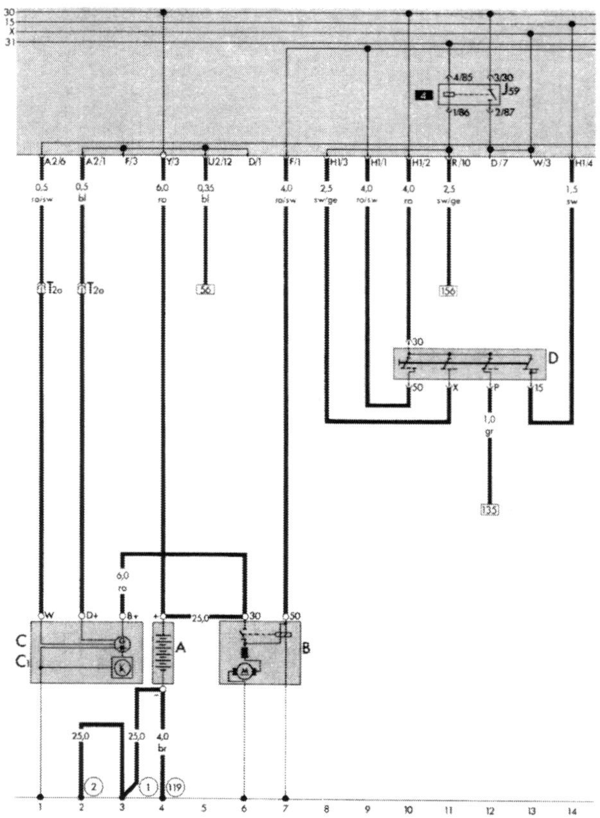

Stromlaufplan Drehstrom-Lichtmaschine, Anlasser, Batterie, Zünd/Anlaß-Schalter

A – Batterie
B – Anlasser
C – Drehstrom-Lichtmaschine
C 1 – Spannungsregler
D – Zünd/Anlaß-Schalter
J 59 – Entlastungsrelais für X-Kontakte
T 2a – Steckverbindung bei der Batterie
1 – Masseband der Batterie
2 – Masseband Getriebe–Karosserie
119 – Masseverbindung im Leitungsstrang Scheinwerfer

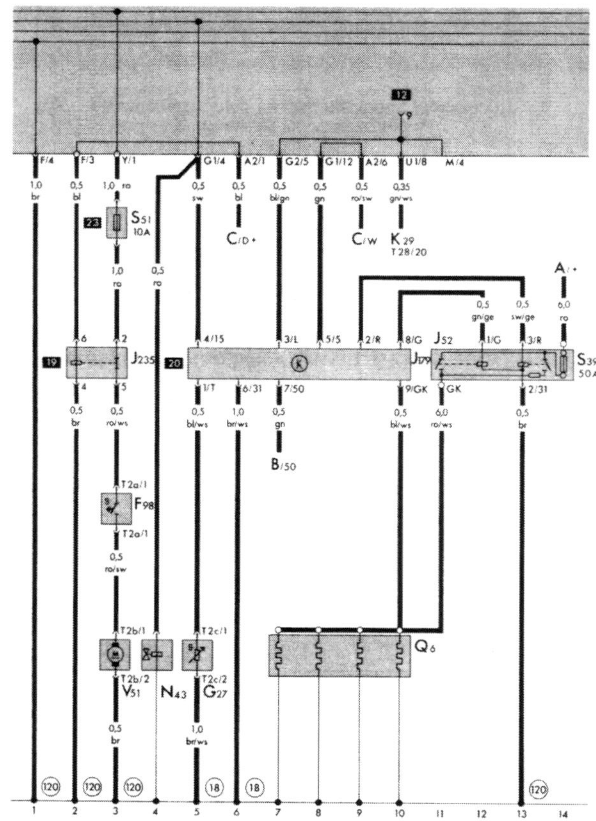

Stromlaufplan Vorglühanlage, Kühlmittelpumpe (TD-LLK)

A – Batterie
B – Anlasser
C – Drehstrom-Lichtmaschine
F 98 – Thermoschalter für Kühlmittelpumpe Turbolader
G 27 – Geber für Motortemperatur
J 52 – Vorglührelais
J 179 – Steuergerät für Glühzeitautomatik
J 235 – Relais für Kühlmittelpumpe
K 28 – Kontrollampe für Vorglühzeit
N 43 – elektromagnetischer Absteller
Q 6 – Glühkerze
S 39 – Streifensicherung für Glühkerzen
S 51 – Einzelsicherung
T 2a – Steckverbindung am Thermoschalter für Kühlmittelpumpe
T 2b – Steckverbindung an der Kühlmittelpumpe
T 2c – Steckverbindung am Geber für Motortemperatur
T 28 – Steckverbindung am Kombiinstrument
V 51 – Kühlmittelpumpe Turbolader
18 – Massepunkt am Motorblock
120 – Massepunkt im Leitungsstrang Scheinwerfer

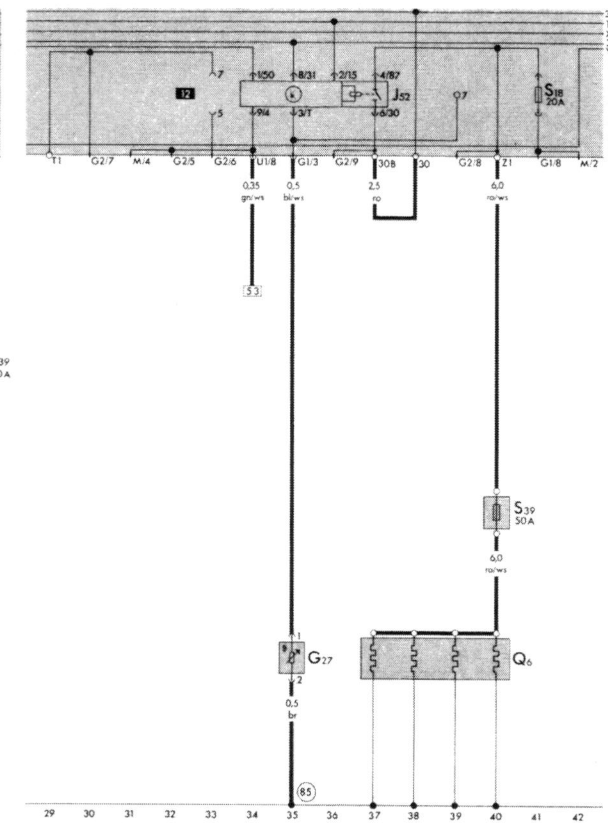

Stromlaufplan Vorglühanlage

G 27 – Geber für Motortemperatur
J 52 – Vorglührelais
Q 6 – Glühkerze
S 39 – Streifensicherung für Glühkerzen
85 – Masseverbindung im Leitungsstrang Motorraum

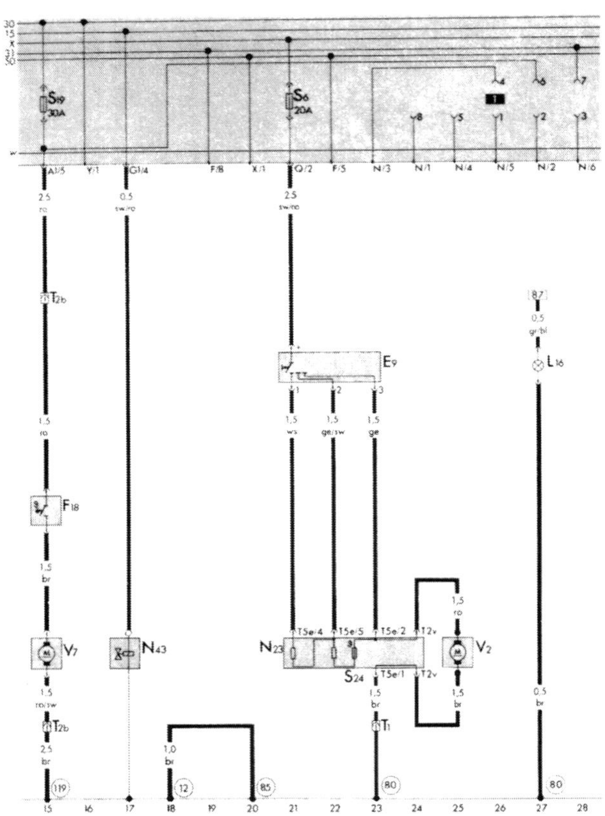

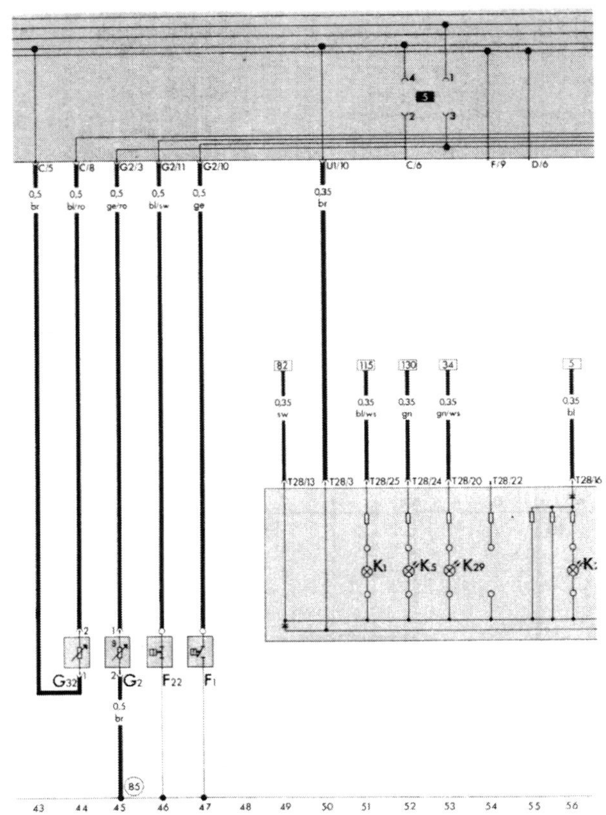

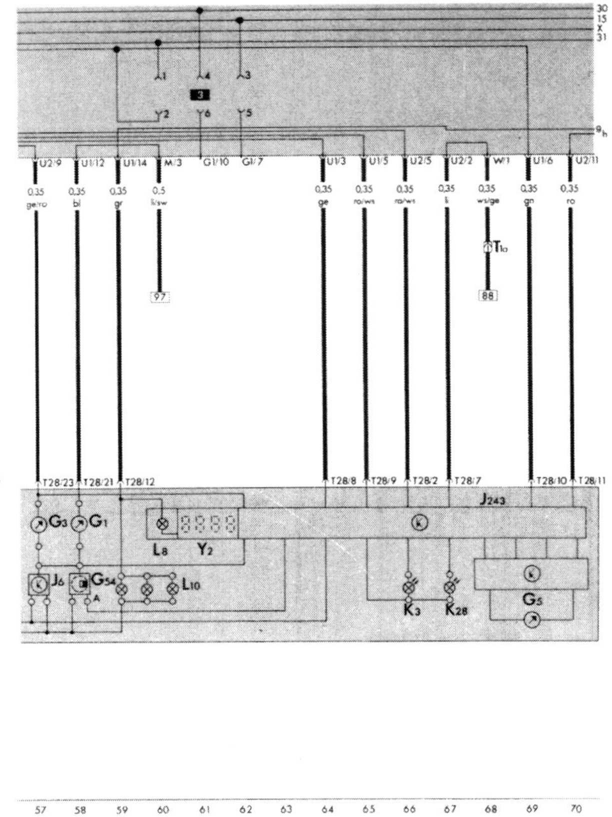

Stromlaufplan Kühlerventilator, Luftgebläse, Absteller

E 9 – Schalter für Luftgebläse
F 18 – Thermoschalter für Kühlerventilator
L 16 – Lampe für Beleuchtung Heizregulierung
N 23 – Vorwiderstand für Luftgebläse
N 43 – elektromagnetischer Absteller
S 24 – Überhitzungssicherung
T 1 – Steckverbindung hinter dem Armaturenbrett
T 2b – Steckverbindung beim Scheinwerfer links
T 2v, 5e – Steckverbindungen am Vorwiderstand für Luftgebläse
V 2 – Motor für Luftgebläse
V 7 – Motor für Kühlerventilator
12 – Massepunkt im Motorraum links
80 – Masseverbindung im Leitungsstrang Armaturenbrett
85 – Masseverbindung im Leitungsstrang Motorraum
119 – Masseverbindung im Leitungsstrang Scheinwerfer

Stromlaufplan Kombiinstrument, Öldruckschalter, Kühlmittel-Temperatur- und Mangelanzeige

F 1 – Öldruckschalter 0,9 bzw. 1,4 bar
F 22 – Öldruckschalter 0,3 bar
G 2 – Geber für Kühlmittel-Temperaturanzeige
G 32 – Geber für Kühlmittel-Mangelanzeige
K 1 – Kontrollampe für Fernlicht
K 2 – Kontrollampe für Generator
K 5 – Kontrollampe für Blinker
K 29 – Kontrollampe für Vorglühzeit
T 28 – Steckverbindung am Kombiinstrument
85 – Masseverbindung im Leitungsstrang Motorraum

Stromlaufplan Tank- und Kühlmittelanzeige, Öldruckkontrolle, Digitaluhr, Drehzahlmesser

G 1 – Tankanzeige
G 3 – Kühlmittel-Temperaturanzeige
G 5 – Drehzahlmesser
G 54 – Hallgeber für Radio
J 6 – Spannungskonstanter
J 243 – Steuergerät für Öldruckkontrolle, Kühlmittelmangelanzeige, Drehzahlmesser
K 3 – Kontrollampe für Öldruck
K 28 – Kontrollampe für Kühlmittel
L 8 – Lampe für Beleuchtung Zeituhr
L 10 – Lampe für Beleuchtung Kombi-Instrument
T 1a – Steckverbindung hinter dem Armaturenbrett
T 28 – Steckverbindung am Kombiinstrument
Y 2 – Digitaluhr

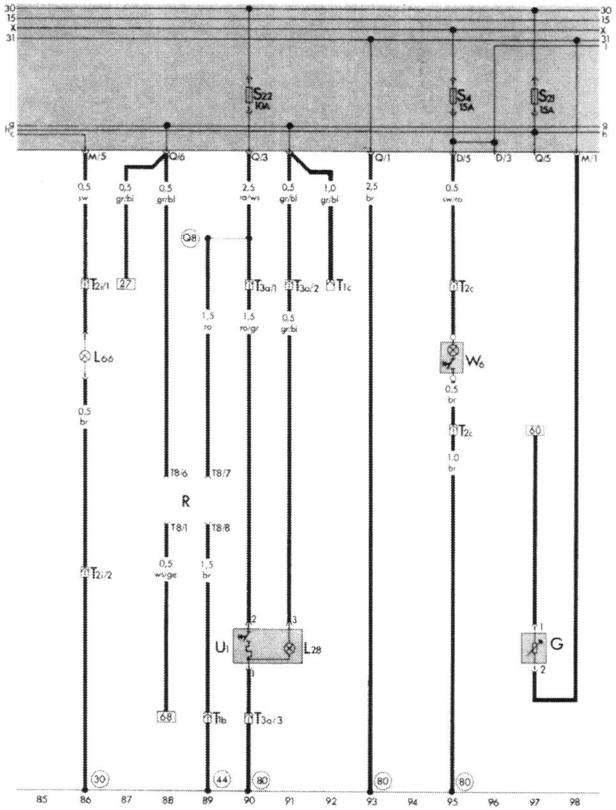

Stromlaufplan Handschuhfachleuchte, Anzünder, Anschluß für Radio, Beleuchtung für Cassettenablage

G – Geber für Tankanzeige
L 28 – Lampe für Beleuchtung Anzünder
L 66 – Lampe für Beleuchtung Cassettenablage
R – Anschluß für Radio
T 1b, 3a – Steckverbindungen hinter der Konsole
T 1c – Steckverbindung hinter der Zentralelektrik
T 2c, 2i – Steckverbindungen hinter dem Armaturenbrett
T 8c – Steckverbindung am Radio
U 1 – Anzünder
W 6 – Handschuhfachleuchte

30 – Massepunkt neben der Zentralelektrik
44 – Massepunkt an der A-Säule links unten
80 – Masseverbindung im Leitungsstrang Armaturenbrett
Q 8 – Plusverbindung im Leitungsstrang Armaturenbrett

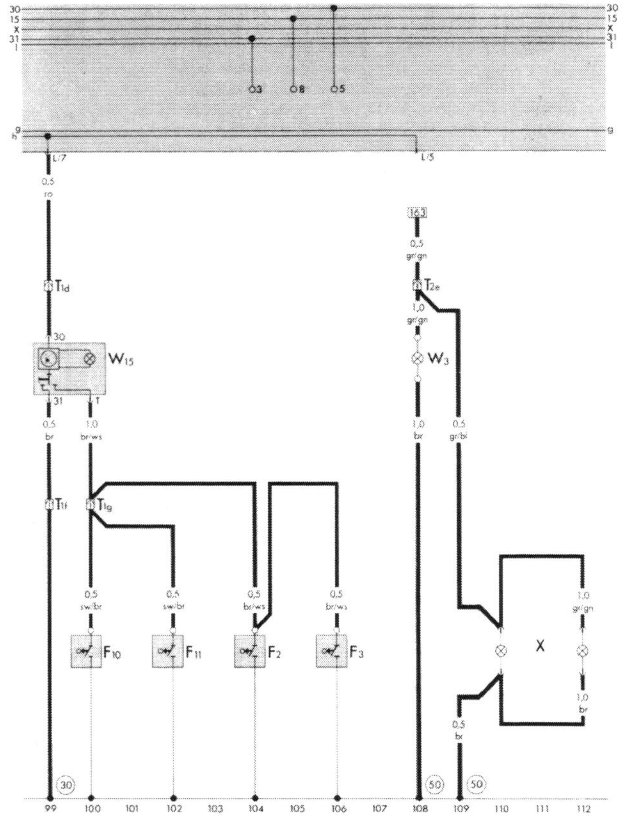

Stromlaufplan Innenleuchte, Kofferraumleuchte, Kennzeichenleuchte

F 2 – Türkontaktschalter vorn links
F 3 – Türkontaktschalter vorn rechts
F 10 – Türkontaktschalter hinten links
F 11 – Türkontaktschalter hinten rechts
T 1d, 1f, 1g – Steckverbindungen oberhalb der Zentralelektrik
T 2e – Steckverbindung im Kofferraum hinten links
W 3 – Kofferraumleuchte
W 15 – Innenleuchte mit Abschaltverzögerung
X – Kennzeichenleuchte
30 – Massepunkt neben der Zentralelektrik
50 – Massepunkt im Kofferraum links

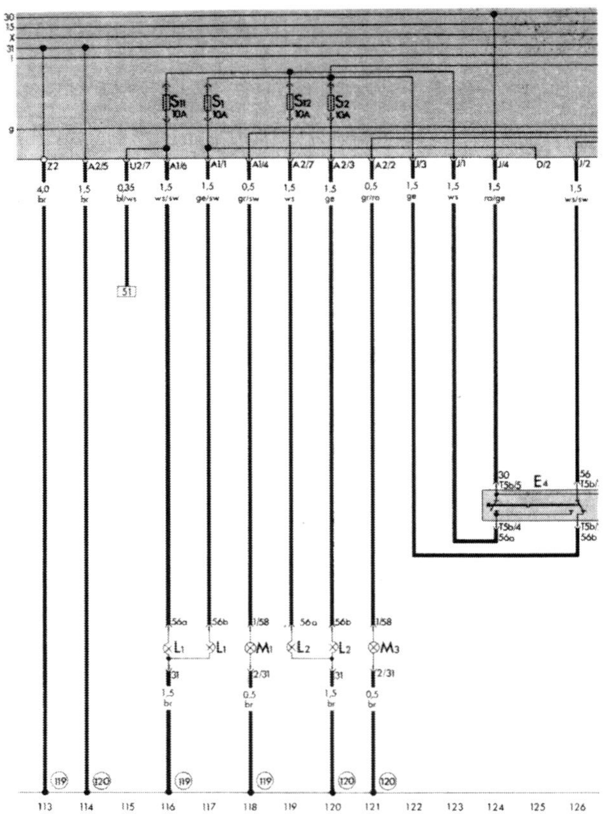

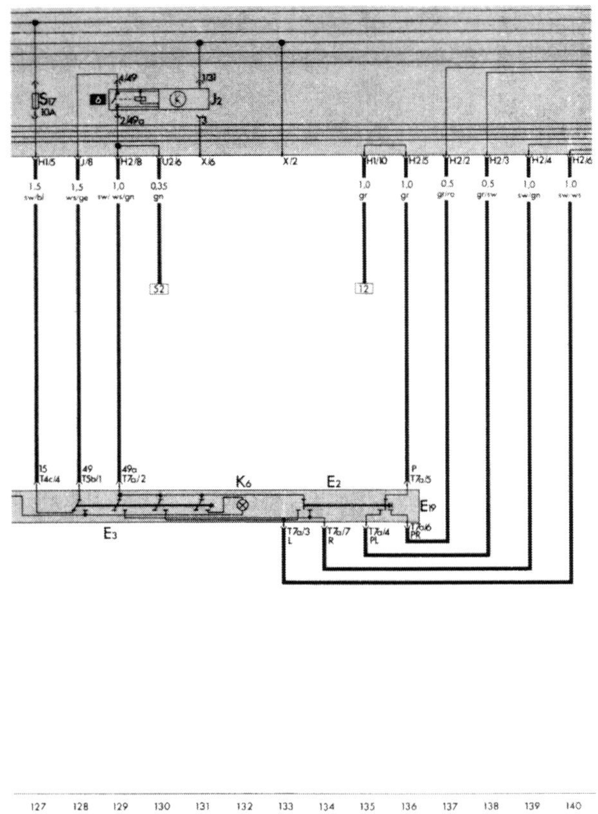

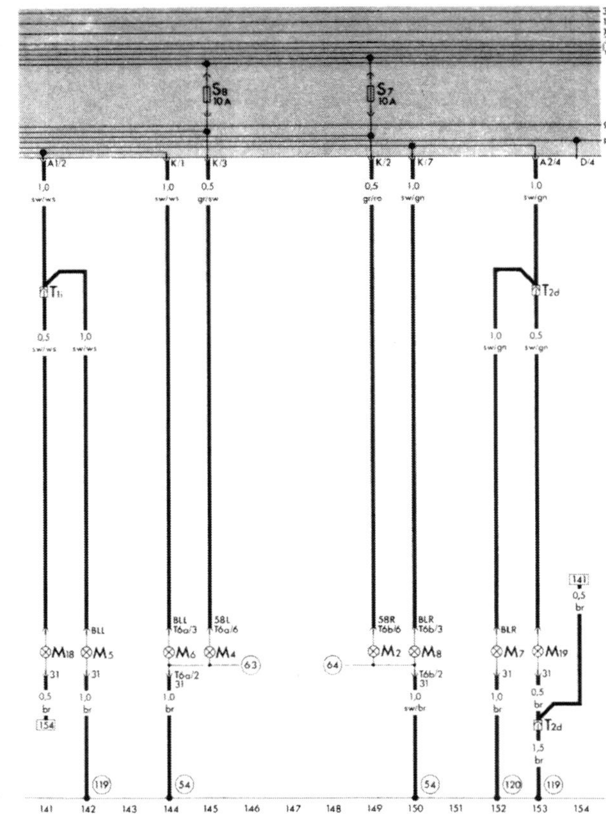

Stromlaufplan Scheinwerfer, Lichtumschaltung, Lichthupe

E 4 – Lichtumschalter
L 1 – Zweifadenlampe für Scheinwerfer links
L 2 – Zweifadenlampe für Scheinwerfer rechts
M 1 – Lampe für Standlicht links
M 3 – Lampe für Standlicht rechts
T 5b – Steckverbindung hinter der Verkleidung Hebelschalter
119 – Masseverbindung im Leitungsstrang Scheinwerfer
120 – Masseverbindung im Leitungsstrang Scheinwerfer

Stromlaufplan Blink- und Warnblinkanlage, Parklichtschalter

E 2 – Blinkerschalter
E 3 – Warnblinkschalter
E 19 – Schalter für Parklicht
J 2 – Blinkrelais
K 6 – Kontrollampe für Warnblinker
T 4c, 5b, 7a – Steckverbindungen hinter der Verkleidung Hebelschalter

Stromlaufplan Blinklicht, Schlußlicht

M 2 – Lampe für Schlußlicht rechts
M 4 – Lampe für Schlußlicht links
M 5 – Lampe für Blinklicht vorn links
M 6 – Lampe für Blinklicht hinten links
M 7 – Lampe für Blinklicht vorn rechts
M 8 – Lampe für Blinklicht hinten rechts
M 18 – Lampe für Seitenblinkleuchte links
M 19 – Lampe für Seitenblinkleuchte rechts
T 1i, 2d – Steckverbindungen hinter dme Federbein links
T 6a – Steckverbindung an der Schlußleuchte links
T 6b – Steckverbindung an der Schlußleuchte rechts
54 – Massepunkt am Abschlußblech hinten
63 – Massepunkt an der Schlußleuchte links
64 – Massepunkt an der Schlußleuchte rechts
119 – Masseverbindung im Leitungsstrang Scheinwerfer
120 – Masseverbindung im Leitungsstrang Scheinwerfer

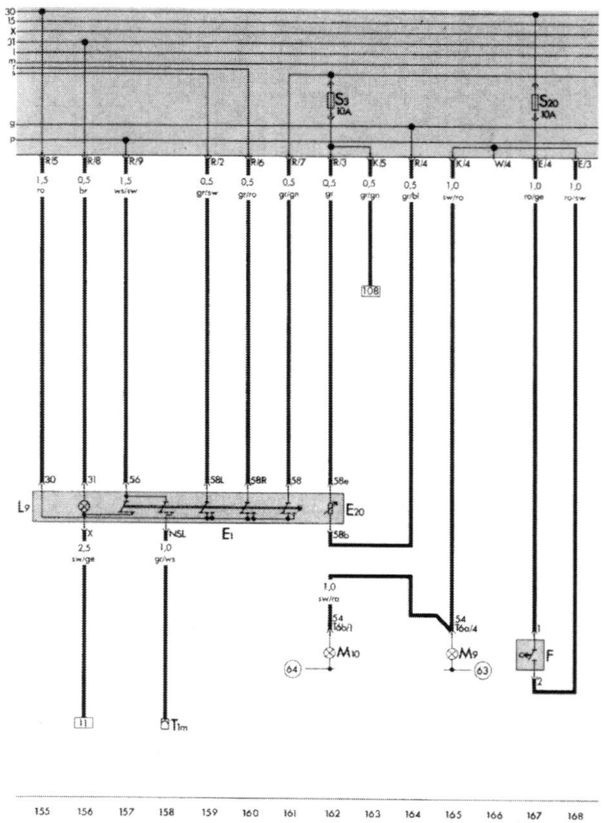

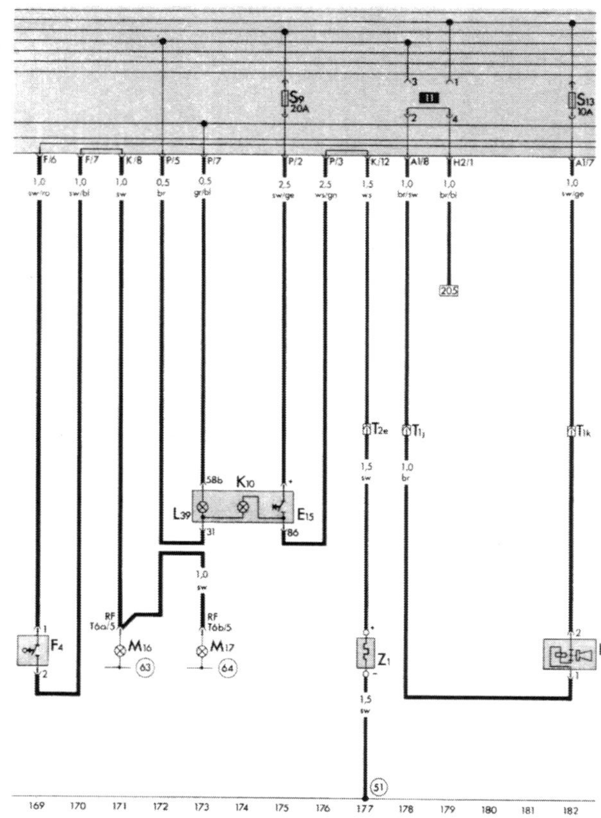

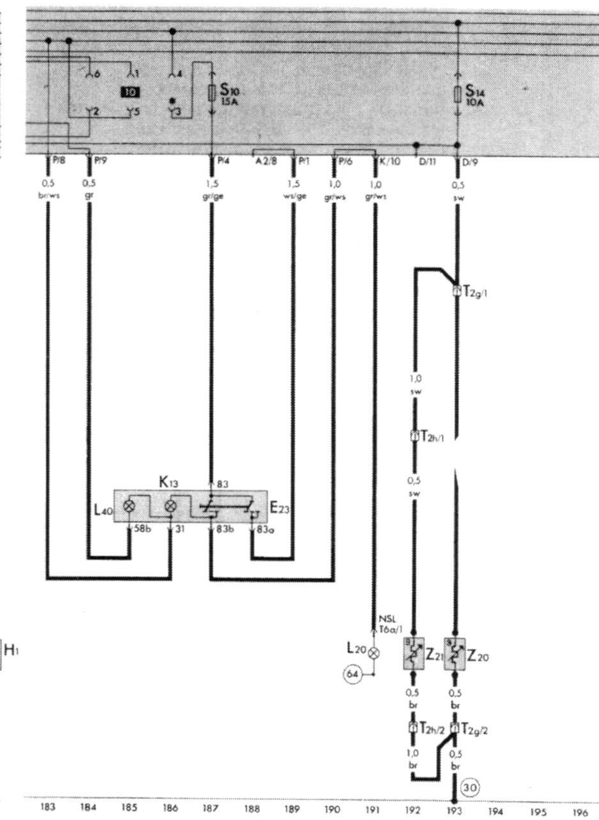

Stromlaufplan Lichtschalter, Bremslicht

E 1 – Lichtschalter
E 20 – Regler für Instrumentenbeleuchtung
F – Bremslichtschalter
L 9 – Lampe für Beleuchtung Lichtschalter
M 9 – Lampe für Bremslicht links
M 10 – Lampe für Bremslicht rechts
T 1m – Steckverbindung hinter der Zentralelektrik (wird auf Kontakt »3« im Relaisplatz »10« gesteckt)
T 6a – Steckverbindung an der Schlußleuchte links
T 6b – Steckverbindung an der Schlußleuchte rechts
63 – Massepunkt an der Schlußleuchte links
64 – Massepunkt an der Schlußleuchte rechts

Stromlaufplan Rückfahrleuchten, heizbare Heckscheibe, Zweiklanghörner

E 15 – Schalter für heizbare Heckscheibe
F 4 – Schalter für Rückfahrleuchten
H 1 – Zweiklanghörner
K 10 – Kontrollampe für heizbare Heckscheibe
L 39 – Lampe für Beleuchtung Heizscheibenschalter
M 16 – Lampe für Rückfahrlicht links
M 17 – Lampe für Rückfahrlicht rechts
T 1j, 1k – Steckverbindungen hinter der Zentralelektrik
T 2e – Steckverbindung im Kofferraum hinten links
T 6a – Steckverbindung an der Schlußleuchte links
T 6b – Steckverbindung an der Schlußleuchte rechts
Z 1 – Heizwiderstand für heizbare Heckscheibe
51 – Massepunkt im Kofferraum rechts
63 – Massepunkt an der Schlußleuchte links
64 – Massepunkt an der Schlußleuchte rechts

Stromlaufplan Nebelschlußleuchte, beheizte Scheibenwaschdüsen

E 23 – Schalter für Nebelscheinwerfer und -schlußleuchte
K 17 – Kontrollampe für Nebelschlußleuchte
L 20 – Lampe für Nebelschlußleuchte
L 40 – Lampe für Beleuchtung Nebelscheinwerferschalter
T 2g, 2h – Steckverbindungen an der Motorhaube
T 6a – Steckverbindung an der Schlußleuchte links
Z 20 – Heizwiderstand für Spritzdüse links
Z 21 – Heizwiderstand für Spritzdüse rechts
30 – Massepunkt neben der Zentralelektrik
64 – Massepunkt an der Schlußleuchte rechts

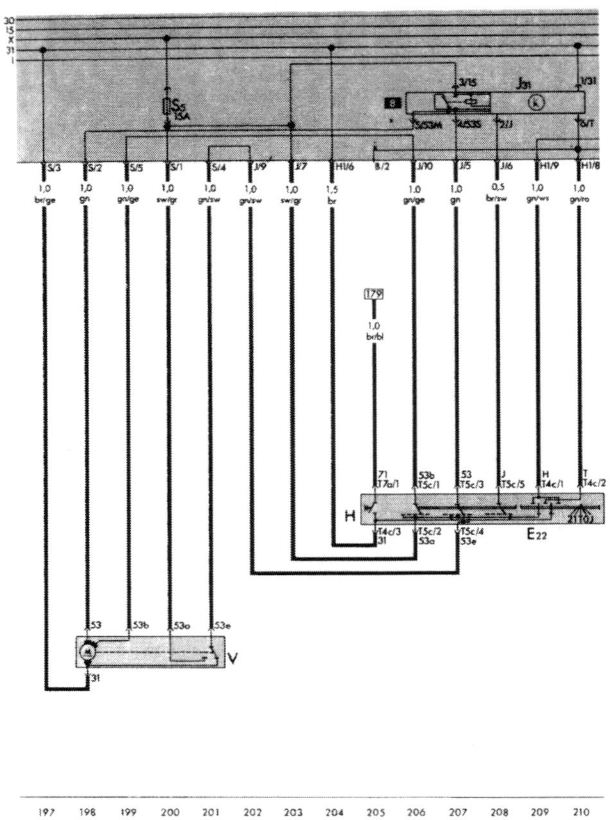

Stromlaufplan Scheibenwischer und -wascher

E 22 – Schalter für Scheibenwischer
H – Kontakt für Hupbetätigung
J 31 – Relais für Wisch/Wasch-Intervallschaltung
T 4c, 5c, 7a – Steckverbindungen hinter der Verkleidung Hebelschalter
V – Motor für Scheibenwischer

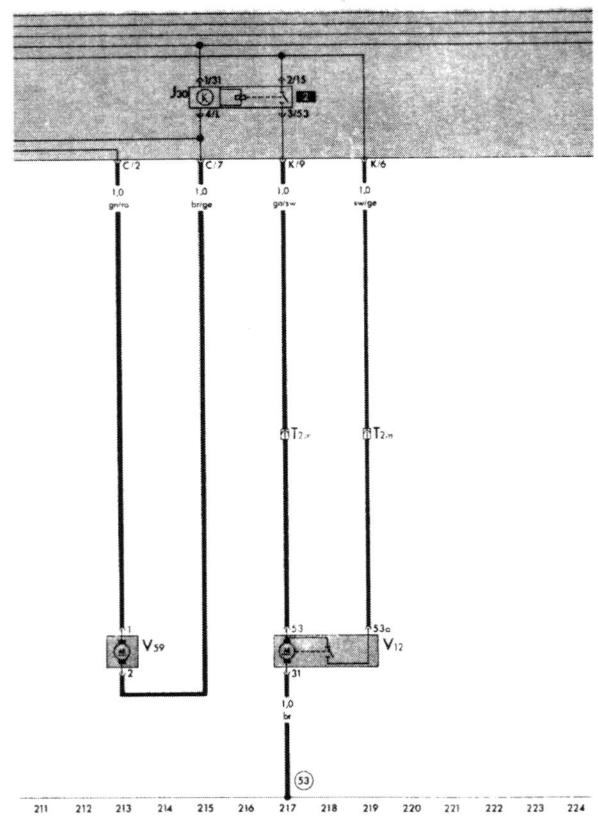

Stromlaufplan Heckscheibenwischer und -wascher (Golf)

J 30 – Relais für Heckscheibenwischer und -wascher
T 2m – Steckverbindung im Kofferraum hinten links
V 12 – Motor für Heckscheibenwischer
V 59 – Motor für Front- und Heckscheibenwascherpumpe
53 – Massepunkt in der Heckklappe rechts

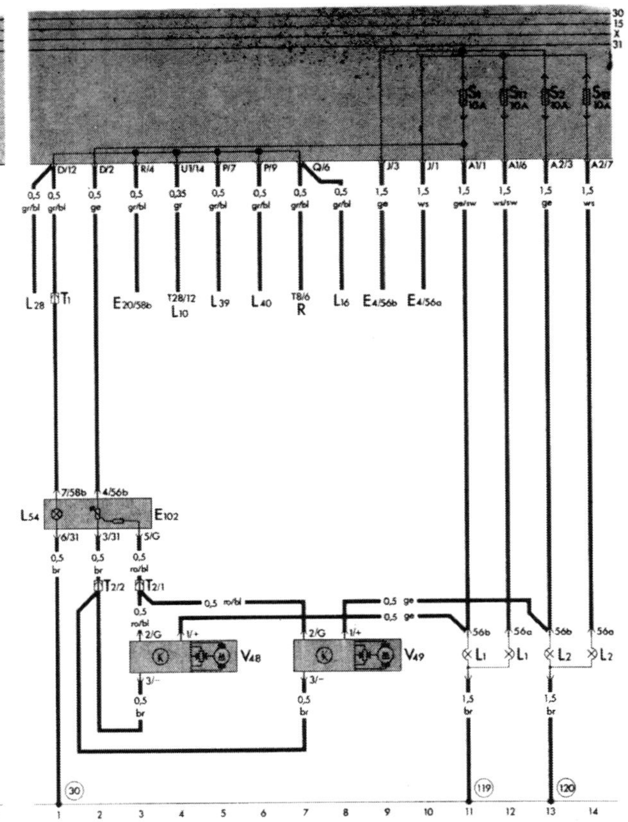

Stromlaufplan Leuchtweitenregelung

E 4 – Lichtumschalter
E 20 – Regler für Instrumentenbeleuchtung
E 102 – Einsteller für Leuchtweitenregelung
L 1 – Zweifadenlampe für Scheinwerfer links
L 2 – Zweifadenlampe für Scheinwerfer rechts
L 10 – Lampe für Beleuchtung Kombiinstrument
L 16 – Lampe für Beleuchtung Heizregulierung
L 28 – Lampe für Beleuchtung Anzünder
L 39 – Lampe für Beleuchtung Heizscheibenschalter
L 40 – Lampe für Beleuchtung Nebelscheinwerferschalter
L 54 – Lampe für Beleuchtung Einsteller Leuchtweitenregelung
R – Anschluß für Radio
T 1 – Steckverbindung hinter der Zentralelektrik
T 2 – Steckverbindung an der Spritzwand links
T 8 – Steckverbindung hinter dem Armaturenbrett
T 2 – Steckverbindung am Kombiinstrument
V 25 – Motor für Leuchtweitenregelung links
V 26 – Motor für Leuchtweitenregelung rechts
30 – Massepunkt neben der Zentralelektrik
119, 120 – Masseverbindungen im Leitungsstrang Scheinwerfer

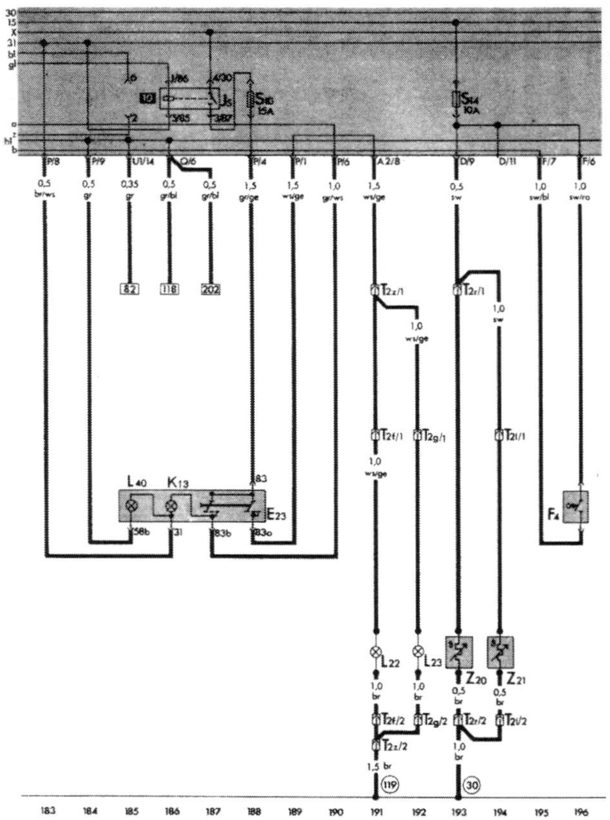

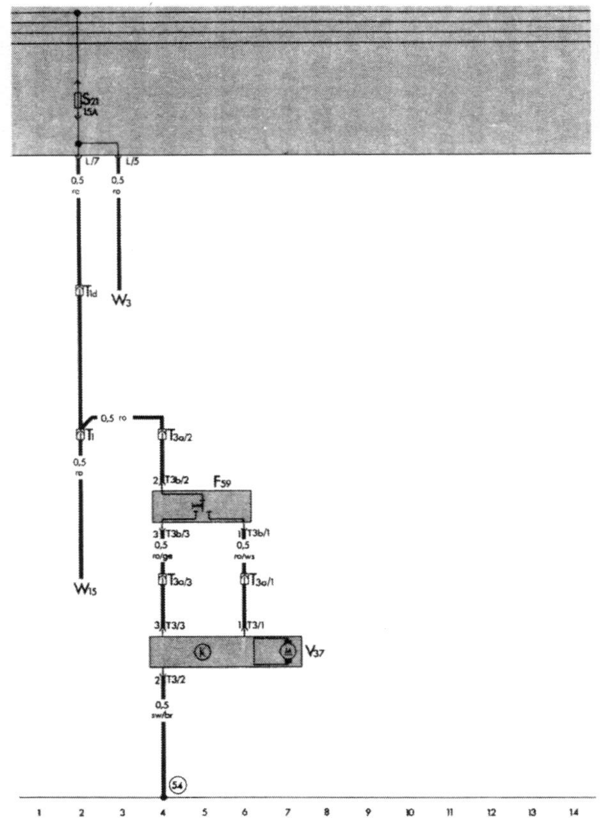

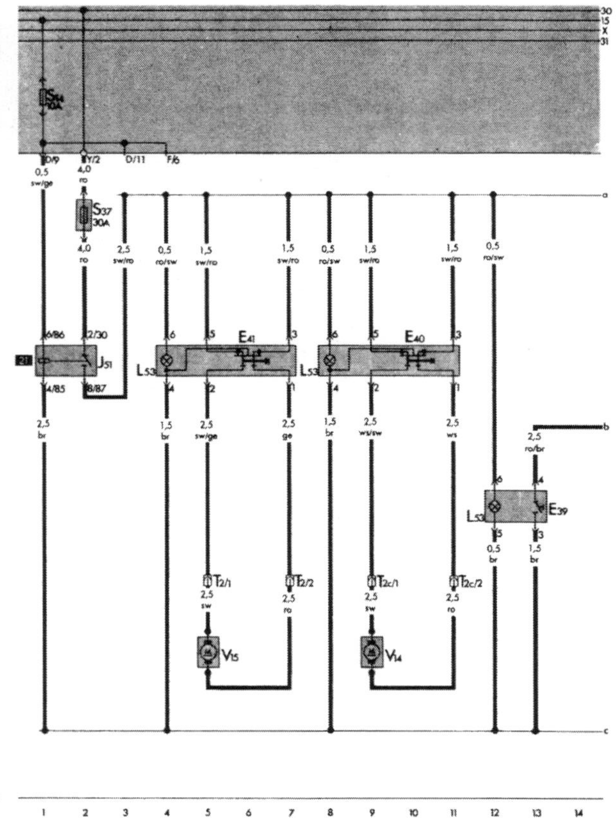

Stromlaufplan Nebelscheinwerfer, beheizte Waschdüsen

E 23 – Schalter für Nebelscheinwerfer und -schlußleuchte
F 4 – Schalter für Rückfahrleuchten
K 13 – Kontrollampe für Nebelschlußleuchte
L 22 – Lampe für Nebelscheinwerfer links
L 23 – Lampe für Nebelscheinwerfer rechts
L 40 – Lampe für Beleuchtung Nebelscheinwerferschalter
T 2f, 2z– Steckverbindungen beim Scheinwerfer links
T 2g – Steckverbindung beim Scheinwerfer rechts
T 2l, 2r – Steckverbindungen an der Motorhaube
Z 20 – Heizwiderstand für Spritzdüse links
Z 21 – Heizwiderstand für Spritzdüse rechts
30 – Massepunkt neben der Zentralelektrik
119 – Masseverbindung im Leitungsstrang Scheinwerfer

Stromlaufplan Zentralverriegelung

F 59 – Schalter für Zentralverriegelung
T 1, 1d, 3a – Steckverbindungen an der A-Säule links bei der Zentralelektrik
T 3b – Steckverbindung in der Fahrertür
V 37 – Motor für Bi-Druckpumpe der Zentralverriegelung
W 3 – Kofferraumleuchte
W 15 – Innenleuchte mit Abschaltverzögerung
54 – Massepunkt am Abschlußblech hinten

Stromlaufplan elektrische Fensterheber vorn

E 39 – Sperrschalter für Fensterheber hinten
E 40 – Schalter für Fensterheber vorn links
E 41 – Schalter für Fensterheber vorn rechts
J 51 – Relais für Fensterheber
L 53 – Lampe für Beleuchtung Schalter für Fensterheber
S 37 – Einzelsicherung für Fensterheber
T 2 – Steckverbindung in der Beifahrertür
T 2c – Steckverbindung in der Fahrertür
V 14 – Motor für Fensterheber vorn links
V 15 – Motor für Fensterheber vorn rechts

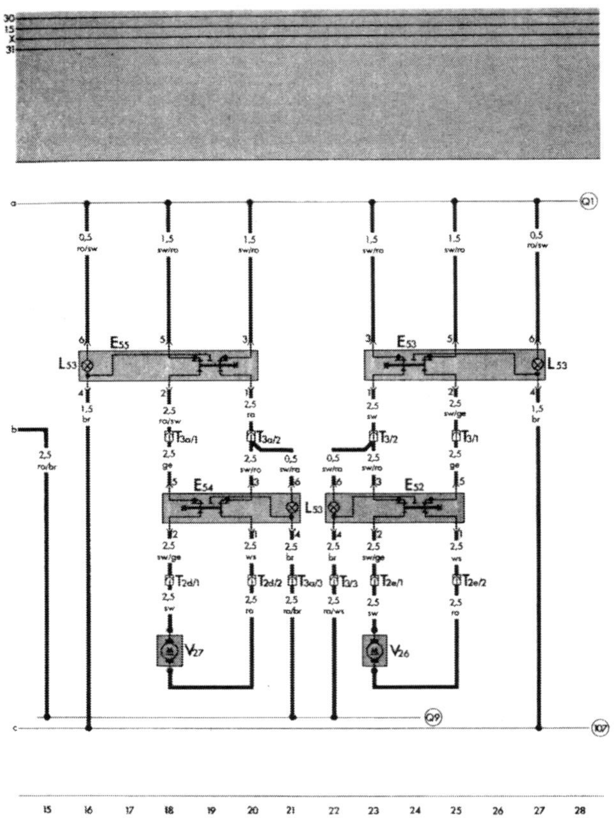

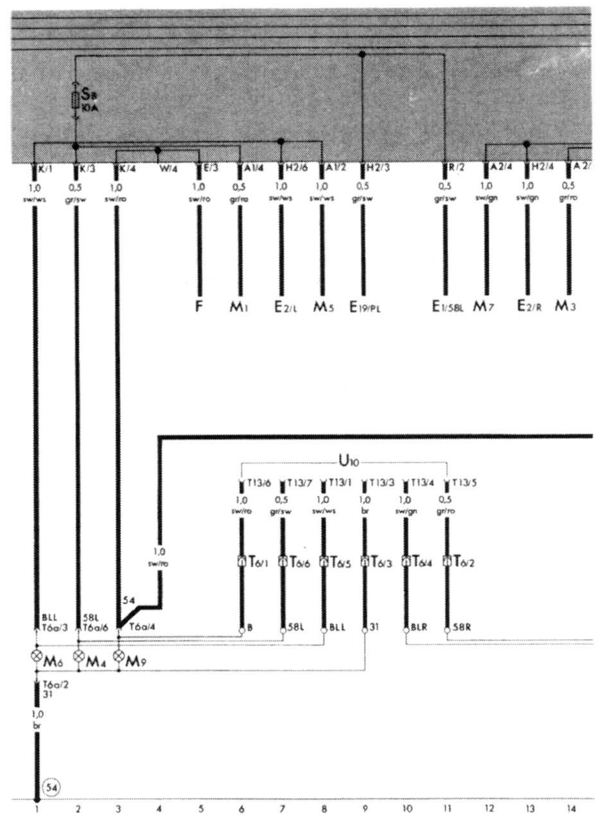

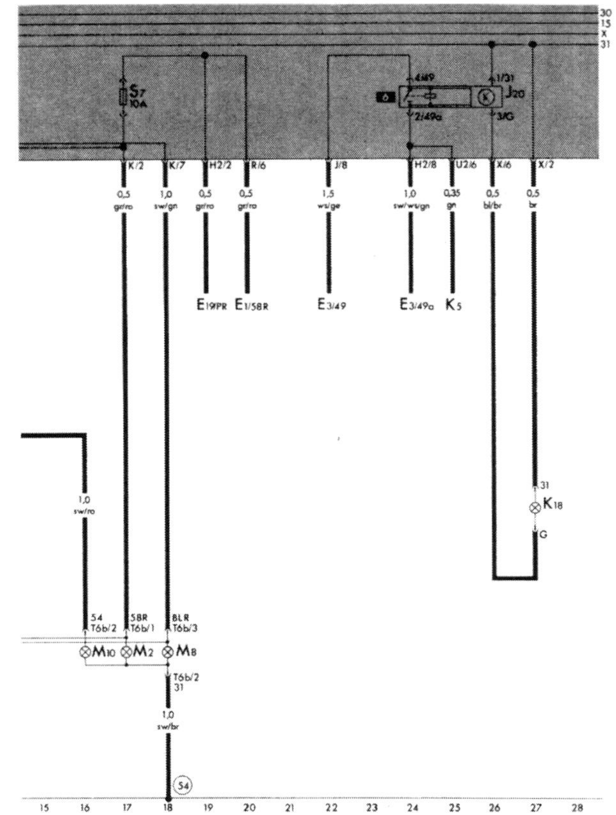

Stromlaufplan elektrische Fensterheber hinten

E 52 – Schalter für Fensterheber hinten links (in der Tür)
E 53 – Schalter für Fensterheber hinten links (in der Konsole)
E 54 – Schalter für Fensterheber hinten rechts (in der Tür)
E 55 – Schalter für Fensterheber hinten rechts (in der Konsole)
L 53 – Lampe für Beleuchtung Schalter für Fensterheber
T 2d – Steckverbindung in der Tür hinten rechts
T 2e – Steckverbindung in der Tür hinten links
T 3 – Steckverbindung an der B-Säule unten links
T 3a – Steckverbindung an der B-Säule unten rechts
V 26 – Motor für Fensterheber hinten links
V 27 – Motor für Fensterheber hinten rechts
Q 1 – Plusverbindung im Leitungsstrang Fensterheber
Q 9 – Verbindung im Leitungsstrang Fensterheber
107 – Masseverbindung im Leitungsstrang Außenspiegel

Stromlaufplan Steckdose für Anhängerbetrieb

E 1 – Lichtschalter
E 2 – Blinkerschalter
E 19 – Schalter für Parklicht
F – Bremslichtschalter
M 1 – Lampe für Standlicht links
M 3 – Lampe für Standlicht rechts
M 4 – Lampe für Schlußlicht links
M 5 – Lampe für Blinklicht vorn links
M 6 – Lampe für Blinklicht hinten links
M 7 – Lampe für Blinklicht vorn rechts
M 9 – Lampe für Bremslicht links
T 6 – Steckverbindung im Kofferraum hinten links
T 6a – Steckverbindung an der Schlußleuchte links
T 13 – Steckverbindung
U 10 – Steckdose für Anhängerbetrieb
54 – Massepunkt am Abschlußblech hinten

Stromlaufplan Kontrolleuchte für Anhängerbetrieb

E 1 – Lichtschalter
E 3 – Warnblinkschalter
E 19 – Schalter für Parklicht
J 20 – Blinkrelais für Anhängerbetrieb
K 5 – Kontrollampe für Blinker
K 18 – Kontrollampe für Anhängerblinker
M 2 – Lampe für Schlußlicht rechts
M 8 – Lampe für Blinklicht hinten rechts
M 10 – Lampe für Bremslicht rechts
T 6b – Steckverbindung an der Schlußleuchte rechts
54 – Massepunkt am Abschlußblech hinten

Gegenpole

Der VW besitzt, wie allgemein üblich, eine Bleibatterie. Der Fachmann nennt sie genauer »Akkumulator«. Bei ihr ist die Energieumwandlung umkehrbar. Das bedeutet ganz einfach: Beim Entladen wird aus chemischer Energie elektrische Energie gewonnen, und beim Laden wird elektrische Energie in chemische Energie umgesetzt.

So funktioniert die Batterie

Eine Bleiplatte als Elektrode, die mit verdünnter Schwefelsäure (dem Elektrolyt) in Verbindung kommt, gibt unter dem Einfluß des Lösungsdruckes positive Ionen, also elektrisch geladene Teilchen an den Elektrolyt ab. Dadurch wird zwischen der Bleiplatte und dem Elektrolyten eine elektrische Spannung aufgebaut.
In der Praxis verläßt man sich jedoch nicht auf diesen freiwilligen Übertritt geladener Teilchen, sondern zwingt der Batterie eine Ladespannung auf. Das hat den Effekt, daß sich das Bleisulfat der Platten einer entladenen Batterie an der positiven Elektrode in Bleidioxid und an der negativen Elektrode in Bleischwamm umwandelt. Gleichzeitig wird im Elektrolyten wieder Schwefelsäure gebildet, und als äußeres Zeichen für den fast abgeschlossenen Ladevorgang steigen Gasbläschen auf.
Beim Entladen dreht sich der Vorgang um. Das Bleidioxid der positiven Platte und der Bleischwamm der negativen werden wieder zu Bleisulfat, wobei sich die Schwefelsäure verbraucht und Wasser gebildet wird. Mit der Entladung sinkt deshalb die Säuredichte ab.

Batterie-Daten

Typnummer: Eine fünfstellige Zahl dient einheitlich bei allen deutschen Batterie-Herstellern zur Kennzeichnung von Leistung, Abmessungen und Bauart. Bei unseren Modellen lautet die entsprechende Kennzahl 56320. Die auf die Ziffer 5 folgende Zahl 63 gibt die Batterie-Kapazität an. Die nachfolgenden beiden Ziffern kennzeichnen Konstruktionsmerkmale sowie die Ausführung.
Spannung und Kapazität: In der Angabe **12 V/63 Ah** gibt die vorangestellte 12 V natürlich die Spannung an. Hinter dem Schrägstrich ist die Stromstärke in ihrer »zeitlich lieferbaren Menge« vermerkt – »Ah« steht für Amperestunden. Das ist die Nenn-Batteriekapazität, die nach Normbedingungen gemessen wird. In der Praxis rechnet man allerdings nur mit ⅔ der angegebenen Kapazität; bei einer älteren Batterie lediglich mit der Hälfte.
Kälteprüfstrom: Die Zahl 380 A nennt die Stromstärke, welche die Batterie bei –18° C liefern kann.

Leistung der Batterie

Etwa 9 Watt werden verbraucht, wenn Sie Ihren VW mit eingeschaltetem Parklicht abstellen. Bei 12 Volt Spannung fließen dazu (nach folgender Formel: Leistung geteilt durch Spannung = Strom) 0,75 Ampere. Die können von der 63-Ah-Batterie theoretisch etwa 84 Stunden lang geliefert werden.
Realistisch betrachtet sieht es aber schlechter aus:
- Nach etwa 56 Stunden ist das Parklicht aus und die Batterie leer.
- Bei brennendem Standlicht versagt die Stromlieferung nach rund 19 Stunden.
- Mit eingeschalteten Warnblinkern reicht der Strom etwa 6 Stunden.
- Die größten Anforderungen an die Batterie stellt der Anlasser. Daher auch der Name »Starterbatterie«. Durch Reibungsverluste frißt der Anlasser im Augenblick des Einschaltens über 3000 Watt. Zum Durchdrehen des warmen Motors braucht er nur ⅕ dieser Leistung. Andererseits wird der Strombedarf des Anlassers höher, wenn die Temperaturen sinken und die Schmierstoffe dadurch zäher sind.

Temperatureinfluß auf die Batterie

Batterien haben die Eigenart, um so unwilliger auf Kälte zu reagieren, je weniger Strom sie gespeichert haben. Völlig leere Akkus sind so empfindlich, daß sie bei Frost einfrieren und platzen können. Ist die Batterie dagegen randvoll geladen, verträgt sie die Kälte verhältnismäßig gut. Vor der kalten Jahreszeit empfiehlt sich bei einem älteren Akku die Kontrolle des Ladezustands, siehe rechte Seite.

Wartungsfreie Batterien

Die Batterieflüssigkeit besteht aus Schwefelsäure, die mit destilliertem Wasser verdünnt ist. Ein Teil dieses Wassers kann verdunsten oder wird beim Ladevorgang in Wasserstoff und Sauerstoff zersetzt. Bei herkömmlichen Autobatterien muß der Flüssigkeitsstand regelmäßig ergänzt werden. Wartungsfreie Batterien nach DIN 72311 besitzen ein größeres Flüssigkeitsvolumen, Unter normalen Bedingungen sollen sie ihr gesamtes Leben ohne Nachfüllen von destilliertem Wasser auskommen. Erhöhten Wasserverlust verursachen lediglich höhere Umgebungstemperaturen, längere Aufenthalte in heißen Regionen (Urlaub), ein defekter Lichtmaschinen-Spannungsregler, Selbstentladung bei langen Standzeiten des Fahrzeugs oder Tiefentladung, etwa durch eingeschaltetes Standlicht über Nacht.
Völlig wartungsfreie Akkus sind die teuerste Version. Da man bei ihnen von keinerlei Flüssigkeitsverlust ausgeht, haben sie auch keine Verschlußstopfen mehr.

Batteriesäurestand kontrollieren

Wartung Nr. 13

Auch bei den wartungsfreien Akkus sollte regelmäßig nach dem Flüssigkeitsstand gesehen werden. Evtl. wurde das destillierte Wasser vom defekten Lichtmaschinenregler »verkocht«.

■ Ggf. Batterieabdeckung abnehmen.

■ Die Batterieflüssigkeit muß mindestens bis zum unteren der beiden am Gehäuse auflakkierten Striche reichen, zumindest aber die Plattenoberkanten gut bedecken.

■ Bei abgesunkenem Flüssigkeitspegel Verschlußstopfen herausdrehen. Manche Stopfen lassen sich nicht einfach herausdrehen:

■ Einen feinen Schraubenzieher unten am »Deckel« des Verschlußstopfens ansetzen und den Deckel hochhebeln. Unteres Stopfenteil z. B. mit einer Zange herausdrehen.

■ Oder mit einem Schraubenzieher die etwas größere Kerbe in der Riffelung durchstechen und mit dem Werkzeug das Stopfenoberteil nach links bis zum Anschlag drehen, dann Stopfen losdrehen.

■ Bei einer geladenen Batterie bis zum oberen Strich bzw. bis 15 mm über die Plattenoberkanten destilliertes Wasser auffüllen.

■ In eine stark entladene Batterie nur so viel Wasser einfüllen, daß die Platten oben bedeckt sind. Beim Wiederaufladen steigt der Flüssigkeitsstand nämlich erheblich.

■ Erst nach dem Laden bis zur oberen Marke nachfüllen.

■ Die Wassermenge aus der Einfüllflasche muß gut dosierbar sein, sonst wird der Akku überfüllt.

■ Eine überfüllte Batterie »kocht über«, die Säure tritt an den Verschlußstopfen aus und verursacht Korrosion und Säurekristalle an Batterieoberfläche und -standplatz.

■ Abdeckung wieder an der Batterie aufdrücken, wenn vorhanden.

Destilliertes Wasser verwenden!

In den Akku darf niemals Batteriesäure gefüllt werden, sondern nur entsalztes (ionengetauschtes) Wasser, landläufig destilliertes Wasser genannt. Leitungswasser, Regenwasser und auch abgekochtes Wasser enthält leitfähige Salze und andere Stoffe, die der Batterie schaden.

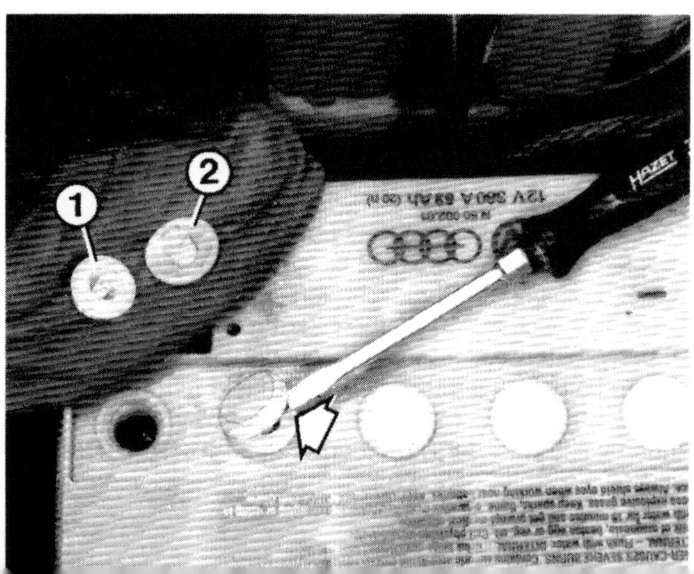

Zum Abnehmen des Batteriestopfens einen feinen Schraubenzieher unten am Stopfen- (Pfeil) ansetzen und Stopfenoberteil (2) abnehmen. Position »1« zeigt das Unterteil, das sich von Hand oder mit einer Zange herausdrehen läßt.

Batterie ausbauen

Grundsätzlich muß an der Batterie zuerst das Minuskabel abgenommen werden, damit beim weiteren Hantieren kein Kurzschluß auftreten kann.

- Ggf. Batterieabdeckung abnehmen.
- Mutter an der Klemme des Minuskabels (gedrillte Kupferlitze) lösen, Klemme vom Batteriepol abheben.
- Pluskabel-Klemme lösen und abnehmen.
- Schraube der Halteleiste am Batteriefuß losdrehen, Schraube und Leiste abnehmen.
- Batterie herausheben.
- Beim Einbau zuerst das Pluskabel anschließen, dann die Minusklemme.
- Ein Vertauschen der Kabelklemmen ist nur mit Gewalt möglich, denn der Plus-Polkopf ist dicker als der Minus-Polkopf.

Fingerzeig: *Beim Turbodiesel mit Ladeluftkühler muß zum Ausbau der Batterie ein Teil der Ladeluftkühler-Verkleidung abgenommen werden. Das geht so: Lufteinlaßgitter hinter dem linken Scheinwerfer ausrasten. Dazu Schraubenzieher in die quadratische Bohrung oben am Gitter stecken und den Haltehaken in diesem Loch nach hinten ausrasten. Abdeckung über der Batterie nach Einstecken eines Schraubenziehers in die Ösen vorn und hinten an der Abdeckung abnehmen.*

Batterie sauber halten

- Ein verschmutztes Batteriegehäuse mit Kaltreiniger, Wasser und einer kräftigen Bürste abwaschen.
- Oxidkristalle an den Batterieklemmen mit warmem Sodawasser abwaschen oder mit »Neutralon« von Varta behandeln.
- An den Stopfen kontrollieren, ob ihre Entlüftungsbohrungen frei sind, sonst säubern.
- Batteriepolköpfe und Kabelklemmen mit Säureschutzfett (Bosch »Ft 40 v 1«) einstreichen.
- Kein Fett erhalten die Polkopfseiten und die Innenseiten der Klemmen, sonst kann es Kontaktschwierigkeiten geben.

Ladezustand der Batterie prüfen

Erscheint der Akku trotz richtigem Säurestand kraftlos, muß der Ladezustand kontrolliert werden. Auskunft darüber gibt das spezifische Gewicht der Batteriesäure. Sie brauchen für die Kontrolle einen Hebe-Säuremesser (Aräometer; bei der Tankstelle ausleihen).

- Batterie-Verschlußstopfen herausdrehen.
- So viel Batteriesäure ansaugen, daß die Meßspindel frei schwimmt.
- Säuregewicht ablesen. Es bedeuten: 1,28 kg/l = Batterie voll geladen; 1,20 kg/l = halb geladen; 1,12 kg/l = entladen.

Fingerzeig: *Bei gleichmäßig niedriger Säuredichte kann Nachladen der Batterie genügen. Ist eine einzelne Zelle entladen, ist die Batterie vermutlich defekt.*

Batterie laden

Ladegerät anschließen

Auch wenn die Batterie nichts zu leisten hat, will sie gelegentlich geladen werden. Sie hat nämlich die Untugend, sich mit der Zeit selbst zu entladen.

- Pluskabel an Batterie-Pluspol, Minuskabel an Minuspol anklemmen.
- Die Batteriekabel brauchen bei einem gewöhnlichen Ladegerät nicht abgenommen zu werden.
- Die Batteriestopfen können eingeschraubt bleiben. Das sich beim Laden bildende Gas kann durch die Entlüftungsbohrungen in den Stopfen entweichen.
- Der Ladestrom soll anfangs etwa 10% der

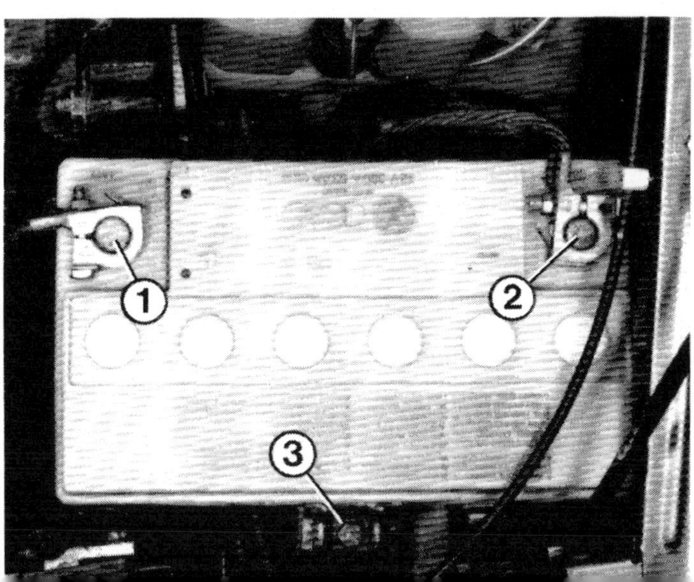

Zum Ausbau der Batterie die eventuell vorhandene Abdekkung abnehmen. Dann zuerst das Minuskabel (2) und weiter das Pluskabel (1) lösen. Vorn sehen Sie die Schraube (3) der Halteleiste am Batteriefuß.

Batteriekapazität betragen (z.B. 6,3 A beim 63-Ah-Akku) und sich während der Ladung automatisch verringern.

■ Die Batterie ist voll geladen, wenn ihre Säuredichte innerhalb von zwei Stunden nicht mehr ansteigt.

■ Beim Batterieladen wird das destillierte Wasser teilweise zersetzt. Es bilden sich Gasblasen aus Wasserstoff und Sauerstoff – das hochexplosive Knallgas.

■ Wenn mit hohem Strom geladen wird, für gute Durchlüftung des Raumes sorgen.

■ Beim Laden der Batterie in deren Nähe nicht rauchen und kein offenes Feuer verwenden.

■ Auch Funken beim Ab- oder Anklemmen des Laders bzw. der Batteriekabel können das Knallgas entzünden.

Schnelladung der Batterie

Wer es eilig hat, kann seine Batterie bei Tankstelle oder Werkstatt schnelladen lassen. Nach einer Stunde ist die Batterie wieder voll. Beachten Sie:
Einem älteren Akku kann die Schnelladung das Leben kosten, dann muß eine ohnehin bald fällige neue Batterie her.
Beide Batteriekabel müssen abgenommen werden. Durch den hohen Ladestrom können die empfindlichen elektronischen Bauteile im Auto Schaden nehmen.
Batterie-Verschlußstopfen herausdrehen und lose in die Öffnungen stecken, da der Akku bei der Schnelladung erheblich »gast«.

Start mit leerer Batterie Starthilfekabel

■ Hilfsfahrzeug so dicht an den VW heranfahren lassen, daß die Batterien beider Wagen durch die Starthilfekabel miteinander verbunden werden können.

■ Kontrollieren Sie, ob in Ihrem stromlosen Fahrzeug sämtliche Stromverbraucher abgeschaltet sind.

■ Ein Kabel an beide Batterie-Pluspole anklemmen.

■ Anderes Starthilfekabel zuerst am Minuspol der geladenen Fremdbatterie und dann im Motorraum des stromlosen Wagens an blanker Masse (z.B. direkt am Motor) anschließen.

■ Motor des Hilfswagens mit erhöhter Drehzahl laufen lassen, damit die Lichtmaschine kräftig Spannung liefert.

■ Falls der Motor nicht gleich anspringt, zwischendurch eine Abkühlungspause für den Anlasser einlegen. Hilfsmotor weiterlaufen lassen, wodurch die leere Batterie bereits etwas nachgeladen wird.

■ Beim Abklemmen der Starthilfekabel zuerst die Klemme vom Minuspol der geladenen Fremdbatterie abnehmen.

Wagen anschieben

Angeschoben werden kann ein Wagen mit Dieselmotor nur dann, wenn der Batteriestrom noch ausreicht, um die Glühkerzen aufzuheizen. Andernfalls helfen nur Starthilfekabel oder Anschleppen weiter.

■ »Zündung« einschalten.

■ 2. Gang einlegen.

■ Kupplung durchtreten, Wagen anschieben lassen, bis er in Schwung ist.

■ Kupplung schnell kommen lassen. Der Motor wird abrupt durchgedreht und müßte anspringen.

■ Sofort Kupplung treten und Gas geben.

Wagen anschleppen

Von einem anderen Wagen geschleppt kann der Dieselmotor auch ohne Vorglühen zum Laufen gebracht werden. Beim Schleppen muß (bei eingekuppeltem Motor) allerdings eine beträchtliche Wegstrecke zurückgelegt werden, bevor der Diesel unter heftigem Qualmen und Nageln seine Arbeit aufnimmt. Denken Sie daran: Bei noch stehendem Motor arbeiten weder der Bremskraftverstärker noch die evtl. eingebaute Servolenkung!

■ Zündung einschalten, 2. Gang einlegen und Kupplung treten.

■ Der Zugwagen muß langsam anfahren.

■ Bei etwa 15 km/h die Kupplung langsam kommen lassen.

■ Ist der Motor angesprungen, Kupplung treten und Gas geben.

■ Handbremse sanft ziehen, damit Sie dem Vordermann nicht ins Heck rollen.

■ Schleppfahrer Hupsignal geben.

■ Gang herausnehmen, Kupplung loslassen.

■ Mit der Handbremse zusammen mit dem Schleppwagen sanft abbremsen.

■ Ist der Kraftstoff »versulzt« (Seite 82), den Wagen nicht über lange Distanzen anschleppen, da sonst die Schmierung der Einspritzpumpe nicht mehr ausreicht.

Mobiles Kraftwerk

In unseren VW-Modellen sitzt eine Drehstrom-Lichtmaschine, vom Motor über einen Keilriemen in Schwung versetzt. Im Drehstrom-Generator gibt es nichts zu schmieren, und selbst die Schleifkohlen halten 80000 km und mehr.
Allerdings erzeugt der Generator Wechselstrom. Da die Batterie mit Gleichstrom geladen werden will, besorgen Halbleiter-Dioden die notwendige Gleichrichtung des Wechelstromes. Die Dioden sind empfindlich gegen zu hohe Spannungen.

Umgang mit dem Drehstrom-Generator

□ Bei laufendem Motor darf kein Kabel zwischen Akku und Lichtmaschine gelöst bzw. angeschlossen werden. Dadurch kann die Spannung schlagartig ansteigen (Spannungsspitze) und eine Diode »verheizt« werden.
□ Ohne richtig angeschlossene und intakte Batterie darf die Drehstrom-Lichtmaschine nicht laufen. Der Akku dient als Spannungsbegrenzer für den Generator, gewissermaßen als Puffer gegen Überspannungen.
□ Sämtliche Kabelanschlüsse im Verbund Lichtmaschine–Batterie–Masse müssen ganz fest sitzen. Schon ein Wackelkontakt kann zu Spannungsspitzen führen.
□ Beim Schnelladen der Batterie und beim elektrischen Schweißen an der Karosserie müssen beide Kabel vom Akku abgenommen werden.

Lichtmaschinen-Leistung

In unserem Diesel sitzt serienmäßig eine 45-Ampere-Lichtmaschine, die bei einer Spannung von 14 Volt eine Leistung von 630 Watt erzeugt. Je nach Ausstattung können aber auch Lichtmaschinen mit 65 oder 90 A eingebaut sein.
Zwei Drittel der Leistung werden bereits bei 2000 Lichtmaschinen-Umdrehungen erzeugt. Da der Generator zur Motorkurbelwelle übersetzt ist, dreht er schneller als der Motor. Bei einer Übersetzung von knapp 1 : 2 liegen die ⅔ Leistung bereits bei etwas erhöhter Leerlaufdrehzahl an.

Eigenhilfe am Drehstrom-Generator?

Wartungsarbeiten an der Drehstrom-Lichtmaschine fallen nicht an, wenn man einmal vom wirklich selten notwendigen Schleifkohlenwechsel absieht. Tiefergehende Schäden sind mit Heimwerkermitteln nicht zu beheben.

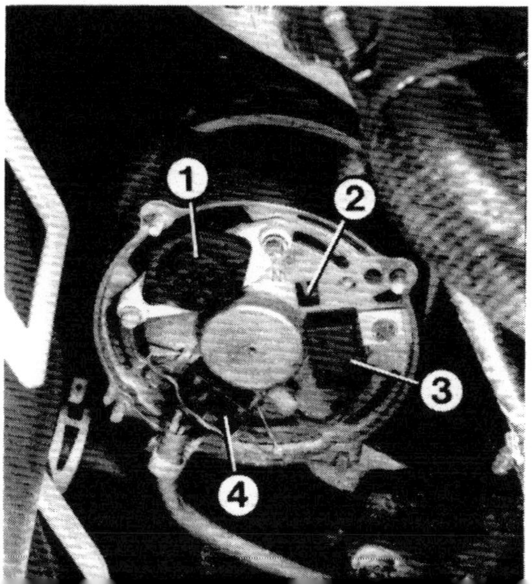

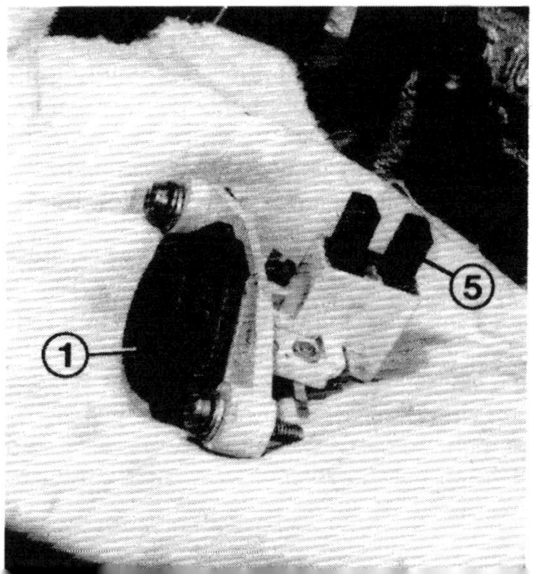

Links: An der Rückseite der Lichtmaschine sehen Sie: 1 – Spannungsregler; 2 – Klemme-W-Anschluß (nur Fahrzeuge mit Drehzahlmesser oder Schaltanzeige); 3 – Entstörkondensator; 4 – Mehrfachstecker.
Rechts: Zur Kontrolle der Schleifkohlen (5) muß der Regler abgeschraubt werden.

Der Spannungsregler

Je schneller die Lichtmaschine dreht, um so höher steigt die Spannung und damit auch der gelieferte Strom – wie beim Fahrraddynamo. Ein derartiges Auf und Ab ertragen die Stromverbraucher im Auto nicht. Deshalb begrenzt ein am Generator angeschraubter Regler die Spannung und verhindert ein Überladen der Batterie.
Über die Schleifkohlen der Drehstrom-Lichtmaschine fließt nur ein geringer Strom, außerdem laufen die Kohlen auf glatten Schleifringen. Das bewirkt nur geringen Verschleiß. Die Schleifkohlen sitzen an der Innenseite des Spannungsreglers.

Spannungsregler prüfen

- Voltmeter zwischen Klemme B+ der Lichtmaschine und Masse anklemmen.
- Motor mit 2000/min drehen lassen.
- Die Reglerspannung muß **13,3–14,6 V** betragen.
- Messen Sie eine höhere Ladespannung, ist der Regler defekt und muß ausgetauscht werden.
- Zu niedrige Spannung kann evtl. an abgenutzten Schleifkohlen liegen.

Bosch-Schleifkohlen kontrollieren

- Zwei Halteschrauben am Regler losdrehen.
- Regler gewissermaßen herausklappen, damit die Kohlebürsten nicht hängenbleiben.
- Überstand der Schleifkohlen messen.
- Sind sie nur noch **5 mm** lang, müssen sie ersetzt werden.

Bosch-Schleifkohlen auswechseln

Die Schleifkohlen sind am Regler mit ihren Anschlußlitzen an einem Halter angelötet. Sie brauchen als Werkzeug daher einen Lötkolben.

- Anschlußlitzen auslöten, Schleifkohlen herausziehen.
- Druckfedern von den alten Kohlen abziehen und auf die neuen stecken.
- Anschlußlitzen anlöten.

Motorola- und Valeo-Schleifkohlen kontrollieren

- Beide Halteschrauben des Reglers an der Lichtmaschinen-Rückseite herausdrehen.
- Regler herausziehen.
- Länge der herausragenden Kohlen messen.
- Bei **5 mm** Restlänge sind die Schleifkohlen abgenutzt.
- Die Kohlen können bei der Motorola- und Valeo-Lichtmaschine nicht einzeln ausgetauscht werden, sondern nur im Verbund mit dem Spannungsregler.

Keilriemenspannung prüfen

Wartung Nr. 17

Der Keilriemen treibt außer der Lichtmaschine auch die Wasserpumpe an. Deshalb darf die Kontrolle der Riemenspannung keinesfalls vergessen werden.

- Zwischen Kurbelwellen-Keilriemenscheibe und Lichtmaschine den Keilriemen mit kräftigem Fingerdruck eindrücken.
- Bei richtiger Spannung soll sich ein gelaufener Riemen **5 mm** eindrücken lassen, ein neuer lediglich **2 mm**.
- Auch bei richtig gespanntem Riemen sollten Sie prüfen, ob die Spannschraube der Lichtmaschine und die Mutter am Schwenkbolzen gut angezogen sind.

Keilriemen spannen

Welche Teile im folgenden Text angesprochen sind, zeigt das Bild auf Seite 190.

- **Version mit glattem Spannbügel:** Klemmschraube am Spannbügel des Generators lösen.
- Unten an der Lichtmaschine einen kräftigen Schraubenzieher oder eine stabile Stange ansetzen.
- Zum Riemenspannen den Generator unten vom Motor wegziehen.
- Gleichzeitig mit der anderen Hand die Klemmschraube anziehen.
- Läßt sich die Lichtmaschine nicht bewegen, muß ihr Schwenkbolzen gelockert werden.
- Nach dem Keilriemenspannen den Motor kurz laufen lassen und die Spannung kontrollieren, ggf. nochmals spannen.
- Falls der Schwenkbolzen gelockert wurde, diesen zuletzt wieder anziehen.
- **Version mit verzahntem Spannbügel:** Spannschraube der Zahnmutter unten an der Lichtmaschine lockern.
- Zahnmutter drehen, bis die Riemenspannung stimmt.
- Spannschraube wieder festdrehen.

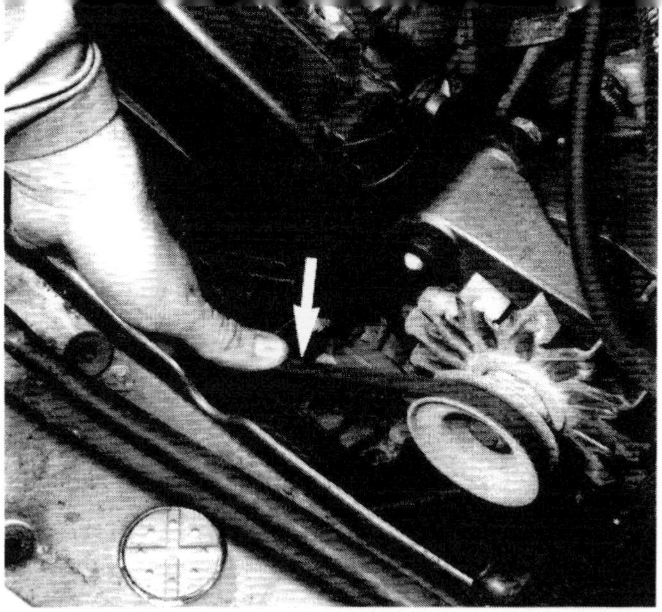

Die Keilriemenspannung wird zwischen den Keilriemenscheiben der Kurbelwelle und der Lichtmaschine geprüft (Pfeil).

Keilriemenzustand kontrollieren

Wartung Nr. 16

Keilriemen müssen bei den heutigen leistungsstarken Lichtmaschinen erhebliche Kräfte übertragen. Das ist der Grund, weshalb die Spannung strammer eingestellt wird als früher.

□ Zu geringe Riemenspannung bewirkt neben mangelhafter Leistungsübertragung auf die Lichtmaschine und die Wasserpumpe hohen Riemenschlupf, dadurch steigende Riementemperatur und frühzeitigen Flankenverschleiß.

□ Ist die Spannung so gering, daß bei scharfem Beschleunigen die Kurbelwellen-Riemenscheibe unter dem Keilriemen durchdreht, zeigen sich unregelmäßige Schleifspuren auf den Riemenflanken.

□ Extrem hohe Riemenspannung schadet dagegen den Lagern von Generator und ggf. Wasserpumpe. Außerdem wird der Keilriemen auf Dauer überdehnt.

■ Drehen Sie zur Kontrolle des Riemens den Motor einige Male ganz durch.

■ Nur so können Sie wirklich alle Flächen des Keilriemens sehen. Oft hat der Riemen nämlich nur einen einzigen, aber tiefen Riß, der bei der Kontrolle möglicherweise genau auf der Riemenscheibe zu liegen kommt.

■ Einen angerissenen oder ausgefransten Riemen umgehend ersetzen.

Keilriemen abnehmen und montieren

Der Keilriemen zum Antrieb von Lichtmaschine und Wasserpumpe trägt bei unseren Dieselmotoren die Bezeichnung 9,5 × 965.

Ein Keilriemen darf auf keinen Fall mit einem Schraubenzieher o. ä. über die Riemenscheiben »gewürgt« werden, sonst ist der nächste Riemenschaden durch Bruchstellen im Keilriemenunterbau bereits »mit eingebaut«.

■ Bei Servolenkung: Zuerst den Keilriemen zur Servopumpe abnehmen (Seite 130).

■ Am Spannbügel der Lichtmaschine die Klemmschraube losdrehen.

■ Schwenkbolzen lockern.

■ Generator zum Motor hin schwenken.

■ Nach dem Einbau Keilriemenspannung auf **2 mm Eindrücktiefe** einstellen.

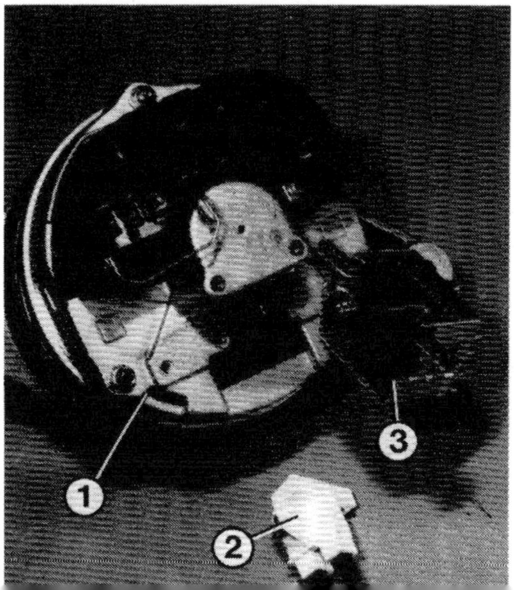

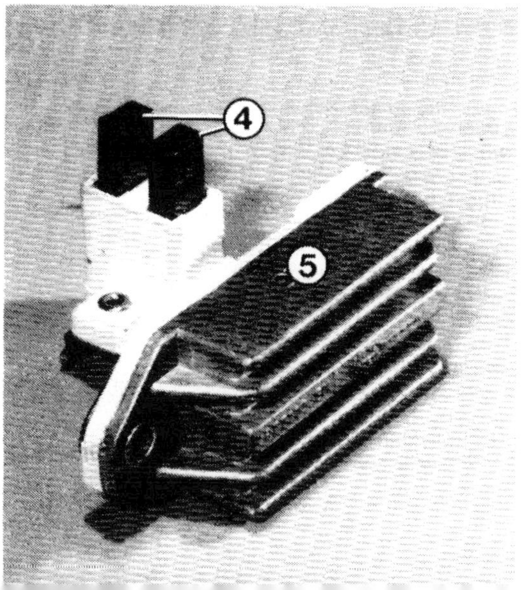

Links: Bei der Motorola-Lichtmaschine (1) muß zur Kontrolle der Schleifkohlen der Bürstenhalter (2) und der darüber sitzende Regler (3) abgenommen werden.
Rechts: Am Regler (5) der Valeo-Lichtmaschine sind die Schleifkohlen (4) wie am Bosch-Regler gleich mit angebaut.

Generator ausbauen

- Minuskabel der Batterie abnehmen.
- Haltebügel des Lichtmaschinen-Mehrfachsteckers zur Seite drücken.
- Stecker abziehen, dabei nicht an den Kabeln zerren.
- Massekabel am Generatorgehäuse lösen.
- Spannschraube ganz herausdrehen.
- Keilriemen abnehmen.
- Mutter vom Schwenkbolzen der Lichtmaschine abnehmen.
- Schwenkbolzen herausziehen, dabei den Generator festhalten.

Gerissener Keilriemen

Leuchtet plötzlich während der Fahrt die rote Ladekontrolle auf und haben Sie vielleicht gehört, daß im Motorraum kurz etwas gegen das Blech schlug, ist sicher der Keilriemen gerissen. Anhalten und nachsehen! Falls ja, herrscht höchste Alarmstufe:

□ **Sie dürfen auf keinen Fall weiterfahren!** Durch die nun nicht mehr angetriebene Wasserpumpe ist der Kühlmittelkreislauf unterbrochen, siehe Seite 78. Deshalb sofort neuen Keilriemen montieren oder Wagen abschleppen lassen.

Behelfs-Keilriemen

Ein Nylon- bzw. Perlonstrumpf oder -strumpfhosenbein kann noch vor dem Abschleppen retten, wenn sich eine mitfahrende Dame zu solchem Opfer bereit erklärt.

- Strumpf mit aller Gewalt langziehen – keine Angst, er reißt nicht.
- Gedehnten Strumpf so stramm wie irgend möglich über die drei Keilriemenscheiben legen.
- Nochmals strammziehen und die Enden sorgfältig verknoten.
- Überstehende Enden nicht zu kurz abschneiden, damit sich der Knoten nicht wieder löst.
- Motor starten und beobachten, ob sich Wasserpumpe und Lichtmaschine einwandfrei mitdrehen.
- Ggf. versuchen, den Strumpf-Keilriemen nachzuspannen.
- Klappt es nicht, den Not-Keilriemen lediglich um die Kurbelwellen- und Wasserpumpen-Riemenscheibe legen – bis zur nächsten Werkstatt kommen Sie auch ohne Lichtmaschine.

Fahren mit defekter Lichtmaschine

Wenn die Lichtmaschine oder ihr Regler streikt, ist die Weiterfahrt noch nicht gefährdet, denn die Batterie kann hilfreich einspringen.

Da der Dieselmotor keine Zündung besitzt und somit – einmal gestartet – ohne Strom weiterbetrieben werden kann, ist die Fahrtdauer theoretisch unbegrenzt. Die Praxis sieht aber anders aus: Ist der »Saft« der Batterie gänzlich alle, riegelt der elektrisch betriebene Absteller in der Einspritzpumpe die Kraftstoffzufuhr ab, und aus ist's mit der Fahrerei. Werden also lange Fahrtstrecken ins Auge gefaßt, muß der Absteller stillgelegt werden (Seite 98).

Schon um die Signaleinrichtungen betriebsbereit zu halten, sollten Sie in jedem Fall mit dem Stromverbrauch geizen. Deshalb:

□ Die Fahrt nicht unnötig unterbrechen. Anlasser (und Vorglühanlage) brauchen viel Strom. Wenn möglich, den Wagen anrollen lassen.

□ Heizbare Heckscheibe, Gebläse und Radio sollten Sie nicht einschalten.

□ Nachts ohne Fernlicht und Nebelscheinwerfer fahren.

□ Mehrfachstecker an der Lichtmaschine abziehen, damit sich die Batterie nicht über den defekten Generator oder Spannungsregler in kürzester Zeit entladen kann.

Zum Keilriemenspannen nach Lösen der Klemmschraube (2) am Spannbügel (3) und ggf. des Schwenkbolzens (1) drückt man die Lichtmaschine in Pfeilrichtung. Wird dabei die erforderliche Riemenspannung nicht erreicht, hilft folgender Trick weiter: Schraubenzieher in das Langloch am Spannbügel stekken (im Bild sehen Sie das Langloch oberhalb der Position »3«) und auf diese Weise die Lichtmaschine vom Motor weg in Richtung nach vorn hebeln.

□ Wer weitere Schäden an der Lichtmaschine während der Weiterfahrt ganz sicher ausschließen möchte, kann zusätzlich noch den Regler ausbauen.

Die Ladekontrolle

□ Die Kontrolleuchte im Armaturenbrett hat zwei Plus-Anschlüsse, und zwar einerseits von der Klemme D+ des Generators (blaues Kabel) und andererseits von Klemme 15 über die Mehrfachsteckverbindung der Leiterfolie hinten am Kombiinstrument vom Zündschloß.
□ Mit Einschalten der Zündung führt Klemme 15 Spannung. Die Lichtmaschine steht aber noch, so daß der spannungslose D+-Kontakt als »Minus« wirkt. Die Kontrollampe leuchtet auf, denn zwischen dem von der Batterie versorgten Bordnetz und dem noch stehenden Generator herrscht eine Spannungsdifferenz.
□ Wird der Motor gestartet und hat die Lichtmaschine ihre Ladedrehzahl erreicht, verbindet der Spannungsregler den Stromerzeuger mit der Bordelektrik. Nun kommt Plusstrom von Klemme 15 und zusätzlich von Klemme D+. Damit besteht keine Spannungsdifferenz mehr, die Ladekontrolle verlöscht.
□ Beim Einschalten der Zündung muß die brennende Ladekontrolle – bei unseren Modellen in Verbindung mit einem parallel geschalteten Widerstand – die Drehstrom-Lichtmaschine »vorerregen«. Nur so kann diese schon aus niedrigen Drehzahlen heraus Strom liefern. Allerdings ist die Vorerregung nur beim ersten Anlaufen des Generators erforderlich.

Fingerzeig: *Meist bleibt die Ladekontrolle brennen, wenn Sie den Motor starten und er in niedriger Leerlaufdrehzahl läuft. Dann ist die Vorerregung des Drehstrom-Generators zu schwach, er liefert noch keinen Strom. Sobald Sie auf das Gaspedal tippen, verlöscht das rote Licht – alles ist wieder in Ordnung. Diese Erscheinung ist normal.*

Störungsbeistand
Batterie und Lichtmaschine

Die Störung	– ihre Ursache	– ihre Abhilfe
A Rote Ladekontrolle brennt nicht beim Einschalten der Zündung	1 Batterie leer	Mit Starthilfekabeln starten oder Wagen anschleppen
	2 Batteriekabel gebrochen, Kabelklemmen lose oder oxidiert	Batteriekabel und -klemmen kontrollieren
	3 Leuchtdiode oder deren Vorwiderstand defekt	Ersetzen
	4 Kabelweg zwischen Zündschloß, Kontrollampe und Lichtmaschine unterbrochen	Stromweg mit Prüflampe kontrollieren
	5 Massekabel zwischen Lichtmaschine und Motorblock gebrochen	Kabel kontrollieren
	6 Schleifkohlen abgenutzt	Schleifkohlen erneuern
	7 Spannungsregler defekt	Regler austauschen
	8 Lichtmaschine schadhaft	Lichtmaschine instand setzen lassen
	9 Nach zu heftiger Motorwäsche: Eingedrungene Feuchtigkeit hat einen isolierenden Schmierfilm zwischen den Schleifringen und Kohlen gebildet	Lichtmaschine mit Druckluft ausblasen oder Schleifringe und Kohlen sauberreiben
B Ladekontrolle brennt oder glimmt bei laufendem Motor	1 Keilriemen lose	Riemen spannen
	2 Mangelnder Kontakt an Kabelanschlüssen oder unterbrochene Kabel	Kabelanschlüsse und Kabel prüfen
	3 Siehe A 6, 7 und 8	
C Batterieoberfläche feucht	1 Batterie überfüllt	Zuviel eingefülltes destilliertes Wasser durch Überladen herausgasen. Keine Säure absaugen
	2 Batterieverschlüsse verstopft	Entlüftungslöcher säubern
	3 Siehe A 7	
D Batterie gast stark	Siehe A 7	

Der Anlasser

Kraftprotz

Ein kleiner Elektromotor wirft beim Zündschlüsseldreh in Zusammenarbeit mit der gut geladenen Batterie den Motor an. Das bewerkstelligt er mit einer Leistung von 1,7 kW.

Die Bauart

Der Anlasser im VW ist ein »Schub-Schraubtrieb-Starter«. Bei ihm bewirkt der Zündschlüsseldreh in Stellung »Start« folgendes:

□ Die Klemme 50 am Zündschloß liefert Spannung an den oben auf dem Anlasser sitzenden Magnetschalter.

□ Dadurch schiebt ein Einrückhebel das Zahnritzel des Anlassers auf einem Steilgewinde der Ankerwelle in den Zahnkranz des Motor-Schwungrades.

□ Beim Eingreifen des Ritzels schaltet der Magnetschalter den vollen, von Klemme 30 kommenden Batteriestrom ein, so daß der Anlasser den Motor erst nach dem Einspuren des Ritzels kräftig durchdreht.

□ Ist der Motor angesprungen, wird das Ritzel aus dem Schwungrad wieder ausgespurt.

Anlasser ausbauen Schaltgetriebe

■ Massekabel an der Batterie abklemmen.

■ Kabel am Magnetschalter abnehmen.

■ Motor und Getriebe vorn in der Mitte mit dem Wagenheber abstützen, damit sie beim Lösen der Anlasser-Halteschrauben nicht nach unten sacken.

■ Zwei Innenvielzahn- und eine Sechskantschraube am Anlasser herausdrehen.

■ Schrauben herausziehen, dabei den Anlasser festhalten.

■ Beim Einbau werden die Halteschrauben durch Motorhalterung, Motorblock, Getriebegehäuse und Anlasser geschraubt.

■ Anzugsdrehmoment 60 Nm.

Automatikgetriebe

Der Anlasser sitzt beim Automatikgetriebe in Fahrtrichtung hinten am Getriebegehäuse.

■ Batterie-Massekabel abklemmen.

■ Befestigungsschraube oben am Zwischenlager herausdrehen.

■ Antriebswelle am Getriebe abschrauben.

■ Muttern am Wärmeabschirmblech lösen.

■ Befestigungsschrauben unten am Zwischenlager lösen, Abschirmblech nach hinten herausziehen.

■ Kabel am Anlasser abnehmen.

■ Lenkung nach rechts einschlagen.

■ Halter für Wärmeabschirmblech am Anlasser abschrauben.

■ Antriebswelle nach hinten schwenken und hochdrücken.

■ Anlasser mit der Antriebsseite nach oben schwenken und zwischen Antriebswelle und Motorblock nach unten herausziehen.

■ Schrauben-Anzugsmoment 20 Nm.

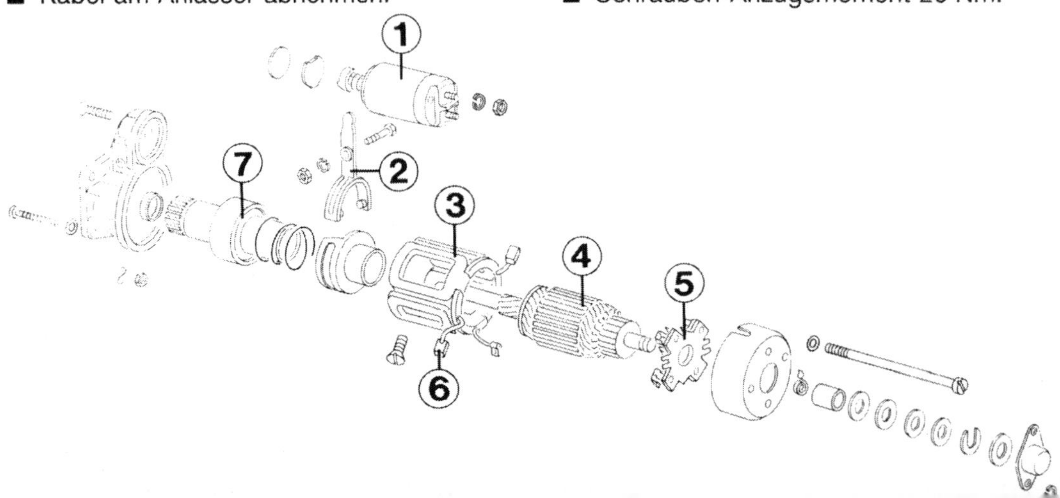

Der zerlegte Anlasser: 1 – Magnetschalter; 2 – Einrückhebel; 3 – Feldspule; 4 – Anker; 5 – Halteplatte für Kohlebürsten (6); 7 – Ritzelgetriebe.

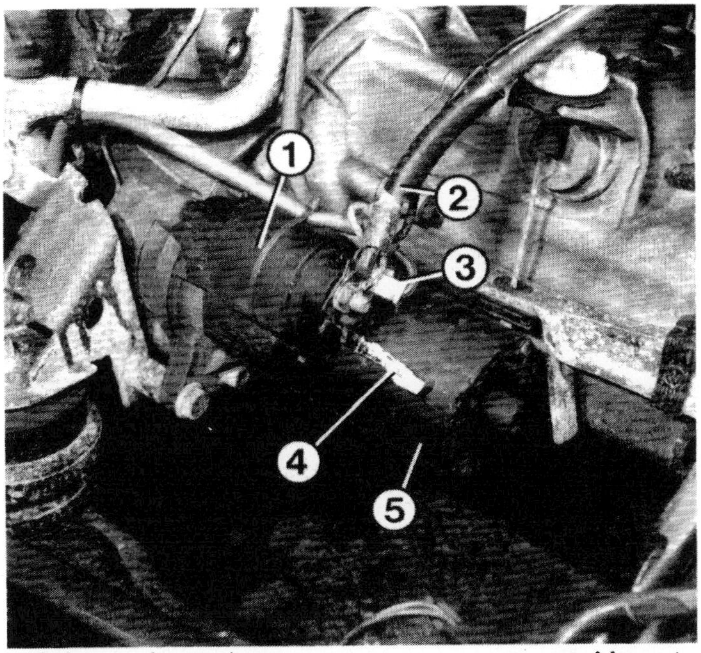

Der Anlasser (5) ist hier in eingebautem Zustand fotografiert. Es bedeuten: 1 – Magnetschalter; 2 – Kabel von der Batterie (Klemme 30); 3 – Kabel vom »Zünd«-schloß (Klemme 50); 4 – Kabel vom Magnetschalter zum Anlasser.

Magnetschalter ausbauen

■ Anlasser demontieren.
■ Kabel zwischen Magnetschalter und Anlasser lösen.
■ Drei Schlitzschrauben am Halteflansch des Magnetschalters lösen.
■ Magnetschalter abziehen und aus dem Einrückhebel aushängen.

Anlasser-Schleifkohlen auswechseln

Wenn der Anlasser streikt, sind möglicherweise nur seine Schleifkohlen abgenutzt. Diese Kohlebürsten sind angelötet. Sie brauchen zum Austausch einen leistungsstarken Lötkolben, VW gibt mindestens 250 Watt an. Haben Sie keinen solchen, können Sie die Kohlen auch bei der Autoelektrik-Werkstatt einlöten lassen, während Sie den Anlasser selbst zerlegen.
■ Anlasser ausbauen.
■ An der geschlossenen Seite des Anlassers zwei Schlitzschrauben an dem kleinen Lagerdeckel herausdrehen, Deckel abnehmen.
■ Sicherungsscheibe und Einstellscheiben vom darunter liegenden Wellenstumpf abnehmen.
■ Beide Muttern am Anlasser-Gehäusedeckel herausdrehen und Deckel abnehmen.
■ Länge der Schleifkohlen an der Halteplatte messen – Mindestlänge: 13 mm.
■ Verbrauchte Kohlen mit einer Zange zerdrücken.
■ Freies Ende der Kupferlitze blank kratzen.
■ Litze in die Bohrung der neuen Kohlebürste stecken, und mit einem Körner das Litzenende etwas spreizen.
■ Kohle anlöten, dabei die Kabellitze dicht an der Kohle mit einer Flachzange halten, damit kein Lot in der Litze hochsteigt.

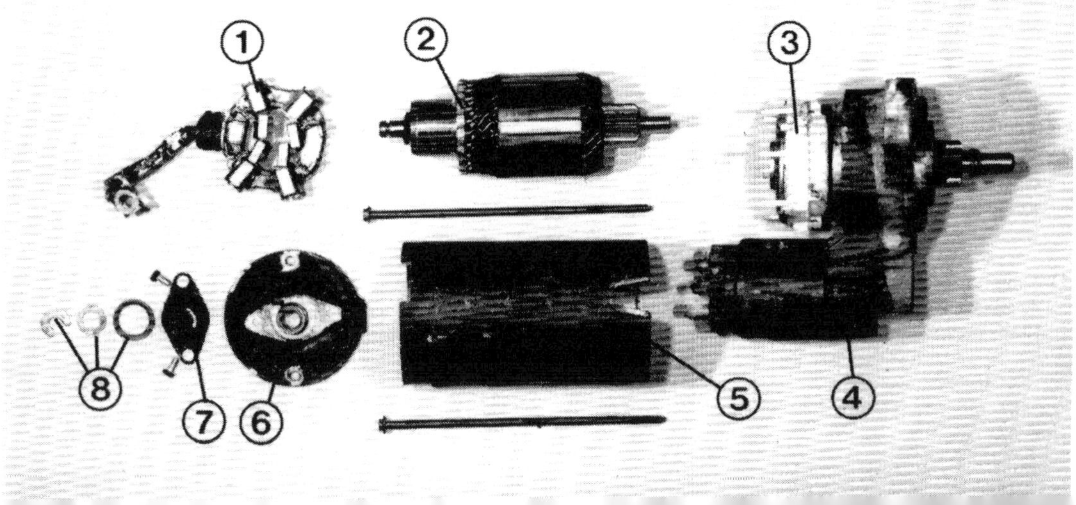

Hier ist der Anlasser zerlegt: 1 – Kohlebürsten-Halteplatte; 2 – Anker; 3 – Ritzelgetriebe; 4 – Lagergehäuse; 5 – Gehäuse; 6 – Gehäusedeckel; 7 – Lagerdeckel; 8 – Sicherungsscheibe, Einstellscheibe und Dichtung.

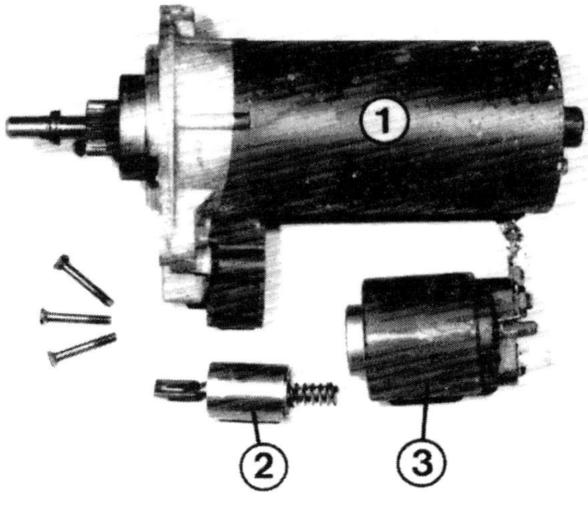

Der Magnetschalter (3) ist hier vom Anlasser (1) abgebaut. Zum Einbau muß zuerst der Anker (2) am Ausrückhebel des Anlassers eingehängt werden. Erst anschließend den Magnetschalter darüberstülpen und festschrauben.

Störungsbeistand Anlasser

Falls der Anlasser den Motor auch nicht zum Laufen bringt, können Sie einen Schaltgetriebe-VW immer noch anschieben oder anschleppen lassen, wie auf Seite 186 beschrieben.

Die Störung	– ihre Ursache	– ihre Abhilfe
A Beim Drehen des Zündschlüssels in Startstellung dreht der Anlasser zu langsam oder gar nicht	1 Kontrollampen brennen schwach oder verlöschen	
	a) Batterie entladen	Mit Starthilfekabeln starten
	b) Kabelanschlüsse lose oder oxidiert	Kabelanschlüsse kontrollieren
	c) Anlasser hat Masseschluß	Anlasser überholen lassen
	2 Kontrollampen brennen hell, Klicken aus Richtung Anlasser	Kurz auf den Magnetschalter klopfen. Dreht der Anlasser weiterhin nicht:
	a) Kohlebürsten bzw. deren Anschlüsse im Anlasser gelöst	Kohlebürsten überprüfen
	b) Kontakte im Magnetschalter verschmort	Magnetschalter ersetzen
	c) Anlasserwicklung schadhaft	Anlasser überholen lassen
	3 Kontrollampen brennen hell, keinerlei Geräusche	
	a) Flachstecker der Klemme 50 am Magnetschalter lose	Steckanschluß überprüfen
	b) Klemme-50-Leitung vom Zündschloß zum Magnetschalter unterbrochen	Leitung mit Prüflampe kontrollieren
B Anlasser läuft, ohne den Motor durchzudrehen	1 Ritzel verschmutzt	Ritzel reinigen
	2 Einrückvorrichtung klemmt	Anlasser überholen lassen
	3 Verzahnung des Ritzels oder des Motorschwungrads beschädigt	Wagen bei eingelegtem Gang ein Stück vorschieben. Erneut starten. Beschädigte Teile ersetzen lassen
C Anlasser läuft weiter, obwohl Zündschlüssel losgelassen wurde	1 Magnetschalter hängt und schaltet nicht ab	Motor sofort abschalten, notfalls Batterie abklemmen. Magnetschalter ersetzen
	2 Zünd-/Anlaßschalter defekt	Zünd-/Anlaßschalter ersetzen
D Ritzel spurt nach Anspringen des Motors nicht aus	1 Rückstellfeder des Einrückhebels lahm oder gebrochen	Motor sofort abschalten. Reparieren lassen
	2 Verzahnung des Ritzels bzw. des Motorschwungrads verschmutzt oder beschädigt	Reinigen bzw. schadhafte Teile ersetzen lassen

Die Vorglühanlage

Countdown

Durch den Kompressionsdruck in den Zylindern des Dieselmotors erwärmt sich die angesaugte Luft so stark, daß sich der eingespritzte Kraftstoff an ihr entzünden kann. Bei kaltem Motor müssen die Glühkerzen der Vorglühanlage zusätzliche Wärme für den Motorstart bringen.

Funktion der Vorglühanlage
nur Saugdiesel, Kat-Diesel und Turbodiesel

Mit dem Drehen des Zündschlüssels in die erste »Zünd«-schloßraste lösen Sie den Glühvorgang aus. Dem Vorglührelais in der Zentralelektrik geben Sie damit den Befehl »Motor vorglühen«. Wie lange vorgeglüht werden muß, bestimmt das Relais – das mit einer elektronischen Zeitschaltung kombiniert ist – jedoch selbst. Je kälter das Kühlwasser ist, desto länger wird geglüht. Die Temperaturinformation erhält das Relais dazu von einem Kühlmittel-Temperaturgeber am Zylinderkopf. Bei eiskaltem Motor läßt das Relais 25–30 Sekunden lang Strom zu den Glühkerzen fließen. Bei lauwarmem oder betriebswarmem Motor ist die Vorglühzeit entsprechend kürzer, oder es wird aufs Vorglühen ganz verzichtet. Ist die Vorglühzeit zu Ende, verlöscht die Vorglüh-Kontrolleuchte im Armaturenbrett. Im Anschluß setzt das sogenannte Nachglühen ein, d. h. es wird 6–7 Sekunden weitergeglüht, obwohl die Kontrolleuchte jetzt nicht mehr brennt.
Auch wenn der Zündschlüssel in Anlaß-Stellung weitergedreht wird, erhalten die Glühkerzen noch Strom – und zwar so lange, wie der Anlasser betätigt wird. Erst wenn der Anlasser durch Loslassen des Zündschlüssels abgeschaltet wurde, ist der Glühvorgang unterbrochen – egal, ob die Nachglühzeit schon um ist oder nicht.
Damit das Relais weiß, wann nach dem Ausschalten des Anlassers der Nachglühvorgang zu beenden ist, wurde es durch ein Kabel mit der Anlasser-Klemme 50 gekoppelt, die während des Anlassens unter Strom steht.

Nachglühung
nur Turbodiesel mit Ladeluftkühler

Bei dieser Vorglühanlage wird unter bestimmten Voraussetzungen weitergeglüht, wenn der Motor bereits angesprungen ist (also nicht nur, während der Anlasser läuft). Sinn der Sache ist es, das harte Verbrennungsgeräusch der noch kalten Maschine zu mildern.

Funktion

Diese Vorglühanlage besteht aus dem Steuergerät für Glühzeitautomatik und dem Relais für Glühkerzen.

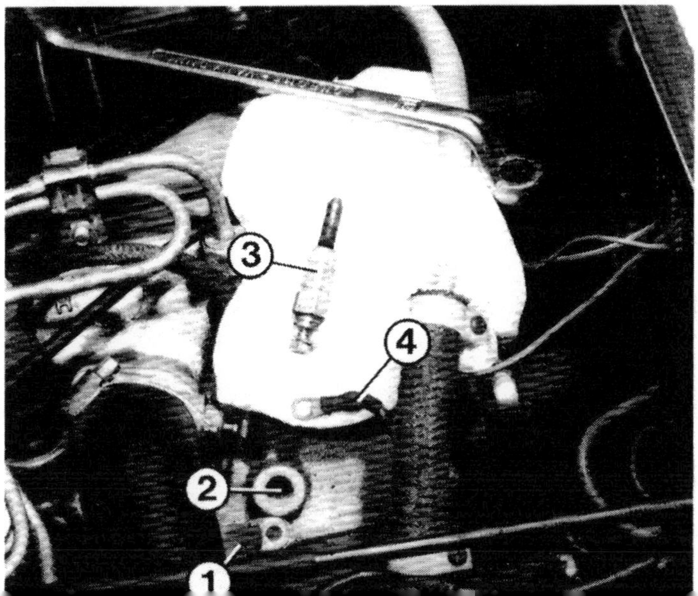

Nach Abschrauben der Stromschiene (1) und des Anschlußkabels (4; nur bei der Kerze ganz links) kann die Glühkerze (3) mit einem Schlüssel SW 12 aus der Bohrung (2) des Zylinderkopfes herausgeschraubt werden.

Wichtig zur Prüfung der Vorglühanlage ist die Kontaktbelegung des Vorglührelais (hier die herkömmliche Vorglühanlage). Wir haben in der Zeichung die Steckkontakte entsprechend bezeichnet.

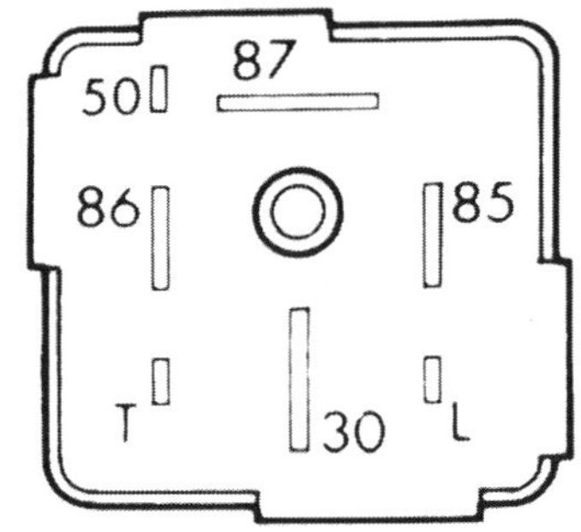

Der Glühvorgang unterteilt sich bei dieser Vorglühanlage in drei Phasen:
Vorglühen: Das funktioniert wie bei der herkömmlichen Vorglühanlage: Je niedriger die Kühlmitteltemperatur, desto länger wird vorgeglüht, was auch die Vorglüh-Kontrolleuchte anzeigt. Über +50°C Kühlmitteltemperatur entfällt das Vorglühen.
Weil der Fahrer bisweilen nicht sofort nach Verlöschen der Anzeigeleuchte startet, wird vorsichtshalber bis zu 5 Sekunden weitergeglüht.
Während der Anlasser läuft, wird weitergeglüht – egal, wie lange der Vorgang andauert. Die Klemme-50-Leitung signalisiert dem Steuergerät, ob der Anlasser läuft.
Nachglühen: Ist der Motor angesprungen, beginnt die Nachglühzeit – es wird maximal 120 Sekunden weitergeglüht, sofern die Kühlmitteltemperatur nicht über 50°C liegt.

Anpassung der Glühspannung

Der Anlasser strapaziert während des Startvorgangs die Batterie mit hoher Stromaufnahme. Folge: Die Bordspannung geht in die Knie, den Glühkerzen fehlt die nötige Spannung, um volle Temperatur zu bringen.
Diesen Effekt umgeht man mit einem Trick: Normalerweise werden die Glühkerzen über einen Vorwiderstand mit Strom versorgt. Der Stromweg läuft dann über den Kontakt der Spule 2 im Vorglührelais. Was hinter dem Widerstand an die Kerzen ankommt, reicht, um diese hell glühen zu lassen.
Sinkt dagegen die Spannung an den Kerzen unter 10,3 Volt, veranlaßt das Steuergerät, daß nun die Spule 1 im Vorglührelais anzieht. Dadurch wird der Vorwiderstand überbrückt, die Kerzen erhalten direkte Spannungszufuhr (höhere Spannung). Dasselbe Spiel läuft auch umgekehrt: Über 11 Volt an den Glühkerzen ist wieder Spule 2 dran. Die Höhe der Spannung erfährt das Steuergerät an seiner Klemme 9/GK über die »Informationsleitung« zu den Kerzen. Parallel dazu wird Spule 1 auch nach festem Programmablauf aktiviert.

Die Glühkerzen

alle Modelle

Innerhalb des Glührohrs, das in die Wirbelkammer ragt, befindet sich eingebettet in Isolierpulver die Glühwendel der Kerze. Sie muß beim Vorglühen das Glührohr auf eine Temperatur von 800 bis 1000°C erhitzen. Nur bei dieser Temperatur springt der kalte Dieselmotor an. Nach dem Start muß die Kerze Betriebstemperaturen von 600–900°C aushalten können.

Glühkerzenschäden

Bei den genannten Beanspruchungen ist es nicht verwunderlich, daß die Glühkerzen auch ausfallen können. Sie sollen zwar 15000 sichere Motorstarts gewährleisten, doch oft stirbt die

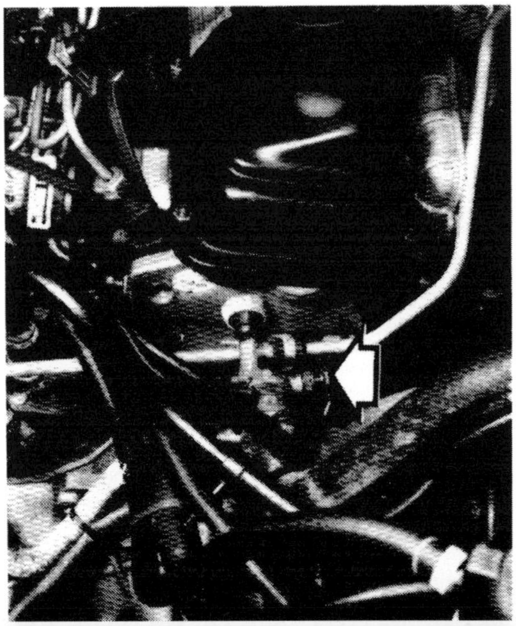

Links: Der Geber der Kühlmittel-Temperaturanzeige (Pfeil) sitzt bei älteren Wagen vorn am Motor in einem Schlauchstutzen.
Rechts: Die neuen Temperaturgeber sind lediglich eingesteckt und mit einer Federklammer gesichert. 1 – Geber für Kühlmittel-Temperaturanzeige; 2 – Geber für Vorglühanlage.

Kerze schon früher. Bisweilen kommt es auch vor, daß die Spitzen der Glühkerzen im Motor regelrecht verbrennen. Solche verbrannte Glühkerzen (die Glühstifte sehen dann wie »angefressen« aus) sind meistens die Folge von Störungen an den Einspritzdüsen. In diesem Fall müssen die Düsen unbedingt auf einwandfreie Funktion überprüft oder gegebenenfalls ausgewechselt werden. Doch auch ein verstellter Förderbeginn der Einspritzpumpe kann der Glühkerzen-Lebensdauer abträglich sein.

Glühkerzen ausbauen

■ Stromzuleitungsschienen und (an der in Fahrtrichtung linken Kerze) das Zuleitungskabel abschrauben.
■ Glühkerzen mit Gabel- oder flachem Ringschlüssel SW 12 herausschrauben. Hinter der Einspritzpumpe geht es dabei sehr eng zu (Einspritzleitungen abbauen).
■ Glühkerzen beim Einbau mit 30 Nm festziehen.

Die richtigen Glühkerzen

Im Golf/Jetta kommen ausschließlich Schnellstart-Glühkerzen zum Einsatz. Die richtige Bezeichnung lautet:
□ Beru 601 MJ
□ Bosch Bestell-Nr. 0 250 201 015
□ V.A.G. Teile-Nr. N 019 100 5

Fehlersuche an der Vorglühanlage

Ist eine der Glühkerzen defekt, so merken Sie das hauptsächlich bei kaltem Motor. Während der Kraftstoff in den übrigen Zylindern sofort zündet, setzt der Zylinder mit der defekten Glühkerze erst wesentlich später ein. Der Motor läuft also anfangs nicht auf allen »Töpfen« und stößt blaue Wolken aus.

Glühkerzen prüfen

Auf folgende Weise läßt sich eine defekte Glühkerze ermitteln:
■ Anschlußkabel an der in Fahrtrichtung linken Glühkerze abschrauben.
■ An allen weiteren Kerzen die Stromzuleitungsschienen abschrauben.
■ Anschlußkabel einer Prüflampe am Pluspol der Batterie anklemmen.
■ Mit der Prüflampenspitze der Reihe nach alle Anschlußgewinde der Glühkerzen berühren. Dort, wo die Lampe nicht aufleuchtet, sitzt die defekte Kerze.

Stromzufuhr prüfen

Ob die Glühkerzen überhaupt mit Strom versorgt werden, prüfen Sie wie folgt:
■ Prüflampe anschließen zwischen Masse und dem Anschluß des Stromzuleitungskabels an der in Fahrtrichtung ganz linken Glühkerze.
■ Kabel am Kühlmittel-Temperaturgeber abziehen und in der Luft hängen lassen.
■ Zündschlüssel nur kurz (maximal 15 Sekunden) auf »Vorglühen« drehen. Die Prüflampe muß jetzt aufleuchten. Dann ist die Stromzufuhr zu den Glühkerzen in Ordnung.
■ Leuchtet die Prüflampe nicht, ist die Streifensicherung (Bild unten), das Vorglüh-Relais, das Zündschloß oder ein Zuleitungskabel defekt.

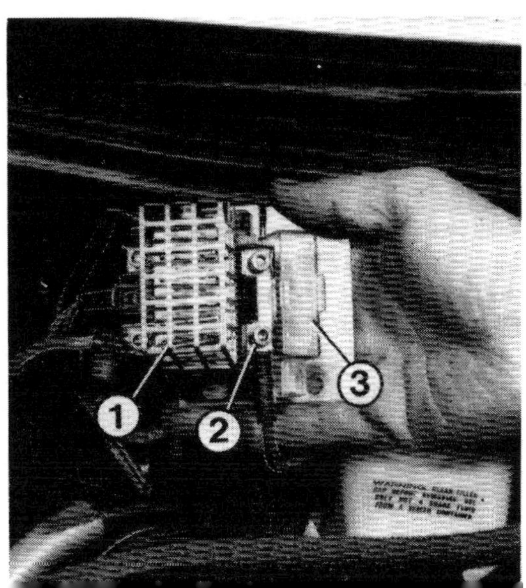

Links: Die 50-A-Streifensicherung (1) ist hinten links im Motorraum angebracht. Zugänglich ist sie nach Abnehmen der Abdeckung (2). Rechts: Hier am Turbodiesel mit Ladeluftkühler gezeigt: Am Relais für Glühkerzen (1) ist unter der Kunststoffabdeckung (3) die Streifensicherung (2) der Glühkerzen untergebracht. Die Relaisspulen sitzen unter dem Metallgitter.

Vorglüh-Relais prüfen
nur Saugdiesel, Kat-Diesel und Turbodiesel

■ Zuleitungskabel an der in Fahrtrichtung linken Glühkerze abschrauben.
■ Prüflampe zwischen dem abgeschraubten Kabelende und Masse anschließen.
■ Stecker mit blau/weißem Kabel am Kühlmittel-Temperaturgeber abziehen und in der Luft hängen lassen.
■ Zündschlüssel auf »Vorglühen« drehen und Prüflampe beobachten: Sie muß bis zum Verlöschen der Vorglüh-Kontrolleuchte etwa 25–30 Sekunden lang brennen.
■ Zündschlüssel zuerst auf »Aus« und dann wieder auf »Vorglühen« drehen. Die Prüflampe leuchtet.
■ Das blau/weiße Kabel mit einem blanken Motorteil verbinden: Die Prüflampe muß dabei verlöschen.
■ Zündschlüssel zuerst auf »Aus« und dann auf »Vorglühen« drehen. Die Prüflampe leuchtet wieder (blau/weißes Kabel abgezogen).
■ Kurz den Anlasser betätigen. Während der Anlasser läuft, muß die Prüflampe weiterbrennen, sonst ist möglicherweise auch die Zuleitung zur Relais-Klemme 50 unterbrochen.
■ Werden die genannten Funktionen nicht erfüllt, ist das Vorglüh-Relais defekt. Oder eine der Zuleitungen bzw. die Zentralelektrik hat Unterbrechung.

Relais für Glühkerzen prüfen
nur Turbodiesel mit Ladeluftkühler

■ Zuerst die 50-A-Streifensicherung im Relaisgehäuse prüfen.
■ Geschmolzene Sicherung ersetzen.
■ Die eigentliche Relais-Prüfung erfolgt bei kaltem Motor (weniger als 40°C Kühlmitteltemperatur).
■ Prüfampe am Zuleitungskabel zu den Glühkerzen anschließen (in Fahrtrichtung gesehen links am Motor).
■ Zündschlüssel kurz auf Stellung Vorglühen drehen.
■ Die Prüflampe muß aufleuchten, dann ist Spule 2 im Vorglührelais in Ordnung.
■ Motor starten: In den ersten 5 Sekunden nach dem Motorstart aktiviert das Steuergerät die Spule 1. Brennt auch in dieser Zeit die Prüflampe (jetzt brennt sie etwas heller), sind beide Spulen in Ordnung.
■ Funktion nicht wie beschrieben: Relais für Glühkerzen oder Steuergerät für Glühzeitautomatik defekt. Wie letzteres geprüft wird, beschreibt der folgende Abschnitt.

Steuergerät für Glühzeitautomatik prüfen
nur Turbodiesel mit Ladeluftkühler

■ Die Prüfung erfolgt bei kaltem Motor (weniger als 40°C Kühlmitteltemperatur).
■ Prüflampe mit Nadelkontakt zur Hand nehmen, Massekontakt an blankem Motorblockmetall befestigen und mit der Nadel das dünne schwarz/gelbe Kabel am Relais für Glühkerzen (es führt zu Spule 2) durchstechen.
■ Zündschlüssel kurz auf Stellung »Vorglühen« drehen.
■ Die Prüflampe muß aufleuchten.
■ Nadelkontakt abziehen und das grün/gelbe Kabel am Relais für Glühkerzen (es führt zu Spule 1) anzapfen.
■ Motor starten: In den ersten 5 Sekunden nach dem Motorstart aktiviert das Steuergerät die Spule 1. Die Prüflampe muß in dieser Zeit aufleuchten.
■ Funktion wie beschrieben: Steuergerät ist in Ordnung. Wenn nicht, Steuergerät auswechseln (es sitzt auf Steckplatz 20 oberhalb der Zentralelektrik – siehe Seite 223).

Vorglüh-Kontrollampe brennt nicht
alle Modelle

Ist der Motor noch so warm, daß er ohne Vorglühen gestartet werden kann, brennt die Vorglüh-Kontrolle natürlich nicht. Bei kaltem Motor muß sie jedoch aufleuchten, wenn der Zündschlüssel in die erste Raste gedreht wurde.
■ Die Leuchtdiode der Vorglüh-Kontrolle kann auch in eingebautem Zustand geprüft werden.
■ Dazu Vorglüh-Relais bzw. Steuergerät für Glühzeitautomatik an der Zentralelektrik (siehe Seite 223) abziehen und die Klemme L im Relaissockel mit einem Hilfskabel an Masse anschließen (mit einem blanken Metallteil verbinden).
■ Zündschlüssel auf »Vorglühen« drehen: Die Vorglüh-Kontrolle muß jetzt leuchten, sonst ist deren Zuleitung oder die Leuchtdiode selbst defekt (Auswechseln siehe Seite 211).
■ Leuchtet die Vorglüh-Kontrolleuchte jetzt, während sie es zuvor bei eingestecktem Relais nicht tat, ist möglicherweise das Vorglüh-Relais bzw. das Steuergerät defekt. Prüfen, wie im vorangegegangenen Abschnitt beschrieben.
■ Leuchtet die Kontrolleuchte während der Relaisprüfung wie vorgeschrieben, bleibt nur noch der Kühlmittel-Temperaturgeber als Defektursache übrig. Auswechseln.

Lichtblicke

Nacht und Nebel machen dem Fahrer das Leben schwer, da ist gutes Licht lebensnotwendig. Einerseits, damit Sie sehen, wohin Sie fahren und andererseits, damit andere Verkehrsteilnehmer rechtzeitig Ihren VW erkennen. Deshalb ein paar »erleuchtende« Worte.

Beleuchtung kontrollieren

Ständige Kontrolle

■ Zündung einschalten und nacheinander die Beleuchtungseinrichtungen einschalten:
■ Standlicht, Abblendlicht, evtl. eingebaute Nebelscheinwerfer, Fernlicht und Zusatzfernscheinwerfer.
■ Blinker vorn sowie Warnblinker.
■ Rücklichter und Kennzeichenleuchten und Nebelschlußleuchte(n).
■ Blinker hinten rechts und links, Warnblinker, Rückfahrleuchten.
■ Bremslicht, wozu allerdings ein Helfer notwendig ist.

Ersatzlampen für unterwegs

Im Ersatzlampenkasten sollten folgende Glühbirnen vorhanden sein:
□ Halogen-Zweifadenlampe H4, 60/55 Watt, DIN-Form YD (Hauptscheinwerfer).
□ Halogen-Einfadenlampe H3, 55 Watt, DIN-Form YC (Nebelscheinwerfer, Fernscheinwerfer Golf GTD ab 1/85).
□ Kugellampe, 21 Watt, DIN-Form RL (Blinker vorn und hinten, Bremslicht, Rückfahrscheinwerfer, Nebelschlußleuchte).
□ Kugellampe, 5 Watt, DIN-Form G (Schlußlicht – nur Golf).
□ Kugellampe, 10 Watt, DIN-Form G (Schlußlicht – nur Jetta).
□ Röhrenlampe, 4 Watt, DIN-Form HL (Standlicht).
□ Glassockellampe, 5 Watt, DIN-Form W (Kennzeichenleuchte).

Scheinwerferlampen auswechseln

Die Glühlampen in den Scheinwerfern werden vom Motorraum her ausgebaut. Nach dem Auswechseln einer Scheinwerfer-Glühlampe (nicht der Standlichtbirne), sollte die Einstellung des betreffenden Scheinwerfers kontrolliert werden, siehe folgende Seite.

Scheinwerferlampe

■ Dreifach-Kabelstecker an der Scheinwerferrückseite mit hebelnden Bewegungen abziehen.
■ Gummiabdeckkappe abnehmen.
■ Federklemmen der Glühlampe zusammendrücken und aus ihren Haltern ziehen.

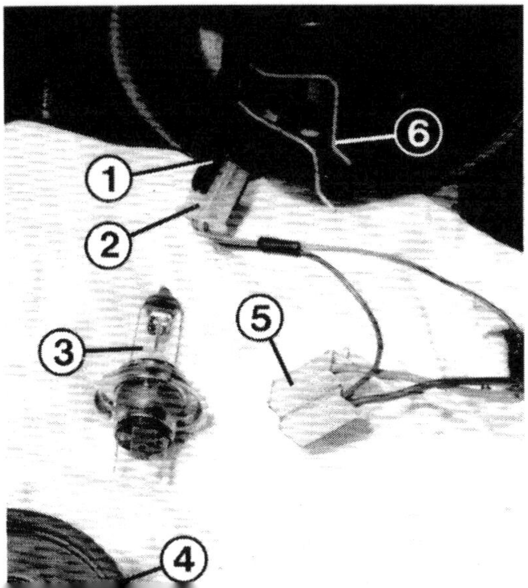

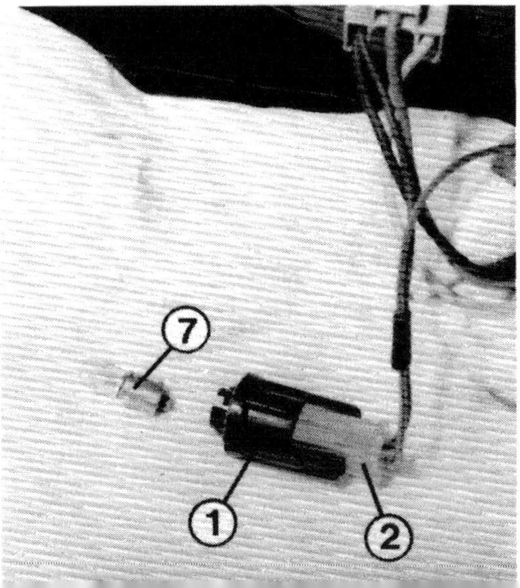

Der Lampenwechsel am Hauptscheinwerfer: 1 – Standlichtlampenfassung; 2 – Zweifachstecker; 3 – Zweifadenglühlampe; 4 – Gummiabdeckkappe; 5 – Dreifachstekker; 6 – Federklemme; 7 – Standlichtlampe.

■ Scheinwerferbirne herausziehen.
■ Die neue Glühlampe muß so eingesetzt werden, daß ihre drei Stecker-Kontaktzungen ein nach unten offenes U bilden.

Standlichtbirne

■ Standlicht-Lampenfassung (seitlich unter der Zweifadenlampe) ein wenig nach links drehen und herausnehmen.
■ Röhrenlampe leicht in die Fassung drükken, drehen und herausziehen.
■ Beachten Sie beim Einbau der Standlicht-Lampenfassung, daß ihre beiden Haltenasen beim Rechtsdrehen in den Reflektor richtig einrasten müssen.

Fernscheinwerferlampe Golf GTD

■ Kabelstecker an der Scheinwerferrückseite abziehen.
■ Abdeckkappe abnehmen.
■ Federdrahtbügel aushaken und beiseite klappen.
■ Scheinwerferlampe herausziehen.
■ Beim Einsetzen der neuen Glühbirne muß der Lampensockel genau in die Aussparung im Reflektor passen – die abgeschrägte Stelle der Birnensockelplatte zeigt seitlich nach links unten.

Scheinwerfer ausbauen

Wenn das Scheinwerferglas beschädigt oder der Reflektor matt ist, muß in jedem Fall der komplette Scheinwerfer ausgetauscht werden. Streuscheibe und Scheinwerferspiegel sind miteinander verklebt und nicht einzeln lieferbar. Nach dem Einbau des neuen Scheinwerfers muß grundsätzlich dessen Einstellung überprüft werden, siehe unten.

Haupt-Scheinwerfer

■ Kühlergrill ausbauen, siehe Seite 239.
■ Glühlampen ausbauen.
■ Vier Schrauben am Halterahmen des Scheinwerfers losdrehen (Bilder unten).
■ Komplette Scheinwerfereinheit abnehmen.
■ Falls der Scheinwerfereinsatz vom Haltering getrennt werden soll: An der Rückseite des Halterahmens die beiden Kunststoffhalter mit einer Zange so drehen, daß sie aus dem Rahmen ausgerastet werden können.
■ **Golf:** Scheinwerfer-Einstellschraube unten aus dem Halterahmen herausdrehen.
■ **Alle Modelle:** Scheinwerfereinsatz abnehmen.
■ Alle Halter aus den Ösen des Scheinwerfereinsatzes abziehen und im neuen einhängen.

Zusatzscheinwerfer

■ **Im Kühlergrill:** Glühlampe ausbauen.
■ Kühlergrill ausbauen, siehe Seite 239.
■ Kunststoffhalter hinten an den Scheinwerfereinstellschrauben so drehen, daß sie sich aus den Halteösen »ausfädeln« lassen.
■ Kreuzschlitzschraube des Scheinwerfereinsatzes an der Grillrückseite losdrehen, Scheinwerfer abnehmen.
■ **Unter dem Stoßfänger:** Einsatz ausbauen, wie beim Glühlampenwechsel beschrieben.
■ Oder kompletten Scheinwerfer vom Stoßfängerträger abschrauben.
■ **Im Stoßfänger** (Golf GL und Jetta ab 8/89): Lampenfassung abnehmen, wie beschrieben.
■ Von unten her eine Schraube (zur Wagenmitte hin oberhalb des Scheinwerfers) lösen.
■ Scheinwerfer seitlich herausziehen.

Die Pfeile zeigen auf die Halteschrauben des Scheinwerfereinsatzes – links beim Jetta, rechts beim Golf.

Die Nebelscheinwerfer

Nebelscheinwerfer sollten möglichst tief sitzen, damit sie den gewöhnlich nicht ganz auf dem Boden aufliegenden Nebel »unterstrahlen« können. Man montiert sie daher bei den schmalen Stoßfängern am besten unter den Stoßfänger. Achten Sie in diesem Fall darauf, daß die von Ihnen gekauften Scheinwerfer für »hängenden« Anbau vorgesehen sind. Andernfalls sitzen die Wasserablauflöcher an der falschen Seite und lassen Wasser eindringen statt ablaufen. Anders beim Golf GL und Jetta ab 8/89: In den hohen Stoßfängern sind Aufnahmefelder für Nebelscheinwerfer vorgesehen.

Golf GL und Jetta ab 8/89

Die bei diesen Modellen auf Wunsch eingebauten Nebelscheinwerfer im Stoßfänger zeichnen sich durch besonders geringe Baugröße aus. Erreicht wurde dies durch eine Sammellinse, die wie das Objektiv eines Diaprojektors arbeitet. Zwischen Linse und Reflektor sitzt noch eine Blende – also dort, wo beim Diaprojektor das Dia eingeschoben wird. Diese Blende ist für die exakte Hell/Dunkel-Grenze verantwortlich; die Nebelscheinwerfer bewirken eine besonders geringe Eigenblendung. Der speziell geformte Reflektor kann einen größeren Teil des Glühlampenlichts erfassen als ein herkömmlicher Scheinwerferreflektor. Dadurch ist die Lichtausbeute auch noch höher.

Nebelleuchten nachträglich einbauen

Aus dem V.A.G.-Teilelager sollten Sie sich folgendes besorgen:

- ☐ Nebelscheinwerferschalter (nur bei einem Fahrzeug ohne Nebelschlußleuchte)
- ☐ Relais
- ☐ Für die unter dem Stoßfänger zu montierenden Nebelscheinwerfer die passenden Haltebügel (Nr. 191 941 707).

- ■ Batterie-Massekabel abklemmen.
- ■ Nebelscheinwerfer montieren, dazu ggf. Stoßfänger ausbauen.
- ■ Beim Golf GL und Jetta ab 8/89 in der Stoßfängerabdeckung die Felder für die Nebelscheinwerfer mit einem scharfen Messer ausschneiden, Kanten glattschleifen.
- ■ Kabel in den Motorraum durchführen.
- ■ Die Verkabelung ist in manchen Wagen schon vorhanden. Die Stecker zu den Nebelleuchten finden Sie dann rechts und links am Längsträger befestigt (Kabelfarben weiß/gelb und braun). Zum Anschließen siehe auch die Stromlaufpläne ab Seite 168.
- ■ Falls keine Kabel vorhanden sind, an der Zentralelektrik ein Kabel mit 1,5 mm² Querschnitt anschließen. Die VW-Normfarbe ist weiß/gelb.
- ■ Anschluß beim Golf bis 7/89, Jetta bis 12/88: Kontakt 22 im Vielfachstecker »C«.
- ■ Golf ab 8/89, Jetta ab 1/89: Kontakt 8 am gelben Stecker »A 2«.
- ■ Diese Leitung dann in zwei 1,5-mm²-Kabel aufteilen und zu den Scheinwerfern legen.
- ■ Ebenso beidseitig eine Kabelverbindung zur Fahrzeugmasse herstellen.
- ■ In der Zentralelektrik Nebelscheinwerfer-Relais einstecken (Zeichnungen Seite 223), ggf. Brücke oder Stecker abziehen.
- ■ Ggf. Blinddeckel am Armaturenbrett abnehmen (Seite 220) und Schalter einsetzen.
- ■ Bei einem Fahrzeug mit Nebelschlußleuchte ist der Schalter bereits richtig verkabelt, hier muß nichts verändert werden.
- ■ Batterie wieder anklemmen und Funktion prüfen.
- ■ Bei eingeschalteter Zündung und Beleuchtung müssen die Nebelscheinwerfer bei gedrücktem Schalter brennen. Beim Umschalten auf Fernlicht verlöschen die Nebelscheinwerfer nicht, was einer neuen EG-Richtlinie entspricht.
- ■ Lichtstrahl der Nebelscheinwerfer einstellen.
- ■ Bei fünf Meter Abstand vor der Einstellwand müssen die breit gestreuten Scheinwerferstrahlen 100 mm unterhalb des jeweiligen Scheinwerfermittelpunkts liegen.

Scheinwerfer-Einstellung kontrollieren

Wartung Nr. 33

Wenn eine Scheinwerferglühlampe, die Streuscheibe oder der Reflektor ausgewechselt wurden, muß die Einstellung des Lichtstrahls kontrolliert werden. Am genauesten geht das mit dem Meßgerät in der Werkstatt oder an der Tankstelle. Behelfsmäßig gibt es verschiedene, unterschiedlich genaue Methoden.

- ■ Wagen möglichst im rechten Winkel in fünf Meter Abstand vor eine helle Wand stellen.
- ■ Erneuerten Scheinwerfer in der Höhe dem unveränderten gleichstellen. Eine Seitenkorrektur ist so allerdings nicht möglich.
- ■ Nach einer genauen Einstellung mit dem Meßgerät die Abknickpunkte (in diesen Punkten steigt der Abblend-Lichtstrahl um 15° nach oben an) an der Garagenwand anzeichnen. Dazu den VW am Garagentor abstellen.
- ■ So läßt sich später bei gleicher Fahrzeugstellung auch die Lichtstrahl-Seitenrichtung überprüfen.

Die Einstellschrauben

Die Scheinwerfereinstellung, links am Golf, rechts am Jetta. »H« steht für Höheneinstellung, »S« für Seiteneinstellung.

Ohne Ausbau von Teilen sind die Einstellschrauben von der Scheinwerfer-Vorderseite erreichbar. Beim Jetta ab 8/87 muß lediglich eine Klappe im Kühlergrill hochgeklappt werden.

- Zum Justieren des Scheinwerferstrahls muß ggf. die Leuchtweitenregelung in Stellung »0« gedreht werden.
- Zuerst wird die Höhe korrigiert, dann erfolgt die Seiteneinstellung.
- An der Höheneinstellschraube senkt Drehen im Uhrzeigersinn den Lichtstrahl nach unten.
- Drehen im Uhrzeigersinn an der Seiteneinstellschraube läßt den Lichtstrahl nach links wandern.
- Bei den Nebelscheinwerfern unter dem Stoßfänger wird das Scheinwerfergehäuse zum Einstellen in die entsprechende Richtung gedrückt.
- Die Nebelscheinwerfer im Stoßfänger (Golf GL und Jetta ab 8/89) sind nur in der Höhe einstellbar. Die Einstellschraube erreichen Sie von vorn.
- Beim Drehen im Uhrzeigersinn an dieser Schraube steigt der Lichtstrahl an.

Die Leuchtweitenregelung

Seit 8/89 besitzen alle Golf und Jetta auf Grund einer Gesetzesvorschrift serienmäßig eine elektrische Leuchtweitenregelung, früher war sie aufpreispflichtig.

- Drehregler links am Armaturenbrett ausbauen, wie im Instrumentenkapitel unter »Kippschalter ausbauen« beschrieben.
- Im Motorraum am betreffenden Stellmotor den Mehrfachstecker abziehen.
- Beim Golf den Motor durch einen Rechtsdreh aus dem Tragrahmen ausrasten.
- Beim linken Jetta-Scheinwerfer den Stellmotor durch Drehen nach rechts lösen, am rechten Scheinwerfer muß nach links gedreht werden.
- Scheinwerfer-Höheneinstellschraube vorn am Scheinwerfer herausdrehen.
- Jetzt können Sie den Motor aus dem Tragrahmen nach hinten abziehen.

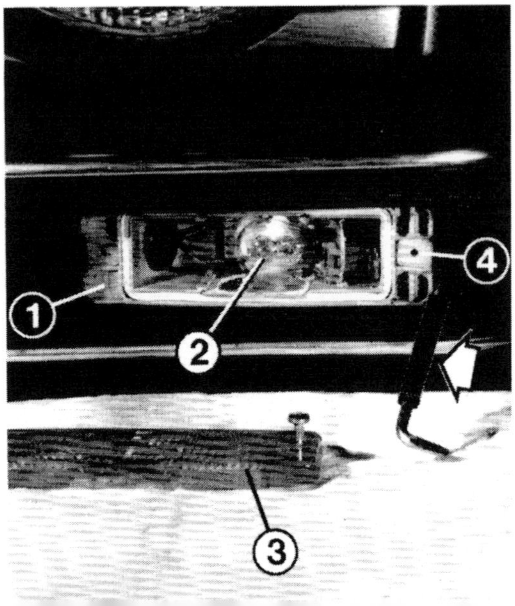

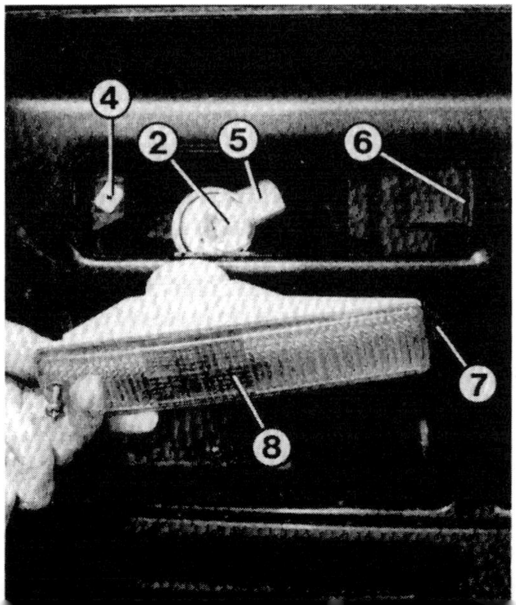

Lampenwechsel am vorderen Blinker, rechts die Ausführung des Golf GL und Jetta ab 8/89: 1 – Gehäuse mit Fassung; 2 – Glühlampe; 3 – Blinkerglas; 4 – Kunststoff-»Mutter« (Haltedübel); 5 – Lampenfassung; 6 – Einstecköffnung für die Haltenase (7) am Blinkergehäuse (8).

Blinkleuchten vorn
Lampenwechsel

■ **Schmale Stoßfänger:** Beide Kreuzschlitzschrauben des Blinkerglases losdrehen, Lampenglas abnehmen.
■ Glühlampe ein wenig in die Fassung drükken, nach links drehen und herausziehen.
■ Beim Zusammenbau auf korrekte Abdichtung zwischen Blinkerglas und Gehäuse achten, evtl. zusätzlich Silikonpaste an den Dichtflächen anstreichen.
■ **Hohe Stoßfänger** (Golf GL und Jetta ab 8/89): Außen sitzende Kreuzschlitzschraube des Leuchtengehäuses losdrehen.
■ Gehäuse außen herausziehen (z.B. mit der noch eingesteckten Schraube oder mit einem Schraubenzieher) und an der Innenseite aushängen.
■ Lampenfassung nach einer kleinen Linksdrehung abnehmen.
■ Glühlampe ein Stück in die Fassung drükken, drehen und abnehmen.

Gehäuse ausbauen

Die Blinkleuchten der Modelle mit schmalen Stoßfängern besitzen ein separates Gehäuse.
■ Lampenglas abschrauben.
■ Blinkergehäuse aus der Öffnung im Stoßfänger ziehen und Kabel-Steckverbindungen trennen.

Seitenblinker

■ Lampengehäuse mit den Fingernägeln oder mit einem lappenumwickelten Schraubenzieher aus dem Ausschnitt hebeln.
■ Lampenfassung abziehen.
■ 5-Watt-Glassockellampe (DIN-Form W 10) herausziehen.

Heckleuchte
Lampenwechsel

■ Heckklappe bzw. Kofferraumhaube öffnen.
■ Rechte und linke Kunststoff-Halteklammer des Lampenträgers nach innen drücken, Träger abnehmen.
■ Das Auswechseln aller Glühbirnen geschieht gleich – Lampe ein wenig in ihre Fassung drücken, nach links drehen und herausziehen.

Ausbau

■ Lampenträger abnehmen.
■ An der mit ihren Reflektoren kombinierten Leuchte drei (Golf) bzw. vier (Jetta) Haltemuttern losdrehen.

Rückfahrlichtschalter

Das Aufleuchten der Rückfahrleuchten veranlaßt der Schalter oben im Getriebegehäuse, wenn er beim Einlegen des Rückwärtsgangs von der entsprechenden Schaltstange berührt wird.
■ Bleibt es bei eingelegtem Rückwärtsgang hinten dunkel, kontrollieren Sie zuerst die zuständige Sicherung.
■ Ist sie intakt, Stecker am Rückfahrlichtschalter abziehen und mit einem Drahtstück überbrücken. Leuchtet es jetzt, ist der Schalter defekt.
■ Bleibt es jedoch dunkel in den Rückfahrleuchten, ist die Leitung nach hinten unterbrochen (intakte Glühbirnen vorausgesetzt).

Kennzeichenleuchten

■ Beide Kreuzschlitzschrauben des Deckglases in der hinteren Klappe herausdrehen.
■ Deckglas abziehen, dabei darauf achten, daß die Halteschrauben nicht verloren gehen.
■ Glassockellampe aus der Kunststoffassung ziehen. Fassung nicht zu weit herausziehen, sonst kann die angeschlossene Leitung abrutschen und in der Öffnung der Heckklappe verschwinden.
■ Das Deckglas läßt sich eigentlich nicht falsch aufsetzen, denn die Bohrungen für die Halteschrauben sind asymmetrisch angeordnet.

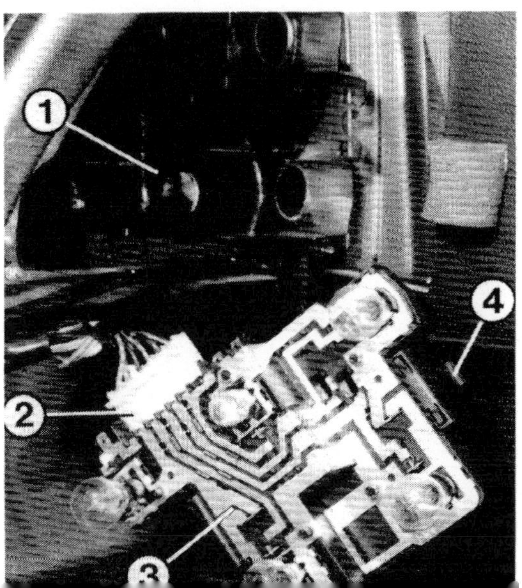

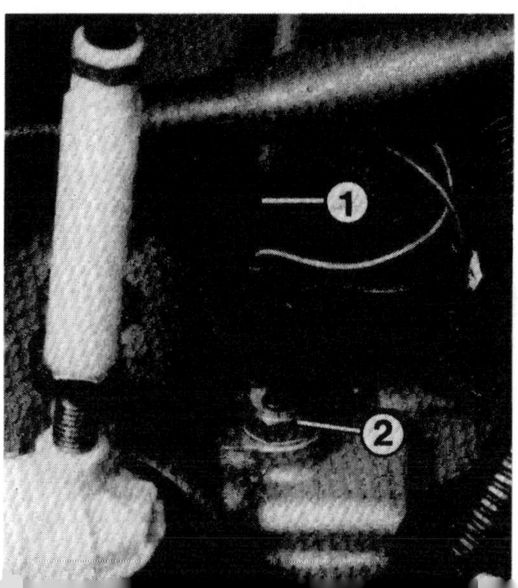

Links die Heckleuchte: 1 – Lampenglas; 2 – Mehrfachstecker; 3 – Lampenträger; 4 – Halteklammer. Rechts ein Blick auf den Rückfahrlichtschalter (2). Er sitzt in Fahrtrichtung vor der Tachowelle (1).

Links die Kennzeichenleuchte: 1 – Deckglas; 2 – Fassung; 3 – Glassockellampe. Rechts: An der herausgenommenen Innenleuchte sehen Sie: 1 – Massekabel; 2 – Schalter der Innenleuchte; 3 – Soffittenlampe; 4 – Metall-Haltefeder; 5 – stromzuführende Leitung; 6 – Kabel zu den Türkontaktschaltern.

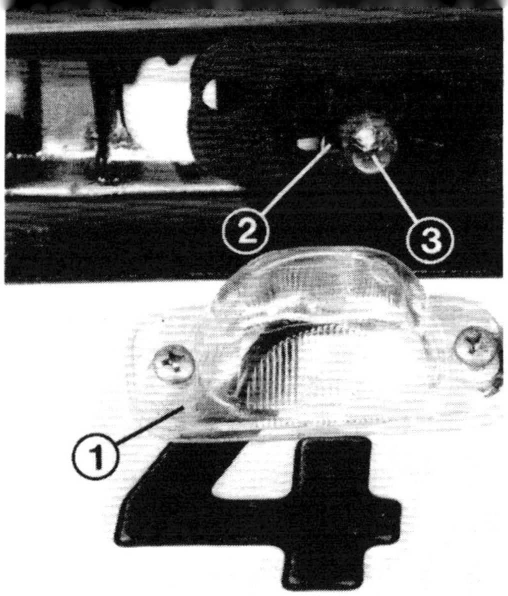

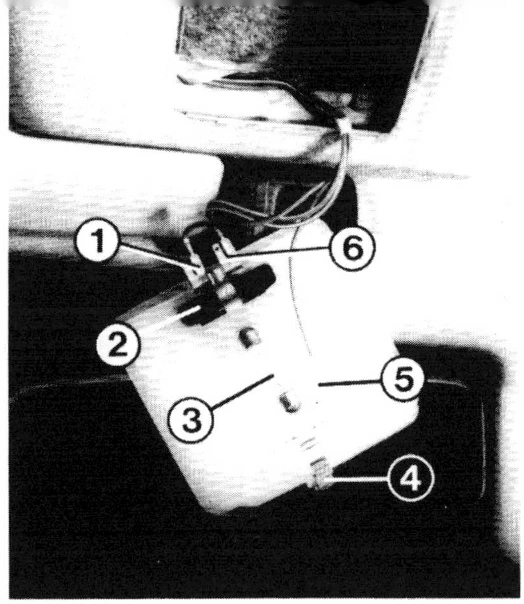

Leuchten im Innenraum

Innenleuchte

Die Soffittenlampe (10 Watt, 41 mm lang, DIN-Form K) erhält dauernd Strom.

■ Massekabel der Batterie abklemmen oder Sicherung der Innenleuchte herausnehmen, sonst Kurzschlußgefahr.

■ Mit kräftigem Fingernagel, einem breitflächigen Schraubenzieher oder einem flachen Löffelstiel Lampengehäuse an der Seite mit der Metall-Haltefeder (Bild oben rechts) aus dem Dachausschnitt heraushebeln.

■ Soffittenlampe aus ihren Haltezungen aushängen.

■ Beim Einbau zuletzt die Seite der Innenleuchte mit der Haltefeder in den Dachausschnitt drücken.

Türkontaktschalter der Innenleuchte

Die Innenleuchte wird bei entsprechender Schalterstellung durch die in die Türpfosten eingeschraubten Türkontaktschalter ein- und ausgeschaltet. Sie stellen die Masseverbindung zu der ständig unter Strom stehenden Innenleuchte her und schließen damit den Stromkreis – die Lampe kann brennen. Bleibt die Innenleuchte in der entsprechenden Schalterstellung bei einer geöffneten Tür dunkel, gerät der betreffende Türkontaktschalter in Verdacht. Folgende Störungen am Schalter können sich ergeben:

□ Der Druckstift des Schalters klemmt in der Führung oder ist verbogen. Schalter ersetzen.

□ Der Kabelstecker ist am Schalter gar nicht aufgesteckt.

□ Die Kontaktfläche des Schalters ist zur Halteschraube hin oder am Steckeranschluß oxidiert.

■ Den Türkontaktschalter hält nur eine Kreuzschlitzschraube am Türpfosten.

■ Zum Ausbau Schraube herausdrehen und Schalter herausziehen.

■ Achten Sie darauf, daß das angeschlossene Kabel nicht in den Türpfosten hineinfällt.

■ Ist das Kabel im Türpfosten verschwunden, nehmen Sie im Fußraum seitlich den Teppich ab, um das Kabel zu »angeln«.

Links: Der ausgebaute Türkontaktschalter zeigt: 1 – Anschlußleitung; 2 – Druckstift; 3 – Halteschraube; 4 – Feder. Rechts: Soll die Soffittenlampe (1) in der Handschuhfachleuchte (2) ausgewechselt werden, wird einfach das Lampengehäuse herausgezogen.

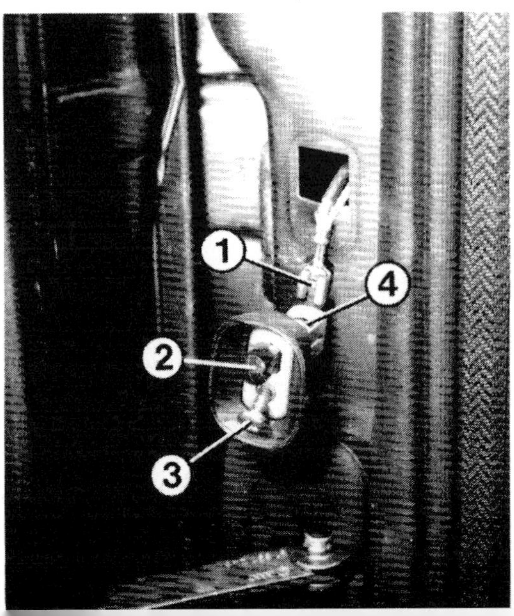

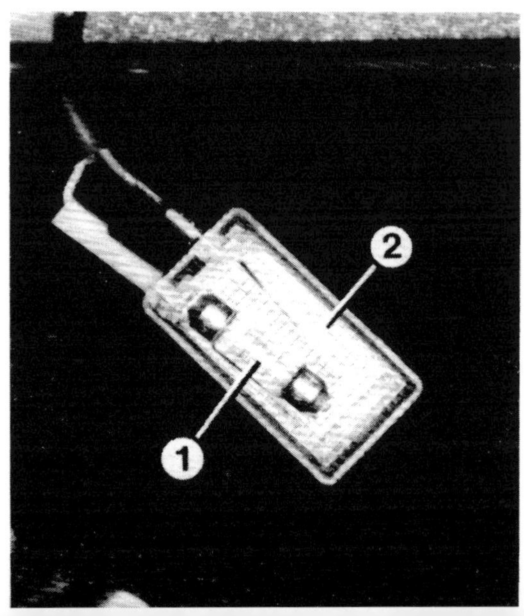

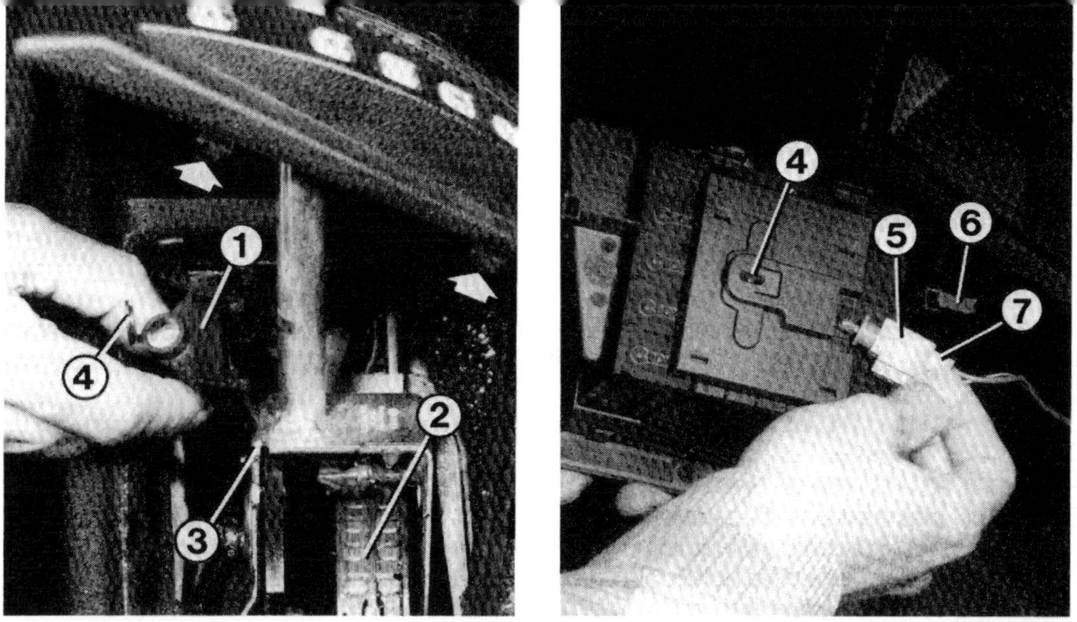

Links der Wählhebel der Getriebeautomatik: 1 – Lampenfassung; 2 – Kontaktträger, der auch die Sperrung des Anlassers in den Fahrstellungen bewirkt; 3 – Halter der Lampenfassung; 4 – Klappe mit kleinem Sichtfenster in der Fassung. Rechts die Cassettenbox (5): 6 – Glassockellampe mit Fassung; 7 – Haltekralle der Cassettenbox; 8 – Anschlußstecker.

Handschuhfachleuchte

Damit die Batterie nicht von einer versehentlich eingeschalteten Handschuhfachleuchte in die Knie gezwungen wird, erhält diese Lichtquelle nur bei eingeschalteter Zündung Spannung.

- Handschuhkasten öffnen.
- Lampengehäuse rechts oben herausziehen.
- Soffittenlampe 3 Watt, 28 mm lang, DIN-Form M aus beiden Haltezungen abnehmen.

Kofferraumleuchte

Die Soffittenlampe wird von einem Kontaktschalter ein- und ausgeschaltet.

- Massekabel der Batterie abnehmen oder Sicherung herausnehmen. Da die Kofferraumleuchte ständig Strom erhält, könnte es sonst einen Kurzschluß geben.
- Lampengehäuse herausziehen.
- Soffittenlampe 5 Watt, 36 mm lang, DIN-Form L aus ihren Haltern herausnehmen.

Sonstige Leuchten

Heizhebelbeleuchtung

Die Beleuchtung für die Symbole der Heizung und Lüftung sitzt nicht zugänglich links in der Heizhebelblende. Wenn die Symbole bei eingeschaltetem Stand- und Hauptlicht dunkel bleiben:

- Blende ausbauen (Seite 235).
- Strom- und Masseanschluß des Zweifachsteckers kontrollieren.
- Sind die Leitungen in Ordnung, dürfte die Glühlampe in der Blende defekt sein.
- Die Lampe läßt sich nicht ausbauen, die Blende muß komplett getauscht werden.

Ascher- und Anzünderbeleuchtung

Für den Ascher und den Anzünder dient eine gemeinsame Leuchte, deren Fassung in der Mittelkonsole an der Halterung für den Anzünder befestigt ist.

- Mittelkonsole losschrauben (siehe Seite 250) und ein Stück herausziehen.
- Am Anzünder nach der Fassung der Glühlampe tasten, Fassung abziehen.
- Glassockellampe (1,2 Watt, DIN-Form W) herausziehen.

Cassettenbox-Beleuchtung

Für die beleuchtete Belegungsanzeige der Cassettenablage dient ebenfalls eine Fassung mit eingesetzter Glassockellampe.

- Zum Wechseln der defekten Lampe die Cassettenbox aus der Mittelkonsole ziehen.
- Haltespange der Lampenfassung an der Box anheben, Fassung herausziehen.
- Stecker abziehen, Fassung komplett mit Lampe ersetzen.

Fahrstufenanzeige

Zur Anzeige der Fahrstufen am Wählhebel der Getriebeautomatik dient eine Glassockellampe (1,2 Watt, DIN-Form W).

- Blende unten am Wählhebel ausrasten, um 90° drehen und abnehmen.
- Unten am Wählhebel die Lampenfassung aus ihrem Halter ziehen.
- Glassockellampe aus der Fassung herausnehmen.

Signale der Zeit

Bei Autos gibt es keine Sprachverwirrung. Es geht ganz einheitlich zu: Die Absicht zum Abbiegen oder Spurwechseln drücken die Blinker aus. Wenn abgebremst oder angehalten werden soll, zeigen dies rote Lichter an. Und will der Fahrer jemanden warnen, ertönt das Horn oder die Lichthupe flammt kurz auf.

Blink- und Warnblinkanlage prüfen

Ständige Kontrolle

Die Warnblinkanlage muß ständig funktionieren, deshalb wird ihr Schalter direkt von Batterie-Plus über eine Sicherung versorgt. Die Richtungsblinker erhalten dagegen nur bei eingeschalteter Zündung Strom von Klemme 15.

■ Drücken Sie bei ausgeschalteter Zündung auf den roten Kippschalter.

■ Alle vier Blinkerlampen und das rote Fenster im Schalter leuchten in gleichem Rhythmus auf.

■ Wenn Sie die Zündung jetzt einschalten, blinkt zusätzlich die grüne Blinkerkontrolle im Gegentakt mit (aufgrund einer geänderten Schaltung, siehe Seite 216).

■ Warnblinker ausschalten, Zündung eingeschaltet lassen.

■ Bei gedrücktem Blinkerhebel müssen eine Blinkerseite und im Gegentakt die grüne Kontrolleuchte regelmäßig aufleuchten.

Blinkerstörungen

□ Blitzt bei eingeschalteten Richtungsblinkern die grüne Kontrolleuchte nur kurz auf, ist eine Glühlampe ausgefallen. Beim Warnblinken macht sich der Lampenausfall im Blinkerrhythmus nicht bemerkbar. Lampenwechsel siehe Seite 211.

□ Brennen bei eingeschalteten Richtungs- oder Warnblinkern die Leuchten dauernd, ist das Blinkrelais defekt, siehe Seite 223.

□ Leuchtet nur die Kontrollampe, aber bleiben die orangefarbenen Leuchten am Wagen dunkel, liegt es ebenfalls am Blinkrelais.

□ Leuchten die Blinker mal in langsamer Folge, mal schnell (z.B. beim Ein- oder Ausschalten leistungsstarker Verbraucher, wie heizbare Heckscheibe oder Scheibenwischer), zunächst die Leitungen, die sich in unmittelbarer Nähe des Relais befinden, hiervon wegdrücken. Hilft das nicht und sind alle Steckverbindungen einschließlich der Masseverbindung der Heckleuchten in Ordnung, muß das Relais erneuert werden.

□ Funktioniert nur Warnblinken ohne Richtungsblinken oder umgekehrt, fehlt es an der Spannungsversorgung durch die betreffende Sicherung (siehe Tabelle ab Seite 166) oder am Schalter (Ausbau siehe Seite 220).

Defektes Blinkrelais kurzschließen

Mit einem ausgefallenen Blinkrelais ist die Weiterfahrt nicht ganz ungefährlich, denn im dichten Verkehr und vor allem bei Dunkelheit wird Ihre Abbiegeabsicht den anderen Autofahrern nicht ersichtlich.

■ Blinkrelais (siehe Abbildung Seite 223) leicht ruckelnd aus der Zentralelektrik herausziehen.

■ Kurzschlußbrücke zwischen den Klemmen 49 und 49a (am Relais markiert) herstellen. Dazu in die Zentralelektrik in die Steckanschlüsse, die Klemme 49 und 49a gegenüber liegen, eine Büroklammer oder ein kurzes Drahtstück einstecken.

■ Blinkrelais wieder einsetzen.

■ Bei gedrücktem Blinkerhebel leuchtet jetzt eine Blinkerseite dauernd.

■ Durch Ein- und Ausschalten mit dem Blinkerhebel erhalten Sie einen Blinker-Rhythmus.

Bremsleuchten prüfen
Ständige Kontrolle

Die Bremslichter sollten Sie zu Ihrer eigenen Sicherheit so oft wie möglich kontrollieren.

- Die Garagenwand hinter dem Wagen muß hell rot aufleuchten, wenn Sie auf das Bremspedal treten.
- Oder in einer Kolonne prüfen Sie mit dem Rückspiegel, ob sich in den Scheinwerfer-Reflektoren oder in der Lackierung des Hintermannes beide Bremslichter spiegeln.

Der Bremslichtschalter

Beim Tritt auf das Bremspedal wandert der Druckstift des Bremslichtschalters oben am Pedalbock heraus und schließt die Schaltkontakte. Damit ist der Stromkreis zu den Bremsleuchten geschlossen.

Bremslichtschalter überprüfen

Sind beide Bremslichter ausgefallen, kontrolliert man wie folgt, ob es am Bremslichtschalter liegt:

- Linkes Ablagefach abschrauben, siehe Seite 250.
- Kabelstecker abziehen.
- Kabelanschlüsse im Stecker mit einer Büroklammer oder einem Drahtstück überbrücken.
- Brennen jetzt die Bremslichter, ist der Bremslichtschalter defekt.

Bremslichtschalter auswechseln

- Ablagefach links ausbauen.
- Kabelstecker abziehen.
- Bremslichtschalter eine Vierteldrehung nach links drehen und abziehen.
- Nach dem Einbau Funktion überprüfen.

Störungsbeistand Bremslicht

Die Störung	– ihre Ursache	– ihre Abhilfe
A Eine Bremsleuchte brennt nicht	1 Glühbirne durchgebrannt	Austauschen
	2 Spannungszuleitung unterbrochen. Brennen alle übrigen Glühbirnen in derselben Heckleuchte? Falls nicht	Kabel kontrollieren
	3 Unterbrechung in der Masseverbindung	Masseanschluß überprüfen
B Beide Bremslichter brennen nicht	1 Sicherung defekt	Ersetzen
	2 Bremslichtschalter defekt	Überprüfen, ggf. ersetzen
	3 Siehe A 1 und 3	
C Bremslicht brennt dauernd	1 Siehe B 2	
	2 Kabel zum Bremslichtschalter haben direkten Kontakt	Kabel kontrollieren

Hupe prüfen
Ständige Kontrolle

Bei eingeschalteter Zündung und beim Druck auf den Hupkontakt im Lenkrad muß das Horn bzw. die Zweiklanghörner ertönen. Bei Modellen mit Zweiklanghörnern ist zur Schonung der Hupkontakte ein Relais zwischengeschaltet, das die Verbindung der Hörner zur Masse schließt.

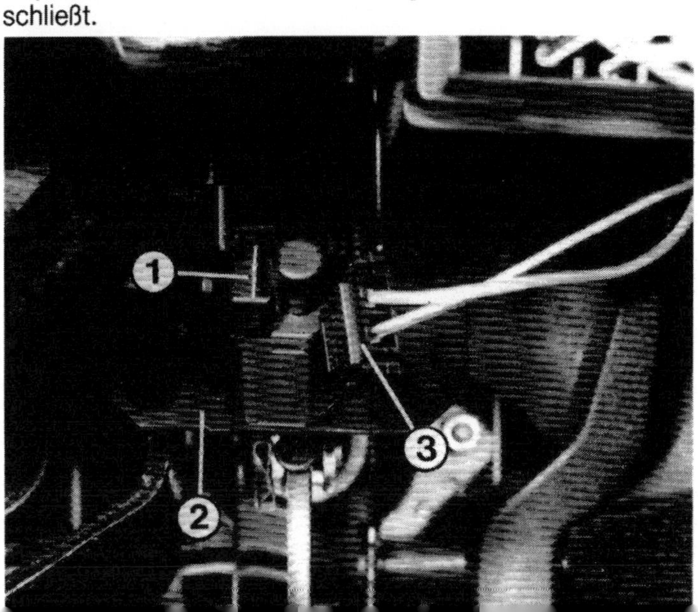

Der Bremslichtschalter (1) sitzt an einem Halteblech (2) oben am Pedalbock. Wir haben hier den Anschlußstecker (3) abgezogen.

Signalhorn kontrollieren

- Kabelstecker abziehen.
- Hupe ausbauen.
- An jedem Steckanschluß ein Hilfskabel aufstecken und diese mit dem Plus- bzw. Minuspol der Batterie verbinden.
- Bleibt es ruhig, ist das Signalhorn defekt.
- Ein krächzendes oder völlig stummes Horn läßt sich bisweilen durch Drehen der Einstellschraube an der Hupenrückseite wieder stimmen oder zu neuem Leben erwecken.
- Schraube unter der Vergußmasse freilegen.
- Nach dem Einstellen die Schraube mit Karosseriedichtmasse wieder feuchtigskeitssicher verschließen.

Störungsbeistand

Hupe

Die Störung	– ihre Ursache	– ihre Abhilfe
A Einzelhupe tönt nicht	1 Sicherung defekt	Ersetzen
	2 Stromzuleitung zur Hupe (schwarz/gelbes Kabel) unterbrochen	Kabelverlauf kontrollieren, Steckkontakte an der Hupe blank kratzen
	3 Hupe defekt	Prüfen, ggf. austauschen
	4 Leitung zwischen Hupenkontakt und Hupe unterbrochen	Kabelverlauf kontrollieren
B Einzelhupe tönt dauernd bei eingeschalteter Zündung	1 Kabel vom Hupkontakt zur Hupe hat Kurzschluß zur Masse	Braun/blaues Kabel abziehen. Hupt es nicht mehr, Kabelverlauf kontrollieren. Unterwegs: Kabel abgezogen lassen
	2 Hupe hat inneren Kurzschluß	Hupe ersetzen. Unterwegs: Stromzuführendes schwarz/gelbes Kabel abziehen und isolieren
C Eine Hupe der Zweiklanghörner tönt nicht	Siehe A 2, 3 und 4	
D Beide Hupen der Zweiklanghörner tönen nicht	1 Sicherung für Hupen-Arbeitsstrom defekt	Ersetzen
	2 Siehe A 2 und 4	
	3 Sicherung für Hupen-Schaltstrom durchgebrannt	Auswechseln
	4 Hupenrelais defekt	Prüfen, siehe Seite 223, ggf. austauschen

Die Lichthupe

Gleichgültig, ob die Zündung oder die Scheinwerfer eingeschaltet sind oder nicht, die Fernlicht-Glühfäden und die Fernlichtkontrolle leuchten immer auf, wenn Sie den Blinkerhebel zum Lenkrad hin ziehen. Falls die Lichthupe nicht funktioniert, obwohl die Scheinwerfer bei eingeschalteter Beleuchtung brennen:

- Kontrollieren, ob das rot/gelbe Klemme-30-Kabel zum Kombihebel unter Spannung steht.
- Falls ja, dürfte der Lichtumschalter im Hebelschalter defekt sein. Schalterausbau siehe Seite 220.

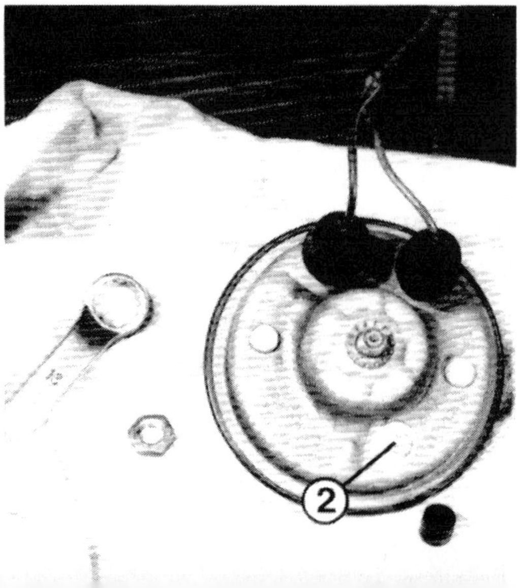

Hier sind zwei Hupenprüfungen gezeigt. Links: Steht das schwarz/gelbe (1) unter Spannung? Rechts: Läßt sich durch Verdrehen der Einstellschraube (2) die Hupe wieder zum Leben erwecken?

Hilfstruppe

Am Arbeitsplatz des Fahrers sind allerlei Anzeigeinstrumente, Warnlichter und Schalter versammelt, auf die wir in diesem Kapitel eingehen wollen. Weiter sollen jene Einrichtungen zur Sprache kommen, mit denen das Autofahren sicherer oder komfortabler wird.

Kontrollinstrumente und -leuchten prüfen

Wartung Nr. 6

Setzen Sie sich hinter das Lenkrad und kontrollieren Sie nacheinander:

- Läuft die Zeiger- bzw. Digitaluhr?
- »Zündung« einschalten. Es leuchten oder blinken: Ladekontrolle, Öldruckwarnleuchte, Vorglühkontrolle (bei kaltem Motor), Temperaturwarnleuchte, Handbremskontrolle bei angezogenem Hebel. Im Lichtschalter muß das Lichtsymbol erleuchtet sein.
- Mit etwas Verzögerung wandert die Tankanzeigenadel über die Skala.
- Linken Hebelschalter betätigen – leuchtet die grüne Blinkerkontrolle bzw. die blaue Fernlichtkontrolle?
- Brennen bei gedrücktem Schalter die Kontrolleuchten für Warnblinker, heizbare Heckscheibe und, bei eingeschaltetem Licht Nebelscheinwerfer bzw. Nebelschluß-leuchte(n)?
- Motor starten – arbeitet der Drehzahlmesser.
- Bei einer Probefahrt die Funktion von Tachometer, Schaltanzeige und Kühlmittel-Temperaturanzeige überprüfen.

Kombiinstrument ausbauen

Wir haben zu dieser Arbeit das Lenkrad abgenommen. Das ist nicht unbedingt notwendig, aber es erleichtert die Zugänglichkeit.

- Ablagefach bzw. Radio ausbauen oder Blende abziehen, siehe Seite 229.
- Hebel der Luftregulierung abziehen; der Gebläseschaltergriff wird jedoch nicht abgenommen.
- Blende der Luftregulierung ausrasten und ein Stück herausziehen.
- An der Blendenrückseite die Kabelstecker abziehen.
- Sämtliche Schalter ausbauen, siehe Seite 220.
- Falls möglich, sollten Sie sich durch die Radioöffnung bis zum Anschluß der Tachowelle vortasten und diese vom Kombiinstrument lösen, siehe Seite 217.
- Insgesamt sieben Kreuzschlitzschrauben der Kombiinstrument-Blende (Bild unten) herausdrehen, Blende abnehmen.

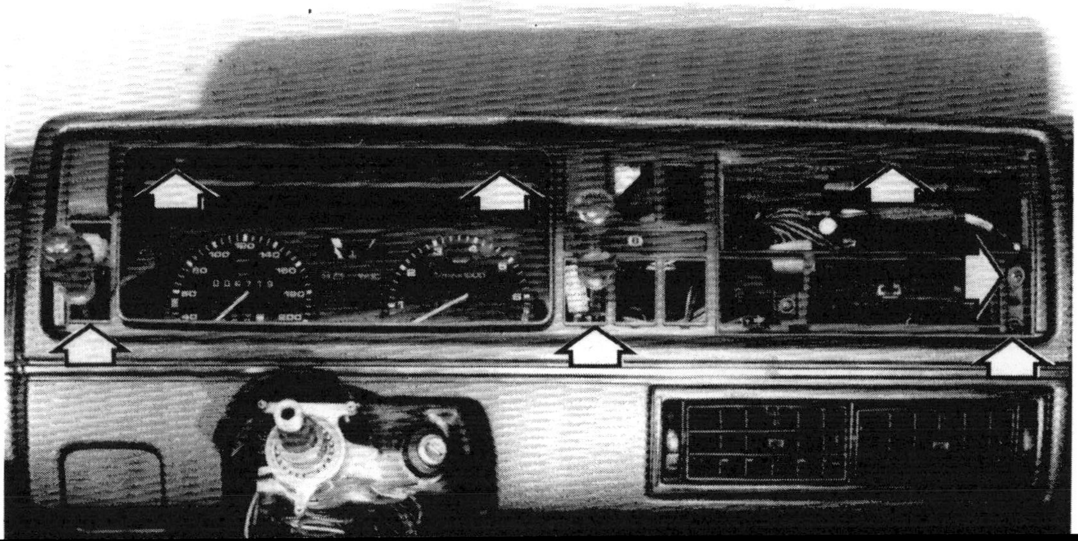

Die Pfeile kennzeichnen die sieben Halteschrauben der Kombiinstrument-Blende.

Zum weiteren Ausbau des Kombiinstruments rechts und links je eine Halteschraube lösen (Bild links). Rechts ist der Haltewinkel (1) erkennbar, an dem der Haltebolzen (2) des Instruments vorbeigedrückt werden muß.

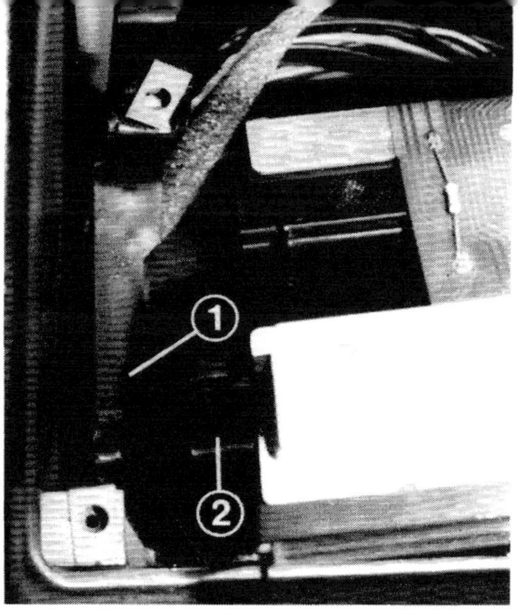

■ Rechts und links am Kombiinstrument je eine Kreuzschlitzschraube losdrehen, siehe Bild oben links.

■ Kombiinstrument so weit wie möglich vorziehen und an der Rückseite die Mehrfachstecker abziehen, ggf. noch die Tachowelle lösen.

■ Linken Haltewinkel des Kombiinstruments zur Seite drücken, siehe Bild oben rechts, so daß der Haltebolzen des Instruments nach unten herausrutschen kann.

■ Kombiinstrument schräg nach vorn legen und zum Innenraum herausnehmen.

■ Beim Einbau darauf achten, daß der Mehrfachstecker und die Tachowelle richtig eingesteckt sind. Funktion vor dem endgültigen Zusammenbau prüfen!

Instrumentenbeleuchtung auswechseln

Die Lampen für die Instrumentenbeleuchtung sind mit Kunststoffassungen an der Rückseite des Kombiinstruments eingesteckt. Die Kontaktzungen für die Fassung sind an der Glühlampe angelötet. Als Ersatzteil gibt es die passende Glassockellampe nur zusammen mit der entsprechenden Fassung.

■ Kombiinstrument ausbauen.

■ Lampenfassung eine Viertelumdrehung drehen und abziehen, siehe Bild unten links.

Kombiinstrument zerlegen Leiterfolie ausbauen

Zum Ausbau der Instrumente und zum Austausch einer Kontrolleuchte muß erst die Leiterfolie abgebaut werden.

■ Instrumentenkombination mit dem »Gesicht« auf einen Lappen legen.

■ Fassungen der Instrumenten- und der Digitaluhrbeleuchtung abnehmen.

■ Halteschraube des Spannungs-Konstant-Halters losdrehen.

■ Halteschrauben der Leiterfolie losdrehen, dabei auf die eine Isolierscheibe achten, die wieder an derselben Stelle montiert werden muß.

■ Muttern (SW 7) an den Gewindestiften der Instrumente losdrehen. Die darunter liegen-

Links die Fassung (1) mit Glassockellampe für die Instrumentenbeleuchtung dient gleichzeitig als Befestigung für die Leiterfolie (2). Unten im Bild der Spannungs-Konstanthalter (3) mit seinem Kühlblech (4). Im Bild rechts wird die Sicherungsklammer (5) des Dreifachsteckers (6) am Drehzahlmesser zur Seite gedrückt.

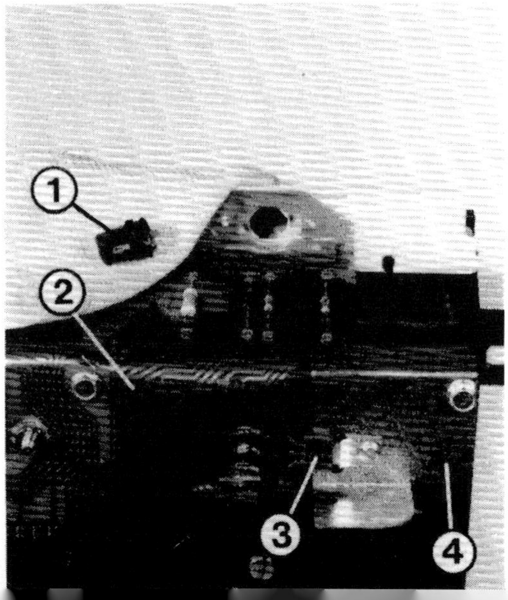

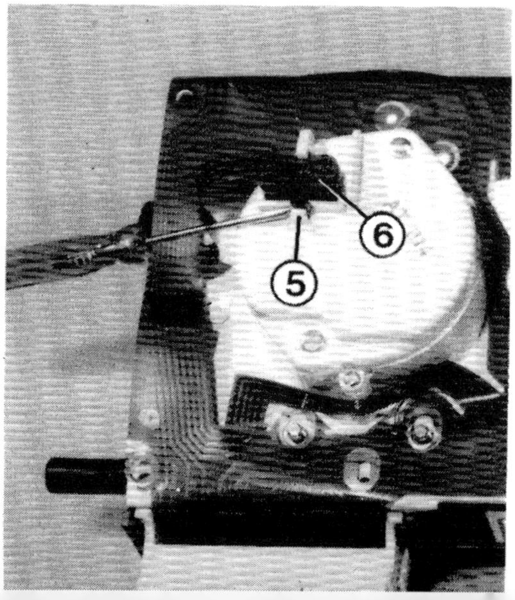

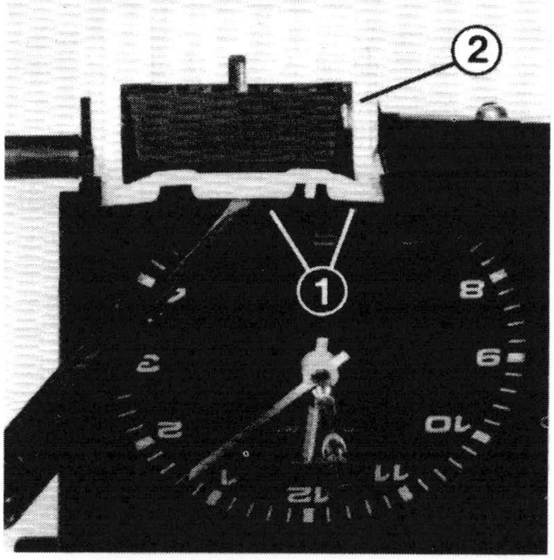

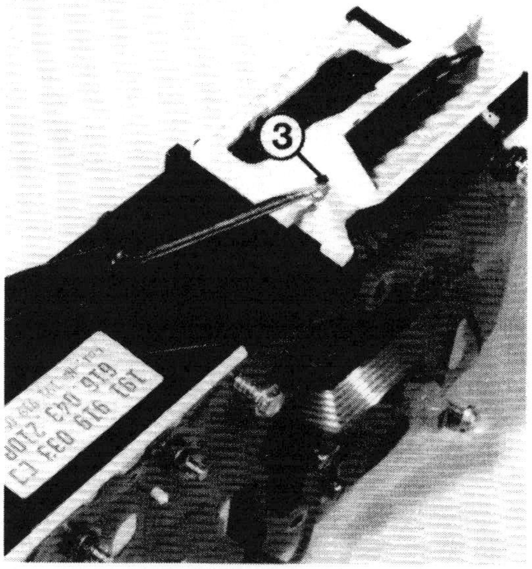

Mit dem Schraubenzieher wird der Haltesteg des Steckgehäuses (2) aus den Rastnasen (1) herausgehoben.
Rechts drückt der Schraubenzieher auf eine der beiden seitlichen Haltenasen (3) des Steckgehäuses.

den Federringe sind unterschiedlich – nicht vertauschen.

- Mehrfachsteckverbindungen in der Leiterfolie vorsichtig abheben.
- An der Zeigeruhr Halteclip vom Steckkontakt der Leiterfolie abdrücken.
- Beim Drehzahlmesser die Sicherungsklammer am Dreifachstecker vorsichtig zur Seite drücken, siehe linkes Bild links unten.
- Folie vorsichtig aus dem Kunststoffhaltestift mit leichter Schraubenziehernachhilfe herausheben und vollends abziehen. Nicht knicken!
- Wenn die Leiterfolie nicht komplett abgenommen werden soll, klappt man sie jetzt nach unten. Andernfalls
- Haltesteg am weißen bzw. schwarzen Steckgehäuse etwas anheben (Bild oben links), damit das Steckgehäuse aus den Rastnasen ausgehängt werden kann.
- Zum Abnehmen des Steckgehäuses von der Leiterfolie rechts und links seitlich im Steckgehäuse die kleinen Haltenasen mit einem Schraubenzieher zurückdrücken, siehe Bild oben rechts, dann läßt sich das Steckgehäuse abziehen.
- Beim Festschrauben der Leiterfolie darauf achten, daß an der Zeigeruhr die Anschlußfahne unter die Kontaktöse an der Uhr gelegt wird. Andernfalls verdreht sich die Leiterfolie beim Festschrauben.
- Evtl. eingebaute Messingringe unter den Federringen der Tankanzeige wieder montieren.
- Kühlblech des Spannungs-Konstanthalters nicht vergessen.

Kontrollleuchten ersetzen

Die Kontrolleuchten in der Mitte des Kombiinstruments sind keine Glühlampen, sondern Leuchtdioden. Zum Schutz gegen zu hohe Spannungen ist jeder Leuchtdiode ein eigener Widerstand vorgeschaltet. Die Leuchtdiode der Ladekontrolle besitzt noch einen zusätzlichen Widerstand von 150 Ω zur Vorerregung der Drehstrom-Lichtmaschine, siehe Seite 191.
Für die Fernlichtkontrolle dient eine Glühlampe mit blauer Kappe, da blaue Leuchtdioden zu teuer in der Herstellung sind.

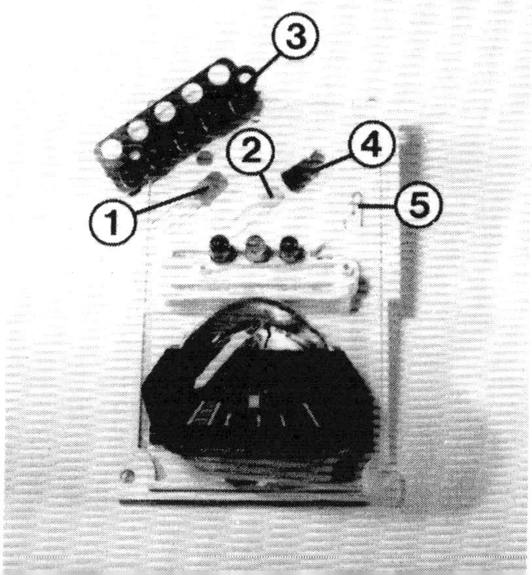

Links: Mit einem kleinen Schraubenzieher wird die Diodenhalterung (Pfeil) abgehebelt.
Rechts: Die abgenommene Diodenhalterung (3), eine herausgezogene Leuchtdiode (1), die Glühlampe (2) der Fernlichtkontrolle mit ihrer blauen Kappe (4) und die Symbolzeichnung (5) zum seitenrichtigen Einbau der Leuchtdioden.

■ Leiterfolie abschrauben.
■ Mittleren Instrumententräger abheben.
■ In der Mitte der Diodenplatte die schwarze Diodenhalterung vorsichtig abhebeln (Bild auf der Vorseite unten links).
■ Defekte Diode bzw. Glühlampe herausziehen und neue einstecken.
■ Diodenanschlüsse nicht verwechseln – der Minusanschluß ist zur Diode hin etwas breiter. Die richtige Einbaulage ist auch auf der Diodenhalteplatte eingeprägt.
■ Zum Wechsel der Leuchtdiode in der Schaltanzeige muß diese erst von der weißen Diodenplatte abgeschraubt werden.

Instrumente ausbauen

Als erstes müssen grundsätzlich die in der Mitte sitzenden Instrumente ausgebaut werden.

■ Leiterfolie abschrauben.
■ **In der Mitte** sitzende **Temperatur- bzw. Schaltanzeige und Tankanzeige bzw. Digitaluhr:** Mittleren Instrumententräger abheben.
■ Instrument komplett vom Träger abnehmen.
■ **Tachometer:** Tachometergehäuse herausnehmen.
■ Schraube(n) am Tachowellenanschluß losdrehen, Tachometer herausziehen.
■ **Drehzahlmesser:** Rechts sitzende Tank- bzw. Temperaturanzeige ausbauen.
■ Erst mittleren Instrumententräger, dann Drehzahlmesser abnehmen.
■ Zwei Schrauben des Drehzahlmessers am Träger lösen.
■ **Zeigeruhr:** Rechts sitzende Tankanzeige ausbauen.
■ Uhr abnehmen.
■ Zum Ausbau der **rechts sitzenden Tank- und Temperaturanzeige** eine Halteschraube des unteren Instrumententrägers losdrehen.
■ Träger etwas nach unten ziehen und komplett mit Instrument(en) abnehmen.

Fingerzeig: *Für die Instrumente im Armaturenbrett gibt es von Moto Meter und VDO einen Reparaturdienst. Die Moto Meter AG, Postfach 346, 7250 Leonberg 1, liefert Instrumente im Austausch. VDO unterhält eigene Werkstätten, Anschriften erhalten Sie von der VDO Adolf Schindling AG, Postfach 6140, 6231 Schwalbach.*

Spannungs-Konstanthalter

An der Rückseite des Kombiinstruments ist ein kleines Kästchen mit drei Anschlüssen angeschraubt – der Spannungs-Konstanthalter. Er muß die Tank- und die Temperaturanzeige mit absolut gleichmäßiger Spannung versorgen. Andernfalls lassen Spannungsschwankungen die Zeigernadeln pendeln.
Wenn beide Geräte »verrückt spielen« oder gar nichts anzeigen, liegt es sicher am Konstanthalter.

Spannungs-Konstanthalter prüfen

■ Kombiinstrument ausbauen.
■ Mehrfachstecker am Kombiinstrument wieder aufstecken.
■ Voltmeter zwischen dem oberen Steckanschluß (Kennzeichnung auf der Leiterfolie »A+«) und dem mittleren Anschluß anklemmen. Zündung einschalten.
■ Es müssen ziemlich exakt 10 V anliegen.
■ Liegt der Wert unter 9,5 oder über 10,5 V, ist der Spannungs-Konstanthalter defekt.

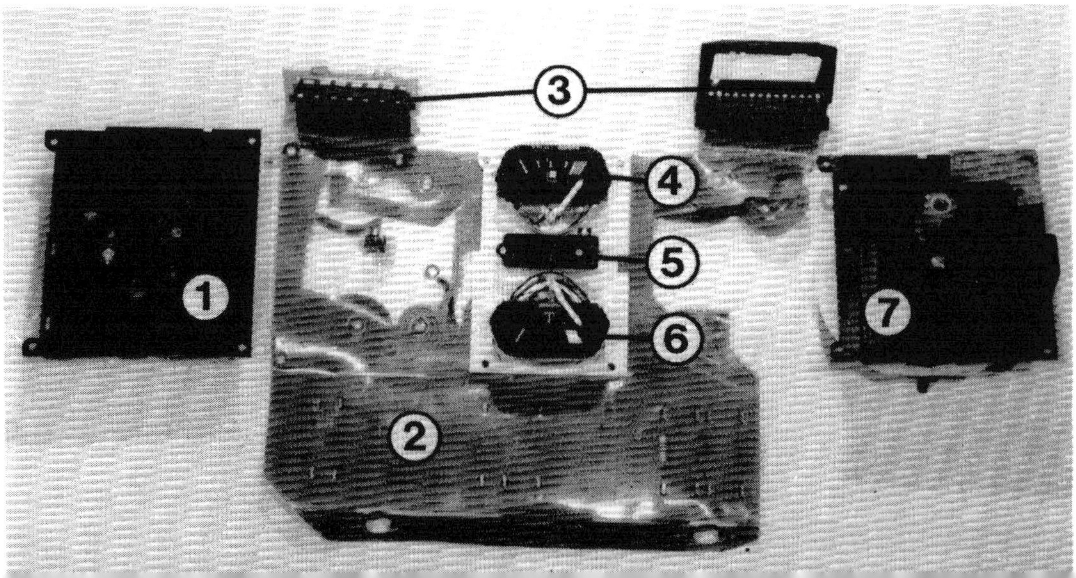

Die Teile des Kombiinstruments sind hier aus dem Gehäuse ausgebaut: 1 – Zeituhr; 2 – Leiterfolie; 3 – Anschlußleisten für Mehrfachstecker; 4 – Tankanzeige; 5 – Diodenhalter; 6 – Kühlmittel-Temperaturanzeige; 7 – Tachometer.

Drehzahlmesser

Wie oft die Kurbelwelle im Motor in der Minute rotiert, zeigt der Drehzahlmesser (Sonderausstattung).
Auch nachträglich kann problemlos ein Drehzahlmesser eingebaut werden, sofern es sich um ein speziell auf Dieselmotoren abgestimmtes Gerät aus dem Zubehörhandel handelt. Die beim Benziner von der Zündung stammenden Drehzahlimpulse liefert hier die Klemme W an der Lichtmaschine.
Sollte an Ihrem Generator die Klemme W von außen nicht zugänglich sein, muß sie von einer Autoelektrik-Werkstatt herausgeführt werden. In der Werkstatt kann anschließend auch die notwendige Justierung des Drehzahlmessers vorgenommen werden, sofern Sie die Motordrehzahl bei bestimmten Geschwindigkeiten nicht anhand der Formeln auf Seite 266 selbst nachrechnen wollen.

Kraftstoffanzeige

Der Tankgeber im Kraftstofftank besteht aus einem Schwimmer und einem elektrischen Widerstand. Mit Einschalten der Zündung erhält das Anzeigegerät im Kombiinstrument Spannung. Den Stromkreis schließt der veränderliche Widerstand im Tankgeber, der die Verbindung zur Masse herstellt. Je nach Stromdurchfluß wird das Bimetall im Anzeigeinstrument mehr oder weniger stark beheizt, und die daran befestigte Zeigernadel schlägt entsprechend aus.
Steht der Schwimmer bei vollem Tank in seiner höchsten Stellung, ist der Widerstand am Tankgeber überbrückt, das Anzeige-Bimetall wird voll beheizt und läßt den Zeiger voll ausschlagen. Mit abnehmendem Tankinhalt sinkt der Schwimmer, der dadurch höhere Widerstand hemmt den Stromdurchfluß zum Bimetall, die Nadel zeigt weniger an.

Störungsmöglichkeiten

Als Ursache für fehlerhafte Anzeige kommen in Frage:
Zu hoher oder zu niedriger Stand: Spannungs-Konstanthalter defekt oder Schwimmerarm verbogen.
Keine Anzeige: Spannungs-Konstanthalter defekt bzw. Tankgeber oder Anzeigeinstrument defekt.

Störungssuche

■ Stellen Sie fest, daß sowohl Tank- wie Temperaturanzeige nichts oder falsch anzeigen, liegt es am Spannungs-Konstanthalter.
■ Bei Falschanzeige durch verbogenen Schwimmerarm Tankgeber ausbauen (Seite 87).
■ Biegen des Schwimmerarms nach oben verringert die Anzeige, Biegen nach unten ergibt einen höheren Anzeigewert.
■ **Tankgeber prüfen:** Freilegen, wie auf Seite 89 beschrieben, Kabelstecker abziehen.
■ Hilfskabel in den Steckanschluß des violett/schwarzen Kabels stecken und direkt an Masse halten.
■ Zündung ganz kurz einschalten – schlägt der Zeiger auf »Voll« aus, ist der Tankgeber defekt.
■ **Anzeigeinstrument prüfen:** Kombiinstrument ausbauen, Zentralstecker abziehen.
■ Steckkontakt des schwarzen Kabels im Zentralstecker mit dem Pluspol einer 12-Volt-Batterie verbinden, Kontakt des violett/schwarzen Kabels mit dem Minuspol. Rührt sich die Anzeigenadel nicht, ist das Anzeigegerät defekt.
■ Schlägt die Anzeige jedoch auf »Voll« aus, liegt der Fehler in der Kabelzuleitung.

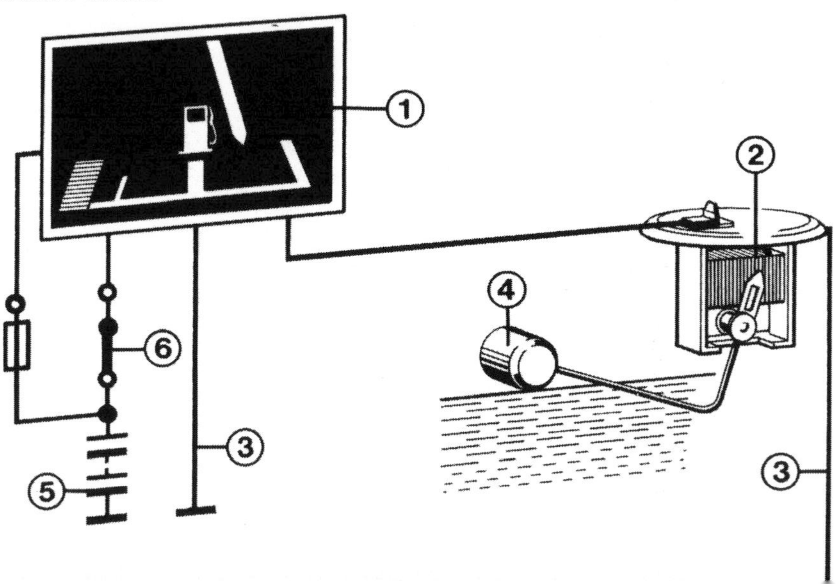

Die Tankanzeige besteht aus: 1 – Instrumentenskala mit dahinter sitzendem Bimetallkörper; 2 – Geber mit Widerstand; 3 – Masseanschluß; 4 – Schwimmer; 5 – Batterie; 6 – Zündschalter.

Kühlmittel-Mangelanzeige

Abgesunkener Kühlmittelstand wird von der rotblinkenden Temperaturwarnleuchte angezeigt. Im Kühlmittel-Ausgleichsbehälter sitzt ein Kontaktschalter mit zwei Elektroden. Ein Steuergerät in der Zentralelektrik erzeugt einen Wechselstrom. Der Stromkreis ist durch die Kühlflüssigkeit geschlossen. Mit abgesunkenem Niveau stehen die Elektroden frei, der Stromkreis wird unterbrochen und der Schalter öffnet seine Kontakte. Dadurch schaltet das Steuergerät die Warnleuchte ein. Damit die Anzeige nicht bei schwappender Flüssigkeit in Kurven aufleuchtet, muß der Stromkreis mindestens acht Sekunden lang unterbrochen sein.

Kühlmittel-Temperaturanzeige

Die Anzeige für die Kühlmitteltemperatur funktioniert ähnlich wie die Tankanzeige. Plusstrom erhält das Instrument bei eingeschalteter Zündung, die Masseverbindung stellt der Temperaturfühler im Zylinderkopf bzw. einem Anschlußstutzen am Zylinderkopf her. Dieser Fühler ist ein veränderlicher Widerstand, der mit Erwärmung den Stromdurchfluß weiter freigibt, so daß das Bimetall im Instrument stärker beheizt wird und die Nadel weiter ausschlägt. Bei zu hoher Kühlmitteltemperatur wird eine rotblinkende Leuchtdiode eingeschaltet.

Störungsmöglichkeiten

□ Fehlerhafte Anzeige der Kühlmitteltemperatur bei gleichzeitig ungenauer Tankanzeige lassen auf einen schadhaften Spannungs-Konstanthalter schließen.
□ Falschanzeige kann an einem oxidierten Kontakt des Kabelsteckers liegen – blankkratzen.
□ Keine Anzeige kann ihre Ursache im Temperaturfühler oder Instrument haben.
□ Richtige Anzeige und gleichzeitig blinkendes Warnlicht kann am Schalter der Kühlmittel-Mangelanzeige im Ausgleichsbehälter oder dem Steuergerät liegen.

Störungssuche

■ **Temperaturfühler prüfen:** Bis 4/88 gelb/rotes Kabel am Temperaturfühler abziehen und mit Masse verbinden. Ab 4/88 Kabelstecker des braunen und gelb/roten Kabels am Geber im Kühlwasserstutzen abziehen, Kontakt des gelb/roten Kabels mit Masse verbinden.
■ Zündung kurz einschalten – wandert die Anzeigenadel ins rote Feld und blinkt die Leuchtdiode im Instrument, ist der Temperaturfühler defekt.
■ **Anzeigegerät prüfen:** Kombiinstrument ausbauen, Mehrfachstecker abziehen.
■ Kontakt der schwarzen Leitung im Mehrfachstecker mit Batterie-Plus verbinden, Kontakt der gelb/roten Leitung an den Minuspol legen – schlägt die Anzeigenadel nicht aus, ist das Instrument defekt.
■ Bei vollem Ausschlag muß der Fehler im Leitungsverlauf gesucht werden.
■ **Leuchtdiode prüfen:** Bleibt bei der Prüfung des Anzeigeinstruments die Leuchtdiode dunkel, obwohl der Instrumentenzeiger ausschlug, liegt der Fehler in der Leiterfolie oder in der Leuchtdiode.
■ Die rotblinkende Leuchtdiode in der Kühlmittelanzeige kann nur gemeinsam mit dem Instrument getauscht werden.
■ **Schalter für Kühlmittelmangel prüfen:** Kabelstecker abziehen, Schalter herausschrauben und wieder in die Kühlflüssigkeit stecken.
■ Ohmmeter an den Schalterkontakten anschließen. Wenn die Elektroden in die Flüssigkeit reichen, ist der Widerstand 0 Ω.
■ Schalter herausziehen, der Widerstand strebt gegen ∞ Ω.
■ Damit ist der Schalter in Ordnung und der Fehler dürfte am Steuergerät liegen. Die Prüfung ist nur mit Werkstattmitteln möglich.

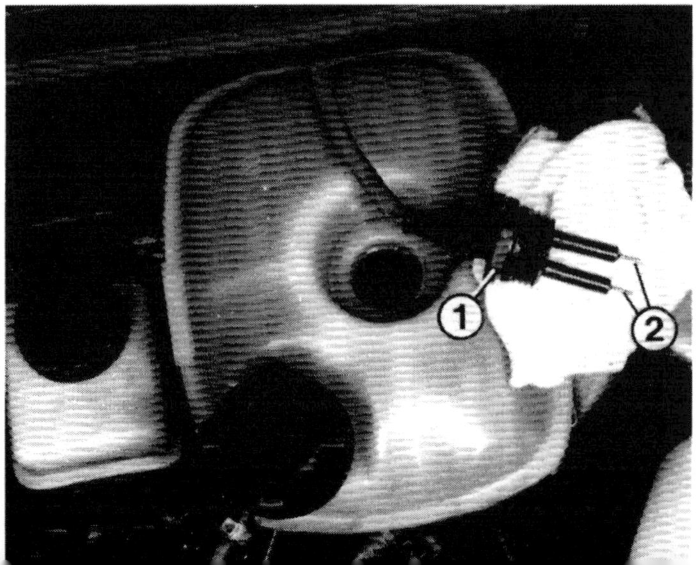

Der Geber (1) der Kühlmittel-Mangelanzeige ist hier aus dem Ausgleichsbehälter herausgeschraubt. Mit seinen beiden Elektroden (2) »fühlt« er, ob der Kühlmittelstand noch hoch genug ist.

Schaltanzeige

Ein Pfeil mit gelber Leuchtdiode leuchtet am Golf GTD auf, wenn der Motor die geforderte Leistung nicht im günstigsten Drehzahlbereich abgibt. Wie das funktioniert, erfahren Sie auf Seite 85.

Fingerzeig: *Falls Ihnen die immer wieder aufleuchtende Schaltanzeige lästig ist, können Sie das Licht auf einfache Weise löschen. Ziehen Sie das Steuergerät für die Schaltanzeige aus dem Steckfeld der Zentralelektrik (siehe Abbildungen auf Seite 223).*

Störungssuche

Wenn die Schaltanzeige dauernd dunkel bleibt, prüfen Sie folgendermaßen:

■ **Leuchtdiode prüfen:** Steuergerät abziehen, Steckkontakt für Klemme 3/L direkt mit Masse verbinden.

■ Zündung einschalten. Jetzt muß die Schaltanzeige aufleuchten.

■ **Gangschalter prüfen:** Handbremse anziehen, Motor starten und auf mittlere Drehzahlen bringen (Gaspedal halb durchgetreten entspricht etwa 3000/min). Nach ca. 1 Sekunde muß die Schaltanzeige aufleuchten.

■ Nun den höchsten Gang einlegen: Die Schaltanzeige muß verlöschen.

■ Falls nicht, am Schalter in Fahrtrichtung links am Getriebegehäuse die weiß/grüne und braune Leitung abziehen und miteinander verbinden.

■ Verlöscht die Schaltanzeige jetzt, (Prüfbedingungen wie beschrieben), ist der Gangschalter defekt.

■ **Stellhebel-Schalter prüfen:** Am Stellhebel (»Gashebel« an der Einspritzpumpe) sind zwei Schalter angebracht, die im Leerlauf und bei Vollgas das Aufleuchten der Schaltanzeige unterbinden.

■ Zum Prüfen Motor starten und Gaspedal halb durchtreten. Die Schaltanzeige leuchtet jetzt nach ca. 1 Sekunde.

■ Von Helfer abwechselnd den rechten und den linken Schalter drücken lassen. Jedesmal muß die Leuchtdiode verlöschen.

■ Bleibt die Leuchte beim Niederdrücken eines der Schalter brennen, ist dieser defekt.

■ Schalter mit Ohmmeter prüfen: Stecker vom Schalter abziehen, Meßgerät anschließen: Ungedrückter Schalter 0 Ω, gedrückter Schalter ∞ Ω.

Tachometer

Dieser Geschwindigkeitsmesser zeigt das Fahrtempo gewissermaßen auf elektrischem Weg an, nämlich durch Erzeugung von Wirbelströmen, die eine Aluminiumtrommel rund um die Zeigerachse gegen den Widerstand einer Spiralfeder verdrehen.

Der Tachometer kann nicht die genaue Entfernung oder Geschwindigkeit messen, sondern er »zählt« die Umdrehungen des Tachowellenantriebs am Getriebegehäuse und setzt sie in Kilometerangaben um. Nach wieviel Tachowellenumdrehungen ein Kilometer auf der Straße zurückgelegt wurde, hängt von der Reifengröße und der Achsübersetzung ab. Die entsprechende Tachometerantriebs-Anpassung wird mit der »Weg-Drehzahl« gekennzeichnet. Die lautet für unsere Diesel-Modelle 950.

Eine zitternde Tachonadel weist gewöhnlich darauf hin, daß die Tachowelle einen Knick hat und bald brechen wird. Bei einem Fahrzeug mit hoher Laufleistung kann auch der Tachoantrieb im Getriebe verschlissen sein.

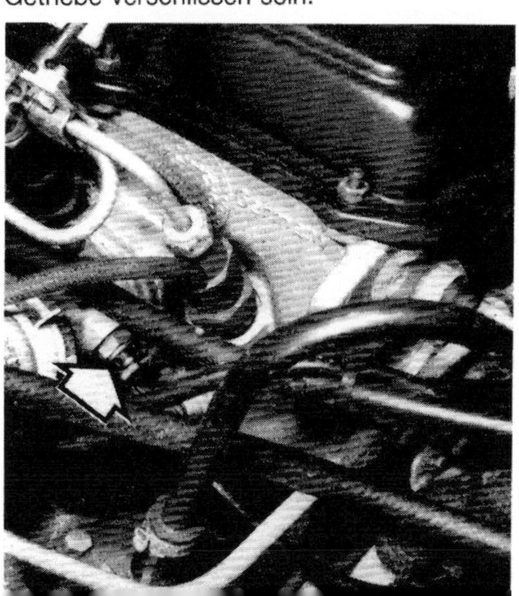

Links: Der Geber der Kühlmittel-Temperaturanzeige (Pfeil) sitzt bei älteren Wagen vorn am Motor in einem Schlauchstutzen. Rechts: Die neuen Temperaturgeber sind lediglich eingesteckt und mit einer Federklammer gesichert. 1 – Geber für Kühlmittel-Temperaturanzeige; 2 – Geber für Vorglühanlage.

Tachowelle ausbauen

■ Ablagefach bzw. Radio ausbauen (Seite 229).
■ Mit schlanker Hand durch den Ausschnitt fassen und die Kunststoff-Halteklammern an der Tachorückseite ausrasten; das geht bisweilen leichter, wenn man die Wellensicherung etwas dreht.
■ Im Motorraum hinten rechts am Getriebe die Tachowelle abschrauben.
■ Dazu beim Schaltgetriebe die Sechskantschraube am Halteblech losdrehen, siehe Bild rechts unten).
■ Beim Automatikgetriebe die Sechskantmutter losdrehen.
■ Tachowelle aus ihrem Halter aushängen und zum Motorraum hin herausziehen.
■ Die neue Welle soll am Anschluß zum Tachometer nicht gefettet werden, sonst sind Funktionsstörungen möglich.
■ Beim Einbau darf die Tachowelle nicht stark gebogen oder gar geknickt werden, sonst ist sie bald wieder defekt.
■ Deshalb zum »Einfädeln« der Welle evtl. das Kombiinstrument abnehmen. Durch die Gummitüllen darf sie nicht mit Gewalt gedrückt werden.
■ Im Motorraum soll die Tachowelle wieder mit dem Halter gesichert werden, damit sie nicht lose herumbaumelt.

Zeituhr

Die quarzgesteuerte Uhr geht ausgesprochen exakt. Allerdings verträgt die Zeigeruhr Drehen gegen den Uhrzeigersinn nicht so gut. Wenn nach dem Wiederanklemmen der Batterie nachgestellt werden muß, dann nur im Uhrzeigersinn drehen.
Läuft die Digital- oder Zeigeruhr überhaupt nicht, beschränkt sich die Fehlersuche auf die zuständige Sicherung oder das stromzuführende Kabel.

Blinker-kontrolle

Die Blinkerkontrolle ist einerseits an Klemme 49a des Blinkrelais angeschlossen und erhält von dort die Blinkimpulse. Auf der anderen Seite hängt sie über den Mehrfachstecker an Klemme 15, die aber nur bei eingeschalteter Zündung Spannung liefert. Ist diese Klemme abgeschaltet, reagiert die Blinkerkontrolle nicht auf die Impulse der Warnblinkschaltung. Kommt dagegen bei eingeschalteter Zündung Spannung von Klemme 15, ist in der Pause zwischen den Blinkimpulsen der Stromkreis über den »toten« (= Minus-)Relaiskontakt geschlossen, und die Kontrolleuchte blinkt im Gegentakt auf.

Fernlicht-kontrolle

Nur bei eingeschaltetem Fernlicht oder beim Lichthupen erhält die Fernlichtkontrolle Spannung. Ob die Fernlichtfäden auch brennen, kann sie aber nicht anzeigen. Das müssen Sie selbst kontrollieren.

Ladekontrolle

Bei laufendem Motor darf die Ladekontrolle weder schwach noch hell leuchten. Bleibt sie beim Einschalten der Zündung dunkel, ist das ebenfalls ein Fehler. Näheres zur Störungssuche finden Sie im »Störungsbeistand Batterie und Lichtmaschine« auf Seite 191.

Öldruck-kontrolle bis 7/86

Bei eingeschalteter »Zündung« erhält die Öldruckkontrolle Spannung. Solange kein Öldruck im Motor aufgebaut wird, ist ihr Stromkreis durch den Öldruckschalter im Zylinderkopf zur Masse geschlossen – das rote Licht leuchtet. Nach dem Start mit zunehmenden Drehzahlen steigt der Öldruck, der Öldruckschalter öffnet seine Kontakte, und das Warnlicht verlöscht.

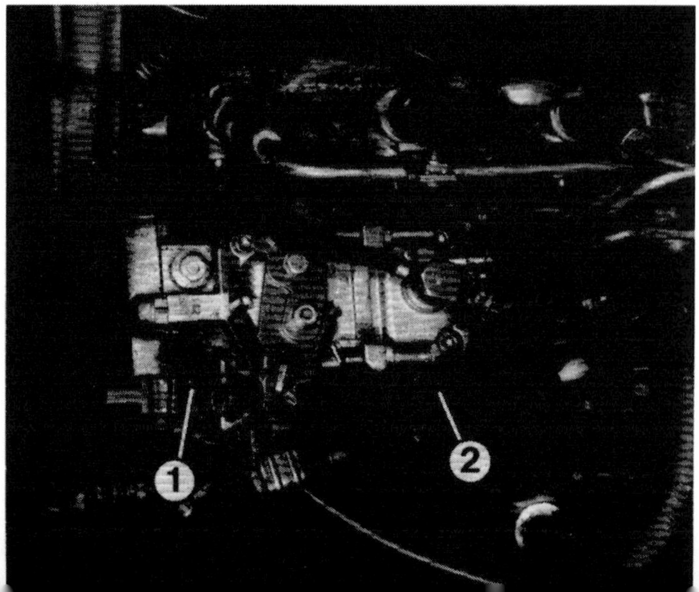

Der Leerlauf- (1) und der Volllastschalter (2) der Schaltanzeige werden vom Stellhebel (Gashebel der Einspritzpumpe) betätigt.

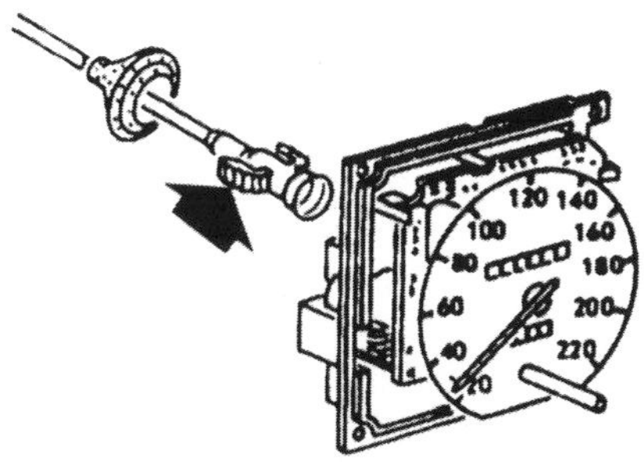

Hier ist die Klemmbefestigung (Pfeil) oben an der Tachowelle gezeigt, die am Anschluß des Instruments einrastet.

seit 8/86

Der Motoröldruck wird von zwei Öldruckschaltern sowie einem Steuergerät mit Warnsummer überwacht. Das Steuergerät sitzt im Gehäuse des Tachometers. So funktioniert es:

□ Bei eingeschalteter Zündung liegt an der Kontrolleuchte im Armaturenbrett ständig Spannung an. Solange der Öldruck bei stehendem Motor noch unter 0,3 bar liegt, hält der 0,3-bar-Öldruckschalter seine Kontakte geschlossen. Damit ist die Masseverbindung zur Kontrollleuchte hergestellt, und sie brennt. Sobald der Motor gestartet wird und der Öldruck ansteigt, öffnet der Schalter seine Kontakte, die Kontrolle verlöscht.

□ Der zweite Öldruckschalter mit einem Schaltdruck von 1,4 bar (Saugdieselmotor) bzw. 0,9 bar (Turbodieselmotor) ist in seiner Funktion mit dem Steuergerät verbunden. Sinkt der Motoröldruck unter 0,9 bzw. 1,4 bar, öffnet er seine Kontakte, wodurch die Masseverbindung zum Steuergerät unterbrochen wird.

□ Das Steuergerät leitet diesen Impuls aber nur dann zur Kontrolleuchte weiter, wenn der **Öldruck länger als eine Sekunde unter 0,9 bzw. 1,4 bar** fällt und die **Motordrehzahl über 2100/min** liegt. Dann läßt das Steuergerät die Öldruckkontrolle blinken und gibt zusätzlich einen Warnton von sich.

Die Öldruckschalter

Zur Unterscheidung besitzen die Isolierstücke der Öldruckschalter unterschiedliche Farben:

□ **Braun** ist die Isolierung am **0,3-bar-Schalter**.

□ **Grau** eingefärbt ist der **0,9-bar-Schalter** am Turbodieselmotor.

□ **Schwarz** trägt der **1,4-bar-Schalter** des Saugdieselmotors.

□ Der 0,3-bar-Schalter ist an der linken Motorstirnseite im Zylinderkopf eingeschraubt, der 0,9- bzw. 1,4-bar-Schalter sitzt am Ölfilterflansch vorn am Motor.

Störungssuche

Blinkt oder leuchtet die Warnlampe (evtl. mit zusätzlichem Warnton) **bei laufendem Motor, müssen Sie sofort anhalten und den Motor abstellen!**

■ Ölstand kontrollieren. Falls in Ordnung:

■ Blau/schwarzes Kabel am 0,3-bar-Öldruckschalter abziehen und frei hängen lassen.

■ Zündung einschalten; blinkt oder leuchtet die Kontrolle weiterhin, hat die Zuleitung Masseschluß – das ist ungefährlich für den Motor.

■ Gelbe Leitung am 0,9- bzw. 1,4-bar-Öldruckschalter abziehen und an Masse halten.

■ Zündung einschalten; blinkt die Kontrolle weiter, liegt der Defekt am Steuergerät oder seinen Zuleitungen – auch das ist ungefährlich für den Motor.

■ Zeigen sich andere als die beschriebenen Effekte, besteht der Verdacht, daß die Ölver-

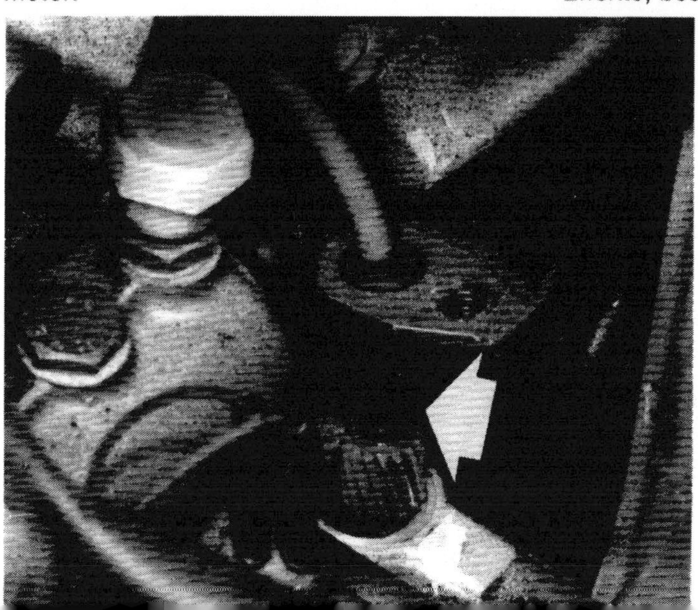

Das Antriebsritzel unten an der Tachowelle (Pfeil) wird von einem Sicherungsring gehalten. Darüber sehen Sie das Halteblech der Welle.

sorgung im Motor unterbrochen ist. Wagen abschleppen lassen!

■ Möglicherweise ist ein Öldruckschalter schadhaft. Bisweilen funktioniert er wieder, wenn man an seiner Steckzunge wackelt.

■ **Bleibt die Öldruckkontrolle** nach Einschalten der Zündung **dunkel**:

■ Blau/schwarze Leitung am 0,3-bar-Öldruckschalter abziehen und gegen Masse halten.

■ Zündung einschalten; blinkt die Kontrolle jetzt, ist der Öldruckschalter defekt.

■ Bleibt es dunkel, ist die Zuleitung bzw. die Leiterfolie, die Leuchtdiode oder das Steuergerät schadhaft.

Steuergerät prüfen

■ Gelbes Kabel am 0,9- bzw. 1,4-bar-Öldruckschalter abziehen. Nicht gegen Masse halten.

■ Motor starten und langsam hochdrehen. Ab etwa 2200/min muß die Kontrolle blinken und der Warnsummer ertönen. Wenn nicht, ist das Steuergerät defekt – ersetzen.

■ Gleiche Prüfung mit aufgestecktem Kabel.

■ Blinkt die Kontrolle und ertönt der Summer ab einer Drehzahl von etwa 2200/min, ist der 0,9- bzw. 1,4-bar-Öldruckschalter defekt.

■ Motor im Leerlauf drehen lassen, Kabel am 0,9- bzw. 1,4-bar-Schalter abziehen und frei hängen lassen.

■ Werden nun Kontrolle und Summer aktiv, ist die Zuleitung von Klemme W der Lichtmaschine (die Drehzahlinformation) und dem Steuergerät unterbrochen.

Öldruckschalter austauschen

■ Kaufen Sie den richtigen Schalter, als Unterscheidungsmerkmal dient die Farbe des Isoliermaterials, siehe Vorseite.

■ Schalter mit Dichtring einbauen.

■ Das Anzugsdrehmoment beträgt lediglich 25 Nm.

Mehrfach-Kontrolleuchte ausbauen

In diesem Leuchtengehäuse zwischen den Kippschaltern sind eine oder mehrere Kontrollampen zusammengefaßt. Wenn eine der darin sitzenden Glassockel-Glühlampen ausfällt, kann sie nicht einfach herausgezogen und ersetzt werden. Besitzt Ihr Fahrzeug lediglich die Bremskontrolle, liefert das Teilelager nur eine komplette neue Leuchte, obwohl sich die Lampenfassung abnehmen läßt, siehe Bild rechts unten. Bei einem VW mit mehreren Kontrollleuchten wird die sogenannte Platine mit den Steckerfahnen und den fest darin sitzenden Glühlampen als ganzes Bauteil ersetzt.

■ In der unteren Schalterreihe rechts vom Kombiinstrument Blinddeckel oder Schalter ausbauen (Seite 220).

■ Mit einem Finger durch die Öffnung fassen und an der Rückseite der Mehrfachkontrollleuchte oben und unten je zwei Haltenasen ausrasten.

■ Komplettes Gehäuse herausziehen, Stekker abziehen.

Anhänger-Blinker-kontrolle

Sie blinkt rhythmisch mit, wenn bei angeschlossener Anhängerelektrik die jeweilige Blinkleuchte am Anhänger funktioniert. Ist ein Blinklicht am Anhänger defekt, bleibt die Zusatzblinkkontrolle dunkel. Dagegen reagiert die Kontrollampe beim Warnblinken nicht auf den Ausfall einer Glühlampe des Anhängers – sie blinkt trotzdem mit.

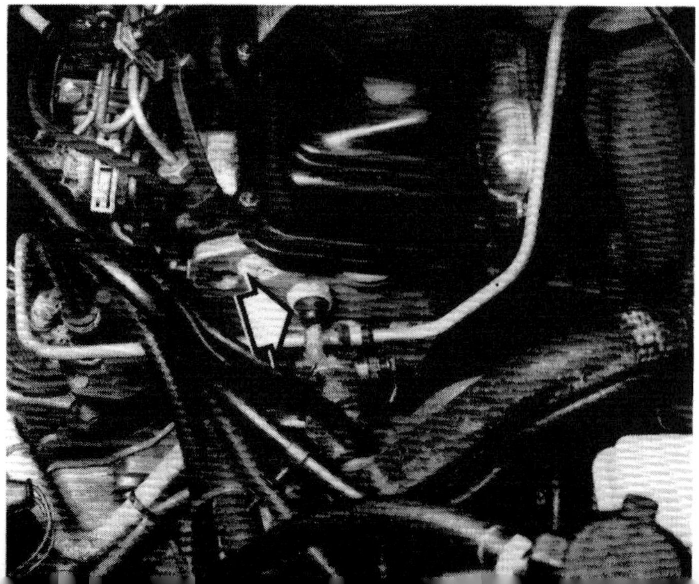

An der linken Schmalseite des Zylinderkopfes ist der 0,3-bar-Öldruckschalter (Pfeil) eingesetzt. Zum Einbau den Schalter mit 25 Nm anziehen, Dichtring nicht vergessen.

So wird durch die unteren Schalterausschnitte die Mehrfachkontrolleuchte ausgerastet.

Bremskontrolle

Diese Kontrolleuchte warnt vor angezogener Handbremse und ggf. vor abgesunkenem Flüssigkeitsstand. Dazu sitzt am Handbremshebel ein Kontaktschalter, der bei angezogener Handbremse das rote Licht aufleuchten läßt. Bei entsprechender Ausstattung besitzt der Verschlußdeckel auf dem Ausgleichsbehälter für die Bremsflüssigkeit einen Schwimmer und einen Kontaktschalter, der bei abgesunkenem Niveau im Behälter den Stromkreis zur Lampe schließt.

Störungen an der Bremskontrolle

■ Wenn die Warnleuchte überhaupt nicht brennt, ist vermutlich die Glühlampe defekt, Wechsel siehe linke Seite.
■ Verlöscht die Kontrolle nicht, überprüfen Sie, ob der gelöste Handbremshebel den Stift im Kontaktschalter nach unten drückt.
■ Wenn nicht, den Kontaktschalter lösen und seitlich versetzen.
■ Bei einem Fahrzeug mit Anzeige für den Flüssigkeitsstand muß das Niveau im Behälter geprüft werden.
■ Fehlt Bremsflüssigkeit? Siehe Seite 137.
■ War kein Fehler zu entdecken, muß der Kabelverlauf zur Kontrolleuchte überprüft werden.

Die Schalter
Kippschalter

□ Im Lichtschalter glimmt das Scheinwerfersymbol beim Einschalten der Zündung.
□ Die transparent-rote Taste im Warnblinkschalter ist bei eingeschaltetem Licht schwach erleuchtet. Erst wenn man den Warnblinkschalter drückt, wird der Widerstand an der Birne überbrückt und sie leuchtet hell in den Blinkertakten.
Ebenfalls bei eingeschalteter Beleuchtung sind die Symbole in sämtlichen Kippschaltern schwach erleuchtet.

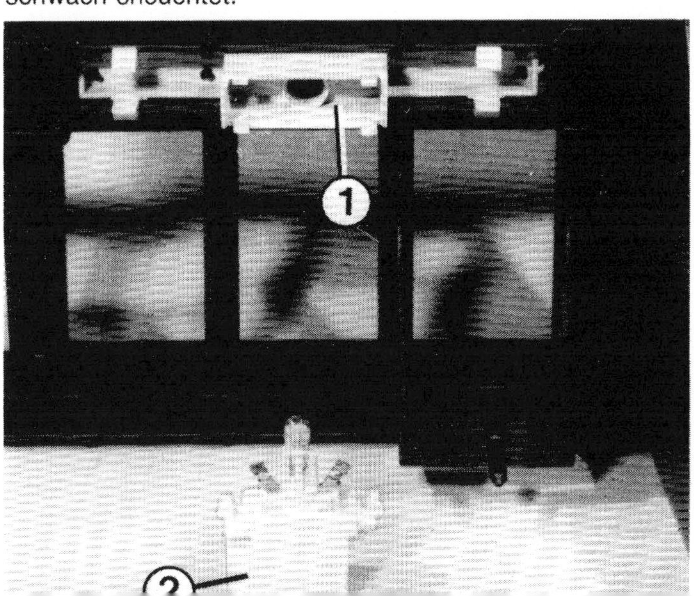

Die Lampenfassung (2) läßt sich aus dem Leuchtengehäuse (1) ausrasten, aber die Glassockellampe sitzt fest in der Fassung.

□ Die Glühlampen für die Schaltersymbole bzw. die Kontrolleuchten sind in den Schaltern integriert. VW sieht nur den kompletten Schaltertausch vor. Man kann trotzdem versuchen, den Schalter zu trennen; es gibt allerdings nach dem Zusammenbau oft Probleme mit den Raststellungen.

Kippschalter ausbauen

■ Massekabel der Batterie abnehmen.
■ Schalter in Stellung »Ein« drücken.
■ Unten den Schalter leicht anheben und herausziehen.
■ Schalter in Stellung »Aus« drücken und jetzt oben herausziehen.
■ Beim Herausziehen des Schalters kann es vorkommen, daß sich der hinten aufgesteckte Mehrfachstecker in der Blende des Kombiinstruments etwas verhakt. Dennoch gefühlvoll ziehen und nicht reißen.
■ Am herausgezogenen Schalter rechts und links die langen Kunststoff-Halteklammern zur Seite drücken und Stecker vom Schalter trennen.

Fingerzeig: *Der Schalter der heizbaren Heckscheibe wird meist so vom Lenkradkranz verdeckt, daß man die Kontrolleuchte nicht sieht und die Scheibenheizung unnötig lange eingeschaltet läßt. Abhilfe: Warnblinkschalter gegen den Heizscheibenschalter austauschen.*

Kippschalter nachträglich einbauen

■ Zum Verlegen der Kabel entsprechend den Stromlaufplänen ab Seite 168 Kombiinstrument ausbauen (Seite 209).
■ Betreffenden Blinddeckel unten anheben und herausziehen.
■ Schalter in den freigewordenen Ausschnitt einsetzen.

Drehschalter

Der einzige Drehschalter im VW schaltet das Luftgebläse. Alles was mit dem Gebläse und seinem Schalter zu tun hat, finden Sie im folgenden Kapitel »Heizung und Lüftung«.

Hebelschalter

Obschon sie zu den meistgebrauchten Schaltern im Auto gehören, hat man mit den Hebelschaltern kaum Probleme. Wichtig zu wissen ist, daß Lichtumschaltung und Lichthupe zwar mit dem Blinkerschalter betätigt werden, der eigentliche Schalter aber im Scheibenwischerschalter sitzt. Bei einem Defekt der Lichtumschaltung und Lichthupe muß der Scheibenwischerschalter komplett ersetzt werden, der Umschalter läßt sich nicht abbauen.
Zur Störungssuche an den Hebelschaltern genügt es, die mit zwei Kreuzschlitzschrauben befestigte Verkleidung unter der Lenksäule abzunehmen.

Fingerzeig: *Bei einem älteren Fahrzeug kann es vorkommen, daß der Lichtumschalter klemmt. Bevor Sie den Hebelschalter austauschen, sollten Sie versuchen, das Umschalterteil durch Auftragen von Silikonpaste (siehe Seite 12) wieder gängig zu machen.*

Hebelschalter ausbauen

■ Lenkrad ausbauen, siehe Seite 132.
■ Lenksäulenverkleidung unten abnehmen (zwei Kreuzschlitzschrauben).
■ Drei Schlitzschrauben in der Schalterkombination herausdrehen (Bild rechts oben).
■ Stecker an den Schaltern abziehen.

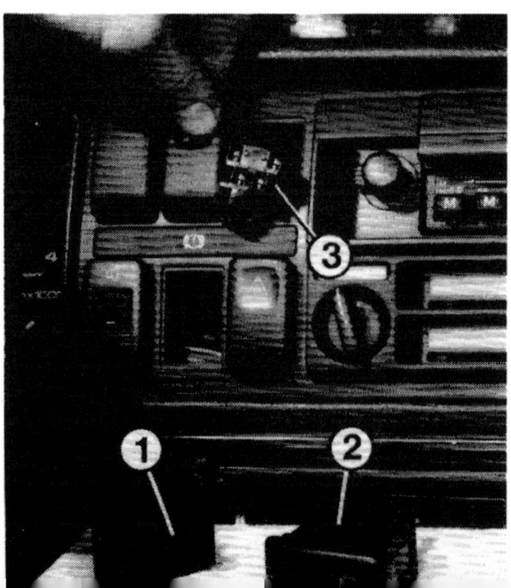

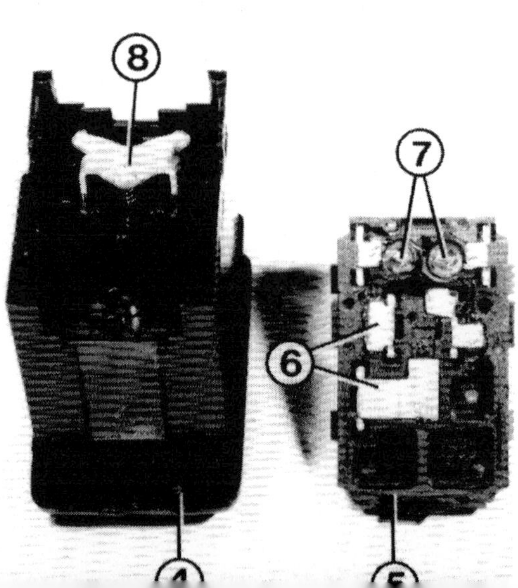

Im Bild links ist das Herausziehen eines Kippschalters gezeigt. Außerdem: 1 – ausgebauter Blinddekkel; 2 – herausgezogener Schalter; 3 – Mehrfachstekker. Rechts: 4 – Schaltergehäuse; 5 – Schalter-Rückteil mit den Kontaktzungen; 6 – Kontaktflächen; 7 – eingelötete Glassockellampen; 8 – Schaltkontakt.

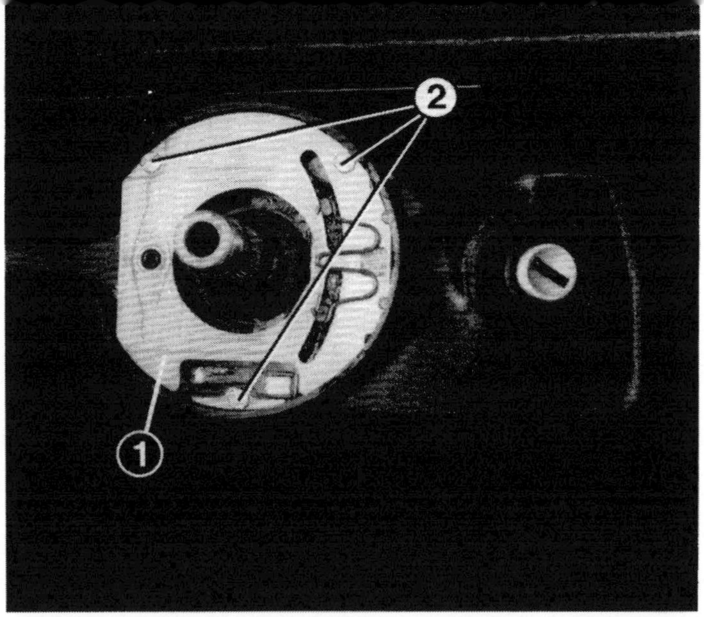

Zum Ausbau der Hebelschalterkombination (1) müssen drei Schlitzschrauben (2) gelöst und der Mehrfachstecker abgezogen werden.

- Linken Schalter herausziehen und leicht verkanten, damit seine Schaltnase aus dem Schalter für Lichtumschaltung und Lichthupe ausrastet.
- Scheibenwischerschalter abnehmen.
- Durch Drehen und Verkanten läßt sich die Schalterkombination allerdings auch komplett abnehmen.

Lenk/Anlaß-Schalter

Dieses landläufig als Zündschloß bezeichnete Teil dient nicht nur dazu, dem Besitzer des Zündschlüssels den Motorstart zu ermöglichen, sondern sperrt nach Abziehen des Zündschlüssels und nach einer kurzen Lenkraddrehung auch die Lenkung. Demgemäß nennt man es auch Lenk-/Anlaßschloß.

Während das Schloßteil nur in seltenen Fällen seinen Geist aufgibt, kann der in einem Kunststoffteil eingegossenene Schaltkontaktsatz (also der eigentliche Schalter) des Zündschlosses eher die Ursache für eine Störung sein. Ob er defekt ist, können Sie nach Abschrauben der unteren Lenksäulenverkleidung prüfen.

Lenk/Anlaß-Schalter ausbauen

Das Schloßteil des Zündschlosses auszubauen ist Werkstattarbeit. Dazu muß an einer genau definierten Stelle an der Schalteraufnahme ein Loch gebohrt werden. Durch dieses Loch kann dann die Haltefeder des Schließzylinders zurückgedrückt werden.

Das Schaltteil unten am Schloß kann die Ursache von Störungen sein, wenn die Kontakte bei einem älteren Fahrzeug abgenutzt sind. Für den Zusammenbau brauchen Sie unbedingt eine neue Klemmscheibe, die alte hat keine ausreichende Klemmkraft mehr.

- Hebelschalter ausbauen.
- Mehrfachstecker vom Lenk/Anlaß-Schalter abziehen.
- Klemmscheibe auf der Lenksäule mit einer Rohrzange drehen und herunterziehen.
- Darunter sitzende Druckfeder und Kontaktring abnehmen.
- Innensechskantschraube links am Klemmstück des Zündschloßgehäuses herausdrehen, Gehäuse von der Lenksäule abziehen.

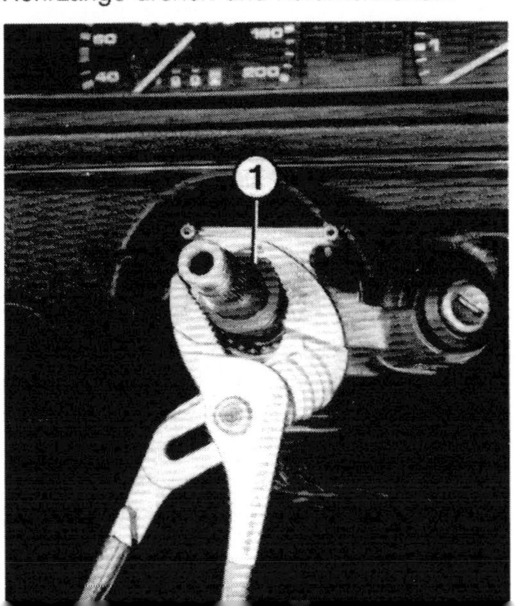

Links der Ausbau der Klemmscheibe (1) mit einer Zange. Rechts der Einbau der neuen Scheibe. Sie wird mit einem passenden Ringschlüssel auf die Lenksäule (2) geklopft.

Das Schaltteil (3) des Zünd/Anlaß-Schalters wird von einer Kreuzschlitzschraube (1) im Zündschloßgehäuse (2) gehalten.

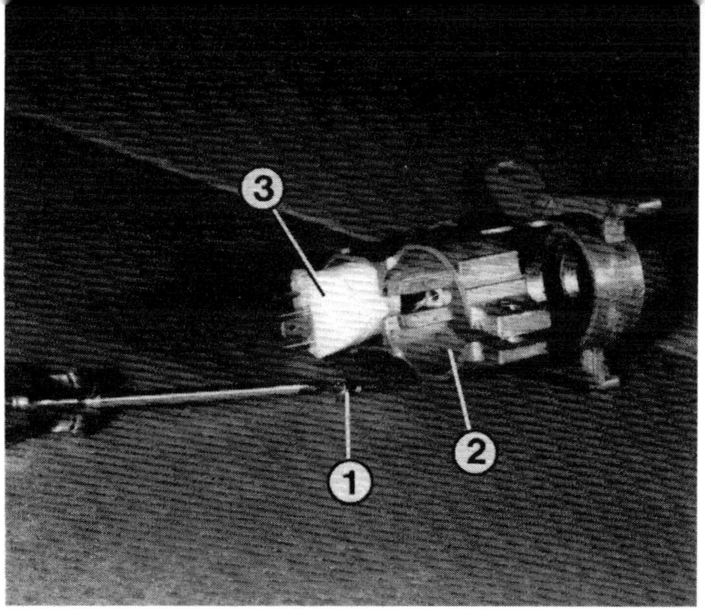

■ An der Rückseite des Zündschloßgehäuses die Kreuzschlitzschraube des Lenk/Anlaß-Schalters losdrehen, Schalter herausziehen.
■ Bei einem Fahrzeug mit zweigeteilter Lenksäule (bis 7/84) zum Einbau das linke Ablagefach abnehmen (Seite 250). Die Lenksäule ist unten lediglich ineinandergesteckt. Sie muß deshalb mit einer Zange oder Schraubzwinge gegen Herausrutschen gesichert werden.
■ Beachten Sie, daß der Betätigungsstift des Schloßteils richtig in das Gegenstück am Schalter einrastet.
■ Kontaktring und Feder bis zum Anschlag aufschieben.
■ Neue Klemmscheibe so weit aufklopfen, bis die darunter sitzende Feder ganz zusammengedrückt ist.
■ Klemmschraube am Zündschloßgehäuse mit 10 Nm festziehen.

Fahren mit defektem Lenk/Anlaß-Schalter

Sind die Kontakte im Lenk/Anlaß-Schalter so abgenutzt, daß sich beim Zündschlüsseldreh nichts mehr regt, können Sie dennoch den Motor starten. Voraussetzung ist, daß am roten Kabel des Zündschloß-Mehrfachsteckers Spannung anliegt.
■ Lenksäulenverkleidung unten abschrauben, Mehrfachstecker abziehen.
■ Mit einem Kabelstück oder einer Büroklammer die Steckbuchsen des dicken roten und des schwarzen Kabels miteinander verbinden. Damit ist die »Zündung« eingeschaltet, es wird vorgeglüht, und Vorglüh-, Lade- und Öldruckkontrolle leuchten auf.
■ Wagen anschieben lassen oder
■ mit einem mindestens 4 mm^2 starken, isolierten Kabelstück eine Kurzschlußbrücke zwischen der Steckerbuchse des roten und des rot/schwarzen Kabels der Klemme 50 herstellen. Damit wird der Anlasser gestartet.
■ Sobald der Motor angesprungen ist, diese Kabelbrücke wieder wegziehen.
■ Der Mehrfachstecker bleibt abgezogen. Damit während der Fahrt kein Kurzschluß entstehen kann, muß er isoliert werden.
■ Zum Abstellen des Motors die Verbindung zwischen dem roten und schwarzen Kabel abziehen.

Schalterprüfung

■ Mit einer Prüflampe mit Nadelkontakt können Sie die Kabelisolierung durchstechen und feststellen, welche Kabel Spannung führen.
■ Suchen Sie für diesen Zweck den passenden Stromlaufplan ab Seite 168 heraus.
■ Zuerst wird geprüft, ob der Schalter überhaupt Spannung geliefert bekommt; hierzu muß vielfach die Zündung oder die Beleuchtung eingeschaltet werden.
■ Dann wird kontrolliert, ob der Schalter in entsprechender Stellung die Spannung weiterleitet.

Relais und Steuergeräte

Zur Bordelektrik gehören eine Reihe Relais und Steuergeräte, die in der Zentralelektrik oder auf separaten Adaptern eingesteckt sind.
Ein einfaches Schaltrelais wird für leistungsstarke Stromverbraucher verwendet. Leitet man den Strom auf langen Kabelwegen über den dazugehörigen Schalter, gibt es Spannungsverlust. Außerdem werden die Schalterkontakte durch den hohen Stromfluß stark beansprucht.

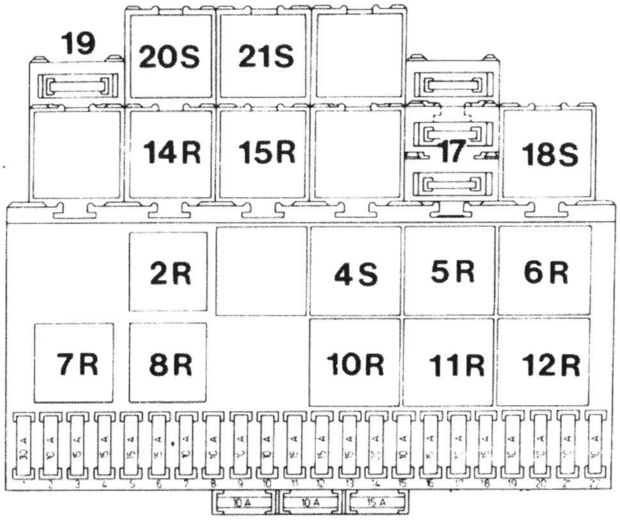

Die Zentralelektrik im **Golf bis 7/89** bzw. **Jetta bis 12/88** mit den Relais (R) und Steuergeräten (S). Sie dienen für: 2 – Vorglüh-Relais; 4 – Schaltanzeige; 5 – Klimaanlage; 6 – Zweiklanghörner; 7 – Nebelscheinwerfer; 8 – X-Kontakt-Entlastungsrelais; 10 – Wisch/Wasch-Intervallschaltung; 11 – Heckscheibenwischer; 12 – Blinker; 14 – Fensterheber; 15 – Scheinwerfer-Reinigungsanlage; 17 – Sicherung für Nebelschlußleuchte; 18 – Kühlmittel-Mangelanzeige; 19 – Thermosicherung für Fensterheber; 20, 21 – heizbarer Fahrer- bzw. Beifahrersitz. Die Relais auf den Adaptern sitzen nicht immer an derselben Stelle.

Bei einer Relaisschaltung benutzt man den Schalter nur für den geringen Schaltstrom, womit nicht der Verbraucher direkt, sondern dessen Relais eingeschaltet wird.
□ Bestimmte Relais können zusätzliche Funktionen auslösen. So schaltet das Blinkrelais die Blinkimpulse, das Relais der Wisch-Wasch-Intervallschaltung steuert den Intervallbetrieb und den Trockenlauf der Scheibenwischer nach dem Scheibenwaschen.
□ Steuergeräte besitzen mehr oder minder umfangreiche elektronische Schaltungen für bestimmte Funktionen, bisweilen ist auch noch ein Relais eingebaut. Als Beispiele seien hier das Steuergerät für die Schaltanzeige bzw. für die dynamische Öldruckkontrolle genannt.

Die Schaltrelais Funktion

□ Beim Einschalten des betreffenden Verbrauchers wird im Schaltrelais durch den an Klemme 86 ankommenden »Schaltstrom« der Schaltstromkreis zu Klemme 85 geschlossen.
□ Dadurch zieht eine Magnetspule einen kräftigen Kontakt gegen Federdruck an und schließt so den Stromkreis für den »Arbeitsstrom«.
□ Der Arbeitsstrom wird zur Vermeidung von Spannungsabfall auf kurzem Weg direkt an Klemme 30 des Relais herangeführt und von dort weiter – bei geschlossenen Schalterkontakten – über Klemme 87 an den Stromverbraucher weitergeleitet.
□ Abweichend hiervon schaltet das Relais für die Zweiklanghörner, siehe unten.

Schaltrelais-Störungssuche

■ Klemme 30 muß immer Spannung führen. Zur Kontrolle Relais ein Stück herausziehen und mit Prüflampennadel Klemme 30 antippen.
■ Relais abziehen, Klemme 86 mit Batterie-Plus und Klemme 85 mit Masse verbinden. Die Magnetspule muß den Relaiskontakt deutlich hörbar anziehen, sonst ist das Relais defekt.
■ **Relais für Zweiklanghörner** ein Stück herausziehen. An Klemme 86 muß bei eingeschalteter Zündung Spannung anliegen.
■ Beim Druck auf den Hupkontakt muß die Magnetspule den Relaiskontakt deutlich hör-

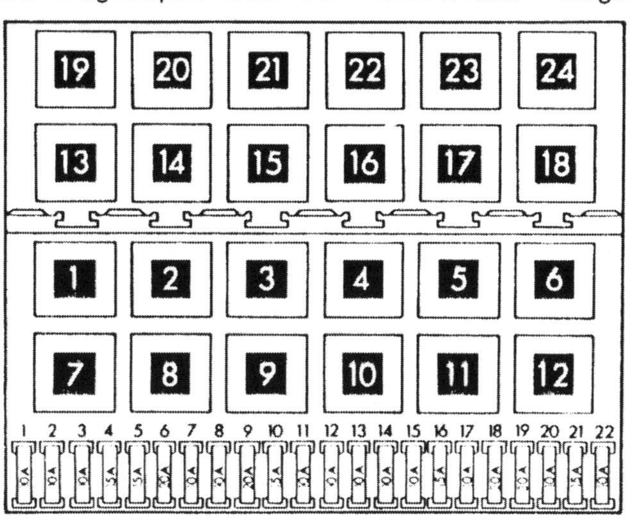

Die Zentralelektrik im **Golf ab 8/89** bzw. im **Jetta ab 1/89** mit Relais und Steuergeräten: 1 – Klimaanlage; 2 – Heckscheibenwischer und Wascher; 3 – frei; 4 – X-Kontakt-Entlastungsrelais; 5 – Kühlmittel-Mangelanzeige; 6 – Blinkrelais; 7 – Scheinwerfer-Reinigungsanlage; 8 – Wisch/Wasch-Intervallschaltung; 9 – frei; 10 – Nebelscheinwerfer; 11 – Zweiklanghörner; 12 – Vorglührelais; 13 – Kühlerlüfter-Nachlauf; 14 – Anlaßsperre; 15 – ABS-Hydraulikpumpe; 16 – ABS; 17 – frei; 18 – Sicherung für elektrische Sitzverstellung; 19 – elektrische Zusatz-Kühlmittelpumpe; 20 – Relais für Glühzeitautomatik oder Freilaufsperre; 21 – Fensterheber; 22 – Sicherung für Ventile ABS, Hydraulikpumpe ABS; 23 – Sicherung für elektrische Zusatz-Kühlmittelpumpe; 24 – Sicherung für Fensterheber. Relais und Sicherungen ab Steckplatz 13 sitzen nicht immer an derselben Stelle.

bar anziehen und die Masseverbindung zu den Hupen schließen. Klemme 30 ist abweichend von der üblichen Schaltung hier mit Masse verbunden.

■ Relais abziehen, mit einem kräftigen, isolierten Draht Steckbuchsen der Klemme 87 und 30 im Relaissitz überbrücken.

■ Zündung einschalten. Hupt es jetzt, ist das Relais defekt, wenn sämtliche Leitungsverbindungen überprüft und für gut befunden wurden.

Behelf bei defektem Schaltrelais

■ Relais aus der Zentralelektrik abziehen.

■ Klemme 30 und 87 im Relaissteckfeld mit einer Büroklammer oder einem kurzen Drahtstück überbrücken. Dadurch erhält der betreffende Verbraucher Dauerstrom.

■ Zum Abschalten die Kurzschlußbrücke abziehen, da der betreffende Schalter in diesem Fall ja überbrückt ist.

Anzünder

Der elektrische Anzünder erhält Dauerstrom über die zuständige Sicherung. Falls er trotz intakter Sicherung nicht funktioniert, ist der Heizwendeleinsatz locker oder durchgebrannt.

Heizbare Heckscheibe

Das Feld mit den aufgedampften Leiterbahnen muß bei beschlagener oder vereister Scheibe über die gesamte Fläche freie Sicht schaffen.

Störungssuche

■ Zuständige Sicherung kontrollieren, siehe Tabellen ab Seite 164.

■ Festen Sitz der Kabelstecker an der heizbaren Heckscheibe kontrollieren.

■ Schalter ausbauen und prüfen, siehe Seite 220 und 222.

■ Funktion des Relais prüfen (Seite 223).

■ War bisher kein Fehler zu finden, Leitungsverlauf kontrollieren, auch die Masseverbindung.

■ Sind Heizfäden beschädigt und dadurch unterbrochen, hilft Leitsilberlack. Dieser wird z.B. von Doduco, Postfach 480, 7530 Pforzheim hergestellt und ist im Autozubehörhandel erhältlich.

Scheibenwischer und -wascher prüfen

Ständige Kontrolle

■ Zündung einschalten.

■ Laufen die Scheibenwischer in beiden Geschwindigkeiten und gehen sie beim Ausschalten in die Parkstellung zurück?

■ Funktioniert – je nach Ausstattung – die Wischintervallschaltung und die Wisch/Wasch-Automatik?

■ Spritzt Wasser aus den Wascherdüsen?

■ Arbeiten Heckwischer und -wascher beim Golf?

Fingerzeig: *Die seit 1/85 serienmäßige Intervallschaltung für den Heckscheibenwischer läßt sich ganz einfach nachrüsten: Ersetzen Sie das alte Heckwischerrelais durch das neue mit der Teile-Nr. 191 955 529.*

Scheibenwischerarm ausbauen

■ Abdeckkappe vom Wischerarm mit einem flachen Schraubenzieher abhebeln und hochklappen.

■ Haltemutter lösen und mit der Federscheibe abnehmen.

■ Wischerarm von der Welle abziehen.

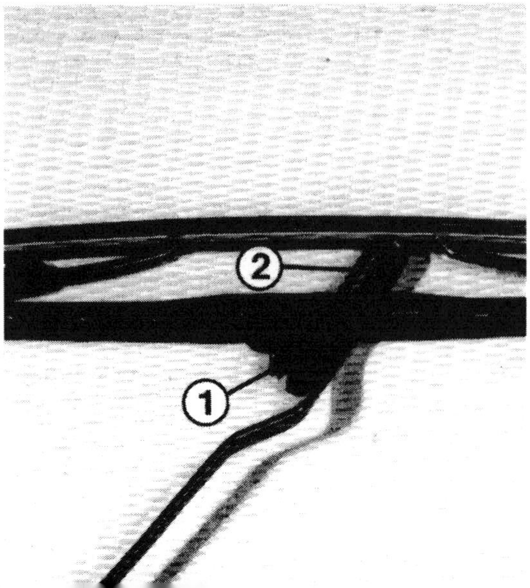

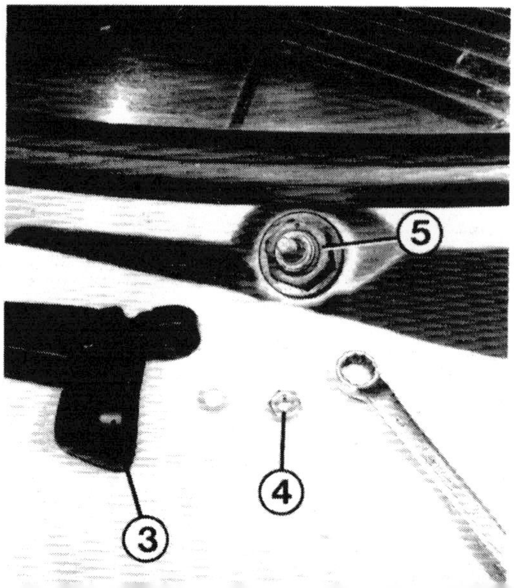

Links: Die Arretierungsfeder (1) des Wischerblatts muß zusammengedrückt werden, damit ihre Haltenocke aus der Aussparung (2) im Wischerarm ausrasten kann. Rechts: Der Wischerarm mit abgeklappter Abdeckkappe (3), Haltemutter (4) und Haltemutter der Wischerachse (5).

■ Falls dies nicht möglich ist, beidseitig von der Scheibenwischerwelle zum Schutz der Lackierung einen großen Lappen legen.
■ Mit rechts und links angesetzten, flachen Schraubenziehern den Wischerarm abheben.
■ Beim Einbau die Wischerarme nicht verwechseln, der rechte ist länger als der linke.
■ Wischerarm so montieren: Der Abstand von der Windschutzscheibendichtung zum Wischergummi muß beim rechten Wischer 59 mm betragen, links 55 mm.

Wischerblatt abnehmen

■ Wischerarm abklappen.
■ Arretierungsfeder des Wischerblatts (Bild links unten) zusammendrücken, bis ihre Kerbe aus der Öffnung des Wischerarms austritt.
■ Scheibenwischerblatt nach unten drücken und aus dem Arm herausschwenken.
■ Beim Einsetzen des Wischerblatts darauf achten, daß die Kerbe in der Arretierungsfeder der Aussparung im Wischerarm gegenübersteht und dort einrasten kann.

Scheibenwischergummi wechseln

■ Wischerblatt abnehmen.
■ Die Wischerlippe besitzt an einer Seite Aussparungen zum Einhängen der Wischerblatt-Halteklammern. Die entsprechenden Erhebungen im Gummi mit dem Fingernagel oder einem kleinen Schraubenzieher zurückdrücken, damit die Halteklammern ausgerastet werden können.
■ Wischergummi mit den seitlichen Metallstreifen herausziehen.
■ Neues Wischergummi in die unteren Halteklammern des Wischerblatts einhängen.
■ Metallstreifen rechts und links einschieben und die Haltenasen der Streifen in die Aussparungen im Gummi einsetzen.
■ Gummierhebungen zum Einrasten der Halteklammern wieder zurückdrücken.

Störungsbeistand Scheibenwischerblätter

Die Störung	– ihre Ursache	– ihre Abhilfe
A Wasser und Schmutz werden gleichmäßig über das Wischfeld verteilt	1 Scheibe durch Lackpflegemittel, ölartige Rückstände oder Insektenleichen verschmutzt	Auf die Scheibe Messingputzmittel »Sidol« auftragen, antrocknen lassen, dann mit sauberem Lappen abreiben
	2 Wischergummi verschlissen	Austauschen
	3 Wischerarm am Anlenkpunkt des Wischerblattes nicht parallel zur Windschutzscheibe	Wischerarmende nachbiegen
B Im Wischfeld bleiben feine Wasserstreifen stehen	Siehe A 2	
C Im Wischfeld bleiben feine Wassertropfen zurück	Neigungswinkel des Wischergummis zu flach	Wischergummi austauschen
D Im Wischfeld bleibt ein breiter Wasserfilm zurück	Ungleiche Druckverteilung durch verbogene oder defekte Anpreßfeder im Wischerblatt	Wischerblatt austauschen
E Im Wischfeld bleiben einige Wasserfelder zurück	1 Anpreßdruck des Wischerarms zu gering	Anpreßdruck überprüfen, Gelenk und Feder leicht einölen, ggf. Wischerarm ersetzen
	2 Scheibenwischerantrieb verschlissen	Kontrollieren, defekte Teile ersetzen
	3 Wischerarm lose auf seiner Achse	Festschrauben
	4 Wischerarm verbogen	Nachbiegen
	5 Wischerblatt verbogen	Austauschen
F Im Wischfeld bleiben oben am Rand Wasserfelder zurück	1 Siehe E 1	
	2 Siehe D	
G Wischerblatt rattert	Zu viel Spiel in der Verbindung von Wischerarm und Wischerblatt bzw. dem Kunststoff-Verbindungsteil	Wischerblatt, -arm oder Verbindungsteil austauschen

Der Heckscheibenwischermotor (2) mit seinen Halteschrauben (1). Zum Aufstecken der Antriebsstange (5) muß der Kurbelhebel (4) in der hier gezeigten Stellung am Wischergetriebe (3) angeschraubt sein.

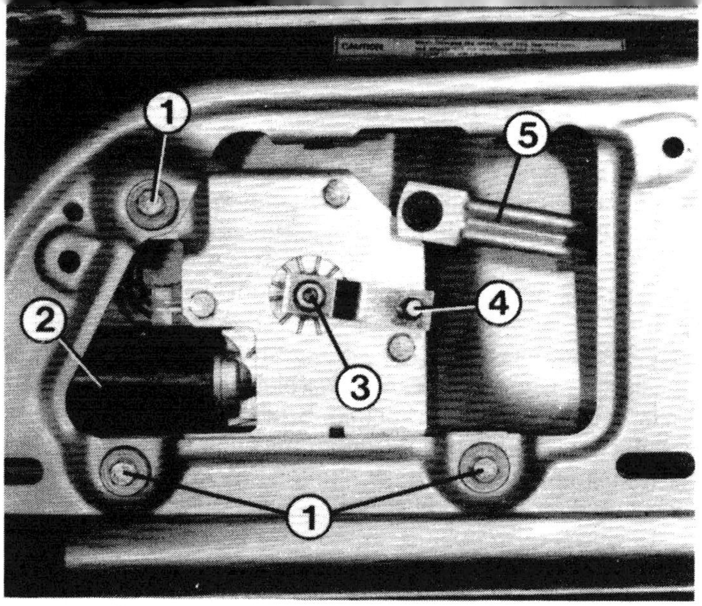

Scheibenwischermotor

Der Scheibenwischermotor wird über das Entlastungsrelais für den X-Kontakt versorgt. Die Kabelklemmen am Scheibenwischermotor haben folgende Bedeutung:

□ Klemme 53 erhält Spannung für die erste Wischergeschwindigkeit.

□ Klemme 53a liefert Plusstrom für die Wischer-Endabstellung.

□ Klemme 53b führt die Spannung für die zweite Wischergeschwindigkeit.

□ Über Klemme 53e wird der Wischermotor beim Zurücklaufen nach dem Abschalten abgebremst, damit die Wischer nicht über ihre Parkstellung hinauslaufen.

Wenn sich die Scheibenwischer beim Abschalten nicht in Parkstellung befinden, erhält ihr Motor über Klemme 53a so lange Spannung, bis die Wischer in Ruhestellung gelaufen sind.

Fingerzeig: *Bei eingeschalteter Zündung dürfen die Wischerblätter nicht außerhalb ihrer Parkstellung blockiert sein – etwa durch Schnee oder weil sie angefroren sind. Klemme 53a liefert dann nämlich ununterbrochen Spannung. Da der Wischermotor durch die festhängenden Wischerblätter aber nicht drehen kann, brennt er nach einer gewissen Zeit durch. In einem solchen Fall die Wischerblätter abheben, damit sie in ihre Endstellung laufen können.*

Wischermotor ausbauen

■ Scheibenwischerarme abbauen.

■ Haltemuttern SW 22 der Wischerachsen losdrehen und mit Abdeckungen sowie Scheiben abnehmen.

■ Motorhaube öffnen, Abdeckung über dem Wasserfangkasten abnehmen.

■ Sicherungsklammer am Mehrfachstecker des Wischermotors ausrasten, Stecker abziehen.

■ Halteschraube vorn am Wischerrahmen losdrehen.

■ Linke Antriebsstange vom Wischerlager aushängen, wie im Bild unten links gezeigt.

■ Motor mit Rahmen leicht drehen und in Fahrtrichtung links zuerst herausnehmen.

■ Zweite Antriebsstange abhebeln.

■ Scheibenwischermotor vom Rahmen losschrauben.

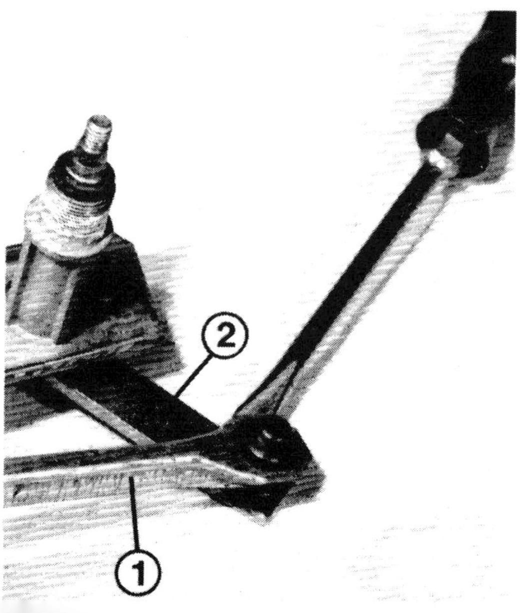

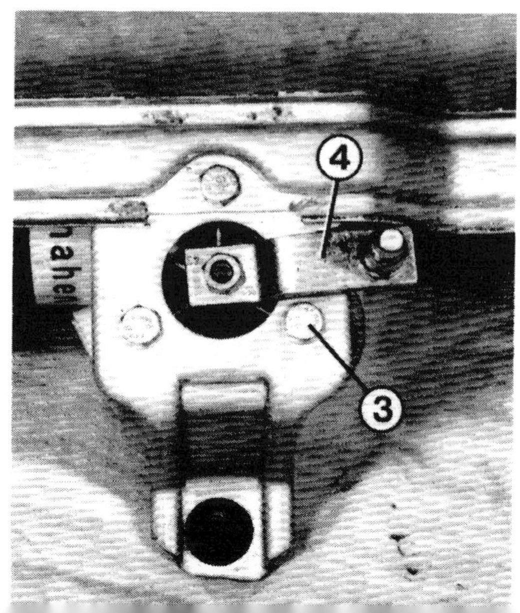

Links: So wird mit dem Schraubenzieher das Gelenk zwischen Antriebsstange (1) und Hebel (2) der Wischerachse getrennt. Rechts: Der Kurbelhebel (4) des Scheibenwischermotors muß so angeschraubt werden, daß die rechte Halteschraube (3) knapp freiliegt, wie hier gezeigt.

■ Einen neuen Wischermotor vor dem Einbau am Mehrfachstecker anschließen und mehrere Minuten lang laufen lassen. Beim Abschalten bleibt er in der Wischerparkstellung stehen.

■ Kurbelhebel aufsetzen, wie im rechten Bild links unten gezeigt.
■ Gelenke beim Einbau mit MoS_2-Fett schmieren.

Störungsbeistand Scheibenwischer

Die Störung	– ihre Ursache	– ihre Abhilfe
A Scheibenwischer laufen nicht	1 Sicherung defekt	Austauschen
	2 Entlastungsrelais defekt	Relais prüfen, siehe Seite 223
	3 Wischerantriebskurbel lose	Festschrauben
	4 Leitung zum Wischerschalter unterbrochen	Leitungen überprüfen
	5 Leitung zum Wischermotor unterbrochen	Leitungen überprüfen
	6 Wischermotor durchgebrannt	Austauschen
B Scheibenwischer laufen nicht in Stufe II	1 Klemme 53b am Wischermotor defekt	Motor austauschen
	2 Klemmen 53a/53b im Wischerschalter unterbrochen	Schalter austauschen
	3 Unterbrechung der Kontaktklemme 53b von der Zentralelektrik	Zentralelektrik austauschen
	4 Unterbrechung der Leitung Klemme 53b von der Zentralelektrik zum Wischermotor	Leitung instand setzen
C Scheibenwischer laufen nicht im Intervallbetrieb	1 Relais defekt	Austauschen
	2 Kontakt J im Wischerschalter defekt	Schalter austauschen
	3 Unterbrechung der Leitung J	Leitung instand setzen
	4 Zentralelektrik defekt	Austauschen
D Intervallbetrieb läßt sich nicht ausschalten	1 Siehe C 1	
	2 Kontakt J oder T im Wischerschalter öffnet nicht	Schalter austauschen
	3 Kurzschluß der Leitung Klemme J oder T zum Wischerschalter	Leitung instand setzen
	4 Siehe C 4	
E Wischermotor hat keine Endstellung und Intervallbetrieb läuft dauernd	Unterbrechung der Leitung Klemme 53a zwischen Wischermotor und Relaisplatte bzw. der Leitungen Klemme 53e	Leitung instand setzen

Heckscheibenwischer

Der Scheibenwischer für die Heckscheibe des Golf wird beim Schalterdruck über ein Relais für einige Wischerbewegungen mit Spannung versorgt. Seit 1/85 ist je nach Dauer des Schalterdrucks damit gleichzeitig der Heckwischer-Intervallbetrieb eingeschaltet. Abgeschaltet wird das Intervallwischen durch nochmaligen Druck auf den Schalter. Klemme 53 liefert den Strom für den Wischermotor, Klemme 53a dient der Wischerrückstellung.
Bei jedem Schalterdruck läuft die hintere Wascherpumpe los, aber erst mit einer gewissen Verzögerung tritt das Wasser an der Spritzdüse aus.

Heckwischermotor ausbauen

■ Verkleidung der Heckklappe abnehmen, siehe Seite 250.
■ Antriebsstange vom Kurbelhebel des Wischermotors abdrücken.
■ Halterahmen des Heckwischermotors losschrauben und mit dem Wischermotor herausnehmen.
■ Mehrfachstecker abziehen.
■ Motor vom Halterahmen abschrauben.
■ Beim Einbau eines neuen Motors diesen in Parkstellung laufen lassen, wie beim Frontwischermotor beschrieben.
■ Kurbelhebel so festschrauben, wie im Bild links oben gezeigt.

Störungsbeistand Heckscheibenwischer

Die Störung	– ihre Ursache	– ihre Abhilfe
A Heckscheibenwischer läuft nicht	1 Sicherung defekt	Ersetzen
	2 Leitungen zum Heckwischerrelais unterbrochen	Leitungen instand setzen
	3 Leitungen zum Wischermotor unterbrochen	Leitungen überprüfen, ggf. instand setzen
	4 Heckwischerrelais defekt	Relais versuchsweise austauschen
	5 Wischermotor defekt	Austauschen
	6 Zentralelektrik defekt	Austauschen
B Heckscheibenwischer läuft dauernd	1 Anschlußleitungen zum Wischermotor vertauscht	Grün/schwarze Leitung an Klemme 53, schwarz/grüne bzw. schwarz/graue Leitung an Klemme 53a anschließen
	2 Siehe A 2	

Scheibenwaschwasser auffüllen

Ständige Kontrolle

Abgasrückstände, Öldunst und Silikon aus Lackpflegemitteln setzen sich hartnäckig aufs Glas. In der warmen Jahreszeit empfiehlt sich ein Reinigungszusatz zum Waschwasser; im Winter Gefrierschutz und Reinigungsmittel.

■ Erst Zusatzmittel und anschließend Wasser einfüllen, damit sich die Flüssigkeiten im Wascherbehälter gut vermischen.

■ Bei tiefem Frost können die Wascherdüsen doch einfrieren. Zur Vorbeugung empfiehlt sich hier die Zumischung von ⅓ Brennspiritus, der allerdings aufdringlich riecht.

Wascherdüse ausbauen

Verstopfungen einer Wascherdüse lassen sich manchmal trotz Durchbohren mit einem dünnen Draht nicht mehr beseitigen. Dann muß eine neue her.

■ Motorhaube öffnen bzw.

■ Heckklappe öffnen, Heckklappenabdekkung innen abnehmen.

■ Schlauch von der Wascherdüse abziehen.

■ An der Rückseite der Düse die Halteklemme zusammendrücken, Düse herausziehen.

Störungsbeistand Scheibenwaschanlage

Die Störung	– ihre Ursache	– ihre Abhilfe
A Wasser spritzt nicht beim Zug am Wascherhebel	1 Wascherbehälter leer	Auffüllen
	2 Im Winter: Waschwasser eingefroren	Höhere Frostschutzkonzentration verwenden
	3 Spritzdüsen verstopft	Schlauch abziehen, Düse aus der Motorhaube herausdrücken. Mit Preßluft durchblasen oder dünnem Draht durchstoßen. Evtl. Schlauch ebenfalls durchblasen
	4 Wascherpumpe defekt	Stromversorgung bei eingeschalteter Zündung und gezogenem Hebel kontrollieren, ggf. austauschen
	5 Scheibenwischerschalter defekt	Schalter überprüfen, siehe Seite 222
B Einseitiger Spritzstrahl	Siehe A 3	
C Spritzstrahl zu hoch oder zu tief	Spritzdüse falsch eingestellt	Spritzdüse mit einer dünnen Nadel einstellen

Scheinwerfer-Reinigungsanlage

Bei eingeschalteter Beleuchtung erhält eine zweite Pumpe des Waschwasserbehälters beim Zug am Wisch-/Wasch-Hebel über ein zwischengeschaltetes Relais ihren Arbeitsstrom. Sie pumpt das Wasser zu den beiden Spritzdüsen vorn am Stoßfänger. In die Leitung ist ein Rückschlagventil eingesetzt, damit das Wasser sofort an den Düsen austritt.

Störungssuche

□ Hierzu gehen Sie gleich vor wie bei der normalen Waschanlage.

□ Als erstes muß jedoch geprüft werden, ob die Sicherung der Kennzeichenleuchten intakt ist, da die Information »Beleuchtung eingeschaltet« von diesem Stromkreis kommt.

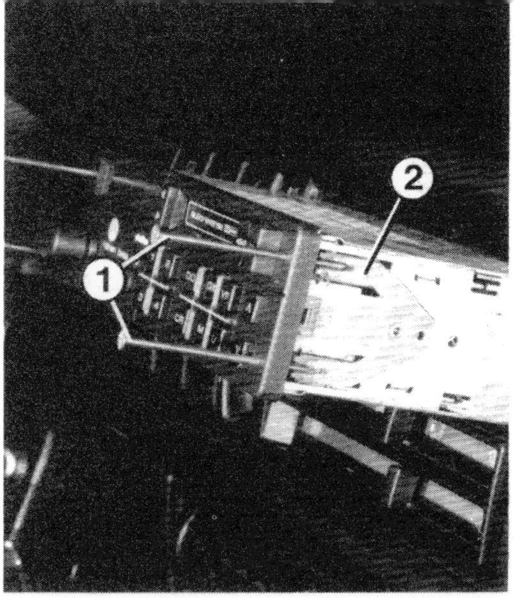

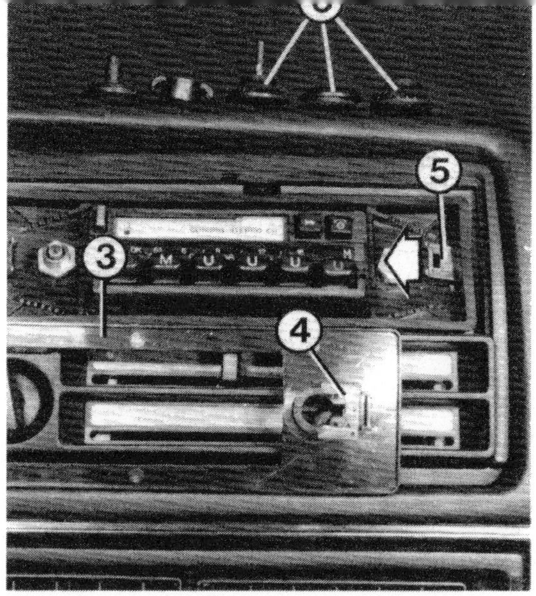

Links: Die seitlichen Halteklammern (2) eines neuen Radios werden durch Einschieben eines speziellen Bügels oder ganz einfach mit passenden Nägeln (1) zurückgedrückt. Rechts die alte Radiogeneration: 3 – Blende mit Halteklammern (4); 5 – Radio-Halteklammer, die in Pfeilrichtung herausgezogen werden muß; 6 – Knöpfe, Distanzstücke usw.

Radio

Radioausbau »neue« Generation

■ Abdeckrahmen abziehen, evtl. vorsichtig mit einem feinen Schraubenzieher abhebeln.
■ Darunter werden vier Einstecklöcher sichtbar. Zum fachgerechten Ausbau besitzt die Werkstatt zwei U-förmige Drahtwinkel. Behelfsmäßig geht es aber auch mit vier passenden Nägeln.
■ Beide Drahtwinkel oder vier Nägel in die Öffnungen stecken, wodurch die Halteklammern des Radios nach innen gedrückt werden, siehe Bild oben links.
■ Radio herausziehen, Kabelstecker abziehen.

Radio ausbauen »alte« Bauart

■ Knöpfe abziehen, Umschalter bzw. Distanzstück abnehmen.
■ Halteklammern der Radioblende an den Gewindegängen unter den Radioknöpfen mit einem kleinen Schraubenzieher oder einer Nadel zur Seite schieben, Blende abnehmen.
■ Radio-Halteklammer an einer Seite des Radios mit einem Schraubenzieher ein Stück nach innen ziehen (Bild oben rechts), Radio ein wenig herausziehen.
■ Halteklammer an der gegenüberliegenden Seite nach innen ziehen, Radio weiter herausziehen. Aufpassen, daß die andere Klammer nicht wieder einrastet.
■ Sämtliche Kabelstecker am Radio abziehen.
■ Beim Einbau der Radioblende deren hinten eingeprägten Hinweis »Oben« beachten.

Radio nachträglich einbauen

■ Besorgen Sie sich einen auf den Golf bzw. Jetta abgestimmten Einbausatz.
■ Ablagefach oberhalb der Heizhebel in der Mitte oben und unten zusammendrücken und herausnehmen.
■ Einbausatz am Radio befestigen.
■ Radiogehäuse und Haltedorn mit Schaumstoffstreifen umkleben.
■ Massekabel der Batterie abnehmen.
■ Leitungen für den Radioanschluß sind bereits vorhanden: Bis 7/87 in einem Vierfach-, seit 8/87 in einem Achtfachstecker. Die Kabelfarben bedeuten: Rot – Plus, braun – Masse, grau/blau bzw. blau – Radio-Skalenbeleuchtung, schwarz – Steueranschluß für eine Motorantenne oder elektronisch verstärkte Antenne.
■ Die Leitung der Skalenbeleuchtung darf nicht als Masseanschluß verwendet werden, sonst gibt es Kurzschluß beim Einschalten der Außenbeleuchtung.
■ Im V.A.G.-Zubehörprogramm »Votex« gibt es passende Adapter für den Einbau eines neueren Radios in ein älteres Fahrzeug und umgekehrt. Solche Adapter erhält man auch für »Fremd-Radios«.
■ Radio anschließen.
■ Antenne einbauen, siehe nächste Seite.
■ Entstörmittel nach Radio-Einbauanweisung montieren.
■ Lautsprecher provisorisch am Radio anschließen.
■ Massekabel der Batterie anklemmen, Radio zur Probe einschalten.
■ Radio mit der Antennentrimmschraube auf die Antenne anpassen.
■ Dazu auf Mittelwelle einen schwachen Sender zwischen 1200 und 1500 kHz einstellen.
■ Trimmschraube so lange drehen, bis der Sender am lautesten und klarsten empfangen wird.
■ Radio endgültig montieren.

Antenne einbauen

Mit Einführung der neuen VW-Radio-Generation seit 8/87 werden auch andere Antennen eingebaut – sie sind dünner und kürzer als früher. Daher gilt: VW-Radio seit 8/87 mit neuer Antenne (Impedanz 50 Ω), »altes« VW-Radio mit dickerer, längerer Antenne (150 Ω). Beim Kauf der Antenne im Zubehörhandel auf die richtige Version achten.

■ Radhausschale im linken Vorderkotflügel abschrauben (siehe Seite 242).

■ Abdeckstopfen oben im Kotflügel herausdrücken.

■ Antenne von unten in die Kotflügelbohrung einsetzen. Achten Sie darauf, daß die Massekralle am Antennenfuß guten Massekontakt hat, evtl. das Blech an der Kotflügelunterseite an dieser Stelle etwas blank kratzen. Der Massekontakt ist für gute Empfangsqualität äußerst wichtig.

■ Blanke Stellen mit Kontaktfett oder Silikon-Dichtmasse vor Korrosion schützen.

■ Überwurfmutter der Antenne leicht anschrauben.

■ Kombiinstrument ausbauen (Seite 209).

■ Motorhaube öffnen.

■ Gummistopfen zwischen Wasserkasten und Innenraum herausdrücken.

■ Antennenkabel durch das seitliche Ablaufloch im Wasserkasten nach oben führen und mit einem Halteclip sichern.

■ Verlegen Sie das Kabel so, daß es nicht mit dem Scheibenwischergestänge in Berührung kommen kann.

■ Kabel durch die Gummitülle neben der Tachowelle zum Innenraum durchschieben.

■ Hinter dem Armaturenbrett die Antennenleitung möglichst in Schaumstoff verlegen und schwingungssicher befestigen. Dabei auf ausreichenden Abstand zu den Heizungs/Lüftungs-Zügen achten.

■ Antennenfuß im Vorderkotflügel zusätzlich mit einem Haltewinkel befestigen.

Lautsprecher einbauen

Auch für ein Mono-Radio brauchen Sie zwei Lautsprecher. Ältere Mono-Radios sind nicht für den Anschluß von zwei Lautsprechern vorgerüstet, dann muß man zusätzlich einen Überblendregler einbauen. Solch einen Regler gibt es zum Einbau in die Schalterleiste rechts.

■ **Lautsprecher vorn:** Ablagefach links und rechts unten abschrauben (Seite 250).

■ Kombiinstrument ausbauen, siehe Seite 209.

■ Abdeckung (siehe Bild unten links) an den Lautsprecherblenden mit einem feinen Schraubenzieher abdrücken.

■ Darunter sitzende Kreuzschlitzschraube losdrehen, Blende an der Außenseite anheben und innen aus dem Armaturenbrett aushängen.

■ Sogenannte Blechmuttern am Lautsprecherausschnitt einstecken.

■ Lautsprecher festschrauben und Kabel zum Radio hin klappersicher verlegen, ggf. mit Schaumstoff umwickeln.

■ **Hecklautsprecher Golf:** Die seitlichen Auflagen für die Gepäckraumabdeckung besitzen bereits das entsprechende Lautsprechergitter und Haltebolzen für die Lautsprecher.

■ Lautsprecher einsetzen und mit Halteklammern auf den Kunststoffbolzen befestigen.

■ Lautsprecherkabel unter dem Teppichboden nach vorn verlegen, dazu Teppich seitlich abnehmen, siehe Seite 250.

■ **Hecklautsprecher Jetta:** Im Blech der Hutablage sind die passenden Ausschnitte bereits vorhanden.

■ Rückenlehne ausbauen, Abdeckung der Hutablage abnehmen und die erforderlichen Aussparungen für die Lautsprecher einschneiden.

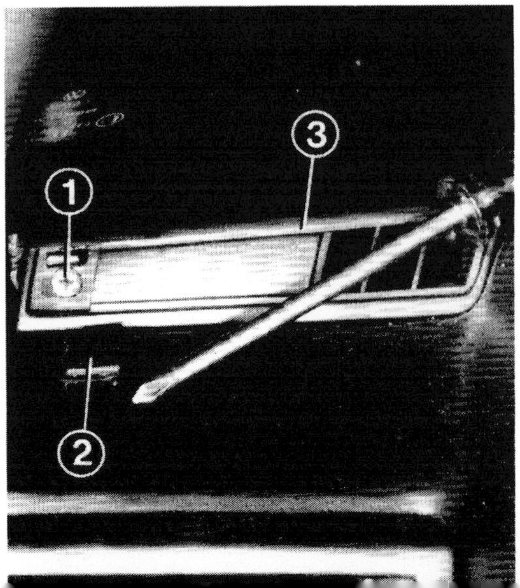

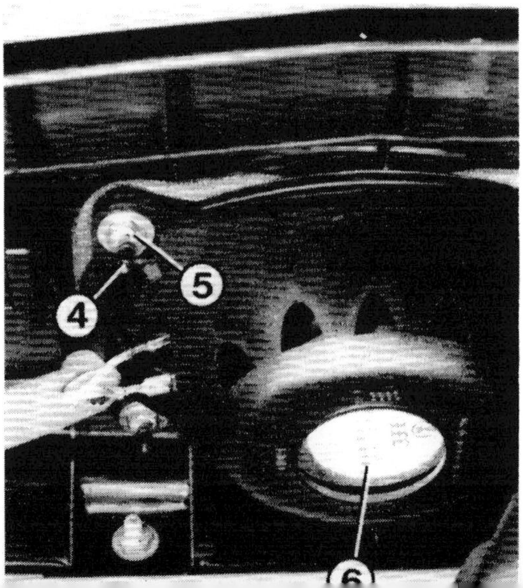

Links: Die vordere Lautsprecherabdeckung (3) wird von einer Kreuzschlitzschraube (1) gehalten, die unter einer Abdekkung (2) sitzt. Rechts: Der hier gezeigte hintere Golf-Lautsprecher (6) ist mit Blechmuttern (5) auf den Kunststoffbolzen (4) befestigt.

■ Die Lautsprecher werden im Blech nur festgeklammert.

■ Kabel nach vorn verlegen, wie für den Golf beschrieben.

Die elektrischen Fensterheber

Ein Schalterdruck hebt oder senkt die Türscheiben, wenn Sie Ihre Muskeln schonen wollen und den entsprechenden Aufpreis bezahlt haben. Die Fensterheber arbeiten nur bei eingeschalteter Zündung. In der Schalterleiste der Mittelkonsole sitzt außerdem ein Sicherheitsschalter, womit sich die Schalter in den hinteren Türen totstellen lassen. Das ist wichtig, wenn kleine oder große Mitfahrer das »Spielzeug« Fensterheber entdeckt haben.
Zusätzlich ist in die Elektromotoren eine Sicherung eingebaut. Läuft die Scheibe an ihren oberen oder unteren Anschlag, nimmt der Motor mehr Strom auf. Dadurch erwärmt sich ein Bimetallschalter im Motor und unterbricht nach kurzer Zeit den Stromkreis.

Störungen

Die Motoren der elektrischen Fensterheber werden auf gleiche Weise ausgebaut wie die mechanischen Heber, siehe Seite 246. Eine Reparatur des Elektromotors ist nicht vorgesehen.

■ Wenn sich keine Fensterscheibe mehr rührt, Sicherung in der Halteleiste (Tabellen ab Seite 164) und Thermosicherung im Zusatzhalter an der Zentralelektrik (siehe Zeichnungen Seite 223) überprüfen.

■ Bei intakter Sicherung als nächstes das Relais der Fensterheber in der Zentralelektrik kontrollieren, siehe Seite 223.

■ War hier kein Fehler zu entdecken, muß der Kabelverlauf anhand des entsprechenden Stromlaufplanes überprüft werden.

■ Arbeitet nur ein Fensterheber nicht, bauen Sie den betreffenden Schalter aus und überprüfen ihn, wie auf Seite 222 beschrieben.

■ Ist der Schalter in Ordnung, betreffende Türverkleidung abnehmen (Seite 244).

■ Kabelstecker am Fensterhebermotor abziehen und mit Prüflampe kontrollieren, ob an den je nach Schalterstellung stromführenden Kabeln tatsächlich Spannung anliegt bzw. die Masseleitung in Ordnung ist.

■ War bis jetzt kein Fehler zu erkennen, ist wohl der Fensterhebermotor defekt.

■ Schlechter Lauf einer Scheibe dürfte an falscher Einstellung der Fensterführung liegen, siehe Seite 246.

Behelf unterwegs

Mit streikendem Fensterheber brauchen Sie trotzdem nicht mit offenem Fenster durch Wind und Wetter zu fahren:

■ Ist der Schalter defekt, bauen Sie noch einen zweiten aus.

■ Kabel umstecken, mit dem intakten Schalter können Sie nun das Fenster schließen.

■ Bei unterbrochener Zuleitung zum Elektromotor ein Hilfskabel von der Batterie (falls Spannung fehlt) oder irgendwo an Masse (sofern Masse fehlt) zum Elektromotor legen.

■ Scheibe (ggf. mit dem Schalter) nach oben laufen lassen.

■ Ist der Hebermotor blockiert, können Sie bei abgenommener Türverkleidung das Fenster vom Fensterheber abschrauben, nach oben schieben und in dieser Stellung mit starkem Klebeband (z.B. Packband) oder mit Holzkeilen gegen Herunterrutschen sichern.

Elektrische Spiegel-Verstellung

Wenn sich mehrere Fahrer ein Auto teilen, lernt man diese Einrichtung bald zu schätzen, besonders auf der rechten Seite. Außerdem werden die Spiegelflächen bei eingeschalteter Heckscheibenheizung beheizt. Falls sich nichts regt:

■ Kontrollieren Sie die zuständige Sicherung (Tabellen ab Seite 164).

■ Als nächstes Schalter aus der Türverkleidung herausziehen und nach der Anleitung auf Seite 222 und anhand des Stromlaufplanes auf Seite 173 überprüfen.

■ Ist der Schalter in Ordnung, prüfen Sie den Elektromotor der Spiegelverstellung, Motorausbau siehe folgende Seite.

■ Kommt Spannung an den Kontakten des Motors an bzw. ist der Masseanschluß in Ordnung?

■ Kabelstecker zum Außenspiegel abziehen und stattdessen Hilfskabel an Batterie-Pluspol und Masse legen. Regt sich der Spiegel jetzt?

■ Wenn ja, ist die Kabelführung vom Schalter zum Spiegelmotor unterbrochen.

■ Falls nicht, dürfte der Elektromotor defekt sein. Man kann das Spiegelglas dann von Hand durch Drücken noch verstellen.

■ Bei ausgefallener Spiegelbeheizung prüfen Sie den Stromweg vom Heizscheibenschalter ausgehend, siehe Stromlaufplan auf Seite 173.

Zum Zerlegen des elektrisch betätigten Außenspiegels muß der Haltering (1) von unten (Pfeil) entriegelt werden. Dann läßt sich das Spiegelglas (2) abnehmen. Den Elektromotor (3) halten vier Schrauben (4).

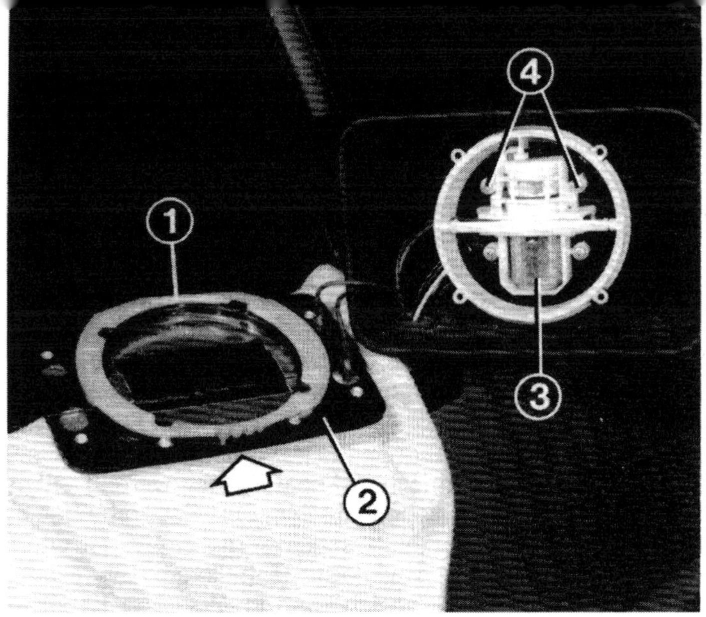

Elektrisch verstellbaren Spiegel zerlegen

■ Haltering des Spiegelglases ausrasten. Dazu muß man den Ring mit einem von unten ins Spiegelhäuse eingeschobenen Schraubenzieher im Gegenuhrzeigersinn drehen, siehe Bild oben.
■ Spiegelglas vorsichtig abnehmen und die angeschlossenen Kabel der Spiegelbeheizung abziehen.
■ Im Spiegelgehäuse die vier Kreuzschlitzschrauben des Verstellmotors losdrehen.
■ Kabel am Motor abziehen.
■ Türverkleidung ausbauen (Seite 244).
■ Kabelstecker zum Spiegelmotor trennen.
■ Beim Zusammenbau darauf achten, daß die Kabel am Spiegelmotor richtig angeschlossen werden: Kontakt 1 – blau, 2 – braun, 3 – weiß, 4 – schwarz.
■ Haltering am Spiegelglas bis zum Anschlag im Uhrzeigersinn drehen.
■ Spiegelglas ins Gehäuse einsetzen und mit dem unten angesetzten Schraubenzieher den Ring in Haltestellung drehen.

Die Zentralverriegelung

Sämtliche Türen, die Heck- sowie die Tankklappe lassen sich durch den Schlüsseldreh am Fahrertürschloß ent- bzw. verriegeln. Das geschieht durch ein Schaltelement in der Fahrertür. Es gibt der sogenannten Bi-Druckpumpe, die von einem Elektromotor angetrieben wird, den elektrischen Schaltimpuls. Beim Schlüsseldreh in Richtung »Auf« erzeugt die Pumpe Überdruck, wodurch die verschiedenen Schaltelemente im Auto die jeweilige Verriegelung freigeben. Jetzt schaltet ein Ventil in der Pumpe um, so daß sie beim Zuschließen Unterdruck erzeugt, und die Schaltelemente verriegeln.
Der pneumatische (Unterdruck-)Teil der Zentralverriegelung besteht aus der Bi-Druckpumpe, den Schaltelementen, Rohrleitungen, Schläuchen sowie T- und Y-förmigen Verbindungsteilen, wie in der Zeichnung rechts oben gezeigt.

Zentralverriegelung prüfen

■ Fahrertür mit dem Schlüssel ent- bzw. verriegeln.
■ Nach etwa zwei Sekunden sollten alle Schlösser verriegelt sein.
■ Läuft die Pumpe länger als fünf Sekunden, ist die Anlage undicht – in diesem Fall darf die Bi-Druckpumpe höchstens 35 Sekunden lang laufen, dann muß sie abschalten.

Störungssuche an der Elektrik

Falls die Pumpe beim Schlüsseldreh überhaupt nicht läuft
■ Sicherung kontrollieren (Tabellen ab Seite 164).
■ Halteband der Pumpe unter der linken Heckleuchte (Golf) bzw. links im Gepäckraum (Jetta) aushängen, Pumpe herausnehmen.
■ Dreifachstecker von der Pumpe abziehen.
■ Im Stecker zwischen dem Kontakt der rot/weißen und der braunen Leitung eine Prüflampe anschließen.
■ Die Prüflampe muß brennen, wenn die Fahrertür entriegelt ist.
■ Bleibt die Lampe dunkel, kann das Schaltelement für die Fahrertür defekt oder die Kabelzuleitung unterbrochen sein.
■ Hat die Prüflampe bei der ersten Kontrolle geleuchtet, jetzt Fahrertür verriegeln.
■ Prüflampe am Stecker an den Kontakten der braunen und der rot/gelben Leitung anklemmen.
■ Bleibt die Lampe dunkel, ist das Schaltelement defekt, sofern es nicht an einer Kabelunterbrechung liegt.
■ Leuchtet die Prüflampe, ist die Bi-Druckpumpe defekt.

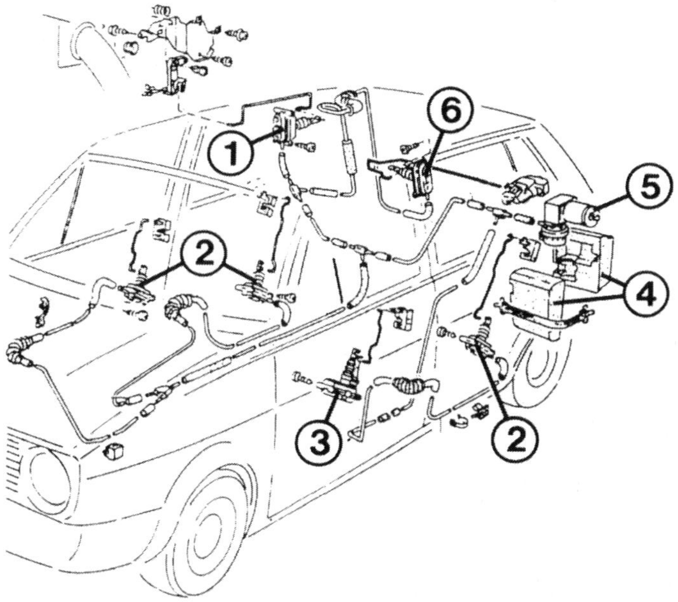

Ein Blick auf die Einzelteile der Zentralverriegelung. Die Bi-Druckpumpe (5) erhält den elektrischen Schaltimpuls vom Schließelement (3) an der Fahrertür. Jetzt werden durch Über- oder Unterdruck die Schaltelemente an den Türen (2), an der Heckklappe (6) und am Tankdeckel (1) betätigt. Die von einem Elektromotor angetriebene Pumpe sitzt in einem geräuschdämpfenden Halter (4).

Störungssuche an der Pneumatik

Zur Überprüfung einer undichten Anlage muß der Reihe nach kontrolliert werden, sehen Sie sich hierzu die Zeichnung oben an. Das Schließelement an der Fahrertür hängt nicht im Drucksystem, sondern funktioniert rein mechanisch. Zur folgenden Prüfung brauchen Sie einen Helfer und Schlauchklemmen oder Flachzangen zum dichten Verschließen der Unterdruckleitungen. Die starren Schläuche an den entsprechenden Kupplungsstücken abziehen und mit kegelförmigen Korkstücken luftdicht verschließen.

■ **Bi-Druckpumpe** abnehmen, wie im vorangegangenen Abschnitt beschrieben.

■ Dämpfungsgummi auseinanderklappen, Pumpe herausziehen.

■ Schlauch von der Pumpe zum T-Stück am Kupplungsstück abziehen und verschließen.

■ Schlüssel im Fahrertürschloß drehen (Zentralverriegelung betätigen).

■ Läuft die Pumpe länger als fünf Sekunden, ist sie undicht und muß ersetzt werden.

■ **Schaltelemente prüfen:** Läuft beim Betätigen der Zentralverriegelung die Bi-Druckpumpe bei den nachfolgenden Prüfschritten **kürzer als 5 Sekunden**, ist das betreffende **Bauteil in Ordnung**. Dann Schlauchklemme(n) wieder abnehmen bzw. Schlauch wieder aufstecken. Läuft die Pumpe **länger als fünf Sekunden**, ist das Schaltelement oder die betreffende Schlauchleitung **undicht**. Defektes Teil austauschen.

■ **Schaltelement für Tür hinten links:** Am T-Stück bei der Bi-Druckpumpe die nach rechts führende Schlauchleitung verschließen.

■ Für sämtliche **folgenden Prüfungen** muß am T-Stück links der Schlauch zur linken hinteren Tür verschlossen werden.

■ **Schaltelemente für Türen rechts:** Am T-Stück hinten rechts im Gepäckraum die nach rechts oben führende Unterdruckleitung abklemmen.

■ **Schaltelement für Tür vorn rechts:** Die Schlauchleitung nach hinten rechts oben bleibt abgeklemmt. Zusätzlich

■ Abdeckleiste am Einstieg der rechten Vordertür abnehmen, Teppichboden im Bereich der Druckschlauchverlegung anheben.

■ Am Y-förmigen Verbindungsstück die Leitung zur hinteren rechten Tür abklemmen.

■ **Schaltelement für Tür hinten rechts:** Die Vorarbeiten sind gleich wie im vorangegangenen Prüfschritt, nur wird jetzt am Y-Stück der Schlauch zur Vordertür verschlossen.

■ **Schaltelement für Tankklappe:** Am T-Stück rechts unten im Kofferraum den Anschluß zu den rechten Türen verschließen.

■ Gepäckraumverkleidung rechts abnehmen (Seite 250). Am T-Stück oben den Schlauch zur hinteren Klappe abklemmen.

■ **Schaltelement für hintere Klappe:** Bei gleichen Vorarbeiten wie im vorangegangenen Prüfschritt wird jetzt am T-Stück oben der Schlauch zur Tankklappe verschlossen.

Weitere Störungsmöglichkeiten

□ Betätigungsstange zwischen Schaltelement und Schloß ausgehängt.

□ Die Verbindungsstange kann auch verbogen sein und so für die Unterdruckbetätigung zu schwer laufen.

Fingerzeig: *Störungen an der Zentralverriegelung sind kein Problem. Sämtliche Schlösser lassen sich weiterhin mit dem Schlüssel bzw. den Verriegelungsknöpfen öffnen und schließen.*

Klimaverbesserung

Außenluft tritt an der Hinterkante der Motorhaube ein und wird vom Fahrtwind oder zusätzlich vom Gebläse in den Innenraum gedrückt. Beim Einschalten der Heizung öffnet eine Klappe dem Luftstrom den Weg durch den Heizkörper, der wie ein kleiner Kühler aussieht. Die durchströmende Frischluft erwärmt sich dann an den Heizkörperlamellen.

Heizung und Belüftung prüfen

- Heizhebel bei warmgefahrenem Motor ganz nach rechts schieben – strömt Warmluft aus?
- Funktioniert die Luftverteilung nach oben und unten?
- Heizhebel zurückschieben – nach kurzer Zeit darf nur noch kalte Luft aus den Öffnungen strömen, sonst schließt die Warmluftklappe nicht richtig.
- Strömt aus allen Öffnungen Warm- oder Kaltluft?
- Läuft das Gebläse in sämtlichen Stufen?

Heizungs-/Lüftungsgehäuse ausbauen

Diese »Zentrale« für die Kalt- und Warmluftverteilung sitzt unter dem Armaturenbrett, siehe Zeichnung unten. Der Ausbau ist eine recht umfangreiche Arbeit.

- Kühlflüssigkeit teilweise ablassen (Seite 75).
- Im Motorraum an der Trennwand zum Innenraum die Schlauchschellen der beiden Wasserschläuche zum Heizkörper abnehmen.
- Ablagefach links und rechts sowie mittlere Abdeckung bzw. Mittelkonsole (Seite 250) demontieren.
- Am Luftverteilergehäuse die Luftschläuche nach rechts und links sowie zu den mittleren Luftdüsen abziehen.

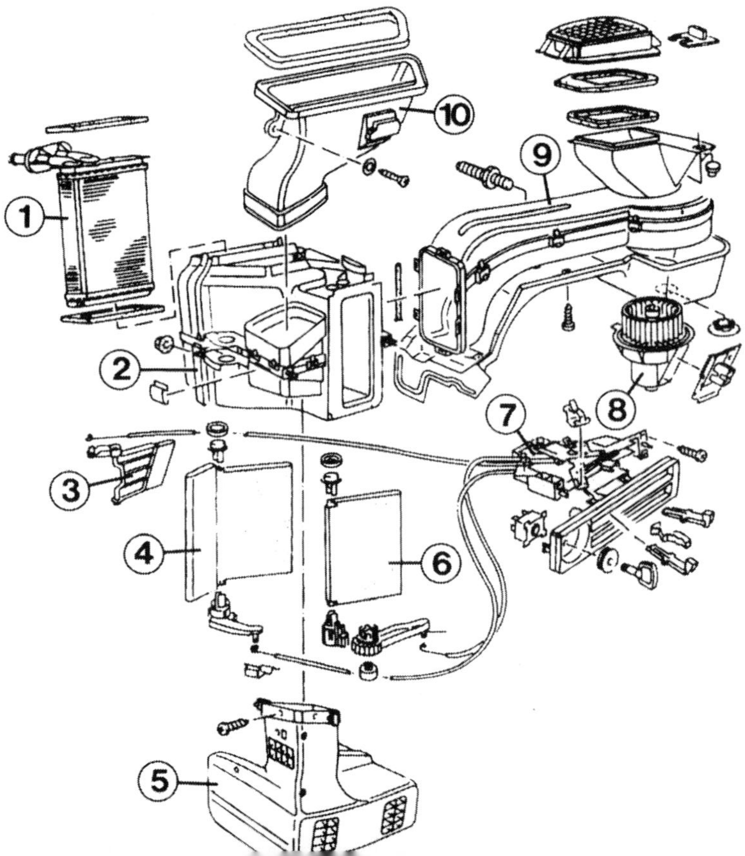

Zur Heizung und Luftführung gehören: 1 – Wärmetauscher; 2 – Heizungs-/Lüftungsgehäuse; 3 – Steuerklappe »Oben/unten«; 4 – Temperaturklappe; 5 – Fußraumausströmer; 6 – Zentralklappe; 7 – Heizbetätigung; 8 – Luftgebläse; 9 – Luftzufuhrkanal; 10 – Zwischenstück zur Windschutzscheibe.

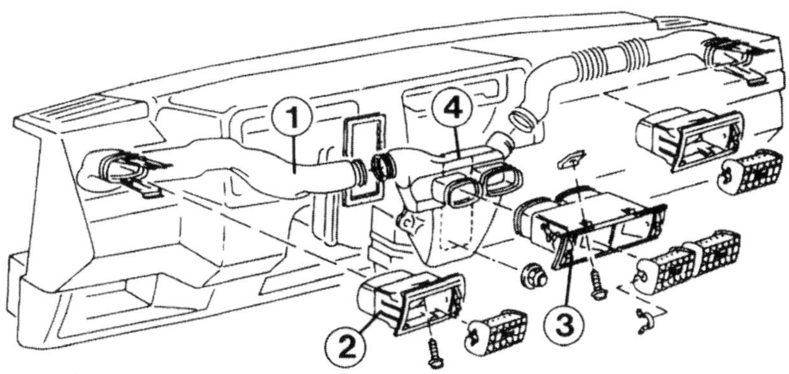

Die Frischluftwege: 1 – Luftkanal; 2 – seitliche Lüftungsdüse; 3 – mittlere Doppel-Lüftungsdüse; 4 – Luftverteilergehäuse.

■ Nach Herausdrehen je einer Mutter rechts und links Gehäuse abnehmen.
■ Fußraum-Ausströmer abschrauben.
■ Zwei Kreuzschlitzschrauben des nach oben führenden Ausströmers herausdrehen, Ausströmer aus dem Heizungs-/Lüftungsgehäuse ziehen.
■ Betätigungszüge am Gehäuse abnehmen.
■ Mehrfachstecker am Gebläse abziehen.
■ Im Motorraum an der Trennwand zum Innenraum drei Sechskantmuttern herausdrehen, mit denen das gesamte Heizungs-/Lüftungs-Bauteil befestigt ist.
■ Ganzes Bauteil mit der richtigen Mischung von Gefühl und Gewalt herausziehen.
■ Falls es sich am Armaturenbrett verhakt, müssen vier Halteschrauben des Armaturenbretts gelöst werden. Sie sitzen jeweils rechts und links ganz außen bzw. unterhalb des Kombiinstruments.
■ Falls das Gehäuse etwa zum Austausch einer Klappenlagerung zerlegt werden soll, müssen die in Gehäusemitte sitzenden Klammern abgedrückt und die Kunststoffnasen aus den entsprechenden Ösen ausgerastet werden.
■ Beim Einbau darauf achten, daß sämtliche Dichtungen sauber anliegen.
■ Betätigungszüge einstellen, falls notwendig, siehe folgende Seite.

Fingerzeig: *Die Klappe zur Windschutzscheibe läßt auch bei ganz nach rechts geschobenem Einstellhebel noch einen kleinen Luftanteil am Fußraumausströmer austreten. Wenn Sie das stört, können Sie an der Klappe (Nr. 3 in der Zeichnung links) einen abdichtenden Schaumstoffstreifen der Größe 20 × 20 × 90 zur Klappenachse hin ankleben. An die Klappe gelangen Sie bei ausgebautem linken Ablagefach und Fußraumausströmer.*

Heizkörper ausbauen

■ Heizungs-/Lüftungsgehäuse ausbauen.
■ Oben am Gehäuse die Haltenasen des Heizkörpers ausrasten.
■ Heizkörper herausziehen.

Heizbetätigung ausbauen

■ Ablagefach herausziehen bzw. Radio ausbauen (Seite 229).
■ Hebel der Heizregulierung abziehen, der Griff des Gebläseschalters bleibt aufgesteckt.
■ Haltezungen der Blende ausrasten. Nicht mit Gewalt oder scharfem Werkzeug hantieren (der Kunststoff bricht leicht aus), sondern durch die Radioeinbauöffnung fassen und die Blende zum Innenraum herausdrücken.
■ Falls Sie jetzt nicht genügend Bewegungsfreiheit haben, Blende des Kombiinstruments abschrauben, siehe Seite 209.
■ Drei Halteschrauben rechts und links an der Heizungsregulierung losdrehen.
■ Überstand der Seilzughüllen zu den Halteklammern markieren, z. B. mit Klebestreifen.
■ Halteklammern der Züge abdrücken.
■ Beim Einbau Funktion der Klappen im Heizungs-/Lüftungsgehäuse kontrollieren, siehe übernächsten Abschnitt.

Betätigungszug ausbauen

■ Heizbetätigung ausbauen, siehe oben.
■ Ablagefach rechts und mittlere Abdekkung bzw. Mittelkonsole ausbauen.
■ Wenn Sie an den Hebel der Klappe zur Windschutzscheibe heran müssen, wird das linke Ablagefach ausgebaut.
■ Halteklammer des betreffenden Zuges abdrücken, Zugöse aushängen.
■ Jetzt den Zug an der Heizbetätigung aushängen.
■ Beim Einbau erst den Zug oben an der Heizbetätigung einhängen und die Hülle mit der Klammer sichern.
■ Heizbetätigung festschrauben und Zug einstellen, wie im nächsten Abschnitt beschrieben.

Die Heizbetätigung: 1 – Mehrfachstecker des Drehschalters; 2 – Griffe; 3 – Heizhebelblende; 4 – Zweifachstecker für die Beleuchtung der Heizbetätigung. Rechts: Die Zughülle (5) ist mit einer Klammer (6) befestigt, die Drahtseele (7) im Hebel (8) eingehängt.

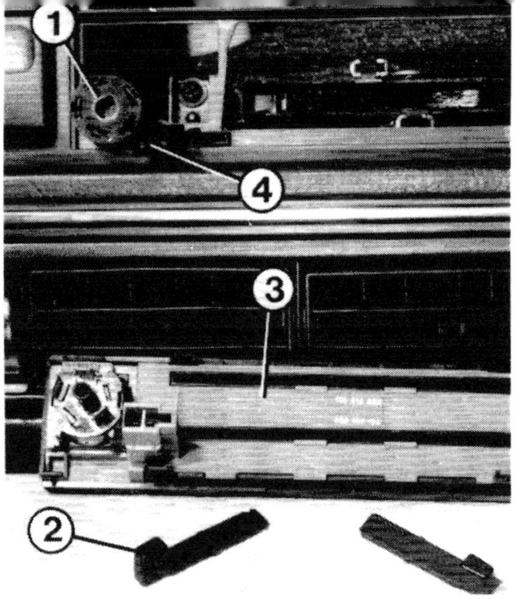

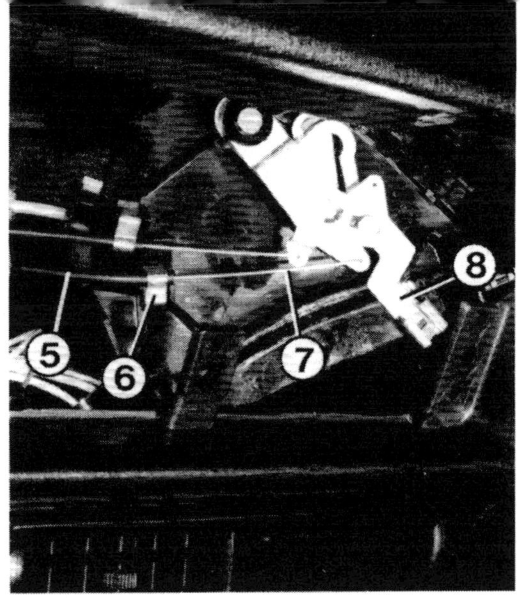

Betätigungszüge einstellen

Sehen Sie sich nochmals die Zeichnung auf Seite 234 an, damit Sie wissen, von welchen Klappen und Zügen hier gesprochen wird.

- □ Zur Zentralklappe führt ein langer schwarzer Zug.
- □ Die Steuerklappe »Oben/Unten« besitzt einen kurzen schwarzen Betätigungszug.
- □ An der Temperaturklappe ist ein blauer Zug eingehängt.

- ■ Nach den gleichen Vorarbeiten wie im vorangegangenen Abschnitt Klammern an den Bowdenzügen abnehmen.
- ■ Oberen Hebel ganz nach rechts in Stellung »Defrost« schieben.
- ■ Jetzt verschieben Sie den Zug so weit, bis die Klappe ohne Spannung am Gehäuse anliegt.
- ■ Bowdenzug mit seiner Klammer befestigen.
- ■ Beide Hebel bis zum Anschlag nach links schieben.
- ■ Kontrollieren Sie, ob die Klappe nun auf der anderen Seite anliegt. Wenn nicht, Klappe vorsichtig gegen das Gehäuse drücken.
- ■ Am Heizungs-/Lüftungsgehäuse den betreffenden Hebel der beiden anderen Klappen vom entsprechenden Widerlager bis zum Anschlag wegdrücken.
- ■ Zughülle in der jeweiligen Anschlagstellung festklemmen.
- ■ Funktion prüfen: Die Klappen müssen hörbar ihren Anschlag erreichen, wenn die Hebel hin- und herbewegt werden.

Das Luftgebläse

Der Gebläsemotor läuft in drei Geschwindigkeiten, die durch vorgeschaltete Widerstände bzw. direkten Stromfluß erreicht werden.

Störungen am Gebläse

- ■ Wenn das Gebläse **in keiner Schalterstellung** rauscht, kontrollieren Sie zuerst die zuständige Sicherung (Tabellen ab S. 164).
- ■ Laufen trotz intakter Sicherung auch die Scheibenwischer nicht, liegt es am Entlastungsrelais, siehe Seite 223.
- ■ Bei intaktem Relais Drehschalter des Gebläses überprüfen (Seite 220).

Zum Ausbau des Gebläses (2) muß die Halteklammer (1) mit einem Schraubenzieher ausgerastet werden.

■ Liegt es nicht am Schalter, Hilfskabel vom Batterie-Pluspol an den Anschluß der gelben Leitung des Gebläsemotors legen.
■ Bleibt weiterhin alles ruhig, ist der Motor durchgebrannt – austauschen.
■ Wenn das Gebläse **nur in Stellung 2 und 3** oder **nur in Stufe 3** läuft, Drehschalter überprüfen (Seite 220).
■ Läuft das Gebläse **ausschließlich in Stellung 3**, Überhitzungssicherung der Vorwiderstände überprüfen.
■ Anschlußplatte am Ventilatormotor aus ihrem Halter ausrasten.
■ Ohmmeter zwischen dem Kontakt des gelben Kabels und dem zum Lüfterrad hin zeigenden Anschluß am Widerstand anklemmen.
■ Meßwert ca. 3,3 Ω – Anschlußplatte in Ordnung; Meßwert ∞ Ω – Platte defekt.
■ Gleiche Prüfung am anderen Anschluß am Widerstand: Meßwert ca. 0,8 Ω – Anschlußplatte in Ordnung; Wert ∞ Ω – Platte defekt.
■ Anschlußplatte komplett austauschen oder Überhitzungssicherung einzeln ersetzen (sie ist in die Platte eingelötet).

Gebläse ausbauen

■ Ablagefach rechts abschrauben (S. 250).
■ Ggf. Isoliermatte abschrauben bzw. Halteknopf unten am Gebläse abdrücken oder mit einem Schraubenzieher abhebeln.
■ Mehrfachstecker abziehen.
■ Halteklammer mit einem Schraubenzieher leicht anheben und Gebläse im Uhrzeigersinn drehen, dann kann es nach unten abgenommen werden.

Gebläseschalter ausbauen

■ Heizhebelblende abnehmen, wie unter »Heizbetätigung ausbauen« beschrieben.
■ Stecker am Schalter abziehen.
■ Schalterteil aus der Blende ausrasten.

Luftdüsen ausbauen

■ Ausströmgitter in Richtung »oben« drehen und an der Oberseite die Halteschraube (zwei bei den Mittelausströmern) losdrehen.
■ Gitter jetzt nach unten drehen und die Halteasen unten ausrasten.
■ Wenn Sie an die Schrauben so nicht herankommen, können Sie die Ausströmgitter aus ihren Halteachsen ausrasten.
■ Das Einsetzen eines Ausströmgitters ist allerdings eine erhebliche Geduldsprobe, da die ineinander gesteckten Kunststoffteile gelegentlich auseinanderfallen.
■ Je nach Lage der auszubauenden Düse Ablagefach links oder rechts bzw. Mittelabdeckung bzw. -konsole ausbauen, siehe Seite 250.
■ Schlauch hinten an der Luftdüse abziehen.
■ Ausströmdüse herausziehen bzw. von hinten herausdrücken.
■ Beim Einbau auf richtigen Sitz des Luftführungsschlauches achten; er läßt sich oft nur sehr schwer aufschieben.

Störungsbeistand Heizung

Die Störung	– ihre Ursache	– ihre Abhilfe
A Schwache Heizleistung	Thermostat schließt nicht völlig, aufgeheiztes Kühlwasser strömt zu früh durch den Kühler	Thermostat säubern, ggf. ersetzen
B Heizung wird nicht warm	1 Heizzug gerissen	Ersetzen
	2 Luft im Heizkörper	Kühlsystem auffüllen

Die Klimaanlage

Ähnlich wie zu Hause im Kühlschrank wird ein gasförmiges Kältemittel durch einen Kompressor verdichtet. Letzterer wird von der Motor-Kurbelwelle über einen Keilriemen angetrieben. Beim Verdichten verflüssigt sich das Kältemittel und gelangt in den Verdampfer am Armaturenbrett. Der sieht aus wie ein Kühler. Darin verdampft das Kältemittel und kann hierdurch Wärme aufnehmen. Die durch den Verdampfer geführte Luft strömt abgekühlt in den Innenraum. Über einen Kondensator neben dem Wasserkühler im Motorraum gelangt das Kältemittel wieder zurück zum Kompressor. Zur verstärkten Kondensierung läuft der Kühlerventilator dauernd.

Keilriemenspannung prüfen

Wartung Nr. 17

Bei Klimaanlage besitzt der VW zwei Keilriemen. Der erste verbindet Kurbelwelle, Wasserpumpe und Klimaanlagenkompressor (Größe 12,5 × 947), der zweite verbindet den Kompressor mit der Lichtmaschine (Größe 9,5 × 695). Beide Keilriemen werden so eingestellt, daß sie bei kräftigem Fingerdruck von oben **5–10 mm** nachgeben. Zum Spannen der Riemen lassen sich sowohl Klimakompressor als auch Lichtmaschine schwenken.

Formfragen

Von dem uns umgebenden Blechgehäuse werden geringes Gewicht, Verwindungssteifigkeit, hohe Formfestigkeit der Fahrgastzelle und energievernichtende »Knautschzonen« an Bug und Heck verlangt. Bestimmte Stellen können daher aus dünner gefertigtem Blech bestehen, tragende Teile erfordern dickere Blechstärken.

Demontierbare Teile

Mit einiger Geschicklichkeit kann man die Stoßfänger, das Frontblech und die vorderen Kotflügel alleine ausbauen. Wollen Sie aber die Motorhaube, hintere Klappe oder Türen demontieren, brauchen Sie unbedingt einen Helfer, der diese großen und schweren Teile hält, während Sie schrauben. Andernfalls ist schnell irgendwo der Lack zerkratzt.

Fingerzeig: *Den Wiedereinbau der bisherigen Motorhaube, Heckklappe oder Tür kann man sich erleichtern, wenn die Lage der Scharniere vor der Demontage angezeichnet wird. Das geschieht am besten mit einem wasserfesten Filzstift.*

Die Motorhaube
Haube ausbauen

■ An den hinteren Ecken der Haube Lappen auflegen, daß die evtl. abrutschende Haube nicht auf Blech oder Lack aufsitzt.

■ Rechts und links je zwei Halteschrauben an den Scharnieren losdrehen, Haube abnehmen.

■ Die Scharniere der Motorhaube sitzen jeweils auf einem Bolzen und sind mit einer Spannklammer gesichert.

■ Beim Einbau das evtl. vorhandene Masseband links wieder mit anschrauben.

Motorhaube einstellen

Bei geschlossener Motorhaube muß der Abstand zu beiden Kotflügeln und zum Windlauf unterhalb der Windschutzscheibe rundum annähernd gleich sein. In der Höhe soll die Haube den Kotflügeln entsprechen.

■ Zur Einstellung werden die Schrauben zwischen Scharnier und Haube gelöst.

■ Haubendeckel verschieben. Damit hierbei kein Lack verkratzt wird, evtl. an den Ecken zum Windlauf Lappen unterlegen.

■ Gummipuffer vorn am Querträger so weit hinein- bzw. herausdrehen, bis die Haube in geschlossenem Zustand in gleicher Höhe mit den Kotflügeln steht.

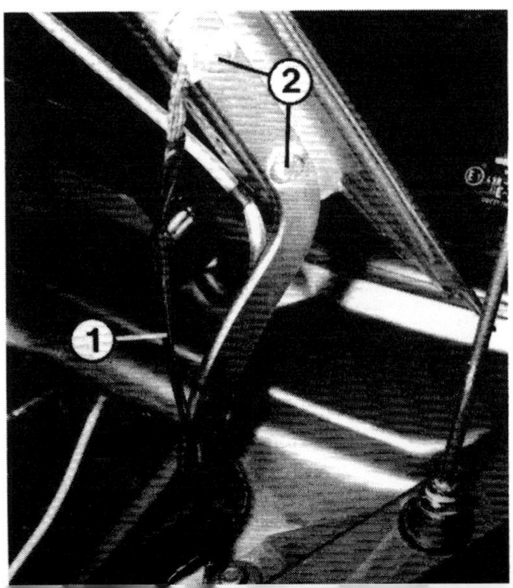

Links das Motorhaubenscharnier mit den beiden Halteschrauben (2) und das Masseband (1) für die Radioentstörung. Rechts: Das kugelförmige Ende des Haubenzuges (4) wird in die Aussparung am Haubenschloß (3) eingehängt.

Haubenverschluß einstellen

Funktioniert die Haubenverriegelung nicht einwandfrei, kann der Schließdorn an der Haubenvorderkante in der Höhe verstellt werden. Der Hauben-Entriegelungszug ist nicht einstellbar.

■ Bei seitlich versetztem Schließdorn dessen Grundplatte lockern und entsprechend seitlich verschieben.
■ Falsche Schließdornhöhe wird durch Verdrehen des Dorns korrigiert:
■ Kontermutter lösen.
■ Diese festhalten und mit dem Schraubenzieher den Dorn hinein- oder herausdrehen.

Haubenzug auswechseln

■ Kühlergrill ausbauen.
■ Entriegelungshebel des Haubenschlosses zur Seite drücken, damit sich das kugelförmige Zugende aushängen läßt.
■ Entriegelungsgriff im Fahrerfußraum losschrauben.
■ Haubenzug aus seinen Haltern aushängen und in den Innenraum ziehen.
■ Beim Einbau den Zug so verlegen, daß er nicht unter Spannung steht.
■ Der Zug kann nicht eingestellt werden.

Die Wagenfront Kühlergrill ausbauen

■ Motorhaube öffnen.
■ Beim Grill mit Doppelscheinwerfern zwei Kreuzschlitzschrauben vorn oben herausdrehen.
■ Oben am Kühlergrill die vier Haltenasen mit einem Schraubenzieher nach unten drükken, zwei weitere von der Scheinwerfer-Rückseite her lösen, gleichzeitig den Grill ein Stück herausziehen.
■ Grill unten aus dem Karosserieblech aushängen.
■ Die in Wagenfarbe lackierte Blende ist unten am Grill eingeclipst.
■ Zum Ausbau des unteren Luftgitters in der Mitte unter der Kennzeichenfläche des Stoßfängers eine Sechskantschraube herausdrehen.
■ Haltenasen des Luftgitters aushängen.

Frontspoiler ausbauen

Dieses Kunststoffteil muß bei unseren VW-Modellen immer montiert sein, sonst ist der Auftrieb an der Vorderachse bei höheren Geschwindigkeiten zu hoch, der Wagen wird instabil.

■ Sechskantschrauben des Frontspoilers herausdrehen.
■ Spoiler abnehmen.

Frontblech ausbauen

Bei unseren VW-Modellen werden Motor, Getriebe und die gesamte Vorderradaufhängung von Robotern an die ansonsten fertig montierte Karosserie angeschraubt. Die Wagenfront schraubt ein anderer Roboter anschließend vorn fest. Das kann man sich zu manchen Arbeiten am Auto zunutze machen und die Front komplett abnehmen.

■ Stoßfänger ausbauen, siehe Seite 241.
■ Steckverbindungen zu den Scheinwerfern und der Hupe trennen.
■ Haltewinkel des Kühlers oben losdrehen, Kühler abziehen und gegen Herunterfallen sichern.
■ Kühlergrill ausbauen, unteres Luftgitter ausclipsen, Haubenzug aushängen.
■ Spoiler und unteres Bugblech abschrauben.
■ Acht Halteschrauben des Frontbleches herausdrehen, davon sitzen je zwei oben neben den Kotflügeln, unten je zwei unterhalb der Scheinwerfer.
■ Frontblech komplett mit den Scheinwerfern abnehmen.

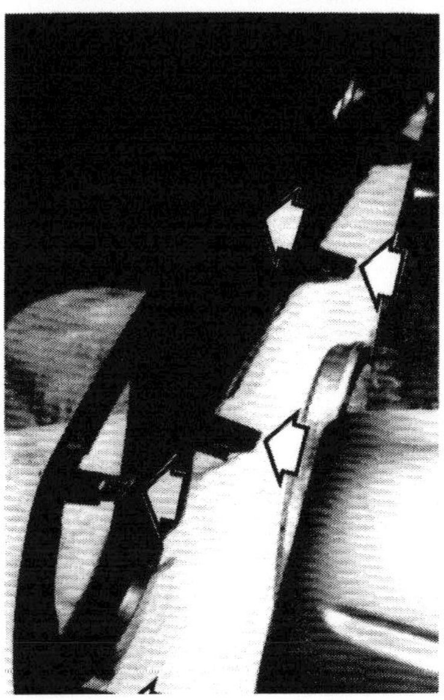

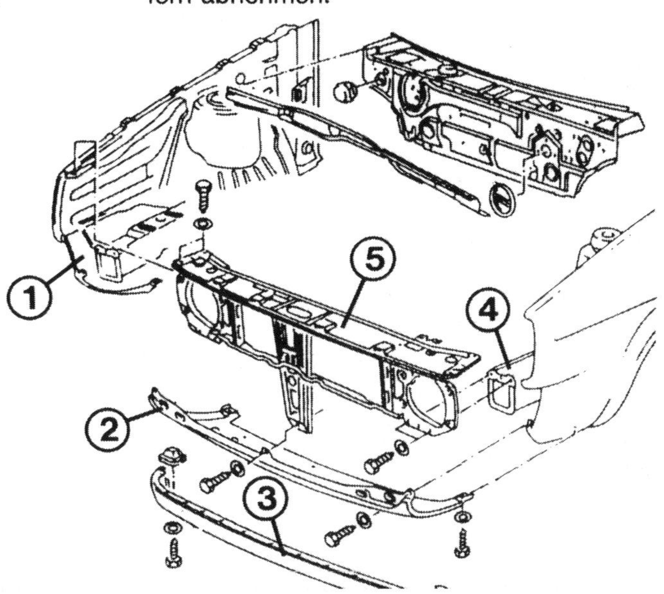

Im Foto links sind die Haltenasen (Pfeile) des Kühlergrills gezeigt. Die Zeichnung verdeutlicht, wie das Frontblech (5) an Kotflügel (1) und Längsträger (4) angeschraubt ist. Weiter bedeuten: 2 – unteres Bugblech; 3 – Frontspoiler.

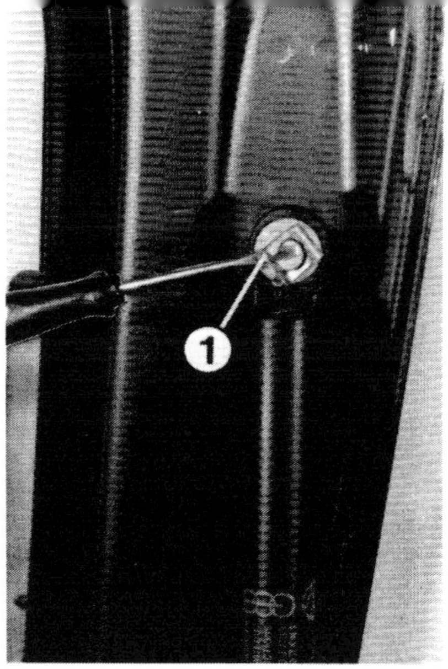

Links: Das Heckklappenscharnier mit seinen Schrauben. Mitte: Hier ist die ältere Ausführung der Klammer (1) des Haltebolzens gezeigt. Rechts die neuere Sicherungsklammer (2).

Die Heckklappe

Golf-Klappe ausbauen

- Kabelverbindungen und Schlauchleitungen zur Heckklappe trennen.
- U-förmige Klammer an einem Haltebolzen des Gasdruckhebers abziehen, Heber aushängen bzw.
- runde Klammer ein Stück herausziehen, Kugelkopf vom Kugelbolzen abdrücken.
- Je zwei Halteschrauben der Heckklappenscharniere herausdrehen, Klappe abnehmen.

Heckspoiler ausbauen

Der Spoiler oben an der Heckklappe des Golf GTD ist im Heckfensterglas festgeschraubt. Wer einen Spoiler nachträglich montieren will, sollte einen aus dem Zubehörprogramm aussuchen, der lediglich mit Klammern an der Heckklappe befestigt wird.

- Abdeckkappen abdrücken.
- Sechskantmuttern losdrehen.
- Beim Einbau müssen die Dichtungen sauber in den Scheibenbohrungen sitzen.
- An die äußeren Gewindebolzen des Spoilers gehört jeweils eine Unterlegscheibe.

Jetta-Klappe ausbauen

- Bei geöffneter Klappe rechts und links je zwei Schrauben losdrehen.
- Klappe von den Scharnieren abnehmen.

Heckspoiler ausbauen

- An der Unterseite der Kofferraumklappe insgesamt sechs Muttern losdrehen.
- An den äußeren Enden sitzt je ein Halter innen im Kofferraumdeckel, hinter den noch ein Stopfen gesteckt ist.
- Zum nachträglichen Einbau müssen nach genauer Anzeichnung Löcher in den Kofferraumdeckel gebohrt werden.

Heckklappe einstellen

- Bei klappernder oder schlecht schließender hinterer Klappe die Schrauben des Rastbolzens (Bilder unten) ein wenig lockern.
- Bolzen verschieben und festschrauben.

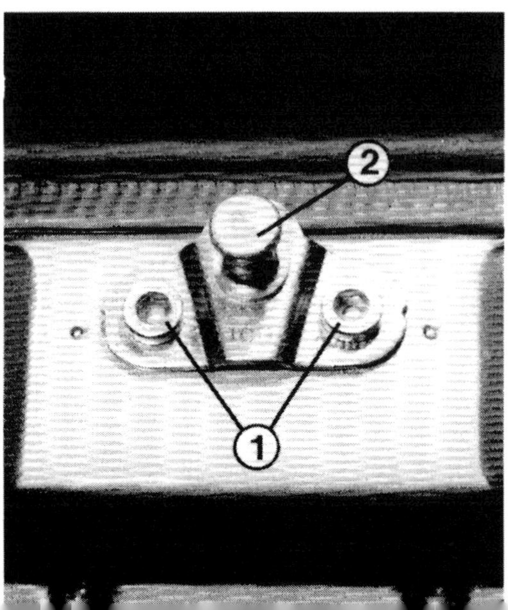

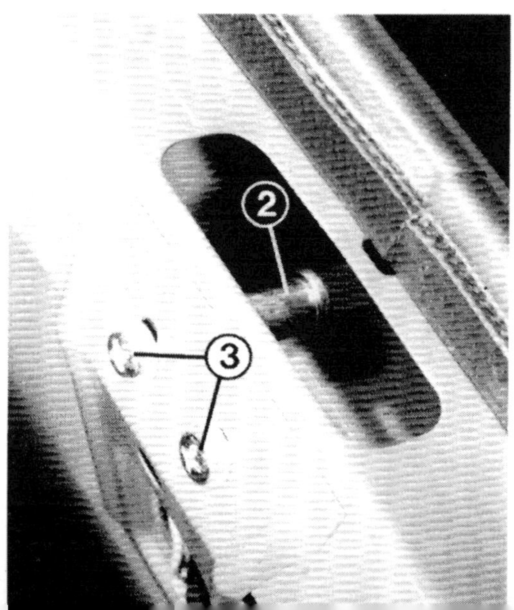

Der Rastbolzen (2) der hinteren Klappe (links beim Golf, rechts beim Jetta) wird von Innensechskant- (1) bzw. Kreuzschlitzschrauben (3) gehalten.

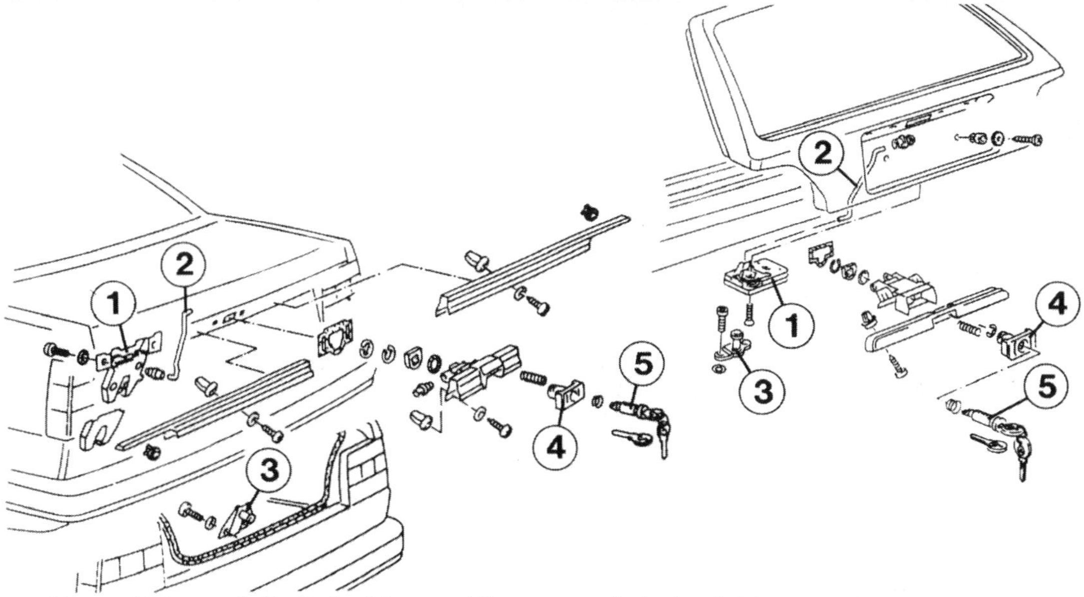

Das Heckklappenschloß beim Jetta (links) und beim Golf (rechts). Die Zahlen kennzeichnen: 1 – Schloßteil; 2 – Zugstange; 3 – Rastbolzen; 4 – Drucktaste; 5 – Schließzylinder.

■ Sitz und Klapperfreiheit der hinteren Klappe kontrollieren, ggf. nachjustieren.
■ Ggf. durch Herausdrehen der Gummipuffer an der Klappe genauen Sitz einstellen.

Heckklappendichtung

Wenn Staub oder Feuchtigkeit eindringt, obgleich die hintere Klappe einwandfrei in ihrem Ausschnitt sitzt, kann es an der Gummidichtung liegen. Ist die spröde oder eingerissen:
■ Gummiumrandung abziehen.
■ Neue Dichtung mit einem Kunststoffhammer aufschlagen.
■ Sie muß rundum gleichmäßig hoch sitzen.
■ Zur Pflege der Dichtung eignet sich Glyzerin oder ein Gummipflegemittel.

Heckklappenschloß ausbauen

■ Beim Golf Verkleidung der Heckklappe abnehmen (Seite 250).
■ Schloß von der Heckklappe losschrauben und herausziehen, Verbindungsstange zum Schloß aushängen.
■ Zum Ausbau des Schließzylinders Heckklappengriff abschrauben.
■ Dazu an der Außenseite des Griffes beim Golf vier und beim Jetta zwei Kreuzschlitzschrauben herausdrehen, Griff abnehmen.
■ Innen an der Heckklappe zwei Haltenasen des Schließteils zusammendrücken und nach außen schieben.
■ An der Schloßrückseite bei eingestecktem Schlüssel die Sicherungsklammer abhebeln.
■ Schließzylinder herausziehen.
■ Zum Ausbau der Drucktaste den größeren Sicherungsring abhebeln.
■ Beim Einbau den Dichtring zwischen Schloßteil bzw. Handgriff und dem Distanzring nicht vergessen.

Die Stoßfänger Ausbau

■ **Vorn:** Steckverbindungen zu den vorderen Blinkern und ggf. zu den Nebelscheinwerfern im Motorraum bzw. unten am Längsträger trennen.
■ Beim Stoßfänger des Golf GL und Jetta ab 8/89 rechts und links die Luftleitteile von der Radhausschale losschrauben.
■ Je zwei M-10-Schrauben unten an den

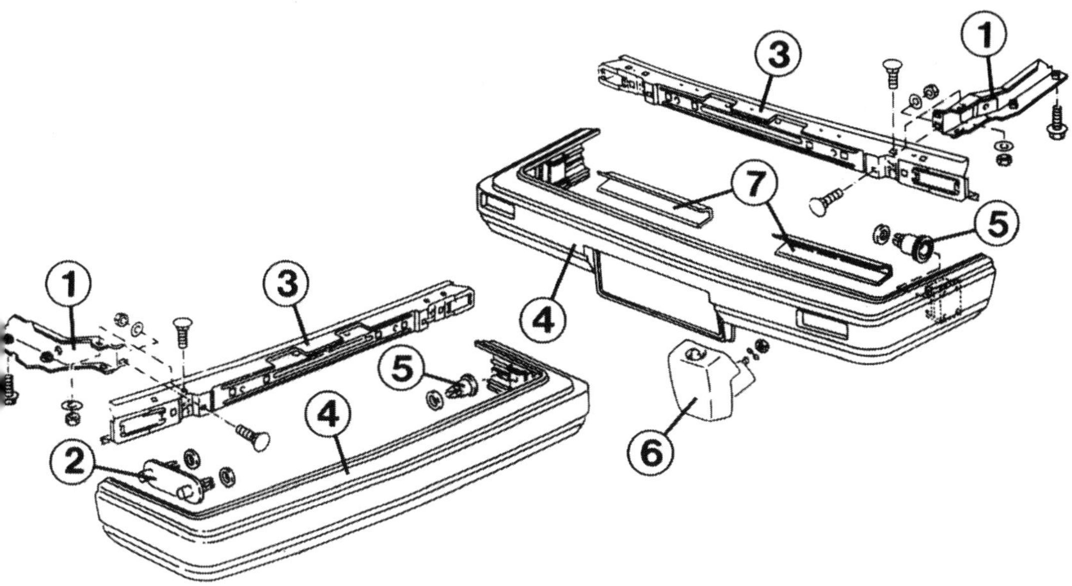

Die Einzelteile des hinteren (links) und vorderen Stoßfängers (rechts): 1 – Stoßfängerträger; 2 – langer Halter für hintere Stoßfängerabdeckung (nur Jetta); 3 – Stoßfänger; 4 – Kunststoffabdeckung; 5 – kurzer Halter für Abdeckung; 6 – Stoßfängerhorn mit Spritzdüse für Scheinwerfer-Reinigungsanlage; 7 – Dichtungen.

Ein Blick auf die Wagenunterseite. Die Halteschrauben (1) des Stoßfängers sehen Sie hier deutlich. Sie dürfen keinesfalls mit der Halteschraube (2) des Motorträgers verwechselt werden!

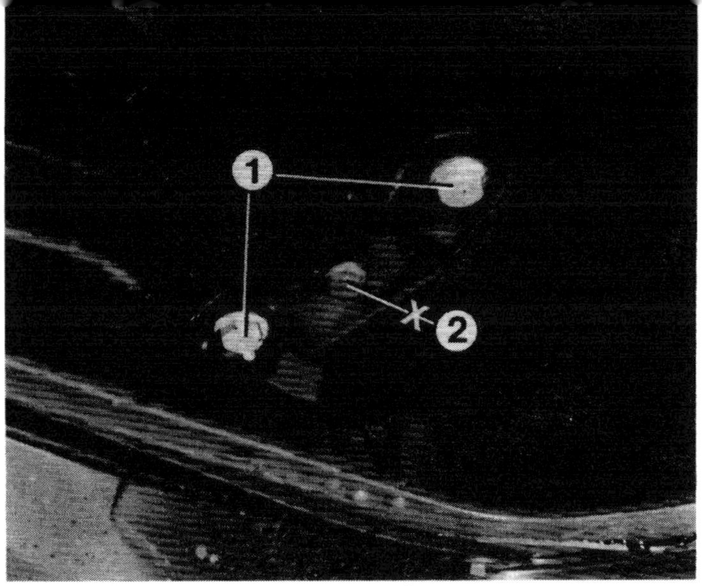

Längsträgern losdrehen (Bild oben). Auf keinen Fall darf die zwischen den großen Schrauben sitzende kleinere Schraube gelöst werden. Sie hält den Motorträger.

■ **Hinten:** Je zwei M-10-Schrauben von unten her rechts und links aus dem Längsträger herausdrehen.

■ **Vorn und hinten:** Stoßfänger waagrecht abziehen; die seitlichen Teile gleiten dabei aus ihren Haltern.

■ Ggf. Stoßfängerhalter abschrauben.

■ Beim Einbau die Dichtungen oben am vorderen Stoßfänger nicht vergessen, sie verhindern Luftwirbel am Übergang zur Wagenfront.

■ Achten Sie beim Einschieben des Stoßfängers darauf, daß die seitlichen Teile des Stoßfängers in ihre Halter an der Karosserie eingeschoben werden.

■ Zum Festschrauben des Stoßfängers müssen wieder die Rippschrauben verwendet werden. Sie besitzen am Sechskantkopf eine feste Scheibe mit geriffelter Fläche.

■ Nur diese Schrauben mit 82 Nm festgezogen garantieren den festen Halt des Stoßfängers.

Kunststoffabdeckung auswechseln

Wenn lediglich die Kunststoffabdeckung beschädigt ist, kann sie alleine ersetzt werden. Ist dagegen auch der Stahlträger deformiert, gibt es als Ersatz nur das komplette Teil.
Zur Montage der neuen Kunststoffhülle benutzt die Werkstatt eine Presse und ein Spezialwerkzeug. Behelfsmäßig geht es ausgesprochen schwierig. Damit die neue Abdeckung sauber sitzt, würden wir dies die V.A.G.-Werkstatt machen lassen.

Die Kotflügel

Lediglich die vorderen Kotflügel lassen sich abschrauben. Die hinteren Seitenteile bilden dagegen eine verschweißte Einheit mit der restlichen Karosserie.

Radhausschale ausbauen

■ Betreffendes Vorderrad abnehmen.

■ Entlang des Radausschnitts und innen im Radkasten acht Sechskantschrauben herausdrehen, Radhausschale abnehmen.

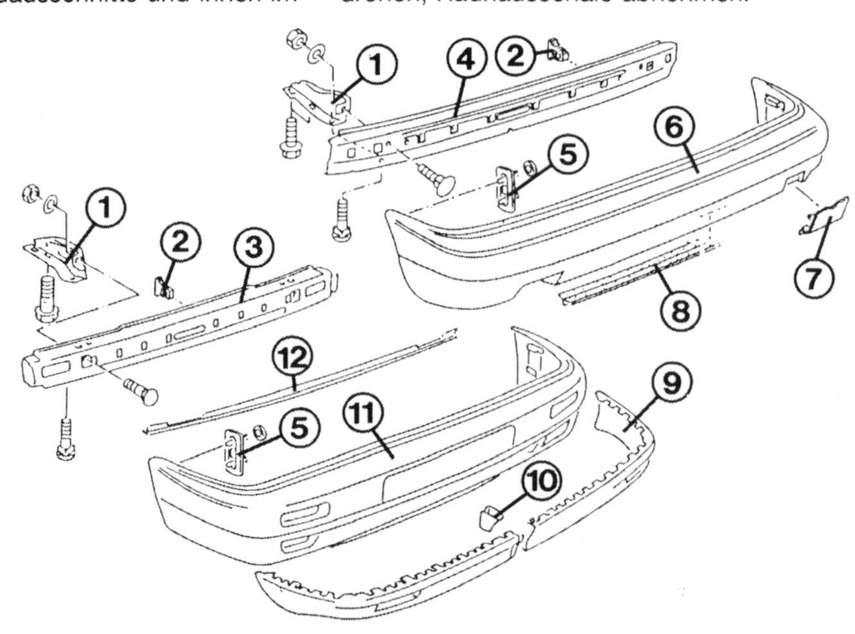

Der vordere und hintere Stoßfänger des Golf GL und Jetta seit 8/89: 1 – Stoßfängerträger; 2 – Sicherungsclip; 3 – Stoßfänger vorn; 4 – Stoßfänger hinten; 5 – Halter für Abdeckung; 6 – Abdeckung hinten; 7 – Abdeckkappe für Abschleppöse; 8 – Abdichtung für Golf-Stoßfänger; 9 – Frontspoiler; 10 – Abdeckkappe; 11 – Abdeckung vorn; 12 – Abdichtung.

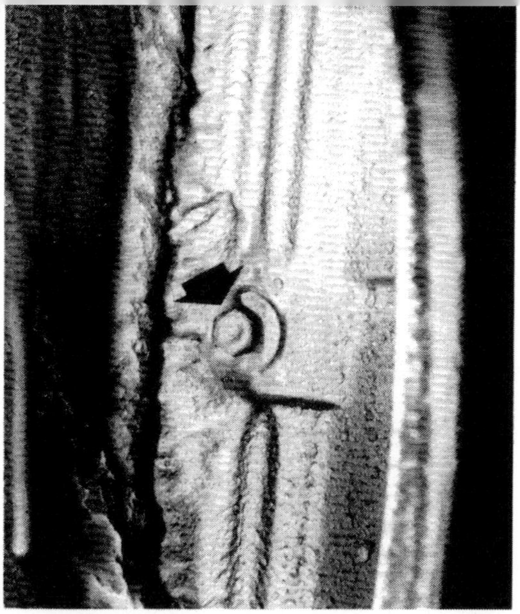

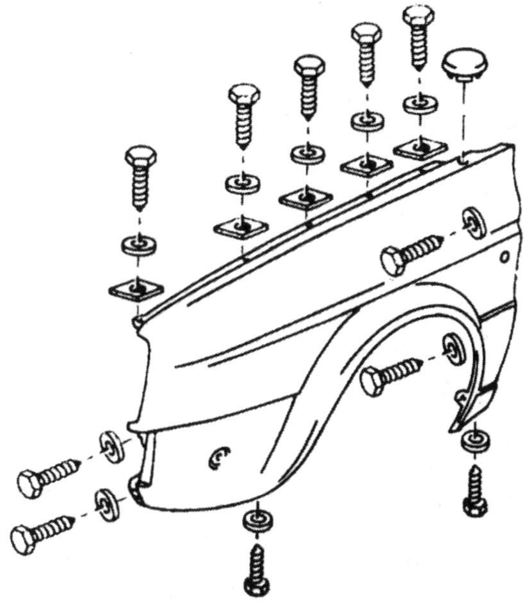

Der schwarze Pfeil im Bild links zeigt auf eine der Kotflügel-Halteschrauben, die erst vom Unterbodenschutz freigelegt werden müssen. In der Zeichnung sehen Sie sämtliche Schrauben, mit denen der Kotflügel angeschraubt ist; also auch die Schrauben von Bugblech und Spoiler.

Kotflügel ausbauen

■ Stoßfänger abschrauben.
■ Frontspoiler und Bugblech an der betreffenden Seite außen lösen.
■ Radhausschale abnehmen.
■ Unterbodenschutz an den Trennfugen erwärmen, damit er sich mit einem scharfen Messer anschließend durchtrennen läßt. Sie brauchen dazu eine Gas-Lötlampe oder einen leistungsstarken Heißluftfön.
■ Köpfe der Halteschrauben an der Scharniersäule aus der Unterbodenschutzschicht freilegen.
■ Bei geöffneter Motorhaube rund um den Kotflügel neun Sechskant-Blechschrauben herausdrehen: In der Motorhauben-Anlagekante, vorn unten am Kotflügel, innen zum Türpfosten hin und hinten unten am Schwellerblech, siehe Zeichnung oben.
■ Kotflügel nach vorn und dann zur Seite abziehen.
■ Zwischen Karosserie und Kotflügel sitzen an der Motorhauben-Anlagekante und zur Tür hin Zinkplättchen unter den Schrauben.
■ Falls diese Plättchen fehlen, muß beim Einbau an deren Stelle Karosseriedichtband aufgedrückt werden. Für die jeweilige Schraube ein entsprechend großes Loch durch das Dichtband stechen.
■ Nach dem Anbau des Kotflügels in die Fugen zwischen Karosserie und Kotflügel Acryldichtmasse (V.A.G.-Nr. AKD 511 001) auftragen und mit dem Pinsel sauber verstreichen.
■ Die Spalte zwischen Kotflügel und Motorhauben-Ablagekante werden mit Konservierungswachs satt eingesprüht.

Kotflügelverbreiterungen ausbauen

Die Verbreiterungen des Golf GTD sind mit Spreiznieten befestigt.
■ Köpfe der Niete abbohren.
■ Von der Außenseite her den Dorn des Niets mit einem feinen Durchschlag oder Nagel nach innen durchtreiben.
■ Der jetzt ohne Spannung sitzende Niet kann abgehebelt werden.
■ Beim Einbau beginnen Sie mit dem Festnieten oben in der Mitte der Verbreiterung und gehen wechselweise rechts und links nach unten.

Die Türen
Tür ausbauen

■ Bei geöffneter Tür die Schaumstoffabdekkung am Türfeststeller abziehen.
■ Klemmscheibe unten vom Bolzen des Türfeststellers abdrücken, Bolzen nach oben herausnehmen.
■ Bei einem Fahrzeug mit elektrischer Spiegelverstellung, Zentralverriegelung o.ä. muß zum Trennen der Kabelsteckverbindungen bzw. der Unterdruckleitungen in der Tür deren Verkleidung abgenommen werden, siehe übernächsten Abschnitt.
■ Am oberen und unteren Scharnier je eine Sechskantschraube losdrehen, Tür mit ihren Scharnieren abnehmen.

Tür einpassen

Zur Einstellung einer Tür muß der VW mit allen Vieren waagrecht auf dem Boden stehen. Bei aufgebocktem Fahrzeug kann sich die Karosserie etwas verwinden, so daß die Türjustierung anschließend nicht stimmt.
■ Schließbolzen, in den das Türschloß einrastet, ein wenig lockern.
■ Tür mit ihren Scharnieren nur so fest anschrauben, daß sie sich noch nach allen Seiten verschieben läßt.
■ Tür in den Türausschnitt drücken und so

Links der Türfeststeller (1) mit seinem Haltebolzen (4) und der unten sitzenden Klemmscheibe (3). Bei »besserer« Ausstattung ist dieser Anlenkpunkt mit Schaumstoff abgedeckt. Unten eine Türhalteschraube (2). Im Bild rechts sehen Sie den Schließbolzen (5).

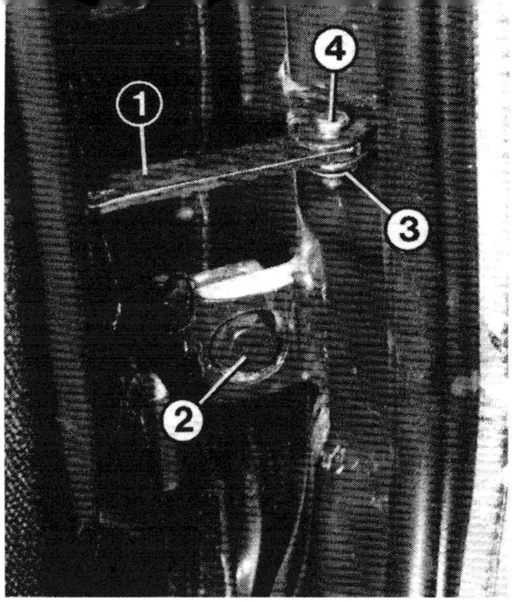

ausrichten, daß das Türblech flächenglatt mit dem benachbarten Karosserieblech abschließt und mit rundum gleichmäßigem Spalt im Türausschnitt sitzt.

■ Prüfen Sie vom Wageninnern aus, ob die Tür gleichmäßig an ihrer Gummidichtung anliegt.

■ Bei richtigem Sitz Scharnierschrauben anziehen.

■ Öffnertaste im äußeren Türgriff anziehen und das Türschloß bei leicht angehobener Tür in den Schließbolzen einrasten lassen.

■ Öffnertaste loslassen, wieder anziehen und Tür leicht angehoben öffnen.

■ Schließbolzen in dieser Stellung festziehen.

■ Sitz der Tür kontrollieren, ggf. nachjustieren.

Türverkleidung ausbauen

Diese Arbeit haben wir aus dem Kapitel »Innenraum« vorgezogen, da sie für die weiteren Zerlegungsschritte an der Tür wichtig ist.

■ Am Haltegriff die Blende abdrücken oder mit einem feinen Schraubenzieher abhebeln.

■ Darunter sitzende Kreuzschlitzschrauben losdrehen. Griff abziehen.

■ Umrandung am Türinnengriff nach hinten drücken und abziehen.

■ Abdeckung der Fensterkurbel abdrücken und wegnehmen.

■ Darunter sitzende Kreuzschlitzschraube losdrehen und Kurbel abnehmen.

■ Verriegelungsknopf herausdrehen.

■ Knopf vom Schalter der Außenspiegelverstellung abziehen bzw. bei elektrischer Spiegelverstellung Schalter herausziehen und Kabelstecker abziehen.

■ Rundum die Halteschrauben der Türverkleidung (unter eingesteckten Abdeckungen) losdrehen: Jeweils zwei an der Vorder- bzw. Hinterkante an der jeweiligen Verkleidung.

■ Jetzt können Sie die Verkleidung oben aus der Türschachtabdichtung herausziehen und aus ihren unteren Halteklammern herausnehmen.

■ Die geräuschdämpfende Schutzmatte hinter der Verkleidung darf nicht beschädigt sein, andernfalls kann Feuchtigkeit eindrin-

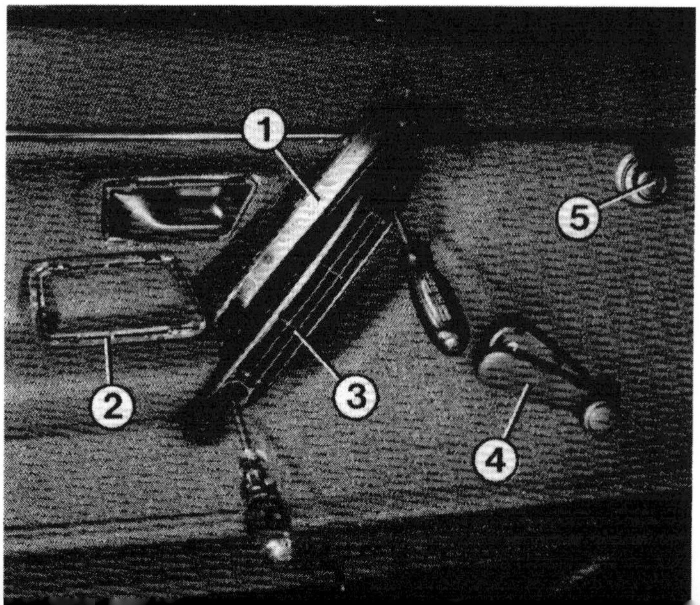

Hier gezeigt an der Fahrer-Türverkleidung: 1 – Abdeckung des Zuggriffes (3); 2 – abgezogene Umrandung des Türinnengriffes; 4 – abnehmbare Verkleidung der Fensterkurbel; 5 – Knopf der Spiegelverstellung.

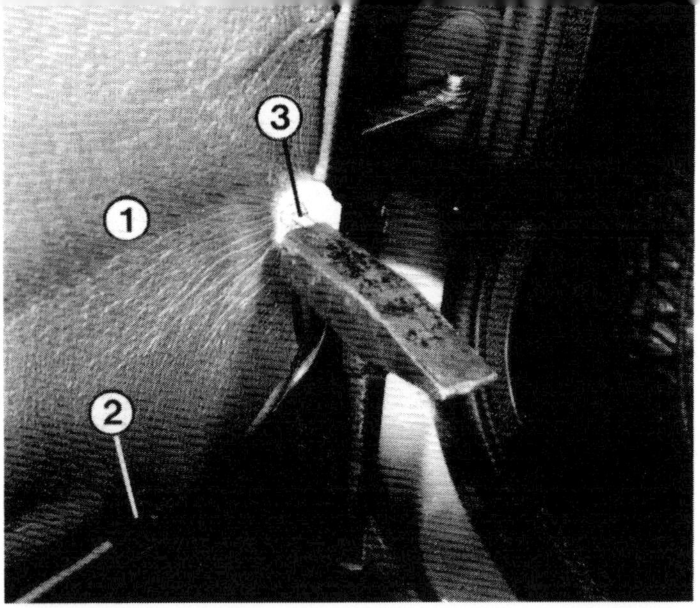

Die Schutzmatte (1) hinter der Türverkleidung wird von Clips (2) gehalten. Der Bolzen (3) wird mit dem Hammer in den Clip eingeklopft und spreizt ihn wie einen Dübel.

gen und die Rückseite der Türverkleidung aufweichen.

- Die Schaumstoffmatte wird von rundum sitzenden Clips gehalten und ist zusätzlich angeklebt.
- Zum Abnehmen den kleinen Bolzen im Clip mit einem dünnen Schraubenzieher, Nagel o. ä. durchdrücken, Clip abnehmen.
- Betätigungsstange vom Türinnengriff zum Türschloß aushängen.
- Matte abnehmen, aus dem Türkasten die Bolzen der Halteclips herausfischen und wieder in die Clips stecken.
- Die Halteklammern unten können mit einem Schraubenzieher abgehebelt werden.
- Die Schale des Türinnengriffes ist mit Haltenasen im Türblech befestigt.
- Zum Einbau der Halteklammern bzw. der Clips der Schaumstoffmatte den Bolzen in das Kunststoffteil hineintreiben, wie im Bild oben gezeigt.
- Beim Aufsetzen des Knopfes für die elektrische Spiegelbetätigung darauf achten, daß die Markierung im Knopf auf das »L« oder »R« im Schalter zeigt.

Türschloß ausbauen

Das Türschloß am hinteren Türkastenrand sehen Sie im Bild unten rechts. Dort sind auch die hier im Text genannten Teile bezeichnet.

- Beide Innensechskantschrauben des Türschlosses lösen.
- Schloß verriegeln und ein Stück herausziehen.
- Durch die Öffnung unten im Türschloß einen Schraubenzieher stecken, wodurch die Welle des Fernbetätigungshebels blockiert wird. Nur so kann die Verbindungsstange zum inneren Türgriff ausgehängt werden.
- Sicherungshebel oben aus der Hülse ziehen.
- Beim Wiedereinbau muß die Schloßfalle in verriegelter Stellung stehen.

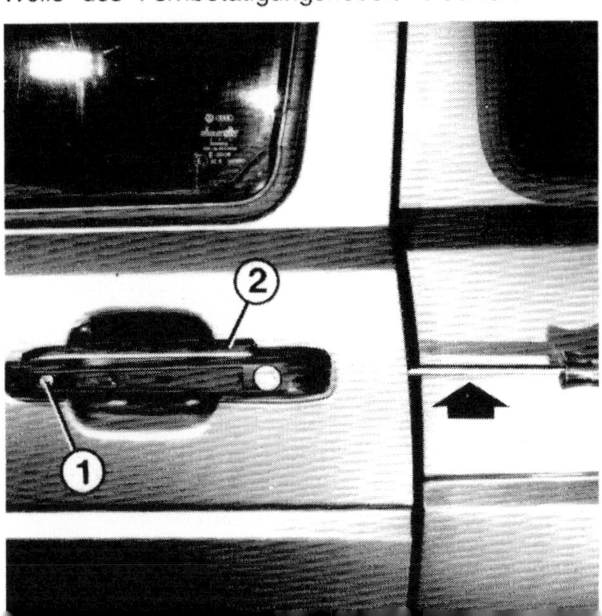

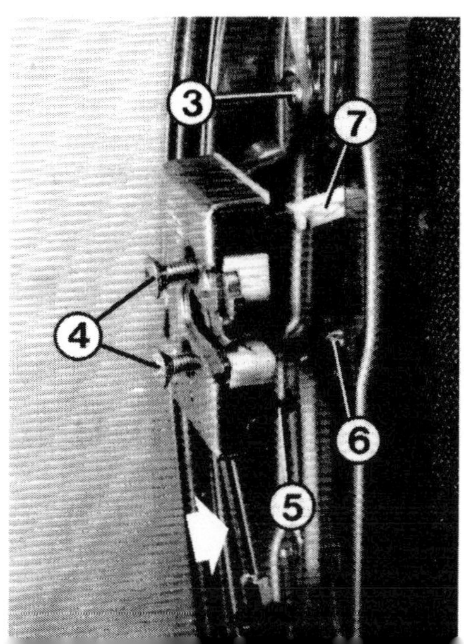

Links die Türgriff-Halteschraube (1) und Zierblende (2). Rechts: 3 – Halteschraube des Türaußengriffes, auf die links der Schraubenzieher (Pfeil) angesetzt ist; 4 – Türschloß-Halteschrauben; 5 – Fernbetätigungshebel (vom Schraubenzieher – Pfeil – blockiert); 6 – Verbindungsstange; 7 – Sicherungshebel.

Zum Schließzylinder (1) gehören: 2 – Dichtring; 3 – Drehfeder; 4 – Mitnehmer; 5 – Halteschraube.

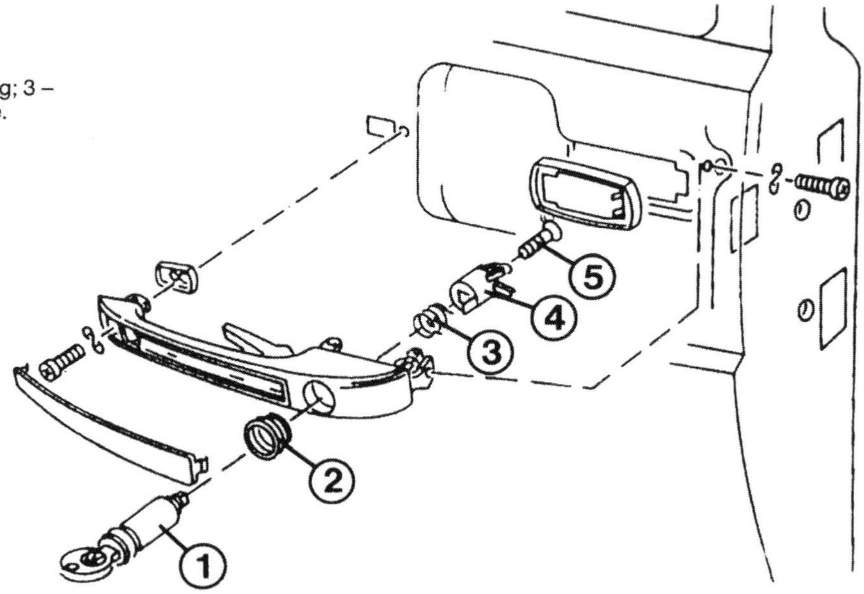

Türgriff ausbauen

■ Kreuzschlitzschraube im Türkastenrand (Bilder auf der Vorseite) herausdrehen.
■ Zierabdeckung mit einem feinen Schraubenzieher abhebeln.
■ Kreuzschlitzschraube vorn im Türgriff herausdrehen, Griff abnehmen.

Schließzylinder ausbauen

■ Schlüssel in den Schließzylinder stecken, damit beim Herausziehen des Zylinders die Schließplatten und Federn nicht herausfallen.
■ Kreuzschlitzschraube am hinteren Ende des Schließzylinders herausdrehen.
■ Mitnehmer und Drehfeder abnehmen, dabei deren Lage für den Wiedereinbau merken.
■ Schließzylinder aus der Türgriff-Vorderseite herausziehen.
■ Neuen Schließzylinder mit Rostlöser-Isolierspray schmieren.

Türfenster ausbauen

Die hier im Text erwähnten Teile sehen Sie zum Teil im Bild unten.
■ Türverkleidung abnehmen.
■ Türscheibe herunterkurbeln.
■ Fensterschachtabdeckung innen und außen abnehmen.
■ Bis 7/87 Halteschrauben der Fensterführungsschiene unten (Bild unten) und oben (unter der Gummidichtung) herausdrehen.
■ Schiene schräg nach unten in den Türkasten schieben.
■ Türscheibe unten am Fensterheber abschrauben, hochschieben und aus dem Türkasten herausnehmen.
■ Falls nötig, läßt sich bei abgenommener Fensterführungsschiene auch das Dreiecksfenster (bis 7/87) abziehen, wenn die Gummidichtung im Bereich der Schräge am Fenster gelöst wird.

Fensterheber ausbauen

Die Ausbauweise ist gleich bei manueller und elektrischer Betätigung.
■ Türverkleidung abnehmen.
■ Türfenster herunterkurbeln.

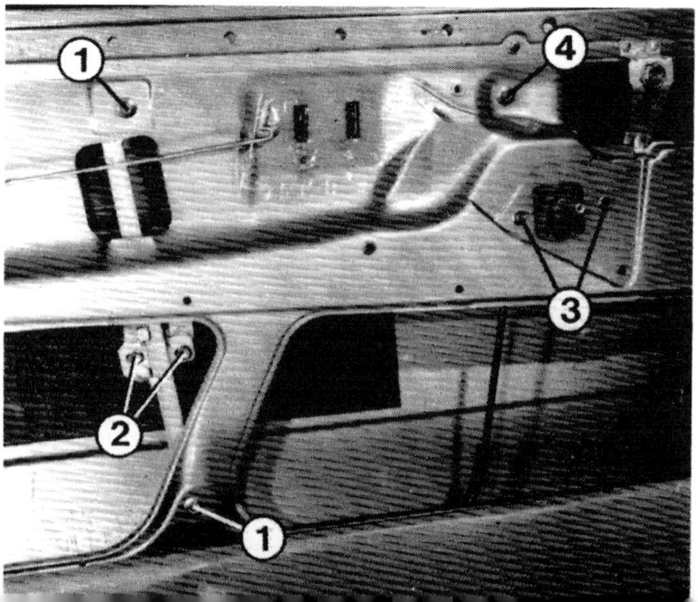

Die Tür mit abgenommener Verkleidung. Gezeigt sind die Halteschrauben folgender Bauteile: 1 – Fensterheberschiene; 2 – Türfenster; 3 – Fensterheber-Kurbeltrieb; 4 – Fensterführung unten.

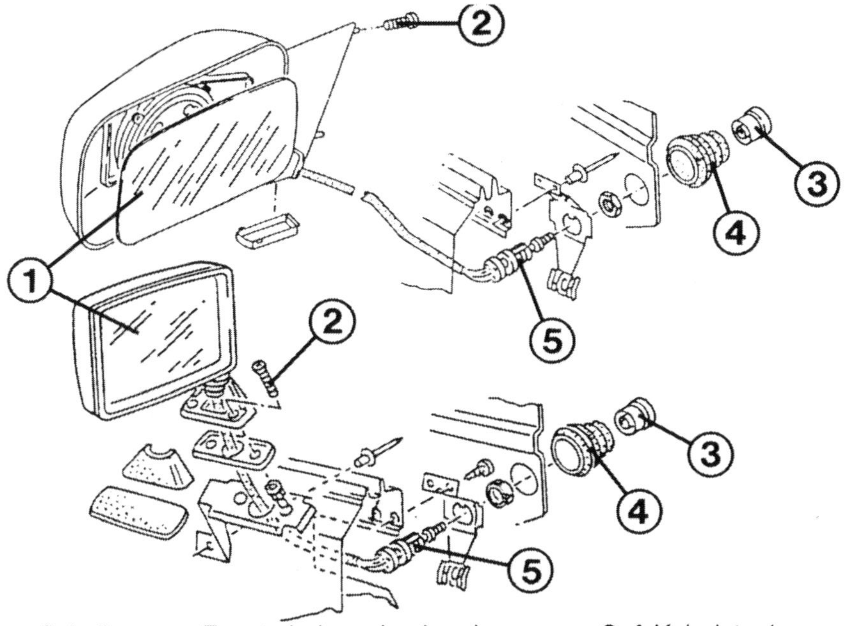

Die Außenspiegel (1) bis 7/87 (unten) bzw. ab 8/87 (oben): 2 – Halteschraube; 3 – Verstellknopf; 4 – Manschette; 5 – Betätigungszug.

■ Scheibe vom Fensterheber abschrauben, ein Stück hochziehen und auf zwei entsprechend hohe Klötze setzen, damit sie nicht herunterfallen kann.
■ Fensterheberschiene und Kurbeltrieb des Fensterhebers abschrauben, siehe Bild links unten.
■ Ggf. Kabelstecker zum Fensterhebermotor trennen.
■ Fensterheber zum unteren Ausschnitt in der Tür herausnehmen.

Außenspiegel

■ Bei mechanischer oder elektrischer Spiegelverstellung Türverkleidung abnehmen.
■ Bei mechanischer Verstellung Matte hinter der Verkleidung im Bereich des Verstellknopfes abziehen.
■ Haltemutter der Spiegelbetätigung losdrehen und letztere aus ihrem Halter herausziehen.
■ Bei elektrischer Verstellung Kabelstecker trennen.
■ Kunststoffabdeckung außen am Spiegelfuß (bis 7/87) bzw. im Wageninnern (seit 8/87) abziehen.
■ Zwei Kreuzschlitzschrauben des Spiegels losdrehen.
■ Spiegel mit seiner Betätigung herausziehen.

Das Schiebedach

Dieses Fenster zum Himmel erfordert für problemlose Funktion eine exakte Einstellung. Das kann man nach entsprechender Anleitung auch als Heimwerker, aber die hierzu notwendigen Beschreibungen würden den Rahmen dieses Buches sprengen.

Die Zierleisten

■ **Bis 7/87:** Die Seitenleisten sind aufgeklebt und können nicht wiederverwendet werden.
■ Zum Abnehmen müssen die Leisten mit einem Heißluftfön erwärmt werden.
■ Leiste vorsichtig abziehen.
■ Reste der Klebemasse sollten Sie mit einem Holzspachtel und Heißluft entfernen. Zu viel Wärme schadet allerdings dem Lack.
■ Zum Anbringen einer neuen Leiste Lackfläche mit Reinigungsbenzin sauberreiben.
■ Schutzfolie von der Leiste abziehen.
■ Leiste und Klebefläche auf dem Lack mit dem Heißluftfön auf etwa 60°C anwärmen.
■ Leiste anheften, evtl. Sitz noch korrigieren.
■ Leiste kräftig andrücken, speziell an den Enden.
■ **Seit 8/87:** Die Leisten werden von Clips im Blech gehalten.
■ Zum Ausbau die Leiste vorsichtig abziehen. Dabei reißen die Clips bisweilen ab. Sie müssen dann beim Einbau ersetzt werden.
■ Kontrollieren Sie vor dem Einbau, ob die Tüllen für die Clips im Karosserieblech eingesteckt sind.

Die Scheiben

In unseren Fahrzeugen sind grundsätzlich Windschutzscheiben aus Verbundglas eingebaut, die im Fall einer Beschädigung nicht in tausende von Krümeln zerfallen, sondern an der Schadensstelle mehr oder minder große Risse zeigen. Solche Scheiben tragen die Beschriftung »Sigla«, »Sekurit Verbund«, »Nordlamex« oder »Laminated«.

Der eigenhändige Einbau einer Verbundglasscheibe ist problematisch. Man muß mit der Scheibe wie mit einem rohen Ei umgehen. Kräftiges Klopfen beim Einsetzen der Scheibe bewirkt leicht eine Verspannung, wodurch sie reißen kann. Wir empfehlen dringend, den Einbau einer Verbundglas-Windschutzscheibe einer Werkstatt zu überlassen.
Relativ unempfindlich ist dagegen das Einschichtglas der festen hinteren Scheiben bzw. der Heckklappe – erkennbar an der Bezeichnung »Sekurit«, »Delodur« oder »Sicursiv«.

Scheibe ausbauen

Zum Aus- und Einbau einer Scheibe brauchen Sie unbedingt einen Helfer, damit es keinen Bruch gibt.

■ Bei einer Verbundglas-Scheibe die Dichtung mit einem scharfen Messer zerschneiden und die Scheibe gemeinsam mit dem Helfer abnehmen.

■ Bei Einschichtglas mit einem Holz- oder Kunststoffspachtel die möglicherweise angeklebte Scheibendichtung rundum vorsichtig abheben.

■ Im Wageninnern mit den Füßen gegen die Scheibe drücken. Dabei nicht ruckartig gegen das Glas treten, sondern kraftvoll drücken. Beginnen Sie an einer der oberen Ecken.

■ Sobald sich die Scheibe mit der Dichtung aus ihrem Rahmen ein klein wenig löst, an der Stelle daneben drücken. Außen muß der Helfer die gelöste Scheibe auffangen (sie löst sich oft blitzschnell) und abnehmen.

Scheibe einbauen

Für den Scheibeneinbau brauchen Sie eine kräftige Schnur oder ein nicht zu dünnes Autoelektrikkabel. Außerdem sollten Sie die nach innen zeigende Dichtlippe mit Silikonspray einsprühen. Die Schnur oder das Kabel gleitet dann leichter, und das Silikon bewirkt eine zusätzliche Abdichtung.
Die bisherige Dichtung kann wiederverwendet werden, wenn sie nicht eingerissen ist.

■ Scheibenausschnitt in der Karosserie saubereiben.

■ Dichtung auf die Scheibe aufziehen.

■ Kabel oder Schnur in die innere Dichtlippe einlegen, wobei sich die Enden unten in Scheibenmitte überlappen müssen.

■ Scheibe mit Dichtung am Fensterausschnitt ansetzen und ausrichten.

■ Ein Schnur- oder Kabelende fassen und zum Innenraum hin ziehen. Dadurch wird die Gummilippe über die Kante im Fensterausschnitt gezogen.

■ Wenn Sie in Scheibenmitte angelangt sind, wird von der anderen Seite her das Kabel oder die Schnur herausgezogen.

■ An der Stelle, wo die Dichtung über den Fensterausschnitt gezogen wird, sollte der Helfer mit der flachen Hand von außen gegen die Scheibe klopfen, damit sie sich sauber »setzt«.

■ Beim Einbau einer Verbundglas-Windschutzscheibe darf nicht stark geklopft werden, sonst kann es Verspannungen und einen Riß im Glas geben.

Gute Stube

Manche Reparatur erfordert Vorarbeiten im Wageninnern. Das haben wir hier in einem eigenen Kapitel zusammengefaßt.

Sitze ausbauen

■ **Vordersitz:** Sitz nach vorn schieben. Abdeckung der inneren Sitzschiene losschrauben und nach hinten abnehmen.
■ Vorn am Haltebock in Sitzmitte die Sicherungsschraube losdrehen, wie im Bild unten bereits geschehen.
■ Sitz nach hinten schieben und herausnehmen.
■ Vor dem Wiedereinbau kontrollieren, ob die sogenannten Gleitstücke außen auf den Sitzstützen sowie vorn in der Mitte unbeschädigt sind. Andernfalls wackelt der Sitz.
■ **Golf-Rücksitzbank:** An der Vorderkante der Bank die Abdeckungen von den Scharnieren abhebeln.
■ Halteschrauben losdrehen, Bank nach vorn klappen und herausnehmen.
■ **Golf-Rücksitzlehne:** Lehne nach vorn klappen.
■ Halteschrauben der Lehnenlagerung außen lösen.
■ Bei geteiltem Rücksitz außerdem das kurze Halteseil an der linken Lehne aushängen, dazu den Stopfen herausdrücken.
■ **Jetta-Rücksitzbank:** Vorn an der Unterkante der Sitzbank rechts und links oberhalb der Abdeckungen im Bodenteppich die Arretierungen nach hinten drücken.
■ Sitzbank hochziehen und herausnehmen.
■ ***Jetta-Rücksitzlehne:*** *Bei einem* Fahrzeug mit Skisack dessen Halterahmen losschrauben.
■ Im Kofferraum die oberen Haltespangen aus den Haltenasen ausrasten, während ein Helfer im Innenraum die Sitzlehne hochzieht.
■ Beim Einbau darauf achten, daß alle vier Spangen in der Kofferraumtrennwand eingerastet sind.

Kopfstützen ausbauen

■ **Vordersitze:** Arretierklammern unter den Abdeckrosetten mit einem kleinen Schraubenzieher herausdrücken oder -ziehen.
■ Kopfstütze abnehmen.
■ Zum Wiedereinbau jede Federklammer so einstecken, daß ihre gerade Seite zu den Einfräsungen in den Metallstäben der Kopfstütze zeigt.
■ **Rücksitz:** Beim Golf erst die Rücksitzlehne etwas vorklappen.
■ Drucktaste an der Abdeckrosette eindrükken. Kopfstütze abnehmen.

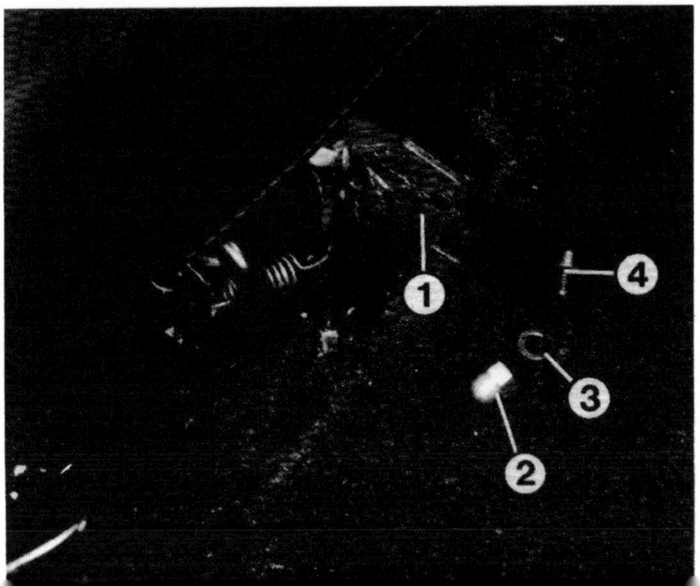

Zur Sicherung der Vordersitze sitzt vorn an der mittleren Schiene (1) eine Innensechskantschraube (4) mit Hutmutter (2) und Unterlegscheibe (3).

Die Anbauteile am Armaturenbrett: 1 – Lautsprecherabdeckung; 2 – herausnehmbarer Einsatz zum Sicherungskasten; 3 – Ablagefach links; 4 – mittlere Abdeckung (Fahrzeuge ohne Mittelkonsole); 5 – Ablagefach rechts; 6 – Handschuhfachdeckel; 7 – Handschuhfach; 8 – Ablagefach in der Radio-Einbauöffnung.

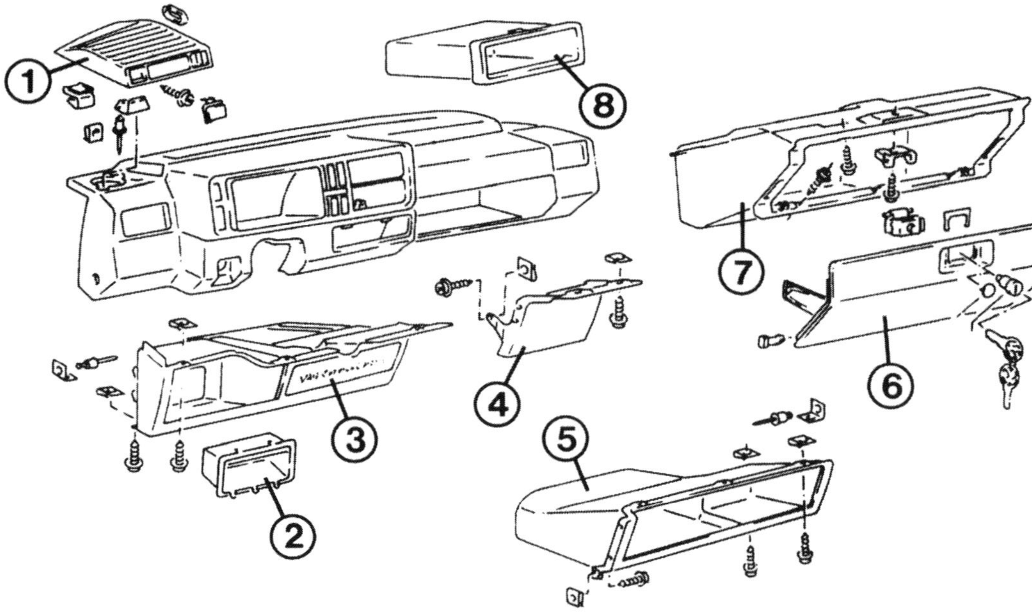

Verkleidungen ausbauen

Auf die Türverkleidungen sind wir bereits auf Seite 244 eingegangen.

■ **Hintere Seitenverkleidungen Zweitürer:** Rücksitz ausbauen.

■ Türdichtung im Bereich der Seitenverkleidung abziehen.

■ Darunter werden zwei Kreuzschlitzschrauben sichtbar – herausdrehen.

■ Zwei Halteclips aus der Seitenverkleidung herausdrücken.

■ Verkleidung hochziehen, damit sie sich aus den Halteklammern oben an der Fensterbrüstung löst, und abnehmen.

■ Die **Verkleidungen im Kofferraum** sind eingehängt, angeklammert, eingeclipst bzw. mit Spreizclips befestigt.

■ Zum Ausbau eines Spreizclips den Kunststoffbolzen mit einem feinen Nagel durchdrücken, Clip abnehmen und den Bolzen gleich wieder einstecken.

■ **Bodenteppich:** Ggf. Sitze, Mittelkonsole und Handbremsabdeckung ausbauen.

■ Einstiegleisten an den Türen abhebeln.

■ Der Teppich ist mit mehreren Stopfen befestigt. Direkt unter der Rücksitzbank müssen noch eine bzw. zwei Abdeckungen abgenommen werden.

Ablagefächer ausbauen

■ **Links bzw. rechts:** Je fünf Kreuzschlitzschrauben herausdrehen, siehe Bild oben.

■ Ablagefach herausziehen.

■ Auch die **übrigen Ablagen** am Armaturenbrett und die mittlere Abdeckung bei »einfacherer« Ausstattung sind lediglich angeschraubt.

Mittelablage bzw. -konsole ausbauen

■ Schalthebelknopf losdrehen, Schalthebelmanschette abziehen.

■ Bei der Mittelkonsole Blende ausrasten.

■ Bei Getriebeautomatik die Blende ebenfalls ausrasten und zum Abnehmen vom Wählhebel um 90° drehen.

■ Eine Kreuzschlitzschraube herausdrehen, siehe Bild unten.

Die Mittelablage ist vorn mit einer Kreuzschlitzschraube (1) befestigt und steckt hinten in Haltestiften (2).

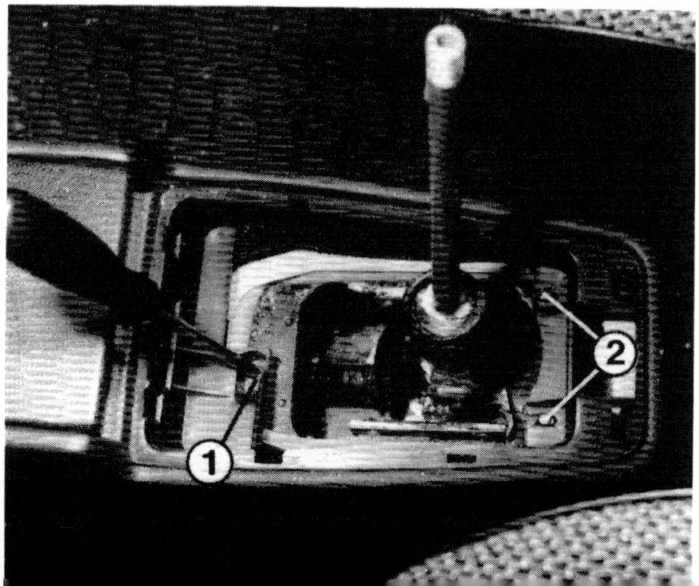

■ Ablage bzw. Konsole ein wenig nach hinten ziehen und aus den Halterungen aushängen.

■ Elektrische Steckverbindungen abziehen.

Ascher

■ Bei sämtlichen Modellen werden die Ascher lediglich von Blechklammern gehalten.

■ Bei einem Fahrzeug ohne mittlere Luftausströmer ist der Ascherhalter mit zwei Kreuzschlitzschrauben im Armaturenbrett befestigt.

Der Dachhimmel

Im VW Golf und Jetta ist ein sogenannter Fertighimmel eingebaut. Er besteht aus einem formsteifen Teil, das im Dach lediglich eingeclipst ist.

Himmel ausbauen

■ Innenspiegel mit kräftigem Ruck abziehen.

■ Innenleuchte ausbauen, siehe Seite 203.

■ Sonnenblenden und deren Halter losschrauben, Halter zum Abnehmen um 90° drehen.

■ Umlenkbeschläge der Sicherheitsgurte vorn und hinten abschrauben, vorher Abdeckkappen abdrücken. Merken Sie sich die Einbaulage der Abstandshülse für den Wiedereinbau.

■ An den Haltegriffen je zwei Abdeckungen heraushebeln bzw. vorn links die Kunststoffkappen aus dem Himmel herausdrücken.

■ Darunter sitzende Kreuzschlitzschrauben herausdrehen.

■ Verkleidungen der vorderen Dachsäulen oben losschrauben und unten ausclipsen.

■ An den mittleren Säulen die Türdichtung im Bereich der oberen Verkleidungen ein Stück abziehen.

■ Beim **Zweitürer** je zwei Kreuzschlitzschrauben der Verkleidungen herausdrehen bzw.

■ beim **Viertürer** unten je eine Kreuzschlitzschraube lösen und die Blende nach unten aus ihrem Halteclip herausziehen.

■ **Alle Modelle:** An den Verkleidungen der hinteren Dachsäulen ggf. je eine Kreuzschlitzschraube herausdrehen, die unter einer Abdeckkappe sitzt.

■ Verkleidungen aus den Clips abziehen.

■ Abschlußleiste hinten am Himmel abziehen, beim Golf hierzu die Heckklappe öffnen.

■ Sämtliche Kunststoffclips aus dem Dachhimmel herausdrücken; Vorsicht, daß der Himmel nicht beschädigt wird.

■ **Golf:** Himmel nach hinten zur geöffneten Heckklappe herausnehmen.

■ **Jetta:** Lehnen der Vordersitze so flach wie möglich stellen und den Himmel durch die Beifahrertür herausnehmen.

Die Sicherheitsgurte

Zeigen die Gurte einen der nachfolgend genannten Mängel, sollten sie ausgewechselt werden, damit sie im Notfall wirklich schützen können:

□ bei welligem Gurtband;
□ bei ausgefransten Kanten;
□ bei aufgeriebenem Gewebe;
□ bei angerissenen Nähten oder
□ wenn ein »lahmer« Automatikgurt öfter zwischen Tür und Karosserie eingeklemmt wurde, wodurch er mit der Zeit an Festigkeit verliert.

Gurtumlenkung verlegen

Wenn Ihnen der angelegte Gurt zu hoch oder zu tief über den Oberkörper läuft, können Sie bei einem Fahrzeug bis Baujahr 2/86 einen speziellen Umlenkbeschlag einbauen. Damit verläuft der Gurt 50 mm tiefer bzw. höher. Der Einbausatz trägt die V.A.G.-Teilenummer 191 857 800. Seit 2/86 werden die Viertürer serienmäßig mit einer Gurthöhenverstellung geliefert, die es für den Zweitürer gegen Mehrpreis gibt.
Diese Höhenverstellung läßt sich in ein Fahrzeug ab Fahrgestell-Nr. 16/19 G 054 900 auch nachrüsten. Außer dem Umbausatz benötigen Sie eine neue Verkleidung für die B-Säule.
Nach dem Einbau ist sowohl bei der geänderten Gurtumlenkung wie bei der nachträglich eingebauten Höhenverstellung eine TÜV-Abnahme erforderlich.

Schutzanzug

Zeigt sich Rost am Fahrzeug, ist dies mit Ärger und Kosten verbunden. Das Wichtigste finden Sie hier in Kürze zusammengefaßt; was Lackpflege und Lackierung betrifft, beschreibt unser Band 45 mit dem Titel »Die Autokarosserie«.

Rostschutz-Maßnahmen ab Werk

Die Karosserie wurde am Fließband in verschiedene Bäder getaucht, wobei sie entfettet, vorbehandelt sowie grundiert wurde und anschließend ihre hochglänzende Decklackschicht erhielt. Auf diese Lackierung leistet das Volkswagenwerk eine dreijährige Garantie.
Zum Schutz vor Rost sind die Schweißnähte und Bördelkanten der Karosserie mit PVC-Dichtungsmasse versiegelt, an Türen und Hauben sind die Bleche verklebt. Die Türschwellen sind durch Dispersionsmaterial gegen Steinschlag geschützt, die Radkästen erhalten einen PVC-, der Wagenboden einen Bitumenwachs-Dauerunterbodenschutz. In den vorderen Kotflügeln sind außerdem Radhausschalen eingeschraubt, die Schmutz- und Salzansatz in Ecken und Kanten verhindern.
Da sich in den geschlossenen Blechprofilen einer selbsttragenden Autokarosserie Schwitzwasser bildet, welches das Blech von innen nach außen durchrosten läßt, sind diese Hohlräume innen mit einem Konservierungswachs behandelt. Das geschieht auf einer Wachsflutungsanlage, wo durch die Hohlräume der aufgeheizten Karosserie heißes Wachs gepumpt wird. Überschüssiges Material kann durch die Ablaufbohrungen wieder abfließen.
Seit 1979 leistet VW sechs Jahre lang Gewähr dafür, daß keine Durchrostungen auftreten. Ausdrücklich wird hier von »Durchrostungen« gesprochen, nicht von anderen Rostschäden. Der Wagenboden wird beim regelmäßigen Service in der Werkstatt überprüft und Schäden werden behoben – auf Ihre Kosten. So kann es im Normalfall gar nicht zu einer Durchrostung kommen.

Lack- und Durchrostungs-Garantie

Die Gewährleistung für Lackierung und Karosserieblech gilt natürlich nicht uneingeschränkt:
□ Ein Schaden im Lack durch Steinschlag – also Einwirkung von außen – oder durch falsche Behandlung mit ungeeigneten Pflegemitteln wird nicht von der Garantie gedeckt.
□ Ein durch Steinschlag oder Bodenberührung beschädigter Unterbodenschutz darf nicht sich selbst überlassen, sondern muß ausgebessert werden.
□ Wenn bei einer Unfallreparatur die Lackierung bzw. der Rostschutz der neu eingesetzten Teile nicht sachgemäß ausgeführt wurde, haftet das Volkswagenwerk dafür ebenfalls nicht.

Unterbodenschutz kontrollieren

Wartung Nr. 34

Die Schutzschicht der Wagenunterseite muß sorgsam überprüft und ggf. nachgearbeitet werden. Das können Sie selbst machen, wenn Sie eine sichere Aufbockmöglichkeit für den VW haben (Hebebühne, Auffahrrampe).

- Unterboden gründlich waschen, siehe nächsten Abschnitt.
- Gesamte Unterseite mit einer hellen Lampe ableuchten und auf schadhafte Stellen untersuchen.
- Beschädigte Stellen im Unterbodenschutz mit Spachtel, Schaber und Drahtbürste bis aufs blanke Blech freilegen.
- Rostansätze so weit als möglich blankschleifen.
- Gesäuberte Fläche mit Rostprimer oder Bleimennige bestreichen.
- Ebene oder größere Flächen werden mit streichbarem Material behandelt.
- Für schwer zugängliche Fugen und Ecken ist eine Sprühdose mit Unterbodenschutz günstiger.

Fingerzeige: *Zur Nachbehandlung des Unterbodenschutzes dürfen nur bestimmte Materialien verwendet werden. Ungeeignete Mittel greifen den serienmäßigen Unterbodenschutz an. Neben den V.A.G.-eigenen Produkten eignen sich die Sprühdosen und Streichpasten von Teroson.*
Beim Sprühen von Unterbodenschutz müssen die Bremsen mit Papierbogen oder Kunststofffolie gegen den schmierigen Nebel abgedeckt werden.

Wagenunterseite waschen

Ein wirkungsvoller und zugleich preiswerter Rostschutz für die Wagenunterseite ist – vor allem im Winter – das regelmäßige Abspritzen mit einem scharfen Wasserstrahl. Auftausalz und Straßenschmutz sollen sich nicht lange in den Kanten und Ecken der Wagenunterseite festsetzen können, denn sie binden Feuchtigkeit. Die ohnehin schlecht zugänglichen Ecken trocknen nie ganz aus, was den Rostfraß erheblich fördert.
Schmutzkrusten können sich an folgenden Stellen festsetzen:
- □ Im Blechfalz am Rand aller vier Radausschnitte;
- □ in den hinteren Radkästen;
- □ im Spritzbereich der Hinterräder.

Für die Unterwagenwäsche brauchen Sie zumindest einen Wasserschlauch mit Spritzdüse. Es gibt auch abgewinkelte Spritzdüsen (z. B. von APA), mit denen man den am Boden stehenden Wagen abspritzen kann, ohne selbst allzu naß zu werden. Am günstigsten ist allerdings ein Dampfstrahlgerät, wie es Tankstellen besitzen. Erkundigen Sie sich, ob es in Ihrer Nähe ein solches Gerät zur Selbstbedienung gibt.

Fingerzeig: *Streusalzrückstände und Feuchtigkeit werden mit zunehmenden Temperaturen besonders aggressiv. Deshalb ist mancher Laternengaragen-Wagen weniger vom Rost befallen als einer, der in der beheizten Garage stand.*

Wasserablauflöcher reinigen

Wartung Nr. 26

Keine Schweißnaht ist so dicht, daß nicht Wasser eindringen kann. Aus diesem Grund sind in allen Hohlprofilen im Wagen Wasserablauflöcher angebracht. Sind diese durch Schmutz oder Unterbodenschutz verstopft, kann eindringendes Wasser nicht mehr ablaufen, sondern fördert den Rostfraß von innen heraus. Besonders gefährdet sind die Längsversteifungen der Karosserie.
- ■ Löcher regelmäßig mit einem Pfeifenreiniger durchstoßen.
- ■ Bei einem Fahrzeug mit Schiebedach zusätzlich die Wasserabläufe der Dachöffnung kontrollieren.
- ■ Die Abläufe enden vorn über den oberen Scharnieren der Vordertüren; hinten sind die Schläuche hinter dem Radausschnitt rechts und links herausgeführt.
- ■ Zum Reinigen – vorn von oben, hinten von unten her – eignet sich eine alte Tachometerwelle.

Die Unterbodenwäsche gehört zu den wichtigsten Karosserie-Pflegearbeiten. Mit scharfem Wasserstrahl werden die Ansammlungen von Straßenschmutz aus allen Winkeln des Wagenbodens und der Radkästen gespült. Als sehr praktisch hat sich dabei der APA-Druckstrahlreiniger zum Anschluß an den Gartenschlauch erwiesen.

Von Meisterhand

Das Verhältnis Werkstatt/Kunde ist bekanntlich manchen Belastungen ausgesetzt. Der Grund: Es ist in aller Regel das Verhältnis des Fachmannes zum Laien. Daraus ergibt sich ein Übergewicht für die Werkstatt und damit ein großer Ermessensspielraum für das, was getan werden muß und noch getan werden könnte. Um abschätzen zu können, wie fair oder übertrieben verfahren wird, braucht man einen guten Einblick.

Die Werkstattwahl

Wer sein Auto in die Werkstatt gibt, muß zwar im allgemeinen Geld bezahlen, doch nicht überall gleich viel. Deshalb ist es natürlich wichtig, für jede Reparatur die richtige Werkstatt auszuwählen.

Die Marken-Werkstatt

Mit Ihrem Diesel-Golf bzw. Jetta ist natürlich die Vertragswerkstatt am besten vertraut. Dort sind auch die wichtigsten Ersatzteile am Lager, und es liegen die neuesten Einstellanweisungen vor. Es sind also alle Voraussetzungen gegeben, um die Reparatur schnell und zur Zufriedenheit des Kunden auszuführen.
Günstig ist es, wenn Sie sich vorher im Bekanntenkreis über die Arbeitsqualität und Preiswürdigkeit der Werkstatt informieren. Auf bestimmten Gebieten, wie Einstellung der Dieseleinspritzpumpe oder Blechbearbeitung, sind die Vertragswerkstätten bisweilen nicht so versiert wie die Spezialbetriebe, auf die wir weiter unten eingehen.

Fingerzeig: *Auch in der Vertragswerkstatt sollten Sie sich nicht scheuen, nur Teile einer Reparatur in Auftrag zu geben. So können Sie beispielsweise nach dem eigenhändigen Austausch einer Spurstange durchaus die anschließend fälligen Einstellarbeiten in der Markenwerkstatt vornehmen lassen.*
Bei größeren Instandsetzungsarbeiten bleibt die Reparatur bisweilen nur dann unter dem Zeitwert des Wagens, wenn gebrauchte Teile eingebaut werden können. In diesem Fall werden Sie in einer guten Werkstatt kaum auf taube Ohren stoßen, wenn Sie eine solche Reparatur anregen.

Freie Werkstätten

Hier empfiehlt es sich ganz besonders, vor einer Auftragserteilung zu erkunden, wie es um die Arbeitsqualität bestellt ist, denn unter den Freien befindet sich vereinzelt ein »schwarzes Schaf«. Generell können aber dort allgemeine Reparaturen oft preiswerter als in der Markenwerkstatt ausgeführt werden.
Zu den freien Betrieben zählen z.B. auch Werkstätten, die sich auf TÜV-Schweißungen, Bremsen-, Auspuff- oder Stoßdämpferreparaturen spezialisiert haben. Meist überfordert sind die freien Werkstätten jedoch beispielsweise bei Problemen an der Diesel-Einspritzung oder an der Elektrik. Da eignen sich Spezialwerkstätten besser.

Autoelektrik

Zahlenmäßig am stärksten vertreten sind hier die Bosch-Dienste, die nicht nur für die allgemeine Autoelektrik, wie Batterie und Beleuchtung zuständig sind, sondern oft auch die Diesel-Einspritzanlage einstellen und betreuen, die ja aus dem Hause Bosch stammt. Im Telefonbuch sind die umliegenden Bosch-Dienste aufgeführt. Ein komplettes Verzeichnis erhalten Sie vom Bosch-Kundendienst, Postfach 50, 7000 Stuttgart 1.

Reifen

Reifendienste haben eine größere Fabrikatsauswahl als etwa die Vertragswerkstatt. Sie können dort mit sachkundigerer Beratung rechnen und eine bessere Reifenauswuchtung erwarten, da der Umgang mit Reifen dort die ausschließliche Beschäftigung ist. Auch manche Tankstellen haben sich auf den Verkauf von Reifen spezialisiert.

Karosserie und Lack

Die Reparatur von Unfallschäden erfordert die Hand des Spezialisten, wenn anschließend alles sauber aussehen und dauerhaft repariert sein soll. Es lohnt sich deshalb unbedingt, vorher umherzufragen, in welcher Werkstatt besonders gut und preiswert gearbeitet wird.
Hohlraumversiegelungen und Unterbodenschutz gehören ebenfalls zum Arbeitsgebiet einer Karosseriewerkstatt. Dort werden diese Arbeiten gewöhnlich sorgfältiger ausgeführt als in Vertragswerkstätten. Aber auch in diesem Fall empfiehlt sich wieder zuerst die Befragung anderer Autofahrer.

Motor

Die Motorinstandsetzungsbetriebe reparieren nicht nur defekte Motoren, sondern bieten auch schon fertige Teil- oder Austauschmotoren an. Die Preisunterschiede zum Original-VW-Motor liegen zwischen 15 und 20%. Auf diese Motoren geben die Instandsetzer natürlich Garantie, die bei Selbsteinbau der Motors allerdings nur unter bestimmten Voraussetzungen gilt. Ob die Überholung wirklich fachgerecht durchgeführt wurde, läßt sich bei einem solchen Motor meist erst nach Ablauf der Garantiefrist feststellen. Wir haben dabei bisher gute Erfahrungen gemacht.
Anschriften von Motor-Instandsetzungsfirmen erhalten Sie vom Verband der Motorinstandsetzungsbetriebe e.V., Goldene Pforte 1, 5800 Hagen. Manche Firmen sind jedoch nicht auf Dieselmotoren eingerichtet, so daß der nächstgelegene Betrieb vielleicht nicht helfen kann.

Scheiben

In einer Autoglaserei kann man davon ausgehen, daß eine zerbrochene Windschutzscheibe sofort ersetzt wird, was in vielen anderen Werkstätten mangels Lagerhaltung nicht immer möglich ist. Selbstverständlich sind dort auch Frontscheibendichtungen aller erdenklichen Fabrikate auf Lager.

Innenausstattung

In den mittlerweile selten gewordenen Autosattlereien werden Sie – was die Auto-Innenausstattung angeht – meist sehr preiswert bedient. Der Autosattler ist spezialisiert auf die Reparatur oder den Neubezug von Sitzen, Zuschneiden und Einfassen von Bodenteppichen sowie das Montieren des formsteifen »Fertighimmels«, der bei unseren Modellen im Dach eingeclipst ist.
Solche Betriebe sind auch auf Sonderwünsche eingerichtet, was das Bezugsmaterial oder die Teppiche angeht. So können Sie beispielsweise statt der serienmäßigen Sitzbezüge solche aus einem aufwendigeren Bezugsstoff einnähen lassen.

Wie erhält man Adressen?

Die Anschriften von Spezialwerkstätten, wie Autoglaserei oder Autosattlerei, sind oft schwierig herauszufinden. Wenn Sie im Bekanntenkreis keinen Tip bekommen, empfiehlt sich der Blick ins Branchen-Telefonbuch oder in den Automarkt von Tageszeitungen oder Anzeigenblättern. Dort inserieren solche Betriebe regelmäßig.

Auch Tankstellen können helfen

Tankstellen, die Wagenpflege betreiben, sind selten geworden. Solch einen Betrieb sollten Sie suchen für Unterwagenwäsche, Motorwäsche, Ölwechsel, Getriebeölkontrolle und einfache Arbeiten am Motor.
Regelrechte Reparaturen sollte man nicht an der Tankstelle durchführen lassen. Wenn der Inhaber kein Kfz-Meister ist und mit seinem Betrieb demgemäß auch nicht der Kfz-Handwerksinnung angehört, reicht seine Haftpflicht- und Betriebsversicherung nicht für Reparaturen an Motor, Bremsen, Lenkung, Fahrwerk usw. Zudem liegen nicht die neuesten Wartungs- und Reparaturhinweise des V.A.G.-Kundendienstes vor. Das kann teurer Pfusch werden.

Werkstattkosten

Der Verrechnungssatz für eine Reparaturstunde in der Werkstatt ist nicht etwa mit dem Mechanikerlohn zu verwechseln. Vielmehr setzt sich der Betrag zusammen aus Löhnen und Gehältern, Miete und Pachtkosten, Gebäude- und Geräteabschreibung, Steuern und Versicherung, sonstige Allgemeinkosten und nicht zuletzt auch dem Unternehmergewinn.
Die festen Kosten des Werkstattinhabers wirken sich natürlich direkt auf den Reparaturpreis aus. Ein kleiner Betrieb auf preisgünstigem Grund und Boden weitab der Großsstadt kann mit wenigen Mechanikern demzufolge preisgünstiger arbeiten als ein Großbetrieb mit aufwendiger Ausstattung und vielen Angestellten.

Berechnung nach Zeiteinheiten

In der V.A.G.-Werkstatt wird die Reparatur nicht in Arbeitsstunden, sondern in Zeiteinheiten abgerechnet. Eine Stunde entspricht dabei 100 Zeiteinheiten (ZE).
Für sämtliche Wartungs- und Reparaturarbeiten hat das Volkswagenwerk den nötigen Zeitaufwand in der »Arbeitspositionsliste« festgehalten. An diese Liste ist jede Werkstatt in der Berechnung ihrer Leistungen gebunden. Unterschiedlich ist dagegen der Betrag, der je Zeiteinheit verlangt wird. Der hängt von den Festkosten des Betriebes ab.

Preisvergleich

Vor umfangreichen Reparaturen lohnt es sich in jedem Fall, einen Preisvergleich der Zeiteinheiten in verschiedenen Werkstätten vorzunehmen. Dazu hängt in jeder V.A.G.-Werkstatt eine Liste verschiedener Reparaturarbeiten mit den zugehörigen Preisen aus. Diese Preisauszeichnungen bieten eine gute Gelegenheit zum Vergleich. Natürlich hat man damit noch keine Aussage über die Arbeitsqualität dieser Werkstatt. Die muß man entweder selbst herausfinden oder vorher im Bekanntenkreis erfragen.
Bei einem älteren Fahrzeug kann es übrigens vorkommen, daß zu den werksseitig errechneten Zeiteinheiten noch ein Zuschlag für erschwerte Arbeitsbedingungen (verrostete Schrauben) in Rechnung gestellt wird. Gegen diesen Aufschlag können Sie sich kaum wehren.

Kostenvoranschlag

Die am häufigsten gestellte Frage in der Werkstatt lautet: »Was kostet das?«
Drei Arten der Beantwortung sind dann möglich:
□ Der Reparaturannehmer oder Meister schätzt über den Daumen. Die hierbei genannte Zahl ist völlig unverbindlich, und der tatsächliche Rechnungsbetrag kann weit höher ausfallen.
□ Der genaue Zeitaufwand einer Routinereparatur wird aus der schon genannten Arbeitspositionsliste herausgesucht und im Auftragsformular – von dem Sie eine Kopie erhalten müssen – neben der jeweiligen Arbeit aufgeführt. Diese Methode hat sich in der Praxis eingebürgert, und die Preise sind für die Werkstatt verbindlich, sofern sich keine Zusatzarbeiten ergeben.
□ Ein verbindlicher, schriftlicher Kostenvoranschlag – an den sich die Werkstatt übrigens drei Wochen lang halten muß – lohnt sich nur bei umfangreichen Reparaturen. Wir denken dabei an einen Unfallschaden oder die Beseitigung von Durchrostungen an einem älteren Fahrzeug. Der Meister schaut sich den Wagen dazu genau an und sucht die Preise für die Arbeiten und Ersatzteile heraus. Diesen Zeitaufwand kann sich die Werkstatt bezahlen lassen, sofern dies mit Ihnen vereinbart wurde. Oft wird jedoch der Preis für den Kostenvoranschlag mit dem Preis der Reparatur verrechnet – vorausgesetzt natürlich, sie wird in derselben Werkstatt durchgeführt.
Ein derartiger Kostenvoranschlag kann bei einem Schadensfall auch als Nachweis gegenüber der Versicherung gelten.

Überschreiten des Kostenvoranschlags

□ Ein Auftrag mit Preisangaben hat verbindlichen Charakter, aber die Kosten dürfen dennoch in einem geringen Ausmaß überschritten werden. Ist jedoch eine nennenswerte Überschreitung der notierten Preise unumgänglich, muß mit dem Fahrzeugbesitzer vor Weiterführung der Arbeit Rücksprache genommen werden. Allerdings muß er dann kurzfristig erreichbar sein, sonst kann die Werkstatt nach eigenem Gutdünken weiter verfahren. Daher empfiehlt es sich, am Reparaturtag wenigstens telefonisch erreichbar zu sein, um bei der Fahrzeugabholung keine böse Überraschung zu erleben.
□ Der schriftlich erstellte und verbindliche Kostenvoranschlag darf dagegen nicht überschritten werden. Hier muß der Wagenbesitzer in jedem Fall gefragt werden, ob er Zusatzarbeiten und damit einem höheren Preis zustimmt.

Umgang mit der Werkstatt

Ärger mit der Werkstatt läßt sich vermeiden, wenn man sich an einige Grundregeln hält. Andererseits ist es gut, wenn man auch über seine Rechte Bescheid weiß.

Vor der Fahrt zur Werkstatt

□ Den Termin für eine vorhersehbare Reparatur oder Wartungsarbeit sollten Sie frühzeitig telefonisch oder persönlich vereinbaren. Machen Sie eine genaue Uhrzeit aus, wann das Fahrzeug in der Werkstatt stehen muß. Zur Voranmeldung empfiehlt sich die Zeit zwischen 10 und 15 Uhr. Da ist es ruhiger als frühmorgens oder kurz vor Feierabend, und Sie können spezielle Fragen oder Sonderwünsche besser anbringen.
□ Legen Sie sich einen Block und Schreibzeug ins Handschuhfach. Dann können Sie auch unterwegs erkannte Defekte sofort notieren. Die Liste dient bei Arbeiten, die Sie nicht selbst ausführen können oder wollen, als Vorlage für den Werkstattauftrag.

Notieren Sie auch gleich, welche Teile Sie in letzter Zeit selbst ausgewechselt haben (Ölfilter, Luftfilter, Bremsbeläge), damit sie in der Werkstatt nicht routinemäßig erneuert werden.

□ Gönnen Sie dem Wagen eine Ober-, Unter- oder Motorraumwäsche – je nachdem, wo am Fahrzeug repariert werden soll. Kein Mechaniker arbeitet gern an einem öl- und dreckverkrusteten Auto. Außerdem besteht die Gefahr, daß Ihnen die schon erwähnten »erschwerten Arbeitsbedingungen« aufgebrummt werden oder die Werkstatt die notwendige Säuberung für teures Geld vornimmt.

□ Räumen Sie vor dem Werkstattaufenthalt den Wagen komplett aus. Die Werkstatt übernimmt keinerlei Haftung für Gegenstände, die aus dem Handschuhfach und Kofferraum abhanden gekommen sind.

Auftragserteilung

□ Bei Auftragsabgabe sollten Sie den genauen Kilometerstand wissen und die Wartungsunterlagen sowie den Fahrzeugschein parat haben.

□ Anhand Ihres Notizzettels können Sie einen äußerst detaillierten Reparaturauftrag geben, der kaum Mißverständnisse zuläßt. Lassen Sie genau notieren, was gemacht werden muß und was Sie bereits selbst erledigt haben. Verweigern Sie ausdrücklich die beliebten und teuren Sonderleistungen, wie Kraftstoff- oder Ölzusätze, Sonderschmierung etc. Wenn Sie der Werkstatt gegenüber mißtrauisch sind, lassen Sie unter die Liste der Arbeitspositionen den Satz »Keine weiteren Arbeiten durchführen!« schreiben.

□ Lassen Sie die Preise für die Arbeitspositionen im Auftrag vermerken (siehe Vorseite).

□ Unbedingt die Durchschrift des Auftrags verlangen. Alle Angaben, die das Original enthält, müssen natürlich auch in Ihrer Kopie stehen.

□ Bei Anlaß zu Mißtrauen können Sie vereinbaren, daß die ausgebauten Altteile nach der Reparatur in den Wagen gelegt werden (Ausnahme: Austauschteile, die zur Wiederaufarbeitung zurückgegeben werden müssen). So haben Sie eine gewisse Kontrolle über die ausgeführten Arbeiten. Ob die Teile auch von Ihrem Wagen stammen, werden Sie allerdings kaum in Erfahrung bringen können.

□ Reparaturen werden gewöhnlich nur gegen Barzahlung ausgeführt. Wollen Sie eine andere Zahlungsweise, sollten Sie das schon bei der Auftragsannahme vereinbaren.

□ Lassen Sie den Abholungstermin schriftlich festlegen. Bei größeren Reparaturen kann das wichtig sein, denn die Werkstatt muß Ihnen bei Überschreiten des Termins um 24 Stunden ein gleichwertiges Ersatzfahrzeug stellen oder 80% der Mietwagenkosten ersetzen.

□ Hinterlassen Sie unbedingt die Telefonnummer, unter der Sie tagsüber zu erreichen sind (siehe Vorseite).

□ Wird mit der Reparatur gleich am Morgen begonnen, sollten Sie Ihren Wagen schon abends auf den Werkstatthof stellen. Die Werkstatt kann dann die einzelnen Aufträge sofort zu Arbeitsbeginn unter den Mechanikern verteilen.

Abholung des Wagens

□ Den reparierten Wagen sollten Sie möglichst während der Geschäftszeit abholen, damit Sie noch vor »Ladenschluß« auf dem Werkstatthof möglichst viele Funktionen Ihres Wagens prüfen können. Wenn es geht, sollte der Kundendienstberater dabei sein, dann können Sie evtl. notwendige Beanstandungen auch gleich anbringen. An einem der folgenden Tage kann sich der Werkstattmann auf den Standpunkt stellen, der Grund zu Ihrer Beanstandung (Kratzer im Lack, Fleck auf dem Polsterbezug) sei erst nach dem Verlassen der Werkstatt eingetreten.

□ Prüfen Sie zunächst den reinen Zahlenteil der Reparaturrechnung; vielleicht hat sich dort ein Fehler eingeschlichen.

□ Lassen Sie sich keine Arbeiten doppelt berechnen. Arbeitspositionen, die im »Regel-« bzw. »Inspektions-Service« enthalten sind, dürfen nicht noch einmal getrennt in Rechnung gestellt werden.

□ Reklamationen sollten Sie so schnell wie möglich anbringen und von der Werkstatt bestätigen lassen bzw. als Einschreibebrief verschicken. Länger als vier Wochen nach dem Reparaturtermin dürfen Sie sich jedoch keinesfalls Zeit lassen, sonst verfällt die Frist.

□ Soll die Reparaturausführung oder die Rechnung angefochten werden, empfiehlt es sich, den geforderten Betrag – wenn auch unter Ankündigung eines Einspruchs – trotzdem zu zahlen. Der Werkstattinhaber wird Ihnen sonst den Wagen kaum aushändigen, sondern sich auf sein vermeintliches Pfandrecht berufen.

□ Läßt sich ein Streit über Arbeitsausführung oder Rechungsbetrag nicht gütlich beilegen, können Sie sich an eine Schiedsstelle des Kfz-Handwerks wenden, deren Anschriften Sie von der Kfz-Innung, den Handwerkskammern, den Automobilclubs oder vom TÜV erfahren. Die Schiedsstellen wurden vom Zentralverband des Kfz-Gewerbes ins Leben gerufen, und deshalb zweifelt so mancher an der absoluten Neutralität dieser Institution. Andererseits will aber auch kein Meisterbetrieb bei der Innung schlecht angesehen sein.

□ Wenn Ihnen der Schiedsspruch nicht gerecht erscheint, können Sie immer noch vor ein Gericht ziehen – es sei denn, Sie haben bereits im Reparaturauftrag unterschrieben, daß Sie sich dem Spruch der Schiedsstelle widerspruchslos beugen. Deshalb unbedingt das berühmte »Kleingedruckte« im Reparaturauftrag lesen.

Werkstatt-Garantie

Die im »Zentralverband des Kfz-Handwerks« organisierten Werkstätten leisten nach den »Kraftfahrzeug-Reparaturbedingungen 1974« bei nicht einwandfrei ausgeführten Arbeiten am Wagen Ersatz:

□ 12 Monate Garantie ohne Kilometerbegrenzung gelten für Privatfahrzeuge. Nur bei Firmenwagen ist die Laufleistung auf 10000 km begrenzt. Davon abweichend gewähren die V.A.G.-Werkstätten eine einjährige Reparaturgarantie ohne Kilometerbeschränkung.

□ Stellt sich ein Reparaturfehler im angegebenen Zeitraum heraus, muß die Werkstatt den Fehler völlig kostenlos beheben – also nicht nur die Kosten des defekten Teiles etwa müssen übernommen werden, sondern auch die Montagekosten in vollem Umfang.

□ Darüber hinaus müssen dem Autobesitzer für die Dauer der »Nachbesserung« (also die Garantie-Reparatur) kostenlos ein Ersatzfahrzeug zur Verfügung gestellt oder 80% der Mietwagenkosten ersetzt werden, wenn die ursprüngliche Reparatur von der Werkstatt grob fahrlässig oder die Nachbesserung schuldhaft mangelhaft ausgeführt wurde.

□ Auch für Folgeschäden muß die Werkstatt haften. Ereignet sich durch eine unsachgemäße Reparatur ein Unfall, haftet die Werkstatt bei Personenschäden bis zu 500000 DM. Ferner hat die Werkstatt die Abschleppkosten und die Instandsetzung des Fahrzeugs zu übernehmen.

□ Ist eine Instandsetzung nicht mehr möglich, hat die Werkstatt den Wiederbeschaffungswert des Fahrzeugs zu ersetzen.

□ Für Schäden und Verlust des Fahrzeugs während des Werkstattaufenthalts muß die Werkstatt ebenfalls geradestehen.

□ Wird ein Fahrzeug infolge mangelhafter Reparatur innerhalb des Garantie-Zeitraumes mehr als 30 km vom Reparaturbetrieb entfernt betriebsunfähig, muß die Werkstatt benachrichtigt werden. Diese entscheidet dann, ob sie das Fahrzeug abschleppen will oder ob man die Nachbesserung in einer näher gelegenen Fachwerkstatt auf ihre Kosten vornehmen lassen kann.

□ Natürlich muß der Autobesitzer einen erkannten Reparaturmangel sofort der Werkstatt mitteilen. Er darf nach dem Wortlaut der Bestimmungen z.B. nicht bis zur Rückkehr aus dem Urlaub warten, sondern muß vom Urlaubsort aus schreiben!

Störungsdienst

Wir gehen bei unserer Fehlersuche davon aus, daß der Motor keine mechanischen Leiden hat. Weiter nehmen wir an, daß das Triebwerk unvermittelt stehenblieb bzw. nicht mehr anspringen will.

Dreht der Anlasser den Motor durch?

Tut er's nicht oder nur unwillig, lesen Sie bitte auf der nächsten Seite weiter unter »Fehlerquelle Elektrik«. Wird der Motor dagegen flott durchgedreht, müssen zur weiteren Eingrenzung die folgenden drei Fragen der Reihe nach beantwortet werden.

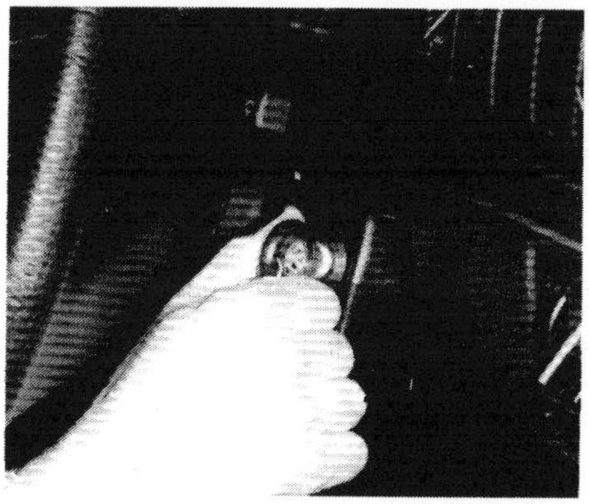

Wird Kraftstoff zu den Einspritzdüsen gefördert?

Mit einem Gabelschlüssel SW 17 öffnen Sie die Mutter einer Einspritzleitung an einer der Einspritzdüsen. Ein Helfer betätigt jetzt kurz den Anlasser (Schalthebel in Leerlaufstellung!). Tritt an der Einspritzdüse Dieselkraftstoff aus? Wenn ja, ist die Kraftstoffzufuhr wahrscheinlich in Ordnung. Also die folgende Frage abklären. Kommt dagegen kein Kraftstoff, lesen Sie bitte unter »Fehlerquelle Kraftstoffversorgung« weiter.

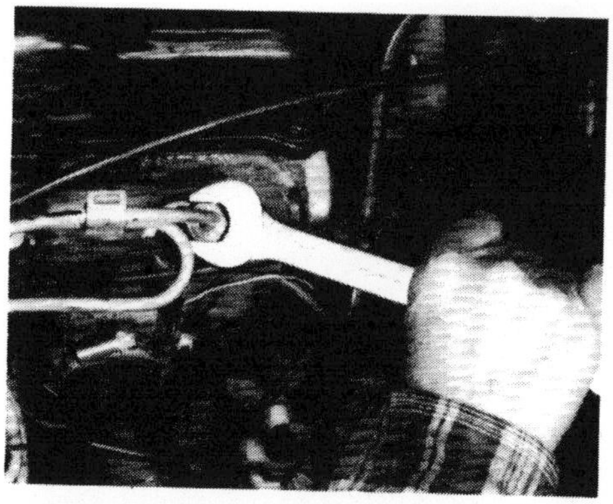

Ist die Vorglühanlage in Ordnung?

(kalter Motor springt nicht an)

Prüflampe am Stromanschluß einer Glühkerze anschließen, anderes Lampenkabel an Masse halten. Von Helfer den Zündschlüssel kurz auf »Vorglühen« drehen lassen. Leuchtet die Lampe auf? Brennt sie nicht, obwohl der Motor kalt ist, ist die Vorglühanlage defekt. Leuchtet sie, ist die Stromversorgung zu den Glühkerzen in Ordnung. Die Kerzen selbst können aber dennoch defekt sein. Lesen Sie dazu den Abschnitt »Fehlerquelle Vorglühanlage«.

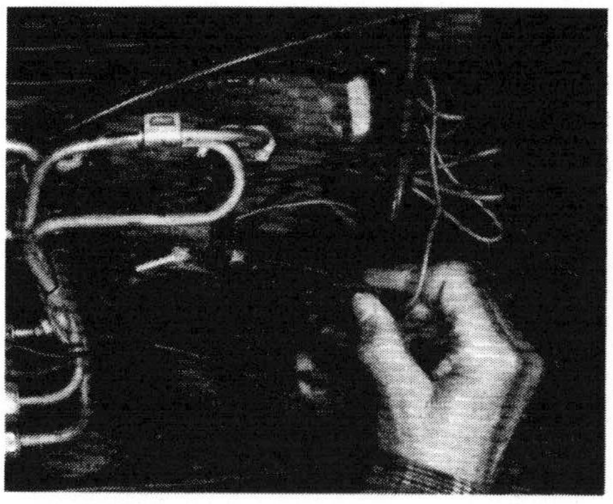

Zuerst die Sichtprüfung

Bevor wir uns Gedanken dazu machen, weshalb der Dieselmotor nicht anspringen will, lohnt sich ein erster prüfender Blick in den Motorraum.

☐ Sind Kraftstoffleitungen undicht geworden? Das erkennen Sie sofort am aufdringlichen Dieselgeruch. Zum Orten der Undichtigkeit von Helfer den Anlasser betätigen lassen.

☐ Haben sich Kabel bzw. Stromschienen der Vorglühanlage gelockert?

☐ Ist das Kabel zum Absteller der Einspritzpumpe intakt?

Fehlerquelle Elektrik

Will der Anlasser den Motor nicht durchdrehen, richten wir unser Augenmerk auf die Kontrollleuchten im Armaturenbrett. Die verraten uns einiges über den möglichen Defekt.

☐ Kontrollampen verlöschen beim Schlüsseldreh: Die Batterie ist entladen oder altersschwach (Seite 183), Anlasser hat möglicherweise Kurzschluß.

☐ Kontrollampen bleiben hell beim Einschalten des Anlassers: Klemme-50-Kabel am Magnetschalter abgefallen (Seite 192), Magnetschalter defekt (Seite 193), Anlasser defekt oder Schleifkohlen abgenutzt (Seite 193) oder aber Klemme-50-Kontakt im Zündschloß ist defekt (Seite 211).

☐ Die Kontrollampen brennen gar nicht: Batterie völlig leer (Seite 185), Hauptkabel am Anlasser aboxidiert (Bild Seite 193) oder Batterieklemmen lose (Seite 185).

Fehlerquelle Kraftstoffversorgung

Tritt bei der beschriebenen Prüfung kein Kraftstoff an den Einspritzdüsen aus, kommt als Fehlerquelle in Betracht:

☐ Es ist kein Dieselkraftstoff mehr im Tank (nicht lachen, kontrollieren!).

☐ Der Absteller an der Einspritzpumpe ist defekt (siehe Seite 98) und versperrt die Kraftstoffzufuhr zu den Einspritzdüsen.

☐ Das Kraftstoffilter bzw. die Kraftstoffleitungen sind verstopft bzw. winters versulzt (siehe Seite 82). Das erkennt man auch an den transparenten Kraftstoffleitungen im Motorraum. Ist die Leitung leer oder befinden sich große Blasen darin, fehlt's am Nachschub.

☐ Nach Montagearbeiten an der Einspritzpumpe wurden die Hohlschrauben von Vor- und Rücklaufleitung verwechselt. Die Rücklauf-Hohlschraube ist mit »OUT« bezeichnet.

☐ Weitere Fehlerquellen – auch weniger häufige Defekte – beschreibt der »Störungsbeistand Diesel-Einspritzung« auf Seite 105.

Fingerzeig: *Verhindern verstopfte oder versulzte Kraftstoffleitungen oder -filter die Weiterfahrt, benutzen Sie den Reservekanister als Nottank: Leitung zur Einspritzpumpe am Filter abschrauben, peinlich sauber reinigen und in den zuvor im Motorraum plazierten Reservekanister stecken. Kanister gut verzurren, die Öffnung muß – um Herausschwappen beim Bremsen zu vermeiden – nach hinten zeigen. Schlauch rüttelsicher im Behälter fixieren. So kommen Sie sicher zur nächsten Werkstatt. Diese Methode nie bei einem Benzinmotor anwenden. Brandgefahr!*

Fehlerquelle Vorglühanlage

Die Vorglühanlage kann mit einer Prüflampe innerhalb kurzer Zeit komplett durchgeprüft werden. Bei einem Defekt in diesem Bereich läßt sich nach den ab Seite 195 beschriebenen Prüfungen schnell Klarheit schaffen.

Immerhin kann man einen intakten Motor durch längeres Orgeln auch ohne Vorglühanlage in Gang setzen, sofern die Außentemperaturen nicht unter dem Gefrierpunkt liegen. Bei großer Kälte hilft nur noch Anschleppen (siehe Seite 186).

Störungsbeistände im Buch

Schleppen und Abschleppen

An der Leine

Nicht nur das Reparieren eines defekten Wagens will gekonnt sein, sondern auch das Schleppen desselben. Was dazugehört, will dieses Kapitel vermitteln. Doch auch das Ziehen eines Anhängers ist hier – weiter hinten – angesprochen.

Abschleppseil

Der voll beladene Golf Diesel kann bis zu 1430 kg wiegen, der Jetta bis zu 1470 kg. Das verwendete Seil muß dieses Gewicht natürlich verkraften können, sonst kann es Bruch geben. Nach der DIN-Norm 76033 sind gelb eingefärbte Seile bis 1450 kg zugelassen, blaue Seile können dagegen mehr ziehen. Da wir uns mit unseren Wagen etwa am Grenzwert bewegen, sollte das kräftigere blaue Seil bevorzugt werden.

Welche Ausführung?

□ **Perlonseile** dehnen sich beim Abschleppen und verhüten so am besten, daß beim Anrucken an den beiden Fahrzeugen etwas verbogen wird. Dafür sind Perlonseile hitze- und scheuerempfindlich. Wenn sie an den heißen Auspuff kommen oder an einer Karosserie- bzw. Stoßstangenkante schaben, sind sie schnell hin. Ein Perlonseil braucht deshalb unbedingt verschiebbare Manschetten zum Schutz vor Auspuffwärme und Kanten.
□ **Hanfseile** sind besonders preiswert, aber dick und unelastisch.
□ **Stahlseile** sind bei der Handhabung ziemlich störrisch und wenig nachgiebig. Wollen Sie ein derartiges Seil kaufen, dann nur mit »Ruckdämpfer« – ein Gummistück oder eine Stahlfeder bildet aus der Seilmitte eine dehnfähige Schlinge.

Abschlepp-stange

Besonders für ein ungeübtes Schleppteam ist eine Abschleppstange sehr zu empfehlen. Denn bei stehendem Motor arbeitet natürlich auch der Bremskraftverstärker nicht, und dann muß um ein Vielfaches stärker als normal auf das Pedal getreten werden. Falls Sie beim Abschleppen mit Seil zu schwach oder einen Sekundenbruchteil zu spät auf das Bremspedal treten, kann der Abstand zum Schleppwagen schon gefährlich kurz sein. Mit der Schleppstange ist es unproblematisch, da muß allenfalls der Vorausfahrende Ihren Wagen mitbremsen. Achten Sie jedoch darauf, daß die Schleppstange beim Bremsen nicht zur Seite wegknickt.

Fingerzeig: *Wird man abgeschleppt, Belüftung schließen, sonst atmet man die Abgase des abschleppenden Wagens ein.*

Im Schlepptau

Beim Abschleppen mit einem Seil besteht der wichtigste Punkt darin, daß das Schleppseil möglichst immer straff gespannt bleibt. Abrupte Reaktionen unbedingt vermeiden. Dann bleibt auch das Rucken aus, das beim Anfahren oder Schalten die Gefahr birgt, daß das Seil reißt oder die Kräfte an den Befestigungspunkten zu stark werden. Der Fahrer des Abschleppwagens muß viel mit der Kupplung arbeiten, um die Übergänge beim Anfahren und Schalten weich zu gestalten. Im geschleppten Wagen bleibt die Fußspitze des Fahrers stets in geringem Abstand über – nicht auf – dem Bremspedal. Er muß die Verkehrssituation vor seinem Zugwagen beobachten und beinahe vorausahnen, denn er muß eher bremsen als sein Helfer vorn; ihn also praktisch mitbremsen, damit das Seil straff bleibt.
Vereinbaren Sie vor der Schleppfahrt einige Zeichen der Verständigung untereinander. Und nicht vergessen: **Warnblinkanlage einschalten**, denn das ist laut StVO Vorschrift.

Schleppfahrt mit Automatik

Äußerst angenehm ist es, wenn der abschleppende Wagen eine Getriebeautoatmik besitzt, denn damit geht die Schleppfahrt fast ruckfrei. Bei einem weniger leistungsstarken Zugwagen

sollte man allerdings statt im Fahrbereich »D« in Stellung »2« fahren. Weiter ist nichts zu beachten.
Einige Probleme tauchen jedoch auf, wenn man sein Automatik-Auto abschleppen lassen muß. Es darf nur in Wählhebelstellung »N« und nur mit einer Höchstgeschwindigkeit von 50 km/h allenfalls auf eine Entfernung von 50 km geschleppt werden. Längere Stecken sind für das Getriebe gefährlich, da dessen Ölpumpe nur bei laufendem Motor das Getriebe schmiert. Müssen weitere Entfernungen im Schlepp zurückgelegt werden, muß der Wagen vorn angehoben werden. Soll ein Abschleppunternehmen beauftragt werden, bestellen Sie am besten gleich einen Tieflader.

Abschleppen nach Gesetz

Werfen wir kurz einen Blick auf die rechtliche Seite der Schlepperei: Nach den Gesetzen ist Abschleppen eine Notmaßnahme. Es darf nur dazu dienen, den aus eigener Kraft nicht fahrfähigen Wagen in die nächste zumutbare Werkstatt oder seinen nahegelegenen Heimatort zu bringen. Die Autobahn ist an der nächsten Ausfahrt zu verlassen. Für den Fahrer des abschleppenden Wagens genügt der Führerschein Klasse 3, und vom Lenker im gezogenen Auto wird gar kein Führerschein verlangt – er muß aber lenken und bremsen können. Wird allerdings ein Wagen mit leerer Batterie angeschleppt, braucht dessen Fahrer einen Führerschein; in diesem Fall gilt das Auto nämlich als fahrfähig.
Die Versicherung des Abschleppenden kommt für Schäden auf, die während der Schleppfahrt entstehen, sofern dem Lenker des abgeschleppten Autos nicht schuldhaftes Verhalten nachgewiesen werden kann. Das Anhängsel muß daher noch in verkehrssicherem Zustand sein und sein Fahrer damit umgehen können.
Soll ein Fahrzeug weiter als bis zur nächsten Werkstatt geschleppt werden, muß man sich bei der Zulassungsstelle eine Schleppgenehmigung besorgen, wozu man einige Auflagen erfüllen muß.

Fingerzeig: *In zurückliegender Zeit mußte, wer einen abgemeldeten Wagen zum Schrottplatz schleppte, den Führerschein Klasse 2 und eine behördliche Schleppgenehmigung besitzen.*
So stimmt es nicht mehr, denn der Bundesgerichtshof hat diese Auslegung des Begriffes »Abschleppen« als zu eng aufgegeben (Az 4 StR 192/69). Danach ist nicht nur die Beseitigung eines ausgefallenen Fahrzeugs von der Straße ein »Abschleppen«, sondern auch der Abtransport eines betriebsunfähigen, abgemeldeten Wagens von seinem gewöhnlichen Standort zur Werkstatt oder zum Verschrottungsbetrieb. Allerdings muß das Abschleppen notwendig sein und darf nur über eine möglichst kurze Entfernung erfolgen.

Anhängerkupplung

Wer mit seinem VW einen Boots-, Last- oder Wohnanhänger ziehen will, braucht eine Anhängerkupplung, die nach dem Einbau vom TÜV begutachtet und in die Fahrzeugpapiere eingetragen wird. Solche Anhängevorrichtungen gibt es im V.A.G.-Zubehörprogramm und von verschiedenen Herstellern im Autozubehörhandel.

Selbsteinbau der Anhängevorrichtung

Der eigenhändige Einbau ist für den routinierten Selbsthelfer kein Problem, zumal der neu gekauften Anhängerkupplung eine ausführliche Einbauanleitung beiliegt. Alle zum Einbausatz gehörenden Befestigungsteile müssen verwendet werden. Das prüft der TÜV-Ingenieur anhand der Einbauanweisung, die Sie bei der TÜV-Abnahme vorlegen müssen.
Für die Elektroinstallation der Anhängersteckdose können Sie einen kompletten Elektrosatz kaufen. Wer »elektrisch vorbelastet« ist, kann die Teile preisgünstiger selbst zusammenstellen. Sie brauchen ein Blinkrelais für Anhängerbetrieb, eine Anhänger-Blinkkontrolleuchte am Armaturenbrett (siehe auch Seite 218), eine Anhängersteckdose sowie Kabel und Steckverbinder. Denken Sie daran, daß eine einzige Kabelfarbe rundum in der Steckdose spätere Störungssuche fast unmöglich macht. Deshalb die Kabelenden mit den Klemmenbezeichnungen versehen, wenn Sie nicht die VW-üblichen Kabelfarben verwenden. Zuletzt noch das Schild der zulässigen Stützlast ankleben. Bei unseren VW-Modellen sind das 50 kg. Das Schild können Sie auf der Stoßstange oder im Heckfenster anbringen.

Gebrauchte Anhängerkupplung

Wer eine gebrauchte Anhängevorrichtung kauft, muß sehr genau darauf achten, daß er die für sein Fahrzeug richtige Kupplung erhält. Ob die Anhängerkupplung für Ihren VW zugelassen ist, sagt deren Typschild aus. Falls es fehlt oder unleserlich ist, müssen Sie vom Hersteller der

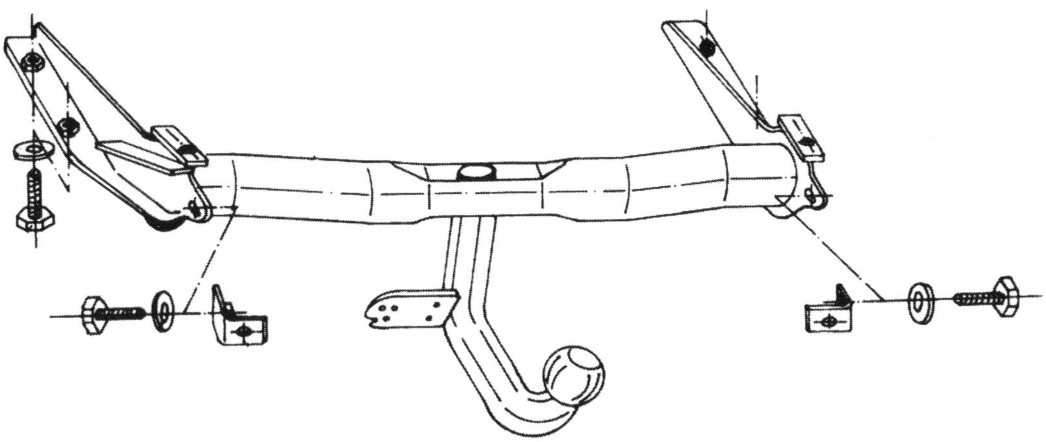

Die Anhängerkupplung kann beim Golf und Jetta problemlos an den Aufnahmen für den hinteren Stoßfänger angeschraubt werden. Hier die ORIS-Kupplung für den Golf mit Befestigungsteilen.

Anhängevorrichtung ein neues Typschild anfordern. Ebenso brauchen Sie eine Einbauanweisung vom Hersteller der Anhängerkupplung für die anschließend fällige TÜV-Abnahme.
Die Anschriften der bekanntesten Hersteller für Anhängevorrichtungen lauten:

- ☐ ORIS Metallbau KG, Hans Riehle, Postfach 1208, 7141 Möglingen.
- ☐ PEKA Fahrzeugbau GmbH + Co. KG, Postfach 2220, 7500 Karlsruhe 21.
- ☐ Westfalia-Werke KG, Postfach 2640, 4840 Rheda-Wiedenbrück.

Fingerzeige: *Fahren Sie viel mit einem schweren Anhänger (über 500 kg), empfiehlt es sich, ein sogenanntes Stabilisierungsgerät (z. B. Orismat 2000) einzubauen. Sie fahren dann wesentlich sicherer und entspannter, denn sowohl Schlingerbewegungen des Anhängers als auch Knickbewegungen zwischen Anhänger und Zugwagen werden dadurch wirkungsvoll gedämpft.*
Die in den »Technischen Daten« auf Seite 267 angegebenen Anhängelasten beziehen sich auf Steigungen von maximal 10 bzw. 12%. Wird die Anhängelast oder das zulässige Gesamtgewicht des Zugwagens nicht voll ausgeschöpft, können natürlich auch stärkere Steigungen bewältigt werden.
In Höhen über 1000 m über dem Meeresspiegel ist der Motor durch die geringere Luftdichte weniger durchzugskräftig. Das Anhängergewicht muß daher pro angefangener weiterer 1000 Höhenmeter um je 10% reduziert werden.
Die maximale Stützlast der Anhängerdeichsel auf den Kopf der Anhängerkupplung darf nicht höher als 50 kg sein. Die minimale Stützlast soll mindestens 4% des tatsächlichen Anhängergewichts betragen; höher als 25 kg braucht sie nicht zu sein. Wer für eine längere Fahrt mit dem Wohnwagen dessen genaue Stützlast ermitteln will, kann dies mit der heimischen Badezimmerwaage tun.

Zahlenkolonne

Beinahe alle Angaben über ein Auto lassen sich in irgendeiner Form in Zahlen wiedergeben – die »Technischen Daten«. Dazu gehören auch die Kurzbeschreibung von Motor, Fahrwerk und Elektrik.
Da die Fahrzeug-Identifizierungsnummer nicht nur für die Zulassungsbehörde von Interesse ist, sondern auch für die Ersatzteilbeschaffung, wollen wir sie hier kurz aufschlüsseln. Die Zahlen/Buchstaben-Kombination bedeutet:

WVW	ZZZ	19	Z	F	W	076894
①	②	③	②	④	⑤	⑥

① = Welt-Herstellerzeichen: WVW = VW AG Pkw, 1 VW = Volkswagen of America Pkw
② = Füllzeichen
③ = Zweistellige Typkurzbezeichnung: 16 = Jetta bis 7/88, 19 = Golf bis 7/88, 1G = Golf/Jetta ab 8/88
④ = Modelljahr (gewöhnlich vom 1. 8. bis 31. 7. des darauffolgenden Jahres):
E = 1984, F = 1985, G = 1986, H = 1987, J = 1988, K = 1989, L = 1990, M = 1991
⑤ = Produktionsstätten innerhalb des VW-Konzerns: B = Brüssel, W = Wolfsburg, V = Westmoreland USA
⑥ = Laufende Numerierung, jedes Modelljahr mit 000001 beginnend

Motor

Typ		1,6 D	1,6 Kat-D	1,6 TD		1,6 TD LLK
Bauzeit		ab 8/83	ab 8/89	ab 8/83		4/89–7/89/ab 8/89
Kennbuchstaben		JP[1)]	1V	JR		RA/SB
Bauart		Wassergekühlter Vierzylinder-Viertakt-Diesel-Reihenmotor				
Bohrung	mm	76,5	76,5	76,5		76,5
Hub	mm	86,4	86,4	86,4		86,4
Hubraum effektiv	cm^3	1588	1588	1588		1588
Verdichtung		23:1	23:1	23:1		23:1
Höchstleistung						
nach DIN	kW/PS	40/54	44/60	51/70		59/80
bei	1/min	4800	4500	4500		4500
Höchstes Drehmoment	Nm	104	110	133		155
bei	1/min	2300	2400	2600		2600–3000
Ventilsteuerung		Durch eine obenliegende Nockenwelle bis 7/85 über Tassenstößel, seit 8/85 hydraulischer Ventilspielausgleich (Hydrostößel)				
Ventilspiel bei mindestens handwarmem Zylinderkopf[3)]				bis 7/85	ab 8/85	
Einlaß	mm	0,20–0,30	–	0,20–0,30	–	–
Auslaß	mm	0,40–0,50	–	0,40–0,50	–	–
Steuerzeiten						
Einlaß öffnet nach OT		5°	6,5°	5°	6,5°	7°
Einlaß schließt nach UT		13°	13,5°	13°	13,5°	14°
Auslaß öffnet vor UT		27°	25,5°	27°	25,5°	27°
Einlaß schließt vor OT		5°	6,5°	5°	6,5°	7°
Kompressionsdruck	bar	34,0	34,0	34,0	34,0	34,0
Mindestwert	bar	28,0	28,0	28,0	28,0	28,0
Schmiersystem		Druckumlaufschmierung mit Wechselfilter im Ölhauptstrom. Turbodiesel und Automatik mit zusätzlichem Ölkühler				
Ölpumpe		Zahnradpumpe				
Öldruck bei 2000/min	bar	min. 2,0	min. 2,0	min. 2,0		min. 2,0
Kontrollampe verlöscht bei	bar	0,15–0,45	0,15–0,45	0,15–0,45		0,15–0,45

1) Österreich-Ausführung: Motorkennbuchstaben JPA, Leistung 37 kW/50 PS bei 4800/min, Drehmoment 95 Nm bei 2300/min
2) Schweiz-Ausführung ab 1/89: Motorkennbuchstaben ME, Leistung 40 kW/54 PS bei 4500/min, Drehmoment 104 Nm bei 2300/min
3) bis 7/85

Kühlsystem

Art		Wasserumlaufkühlung mit Flügelradpumpe und Thermostat, Leichtmetallkühler, temperaturgeschalteter Elektroventilator
Antrieb der Wasserpumpe		über Keilriemen
Thermostat öffnet bei	ca. °C	87
Thermostat voll geöffnet bei	ca. °C	102
Öffnungshub	mm	7
Kühlsystem-Verschlußdeckel		
Überdruckventil öffnet bei	bar	1,2–1,5
Unterdruckventil öffnet bei	bar	0,06–0,1
Thermoschalter des Kühlerventilators schaltet ein bzw. aus		Siehe Tabelle Seite 76

Kraftstoff-Einspritzanlage

Motor		1,6 D	1,6 Kat-D	1,6 TD	1,6 TD LLK	1,6 TD LLK
Kennbuchstaben		JP[1]	1V	JR	RA	SB[2]
Einspritzanlage		Verteiler-Einspritzpumpe	Verteiler-Einspritzpumpe	Verteiler-Einspritzpumpe mit Ladedruck anreicherung	Verteiler-Einspritzpumpe mit Ladedruck anreicherung	Verteiler-Einspritzpumpe mit Ladedruck anreicherung
Hersteller		Bosch	Bosch	Bosch	Bosch	Bosch
Einspritzdruck						
bei neuen Düsen	bar	134 ± 4	159 ± 4	159 ± 4	159 ± 4	159 ± 4
Verschleißgrenze	bar	120	140	140	140	140
Förderbeginn						
Prüfwert	mm Hub	0,83–0,97	0,83–0,97	0,83–0,97	0,93–1,07	0,83–0,97
Einstellwert	mm Hub	0,90 ± 0,02	0,90 ± 0,02	0,90 ± 0,02	1,00 ± 0,02	0,90 ± 0,02
Leerlaufdrehzahl	1/min	850 ± 100	850 + 30	850 ± 100	850 ± 100	850 ± 100
Höchstdrehzahl unbelastet	1/min	5350 ± 50	5350 ± 50	5100 ± 50	5100 ± 50	5100 ± 50

[1] Schweiz-Ausführung Motorkennbuchstaben ME mit atmosphärenabhängigem Vollastanschlag und lastabhängigem Förderbeginn
[2] Einspritzpumpe mit lastabhängigem Förderbeginn

Turbolader

Fabrikat		Garrett				
Ladedruck	bar	–	0,64–0,72	0,64–0,72	0,64–0,72	0,64–0,72
Abblasdruck	bar	–	0,82 + 0,05	0,82 + 0,05	0,82 + 0,05	0,82 + 0,05

Kraftübertragung

Getriebeautomatik		
mit Motor		1,6 D
Kennbuchstaben		JP
Getriebekennzeichen		TL
Aggregate-Nr.		010.8
Übersetzungen		
1. Fahrbereich		2,71
2. Fahrbereich		1,50
3. Fahrbereich		1,00
Rückwärtsgang		2,43
Achsantrieb		75:22 = 3,41

Viergang-Schaltgetriebe		
mit Motor		1,6 D
Kennbuchstaben		JP
Kupplung		Einscheiben-Trockenkupplung mit Membranfeder
Mitnehmerscheiben-Durchmesser	mm	200
Getriebekennzeichen		3R
Aggregate-Nr.		020.C
Zähnezahlen/Übersetzungen		
1. Gang		38:11 = 3,455
2. Gang		35:18 = 1,944
3. Gang		36:28 = 1,286
4. Gang		30:34 = 0,882
Rückwärtsgang		38:12 = 3,167
Achsantrieb		67:17 = 3,941
Tachoantrieb		12: 7 = 2,286

Kraftübertragung

Fünfgang-Schaltgetriebe			
mit Motor	1,6 D	1,6 D, 1,6 Kat-D, 1,6 D	1,6 TD, 1,6 TD LLK
Kennbuchstaben	JP	JP, 1V, JR	JR, RA, SB
Kupplung	Einscheiben-Trockenkupplung mit Membranfeder		
Mitnehmerscheiben-Durchmesser mm	200	200	200
Getriebekennzeichen	ATH	4S	4T, 8A[1]
Aggregate-Nr.	020	020.F	020.H, 020.R
Zähnezahlen/Übersetzungen			
1. Gang	38:11 = 3,455	38:11 = 3,455	38:11 = 3,455
2. Gang	35:18 = 1,944	35:18 = 1,944	35:18 = 1,944
3. Gang	39:27 = 1,444	36:28 = 1,286	36:28 = 1,286
4. Gang	35:31 = 1,129	30:33 = 0,909	30:33 = 0,909
5. Gang	42:47 = 0,894	38:51 = 0,745	38:51 = 0,745
Rückwärtsgang	38:12 = 3,167	38:12 = 3,167	38:12 = 3,167
Achsantrieb	67:17 = 3,941	67:17 = 3,941	66:18 = 3,667
Tachoantrieb	16: 7 = 2,286	16: 7 = 2,286	15: 7 = 2,143

[1] mit Getriebeschalter für Schaltanzeige (nur GTD 8/83–7/85)

Berechnungen

Drehzahlen und Geschwindigkeiten für bestimmte Gänge und Reifengrößen können Sie anhand der folgenden Formeln errechnen:

$$n_m = \frac{V \times i_{ges}}{U \times 0,06} \qquad V = \frac{n_m \times U \times 0,06}{i_{ges}}$$

Hierbei bedeuten

n_m = Motordrehzahl in 1/min
V = Geschwindigkeit in km/h
U = Reifenabrollumfang; 155 R 13 = 1,75 m
175/70 R 13 = 1,77 m
185/60 R 14 = 1,765 m
i_{ges} = Getriebe-Gesamtübersetzung aus der Multiplikation der betreffenden Gangübersetzung mit der Achsantriebsübersetzung

Rechenbeispiele:

1. Motordrehzahl eines Wagens mit Turbodieselmotor und Fünfganggetriebe und Bereifung 175/70 R 13 bei 150 km/h im 5. Gang:

$$n_m = \frac{150 \times 0,745 \times 3,667}{1,77 \times 0,06} = 3859/\text{min}$$

2. Geschwindigkeit eines Saugdiesels mit Vierganggetriebe und Bereifung 155 R 13 bei 3500/min im 2. Gang:

$$V = \frac{3500 \times 1,75 \times 0,06}{1,944 \times 3,941} = 48 \text{ km/h}$$

Fahrwerk

Vorderradaufhängung	Einzelradaufhängung mit unteren Dreiecks-Querlenkern, Federbeinen und Drehstab-Stabilisator (nur GTD und Jetta)
Lenkung	Zahnstangenlenkung; auf Wunsch mit Servounterstützung
Vorderachseinstellung	Siehe Tabelle Seite 133
Gesamtübersetzung des Lenkgetriebes	20,8; Servolenkung 17,5
Lenkradumdrehungen von Anschlag zu Anschlag	3,83; Servolenkung: 3,16
Hinterachse	Verbundlenkerachse mit Längslenkern, Federbeinen und spurkorrigierenden Lagern
Hinterachseinstellung	Siehe Tabelle Seite 133
Felgen	Siehe Tabellen Seite 156 und 157
Reifen	Siehe Tabelle Seite 155

Bremsanlage

Fußbremse vorn	Einkolben-Faustsattel-Scheibenbremse mit automatischer Nachstellung
Bremsscheiben-Durchmesser	239 mm
Bremsscheibenstärke neu	Saugdiesel mit Schaltgetriebe: 10 mm; Saugdiesel mit Automatikgetriebe, Kat-Diesel, alle Turbo-Diesel: 12 mm
mindestens	Saugdiesel mit Schaltgetriebe: 8 mm; Saugdiesel mit Automatikgetriebe, Kat-Diesel, alle Turbo-Diesel: 10 mm
Bremsbelagstärke ohne/mit Trägerplatte neu	Saugdiesel mit Schaltgetriebe: 12/17 mm; Saugdiesel mit Automatikgetriebe, Kat-Diesel, alle Turbo-Diesel: 14/19 mm
mindestens	2/7 mm
Fußbremse hinten	Simplex-Innenbacken-Trommelbremse mit automatischer Nachstellung
Bremstrommel-Durchmesser neu	180 mm
höchstens	181 mm
Bremsbelagstärke ohne/mit Bremsbacke neu	5/7,5 mm
mindestens	2,5/5 mm

Elektrische Anlage

Bordspannung	12 V
Batterie	63 Ah
Generator	45, 65, bzw. 90 A
Keilriemen	Siehe Seite 130, 189 und 237
Vorglühanlage	automatisch, mit Vorglührelais
Glühkerzen	Siehe Seite 197
Glühlampen	Siehe Seite 199

Gewichte (in kg)

	Golf D	Jetta D	Golf Kat-D	Jetta Kat-D	Golf TD	Jetta TD	Golf TD LLK	Jetta TD LLK
Leergewicht[1]	900–920	930–950	960–985	985–1010	920–940	955–975	920–940	955–975
Zulässiges Gesamtgewicht	1430	1470	1465	1495	1430	1470	1430	1470
Anhängelast ohne Bremse	480	480	480	480	490	490	490	490
mit Bremse bis 12% Steigung	850	850	850	850	1000	1000	1000	1000
bis 10% Steigung	1000	1000	1000	1000	1200	1200	1200	1200
Dachlast	75	75	75	75	75	75	75	75

[1] Die für Ihr Fahrzeug geltenden Gewichte entnehmen Sie bitte Ihren Fahrzeugpapieren

Abmessungen

		Golf	Jetta
Länge	mm	3985	4315
Breite	mm	1665[1]	1665[1]
Höhe unbelastet	mm	1415	1415
Bodenfreiheit belastet	mm	120	120
Radstand	mm	2475	2475
Spurweite vorn	mm	1427[2]	1427
Spurweite hinten	mm	1422[3]	1422
Wendekreis	m	10,5	10,5

[1] mit Kotflügelverbreiterung: 1680 mm (bei GTD Serienausstattung)
[2] Golf bis 7/85 mit Felge 5 J × 13: 1413 mm
[3] Golf bis 7/85 mit Felge 5 J × 13: 1408 mm

Füllmengen (in Liter)

Motor-Ölwanne	Siehe Tabelle Seite 30
Kühlsystem	6,5
Kraftstofftank	55
Vierganggetriebe	2,2
Fünfganggetriebe	2,0
Getriebeautomatik Gesamtfüllung	6,0
bei ATF-Wechsel	3,0
Achsantrieb bei Getriebeautomatik	0,75
Scheibenwaschanlage	4,2
Scheibenwaschanlage mit Scheinwerfer-Reinigungsanlage	9,2
Heckscheibenwaschanlage[1]	1,5

[1] nur Golf bis Baujahr 12/85

Memoiren eines Erfolgstyps

1983

August: Vorstellung des völlig überarbeiteten Golf als zwei- oder viertürige Heckklappen-Limousine in C-, CL-, und GL-Ausstattung. Die Motorversionen in der Bundesrepublik: 1,6-l-Diesel/40 kW und 1,6-l-Turbo-Diesel 51 kW. Längerer Radstand, breitere Spur, mehr Innen- und Kofferraum. Kunststofftank mit größerem Fassungsvermögen. Fahrwerk mit mehr Federweg und »spurkorrigierenden« Hinterachslagern. Wesentlich verbesserte Geräuschisolation. Trotz größerer Außenmaße bessere Fahrleistungen und niedrigerer Kraftstoffverbrauch durch verringerten Luftwiderstand.
Oktober: Für alle Modelle ist eine elektrische Fahrer- und Beifahrersitzbeheizung als Mehrausstattung erhältlich.
Dezember: Der Golf GTD kommt mit Turbo-Dieselmotor und der typischen GTI-Aufmachung zur Auslieferung: Kotflügelverbreiterungen, Heckspoiler und Dekorstreifen an Seite und Heck gehören zur Serienausstattung. Außerdem besitzt der GTD die Felge voll abdeckende Kunststoff-Radblenden.

1984

Januar: Vorstellung des Stufenheckmodells Jetta auf der Basis des Golf. Die Zwei- oder Viertürer-Limousine gibt es als C, CL und GL.
Februar: Hinterer Befestigungspunkt des Aggregateträgers entfallen.
Juli: Einteilige zusammenschiebbare Lenksäule anstelle der bisherigen zweiteiligen, ausklinkbaren Ausführung.
Dezember: Umlenkung der Schaltbetätigung verbessert.

1985

Januar: Vorderes Motorlager hydraulisch gedämpft, dadurch geringere Schwingungsübertragung.
Der GTD erhält zur optischen Aufwertung einen Doppelscheinwerfer-Kühlergrill und schwarz abgesetzte Schweller.
August: Der Saug- und Turbo-Dieselmotor erhalten einen hydraulischen Ventilspielausgleich, wodurch das Ventileinstellen entfällt. Neugestaltete glattflächige Stahlfelgen mit einheitlicher Einpreßtiefe in 5"- und 5½"-Ausführung. Der Golf GTD erhält anstelle der Kunststoff-Radvollblenden Radkappen und Zierringe aus demselben Material.
Die Wartungsintervalle werden verlängert, doch muß bei den Diesel-Triebwerken nach wie vor alle 7500 km das Öl gewechselt werden.

1986

Januar: Der Golf-Heckscheibenwascher erhält seine Wasserversorgung aus dem vorderen Behälter. Die Pumpe kann durch Ändern der Drehrichtung das Wasser nach vorn oder nach hinten pumpen.
Februar: Die Viertürermodelle erhalten serienmäßig eine Höhenverstellung für die vorderen Gurtbeschläge, beim Zweitürer ist sie gegen Mehrpreis lieferbar.
August: Grundausstattung von Golf und Jetta ohne Zusatzbezeichnung »C«. CL-Ausstattung aufgewertet durch bessere Sitzbezugs- und Teppichqualität, Fahreraußenspiegel von innen verstellbar, Mittelkonsole, Kofferraum-Ladekantenabdeckung, breitere Schutzleisten seitlich beim Golf. GL-Modelle mit Velourssitzbezügen, höhenverstellbarem Fahrersitz, Vierspeichenlenkrad, elektrisch einstellbare und beheizbare Außenspiegel, Zentralverriegelung, breite Stoßschutzleisten seitlich, Colorverglasung. Beim Jetta GL zusätzlich Durchladeeinrichtung an der Rücksitzbank. Jetta ebenfalls als GTD lieferbar.
Die Dieselmotoren erhalten ein Öldruckkontrolle mit Warnsummer. Der Lichtschalter trägt das Symbol »Glühlampe«.

1987

August: Neugestalteter Kühlergrill mit größerem VW-Emblem, ebenso geänderte Heckschriftzüge und großes VW-Zeichen in der Mitte des Heckbleches. Der Fenstersteg in den Vordertüren entfällt und die Außenspiegel rücken weiter nach vorn. Grundmodelle mit breiteren Seitenschutzleisten und mittleren Luftausströmern im Armaturenbrett. Ab CL-Modell werden größere Türablagekästen eingebaut. Neu gestaltete Lenkräder und Hebelschalter für alle Modelle, Scheibenwascherdüsen jetzt zweistrahlig. Die Frontblenden der VW-Radios sind neu gestaltet, die Ausstattung der Radios wurde verbessert. Teile der vorderen Radaufhängung geändert, so Radlager, Radlagergehäuse, Federbeinbefestigung, Radnabe, Achsgelenk und Antriebswellen. Vorübergehend wird serienmäßig eine Dieselheizung geliefert.

1988

Januar: Handbremsübersetzung geändert, dadurch ändert sich auch die Einstellung der Handbremse.
August: Das Golf-Grundmodell erhält Türablagekästen. Der Jetta ist als Grundmodell nicht mehr lieferbar. Die CL-Version ist aufgewertet z. B. durch bessere Stoffqualitäten, Heckblende und Radzierringe. Ab GL-Ausstattung ist der Jetta nur noch als Viertürer lieferbar. Der GL erhält serienmäßig die Servolenkung, dafür entfällt die elektrische Spiegelbetätigung und die Durchladeeinrichtung. Die GTD-Ausstattung enthält 14"-Stahlfelgen, Sportsitze vorn, auf der Fahrerseite höheneinstellbar, neue Stoffmaterialien sowie eine Kleinteilablage in der hinteren Mittelarmlehne.
Die Dieselheizung wird nun wieder ab Werk eingebaut. Auf Wunsch können die Waschwasserdüsen vorn mit Beheizung geliefert werden.
September: Heizungs/Lüftungsregulierung mit zwei Drehpunkten.

1989

Januar: Der Jetta erhält eine geänderte Zentralelektrik mit neuer Aufteilung der Stromkreise. In die Hebelschalter-Kombination am Lenkrad wird zusätzlichg der Warnblinkschalter eingebaut.
In der Schweiz-Version ist der Saugdieselmotor den schärferen Schweizer Abgasbestimmungen angepaßt. Erreicht wird das durch Eingriffe an der Einspritzpumpe.
April: Die Servolenkung wird mit Hydrauliköl anstatt mit ATF befüllt.
Ausschließlich für den Italien-Export ist ein Turbo-Dieselmotor mit Ladeluftkühlung (59 kW/80 PS) im Golf und Jetta lieferbar.
August: Für den heimischen Markt mit strengeren Abgasgesetzen erhält der Turbodiesel mit Ladeluftkühlung eine Einspritzpumpe mit lastabhängigem Förderbeginn. Auslieferung jetzt auch in der Bundesrepublik.
Änderungen an der Ausstattung: Alle Versionen besitzen jetzt einen Außenspiegel rechts, beide Spiegel sind von innen verstellbar. Nach bevorstehender Gesetzesvorschrift ist eine Leuchtweitenregulierung eingebaut. Das Golf-Grundmodell entfällt, zum gleichen Preis gibt es den CL (doch ohne blanke Zierstreifen auf den Stoßfängern). Der Golf GL wird billiger, dafür entfallen die elektrischen Außenspiegel und die geteilte Rücksitzbank. Wuchtige, teilweise in Wagenfarbe lackierte Stoßfänger heben ihn optisch vom CL ab. Der Jetta erhält dagegen in beiden Ausstattungsversionen die neuen Stoßfänger. Am Jetta gibt es neue Kotflügel- und Schwellerverbreiterungen sowie eine Blende auf der Kofferraumhaube. Die Griffleiste in der Golf-Heckklappe ist beim GL in Wagenfarbe lackiert. Im neuen Stoßfänger vorn können auf Wunsch integrierte DE-Nebelscheinwerfer eingebaut werden. Der GTD und alle Jetta-Modelle erhalten neu gestaltete 14"-Stahlfelgen mit silberfarbener Zierkappe und 185er-Bereifung.
An den Vordersitzen des Zweitürers wird ein Zurückfallen der vorgeklappten Lehnen verhindert, außerdem ist der Bereich der Sitzlängsverstellung um 36 mm länger.
Auch beim Golf setzt nun die neue Zentralelektrik ein – zusammen mit den geänderten Hebelschaltern. Am Kombiinstrument ersetzt ein 28fach-Stecker die bisherigen beiden Mehrfach-Steckverbindungen.
November: Die beim Golf gegen Mehrpreis lieferbaren 14"-Stahlfelgen werden wieder in der bis 7/89 verwendeten Form geliefert, nur der Jetta behält die neue Stahl-Lochfelge.

1990

August: Kontrolleuchte für Bremsflüssigkeitsstand bei allen Modellen serienmäßig. Der Golf mit Saug- und Kat-Dieselmotor rollt serienmäßig auf Reifen der Größe 175/70 R 13.
Der Jetta CL erhält neue Polsterstoffe.

Register